空天信息技术系列丛书

计算电磁学快速方法

童创明　彭　鹏　孙华龙　梁建刚
蔡继亮　宋　涛　王　童　姬伟杰　编著

西北工業大學出版社
西　安

【内容简介】 本书是空天信息技术系列丛书之一。随着计算机硬件和软件技术的快速发展,计算电磁学已逐渐取代经典电磁学而成为现代电磁理论研究的主流。针对传统的计算电磁学方法在求解电磁场边值问题时所存在的内存需求与计算速度的瓶颈,本书分为10章,系统介绍了当前计算电磁学加速技术的新进展及其基本原理。

本书可作为相关专业研究生的教学用书,也可供从事电磁场理论研究的人员阅读参考。

图书在版编目(CIP)数据

计算电磁学快速方法 / 童创明等编著. — 西安 : 西北工业大学出版社,2022.3

ISBN 978-7-5612-8119-2

Ⅰ.①计… Ⅱ.①童… Ⅲ.①电磁计算 Ⅳ.①TM15

中国版本图书馆CIP数据核字(2022)第036126号

JISUAN DIANCIXUE KUAISU FANGFA

计 算 电 磁 学 快 速 方 法

童创明 等 编著

责任编辑:张 友　　策划编辑:杨 睿

责任校对:朱晓娟　　装帧设计:李 飞

出版发行:西北工业大学出版社

通信地址:西安市友谊西路127号　　邮编:710072

电　　话:(029)88491757,88493844

网　　址:www.nwpup.com

印 刷 者:陕西宝石兰印务有限责任公司

开　　本:787 mm×1 092 mm　　1/16

印　　张:18.75

字　　数:492千字

版　　次:2022年3月第1版　　2022年3月第1次印刷

书　　号:ISBN 978-7-5612-8119-2

定　　价:68.00元

前言

麦克斯韦在前人理论和实验的基础上建立了统一的电磁场理论，即经典电磁学理论——麦克斯韦方程组，从而所有的宏观电磁问题都可以归结为麦克斯韦方程组在各种边界条件下的求解问题。从整个电磁问题的求解过程来看，可以大致把求解的方法分为两个阶段：20 世纪 60 年代以前的解析或渐近计算方法和 60 年代以后的数值计算方法。以基于积分方程的矩量法和基于微分方程的差分类方法为代表的数值计算方法的运用，标志着计算电磁学阶段的到来，当然这也得益于电子计算机技术的迅速发展，使大型数值计算成为可能。计算电磁学之所以能得以迅速发展并逐步取代经典电磁学，除了计算机硬件水平的提高这一基本条件外，它所能处理的问题范围及复杂程度远胜于经典电磁学是一个主要原因。

数值解法原则上适用于任何复杂的电磁场边值问题，且可得到所要求的精度。任何数值解法的主要特征都是将连续函数离散化，再解联立方程组得到数值解。传统的时、频域方法在求取时、频域响应时，是以一定的频率、时间间隔，逐点重复求解矩阵方程，当响应变化比较剧烈时，为了精确刻画，就必须减小步进间隔，这使得计算量显著增加，从而花费了大量的计算时间，特别是当响应变化迅速时，要求所取计算步进间隔更小，计算时间成倍增长。

本书主要介绍通过采用加速技术来突破传统电磁场数值计算方法存在的内存需求与计算速度的瓶颈。

第 1 章介绍电磁场理论基础，为后续各章提供必要的理论知识，包括描述电磁问题的基本方程、定理、本构关系、边界条件、位函数和格林函数等。

第 2 章概括并推导电磁场边值问题，包括导波问题、散射问题和辐射问题；介绍电磁场边值问题的一般求解方法；从统一的观点，总结数值方法的基本思想。

第3章首先介绍多项式逼近与插值的一般方法，然后介绍普罗尼外推技术，并介绍普罗尼方法与帕德逼近的关系，接着介绍正交多项式外推技术的基本原理，并给出两种非常有用的基函数——厄尔米特正交多项式和拉盖尔正交多项式，最后介绍多项式外推技术在电磁宽带响应和(或)完全时域响应获取中的应用。

第4章首先介绍有理分式函数插值与逼近的一般方法，其次介绍连分式逼近、帕德逼近、柯西逼近等方法，最后介绍有理分式外推技术在电磁宽带响应获取问题中的应用。

第5章首先介绍用两种简单形状对物体表面进行有效近似：一种是广义导线，主要用于导线近似；另一种是广义四边形，主要用于金属表面近似。其次介绍求取广义导线及广义四边形上的电流分布，已知电流分布的广义导线及广义四边形所产生的电磁场。最后介绍采用 Galerkin - MOM 对上述目标模型的电磁散射、辐射特性进行分析与计算。

第6章首先介绍矩量法的关键技术，然后对二维导体目标散射的快速非均匀平面波算法展开系统的研究，还研究基于体积分方程和基于体/表面积分方程的快速非均匀平面波算法，分别用于求解介质及金属-介质复合结构的散射问题。在此基础上，将二维问题拓展到三维，成功求解任意三维目标的散射。书中详尽地阐述多层快速非均匀平面波算法的基本原理和数值实现过程，并研究快速远场近似多层快速非均匀平面波算法，进一步提高求解效率。

第7章首先介绍时域有限体积法的基本原理。其次给出将时域有限体积法应用到电磁散射计算时平面波源的加入、振幅相位的提取和时域近-远场变换技术，讨论金属涂覆目标时的散射问题，给出反射系数的计算公式，并将时域有限体积法应用到电磁散射计算上。最后研究三维的非结构的时域有限体积法。该算法采用半离散方式，空间离散采用近似黎曼解，着重研究非结构算法中的基于一阶泰勒展开的重构方法。以几种典型物体的雷达散射截面计算为例，分析非结构时域有限体积法在电磁散射中的应用，得出很多有用的结论。

第8章介绍 FGG - FG - FFT 方法，提出两种改进方案并给出推导过程。首先，提出一种不同于 FGG - FG - FFG 中原匹配方案的实系数匹配方案。其次，提出一种不同于原有匹配模板的新型匹配模板，能在保证设定精度的前提下，有效地减少迭代过程中的计算复杂度，并提高求解效率。

第 9 章基于 SIE 与 JCFIE 的混合快速计算方法，引入 MLFMA 和 FG - FFT 两种加速策略以构成 SJCFIE - MLFMA 和 SJCFIE - FG - FFT，实现电大尺寸介质和导体复合体目标的散射计算。

第 10 章介绍射线追踪和迭代电磁流两种方法，描述具有耦合散射结构机理目标散射特性的高频方法，并讨论加速方案，结合这两种思路，完成目标-环境复合模型耦合散射机理的准确描述与高效建模。

本书是在空军工程大学童创明教授给硕士研究生和博士研究生开设的“现代计算电磁学方法”课程讲义的基础上编写而成的。参加本书编写的有空军工程大学童创明、孙华龙、彭鹏、梁建刚、蔡继亮、宋涛、王童，以及 93995 部队姬伟杰。

本书的出版得到了空军工程大学“十三五”信息技术(电子科学与技术)重点学科建设领域“重点教材建设”项目和“电子科学与技术博士后流动站”建设项目的资助，在此表示感谢。

在编写本书的过程中，参阅了相关文献资料，在此谨对其作者表示感谢。

由于水平有限，书中难免还存在一些疏漏和不足，敬请广大读者批评指正。

编著者

2021 年 5 月

目录

第 1 章　电磁场基本理论

本章不加证明地简要介绍电磁场的基本理论，为后续各章提供必要的理论支持，包括描述电磁问题的基本方程、定理、本构关系、边界条件、位函数以及格林函数等。

1.1　电磁场数学模型

1.1.1　引言

在 19 世纪之前，电学和磁学是分别进行研究的；19 世纪之后，人们才发现电和磁之间的内在联系。1819 年，丹麦物理学家 H. C. 奥斯特（1777—1851 年）发表了《关于磁针上电流碰撞的实验》的论文，第一次揭示了电流可以产生磁场。1820 年，法国物理学家 A. M. 安培（1775—1836 年）对这一物理现象做了进一步研究，并讨论了两平行导线有电流通过时的相互作用问题，提出了著名的安培定理，人们才开始认识到电和磁的关系。1831 年，英国物理学家 M. 法拉第（1791—1867 年）首次报道了电磁感应现象，即通过移动磁体可在导线上感应出电流，并最先提出了电场和磁场的观点，认为电力和磁力两者都是通过场起作用的，使人们对电和磁的关系有了更为深刻的认识。奥斯特、安培和法拉第等人的工作为电磁学的建立奠定了实验基础。电磁学真正上升为一门理论则应归功于伟大的苏格兰物理学家 J. C. 麦克斯韦（1831—1879 年）。麦克斯韦于 1855 年发表了《论法拉第的力线》，建立了电、磁之间的数学关系，指出了电与磁不能孤立地存在。1862 年，麦克斯韦又发表了《论物理学的力线》，创造性地提出了“位移电流”的假设。1865 年，麦克斯韦在总结静态场的高斯定理、恒定电流场的安培环路定律和时变场的法拉第电磁感应定律的基础上，写出了《电磁场的动力理论》，建立了系统的、反映电磁场时空变化规律的麦克斯韦方程组，并预言了电磁波的存在，从而奠定了经典电磁理论的基础。1887 年，德国物理学家 H. R. 赫兹（1857—1894 年）用实验证明了电磁波的存在。后经意大利工程师 M. G. 马可尼（1874—1937 年）进一步的实验研究，电磁波逐渐发展成一种应用范围最广的信息载体，是当今无线电通信的基础。

电磁理论经过 100 多年的发展已经根深叶茂。20 世纪下半叶所发生的信息革命和材料革命又给人们提出了许多新的电磁学问题，使这一古老的学科仍然生机勃勃，充满活力，新的内容层出不穷，可以发展的方向不可胜数。

经典电磁场理论以麦克斯韦方程组作为其基本内容。麦克斯韦方程组是电磁理论这座宏伟大厦的根基，是我们研究一切宏观电磁现象的出发点。

1.1.2　麦克斯韦方程组

众所周知，麦克斯韦是在总结已有的电磁学基本定律，如法拉第的电磁感应定律、安培定律、库仑定律的基础上，并加上麦克斯韦自己的位移电流的概念以补充安培定律，从而创立了著名的麦克斯韦方程组，奠定了电磁场理论的基础。麦克斯韦方程组描述了场源与其所产生的电磁场之间的关系。描述空间任意一点处场与源之间时空变化关系的微分形式的麦克斯韦方程组为

$$\nabla\times \boldsymbol{H}(\boldsymbol{r},t)=\frac{\partial}{\partial t}\boldsymbol{D}(\boldsymbol{r},t)+\boldsymbol{J}(\boldsymbol{r},t) \tag{1.1.1a}$$

$$\nabla\times \boldsymbol{E}(\boldsymbol{r},t)=-\frac{\partial}{\partial t}\boldsymbol{B}(\boldsymbol{r},t)-\boldsymbol{J}_{\mathrm{m}}(\boldsymbol{r},t) \tag{1.1.1b}$$

$$\nabla\cdot \boldsymbol{D}(\boldsymbol{r},t)=\rho(\boldsymbol{r},t) \tag{1.1.1c}$$

$$\nabla\cdot \boldsymbol{B}(\boldsymbol{r},t)=\rho_{\mathrm{m}}(\boldsymbol{r},t) \tag{1.1.1d}$$

式中：$\boldsymbol{J}$ 为电流密度，单位为“安[培]/米^2(A/m^2)”；$\boldsymbol{J}_{\mathrm{m}}$ 为磁流密度(等效)；ρ 为电荷密度，单位为“库[仑]/米^3(C/m^3)”；ρ_{m} 为磁荷密度(等效)；$\boldsymbol{H}$ 为磁场强度，单位为“安[培]/米^2(A/m^2)”；$\boldsymbol{E}$ 为电场强度，单位为“伏[特]/米(V/m)”；$\boldsymbol{B}$ 为磁通密度，单位为“韦[伯]/米^2(Wb/m^2)”；$\boldsymbol{D}$ 为电通密度，单位为“库[仑]/米^2(C/m^2)”；$(\boldsymbol{r},t)$ 为空间位置矢量和时间变量。

值得指出的是，到目前为止在自然界中尚未发现客观存在的磁流和磁荷。引入等效磁流和等效磁荷的目的在于，一方面使麦克斯韦方程组看起来具有对称性，另一方面使得在有些情况下简化问题的分析。

此外，在源之间满足如下连续性方程：

$$\nabla\cdot \boldsymbol{J}+\frac{\partial\rho}{\partial t}=0 \tag{1.1.2a}$$

$$\nabla\cdot \boldsymbol{J}_{\mathrm{m}}+\frac{\partial\rho_{\mathrm{m}}}{\partial t}=0 \tag{1.1.2b}$$

事实上，对麦克斯韦方程组中的前两个方程两边做散度运算，然后代入后两个方程即可得电流连续性方程式(1.1.2a)和磁流连续性方程式(1.1.2b)，也就是说这两个方程是麦克斯韦方程组的导出方程而非独立的方程。

值得指出的是，我们应该特别注意麦克斯韦方程组的物理内容：

(1) 式(1.1.1b)的物理基础就是库仑定律，它是一个独立的实验定律。

(2) 式(1.1.1a)作为安培定律时是一个独立的物理定律，它描述了直流电流产生的磁场的规律。而一旦考虑了时变项，即加入了麦克斯韦的位移电流后，式(1.1.1a)就不再是一个独立的规律，因为从这个方程，对于确定的外加源 $\boldsymbol{J}$，并不可能求出确定的电场或磁场来，只有把它和式(1.1.1b)结合起来，才能完整地描述交流电流激励的电磁场的规律。

(3) 在麦克斯韦方程组中有两种不同性质的实际源——电荷密度 ρ 和电流密度 $\boldsymbol{J}$。虽然这两种源之间服从连续性方程式(1.1.2)，但这并不说明这两种源之间有确定的因果关系。也就是说，对于确定的电荷分布，无法确定电流分布。这一点使式(1.1.2)与式(1.1.1c)有本质上的区别，虽然它们在形式上是相似的。式(1.1.1c)是反映库仑定律的，所以电荷密度 ρ 和电场强度 $\boldsymbol{E}$ 之间必定存在某种确定的因果关系，否则就不能称其为物理定律。因此式(1.1.2)和式(1.1.1)的性质是不同的，它只是对两种源所加的一种补助性的关系，一般称为补助方程。补助方程的使用更需要注意一定的条件。

与方程组式(1.1.1)相对应的积分方程形式的麦克斯韦方程组为

$$\oint_{\partial S}\boldsymbol{H}(\boldsymbol{r},t)\cdot \mathrm{d}\boldsymbol{l}=\frac{\partial}{\partial t}\iint_S \boldsymbol{D}(\boldsymbol{r},t)\cdot \mathrm{d}\boldsymbol{S}+I(t) \tag{1.1.3a}$$

$$\oint_{\partial S}\boldsymbol{E}(\boldsymbol{r},t)\cdot \mathrm{d}\boldsymbol{l}=-\frac{\partial}{\partial t}\iint_S \boldsymbol{B}(\boldsymbol{r},t)\cdot \mathrm{d}\boldsymbol{S}-I_{\mathrm{m}}(t) \tag{1.1.3b}$$

$$\oint\!\!\!\oint_{\partial\Omega}\boldsymbol{D}(\boldsymbol{r},t)\cdot\mathrm{d}\boldsymbol{S}=q(t) \tag{1.1.3c}$$

$$\oint\!\!\!\oint_{\partial\Omega}\boldsymbol{B}(\boldsymbol{r},t)\cdot\mathrm{d}\boldsymbol{S}=q_{\mathrm{m}}(t) \tag{1.1.3d}$$

式中：S 为一空间曲面域，其边界为空间曲线 ∂S；Ω 为一体积域，其边界曲面为 $\partial\Omega$；$I(t)$，$I_{\mathrm{m}}(t)$ 分别为穿过曲面 S 的电流和磁流；$q(t)$，$q_{\mathrm{m}}(t)$ 分别为包含在体积域 Ω 内的电荷和磁荷，其分别为

$$I(t)=\frac{\partial}{\partial t}\iint_{S}\boldsymbol{J}(\boldsymbol{r},t)\cdot\mathrm{d}\boldsymbol{S} \tag{1.1.4a}$$

$$I_{\mathrm{m}}(t)=\frac{\partial}{\partial t}\iint_{S}\boldsymbol{J}_{\mathrm{m}}(\boldsymbol{r},t)\cdot\mathrm{d}\boldsymbol{S} \tag{1.1.4b}$$

$$q(t)=\iiint_{\Omega}\rho(\boldsymbol{r},t)\mathrm{d}V \tag{1.1.4c}$$

$$q_{\mathrm{m}}(t)=\iiint_{\Omega}\rho_{\mathrm{m}}(\boldsymbol{r},t)\mathrm{d}V \tag{1.1.4d}$$

在实际中最常见的是正弦信号或时谐信号，这种信号随时间的变化可用时谐因子 $\mathrm{e}^{\mathrm{j}\omega t}$ 描述（$\omega=2\pi f$ 为角频率）。事实上，对于非正弦信号，我们仍然可以将之用于傅里叶级数或傅里叶积分展开成不同频率时谐信号的叠加。对于时谐信号，所有的场量和源量关于时间的变化都可用时谐因子 $\mathrm{e}^{\mathrm{j}\omega t}$ 来描述，这时麦克斯韦方程组式(1.1.1)退化为频域形式，则有

$$\nabla\times\boldsymbol{H}(\boldsymbol{r})=\mathrm{j}\omega\boldsymbol{D}(\boldsymbol{r})+\boldsymbol{J}(\boldsymbol{r}) \tag{1.1.5a}$$

$$\nabla\times\boldsymbol{E}(\boldsymbol{r})=-\mathrm{j}\omega\boldsymbol{B}(\boldsymbol{r})-\boldsymbol{J}_{\mathrm{m}}(\boldsymbol{r}) \tag{1.1.5b}$$

$$\nabla\cdot\boldsymbol{D}(\boldsymbol{r})=\rho(\boldsymbol{r}) \tag{1.1.5c}$$

$$\nabla\cdot\boldsymbol{B}(\boldsymbol{r})=\rho_{\mathrm{m}}(\boldsymbol{r}) \tag{1.1.5d}$$

式中：关于时间的导数已用 $\mathrm{j}\omega$ 代替，而且略去了公共因子 $\mathrm{e}^{\mathrm{j}\omega t}$。值得指出的是，式(1.1.5)即为式(1.1.1)的傅里叶变换，所以电磁场的频域解即为时域解的傅里叶变换。在频域中，电流连续性方程式(1.1.2)可表示为

$$\nabla\cdot\boldsymbol{J}+\mathrm{j}\omega\rho=0 \tag{1.1.6a}$$

$$\nabla\cdot\boldsymbol{J}_{\mathrm{m}}+\mathrm{j}\omega\rho_{\mathrm{m}}=0 \tag{1.1.6b}$$

当 $\omega\to 0$，也就是说场不随时间变化时，式(1.1.5)所示的麦克斯韦方程组又可退化为两组独立的分别描述静电场和静磁场的方程：

静电场：
$$\left.\begin{aligned}\nabla\times\boldsymbol{E}(\boldsymbol{r})&=\boldsymbol{0}\\ \nabla\cdot\boldsymbol{D}&=\rho(\boldsymbol{r})\end{aligned}\right\} \tag{1.1.7a}$$

静磁场：
$$\left.\begin{aligned}\nabla\times\boldsymbol{H}(\boldsymbol{r})&=\boldsymbol{J}(\boldsymbol{r})\\ \nabla\cdot\boldsymbol{B}&=0\end{aligned}\right\} \tag{1.1.7b}$$

静电场和静磁场统称为静态场，在静态场中电场与磁场之间没有耦合。

如果将麦克斯韦方程组近似后既能反映出式(1.1.7a)的静电场的主要特征，又保持电场与磁场的耦合，就得到准静电场方程为

$$\nabla\times\boldsymbol{H}(\boldsymbol{r})=\mathrm{j}\omega\boldsymbol{D}(\boldsymbol{r})+\boldsymbol{J}(\boldsymbol{r}) \tag{1.1.8a}$$

$$\nabla\times\boldsymbol{E}(\boldsymbol{r})=\boldsymbol{0} \tag{1.1.8b}$$

$$\nabla\cdot\boldsymbol{D}(\boldsymbol{r})=\rho(\boldsymbol{r}) \tag{1.1.8c}$$

$$\nabla\cdot\boldsymbol{B}(\boldsymbol{r})=0 \tag{1.1.8d}$$

类似地,如果将麦克斯韦方程组近似后既能反映出式(1.1.7b)的静磁场的主要特征,又保持电场与磁场的耦合,就得到准静磁场方程为

$$\nabla\times \boldsymbol{H}(\boldsymbol{r}) = \boldsymbol{J}(\boldsymbol{r}) \tag{1.1.9a}$$

$$\nabla\times \boldsymbol{E}(\boldsymbol{r}) = -\mathrm{j}\omega\boldsymbol{B}(\boldsymbol{r}) \tag{1.1.9b}$$

$$\nabla\cdot \boldsymbol{D}(\boldsymbol{r}) = 0 \tag{1.1.9c}$$

$$\nabla\cdot \boldsymbol{B}(\boldsymbol{r}) = 0 \tag{1.1.9d}$$

准静电场和准静磁场统称为准静态场。当所描述的物理问题的定义域与工作波长相比小得多时,采用准静态场方程进行求解可以获得满意的结果。在准静态场中,电流连续性方程和广义欧姆定理仍然成立,即

$$\nabla\cdot \boldsymbol{J} = -\mathrm{j}\omega\rho \tag{1.1.10a}$$

$$\boldsymbol{J} = \sigma\boldsymbol{E} \tag{1.1.10b}$$

式中:σ 是有耗媒质的电导率,单位是"西[门子]/米(S/m)"。

1.1.3 本构(Constitution)关系

考虑到电流和磁流连续性方程式(1.1.2),麦克斯韦方程组中只有前两个方程是独立的,如果将各场量和源量都写成分量形式,则这前两个方程可分解为6个标量方程,而场量 $\boldsymbol{H}$,$\boldsymbol{E}$,$\boldsymbol{B}$ 和 $\boldsymbol{D}$ 却有12个分量,也就是说未知量的个数大于方程个数。因此,这些场矢量之间以及电流密度 $\boldsymbol{J}$ 与这些场量之间并不是独立的,依据场所在媒质的电磁特性,它们之间存在一定的组合关系,这种关系称为场的本构关系,其一般表达式如下:

$$\boldsymbol{D} = \boldsymbol{D}(\boldsymbol{E},\boldsymbol{H}) \tag{1.1.11a}$$

$$\boldsymbol{B} = \boldsymbol{B}(\boldsymbol{E},\boldsymbol{H}) \tag{1.1.11b}$$

$$\boldsymbol{J} = \boldsymbol{J}(\boldsymbol{E},\boldsymbol{H}) \tag{1.1.11c}$$

对于非线性媒质,$\boldsymbol{B}$ 和 $\boldsymbol{D}$ 是 $\boldsymbol{H}$ 和 $\boldsymbol{E}$ 的非线性函数;对于一般的线性、非均匀、时变各向异性媒质,上述关系又可写成

$$\boldsymbol{D}(\boldsymbol{r},t) = \bar{\bar{\boldsymbol{\varepsilon}}}(\boldsymbol{r},t)\boldsymbol{E}(\boldsymbol{r},t) + \bar{\bar{\boldsymbol{\xi}}}(\boldsymbol{r},t)\boldsymbol{H}(\boldsymbol{r},t) \tag{1.1.12a}$$

$$\boldsymbol{B}(\boldsymbol{r},t) = \bar{\bar{\boldsymbol{\zeta}}}(\boldsymbol{r},t)\boldsymbol{E}(\boldsymbol{r},t) + \bar{\bar{\boldsymbol{\mu}}}(\boldsymbol{r},t)\boldsymbol{H}(\boldsymbol{r},t) \tag{1.1.12b}$$

$$\boldsymbol{J}(\boldsymbol{r},t) = \bar{\bar{\boldsymbol{\sigma}}}\boldsymbol{E}(\boldsymbol{r},t) \tag{1.1.12c}$$

式中:顶标"="表示并矢(张量)。下面将给出一些常用媒质的本构关系。

(1) 自由空间:

$$\boldsymbol{D}(\boldsymbol{r},t) = \varepsilon_0\boldsymbol{E}(\boldsymbol{r},t) \tag{1.1.13a}$$

$$\boldsymbol{B}(\boldsymbol{r},t) = \mu_0\boldsymbol{H}(\boldsymbol{r},t) \tag{1.1.13b}$$

式中:$\varepsilon_0 = 10^{-9}/(36\pi)$ F/m 和 $\mu_0 = 4\pi\times 10^{-7}$ H/m 分别为自由空间的介电常数和磁导率。

(2) 理想介质:

$$\boldsymbol{D}(\boldsymbol{r},t) = \varepsilon\boldsymbol{E}(\boldsymbol{r},t) \tag{1.1.14a}$$

$$\boldsymbol{B}(\boldsymbol{r},t) = \mu\boldsymbol{H}(\boldsymbol{r},t) \tag{1.1.14b}$$

式中:$\varepsilon = \varepsilon_r\varepsilon_0$,$\mu = \mu_r\mu_0$。$\varepsilon_r$ 和 μ_r 都是正实数,分别称为相对介电常数和相对磁导率。

(3) 简单有耗媒质:

$$\boldsymbol{D}(\boldsymbol{r},t) = \varepsilon\boldsymbol{E}(\boldsymbol{r},t) \tag{1.1.15a}$$

$$\boldsymbol{B}(\boldsymbol{r},t) = \mu\boldsymbol{H}(\boldsymbol{r},t) \tag{1.1.15b}$$

$$\boldsymbol{J}(\boldsymbol{r},t) = \sigma\boldsymbol{E}(\boldsymbol{r},t) \tag{1.1.15c}$$

或

$$\boldsymbol{D}(\boldsymbol{r},t)=\varepsilon\boldsymbol{E}(\boldsymbol{r},t),\quad \varepsilon=\varepsilon_0(\varepsilon'-\mathrm{j}\varepsilon'') \tag{1.1.16a}$$
$$\boldsymbol{B}(\boldsymbol{r},t)=\mu\boldsymbol{H}(\boldsymbol{r},t),\quad \mu=\mu_0(\mu'-\mathrm{j}\mu'') \tag{1.1.16b}$$

式中：$\varepsilon'(\mu')$ 和 $\varepsilon''(\mu'')$ 都是实数，分别代表相对介电常数（相对磁导率）的无耗部分和有耗部分。

（4）电各向异性媒质（旋电媒质）：

$$\boldsymbol{D}(\boldsymbol{r},t)=\bar{\bar{\boldsymbol{\varepsilon}}}\boldsymbol{E}(\boldsymbol{r},t) \tag{1.1.17a}$$
$$\boldsymbol{B}(\boldsymbol{r},t)=\mu\boldsymbol{H}(\boldsymbol{r},t) \tag{1.1.17b}$$

式中：$\bar{\bar{\boldsymbol{\varepsilon}}}=\begin{bmatrix}\varepsilon_{xx} & \varepsilon_{xy} & \varepsilon_{xz}\\ \varepsilon_{yx} & \varepsilon_{yy} & \varepsilon_{yz}\\ \varepsilon_{zx} & \varepsilon_{zy} & \varepsilon_{zz}\end{bmatrix}$。特别地，当 $\bar{\bar{\boldsymbol{\varepsilon}}}=\begin{bmatrix}\varepsilon_1 & -\mathrm{j}\varepsilon_2 & 0\\ \mathrm{j}\varepsilon_2 & \varepsilon_1 & 0\\ 0 & 0 & \varepsilon_3\end{bmatrix}$ 时所描述的媒质就是等离子体（Plasma）。

（5）磁各向异性媒质（选磁媒质）：

$$\boldsymbol{D}(\boldsymbol{r},t)=\varepsilon\boldsymbol{E}(\boldsymbol{r},t) \tag{1.1.18a}$$
$$\boldsymbol{B}(\boldsymbol{r},t)=\bar{\bar{\boldsymbol{\mu}}}\boldsymbol{H}(\boldsymbol{r},t) \tag{1.1.18b}$$

式中：$\bar{\bar{\boldsymbol{\mu}}}=\begin{bmatrix}\mu_{xx} & \mu_{xy} & \mu_{xz}\\ \mu_{yx} & \mu_{yy} & \mu_{yz}\\ \mu_{zx} & \mu_{zy} & \mu_{zz}\end{bmatrix}$。特别地，当 $\bar{\bar{\boldsymbol{\mu}}}=\begin{bmatrix}\mu_1 & -\mathrm{j}\mu_2 & 0\\ \mathrm{j}\mu_2 & \mu_1 & 0\\ 0 & 0 & \mu_3\end{bmatrix}$ 时所描述的媒质就是铁氧体（Ferrite）。

（6）手征媒质（Chiral Medium）：

$$\boldsymbol{D}(\boldsymbol{r})=\varepsilon_c\boldsymbol{E}(\boldsymbol{r})-\mathrm{j}\mu\xi_c\boldsymbol{H}(\boldsymbol{r}) \tag{1.1.19a}$$
$$\boldsymbol{B}(\boldsymbol{r})=\mathrm{j}\mu\xi_c\boldsymbol{E}(\boldsymbol{r})+\mu\boldsymbol{H}(\boldsymbol{r}) \tag{1.1.19b}$$

式中：ε 和 μ 的意义同前，$\varepsilon_c=\varepsilon+\mu\xi_c$，$\xi_c$ 称为媒质的手征导纳。

在自然界中手征媒质很少见，但可以采用在介质中掺入金属小螺旋等办法实现人工手征媒质。

1.1.4　边界条件

在实际中所面临的绝大部分电磁场问题都不是定义在无限自由空间内的简单问题，而是定义在复杂区域和复杂媒质上的电磁场边值问题、初值问题或边值/初值问题。这时，我们就需要知道电磁场量在各种边界，如理想/非理想导体表面、理想磁导体表面、两种介质分界面等上所满足的边界条件。

无论是静态场还是动态场，在理想导体表面切向电场和法向磁感应强度总是等于零，而切向磁场等于表面电流密度，即

$$\left.\begin{aligned}\hat{\boldsymbol{n}}\times\boldsymbol{E}(\boldsymbol{r},t)&=\boldsymbol{0}\\ \hat{\boldsymbol{n}}\cdot\boldsymbol{B}(\boldsymbol{r},t)&=0\\ \hat{\boldsymbol{n}}\times\boldsymbol{H}(\boldsymbol{r},t)&=\boldsymbol{J}_s(\boldsymbol{r},t)\end{aligned}\right\} \tag{1.1.20}$$

而在理想磁导体表面，则有

$$\left.\begin{aligned}\hat{\boldsymbol{n}}\times\boldsymbol{H}(\boldsymbol{r},t)&=\boldsymbol{0}\\ \hat{\boldsymbol{n}}\cdot\boldsymbol{D}(\boldsymbol{r},t)&=0\\ \hat{\boldsymbol{n}}\times\boldsymbol{E}(\boldsymbol{r},t)&=-\boldsymbol{J}_{ms}(\boldsymbol{r},t)\end{aligned}\right\} \tag{1.1.21}$$

式中：$\hat{\boldsymbol{n}}$ 表示法向单位矢量；$\boldsymbol{J}_s$ 和 $\boldsymbol{J}_{ms}$ 分别为导体表面上的面电流密度和面磁流密度。理想导体表面亦称作电壁，而理想磁导体表面亦称作磁壁。

在良导体(电导率 σ 很大) 表面,有阻抗边界条件:

$$\hat{\boldsymbol{n}} \times \boldsymbol{E} = Z_s \hat{\boldsymbol{n}} \times (\hat{\boldsymbol{n}} \times \boldsymbol{H}) \tag{1.1.22}$$

式中:表面阻抗为

$$Z_s = R_s + \mathrm{j}X_s,\ R_s = X_s = \sqrt{\frac{\omega\mu_0}{2\sigma}} \tag{1.1.23}$$

对于静电场,在理想导体表面上的法向电位移等于表面电荷密度,即

$$\hat{\boldsymbol{n}} \cdot \boldsymbol{D}(\boldsymbol{r}) = D_n = \rho_s(\boldsymbol{r}) \tag{1.1.24}$$

在两种媒质的分界面上,切向电磁场和法向电磁场分别满足以下连续性条件:

$$\left.\begin{aligned} \hat{\boldsymbol{n}} \times [\boldsymbol{H}_1(\boldsymbol{r},t) - \boldsymbol{H}_2(\boldsymbol{r},t)] &= \boldsymbol{J}_s(\boldsymbol{r},t) \\ \hat{\boldsymbol{n}} \cdot [\boldsymbol{E}_1(\boldsymbol{r},t) - \boldsymbol{E}_2(\boldsymbol{r},t)] &= -\boldsymbol{J}_{ms}(\boldsymbol{r},t) \end{aligned}\right\} \tag{1.1.25a}$$

$$\left.\begin{aligned} \hat{\boldsymbol{n}} \cdot [\boldsymbol{D}_1(\boldsymbol{r},t) - \boldsymbol{D}_2(\boldsymbol{r},t)] &= \rho_s(\boldsymbol{r},t) \\ \hat{\boldsymbol{n}} \cdot [\boldsymbol{B}_1(\boldsymbol{r},t) - \boldsymbol{B}_2(\boldsymbol{r},t)] &= \rho_{ms}(\boldsymbol{r},t) \end{aligned}\right\} \tag{1.1.25b}$$

式中:$\hat{\boldsymbol{n}}$ 表示分界面上从媒质 2 指向媒质 1 的法向单位矢量;$\boldsymbol{J}_s$ 和 $\boldsymbol{J}_{ms}$ 分别为两种媒质分界面上的面电流密度和面磁流密度;ρ_s 和 ρ_{ms} 分别为分界面上的面电荷密度和面磁荷密度。

以上边界条件都是直接由麦克斯韦方程组导出的,因而是最基本的边界条件。具体问题的具体边界条件都可以由以上边界条件导出。比如,两种有耗电各向异性媒质分界面在准静电场情况下的连续性条件为

$$\left.\begin{aligned} &\hat{\boldsymbol{n}} \times [\boldsymbol{E}_1(\boldsymbol{r}) - \boldsymbol{E}_2(\boldsymbol{r})] = \boldsymbol{0} \\ &\hat{\boldsymbol{n}} \cdot [(\sigma_1 \bar{\bar{\boldsymbol{I}}} + \mathrm{j}\omega \bar{\bar{\boldsymbol{\varepsilon}}}_1) \times \boldsymbol{E}_1(\boldsymbol{r}) - (\sigma_2 \bar{\bar{\boldsymbol{I}}} + \mathrm{j}\omega \bar{\bar{\boldsymbol{\varepsilon}}}) \times \boldsymbol{E}_2(\boldsymbol{r})] = 0 \end{aligned}\right\} \tag{1.1.26}$$

式中,$\bar{\bar{\boldsymbol{I}}}$ 表示单位并矢。第一个条件是明显的,而第二个条件用到了式(1.1.25b) 中的第一个条件和下列关系式,即

$$\left.\begin{aligned} \boldsymbol{J}_s(\boldsymbol{r}_s) &= \boldsymbol{J}_{s1}(\boldsymbol{r}_{s1}) - \boldsymbol{J}_{s2}(\boldsymbol{r}_{s2}) \\ \boldsymbol{J}_{s1}(\boldsymbol{r}_{s1}) &= \sigma_1 \boldsymbol{E}_1(\boldsymbol{r}_{s1}) \\ \boldsymbol{J}_{s2}(\boldsymbol{r}_{s2}) &= \sigma_2 \boldsymbol{E}_2(\boldsymbol{r}_{s2}) \end{aligned}\right\} \tag{1.1.27}$$

式中:$\boldsymbol{r}_s$ 表示分界面上一点的位置矢量;$\boldsymbol{r}_{s1}$ 和 $\boldsymbol{r}_{s2}$ 表示分别从媒质 1 一侧和媒质 2 一侧趋近 $\boldsymbol{r}_s$ 的点的位置矢量。

在自由空间中,场量必须满足辐射条件和无穷远条件。设 $\psi(\boldsymbol{r})$ 表示无穷远处的电磁场的任一分量,则著名的索莫菲尔辐射条件为

$$\left.\begin{aligned} &\lim_{r\to\infty} r\left[\frac{\partial}{\partial r}\psi(\boldsymbol{r}) + \mathrm{j}k\psi(\boldsymbol{r})\right] = 0 \\ &\lim_{r\to\infty} r\psi(\boldsymbol{r}) = \text{有限值} \end{aligned}\right\} \tag{1.1.28a}$$

电场:

$$\left.\begin{aligned} &\lim_{r\to\infty} r\left[\hat{\boldsymbol{r}} \times \boldsymbol{H} + \sqrt{\frac{\varepsilon}{\mu}}\boldsymbol{E}\right] = \boldsymbol{0} \\ &\lim_{r\to\infty} r\boldsymbol{E} = \text{有限值} \end{aligned}\right\} \tag{1.1.28b}$$

磁场:

$$\left.\begin{aligned} &\lim_{r\to\infty} r\left[\boldsymbol{H} - \sqrt{\frac{\varepsilon}{\mu}}\hat{\boldsymbol{r}} \times \boldsymbol{E}\right] = \boldsymbol{0} \\ &\lim_{r\to\infty} r\boldsymbol{H} = \text{有限值} \end{aligned}\right\} \tag{1.1.28c}$$

式(1.1.28) 表明的辐射条件的物理意义是,在自由空间中,对任何实际的电磁系统,有限

的源在距场源无穷远处的电磁场应为零，且电磁波为外向波，而理想的无损系统则被看成是实际系统的极限。式(1.1.28) 要求，在离开场源很远的地方，场量的幅值随距离的变化至少按 $1/r$ 减小；当 $r \to \infty$ 时，对 $1/r$ 的数量级来说，$\boldsymbol{E}, \boldsymbol{H}, \hat{\boldsymbol{r}}$ 三者是相互垂直的。这和球心发出的横向电磁(TEM) 波向外传播的情况相同。因此，式(1.1.28) 保证通过球面的波是从波源向无穷远发散的波，故称它们为无穷远条件。

1.1.5　波动方程

实际中我们常常遇到由已知源 $\boldsymbol{J}$ 和 ρ 分布，求解电磁场的问题。例如，辐射问题一般就是由天线表面的电流、电荷分布求得空间的场分布；在涉及场与运动电荷之间相互作用的问题中，必须将电磁场作为电荷和电流的函数。因此，推导出用场源 $\boldsymbol{J}$ 和 ρ 表示的电磁场量 $\boldsymbol{E}$ 和 $\boldsymbol{H}$ 的方程是很有用的。该方程描述作为时间和空间坐标函数的电磁场 $\boldsymbol{E}$ 或 $\boldsymbol{H}$ 的运动规律以及与场源的依赖关系，这就是波动方程。下面由麦克斯韦方程组出发导出电磁场量的波动方程。

对于均匀各向同性的线性媒质，$\boldsymbol{B} = \mu\boldsymbol{H}, \boldsymbol{D} = \varepsilon\boldsymbol{E}$，麦克斯韦方程组式(1.1.1) 可以简写成

$$\nabla\times \boldsymbol{E}(\boldsymbol{r},t) = -\mu \frac{\partial}{\partial t}\boldsymbol{H}(\boldsymbol{r},t) \tag{1.1.29a}$$

$$\nabla\times \boldsymbol{H}(\boldsymbol{r},t) = \varepsilon \frac{\partial}{\partial t}\boldsymbol{E}(\boldsymbol{r},t) + \boldsymbol{J}(\boldsymbol{r},t) \tag{1.1.29b}$$

$$\nabla\cdot \boldsymbol{E}(\boldsymbol{r},t) = \frac{\rho(\boldsymbol{r},t)}{\varepsilon} \tag{1.1.29c}$$

$$\nabla\cdot \boldsymbol{H}(\boldsymbol{r},t) = 0 \tag{1.1.29d}$$

将式(1.1.29a) 两端取旋度并利用式(1.1.29b)，或将式(1.1.29b) 两端取旋度，并利用式(1.1.29a)，可得

$$\nabla\times\nabla\times \boldsymbol{E}(\boldsymbol{r},t) + \mu\varepsilon \frac{\partial^2}{\partial t^2}\boldsymbol{E}(\boldsymbol{r},t) = -\mu \frac{\partial}{\partial t}\boldsymbol{J}(\boldsymbol{r},t) \tag{1.1.30a}$$

$$\nabla\times\nabla\times \boldsymbol{H}(\boldsymbol{r},t) + \mu\varepsilon \frac{\partial^2}{\partial t^2}\boldsymbol{H}(\boldsymbol{r},t) = \nabla\times \boldsymbol{J}(\boldsymbol{r},t) \tag{1.1.30b}$$

式(1.1.30) 即为均匀各向同性线性媒质中电磁场量的非齐次矢量波动方程。利用矢量微分恒等式 $\nabla\times\nabla\times\boldsymbol{A} = \nabla(\nabla\cdot\boldsymbol{A}) - \nabla^2\boldsymbol{A}$ 并考虑到式(1.1.29c) 与式(1.1.29d)，则式(1.1.30) 可以改写为

$$\left(\nabla^2 - \mu\varepsilon \frac{\partial^2}{\partial t^2}\right)\boldsymbol{E}(\boldsymbol{r},t) = \mu \frac{\partial}{\partial t}\boldsymbol{J}(\boldsymbol{r},t) + \nabla\left[\frac{\rho(\boldsymbol{r},t)}{\varepsilon}\right] \tag{1.1.31a}$$

$$\left(\nabla^2 - \mu\varepsilon \frac{\partial^2}{\partial t^2}\right)\boldsymbol{H}(\boldsymbol{r},t) = -\nabla\times \boldsymbol{J}(\boldsymbol{r},t) \tag{1.1.31b}$$

式(1.1.31) 表明，电磁场以波的形式运动变化，而电荷和电流是电磁场的源。

对于均匀各向同性线性媒质中的时谐场，非齐次矢量波动方程式(1.1.31) 可写成

$$(\nabla^2 + k^2)\boldsymbol{E}(\boldsymbol{r}) = \mathrm{j}\omega\mu\boldsymbol{J}(\boldsymbol{r}) + \nabla\left(\frac{\rho}{\varepsilon}\right) = \mathrm{j}\omega\mu\boldsymbol{J}(\boldsymbol{r}) - \frac{1}{\mathrm{j}\omega\varepsilon}\nabla(\nabla\cdot\boldsymbol{J}) \tag{1.1.32a}$$

$$(\nabla^2 + k^2)\boldsymbol{H}(\boldsymbol{r}) = -\nabla\times \boldsymbol{J}(\boldsymbol{r}) \tag{1.1.32b}$$

式中：$k^2 = \omega^2\mu\varepsilon$。式(1.1.32) 称为非齐次矢量亥姆霍兹方程。

在无源区域内，$\boldsymbol{J} = \boldsymbol{0}, \rho = 0$，则波动方程简化为

$$\nabla\times\nabla\times\boldsymbol{E}(\boldsymbol{r},t)+\mu\varepsilon\,\frac{\partial^2}{\partial t^2}\boldsymbol{E}(\boldsymbol{r},t)=\boldsymbol{0} \tag{1.1.33a}$$

$$\nabla\times\nabla\times\boldsymbol{H}(\boldsymbol{r},t)+\mu\varepsilon\,\frac{\partial^2}{\partial t^2}\boldsymbol{H}(\boldsymbol{r},t)=\boldsymbol{0} \tag{1.1.33b}$$

或

$$\left(\nabla^2-\mu\varepsilon\,\frac{\partial^2}{\partial t^2}\right)\boldsymbol{E}(\boldsymbol{r},t)=\boldsymbol{0} \tag{1.1.34a}$$

$$\left(\nabla^2-\mu\varepsilon\,\frac{\partial^2}{\partial t^2}\right)\boldsymbol{H}(\boldsymbol{r},t)=\boldsymbol{0} \tag{1.1.34b}$$

式(1.1.33)或式(1.1.34)即为均匀各向同性线性媒质中电磁场量的齐次矢量波动方程。它一般用来表征空间的电磁波传播特性以及导波系统中电磁波的传输特性。

对于无源区中的时谐场，波动方程式(1.1.32)可写成

$$(\nabla^2+k^2)\boldsymbol{E}(\boldsymbol{r})=\boldsymbol{0} \tag{1.1.35a}$$

$$(\nabla^2+k^2)\boldsymbol{H}(\boldsymbol{r})=\boldsymbol{0} \tag{1.1.35b}$$

式(1.1.35)称为齐次矢量亥姆霍兹方程。

1.1.6 位函数

麦克斯韦方程组从形式上可以看成是欧氏空间中的一组矢量偏微分方程组。经典的电磁场理论致力于在欧氏空间中求解麦克斯韦方程组，这首先就要把矢量偏微分方程组在欧式空间的坐标上进行投影，以便得到对于这些投影的分离的标量偏微分方程。但是遗憾的是，即使考虑了本构关系和电磁流的连续性方程，直接求解麦克斯韦方程组仍然是一个关于6个标量函数($\boldsymbol{E}$和$\boldsymbol{H}$的6个分量)的一阶耦合偏微分方程组的求解问题。这样不论对于电场$\boldsymbol{E}$还是磁场$\boldsymbol{H}$都不可能得到它们在欧氏空间中投影的分离的标量偏微分方程组形式，因而无法对此进行精确的求解。那么，是否有什么办法可以减少未知量和方程的个数，从而简化问题的求解呢？为此，人们引入了位函数，并且还要假设一个洛仑兹规范，才能将麦克斯韦方程组变成分离的标量偏微分方程组。但是，洛仑兹规范既没有物理上的依据，在数学上也无法证明引入这一规范后的解就一定是原方程唯一的精确解，人们应用洛仑兹规范仅仅是因为在经典数学的范围内，只有依靠这一规范，麦克斯韦方程组才能求解。具有代表性的位函数有矢量电位、矢量磁位、标量电位、标量磁位、赫兹电矢量位和磁矢量位。下面将从统一的观点出发引入一般的位函数，上述各种位函数都可以看成是其特例。

对于线性媒质，麦克斯韦方程组是线性偏微分方程组，因此其解满足线性叠加性。为简明起见，假设媒质为服从本构关系式(1.1.14)的理想媒质。如果将激励源分成$\{\boldsymbol{J}(\boldsymbol{r},t),\rho(\boldsymbol{r},t)\}$和$\{\boldsymbol{J}_{\mathrm{m}}(\boldsymbol{r},t),\rho_{\mathrm{m}}(\boldsymbol{r},t)\}$两组，并将它们所产生的场量分别用上角标“$e$”和“$h$”表示，则可将麦克斯韦方程组拆成下面两组：

$$\left.\begin{aligned}
&\nabla\times\boldsymbol{H}^e(\boldsymbol{r},t)=\boldsymbol{J}(\boldsymbol{r},t)+\varepsilon\,\frac{\partial}{\partial t}\boldsymbol{E}^e(\boldsymbol{r},t)\\
&\nabla\times\boldsymbol{E}^e(\boldsymbol{r},t)=-\mu\,\frac{\partial}{\partial t}\boldsymbol{H}^e(\boldsymbol{r},t)\\
&\nabla\cdot\boldsymbol{E}^e(\boldsymbol{r},t)=\rho(\boldsymbol{r},t)/\varepsilon\\
&\nabla\cdot\boldsymbol{H}^e(\boldsymbol{r},t)=0
\end{aligned}\right\} \tag{1.1.36a}$$

$$\left.\begin{aligned}&\nabla\times\boldsymbol{H}^h(\boldsymbol{r},t)=\varepsilon\frac{\partial}{\partial t}\boldsymbol{E}^h(\boldsymbol{r},t)\\&\nabla\times\boldsymbol{E}^h(\boldsymbol{r},t)=-\boldsymbol{J}_{\mathrm{m}}(\boldsymbol{r},t)-\mu\frac{\partial}{\partial t}\boldsymbol{H}^h(\boldsymbol{r},t)\\&\nabla\cdot\boldsymbol{E}^h(\boldsymbol{r},t)=0\\&\nabla\cdot\boldsymbol{H}^h(\boldsymbol{r},t)=\rho_{\mathrm{m}}(\boldsymbol{r},t)/\mu\end{aligned}\right\}\tag{1.1.36b}$$

根据线性叠加性知：由所有的源产生的总场等于上述两组麦克斯韦方程组解的叠加，即

$$\left.\begin{aligned}\boldsymbol{E}(\boldsymbol{r},t)=\boldsymbol{E}^e(\boldsymbol{r},t)+\boldsymbol{E}^h(\boldsymbol{r},t)\\\boldsymbol{H}(\boldsymbol{r},t)=\boldsymbol{H}^e(\boldsymbol{r},t)+\boldsymbol{H}^h(\boldsymbol{r},t)\end{aligned}\right\}\tag{1.1.37}$$

令

$$\left.\begin{aligned}\boldsymbol{H}^e(\boldsymbol{r},t)=\xi^e\,\nabla\times\boldsymbol{F}^e(\boldsymbol{r},t)\\\boldsymbol{E}^h(\boldsymbol{r},t)=-\xi^h\,\nabla\times\boldsymbol{F}^h(\boldsymbol{r},t)\end{aligned}\right\}\tag{1.1.38}$$

式中：$\xi^{e,h}$ 为常数；$\boldsymbol{F}^{e,h}(\boldsymbol{r},t)$ 为矢量位函数。将之分别代入式(1.1.36a) 和式(1.1.36b) 并考虑到电磁流连续性方程式(1.1.2)，得

$$\left.\begin{aligned}&\nabla^2\boldsymbol{F}^e(\boldsymbol{r},t)-\mu\varepsilon\frac{\partial^2}{\partial t^2}\boldsymbol{F}^e(\boldsymbol{r},t)=-\boldsymbol{J}(\boldsymbol{r},t)/\xi^e\\&\nabla^2\varphi^e(\boldsymbol{r},t)-\mu\varepsilon\frac{\partial^2}{\partial t^2}\varphi^e(\boldsymbol{r},t)=-\rho(\boldsymbol{r},t)/\varepsilon\\&\boldsymbol{H}^e(\boldsymbol{r},t)=\xi^e\,\nabla\times\boldsymbol{F}^e(\boldsymbol{r},t)\\&\boldsymbol{E}^e(\boldsymbol{r},t)=-\nabla\varphi^e(\boldsymbol{r},t)-\mu\xi^e\frac{\partial}{\partial t}\boldsymbol{F}^e(\boldsymbol{r},t)\\&\nabla\cdot\boldsymbol{F}^e(\boldsymbol{r},t)=-(\varepsilon/\xi^e)\frac{\partial}{\partial t}\varphi^e(\boldsymbol{r},t)\end{aligned}\right\}\tag{1.1.39a}$$

$$\left.\begin{aligned}&\nabla^2\boldsymbol{F}^h(\boldsymbol{r},t)-\mu\varepsilon\frac{\partial^2}{\partial t^2}\boldsymbol{F}^h(\boldsymbol{r},t)=-\boldsymbol{J}_{\mathrm{m}}(\boldsymbol{r},t)/\xi^h\\&\nabla^2\varphi^h(\boldsymbol{r},t)-\mu\varepsilon\frac{\partial^2}{\partial t^2}\varphi^h(\boldsymbol{r},t)=-\rho_{\mathrm{m}}(\boldsymbol{r},t)/\mu\\&\boldsymbol{E}^h(\boldsymbol{r},t)=-\xi^h\,\nabla\times\boldsymbol{F}^h(\boldsymbol{r},t)\\&\boldsymbol{H}^h(\boldsymbol{r},t)=-\nabla\varphi^h(\boldsymbol{r},t)-\varepsilon\xi^h\frac{\partial}{\partial t}\boldsymbol{F}^h(\boldsymbol{r},t)\\&\nabla\cdot\boldsymbol{F}^e(\boldsymbol{r},t)=-(\mu/\xi^h)\frac{\partial}{\partial t}\varphi^h(\boldsymbol{r},t)\end{aligned}\right\}\tag{1.1.39b}$$

式(1.1.39) 的每组方程中，前两式分别为矢量位函数和标量位函数所满足的非齐次波动方程，也称作达朗贝尔方程；中间两式为电磁场量与位函数之间的关系式；最后一式就是所谓的洛仑兹规范，该规范是在导出位函数所满足的波动方程时自然引入的，它们同时也保证了上述方程的完备性。在上面两组方程的导出过程中，用到了恒等式$\nabla\times\nabla\times\boldsymbol{F}=\nabla\nabla\cdot\boldsymbol{F}-\nabla^2\boldsymbol{F}$，这里 $\boldsymbol{F}$ 为任意二阶可微矢量函数。

由线性叠加性知，总场量为

$$\begin{aligned}&\boldsymbol{E}(\boldsymbol{r},t)=\boldsymbol{E}^e(\boldsymbol{r},t)+\boldsymbol{E}^h(\boldsymbol{r},t)=\\&\qquad-\xi^h\,\nabla\times\boldsymbol{F}^h(\boldsymbol{r},t)-\nabla\varphi^e(\boldsymbol{r},t)-\mu\xi^e\frac{\partial}{\partial t}\boldsymbol{F}^e(\boldsymbol{r},t)=\end{aligned}$$

$$-\xi^h\ \nabla\times\boldsymbol{F}^h(\boldsymbol{r},t)+\frac{\xi^e}{\varepsilon}\nabla\nabla\cdot\int\boldsymbol{F}^e(\boldsymbol{r},t)\mathrm{d}t-\mu\xi^e\frac{\partial}{\partial t}\boldsymbol{F}^e(\boldsymbol{r},t) \tag{1.1.40a}$$

$$\begin{aligned}\boldsymbol{H}(\boldsymbol{r},t)=&\boldsymbol{H}^e(\boldsymbol{r},t)+\boldsymbol{H}^h(\boldsymbol{r},t)=\\&\xi^e\ \nabla\times\boldsymbol{F}^e(\boldsymbol{r},t)-\nabla\varphi^h(\boldsymbol{r},t)-\varepsilon\xi^e\frac{\partial}{\partial t}\boldsymbol{F}^h(\boldsymbol{r},t)=\\&\xi^e\ \nabla\times\boldsymbol{F}^e(\boldsymbol{r},t)+\frac{\xi^h}{\mu}\nabla\nabla\cdot\int\boldsymbol{F}^h(\boldsymbol{r},t)\mathrm{d}t-\varepsilon\xi^h\frac{\partial}{\partial t}\boldsymbol{F}^h(\boldsymbol{r},t)\end{aligned} \tag{1.1.40b}$$

用 $\mathrm{j}\omega$ 和 $1/(\mathrm{j}\omega)$ 分别代替关于时间的微分和积分算子 $\partial/\partial t,\int\mathrm{d}t$,即可得频域中的方程为

$$\begin{aligned}\boldsymbol{E}(\boldsymbol{r})=&\boldsymbol{E}^e(\boldsymbol{r})+\boldsymbol{E}^h(\boldsymbol{r})=\\&-\xi^h\ \nabla\times\boldsymbol{F}^h(\boldsymbol{r})-\nabla\varphi^e(\boldsymbol{r})-\mathrm{j}\omega\mu\xi^e\boldsymbol{F}^e(\boldsymbol{r})=\\&-\xi^h\ \nabla\times\boldsymbol{F}^h(\boldsymbol{r})+\frac{\xi^e}{\mathrm{j}\omega\varepsilon}\nabla\nabla\cdot\boldsymbol{F}^e(\boldsymbol{r})-\mathrm{j}\omega\mu\xi^e\boldsymbol{F}^e(\boldsymbol{r})\end{aligned} \tag{1.1.41a}$$

$$\begin{aligned}\boldsymbol{H}(\boldsymbol{r})=&\boldsymbol{H}^e(\boldsymbol{r})+\boldsymbol{H}^h=\\&\xi^e\ \nabla\times\boldsymbol{F}^e(\boldsymbol{r})-\nabla\varphi^h(\boldsymbol{r})-\mathrm{j}\omega\varepsilon\xi^h\boldsymbol{F}^h(\boldsymbol{r})=\\&\xi^e\ \nabla\times\boldsymbol{F}^e(\boldsymbol{r})+\frac{\xi^h}{\mathrm{j}\omega\mu}\nabla\nabla\cdot\boldsymbol{F}^h(\boldsymbol{r})-\mathrm{j}\omega\varepsilon\xi^h\boldsymbol{F}^h(\boldsymbol{r})\end{aligned} \tag{1.1.41b}$$

$$\left.\begin{aligned}&\nabla^2\boldsymbol{F}^e(\boldsymbol{r})+k^2\boldsymbol{F}^e(\boldsymbol{r})=-\boldsymbol{J}(\boldsymbol{r})/\xi^e\\&\nabla^2\varphi^e(\boldsymbol{r})+k^2\varphi^e(\boldsymbol{r})=-\rho(\boldsymbol{r})/\varepsilon\\&\boldsymbol{H}^e(\boldsymbol{r})=\xi^e\ \nabla\times\boldsymbol{F}^e(\boldsymbol{r})\\&\boldsymbol{E}^e(\boldsymbol{r})=-\nabla\varphi^e(\boldsymbol{r})-\mathrm{j}\omega\mu\xi^e(\boldsymbol{r})\boldsymbol{F}^e(\boldsymbol{r})\\&\nabla\cdot\boldsymbol{F}^e(\boldsymbol{r})=-\mathrm{j}\omega\varepsilon\varphi^e(\boldsymbol{r})/\xi^e\end{aligned}\right\} \tag{1.1.42a}$$

$$\left.\begin{aligned}&\nabla^2\boldsymbol{F}^h(\boldsymbol{r})+k^2\boldsymbol{F}^h(\boldsymbol{r})=-\boldsymbol{J}_{\mathrm{m}}(\boldsymbol{r})/\xi^h\\&\nabla^2\varphi^h(\boldsymbol{r})+k^2\varphi^h(\boldsymbol{r})=-\rho_{\mathrm{m}}(\boldsymbol{r})/\mu\\&\boldsymbol{E}^h(\boldsymbol{r})=-\xi^h\ \nabla\times\boldsymbol{F}^h(\boldsymbol{r})\\&\boldsymbol{H}^h(\boldsymbol{r})=-\nabla\varphi^h(\boldsymbol{r})-\mathrm{j}\omega\varepsilon\xi^h(\boldsymbol{r})\boldsymbol{F}^h(\boldsymbol{r},t)\\&\nabla\cdot\boldsymbol{F}^e(\boldsymbol{r})=-\mathrm{j}\omega\varepsilon\varphi^h(\boldsymbol{r})/\xi^h\end{aligned}\right\} \tag{1.1.42b}$$

式中:$k=\omega\sqrt{\mu\varepsilon}=2\pi/\lambda$ 称作波数,λ 为波长。上述两组方程中的前两式称作非齐次的亥姆霍兹方程,在无源区退化为齐次亥姆霍兹方程。

若令 $\xi^e=\mathrm{j}\omega\varepsilon,\xi^h=\mathrm{j}\omega\mu$,则 $\boldsymbol{F}^e$ 和 $\boldsymbol{F}^h$ 就分别表示赫兹电矢量位函数 $\boldsymbol{\Pi}^e$ 和磁矢量位函数 $\boldsymbol{\Pi}^h$,而 φ^e 和 φ^h 分别为赫兹电标量位函数和磁标量位函数;若令 $\xi^e=\xi^h=1$,则 $\boldsymbol{F}^e$ 和 $\boldsymbol{F}^h$ 就分别表示磁矢量位函数 $\mathbf{A}$ 和电矢量位函数 $\boldsymbol{A}^*$,而 φ^e 和 φ^h 分别为磁标量位函数 φ 和电标量位函数 φ^*。ξ^e,ξ^h 的取值具有一定的任意性,也就是说在实际解决问题时到底采用哪种位函数具有一定的任意性。事实上,当解决一个问题时,只要 ξ^e,ξ^h 的取值自始自终保持不变,就可以获得正确的解。

在充满理想媒质的无界空间中,矢量位函数和标量位函数的解可以表示为以下非常简明的形式,即

$$\boldsymbol{F}^e(\boldsymbol{r},t)=\frac{1}{\xi^e}\iiint_{\Omega}\frac{\boldsymbol{J}(t-v^{-1}|\boldsymbol{r}-\boldsymbol{r}'|)}{4\pi|\boldsymbol{r}-\boldsymbol{r}'|}\mathrm{d}V' \tag{1.1.43a}$$

$$\boldsymbol{F}^h(\boldsymbol{r},t)=\frac{1}{\xi^h}\iiint_{\Omega}\frac{\boldsymbol{J}_{\mathrm{m}}(t-v^{-1}|\boldsymbol{r}-\boldsymbol{r}'|)}{4\pi|\boldsymbol{r}-\boldsymbol{r}'|}\mathrm{d}V' \tag{1.1.43b}$$

$$\varphi^{e}(\boldsymbol{r},t)=\frac{1}{\varepsilon}\iiint_{\Omega'}\frac{\rho(t-v^{-1}|\boldsymbol{r}-\boldsymbol{r}'|)}{4\pi|\boldsymbol{r}-\boldsymbol{r}'|}\mathrm{d}V' \tag{1.1.43c}$$

$$\varphi^{h}(\boldsymbol{r},t)=\frac{1}{\mu}\iiint_{\Omega'}\frac{\rho_{\mathrm{m}}(t-v^{-1}|\boldsymbol{r}-\boldsymbol{r}'|)}{4\pi|\boldsymbol{r}-\boldsymbol{r}'|}\mathrm{d}V' \tag{1.1.43d}$$

式中：$v=1/\sqrt{\mu\varepsilon}$ 是理想介质中的波速，特别地，在自由空间中 $v=c=1/\sqrt{\mu_0\varepsilon_0}$ 就是光速。从上述表达式可以看到，在场点 $\boldsymbol{r}$ 处 t 时刻的位函数值并不取决于该时刻源域 Ω' 内的源量值，而是取决于在此之前 $t'=(t-v^{-1}|\boldsymbol{r}-\boldsymbol{r}'|)$ 时刻的源量值。换言之，源量在时刻 t 的作用，要经过一个推迟时间才能到达场点 $\boldsymbol{r}$，这段推迟时间就是波从源点 $\boldsymbol{r}'$ 以速度 v 传播到场点 $\boldsymbol{r}$ 所需要的时间。因此，上述表达式描述的位函数也称作推迟位。

将上述位函数的积分表达式代入式(1.1.40) 就可得到各种源量同时存在的情况下，总的电场和磁场与源量之间的关系式，也就是麦克斯韦方程组在理想媒质填充无界空间中的解。

对式(1.1.43) 两边进行傅里叶变换，即可获得频域中的位函数为

$$\boldsymbol{F}^{e}(\boldsymbol{r})=\frac{1}{\xi^{e}}\iiint_{\Omega'}\frac{\boldsymbol{J}(\boldsymbol{r}')\mathrm{e}^{-\mathrm{j}k|\boldsymbol{r}-\boldsymbol{r}'|}}{4\pi|\boldsymbol{r}-\boldsymbol{r}'|}\mathrm{d}V' \tag{1.1.44a}$$

$$\boldsymbol{F}^{h}(\boldsymbol{r})=\frac{1}{\xi^{h}}\iiint_{\Omega'}\frac{\boldsymbol{J}_{\mathrm{m}}(\boldsymbol{r}')\mathrm{e}^{-\mathrm{j}k|\boldsymbol{r}-\boldsymbol{r}'|}}{4\pi|\boldsymbol{r}-\boldsymbol{r}'|}\mathrm{d}V' \tag{1.1.44b}$$

$$\varphi^{e}(\boldsymbol{r})=\frac{1}{\varepsilon}\iiint_{\Omega'}\frac{\rho(\boldsymbol{r}')\mathrm{e}^{-\mathrm{j}k|\boldsymbol{r}-\boldsymbol{r}'|}}{4\pi|\boldsymbol{r}-\boldsymbol{r}'|}\mathrm{d}V' \tag{1.1.44c}$$

$$\varphi^{h}(\boldsymbol{r})=\frac{1}{\mu}\iiint_{\Omega'}\frac{\rho_{\mathrm{m}}(\boldsymbol{r}')\mathrm{e}^{-\mathrm{j}k|\boldsymbol{r}-\boldsymbol{r}'|}}{4\pi|\boldsymbol{r}-\boldsymbol{r}'|}\mathrm{d}V' \tag{1.1.44d}$$

以上位函数的讨论都是针对动态场的，对于式(1.1.7) 所描述的静态场，可得以下的方程：

静电场：

$$\left.\begin{aligned}\nabla^2\varphi(\boldsymbol{r})&=-\rho(\boldsymbol{r})/\varepsilon\\ \boldsymbol{E}(\boldsymbol{r})&=-\nabla\varphi(\boldsymbol{r})\end{aligned}\right\} \tag{1.1.45a}$$

静磁场：

$$\left.\begin{aligned}\nabla^2\boldsymbol{A}(\boldsymbol{r})&=-\boldsymbol{J}(\boldsymbol{r})\\ \boldsymbol{H}(\boldsymbol{r})&=\nabla\times\boldsymbol{A}(\boldsymbol{r})\\ \nabla\cdot\boldsymbol{A}(\boldsymbol{r})&=0\end{aligned}\right\} \tag{1.1.45b}$$

式中：φ 和 $\boldsymbol{A}$ 分别称作静电位函数和静磁位函数，它们都满足泊松方程，在无源区退化为拉普拉斯方程。

在理想媒质填充的无界空间中，有静位函数的积分解为

$$\boldsymbol{A}(\boldsymbol{r})=\iiint_{\Omega'}\frac{\boldsymbol{J}(\boldsymbol{r}')}{4\pi|\boldsymbol{r}-\boldsymbol{r}'|}\mathrm{d}V' \tag{1.1.46a}$$

$$\varphi(\boldsymbol{r})=\frac{1}{\varepsilon}\iiint_{\Omega'}\frac{\rho(\boldsymbol{r}')}{4\pi|\boldsymbol{r}-\boldsymbol{r}'|}\mathrm{d}V' \tag{1.1.46b}$$

对于式(1.1.8) 和式(1.1.9) 所描述的准静态场，有

准静态电场：

$$\left.\begin{aligned}&\nabla^2\varphi(\boldsymbol{r})=-\rho(\boldsymbol{r})/\varepsilon\\&\boldsymbol{E}=-\nabla\varphi(\boldsymbol{r})\\&\nabla\cdot\boldsymbol{J}(\boldsymbol{r})=-\mathrm{j}\omega\rho(\boldsymbol{r})\end{aligned}\right\}\tag{1.1.47a}$$

准静态磁场：

$$\left.\begin{aligned}&\nabla^2\boldsymbol{A}(\boldsymbol{r})=-\boldsymbol{J}(\boldsymbol{r})\\&\nabla^2\varphi(\boldsymbol{r})=0\\&\boldsymbol{H}(\boldsymbol{r})=-\nabla\times\boldsymbol{A}(\boldsymbol{r})\\&\boldsymbol{E}(\boldsymbol{r})=-\nabla\varphi-\mathrm{j}\omega\mu\boldsymbol{A}(\boldsymbol{r})\\&\nabla\cdot\boldsymbol{A}(\boldsymbol{r})=0\end{aligned}\right\}\tag{1.1.47b}$$

对于有耗媒质区域，考虑到广义欧姆定律，有

$$\boldsymbol{J}(\boldsymbol{r})=-\sigma\nabla\varphi(\boldsymbol{r})-\mathrm{j}\omega\mu\sigma\boldsymbol{A}(\boldsymbol{r})\tag{1.1.48}$$

将静磁位的积分解式(1.1.46)代入即可证明电流密度满足如下第二类弗雷德霍尔蒙型积分方程：

$$\frac{\boldsymbol{J}(\boldsymbol{r})}{\sigma}+\mathrm{j}\omega\mu\iiint_{\Omega}\frac{\boldsymbol{J}(\boldsymbol{r}')}{4\pi|\boldsymbol{r}-\boldsymbol{r}'|}\mathrm{d}V'=-\nabla\varphi(\boldsymbol{r}),\quad \boldsymbol{r}\in\Omega\tag{1.1.49}$$

该方程在计算导体电感方面有着重要的应用。

1.2 电磁场重要原理

1.2.1 坡印廷定理

坡印廷定理是描述电磁能量守恒的一个重要定理。坡印廷定理指出，可采用坡印廷矢量 $\boldsymbol{S}$ 的方向代表电磁场功率流动的方向，坡印廷矢量的量纲为 $\mathrm{W/m^2}$。在时域中，坡印廷矢量的形式定义为

$$\boldsymbol{S}=\boldsymbol{E}(\boldsymbol{r},t)\times\boldsymbol{H}(\boldsymbol{r},t)\tag{1.2.1}$$

在时谐场中，复坡印廷矢量$\tilde{\boldsymbol{S}}$可表示为

$$\tilde{\boldsymbol{S}}=\boldsymbol{E}\times\boldsymbol{H}^*\tag{1.2.2}$$

式中：符号“＊”表示复共轭。复坡印廷矢量$\tilde{\boldsymbol{S}}$的时间平均值为

$$<\tilde{\boldsymbol{S}}>=\frac{1}{2}\mathrm{Re}<\boldsymbol{E}\times\boldsymbol{H}^*>\tag{1.2.3}$$

设体域 Ω 内填充简单有耗媒质且仅存在电流源，由麦克斯韦方程组可得

$$\begin{aligned}\nabla\cdot\tilde{\boldsymbol{S}}=\nabla\cdot(\boldsymbol{E}\times\boldsymbol{H})=\\-\frac{\partial}{\partial t}\Big(\frac{1}{2}\mu\mid\boldsymbol{H}\mid^2\Big)-\frac{\partial}{\partial t}\Big(\frac{1}{2}\varepsilon\mid\boldsymbol{E}\mid^2\Big)-\boldsymbol{J}\cdot\boldsymbol{E}\end{aligned}\tag{1.2.4}$$

在体域 Ω 上作体积分并利用高斯散度定理，即可得坡印廷定理的积分形式为

$$\oint\!\!\!\oint_{\partial\Omega}(\boldsymbol{E}\times\boldsymbol{H})\cdot\mathrm{d}\boldsymbol{S}+\iiint_{\Omega}\boldsymbol{J}\cdot\boldsymbol{E}\mathrm{d}V=-\frac{\partial}{\partial t}\iiint_{\Omega}\Big(\frac{\mu\mid\boldsymbol{H}\mid^2}{2}+\frac{\varepsilon\mid\boldsymbol{E}\mid^2}{2}\Big)\mathrm{d}V\tag{1.2.5}$$

或

$$P + P_\sigma = -\frac{\partial}{\partial t}(W_e + W_m) \tag{1.2.6}$$

式中：$P = \oiint_{\partial\Omega} (\boldsymbol{E} \times \boldsymbol{H}) \cdot \mathrm{d}\boldsymbol{S}$ 为瞬时坡印廷矢量在体域 Ω 的表面 $\partial\Omega$ 上的积分，即流出表面的功率；$P_\sigma = \iiint_\Omega \boldsymbol{J} \cdot \boldsymbol{E} \mathrm{d}V$ 为域中媒质的损耗功率；$W_e = \iiint_\Omega \frac{\varepsilon \mid \boldsymbol{E} \mid^2}{2} \mathrm{d}V$，$W_m = \iiint_\Omega \frac{\mu \mid \boldsymbol{H} \mid^2}{2} \mathrm{d}V$ 分别表示电、磁储能。

式(1.2.6)表明，从体域 Ω 的表面 $\partial\Omega$ 散出去的电磁功率加上体域内功率损耗等于单位时间内体域中减少的电磁能量。因此，式(1.2.6)是能量守恒定律的表达式。同时，也表明坡印廷矢量描述了电磁能流密度沿其矢量方向传播。

1.2.2 唯一性定理

在求解电磁场边值问题时，人们自然最为关心的是，在什么样的条件下才能得到麦克斯韦方程组的唯一解呢？唯一性定理指出：若源分布、初始条件和边界条件都给定，那么麦克斯韦方程组的解是唯一的。

为了从数学上证明这个问题，我们考虑如图 1.2.1 所示的有限区域 V，它是由表面 S(包括表面 $S_0, S_1, S_2, \cdots, S_N$)所围成的。$V$ 内的媒质是各向同性的线性媒质，其参数 ε，μ 和 σ 可以是空间坐标的已知任意函数。$(\boldsymbol{J}, \rho, \boldsymbol{J}_m, \rho_m)$ 是 V 内的外加激励源。

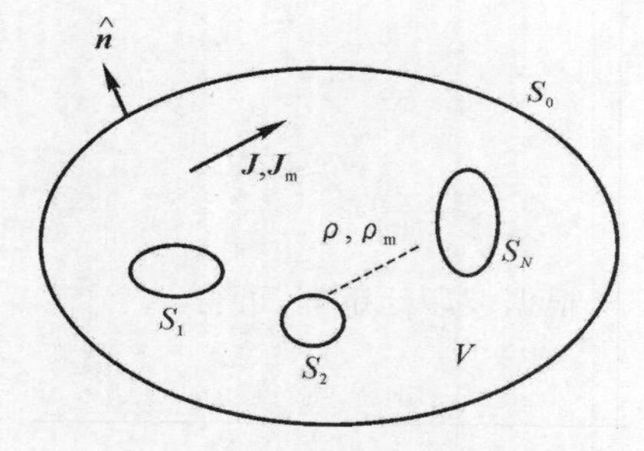

图 1.2.1 有限区域的电磁场边值问题

若在给定的初始条件和边界条件下，令 $\boldsymbol{E}_1, \boldsymbol{H}_1$ 和 $\boldsymbol{E}_2, \boldsymbol{H}_2$ 是由源$(\boldsymbol{J}, \rho, \boldsymbol{J}_m, \rho_m)$产生的两组不同的解，其分别为以下麦克斯韦方程组的解：

$$\left.\begin{array}{l}
\left\{\begin{array}{l}
\nabla \times \boldsymbol{H}_1 = \boldsymbol{J} + \varepsilon \dfrac{\partial \boldsymbol{E}_1}{\partial t} \\
\nabla \times \boldsymbol{E}_1 = -\boldsymbol{J}_m - \mu \dfrac{\partial \boldsymbol{H}_1}{\partial t} \\
\nabla \cdot \boldsymbol{H}_1 = \dfrac{\rho_m}{\mu} \\
\nabla \cdot \boldsymbol{E}_1 = \dfrac{\rho}{\varepsilon}
\end{array}\right. \\
\left\{\begin{array}{l}
\nabla \times \boldsymbol{H}_2 = \boldsymbol{J} + \varepsilon \dfrac{\partial \boldsymbol{E}_2}{\partial t} \\
\nabla \times \boldsymbol{E}_2 = -\boldsymbol{J}_m - \mu \dfrac{\partial \boldsymbol{H}_2}{\partial t} \\
\nabla \cdot \boldsymbol{H}_2 = \dfrac{\rho_m}{\mu} \\
\nabla \cdot \boldsymbol{E}_2 = \dfrac{\rho}{\varepsilon}
\end{array}\right.
\end{array}\right\} \tag{1.2.7}$$

而且，这两组解满足相同的初始条件和边界条件：

$$\left.\begin{array}{l}\begin{cases}\boldsymbol{E}_1(\boldsymbol{r},t=0)=\boldsymbol{E}_2(\boldsymbol{r},t=0)\\ \boldsymbol{H}_1(\boldsymbol{r},t=0)=\boldsymbol{H}_2(\boldsymbol{r},t=0)\end{cases}\\ \begin{cases}\boldsymbol{E}_1\big|_{\partial\Omega}=\boldsymbol{E}_2\big|_{\partial\Omega}\\ \boldsymbol{H}_1\big|_{\partial\Omega}=\boldsymbol{H}_2\big|_{\partial\Omega}\end{cases}\end{array}\right\} \tag{1.2.8}$$

现在需要证明的问题是，在什么样的条件下，这两组解的差 $\boldsymbol{E}'=\boldsymbol{E}_1-\boldsymbol{E}_2$，$\boldsymbol{H}'=\boldsymbol{H}_1-\boldsymbol{H}_2$，在任意时刻和体积内任一点上恒等于零。这样得到的结果便是麦克斯韦方程组解唯一性的最普遍条件。

为此，将式(1.2.7)两组解的对应式相减，则由线性叠加性知 $\boldsymbol{E}'=\boldsymbol{E}_1-\boldsymbol{E}_2$，$\boldsymbol{H}'=\boldsymbol{H}_1-\boldsymbol{H}_2$ 满足齐次麦克斯韦方程组及齐次初始条件和边界条件：

$$\left.\begin{array}{l}\begin{cases}\nabla\times\boldsymbol{H}'=\varepsilon\dfrac{\partial\boldsymbol{E}'}{\partial t}\\ \nabla\times\boldsymbol{E}'=-\mu\dfrac{\partial\boldsymbol{H}'}{\partial t}\\ \nabla\cdot\boldsymbol{H}'=0\\ \nabla\cdot\boldsymbol{E}'=0\end{cases}\\ \begin{cases}\boldsymbol{H}'(\boldsymbol{r},t=0)=\boldsymbol{0}\\ \boldsymbol{E}'(\boldsymbol{r},t=0)=\boldsymbol{0}\end{cases}\\ \begin{cases}\boldsymbol{H}'\big|_{\partial\Omega}=\boldsymbol{0}\\ \boldsymbol{E}'\big|_{\partial\Omega}=\boldsymbol{0}\end{cases}\end{array}\right\} \tag{1.2.9}$$

根据坡印廷定理，可得

$$\frac{\mathrm{d}}{\mathrm{d}t}\iiint_{\Omega}\frac{1}{2}(\varepsilon\mid\boldsymbol{E}'\mid^2+\mu\mid\boldsymbol{H}'\mid^2)\mathrm{d}V=0 \tag{1.2.10}$$

将式(1.2.10)对时间从 0 到 t 积分并考虑到 $t=0$ 时的齐次初始条件，得

$$\iiint_{\Omega}\frac{1}{2}(\varepsilon\mid\boldsymbol{E}'\mid^2+\mu\mid\boldsymbol{H}'\mid^2)\bigg|_t\mathrm{d}V=0 \tag{1.2.11}$$

由于被积函数恒为正值，则有

$$\boldsymbol{E}'=\boldsymbol{0},\quad \boldsymbol{H}'=\boldsymbol{0}\quad\Rightarrow\quad \boldsymbol{E}_1=\boldsymbol{E}_2,\quad \boldsymbol{H}_1=\boldsymbol{H}_2 \tag{1.2.12}$$

这说明，所设的两组不同的解实际上是同一组解。

唯一性定理的重要意义在于：

(1) 它告诉我们在什么条件下获得的解是唯一的。

(2) 它可以允许我们放心地自由选择任何一种求解电磁场的方法。因为不管用什么方法，只要找到符合唯一性定理所规定的条件的解，那么此解一定是唯一解。

(3) 根据唯一性定理可以建立许多场的等效原理，例如利用唯一性定理得到的镜像法就是一种求解场的等效方法。

1.2.3 二重性原理

将电流源与磁流源分别存在的情况下的麦克斯韦方程组加以对比，可以看出，两组方程在数学形式上完全相同。若按下列方式作对应符号的变换：

$$
\begin{array}{ccc}
\text{仅有电流源的方程组} & & \text{仅有磁流源的方程组} \\
\boldsymbol{E} & \Leftrightarrow & \boldsymbol{H} \\
\boldsymbol{H} & \Leftrightarrow & -\boldsymbol{E} \\
\boldsymbol{J} & \Leftrightarrow & \boldsymbol{J}_{\mathrm{m}} \\
\rho & \Leftrightarrow & \rho_{\mathrm{m}} \\
\mu & \Leftrightarrow & \varepsilon \\
\varepsilon & \Leftrightarrow & \mu \\
\boldsymbol{A} & \Leftrightarrow & \boldsymbol{A}_{\mathrm{m}}
\end{array}
\quad (1.2.13)
$$

则可由一个方程组得到另一个方程组。上面的变换关系对边界条件也适用。

由此可见，描述两种不同物理现象的方程具有相同的数学形式，则它们的解也有相同的数学形式。这样的事实称为二重性或对偶性。对应的两个方程称为二重性方程或对偶性方程。在二重性方程中占有同样位置的量称为二重量或对偶量。

研究对偶性概念的意义如下：

(1) 它对记忆方程有帮助，因为几乎有一半方程是其余方程的对偶式。

(2) 获得一类问题的解后，可以利用对偶量的替换得到另一类问题的解。

(3) 当无限大均匀媒质空间中同时有电流源和磁流源时，由于场方程是线性的，根据线性叠加原理，总场也可看成两部分之和，即

$$\boldsymbol{E} = -\nabla\times\boldsymbol{A}_{\mathrm{m}} \quad (1.2.14a)$$

$$\boldsymbol{H} = -\nabla\times\boldsymbol{A} \quad (1.2.14b)$$

1.2.4　场的等效原理

场的等效原理就是一个场的边值问题可由另一个边值问题的解来代替的原理。等效问题的解或者是已知的，或者是比原来问题更容易求出。本节介绍的等效原理是指用等效源代替真实源的作用，使其在不含源的某一区域中的场并不因用了等效源而改变。

在某一空间区域内，能产生同样场的两种源称为在该区域内是等效的。利用等效原理后，当需求解已知空间区域内的场时，实际源是不需要知道的，只要知道等效源就可以了。

等效原理最简单的应用情况如图 1.2.2 所示。

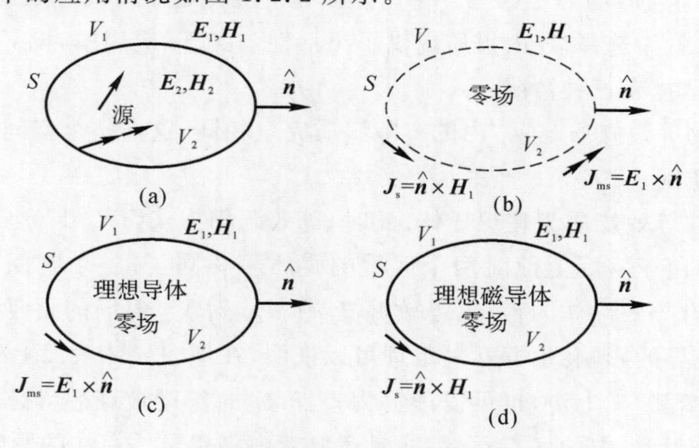

图 1.2.2　等效原理的应用情况

(a) 原问题；(b) 等效 1；(c) 等效 2；(d) 等效 3

图 1.2.2 (a) 代表原来的问题，在 S 面包围的区域 V_2 内有源，而 S 面之外的区域 V_1 是均匀媒质空间且无源。在这两个区域中的媒质特性分别为 $\varepsilon_1, \mu_1, \sigma_1$ 和 $\varepsilon_2, \mu_2, \sigma_2$。如果要求出这一问题的全部区域中的场，那么，首先应当分别求出 V_2 中有源的麦克斯韦方程组的解 $\boldsymbol{E}_2, \boldsymbol{H}_2$ 和 V_1 中无源的麦克斯韦方程组的解 $\boldsymbol{E}_1, \boldsymbol{H}_1$，然后再利用边界条件确定解中的待定系数。由于在两个区域的交界面 S 上无流层源，故在 S 面上的边界条件为

$$(\boldsymbol{E}_1 - \boldsymbol{E}_2) \times \hat{\boldsymbol{n}} = \boldsymbol{0} \tag{1.2.15a}$$

$$\hat{\boldsymbol{n}} \times (\boldsymbol{H}_1 - \boldsymbol{H}_2) = \boldsymbol{0} \tag{1.2.15b}$$

在上述问题中，如果只希望求 S 面之外的场 $\boldsymbol{E}_1, \boldsymbol{H}_1$，而对 V_2 中的场 $\boldsymbol{E}_2, \boldsymbol{H}_2$ 不感兴趣，则可以在 S 面之外建立原来问题的等效问题。建立等效关系的依据是唯一性定理。如果令 S 面之外存在原来的场，即 $\boldsymbol{E}_1, \boldsymbol{H}_1$，但假设 S 面之内的场为零，如图 1.2.2(b) 所示，显然在这种情况下，原来的边界条件式(1.2.15) 不能满足。为了满足原来的边界条件，可在 S 面上加上面电流源 $\boldsymbol{J}_s$ 和面磁流源 $\boldsymbol{J}_{ms}$，以使 $\boldsymbol{E}_1$ 和 $\boldsymbol{H}_1$ 仍满足原来的边界条件。因此，外加面电流源 $\boldsymbol{J}_s$ 和面磁流源 $\boldsymbol{J}_{ms}$ 应为

$$\boldsymbol{J}_s = \hat{\boldsymbol{n}} \times \boldsymbol{H}_1 = \hat{\boldsymbol{n}} \times \boldsymbol{H}_2 \tag{1.2.16a}$$

$$\boldsymbol{J}_{ms} = \boldsymbol{E}_1 \times \hat{\boldsymbol{n}} = \boldsymbol{E}_2 \times \hat{\boldsymbol{n}} \tag{1.2.16b}$$

式中：$\hat{\boldsymbol{n}}$ 是 S 面上外法向单位矢量；$\boldsymbol{E}_1, \boldsymbol{H}_1$ 和 $\boldsymbol{E}_2, \boldsymbol{H}_2$ 都是 S 面上原来的场。注意，$\boldsymbol{J}_s$ 和 $\boldsymbol{J}_{ms}$ 是等效源，它们并不代表在 S 面上真实的面电流源和面磁流源，而仅仅代表了 V_2 内真实源对 V_1 内场的影响。引入等效源后，由于在 S 面上场仍满足原来问题的边界条件式(1.2.15)，根据唯一性定理，此时在 V_1 中所确定的场仍为 $\boldsymbol{E}_1, \boldsymbol{H}_1$，且是唯一的。所以，图 1.2.2(b) 所示的情况与原来图1.2.2(a) 所示的情况等效。也就是说，原来 V_2 内的源对 V_1 内场的作用等效为在 S 面上的等效源 $\boldsymbol{J}_s$ 和 $\boldsymbol{J}_{ms}$ 的作用。还应指出，在这里规定了 V_2 内的场为零，从原理上讲，可以规定其场为任意一个已知值 $\boldsymbol{E}_{20}, \boldsymbol{H}_{20}$。但最方便的是规定其场为零，其理由是：

(1) 当规定 $\boldsymbol{E}_{20}$ 和 $\boldsymbol{H}_{20}$ 不为零时，此时等效源不能表示为式(1.2.16) 那样简单的形式。因为此时要满足式(1.2.15)，应规定

$$\boldsymbol{J}_s = \hat{\boldsymbol{n}} \times (\boldsymbol{H}_1 - \boldsymbol{H}_{20}) \tag{1.2.17a}$$

$$\boldsymbol{J}_{ms} = (\boldsymbol{E}_1 - \boldsymbol{E}_{20}) \times \hat{\boldsymbol{n}} \tag{1.2.17b}$$

(2) 由于规定 V_2 内的场为零，因此 V_2 内媒质在等效问题中可以假定为任意媒质，而对 V_1 内的场都无影响。这就为选择 V_2 内媒质提供了灵活性。在实际应用中，设 V_2 内的场为零时，V_2 内等效媒质常用的选择有三种情况：

1) 选择 V_2 内的等效媒质与 V_1 内的实际媒质完全相同，这样整个空间就成为只包含源 $\boldsymbol{J}_s$ 和 $\boldsymbol{J}_{ms}$ 的均匀媒质空间。

2) 选择 V_2 内的等效媒质为理想导体。此时，等效源仍为式(1.2.17)。初看起来，这似乎与第一种情况相同，但由于实际上此时两个区域的媒质不相同了，整个空间不再是均匀媒质空间。也就是说，由于有等效导体的存在，等效源 $\boldsymbol{J}_s$ 和 $\boldsymbol{J}_{ms}$ 对 V_1 内场的贡献已不同于第一种情况，必须考虑导体边界的影响。根据互易定理可以证明，在理想导体表面上外加电流源 $\boldsymbol{J}_s$ 是不会辐射能量的，从物理意义上讲，也可以理解为外加 $\boldsymbol{J}_s$ 的作用被理想导体所短路。这时，只有磁流源 $\boldsymbol{J}_{ms} = \boldsymbol{E}_1 \times \hat{\boldsymbol{n}}$ 对 V_1 内的场有贡献，同时还要考虑理想导体存在的影响，其等效问题如图 1.2.2(c) 所示。因为此时 $\boldsymbol{J}_s$ 已不起作用，所以图中就不再画出。

3）选择 V_2 内的等效媒质为理想磁导体。仿照与第二种情况相似的讨论，可得图1.2.2(d)所示的等效问题。

以上讨论中，假设了 V_1 内无源的情况。对于 V_1 内有源的情况，上述等效原理仍然成立。因为根据线性叠加原理，此时 V_1 内的总场是由边界面 S 上的等效源产生的场和 V_1 内实际源产生的场两者的叠加。如果要求 V_2 内的场，则可利用上述原理建立相应的等效关系，这里不再重复。

从上述讨论知，利用等效问题求场的关键是，必须知道在边界面上的电场$\boldsymbol{E}$和磁场$\boldsymbol{H}$的切向分量，或者两者之中的一个。然而，原问题就是希望求出 V_1 中的场，当然也包括边界面上的场。因此，在原问题没有获得解以前，也就无法确定边界面上的等效源 $\boldsymbol{J}_s$ 和 $\boldsymbol{J}_{ms}$。这样一来，似乎经过等效之后，问题又回到了原来问题，那么等效原理还有什么意义呢？等效原理的实际意义如下：

(1) 它可以帮助我们建立积分方程，此时 S 面上未知量 $\boldsymbol{E}\times\hat{\boldsymbol{n}}$ 和 $\hat{\boldsymbol{n}}\times\boldsymbol{H}$ 出现在积分符号中。这样可以利用积分方程来求出此未知量。

(2) 虽然严格求解在 S 面上电场$\boldsymbol{E}$和磁场$\boldsymbol{H}$的切向分量是比较困难的，一般要由解积分方程得到，但在许多情况下，可以利用实验法来确定，也可以根据物理概念或已知知识近似地确定 S 面上电场$\boldsymbol{E}$和磁场$\boldsymbol{H}$的切向分量。一旦已知此近似值后，等效源 $\boldsymbol{J}_s$ 或 $\boldsymbol{J}_{ms}$ 就可以确定了，这样就可用上面讨论的方法求出 V_1 内的场了。

最后还应指出，等效原理是根据唯一性定理得到的一个严格的原理。因此，只要等效源能严格确定，那么由上述三种等效情况计算出来的场应当是完全相同的，即上述三种情况是等价的。至于选择哪种等效方式，则视哪种等效更为方便而定。如果等效源是近似确定的，那么三种等效方式计算出的场就可能有些差异，视近似程度而定。

1.2.5　场的感应原理

感应原理是与等效原理既有区别又有联系的一个原理。如图1.2.3所示，有一组源，求在有障碍物时的辐射场。设源在有障碍物时的场为 $\boldsymbol{E}$ 和 $\boldsymbol{H}$，而入射场 $\boldsymbol{E}_i$ 和 $\boldsymbol{H}_i$ 为这些源在无障碍物时的场。显然，在这种情况下，入射场 $\boldsymbol{E}_i$ 和 $\boldsymbol{H}_i$ 是由这组源在无限大均匀媒质空间产生的场，它很容易求出，即认为入射场是已知的。现在定义散射场 $\boldsymbol{E}_s$ 和 $\boldsymbol{H}_s$ 为有障碍物时的场 $\boldsymbol{E}$ 和 $\boldsymbol{H}$ 与入射场 $\boldsymbol{E}_i$ 和 $\boldsymbol{H}_i$ 之差，即

$$\boldsymbol{E}_s=\boldsymbol{E}-\boldsymbol{E}_i \tag{1.2.18a}$$

$$\boldsymbol{H}_s=\boldsymbol{H}-\boldsymbol{H}_i \tag{1.2.18b}$$

由于入射场 $\boldsymbol{E}_i$ 和 $\boldsymbol{H}_i$ 是已知的，因此只要求出散射场 $\boldsymbol{E}_s$ 和 $\boldsymbol{H}_s$，则原问题的场为

$$\boldsymbol{E}=\boldsymbol{E}_s+\boldsymbol{E}_i \tag{1.2.19a}$$

$$\boldsymbol{H}=\boldsymbol{H}_s+\boldsymbol{H}_i \tag{1.2.19b}$$

即在有障碍物时的场（$\boldsymbol{E}$ 和 $\boldsymbol{H}$）可看成入射场（$\boldsymbol{E}_i$ 和 $\boldsymbol{H}_i$）和散射场（$\boldsymbol{E}_s$ 和 $\boldsymbol{H}_s$）之和。在障碍物之外，$\boldsymbol{E}$,$\boldsymbol{H}$ 和 $\boldsymbol{E}_i$,$\boldsymbol{H}_i$ 都具有相同的源，因此在障碍物之外，散射场是无源场。也就是说，散射场可以看成引入障碍物以后由感应电流形成的场。由于入射场是已知的，那么原问题就可以化为散射场的等效问题。

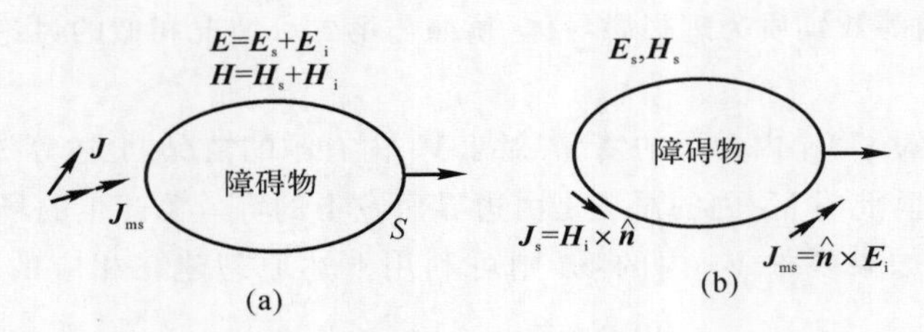

图 1.2.3　感应原理的说明

(a) 原问题；(b) 等效感应问题

为了求出散射场，可以建立如图 1.2.3(b) 所示的等效感应问题。保留障碍物，并假设障碍物内部的场仍为 $\boldsymbol{E}$，$\boldsymbol{H}$，而在障碍物外部只有散射场，且这两种场在各自区域内都是无源的。因此，为了支持这样的场存在，在障碍物 S 面上必须具有按下式规定的面电流源 $\boldsymbol{J}_s$ 和面磁流源 $\boldsymbol{J}_{ms}$ 支持才能满足边界条件，即

$$\boldsymbol{J}_s=\hat{\boldsymbol{n}}\times(\boldsymbol{H}_s-\boldsymbol{H})=\boldsymbol{H}_i\times\hat{\boldsymbol{n}} \tag{1.2.20a}$$

$$\boldsymbol{J}_{ms}=(\boldsymbol{E}_s-\boldsymbol{E})\times\hat{\boldsymbol{n}}=\hat{\boldsymbol{n}}\times\boldsymbol{E}_i \tag{1.2.20b}$$

式中：$\hat{\boldsymbol{n}}$ 是 S 面上外法向单位矢量。由唯一性定理可知，只要在 S 面上存在由上式所规定的等效面电流源 $\boldsymbol{J}_s$ 和面磁流源 $\boldsymbol{J}_{ms}$，那么在障碍物 S 面上的这些等效面源必在 S 面内形成场 $\boldsymbol{E}$，$\boldsymbol{H}$，以及在 S 面外形成场 $\boldsymbol{E}_s$，$\boldsymbol{H}_s$。这就是图 1.2.3(b) 所示的感应原理。

感应原理与等效原理比较如下：

(1) 在感应原理中，因为入射场是已知的，所以等效面电流源 $\boldsymbol{J}_s$ 和面磁流源 $\boldsymbol{J}_{ms}$ 是已知的。虽然知道了 $\boldsymbol{J}_s$ 和 $\boldsymbol{J}_{ms}$，但还不能直接用来计算矢量位 $\boldsymbol{A}$ 和 $\boldsymbol{A}_m$，这是因为 $\boldsymbol{J}_s$ 和 $\boldsymbol{J}_{ms}$ 是在有障碍物时产生的场，而不是在无限大均匀媒质空间产生的场。这时，场的求解仍是一个边值问题，然而，$\boldsymbol{J}_s$ 和 $\boldsymbol{J}_{ms}$ 产生的场往往可以采用近似方法求出，这是利用感应原理的原因之一。值得注意的是，用 $\boldsymbol{J}_s$ 和 $\boldsymbol{J}_{ms}$ 求出的场，在 S 面之外的场是散射场，总场还要加上入射场，而在 S 面之内就是总场。

在感应原理中，当障碍物是理想导体时，问题可以得到简化。因为在理想导体面上的等效电流源 $\boldsymbol{J}_s$ 在空间不辐射场。这时只需求出等效磁流源 $\boldsymbol{J}_{ms}$ 在有障碍物时的辐射场就可以了。同时，因理想导体内部的场为零，所以只需求出 S 面之外的散射场，从而求出总场。

(2) 在等效原理中，$\boldsymbol{J}_s$ 和 $\boldsymbol{J}_{ms}$ 往往事先不知道，求它们与原问题具有同样的复杂性，但利用近似法确定 $\boldsymbol{J}_s$ 和 $\boldsymbol{J}_{ms}$ 后，就可以直接用来计算矢量位 $\boldsymbol{A}$ 和 $\boldsymbol{A}_m$。因为这时障碍物以外的空间可用与障碍物相同的媒质取代，构成均匀媒质空间。值得注意的是，这时只能求出障碍物之内的场，对障碍物之外的空间无意义，因等效问题已规定其为零场。当然，也可以建立对障碍物之外的等效，从而求出它的场。

1.2.6　洛仑兹互易定理

洛仑兹互易定理是电磁场理论中最重要的定理之一。设在同一线性媒质中，同时存在两组频率相同的源。源 $\boldsymbol{J}_1$ 和 $\boldsymbol{J}_{m1}$ 产生电磁场 $\boldsymbol{E}_1$ 和 $\boldsymbol{H}_1$，源 $\boldsymbol{J}_2$ 和 $\boldsymbol{J}_{m2}$ 产生电磁场 $\boldsymbol{E}_2$ 和 $\boldsymbol{H}_2$。由麦克斯韦方程组知：

$$\nabla\times\boldsymbol{H}_1=\boldsymbol{J}_1+\mathrm{j}\omega\varepsilon\boldsymbol{E}_1 \tag{1.2.21a}$$

$$\nabla\times\boldsymbol{E}_1=\boldsymbol{J}_{m1}-\mathrm{j}\omega\mu\boldsymbol{H} \tag{1.2.21b}$$

$$\nabla\times \boldsymbol{H}_2 = \boldsymbol{J}_2 + \mathrm{j}\omega\varepsilon \boldsymbol{E}_2 \tag{1.2.21c}$$
$$\nabla\times \boldsymbol{E}_2 = \boldsymbol{J}_{\mathrm{m}2} - \mathrm{j}\omega\mu \boldsymbol{H} \tag{1.2.21d}$$

将式(1.2.21a)用 $\boldsymbol{E}_2$ 进行标量积，式(1.2.21d)用 $\boldsymbol{H}_1$ 进行标量积，然后将这两式相减，并利用矢量恒等式：

$$\nabla\times(\boldsymbol{A}\times\boldsymbol{B}) = \boldsymbol{B}\cdot\nabla\times\boldsymbol{A} - \boldsymbol{A}\cdot\nabla\times\boldsymbol{B} \tag{1.2.22}$$

可得

$$-\nabla\cdot(\boldsymbol{E}_2\times\boldsymbol{H}_1) = \mathrm{j}\omega\varepsilon\boldsymbol{E}_1\cdot\boldsymbol{E}_2 + \mathrm{j}\omega\varepsilon\boldsymbol{H}_1\cdot\boldsymbol{H}_2 + \boldsymbol{E}_2\cdot\boldsymbol{J}_1 + \boldsymbol{H}_1\cdot\boldsymbol{J}_{\mathrm{m}2} \tag{1.2.23}$$

同样，将式(1.2.21b)用 $\boldsymbol{H}_2$ 进行标量积，式(1.2.21c)用 $\boldsymbol{E}_1$ 进行标量积，然后将这两式相减得

$$-\nabla\cdot(\boldsymbol{E}_1\times\boldsymbol{H}_2) = \mathrm{j}\omega\varepsilon\boldsymbol{E}_1\cdot\boldsymbol{E}_2 + \mathrm{j}\omega\varepsilon\boldsymbol{H}_1\cdot\boldsymbol{H}_2 + \boldsymbol{E}_1\cdot\boldsymbol{J}_2 + \boldsymbol{H}_2\cdot\boldsymbol{J}_{\mathrm{m}1} \tag{1.2.24}$$

将式(1.2.24)减去式(1.2.23)，得

$$-\nabla\cdot(\boldsymbol{E}_1\times\boldsymbol{H}_2 - \boldsymbol{E}_2\times\boldsymbol{H}_1) = \boldsymbol{E}_1\cdot\boldsymbol{J}_2 + \boldsymbol{H}_2\cdot\boldsymbol{J}_{\mathrm{m}1} - \boldsymbol{E}_2\cdot\boldsymbol{J}_1 - \boldsymbol{H}_1\cdot\boldsymbol{J}_{\mathrm{m}2} \tag{1.2.25}$$

式(1.2.25)是洛仑兹互易定理的微分形式。对式(1.2.25)进行体积分，并利用高斯散度定理，可得洛仑兹互易定理的积分形式：

$$-\int_S(\boldsymbol{E}_1\times\boldsymbol{H}_2 - \boldsymbol{E}_2\times\boldsymbol{H}_1)\cdot\hat{\boldsymbol{n}}\mathrm{d}S = \int_V(\boldsymbol{E}_1\cdot\boldsymbol{J}_2 + \boldsymbol{H}_2\cdot\boldsymbol{J}_{\mathrm{m}1} - \boldsymbol{E}_2\cdot\boldsymbol{J}_1 - \boldsymbol{H}_1\cdot\boldsymbol{J}_{\mathrm{m}2})\mathrm{d}V \tag{1.2.26}$$

式中：S 是包围体积 V 的闭合面；$\hat{\boldsymbol{n}}$ 为闭合面的外法线单位矢量。

对于在体积 V 内无源的情况($\boldsymbol{J} = \boldsymbol{J}_{\mathrm{m}} = \boldsymbol{0}$)，式(1.2.26)简化为

$$\int_S(\boldsymbol{E}_1\times\boldsymbol{H}_2 - \boldsymbol{E}_2\times\boldsymbol{H}_1)\cdot\hat{\boldsymbol{n}}\mathrm{d}S = 0 \tag{1.2.27}$$

对于所有源均在有限体积 V 内的情况，如图1.2.4所示，式(1.2.26)也可以简化。

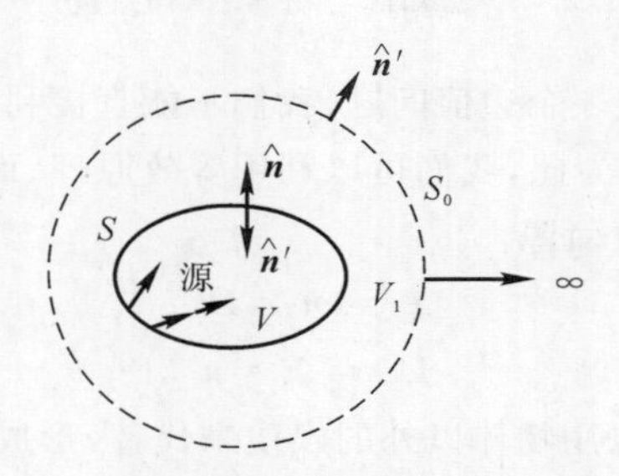

图1.2.4　源在有限体积 V 内

由于 V 外的空间 V_1 为无源空间，V_1 空间由闭合面 S 和半径趋于无限大的球面 S_0 所围成的空间组成，因此，在此空间 V_1 内，式(1.2.27)仍然成立，则有

$$\int_{S+S_0}(\boldsymbol{E}_1\times\boldsymbol{H}_2 - \boldsymbol{E}_2\times\boldsymbol{H}_1)\cdot\hat{\boldsymbol{n}}'\mathrm{d}S = 0 \tag{1.2.28}$$

式中：$\hat{\boldsymbol{n}}'$ 为单位矢量，如图1.2.4所示。

源 $\boldsymbol{J}$ 或 $\boldsymbol{J}_{\mathrm{m}}$ 在无限远处的辐射场 $\boldsymbol{E} = \hat{\boldsymbol{\varphi}}E_\varphi + \hat{\boldsymbol{\theta}}E_\theta$，$\boldsymbol{H} = \hat{\boldsymbol{\varphi}}H_\varphi + \hat{\boldsymbol{\theta}}H_\theta$ 满足以下关系式：

$$E_\theta = \eta H_\varphi,\quad E_\varphi = -\eta H_\theta \tag{1.2.29}$$

式中：η 为空间波阻抗。将式(1.2.29)代入式(1.2.28)，可得对 S_0 部分的面积分项为零，所以式(1.2.28)可简化为

$$\int_S (\boldsymbol{E}_1 \times \boldsymbol{H}_2 - \boldsymbol{E}_2 \times \boldsymbol{H}_1) \cdot \hat{\boldsymbol{n}} \mathrm{d}S = 0 \tag{1.2.30}$$

式中已将 $\hat{\boldsymbol{n}}'$ 换成 $\hat{\boldsymbol{n}}$。由于有上述关系式，因此对于有限体积内有源的情况，式(1.2.26)可以简化为

$$\int_V (\boldsymbol{E}_1 \cdot \boldsymbol{J}_2 - \boldsymbol{H}_1 \cdot \boldsymbol{J}_{m2}) \mathrm{d}V = \int_V (\boldsymbol{E}_2 \cdot \boldsymbol{J}_1 - \boldsymbol{H}_2 \cdot \boldsymbol{J}_{m1}) \mathrm{d}V \tag{1.2.31}$$

这是一个非常有用的洛仑兹互易定理形式。在式(1.2.31)中积分不代表功率，我们称之为反应。按定义场1对源2的反应为

$$\langle 1,2 \rangle = \int_V (\boldsymbol{E}_1 \cdot \boldsymbol{J}_2 - \boldsymbol{H}_1 \cdot \boldsymbol{J}_{m2}) \mathrm{d}V \tag{1.2.32}$$

引入反应概念后，可以将互易定理的公式式(1.2.32)写成更简洁的形式为

$$\langle 1,2 \rangle = \langle 2,1 \rangle \tag{1.2.33}$$

式(1.2.33)表明，场1对源2的反应等于场2对源1的反应，它表示了反应守恒的性质。

应用反应概念推导出反应积分方程是其重要用途之一。图1.2.5所示的边值问题，已知源 $\boldsymbol{J}$ 或 $\boldsymbol{J}_m$，以及由闭合面 S 所限定的物体 V 的媒质参数和形状，需要求空间的辐射场。

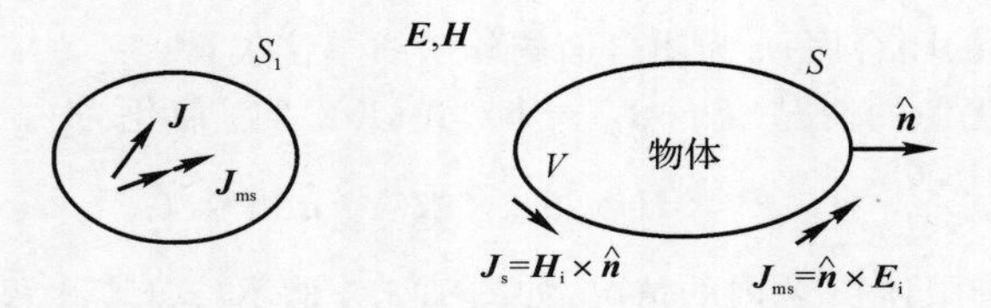

图1.2.5　已知源与物体求场的边值问题

由于空间存在物体，已构成一个边值问题，我们不能直接利用无限大均匀媒质空间中求矢量位 $\boldsymbol{A}$ 和 $\boldsymbol{A}_m$ 的公式来计算场。为此，我们可以利用等效原理。设 S 面所包围的空间 V 内场为零，并在物体表面 S 上引进等效面源：

$$\boldsymbol{J}_s = \hat{\boldsymbol{n}} \times \boldsymbol{H} \tag{1.2.34a}$$

$$\boldsymbol{J}_{ms} = \boldsymbol{E} \times \hat{\boldsymbol{n}} \tag{1.2.34b}$$

此时，物体所占空间 V 可以用物体以外的媒质来代替，形成无限大均匀媒质空间，其内有源 $\boldsymbol{J}_i$ 和 $\boldsymbol{J}_{mi}$ 以及等效源 $\boldsymbol{J}_s$ 和 $\boldsymbol{J}_{ms}$。这样，物体以外的空间的场就为

$$\boldsymbol{E} = \boldsymbol{E}_s + \boldsymbol{E}_i \tag{1.2.35a}$$

$$\boldsymbol{H} = \boldsymbol{H}_s + \boldsymbol{H}_i \tag{1.2.35b}$$

式中：$\boldsymbol{E}_i$ 和 $\boldsymbol{H}_i$ 是由 $\boldsymbol{J}_i$ 和 $\boldsymbol{J}_{mi}$ 在均匀媒质空间产生的场；$\boldsymbol{E}_s$ 和 $\boldsymbol{H}_s$ 是由 $\boldsymbol{J}_s$ 和 $\boldsymbol{J}_{ms}$ 在均匀媒质空间产生的场。因此，这两部分场都可以通过应用矢量位 $\boldsymbol{A}$ 和 $\boldsymbol{A}_m$ 的公式直接求得。这样一来，原问题就转化为需要求出 S 面上等效源 $\boldsymbol{J}_s$ 和 $\boldsymbol{J}_{ms}$。为此，我们可以利用反应概念和互易定理推导出含未知量 $\boldsymbol{J}_s$ 和 $\boldsymbol{J}_{ms}$ 的反应积分方程。

如图1.2.6所示，物体已由空间媒质代替后，如在其内放置两个给定的试验源 $\boldsymbol{J}_n$ 和 $\boldsymbol{J}_{mn}$，利用反应守恒概念式(1.2.33)，即 $\langle n,s \rangle = \langle s,n \rangle$，可得

$$\int_S (\boldsymbol{E}_n \cdot \boldsymbol{J}_s - \boldsymbol{H}_n \cdot \boldsymbol{J}_{ms}) \mathrm{d}S = \int_V (\boldsymbol{E}_s \cdot \boldsymbol{J}_n - \boldsymbol{H}_s \cdot \boldsymbol{J}_{mn}) \mathrm{d}V \tag{1.2.36}$$

式中：$\boldsymbol{E}_{\mathrm{n}}$ 和 $\boldsymbol{H}_{\mathrm{n}}$ 为试验源 $\boldsymbol{J}_{\mathrm{n}}$ 和 $\boldsymbol{J}_{\mathrm{mn}}$ 产生的场。因为 $\boldsymbol{J}_{\mathrm{n}}$ 和 $\boldsymbol{J}_{\mathrm{mn}}$ 位于 S 面之内，所以上式右端的积分区域 V 为 S 面所包围的体积。又由于 V 内有 $\boldsymbol{E}=\boldsymbol{H}=\boldsymbol{0}$，因此，由式(1.2.35)知，$\boldsymbol{E}_{\mathrm{s}}=-\boldsymbol{E}_{\mathrm{i}}$，$\boldsymbol{H}_{\mathrm{s}}=-\boldsymbol{H}_{\mathrm{i}}$，可得

$$\int_{S}(\boldsymbol{E}_{\mathrm{n}}\cdot\boldsymbol{J}_{\mathrm{s}}-\boldsymbol{H}_{\mathrm{n}}\cdot\boldsymbol{J}_{\mathrm{ms}})\mathrm{d}S=-\int_{V}(\boldsymbol{E}_{\mathrm{i}}\cdot\boldsymbol{J}_{\mathrm{n}}-\boldsymbol{H}_{\mathrm{i}}\cdot\boldsymbol{J}_{\mathrm{mn}})\mathrm{d}V \tag{1.2.37}$$

式(1.2.37)即为反应积分方程的一种形式。其中 $\boldsymbol{E}_{\mathrm{i}}$ 和 $\boldsymbol{H}_{\mathrm{i}}$ 由 $\boldsymbol{J}_{\mathrm{i}}$ 和 $\boldsymbol{J}_{\mathrm{mi}}$ 确定。而试验源 $\boldsymbol{J}_{\mathrm{n}}$ 和 $\boldsymbol{J}_{\mathrm{mn}}$ 可根据求解问题的方便选定其函数形式，从而由它可确定 $\boldsymbol{E}_{\mathrm{n}}$ 和 $\boldsymbol{H}_{\mathrm{n}}$。因此，式(1.2.37)为仅包括未知函数 $\boldsymbol{J}_{\mathrm{s}}$ 和 $\boldsymbol{J}_{\mathrm{ms}}$ 的反应积分方程。

如在上式右端再一次利用 $\langle \mathrm{n},\mathrm{i}\rangle=\langle \mathrm{i},\mathrm{n}\rangle$，可得反应积分方程的另一种形式为

$$\int_{S}(\boldsymbol{E}_{\mathrm{n}}\cdot\boldsymbol{J}_{\mathrm{s}}-\boldsymbol{H}_{\mathrm{n}}\cdot\boldsymbol{J}_{\mathrm{ms}})\mathrm{d}S=-\int_{V_{\mathrm{i}}}(\boldsymbol{E}_{\mathrm{n}}\cdot\boldsymbol{J}_{\mathrm{i}}-\boldsymbol{H}_{\mathrm{n}}\cdot\boldsymbol{J}_{\mathrm{mi}})\mathrm{d}V \tag{1.2.38}$$

注意，式(1.2.38)右端现在是对源 $\boldsymbol{J}_{\mathrm{i}}$ 和 $\boldsymbol{J}_{\mathrm{mi}}$ 积分，所以积分区域 V_{i} 为包括源 $\boldsymbol{J}_{\mathrm{i}}$ 和 $\boldsymbol{J}_{\mathrm{mi}}$ 所在的区域。

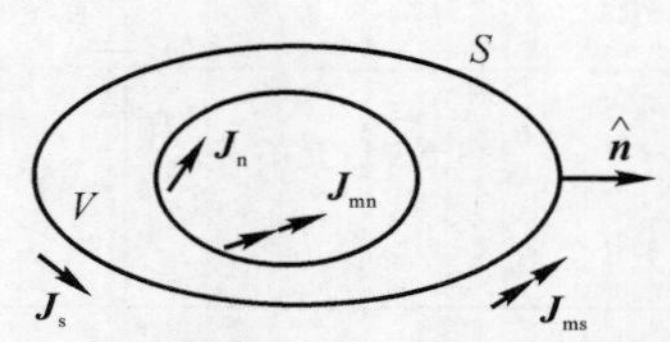

图1.2.6　试验源位于 S 之内，等效源位于 S 表面

1.3　格林函数

1.3.1　自由空间中的格林函数

所谓自由空间是指无初始条件和边界条件的无界空间。设自由空间中函数 $u\in C^{2}[\mathbf{R}^{3}]$ 满足非齐次算子方程：

$$L[u]=-f(\boldsymbol{r}),\quad \boldsymbol{r}\in\mathbf{R}^{3} \tag{1.3.1}$$

式中：$\mathbf{R}^{3}$ 表示三维空间；C^{2} 为定义在 $\mathbf{R}^{3}$ 上的二阶连续可微函数空间；$f(\boldsymbol{r})$ 为充分光滑的已知函数；$L[\cdot]$ 为二阶线性微分算子且满足以下对称性质，即

$$\iiint_{\mathbf{R}^{3}}\{vL[u]-uL[v]\}\mathrm{d}V=0,\quad \forall\, u,v\in C^{2}[\mathbf{R}^{3}] \tag{1.3.2}$$

式(1.3.1)对应的格林函数满足方程：

$$L[G(\boldsymbol{r},\boldsymbol{r}')]=-\delta(\boldsymbol{r}-\boldsymbol{r}'),\quad \boldsymbol{r},\boldsymbol{r}'\in\mathbf{R}^{3} \tag{1.3.3}$$

将式(1.3.1)、式(1.3.2)两边分别乘以 G 和 u，然后相减并积分，考虑到算子的对称性质式(1.3.2)，可得式(1.3.1)的形式解：

$$u=\iiint_{\mathbf{R}^{3}}f(\boldsymbol{r}')G(\boldsymbol{r},\boldsymbol{r}')\mathrm{d}V' \tag{1.3.4}$$

因此，式(1.3.1)的求解就转化为格林函数的求解。自由空间的格林函数亦称为基本解。

由算子的对称性质还可以证明格林函数满足以下对称性：

$$G(\boldsymbol{r},\boldsymbol{r}') = G(\boldsymbol{r}',\boldsymbol{r}) \tag{1.3.5}$$

电磁场理论中最常见的泊松方程和亥姆霍兹方程所对应的自由空间格林函数见表 1.3.1 和表 1.3.2。

表 1.3.1　自由空间中泊松方程对应的格林函数

	泊松方程	格林函数
一维	$\frac{\mathrm{d}^2 u}{\mathrm{d}x^2} = -f(x),\quad x \in \mathbf{R}$	$G(x,x') = -\frac{\mid x - x' \mid}{2}$
二维	$\nabla_\perp^2 u = \frac{\partial^2 u}{\partial x^2} + \frac{\partial^2 u}{\partial y^2} = -f(\boldsymbol{\rho})$, $\boldsymbol{\rho} = (x,y) \in \mathbf{R}^2$	$G(\boldsymbol{\rho},\boldsymbol{\rho}') = -\frac{\ln \mid \boldsymbol{\rho} - \boldsymbol{\rho}' \mid}{2\pi}$
三维	$\nabla^2 u = \frac{\partial^2 u}{\partial x^2} + \frac{\partial^2 u}{\partial y^2} + \frac{\partial^2 u}{\partial z^2} = -f(\boldsymbol{r})$, $\boldsymbol{r} = (x,y,z) \in \mathbf{R}^3$	$G(\boldsymbol{r},\boldsymbol{r}') = \frac{1}{4\pi \mid \boldsymbol{r} - \boldsymbol{r}' \mid}$

表 1.3.2　自由空间中亥姆霍兹方程对应的格林函数

	亥姆霍兹方程	格林函数
一维	$\frac{\mathrm{d}^2 u}{\mathrm{d}x^2} + k^2 u = -f(x),\quad x \in \mathbf{R}$	$G(x,x') = -\frac{\mathrm{j}}{2k}\mathrm{e}^{-\mathrm{j}k\mid x - x' \mid}$
二维	$\nabla_\perp^2 u + k^2 u = -f(\boldsymbol{\rho})$, $\boldsymbol{\rho} = (x,y) \in \mathbf{R}^2$	$G(\boldsymbol{\rho},\boldsymbol{\rho}') = \frac{-\mathrm{j}}{4}\mathrm{H}_0^{(2)}(k \mid \boldsymbol{\rho} - \boldsymbol{\rho}' \mid)$
三维	$\nabla^2 u + k^2 u = -f(\boldsymbol{r})$, $\boldsymbol{r} = (x,y,z) \in \mathbf{R}^3$	$G(\boldsymbol{r},\boldsymbol{r}') = \frac{\mathrm{e}^{-\mathrm{j}k\mid \boldsymbol{r} - \boldsymbol{r}' \mid}}{4\pi \mid \boldsymbol{r} - \boldsymbol{r}' \mid}$

1.3.2　有界空间中的格林函数

无界空间中的格林函数在积分方程法、边界元法、矩量法等方法中有着重要的应用，但其中的积分方程定义在整个边界或区域上，离散化后得到的矩阵方程的阶数较高，从而导致大的计算量。如果定义格林函数满足部分规则边界上的齐次边界条件，则可将积分方程的定义域压缩至部分边界或区域上，从而减少计算量。这时，我们就需要求得有界空间中带有齐次边界条件的格林函数。

1. 泊松方程的边值问题

泊松方程的定解问题定义如下：

$$\left.\begin{aligned} &\nabla^2 u = -f(\boldsymbol{r}), && \boldsymbol{r} \in \Omega \in \mathbf{R}^3 \\ &\left[\alpha\frac{\partial u}{\partial n} + \beta u\right]_{\partial\Omega} = g(\boldsymbol{r}), && \boldsymbol{r} \in \partial\Omega \end{aligned}\right\} \tag{1.3.6}$$

式中：$f(\boldsymbol{r})$ 和 $g(\boldsymbol{r})$ 为已知函数；$\partial\Omega$ 为定义域 Ω 的边界；$\boldsymbol{n}$ 为边界 $\partial\Omega$ 的外法向量。当 $\alpha=0$，$\beta=1$ 时，称作第一类边值问题(狄利克莱问题)；当 $\alpha=1,\beta=0$ 时，称作第二类边值问题(纽曼问题)；当 $\alpha\neq 0,\beta\neq 0$ 时，称作第三类边值问题(罗宾问题)。

与边值问题式(1.3.6)对应的格林函数定义如下：

$$\left.\begin{array}{l}\nabla^2 G=-\delta(\boldsymbol{r}-\boldsymbol{r}'),\quad \boldsymbol{r},\boldsymbol{r}'\in\Omega\in\mathbf{R}^3\\ \left[\alpha\dfrac{\partial G}{\partial n}+\beta G\right]_{\partial\Omega}=0\end{array}\right\}\tag{1.3.7}$$

利用格林第二恒等式和式(1.3.6)、式(1.3.7)，得

$$u(\boldsymbol{r})=\iiint_{\Omega}f(\boldsymbol{r}')G(\boldsymbol{r},\boldsymbol{r}')\mathrm{d}V'-\oiint_{\partial\Omega}\left(G\frac{\partial u}{\partial n'}-u\frac{\partial G}{\partial n'}\right)\mathrm{d}S'\tag{1.3.8}$$

对于第一类、第二类和第三类边值问题，式(1.3.8)分别简化为

$$u(\boldsymbol{r})=\iiint_{\Omega}f(\boldsymbol{r}')G(\boldsymbol{r},\boldsymbol{r}')\mathrm{d}V'-\oiint_{\partial\Omega}g(\boldsymbol{r}')\frac{\partial G}{\partial n'}\mathrm{d}S'\tag{1.3.9a}$$

$$u(\boldsymbol{r})=\iiint_{\Omega}f(\boldsymbol{r}')G(\boldsymbol{r},\boldsymbol{r}')\mathrm{d}V'+\oiint_{\partial\Omega}g(\boldsymbol{r}')G(\boldsymbol{r},\boldsymbol{r}')\mathrm{d}S'\tag{1.3.9b}$$

$$u(\boldsymbol{r})=\iiint_{\Omega}f(\boldsymbol{r}')G(\boldsymbol{r},\boldsymbol{r}')\mathrm{d}V'+\oiint_{\partial\Omega}\frac{g(\boldsymbol{r}')}{\alpha}G(\boldsymbol{r},\boldsymbol{r}')\mathrm{d}S'\tag{1.3.9c}$$

对于第二类边值问题，观察式(1.3.7)可以看到 $G+C$ 仍然是其解(这里 C 是一常数)。也就是说，相对于第二类边值问题的格林函数不是唯一的，但仅相差一个常数。

有时边界 $\partial\Omega$ 的各部分上可能满足不同的边界条件。比如，设 $\partial\Omega=\partial\Omega_1+\partial\Omega_2+\partial\Omega_3$，且在 $\partial\Omega_1$，$\partial\Omega_2$ 和 $\partial\Omega_3$ 上分别满足第一、第二和第三类边界条件，即

$$\left.\begin{array}{l}u\big|_{\partial\Omega_1}=\xi(\boldsymbol{r})\\ \dfrac{\partial u}{\partial n}\bigg|_{\partial\Omega_2}=\eta(\boldsymbol{r})\\ \left[\alpha\dfrac{\partial u}{\partial n}+\beta u\right]_{\partial\Omega_3}=\zeta(\boldsymbol{r})\end{array}\right\}\tag{1.3.10}$$

这时若定义格林函数满足相对应的齐次边界条件，则有

$$\begin{aligned}u(\boldsymbol{r})=&\iiint_{\Omega}f(\boldsymbol{r}')G(\boldsymbol{r},\boldsymbol{r}')\mathrm{d}V'-\oiint_{\partial\Omega_1}g(\boldsymbol{r}')\frac{\partial G}{\partial n'}\mathrm{d}S'+\\&\oiint_{\partial\Omega_2}\eta(\boldsymbol{r}')G(\boldsymbol{r},\boldsymbol{r}')\mathrm{d}S'+\oiint_{\partial\Omega_3}\frac{\zeta(\boldsymbol{r}')}{\alpha}G(\boldsymbol{r},\boldsymbol{r}')\mathrm{d}S'\end{aligned}\tag{1.3.11}$$

由于边值问题的定义域 Ω 千变万化，因此对应的格林函数也无穷无尽。下面给出一些典型的泊松边值问题的格林函数。

(1) 二维圆形域上的格林函数。设圆形域 Ω 半径为 ρ_0，圆心为坐标原点，于是对应于泊松第一类边值问题的格林函数满足以下定解问题：

$$\left.\begin{array}{l}\nabla_{\perp}^2 G(\boldsymbol{\rho},\boldsymbol{\rho}')=-\delta(\boldsymbol{\rho}-\boldsymbol{\rho}'),\boldsymbol{\rho},\quad \boldsymbol{\rho}'\in\mathbf{R}^2\\ G\big|_{\rho=\rho_0}=0\end{array}\right\}\tag{1.3.12}$$

利用镜像法，可得

$$G(\boldsymbol{\rho},\boldsymbol{\rho}')=\frac{1}{2\pi}\ln\frac{\rho'\mid\boldsymbol{\rho}_1-\boldsymbol{\rho}\mid}{\rho_0\mid\boldsymbol{\rho}'-\boldsymbol{\rho}\mid} \tag{1.3.13}$$

式中：$\boldsymbol{\rho}_1$ 为点源位置矢量 $\boldsymbol{\rho}'$ 的延长线上的一点(在圆外)，该点到原点的距离为 $\rho_1=\rho_0^2/\rho'$。

如果定义域换成圆形域外部，则类似地可以导出格林函数为

$$G(\boldsymbol{\rho},\boldsymbol{\rho}')=\frac{1}{2\pi}\ln\frac{\rho_0\mid\boldsymbol{\rho}_1-\boldsymbol{\rho}\mid}{\rho'\mid\boldsymbol{\rho}'-\boldsymbol{\rho}\mid} \tag{1.3.14}$$

式中：$\boldsymbol{\rho}'$ 和场点 $\boldsymbol{\rho}$ 都在圆外；$\rho_1=\rho_0^2/\rho'$。

若圆形域Ω是一相对介电常数为ε_r的均匀介质柱的横截面，而源点置于圆外$\boldsymbol{\rho}'$处，则有格林函数：

$$G(\boldsymbol{\rho},\boldsymbol{\rho}')=\begin{cases}\dfrac{-1}{2\pi}\left(\ln\mid\boldsymbol{\rho}'-\boldsymbol{\rho}\mid-\dfrac{1-\varepsilon_r}{1+\varepsilon_r}\ln\dfrac{\mid\boldsymbol{\rho}_1-\boldsymbol{\rho}\mid}{\rho}\right), & \rho>\rho_0\\ \dfrac{-1}{\pi(1+\varepsilon_r)}\ln\mid\boldsymbol{\rho}'-\boldsymbol{\rho}\mid, & \rho<\rho_0\end{cases} \tag{1.3.15}$$

(2) 球形域格林函数。设球形域 Ω 半径为 r_0，球心为坐标原点，于是对应于泊松第一类边值问题的格林函数满足以下定解问题：

$$\left.\begin{aligned}&\nabla^2 G(\boldsymbol{r},\boldsymbol{r}')=-\delta(\boldsymbol{r}-\boldsymbol{r}'),\quad \boldsymbol{r},\boldsymbol{r}'\in\Omega\\&G|_{r=r_0}=0\end{aligned}\right\} \tag{1.3.16}$$

利用镜像法，可得

$$G(\boldsymbol{r},\boldsymbol{r}')=\frac{1}{4\pi}\left(\frac{1}{\mid\boldsymbol{r}-\boldsymbol{r}'\mid}-\frac{r_0}{r'\mid\boldsymbol{r}_1-\boldsymbol{r}'\mid}\right) \tag{1.3.17}$$

式中：$\boldsymbol{r}_1$ 为点源位置矢量 $\boldsymbol{r}'$ 的延长线上的一点(在球外)，该点到原点的距离为 $r_1=r_0^2/r'$。

如果定义域换成球形域外部，则可以导出与式(1.3.17)相同的格林函数表达式，但这时 $\boldsymbol{r},\boldsymbol{r}'$ 在球外而 $\boldsymbol{r}_1$ 在球内。

(3) 半空间的格林函数。设定义域 Ω 为 $z>0$ 的半空间，对应于泊松第一类边值问题的格林函数满足以下定解问题：

$$\left.\begin{aligned}&\nabla^2 G(\boldsymbol{r},\boldsymbol{r}')=-\delta(\boldsymbol{r}-\boldsymbol{r}'),\quad \boldsymbol{r},\boldsymbol{r}'\in\Omega\\&G|_{z=0}=0\end{aligned}\right\} \tag{1.3.18}$$

利用镜像法，可得

$$G(\boldsymbol{r},\boldsymbol{r}')=\frac{1}{4\pi}\left(\frac{1}{\mid\boldsymbol{r}-\boldsymbol{r}'\mid}-\frac{1}{\mid\boldsymbol{r}_1-\boldsymbol{r}'\mid}\right) \tag{1.3.19}$$

式中：$\boldsymbol{r}_1=(x',y',-z')$ 为点源位置矢量 $\boldsymbol{r}'$ 的镜像位置。

2. 亥姆霍兹方程的边值问题

亥姆霍兹方程的定解问题定义如下：

$$\left.\begin{aligned}&\nabla^2 u+k^2u=-f(\boldsymbol{r}),\qquad \boldsymbol{r}\in\Omega\\&\left[\alpha\frac{\partial u}{\partial n}+\beta u\right]_{\partial\Omega}=g(\boldsymbol{r}),\quad \boldsymbol{r}\in\partial\Omega\end{aligned}\right\} \tag{1.3.20}$$

相应的格林函数满足以下定解问题：

$$\left.\begin{aligned}&\nabla^2 G+k^2G=-\delta(\boldsymbol{r}-\boldsymbol{r}'),\quad \boldsymbol{r},\boldsymbol{r}'\in\Omega\\&\left[\alpha\frac{\partial G}{\partial n}+\beta G\right]_{\partial\Omega}=0\end{aligned}\right\} \tag{1.3.21}$$

类似地，利用格林第二恒等式，可得

$$u(\boldsymbol{r})=\iiint_{\Omega}f(\boldsymbol{r}')G(\boldsymbol{r},\boldsymbol{r}')\mathrm{d}V'-\oiint_{\partial\Omega}\left(G\frac{\partial u}{\partial n'}-u\frac{\partial G}{\partial n'}\right)\mathrm{d}S' \tag{1.3.22}$$

若令 $G=G_0+G_1$，这里 G_0 为相应的自由空间中的格林函数，则可将式(1.3.21) 转化为如下的非齐次方程：

$$\left.\begin{aligned}&\nabla^2G_1+k^2G_1=0,\quad \boldsymbol{r},\boldsymbol{r}'\in\Omega\\&\left[\alpha\frac{\partial G_1}{\partial n}+\beta G_1\right]_{\partial\Omega}=\left[\alpha\frac{\partial G_0}{\partial n}+\beta G_0\right]_{\partial\Omega}\end{aligned}\right\} \tag{1.3.23}$$

与式(1.3.21) 相比，该方程已没有奇异性。

类似于泊松问题，亥姆霍兹边值问题的格林函数也随定义域和边界条件的不同而具有不同的形式。下述给出几个典型的例子。

(1) 半空间的格林函数。对于第一类边界条件 $G|_{z=0}=0$，由镜像原理可得上半空间内的格林函数

$$G(\boldsymbol{r},\boldsymbol{r}')=\frac{1}{4\pi}\left(\frac{\mathrm{e}^{-\mathrm{j}k|\boldsymbol{r}-\boldsymbol{r}'|}}{|\boldsymbol{r}-\boldsymbol{r}'|}-\frac{\mathrm{e}^{-\mathrm{j}k|\boldsymbol{r}_1-\boldsymbol{r}|}}{|\boldsymbol{r}_1-\boldsymbol{r}|}\right) \tag{1.3.24}$$

式中：$\boldsymbol{r}_1=(x',y',-z')$ 为点源位置矢量 $\boldsymbol{r}'$ 的镜像位置。

(2) 圆形域外的格林函数。如图 1.3.1(a) 所示，半径为 ρ_0 的无限长导体柱外有一源区，源区内只有 z 方向的电流且沿 z 方向无变化。

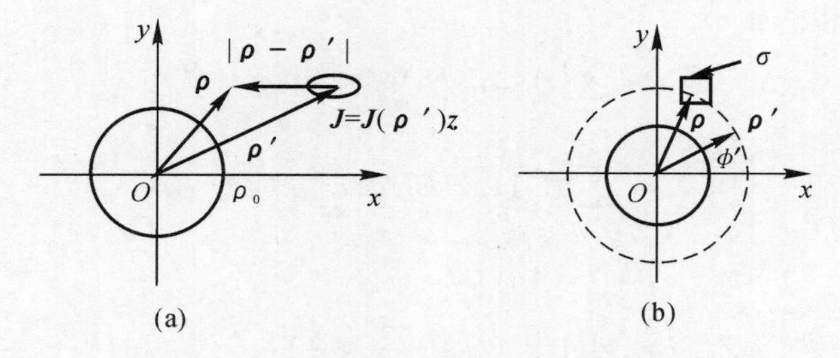

图　1.3.1

这时矢量位 $\boldsymbol{A}$ 只有 A_z 分量且不随 z 变化，即 $\partial A_z/\partial z=0$。可以证明 A_z 满足定解问题：

$$\left.\begin{aligned}&\nabla^2A_z+k^2A_z=-J(\boldsymbol{\rho}),\quad \boldsymbol{\rho}'\in\Omega:\{\rho>\rho_0\}\\&A_z|_{\rho=\rho_0}=0\end{aligned}\right\} \tag{1.3.25}$$

对应的格林函数，满足

$$\left.\begin{aligned}&\nabla^2G+k^2G=-\delta(\boldsymbol{\rho}-\boldsymbol{\rho}'),\quad \boldsymbol{\rho},\boldsymbol{\rho}'\in\Omega\\&G|_{\rho=\rho_0}=0\end{aligned}\right\} \tag{1.3.26}$$

为求解格林函数，如图 1.3.1(b) 所示，以半径为 ρ' 的圆将定义域 Ω 分为 $\Omega_1:\{\rho_0<\rho<\rho'\}$ 和 $\Omega_2:\{\rho>\rho'\}$ 两个区域，则可将式(1.3.26) 写成联立定解问题为

$$\left.\begin{array}{l}\begin{cases}\nabla^2 G_1 + k^2 G_1 = 0\\ G_1\big|_{\rho=\rho_0} = 0\end{cases}\\ \begin{cases}\nabla^2 G_2 + k^2 G_2 = 0\\ G_2\big|_{\rho\to\infty} = 0\end{cases}\\ \left[G_1 - G_2\right]_{\rho=\rho'} = 0\\ \left[\dfrac{\partial G_1}{\partial\rho} - \dfrac{\partial G_2}{\partial\rho}\right]_{\rho=\rho'} = \dfrac{\delta(\varphi-\varphi')}{\rho'}\end{array}\right\} \tag{1.3.27}$$

其中关于分界面上法向导数的不连续性条件的推导过程如下：如图1.3.1(b)所示，在圆$\rho=\rho'$上作一小曲边矩形σ，并在此小面积上对格林函数满足的非齐次波动方程式(1.3.26)积分，然后利用格林第一恒等式并令$\sigma\to 0$，得

$$\lim_{\sigma\to 0}\left(\oint_{\partial\sigma}\frac{\partial G}{\partial n}\mathrm{d}l' + \iint_{\sigma\to 0} k^2 G\mathrm{d}S'\right) = -\lim_{\sigma\to 0}\iint_{\sigma}\delta(\boldsymbol{\rho}-\boldsymbol{\rho}')\mathrm{d}S$$

第一项中沿曲边矩形两侧径向的线积分在$\sigma\to 0$时大小相等、方向相反而抵消，第二项积分为零，从而上式简化为

$$\left[\rho'\frac{\partial G_1}{\partial\rho} - \rho'\frac{\partial G_2}{\partial\rho}\right]_{\rho=\rho'} = \begin{cases}1, & \boldsymbol{\rho}'\in\sigma\\ 0, & \boldsymbol{\rho}'\notin\sigma\end{cases}$$

即

$$\left[\frac{\partial G_1}{\partial\rho} - \frac{\partial G_2}{\partial\rho}\right]_{\rho=\rho'} = \frac{\delta(\varphi-\varphi')}{\rho'}$$

联立定解问题式(1.3.27)的G_1和G_2的通解为

$$G_1 = \sum_{m=0}^{\infty} A_m Z_m(k\rho)\cos\left[m(\varphi-\varphi')\right] \tag{1.3.28a}$$

$$G_2 = \sum_{m=0}^{\infty} B_m \mathrm{H}_m^{(2)}(k\rho)\cos\left[m(\varphi-\varphi')\right] \tag{1.3.28b}$$

式中：

$$Z_m(k\rho) = \mathrm{H}_m^{(1)}(k\rho) - \frac{\mathrm{H}_m^{(1)}(k\rho_0)}{\mathrm{H}_m^{(2)}(k\rho_0)}\mathrm{H}_m^{(2)}(k\rho)$$

又，$\delta(\varphi-\varphi')$可以展开成

$$\delta(\varphi-\varphi') = \sum_{m=0}^{\infty}\frac{\varepsilon_m}{2\pi}\cos\left[m(\varphi-\varphi')\right] \tag{1.3.29a}$$

$$\varepsilon_m = \begin{cases}1, & m=0\\ 2, & m>0\end{cases} \tag{1.3.29b}$$

将上式和通解式(1.3.28)代入联立定解问题式(1.3.27)中的联立条件得

$$\left.\begin{array}{l}A_m Z_m(k\rho') = B_m \mathrm{H}_m^{(2)}(k\rho')\\ A_m\dfrac{\partial}{\partial\rho'}Z_m(k\rho') = B_m\dfrac{\partial}{\partial\rho'}\mathrm{H}_m^{(2)}(k\rho') + \dfrac{\varepsilon_m}{2\pi\rho'}\end{array}\right\} \tag{1.3.30}$$

解出系数 A_m, B_m 后代回通解式(1.3.28)，即可得格林函数为

$$G(\boldsymbol{\rho},\boldsymbol{\rho}') = \sum_{m=0}^{\infty} \frac{\varepsilon_m \cos\left[m(\varphi-\varphi')\right]}{2\pi\rho'\left[\mathrm{H}_m^{(2)}(k\rho')\dfrac{\partial}{\partial\rho'}\mathrm{H}_m^{(1)}(k\rho') - \mathrm{H}_m^{(1)}(k\rho')\dfrac{\partial}{\partial\rho'}\mathrm{H}_m^{(2)}(k\rho')\right]} \times \begin{cases} \mathrm{H}_m^{(2)}(k\rho')Z_m(k\rho), & \rho_0 < \rho < \rho' \\ \mathrm{H}_m^{(2)}(k\rho')Z_m(k\rho'), & \rho > \rho' \end{cases} \tag{1.3.31}$$

参考文献

[1] STTRATON J A. Electromagnetic theory. New York:McGraw-Hill,1941.

[2] KONG J A. Theory of electromagnetic wave. New York:John Wiley & Sons,1975.

[3] JACKSON J D. Classical electrodynamics. New York:Wiley,1976.

[4] JOHNSON C C. Field and wave electrodynamics. New York:John Wiley & Sons,1965.

[5] BLADEL J V. Electromagnetic field. New York:McGraw-Hill,1964.

[6] 哈林登. 正弦电磁场. 孟侃，译. 上海：上海科技出版社，1964.

[7] 柯林. 导波场论. 侯庆元，译. 上海：上海科技出版社，1966.

[8] 黄宏嘉. 微波原理. 北京：科学出版社，1963.

[9] 林为干. 微波理论与技术. 北京：科学出版社，1979.

[10] 柯林. 微波工程基础. 吕继尧，译. 北京：人民邮电出版社，1981.

[11] TAI C T. Dyadic Green's function in electromagnetic theory. Scranton:Intext,1971.

[12] JONES J D. The theory of electromagnetism. New York:Pergamon Press,1964.

[13] 龚中麟，徐承和. 近代电磁理论. 北京：北京大学出版社，1990.

[14] 王一平，陈达章，刘鹏程. 工程电动力学. 西安：西北电讯工程学院出版社，1985.

[15] SENGUPTA D L, SARKAR T K, MAXWELL, et al. The maxwellians and the early history of electromagnetic waves. Antennas and Propagation Society, 2001 IEEE International Sym, 2001(1): 14-17.

[16] WLALDRON R A. Theory of guided electromagnetic wave. 北京：人民邮电出版社，1977.

[17] STINSON D C. Intermediate mathematics of electromagnetic. New York: Prentice-Hall, 1976.

[18] WAIT J R. Electromagnetic wave theory. New York:Harper & Row,1985.

[19] 陈惠青. 电磁场理论：无坐标方法. 北京：电子工业出版社，1988.

[20] 宋文淼. 并矢格林函数和电磁场的算子理论. 合肥：中国科学技术大学出版社，1991.

[21] 童创明，梁建刚，鞠智芹，等. 电磁场微波技术与天线. 西安：西北工业大学出版社，2009.

第2章 电磁场基本问题

本章将概括并推导电磁场边值问题，包括导波问题、散射问题和辐射问题，介绍电磁场边值问题的一般求解方法，从统一的观点，总结数值方法的基本思想。

2.1 电磁场边值问题

2.1.1 导波问题

所谓导波就是沿着传输媒介（如同轴线、金属波导、微带线和光纤等）传播的电磁波。所谓导波问题是指电磁波在沿着传输线传播时的色散、损耗、泄漏和遇到不连续性时的反射和透射等问题。本节将对此作重点讨论，而关于传输线不连续性等问题将在以后的一些章节中结合具体问题进行分析。本节中假定 $\hat{z}$ 向均匀无限长。此外，如无特别申明还假定传输电磁波的区域为填充理想媒质的无源区域。采用赫兹位函数时，式(1.1.40)和式(1.1.41)简化为

$$\left.\begin{aligned} \boldsymbol{E}(\boldsymbol{r}) &= -\mathrm{j}\omega\mu\ \nabla\times\boldsymbol{\Pi}^h(\boldsymbol{r}) + \nabla\nabla\cdot\boldsymbol{\Pi}^e(\boldsymbol{r}) + k^2\boldsymbol{\Pi}^e(\boldsymbol{r}) \\ \boldsymbol{H}(\boldsymbol{r}) &= \mathrm{j}\omega\varepsilon\ \nabla\times\boldsymbol{\Pi}^e(\boldsymbol{r}) + \nabla\nabla\cdot\boldsymbol{\Pi}^h(\boldsymbol{r}) + k^2\boldsymbol{\Pi}^h(\boldsymbol{r}) \end{aligned}\right\} \tag{2.1.1}$$

$$\left.\begin{aligned} &\nabla^2\boldsymbol{\Pi}^e(\boldsymbol{r}) + k^2\boldsymbol{\Pi}^e(\boldsymbol{r}) = 0 \\ &\boldsymbol{H}^e(\boldsymbol{r}) = \mathrm{j}\omega\varepsilon\ \nabla\times\boldsymbol{\Pi}^e(\boldsymbol{r}) \\ &\boldsymbol{E}^e(\boldsymbol{r}) = \nabla\nabla\cdot\boldsymbol{\Pi}^e(\boldsymbol{r}) + k^2\boldsymbol{\Pi}^e(\boldsymbol{r}) \end{aligned}\right\} \tag{2.1.2}$$

$$\left.\begin{aligned} &\nabla^2\boldsymbol{\Pi}^h(\boldsymbol{r}) + k^2\boldsymbol{\Pi}^h(\boldsymbol{r}) = 0 \\ &\boldsymbol{E}^h(\boldsymbol{r}) = -\mathrm{j}\omega\mu\ \nabla\times\boldsymbol{\Pi}^h(\boldsymbol{r}) \\ &\boldsymbol{H}^h(\boldsymbol{r}) = \nabla\nabla\cdot\boldsymbol{\Pi}^h(\boldsymbol{r}) + k^2\boldsymbol{\Pi}^h(\boldsymbol{r}) \end{aligned}\right\} \tag{2.1.3}$$

上述方程是描述导波问题的最基本的方程。我们看到，在理想媒质填充的无源区域内，电场和磁场完全可以用赫兹电矢量位函数和磁矢量位函数表示，而且这种表示是完备的。如果直接求解麦克斯韦方程组，待求未知量为 $\boldsymbol{E}$ 和 $\boldsymbol{H}$ 的6个分量；而引入赫兹矢量位函数后，待求量变为 $\boldsymbol{\Pi}^e$ 和 $\boldsymbol{\Pi}^h$ 的6个分量。可见工作量并没有减少。如果取 $\boldsymbol{\Pi}^e(\boldsymbol{r}) = \Pi^e(\boldsymbol{r})\hat{z}$，$\boldsymbol{\Pi}^h(\boldsymbol{r}) = \Pi^h(\boldsymbol{r})\hat{z}$，即令赫兹矢量位函数只有 $\hat{z}$ 方向分量，则式(2.1.1)～式(2.1.3)又进一步简化为

$$\left.\begin{aligned} \boldsymbol{E}(\boldsymbol{r}) &= -\mathrm{j}\omega\mu\ \nabla\Pi^h(\boldsymbol{r})\times\hat{z} + \nabla\frac{\partial}{\partial z}\Pi^e(\boldsymbol{r}) + k^2\Pi^e(\boldsymbol{r})\hat{z} \\ \boldsymbol{H}(\boldsymbol{r}) &= \mathrm{j}\omega\varepsilon\ \nabla\Pi^e(\boldsymbol{r})\times\hat{z} + \nabla\frac{\partial}{\partial z}\Pi^h(\boldsymbol{r}) + k^2\Pi^h(\boldsymbol{r})\hat{z} \end{aligned}\right\} \tag{2.1.4}$$

$$\left.\begin{aligned} &\nabla^2\Pi^e(\boldsymbol{r}) + k^2\Pi^e(\boldsymbol{r}) = \boldsymbol{0} \\ &\boldsymbol{H}^e(\boldsymbol{r}) = \mathrm{j}\omega\varepsilon\ \nabla\Pi^e(\boldsymbol{r})\times\hat{z} \\ &\boldsymbol{E}^e(\boldsymbol{r}) = \nabla\frac{\partial}{\partial z}\Pi^e(\boldsymbol{r}) + k^2\Pi^e(\boldsymbol{r})\hat{z} \end{aligned}\right\} \tag{2.1.5}$$

$$\left.\begin{aligned} &\nabla^2 \boldsymbol{\Pi}^h(\boldsymbol{r}) + k^2 \boldsymbol{\Pi}^h(\boldsymbol{r}) = \boldsymbol{0} \\ &\boldsymbol{E}^h(\boldsymbol{r}) = -\mathrm{j}\omega\mu\, \nabla \boldsymbol{\Pi}^h(\boldsymbol{r}) \times \hat{\boldsymbol{z}} \\ &\boldsymbol{H}^h(\boldsymbol{r}) = \nabla \frac{\partial}{\partial z} \boldsymbol{\Pi}^h(\boldsymbol{r}) + k^2 \boldsymbol{\Pi}^h(\boldsymbol{r}) \hat{\boldsymbol{z}} \end{aligned}\right\} \tag{2.1.6}$$

显然，这时只需要满足齐次亥姆霍兹方程的两个标量函数，比直接求解麦克斯韦方程组要简便得多。现在的问题是，仅取赫兹矢量位函数的一个分量是否完备。换言之，仅取 $\boldsymbol{\Pi}^e$ 和 $\boldsymbol{\Pi}^h$ 的 $\hat{\boldsymbol{z}}$ 向分量是否能完全表示所考虑区域内的电磁场。结论是肯定的。事实上，任取 $\boldsymbol{\Pi}^e$ 和 $\boldsymbol{\Pi}^h$ 的一组 $\hat{\boldsymbol{x}}$，$\hat{\boldsymbol{y}}$ 或 $\hat{\boldsymbol{z}}$ 向分量都可以完备地描述待求的电磁场量。应当指出，如果取 $\boldsymbol{\Pi}^e$ 和 $\boldsymbol{\Pi}^h$ 的不同方向的分量进行组合，往往是不完备的。

观察式(2.1.5)和式(2.1.6)会发现 $H_z^e = 0, E_z^h = 0$，即式(2.1.5)所描述的电磁场中电场只有垂直于 $\hat{\boldsymbol{z}}$ 向的横向分量。因此，定义式(2.1.5)和式(2.1.6)所描述的电磁场分别为 TM^z 波(横磁波)和 TE^z 波(横电波)，其中上角标"z"表示关于参考方向 $\hat{\boldsymbol{z}}$ 的横磁波和横电波。类似地，如果我们令 $\boldsymbol{\Pi}^e$ 和 $\boldsymbol{\Pi}^h$ 只有 $\hat{\boldsymbol{x}}$ 方向或 $\hat{\boldsymbol{y}}$ 方向分量，就可以定义关于 $\hat{\boldsymbol{x}}$ 方向的 TM^x 波和 TE^x 波或 $\hat{\boldsymbol{y}}$ 方向的 TM^y 波和 TE^y 波。

现在来考虑赫兹位函数所满足的齐次亥姆霍兹方程：

$$\nabla^2 \boldsymbol{\Pi}(\boldsymbol{r}) + k^2 \boldsymbol{\Pi}(\boldsymbol{r}) = \nabla_\perp^2 \boldsymbol{\Pi}(\boldsymbol{r}) + \frac{\partial^2}{\partial z^2} \boldsymbol{\Pi}(\boldsymbol{r}) + k^2 \boldsymbol{\Pi}(\boldsymbol{r}) = \boldsymbol{0} \tag{2.1.7}$$

式中：$\boldsymbol{\Pi}$ 表示 $\boldsymbol{\Pi}^e$ 或 $\boldsymbol{\Pi}^h$；$\nabla_\perp^2$ 为二维拉普拉斯算子。其定义如下：

在直角坐标系中：
$$\nabla_\perp^2 = \frac{\partial^2}{\partial x^2} + \frac{\partial^2}{\partial y^2}$$

在圆柱坐标系中：
$$\nabla_\perp^2 = \frac{1}{\rho} \frac{\partial}{\partial \rho}\left(\rho \frac{\partial}{\partial \rho}\right) + \frac{1}{\rho^2} \frac{\partial^2}{\partial \varphi^2}$$

令 $\boldsymbol{\Pi}(\boldsymbol{r}) = \psi(\boldsymbol{\rho}) Z(z)$，代入方程(2.1.7)并分离变量，得

$$\left.\begin{aligned} &\nabla_\perp^2 \psi(\boldsymbol{\rho}) + k_c^2 \psi(\boldsymbol{\rho}) = 0 \\ &\frac{\mathrm{d}^2 Z(z)}{\mathrm{d}z^2} + \gamma^2 Z(z) = 0 \end{aligned}\right\} \tag{2.1.8}$$

式中：γ 为 $\hat{\boldsymbol{z}}$ 向的传播常数；$k_c^2 = k^2 - \gamma^2$ 为横向波数或截止波数；$\boldsymbol{\rho} = (x, y)$ 为二维位置矢量。

式(2.1.8)中第二个方程的解为

$$Z(z) = C^+ \mathrm{e}^{-\mathrm{j}\gamma z} + C^- \mathrm{e}^{\mathrm{j}\gamma z} \tag{2.1.9}$$

式中：$C^\pm$ 为常系数；$\mathrm{e}^{\mp \mathrm{j}\gamma z}$ 为沿 $+\hat{\boldsymbol{z}}$ 和 $-\hat{\boldsymbol{z}}$ 方向的传播因子。

考虑了上述因素后，式(2.1.5)和式(2.1.6)进一步退化为

$$\mathrm{TM}^z\text{ 波：}\quad \left.\begin{aligned} &\nabla_\perp^2 \psi^e(\boldsymbol{\rho}) + (k_c^e)^2 \psi^e(\boldsymbol{\rho}) = 0 \\ &\boldsymbol{H}_\perp^e(\boldsymbol{r}) = \mathrm{j}\omega\varepsilon C_e^\pm \nabla_\perp \psi^e(\boldsymbol{\rho}) \times \hat{\boldsymbol{z}} \mathrm{e}^{\mp \mathrm{j}\gamma^e z} \\ &\boldsymbol{H}_\perp^e(\boldsymbol{r}) = \mp \gamma^e C_e^\pm \nabla_\perp \psi^e(\boldsymbol{\rho}) \mathrm{e}^{\mp \mathrm{j}\gamma^e z} \\ &E_z^e(\boldsymbol{r}) = (k_c^e)^2 C_e^\pm \psi^e(\boldsymbol{\rho}) \mathrm{e}^{\mp \mathrm{j}\gamma^e z} \end{aligned}\right\} \tag{2.1.10}$$

$$\mathrm{TE}^z\text{ 波：}\quad \left.\begin{aligned} &\nabla_\perp^2 \psi^h(\boldsymbol{\rho}) + (k_c^h)^2 \psi^h(\boldsymbol{\rho}) = 0 \\ &\boldsymbol{E}_\perp^h(\boldsymbol{r}) = -\mathrm{j}\omega\mu C_h^\pm \nabla_\perp \psi^h(\boldsymbol{\rho}) \times \hat{\boldsymbol{z}} \mathrm{e}^{\mp \mathrm{j}\gamma^e z} \\ &\boldsymbol{H}_\perp^h(\boldsymbol{r}) = \mp \gamma^h C_h^\pm \nabla_\perp \psi^h(\boldsymbol{\rho}) \mathrm{e}^{\mp \mathrm{j}\gamma^e z} \\ &H_z^h(\boldsymbol{r}) = (k_c^h)^2 C_h^\pm \psi^h(\boldsymbol{\rho}) \mathrm{e}^{\mp \mathrm{j}\gamma^e z} \end{aligned}\right\} \tag{2.1.11}$$

显然,如果 $k_c^{e,h}=0$,则 $E_z^e=0$,$H_z^h=0$,这时仅存在垂直于 $\hat{z}$ 方向的横向场分量,这样的波我们称为 TEM^z 波。有些传输线,如微带线等,在频率较低时 $k\approx\gamma$,从而 $k_c^2=k^2-\gamma^2\approx 0$,这时的波近似具有 TEM^z 波的特征,称为准 TEM^z 波。有些传输线,如理想媒质均匀填充的任意截面形状封闭波导中,TM^z 波或 TE^z 波可以独立存在。换言之,TM^z 波或 TE^z 波可以单独满足所有边界条件,因而可以分开求解。而另一些传输线,如鳍线等,TM^z 波或 TE^z 波不能单独满足所有边界条件,因而必须将 TM^z 波和 TE^z 波联立求解,这样的波称作混合波(习惯亦称作混合模),则有

$$\boldsymbol{E}_\perp(\boldsymbol{r})=\boldsymbol{E}_\perp^e+\boldsymbol{E}_\perp^h=$$
$$\mp\gamma^e C_e^\pm\nabla_\perp\psi^e(\boldsymbol{\rho})\mathrm{e}^{\mp j\gamma^e z}-j\omega\mu C_h^\pm\nabla_\perp\psi^h(\boldsymbol{\rho})\times\hat{\boldsymbol{z}}\mathrm{e}^{\mp j\gamma^h z} \tag{2.1.12a}$$

$$\boldsymbol{H}_\perp(\boldsymbol{r})=\boldsymbol{H}_\perp^h+\boldsymbol{E}^e=$$
$$\mp\gamma^h C_h^\pm\nabla_\perp\psi^h(\boldsymbol{\rho})\mathrm{e}^{\mp j\gamma^h z}+j\omega\varepsilon C_e^\pm\nabla_\perp\psi^e(\boldsymbol{\rho})\times\hat{\boldsymbol{z}}\mathrm{e}^{\mp j\gamma^e z} \tag{2.1.12b}$$

$$E_z(\boldsymbol{r})=E_z^e(\boldsymbol{r})=(k_c^e)^2 C_e^\pm\psi^e(\boldsymbol{\rho})\mathrm{e}^{\mp j\gamma^e z} \tag{2.1.13a}$$

$$H_z(\boldsymbol{r})=H_z^h(\boldsymbol{r})=(k_c^h)^2 C_h^\pm\psi^h(\boldsymbol{\rho})\mathrm{e}^{\mp j\gamma^h z} \tag{2.1.13b}$$

下述讨论理想媒质均匀填充的理想导体封闭波导,波导截面区域以 Ω 表示,Ω 的边界(也就是波导壁)用 $\partial\Omega$ 表示。前面已指出,这样的波导中 TM^z 波或 TE^z 波可以单独存在。根据式(2.1.10)和式(2.1.11)可以证明:

$$\psi^e(\boldsymbol{\rho})\big|_{\partial\Omega}=0,\quad \frac{\partial}{\partial n}\psi^h(\boldsymbol{\rho})\big|_{\partial\Omega}=0 \tag{2.1.14}$$

对于 TM^z 波,位函数 $\psi^e(\boldsymbol{\rho})$ 满足二维齐次亥姆霍兹方程和式(2.1.14)中的第一类齐次边界条件,其解 $\psi^e(\boldsymbol{\rho})\in U$:$\{u(\boldsymbol{\rho})\in C^2[\Omega],u(\boldsymbol{\rho})\big|_{\partial\Omega}=0\}$,其中 $C^2[\Omega]$ 为 Ω 的二阶连续可微函数空间。

$\forall u,v\in U$,有

$$<-\nabla^2 u,v>-<u,-\nabla^2 v>=\iint_\Omega(v^*\nabla^2 u-u\nabla^2 v^*)\mathrm{d}s=$$
$$\oint_{\partial\Omega}\left(u\frac{\partial v^*}{\partial n}-v^*\frac{\partial u}{\partial n}\right)\mathrm{d}l=0$$

式中:上角标"*"表示复共轭;$\forall$ 的意思是对于任意;$<\cdot,\cdot>$ 表示内积。因此,$-\nabla^2$ 是空间 U 上的自共轭算子,还可以证明 $-\nabla^2$ 是空间 U 上的全连续自共轭算子。

关于全连续自共轭算子有下述定理。

定理 2.1.1　每个异于零算子的全连续自共轭算子至少有一个不等于零的本征值。

设 $(k_{cn}^e)^2$ 是空间 U 上全连续自共轭算子 $-\nabla^2$ 的一个本征值,则称满足本征值算子方程(二维齐次亥姆霍兹方程)$-\nabla^2\psi_n^e(\boldsymbol{\rho})=(k_{cn}^e)^2\psi_n^e(\boldsymbol{\rho})$ 的函数 $\psi_n^e(\boldsymbol{\rho})$ 为对应的本征函数。由于 $-\nabla^2$ 是空间 U 上的自共轭算子,因此其本征值 $(k_c^e)^2$ 必定是实数,事实上:

$$<-\nabla^2\psi^e,\psi^e>-<\psi^e,-\nabla^2\psi^e>=$$
$$\{(k_c^e)^2-[(k_c^e)^2]^*\}\|\psi^e\|^2=0\Rightarrow$$
$$(k_c^e)^2=[(k_c^e)^2]^* \tag{2.1.15}$$

式中,$\|\cdot\|$ 表示范数。

定理 2.1.2　全连续自共轭算子所有本征函数都两两正交。

设 $(k_{cm}^e)^2$,$(k_{cn}^e)^2$ 是空间 U 上全连续自共轭算子 $-\nabla^2$ 的两个不同的本征值,而 $\psi_m^e(\boldsymbol{\rho})$,

$\psi_n^e(\boldsymbol{\rho})$ 是对应的本征函数，则

$$
\begin{aligned}
&< -\nabla^2\psi_m^e, \psi_n^e > - < \psi_m^e, -\nabla^2\psi_n^e > = \\
&\{(k_{cn}^e)^2 - [(k_{cn}^e)^2]^*\} < \psi_m^e, \psi_n^e > = 0 \Rightarrow \\
&< \psi_m^e, \psi_n^e > = 0
\end{aligned}
\tag{2.1.16}
$$

定理 2.1.3　全连续自共轭算子所有本征函数组成的归一化正交组是一完备组。

根据定理 2.1.3，$\forall \psi^e \in U$，有

$$
\psi^e(\boldsymbol{\rho}) = \sum_n \frac{< \psi^e(\boldsymbol{\rho}), \psi_n^e(\boldsymbol{\rho}) >}{\| \psi_n^e(\boldsymbol{\rho}) \|^2} \psi_n^e(\boldsymbol{\rho})
\tag{2.1.17}
$$

在导波系统中，对应于每一个本征函数的波，称为模。

对于 TE^z 波，也有相同的结论。

用本征函数展开后，式(2.1.10) 和式(2.1.11) 中的横向场分量可以表示为

$$
\left.
\begin{aligned}
\boldsymbol{E}_\perp^e(\boldsymbol{r}) &= \sum_n (A_n^+ e^{-j\gamma_n^e z} + A_n^- e^{+j\gamma_n^e z}) \boldsymbol{e}_n^e(\boldsymbol{\rho}) \\
\boldsymbol{H}_\perp^e(\boldsymbol{r}) &= \sum_n Y_n^e (A_n^+ e^{-j\gamma_n^e z} - A_n^- e^{+j\gamma_n^e z}) \boldsymbol{h}_n^e(\boldsymbol{\rho})
\end{aligned}
\right\}
\tag{2.1.18}
$$

$$
\left.
\begin{aligned}
\boldsymbol{E}_\perp^h(\boldsymbol{r}) &= \sum_n (B_n^+ e^{-j\gamma_n^e z} + B_n^- e^{+j\gamma_n^e z}) \boldsymbol{e}_n^h(\boldsymbol{\rho}) \\
\boldsymbol{H}_\perp^h(\boldsymbol{r}) &= \sum_n Y_n^h (B_n^+ e^{-j\gamma_n^e z} - B_n^- e^{+j\gamma_n^e z}) \boldsymbol{h}_n^h(\boldsymbol{\rho})
\end{aligned}
\right\}
\tag{2.1.19}
$$

式中：$A_n^\pm$，$B_n^\pm$ 为展开系数；Y_n^e，Y_n^h 分别称作 TM^z 模、TE^z 模的波阻抗；$\boldsymbol{e}_n^{e,h}(\boldsymbol{\rho})$，$\boldsymbol{h}_n^{e,h}(\boldsymbol{\rho})$ 为矢量模式函数，其分别定义如下：

$$
\left.
\begin{aligned}
Y_n^e &= \frac{\omega\varepsilon}{\gamma_n^e} \\
\boldsymbol{e}_n^e(\boldsymbol{\rho}) &= \nabla_\perp \psi_n^e(\boldsymbol{\rho}) \\
\boldsymbol{h}_n^e(\boldsymbol{\rho}) &= \hat{\boldsymbol{z}} \times \boldsymbol{e}_n^e(\boldsymbol{\rho})
\end{aligned}
\right\}
\tag{2.1.20a}
$$

$$
\left.
\begin{aligned}
Y_n^h &= \frac{\gamma_n^h}{\omega\mu} \\
\boldsymbol{h}_n^h(\boldsymbol{\rho}) &= -\nabla_\perp \psi_n^h(\boldsymbol{\rho}) \\
\boldsymbol{e}_n^h(\boldsymbol{\rho}) &= \boldsymbol{h}_n^h(\boldsymbol{\rho}) \times \hat{\boldsymbol{z}}
\end{aligned}
\right\}
\tag{2.1.20b}
$$

通常，为了使公式清晰，需要对矢量模式函数作归一化，即对 $\psi_m^{e,h}(\boldsymbol{\rho})$ 附加一定的系数，使得

$$
(k_{cn}^e)^2 \| \psi_m^e \| = 1 \tag{2.1.21a}
$$

$$
(k_{cn}^h)^2 \| \psi_m^h \| = 1 \tag{2.1.21b}
$$

根据前面的定理和有关表达式可以证明，矢量模式函数满足正交性：

$$
\left.
\begin{aligned}
&< \boldsymbol{e}_m^e(\boldsymbol{\rho}), \boldsymbol{e}_n^e(\boldsymbol{\rho}) > = \delta_{mn} \\
&< \boldsymbol{e}_m^h(\boldsymbol{\rho}), \boldsymbol{e}_n^h(\boldsymbol{\rho}) > = \delta_{mn} \\
&< \boldsymbol{h}_m^e(\boldsymbol{\rho}), \boldsymbol{h}_n^e(\boldsymbol{\rho}) > = \delta_{mn} \\
&< \boldsymbol{h}_m^h(\boldsymbol{\rho}), \boldsymbol{h}_n^h(\boldsymbol{\rho}) > = \delta_{mn} \\
&< \boldsymbol{e}_m^e(\boldsymbol{\rho}), \boldsymbol{e}_n^h(\boldsymbol{\rho}) > = 0 \\
&< \boldsymbol{h}_m^e(\boldsymbol{\rho}), \boldsymbol{h}_n^h(\boldsymbol{\rho}) > = 0
\end{aligned}
\right\}
\tag{2.1.22}
$$

根据式(2.1.20)的定义和式(2.1.22)的正交性,还可以进一步证明以下正交性:

$$\left.\begin{aligned}
&\iint_{\Omega}[\boldsymbol{e}_m^e(\boldsymbol{\rho})\times\boldsymbol{h}_n^e(\boldsymbol{\rho})]\cdot\hat{\boldsymbol{z}}\mathrm{d}s=\delta_{mn}\\
&\iint_{\Omega}[\boldsymbol{e}_m^h(\boldsymbol{\rho})\times\boldsymbol{h}_n^h(\boldsymbol{\rho})]\cdot\hat{\boldsymbol{z}}\mathrm{d}s=\delta_{mn}\\
&\iint_{\Omega}[\boldsymbol{e}_m^e(\boldsymbol{\rho})\times\boldsymbol{h}_n^h(\boldsymbol{\rho})]\cdot\hat{\boldsymbol{z}}\mathrm{d}s=0\\
&\iint_{\Omega}[\boldsymbol{e}_m^h(\boldsymbol{\rho})\times\boldsymbol{h}_n^e(\boldsymbol{\rho})]\cdot\hat{\boldsymbol{z}}\mathrm{d}s=0
\end{aligned}\right\}\tag{2.1.23}$$

定义 $\hat{\boldsymbol{z}}$ 方向的复坡印廷矢量为

$$\boldsymbol{S}(\boldsymbol{\rho})=\boldsymbol{E}_{\perp}(\boldsymbol{\rho})\times\boldsymbol{H}_{\perp}^{*}(\boldsymbol{\rho})\tag{2.1.24}$$

则沿 $\hat{\boldsymbol{z}}$ 方向传输的功率为

$$P=\frac{1}{2}\iint_{\Omega}[\boldsymbol{E}_{\perp}(\boldsymbol{\rho})\times\boldsymbol{H}_{\perp}^{*}(\boldsymbol{\rho})]\cdot\hat{\boldsymbol{z}}\mathrm{d}s\tag{2.1.25}$$

将式(2.1.18)和式(2.1.19)中横向场的 $\pm\hat{\boldsymbol{z}}$ 方向传输的分量代入式(2.1.25)并利用矢量模式函数的正交性式(2.1.23),得 $\pm\hat{\boldsymbol{z}}$ 方向 TM^z 模或 TE^z 模传输的功率,则有

$$P_{\mathrm{TM}}^{\pm}=\sum_n P_{n,\mathrm{TM}}^{\pm}=\sum_n\frac{1}{2}(Y_n^e)^{*}\,|A_n^{\pm}|^2\tag{2.1.26a}$$

$$P_{\mathrm{TE}}^{\pm}=\sum_n P_{n,\mathrm{TE}}^{\pm}=\sum_n\frac{1}{2}(Y_n^h)^{*}\,|B_n^{\pm}|^2\tag{2.1.26b}$$

作如下归一化:

$$V_n^{e,\pm}=\sqrt{|Y_n^e|}A_n^{\pm}\tag{2.1.27a}$$

$$V_n^{h,\pm}=\sqrt{|Y_n^h|}B_n^{\pm}\tag{2.1.27b}$$

归一化后,式(2.1.18)和式(2.1.19)可以合并写成

$$\left.\begin{aligned}
\boldsymbol{E}_{\perp}(\boldsymbol{r})&=\sum_n\frac{1}{\sqrt{|Y_n|}}(V_n^{+}\mathrm{e}^{-\mathrm{j}\gamma_n z}+V_n^{-}\mathrm{e}^{+\mathrm{j}\gamma_n z})\boldsymbol{e}_n(\boldsymbol{\rho})\\
\boldsymbol{H}_{\perp}(\boldsymbol{r})&=\sum_n\frac{Y_n}{\sqrt{|Y_n|}}(V_n^{+}\mathrm{e}^{-\mathrm{j}\gamma_n z}-V_n^{-}\mathrm{e}^{+\mathrm{j}\gamma_n z})\boldsymbol{h}_n(\boldsymbol{\rho})
\end{aligned}\right\}\tag{2.1.28}$$

式(2.1.28)描述的可以是 TM^z 模、TE^z 模或混合模($\mathrm{TM}^z+\mathrm{TE}^z$)。

由定义知

$$\gamma_n=\sqrt{k^2-k_{cn}^2}=\begin{cases}\beta_n, & k^2>k_{cn}^2\\ \mathrm{j}\alpha_n, & k^2>k_{cn}^2\end{cases}\tag{2.1.29}$$

式中:α_n,β_n 都是正实数。当 $\gamma_n=\beta_n$ 时,$\hat{\boldsymbol{z}}$ 方向的传播因子为 $\mathrm{e}^{-\mathrm{j}\beta_n z}$,这时的波是沿 $\hat{\boldsymbol{z}}$ 向无衰减的行波,称作传输模;当 $\gamma_n=-\mathrm{j}\alpha_n$ 时,$\hat{\boldsymbol{z}}$ 方向的传播因子为 $\mathrm{e}^{-\alpha_n z}$,这时的波沿 $\hat{\boldsymbol{z}}$ 向指数衰减,称为截止模;当传输线上有不连续性存在时,正、反方向的传输模将形成行驻波或驻波(全反射)。对于传输模,波导纳为实数,由式(2.1.26)知,这时传输的功率为实数,因此传输模可以携带功率;对于截止模,这时功率为纯虚数,即截止模不能携带功率。

2.1.2 散射问题

目标散射特性分析是目标识别、隐身与反隐身等研究领域的基础,而电大尺寸和复杂媒质

物体的电磁散射特性分析又是近年来的研究重点。其分析方法主要有高频方法、数值方法或混合方法，其中数值方法主要有积分方程方法和差分类方法。本节仅讨论关于二维、三维和旋转体散射问题的积分方程的建立，而关于射线类方法和差分类方法的原理将在后面一些章节中结合具体问题加以讨论。

1. 二维散射问题

首先考虑一任意截面均匀无限长导体柱的散射问题。导体柱截面如图 2.1.1 所示，截面区域内部和外部分别以 Ω 和 $\bar{\Omega}$ 表示，其边界为 $\partial\Omega$，边界的法向和切向单位矢分别为 $\hat{\boldsymbol{n}}$ 和 $\hat{\boldsymbol{\tau}}$，入射平面波的入射角为 φ^{i}。

对于此问题，由于导体柱沿 $\hat{\boldsymbol{z}}$ 向均匀无限长且入射波沿 $\hat{\boldsymbol{z}}$ 向无变化，因此对于入射场和散射场均有 $\partial/\partial z=0$。从而，当入射波为 TM^z：(E_z,H_x,H_y) 波时，散射场也是 TM^z 波；同理，当入射波为 TE^z：(H_z,E_x,E_y) 波时，散射场也是 TE^z 波。

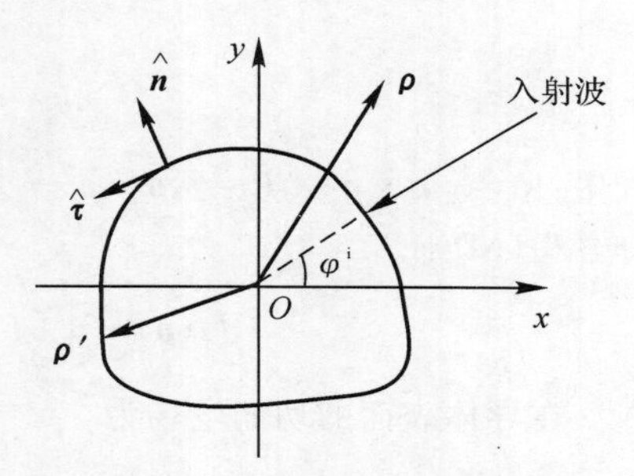

图 2.1.1　任意形状导体柱截面

先考虑 TM^z 波情况，由于 $\hat{\boldsymbol{z}}$ 向磁场分量为零，入射波：

$$E_z^{\mathrm{i}}=\mathrm{e}^{\mathrm{j}k_0(x\cos\varphi^{\mathrm{i}}+y\sin\varphi^{\mathrm{i}})} \tag{2.1.30}$$

在导体表面仅感应出 $\hat{\boldsymbol{z}}$ 向的电流 $\boldsymbol{J}=J\hat{\boldsymbol{z}}$，于是矢量位 $\boldsymbol{A}$ 也只有 $\hat{\boldsymbol{z}}$ 向分量，且

$$A_z=\oint_{\partial\Omega}J(\boldsymbol{\rho}')G(\boldsymbol{\rho},\boldsymbol{\rho}')\mathrm{d}l' \tag{2.1.31}$$

式中：$G(\boldsymbol{\rho},\boldsymbol{\rho}')=-\dfrac{\mathrm{j}}{4}H_0^{[2]}(k_0\mid\boldsymbol{\rho}-\boldsymbol{\rho}'\mid)$ 为自由空间中动态场的二维格林函数，进而有散射场

$$E_z^{\mathrm{s}}(\boldsymbol{\rho})=-\mathrm{j}\omega\mu_0A_z(\boldsymbol{\rho})+\frac{1}{\mathrm{j}\omega\varepsilon_0}\frac{\partial^2}{\partial z^2}A_z(\boldsymbol{\rho})=$$
$$-\mathrm{j}\omega\mu_0\oint_{\partial\Omega}J(\boldsymbol{\rho}')G(\boldsymbol{\rho},\boldsymbol{\rho}')\mathrm{d}l' \tag{2.1.32}$$

其中用到了条件 $\partial/\partial z$。在导体表面，总的切向电场 $E_z=E_z^{\mathrm{i}}+E_z^{\mathrm{s}}=0$，从而得到关于导体表面电流的积分方程为

$$E_z^{\mathrm{i}}(\boldsymbol{\rho})=\frac{k_0\eta_0}{4}\oint_{\partial\Omega}J(\boldsymbol{\rho}')H_0^{[2]}(k_0\mid\boldsymbol{\rho}-\boldsymbol{\rho}'\mid)\mathrm{d}l',\quad \boldsymbol{\rho},\boldsymbol{\rho}'\in\partial\Omega \tag{2.1.33}$$

如果采用导体表面上的本地坐标 $(\hat{\boldsymbol{n}},\hat{\boldsymbol{\tau}},\hat{\boldsymbol{z}})$，则有

$$H_\tau^{\mathrm{s}}(\boldsymbol{\rho})=\hat{\boldsymbol{\tau}}\cdot\nabla_\perp\times\boldsymbol{A}(\boldsymbol{\rho})=-\hat{\boldsymbol{n}}\cdot\nabla_\perp A_z(\boldsymbol{\rho}) \tag{2.1.34}$$

考虑到导体表面的边界条件 $J=H_\tau^{\mathrm{i}}+H_\tau^{\mathrm{s}}$，得积分方程为

$$J(\boldsymbol{\rho})+\oint_{\partial\Omega}J(\boldsymbol{\rho}')\hat{\boldsymbol{n}}\cdot\nabla_\perp H_0^{[2]}(k_0\mid\boldsymbol{\rho}-\boldsymbol{\rho}'\mid)\mathrm{d}l'=H_\tau^{\mathrm{i}}(\boldsymbol{\rho}) \tag{2.1.35}$$

式中：$H_\tau^{\mathrm{i}}(\boldsymbol{\rho})=E_z^{\mathrm{i}}(\boldsymbol{\rho})/\mathrm{j}\omega\mu_0$。

式(2.1.33)称作电场积分方程(Electric Field Integral Equation, EFIE)，而式(2.1.34)称作磁场积分方程(Magnetic Field Integral Equation, MFIE)。

其次考虑 TE^z 波情况，由于 $\hat{\boldsymbol{z}}$ 向磁场分量为零，入射波：

$$H_z^{\mathrm{i}}=\mathrm{e}^{\mathrm{j}k_0(x\cos\varphi^{\mathrm{i}}+y\sin\varphi^{\mathrm{i}})} \tag{2.1.36}$$

这时矢量磁位

$$\boldsymbol{A}(\boldsymbol{\rho}) = \oint_{\partial\Omega} \hat{\boldsymbol{\tau}}' J_\tau(\boldsymbol{\rho}') G(\boldsymbol{\rho},\boldsymbol{\rho}') \mathrm{d}l' \tag{2.1.37}$$

导体表面上的切向散射磁场为

$$\begin{aligned} H_z^{\mathrm{s}}(\boldsymbol{\rho}) &= \hat{\boldsymbol{z}} \cdot \nabla \times \boldsymbol{A}(\boldsymbol{\rho}) = \\ &\hat{\boldsymbol{z}} \cdot \oint_{\partial\Omega} \hat{\boldsymbol{\tau}}' J_\tau(\boldsymbol{\rho}') \times \nabla_\perp G(\boldsymbol{\rho},\boldsymbol{\rho}') \mathrm{d}l' = \\ &\oint_{\partial\Omega} J_\tau(\boldsymbol{\rho}')(\hat{\boldsymbol{z}} \times \hat{\boldsymbol{\tau}}') \cdot \nabla_\perp G(\boldsymbol{\rho},\boldsymbol{\rho}') \mathrm{d}l' = \\ &-\oint_{\partial\Omega} J_\tau(\boldsymbol{\rho}') \hat{\boldsymbol{n}}' \cdot \nabla_\perp G(\boldsymbol{\rho},\boldsymbol{\rho}') \mathrm{d}l' = \\ &-\oint_{\partial\Omega} J_\tau(\boldsymbol{\rho}') \hat{\boldsymbol{n}}' \cdot \hat{\boldsymbol{R}} \frac{\partial}{\partial R} G(R) \mathrm{d}l' \end{aligned} \tag{2.1.38}$$

式中：$R = |\boldsymbol{\rho} - \boldsymbol{\rho}'|$，$\hat{\boldsymbol{R}} = (\boldsymbol{\rho} - \boldsymbol{\rho}')/|\boldsymbol{\rho} - \boldsymbol{\rho}'|$。在导体表面上 $J_\tau = -(H_z^{\mathrm{i}} + H_z^{\mathrm{s}})$，于是有磁场积分方程(MFIE)：

$$J_\tau(\boldsymbol{\rho}) - \oint_{\partial\Omega} J_\tau(\boldsymbol{\rho}') \hat{\boldsymbol{n}}' \cdot \hat{\boldsymbol{R}} \frac{\partial}{\partial R} G(R) \mathrm{d}l' = -H_z^{\mathrm{i}}(\boldsymbol{\rho}) \tag{2.1.39}$$

在导体表面的切向电场为

$$E_\tau^{\mathrm{s}}(\boldsymbol{\rho}) = -\mathrm{j}\omega\mu_0 A_\tau(\boldsymbol{\rho}) + \frac{1}{\mathrm{j}\omega\varepsilon_0} \frac{\partial}{\partial \tau} \nabla_\perp \boldsymbol{A}(\boldsymbol{\rho}) \tag{2.1.40}$$

考虑到导体表面上总的切向电场 $E_\tau = E_\tau^{\mathrm{i}} + E_\tau^{\mathrm{s}} = 0$，可得

$$\oint_{\partial\Omega} \left\{ k_0^2 \hat{\boldsymbol{\tau}} \cdot \hat{\boldsymbol{\tau}}' G(\boldsymbol{\rho},\boldsymbol{\rho}') + \frac{\partial}{\partial \tau} \left[\hat{\boldsymbol{\tau}}' \cdot \hat{\boldsymbol{R}} \frac{\partial}{\partial R} G(R) \right] \right\} J(\boldsymbol{\rho}') \mathrm{d}l' = -\mathrm{j}\omega\varepsilon_0 E_\tau^{\mathrm{i}}(\boldsymbol{\rho}) \tag{2.1.41}$$

此式即为 TE^z 波入射时二维导体柱散射问题的电场积分方程(EFIE)。式中，$E_\tau^{\mathrm{i}}(\boldsymbol{\rho}) = -H_z^{\mathrm{i}}(\boldsymbol{\rho})/\mathrm{j}\omega\varepsilon_0$。

下面从另一个角度来推导二维导体柱电磁散射问题的积分方程。令

$$\varphi = \begin{cases} E_z, & \mathrm{TM}^z \text{ 波} \\ H_z, & \mathrm{TE}^z \text{ 波} \end{cases} \tag{2.1.42}$$

则很容易证明在导体柱外部区域 $\bar{\Omega}$ 中，φ 满足二维齐次亥姆霍兹方程，则有

$$\nabla_\perp \varphi(\boldsymbol{\rho}) + k_0^2 \varphi(\boldsymbol{\rho}) = 0, \quad \boldsymbol{\rho} \in \bar{\Omega} \tag{2.1.43}$$

对应的格林函数满足：

$$\nabla_\perp G(\boldsymbol{\rho},\boldsymbol{\rho}') + k_0^2 G(\boldsymbol{\rho},\boldsymbol{\rho}') = -\delta(\boldsymbol{\rho} - \boldsymbol{\rho}'), \quad \boldsymbol{\rho} \in \bar{\Omega} \tag{2.1.44}$$

其中 $\boldsymbol{\rho}'$ 位于边界上。如果场点 $\boldsymbol{\rho}$ 也落在边界上，则当 $\boldsymbol{\rho} = \boldsymbol{\rho}'$ 时，格林函数就会出现奇异性，为了避免奇异性，如图 2.1.2 所示，用一半径为 σ 的小圆弧 Γ_σ 绕过场点 $\boldsymbol{\rho}$，然后再令 $\sigma \to 0$，则在作此处理后的区域 $\bar{\Omega}$ 中源点 $\boldsymbol{\rho}'$ 不可能与场点 $\boldsymbol{\rho}$ 重合，于是式(2.1.44)可以写成

$$\nabla_\perp G(\boldsymbol{\rho},\boldsymbol{\rho}') + k_0^2 G(\boldsymbol{\rho},\boldsymbol{\rho}') = 0, \quad \boldsymbol{\rho} \in \bar{\Omega} \tag{2.1.45}$$

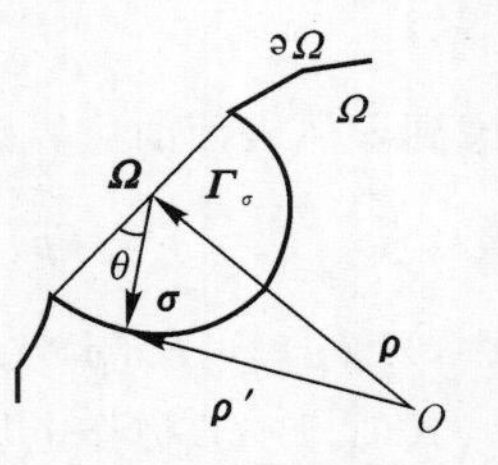

图 2.1.2 奇异点的处理

将式(2.1.43)，式(2.1.45)两边分别乘以 $G(\boldsymbol{\rho},\boldsymbol{\rho}')$ 和 $\varphi(\boldsymbol{\rho})$，然后相减并在 $\bar{\Omega}$ 上积分，得

$$\left(\oint_{S_\infty} + \oint_{\partial\Omega} \right) \left[\varphi(\boldsymbol{\rho}') \frac{\partial}{\partial n'} G(\boldsymbol{\rho},\boldsymbol{\rho}') - G(\boldsymbol{\rho},\boldsymbol{\rho}') \frac{\partial}{\partial n'} \varphi(\boldsymbol{\rho}') \right] \mathrm{d}l' = 0 \tag{2.1.46}$$

其中用到了高斯散度定理，S_∞ 表示半径趋于无穷大的圆边界。

在 S_∞ 上，由辐射边界条件知

$$\oint_{S_\infty}\left[\varphi(\boldsymbol{\rho}')\frac{\partial}{\partial n'}G(\boldsymbol{\rho},\boldsymbol{\rho}')-G(\boldsymbol{\rho},\boldsymbol{\rho}')\frac{\partial}{\partial n'}\varphi(\boldsymbol{\rho}')\right]\mathrm{d}l'=0 \tag{2.1.47}$$

而对于入射场，将导体柱去掉，可以证明

$$\oint_{\partial\Omega}\left[\varphi^{\mathrm{i}}(\boldsymbol{\rho}')\frac{\partial}{\partial n'}G(\boldsymbol{\rho},\boldsymbol{\rho}')-G(\boldsymbol{\rho},\boldsymbol{\rho}')\frac{\partial}{\partial n'}\varphi^{\mathrm{i}}(\boldsymbol{\rho}')\right]\mathrm{d}l'=\varphi^{\mathrm{i}}(\boldsymbol{\rho}) \tag{2.1.48}$$

于是，式(2.1.46)简化为

$$\oint_{\partial\Omega}\left[\varphi(\boldsymbol{\rho}')\frac{\partial}{\partial n'}G(\boldsymbol{\rho},\boldsymbol{\rho}')-G(\boldsymbol{\rho},\boldsymbol{\rho}')\frac{\partial}{\partial n'}\varphi(\boldsymbol{\rho}')\right]\mathrm{d}l'=-\varphi^{\mathrm{i}}(\boldsymbol{\rho}) \tag{2.1.49}$$

对于 TM^z 波，在导体柱表面上有边界条件

$$\varphi=E_z=0,\quad H_\tau=\frac{1}{\mathrm{j}\omega\mu_0}\frac{\partial E_z}{\partial n}=J_z$$

代入式(2.1.49)，得

$$\mathrm{j}\omega\mu_0\oint_{\partial\Omega}J_z(\boldsymbol{\rho}')G(\boldsymbol{\rho},\boldsymbol{\rho}')\mathrm{d}l'=E_z^{\mathrm{i}}(\boldsymbol{\rho}),\quad \boldsymbol{\rho}\in\partial\Omega \tag{2.1.50}$$

该方程与方程(2.1.33)完全一致。

对于 TE^z 波，在导体柱表面上有边界条件

$$\varphi=H_z=-J_\tau,\quad E_\tau=\frac{-1}{\mathrm{j}\omega\varepsilon_0}\frac{\partial H_z}{\partial n}=0$$

从而有

$$\oint_{\partial\Omega}J_\tau(\boldsymbol{\rho}')\frac{\partial}{\partial n'}G(\boldsymbol{\rho},\boldsymbol{\rho}')\mathrm{d}l'=H_z^{\mathrm{i}}(\boldsymbol{\rho}),\quad \boldsymbol{\rho}\in\partial\Omega \tag{2.1.51}$$

这是第一类弗雷德霍尔蒙型积分方程，而式(2.1.39)是第二类弗雷德霍尔蒙型积分方程。虽然这两个方程形式不同，但由电磁场唯一性定理知，这两个方程都可得出问题的正确解。

虽然当场点 $\boldsymbol{\rho}$ 落在边界上时，经过图 2.1.2 中的处理，已不可能出现 $\boldsymbol{\rho}=\boldsymbol{\rho}'$ 的奇异情况，但当 $\sigma\to 0$ 时，仍然存在隐性奇异性。为此，可将式(2.1.51)左边的积分写成

$$\begin{aligned}
&\lim_{\sigma\to 0}\left(\int_{\partial\Omega-\Gamma_\sigma}+\int_{\Gamma_\sigma}\right)J_\tau(\boldsymbol{\rho}')\frac{\partial}{\partial n'}G(\boldsymbol{\rho},\boldsymbol{\rho}')\mathrm{d}l'=\\
&\fint_{\partial\Omega}J_\tau(\boldsymbol{\rho}')\frac{\partial}{\partial n'}G(\boldsymbol{\rho},\boldsymbol{\rho}')\mathrm{d}l'+\lim_{\sigma\to 0}\int_{\Gamma_\sigma}J_\tau(\boldsymbol{\rho}')\frac{\partial}{\partial n'}G(\boldsymbol{\rho},\boldsymbol{\rho}')\mathrm{d}l'=\\
&\fint_{\partial\Omega}J_\tau(\boldsymbol{\rho}')\frac{\partial}{\partial n'}G(\boldsymbol{\rho},\boldsymbol{\rho}')\mathrm{d}l'+\frac{\mathrm{j}}{4}J_\tau(\boldsymbol{\rho})\lim_{\sigma\to 0}\int_0^\Theta\frac{\partial}{\partial\sigma}H_0^{[2]}(k_0\sigma)\sigma\mathrm{d}\theta=\\
&\fint_{\partial\Omega}J_\tau(\boldsymbol{\rho}')\frac{\partial}{\partial n'}G(\boldsymbol{\rho},\boldsymbol{\rho}')\mathrm{d}l'-\frac{\mathrm{j}}{4}J_\tau(\boldsymbol{\rho})\lim_{\sigma\to 0}\int_0^\Theta k_0H_1^{[2]}(k_0\sigma)\sigma\mathrm{d}\theta=\\
&\fint_{\partial\Omega}J_\tau(\boldsymbol{\rho}')\frac{\partial}{\partial n'}G(\boldsymbol{\rho},\boldsymbol{\rho}')\mathrm{d}l'-\frac{\Theta}{2\pi}J_\tau(\boldsymbol{\rho})
\end{aligned} \tag{2.1.52}$$

式中：$\fint$ 表示柯希主值；Θ 为 $\boldsymbol{\rho}$ 点处的边界夹角。式(2.1.52)最后结果等号右边第二项为奇点的贡献，推导过程中用到了汉开尔函数在奇点处的展开式。若对式(2.1.50)左边的积分作类似处理，就会发现奇点的贡献为零。

下述讨论介质柱的散射问题。仍然采用图 2.1.1，但这时区域 Ω 中是理想介质，其介电常

数为 $\varepsilon=\varepsilon_r\varepsilon_0$。

仍然采用式(2.1.42)的定义,则在介质柱外部区域可以导得与式(2.1.49)类似的方程为

$$\oint_{\partial\Omega}\left[\varphi_1(\boldsymbol{\rho}')\frac{\partial}{\partial n'}G_1(\boldsymbol{\rho},\boldsymbol{\rho}')-G_1(\boldsymbol{\rho},\boldsymbol{\rho}')\frac{\partial}{\partial n'}\varphi_1(\boldsymbol{\rho}')\right]\mathrm{d}l'=-\varphi^{\mathrm{i}}(\boldsymbol{\rho}) \tag{2.1.53}$$

式中:$G_1(\boldsymbol{\rho},\boldsymbol{\rho}')=-\mathrm{j}H_0^{[2]}(k_0\mid\boldsymbol{\rho}-\boldsymbol{\rho}'\mid)/4$。若考虑到式(2.1.52)关于奇异性的处理,式(2.1.53)又可以写成

$$\begin{aligned}&\int_{\partial\Omega}^{-}\left[\varphi_1(\boldsymbol{\rho}')\frac{\partial}{\partial n'}G_1(\boldsymbol{\rho},\boldsymbol{\rho}')-G_1(\boldsymbol{\rho},\boldsymbol{\rho}')\frac{\partial}{\partial n'}\varphi_1(\boldsymbol{\rho}')\right]\mathrm{d}l=\\&\qquad\frac{\Theta}{2\pi}-\varphi^{\mathrm{i}}(\boldsymbol{\rho}),\quad \boldsymbol{\rho}\in\partial\Omega\end{aligned} \tag{2.1.54}$$

在介质柱内部区域,类似的推导过程可得

$$\begin{aligned}&\int_{\partial\Omega}^{-}\left[\varphi_2(\boldsymbol{\rho}')\frac{\partial}{\partial n'}G_2(\boldsymbol{\rho},\boldsymbol{\rho}')-G_2(\boldsymbol{\rho},\boldsymbol{\rho}')\frac{\partial}{\partial n'}\varphi_2(\boldsymbol{\rho}')\right]\mathrm{d}l'=\\&\qquad\qquad\frac{\Theta}{2\pi}-1,\quad \boldsymbol{\rho}\in\partial\Omega\end{aligned} \tag{2.1.55}$$

式中:$G_2(\boldsymbol{\rho},\boldsymbol{\rho}')=-\mathrm{j}H_0^{[2]}(k\mid\boldsymbol{\rho}-\boldsymbol{\rho}'\mid)/4$,为介质域中的格林函数。式(2.1.54)、式(2.1.55)构成了一组耦合边界积分方程组,未知函数为 φ_1 和 φ_2 及其法向导数。这些未知函数在分界面上还需满足下列连续性条件:

$$\varphi_1=\varphi_2,\quad \frac{1}{\xi_1}\frac{\partial\varphi_1}{\partial n_1}=\frac{1}{\xi_2}\frac{\partial\varphi_2}{\partial n_2},\quad \xi_i=\begin{cases}\mu_i, & \mathrm{TM}^z\\ \varepsilon_i, & \mathrm{TE}^z\end{cases} \tag{2.1.56}$$

介质柱表面上的等效电流密度 $\boldsymbol{J}_\mathrm{e}=\hat{\boldsymbol{n}}\times\boldsymbol{H}$ 与等效磁流密度 $\boldsymbol{J}_\mathrm{m}=-\hat{\boldsymbol{n}}\times\boldsymbol{E}$ 定义如下:

$$\boldsymbol{J}_\mathrm{e}=\begin{cases}\dfrac{1}{\mathrm{j}\omega\mu_0}\dfrac{\partial\varphi_1}{\partial n}, & \mathrm{TM}^z\\ -\varphi_1, & \mathrm{TE}^z\end{cases} \tag{2.1.57a}$$

$$\boldsymbol{J}_\mathrm{m}=\begin{cases}\dfrac{1}{\mathrm{j}\omega\varepsilon_0}\dfrac{\partial\varphi_1}{\partial n}, & \mathrm{TE}^z\\ \varphi_1, & \mathrm{TM}^z\end{cases} \tag{2.1.57b}$$

由边界积分方程式(2.1.54)、式(2.1.55)解出函数 φ_1,φ_2 及其法向导数后,代入式(2.1.57)即可获得介质柱表面上的等效电流密度与等效磁流密度,最后由下式计算远区散射场:

$$E_z^{\mathrm{s}}(\boldsymbol{\rho})=\oint_{\partial\Omega}\left[J_\mathrm{m}(\boldsymbol{\rho}')\frac{\partial}{\partial n'}G(\boldsymbol{\rho},\boldsymbol{\rho}')-\mathrm{j}\omega\mu_0 J_\mathrm{e}(\boldsymbol{\rho}')G(\boldsymbol{\rho},\boldsymbol{\rho}')\right]\mathrm{d}l' \tag{2.1.58a}$$

$$H_z^{\mathrm{s}}(\boldsymbol{\rho})=-\oint_{\partial\Omega}\left[\mathrm{j}\omega\varepsilon_0 J_\mathrm{m}(\boldsymbol{\rho}')G(\boldsymbol{\rho},\boldsymbol{\rho}')+J_\mathrm{e}(\boldsymbol{\rho}')\frac{\partial}{\partial n'}G(\boldsymbol{\rho},\boldsymbol{\rho}')\right]\mathrm{d}l' \tag{2.1.58b}$$

式(2.1.58a)、式(2.1.58b)分别对应 TM^z 波和 TE^z 波。若令 $\boldsymbol{J}_\mathrm{m}=\boldsymbol{0}$,则退化为导体柱的情况。

二维雷达散射截面定义如下:

$$\mathrm{RCS}=\lim_{\rho\to\infty}2\pi\rho\left|\frac{\varphi^{\mathrm{s}}}{\varphi^{\mathrm{i}}}\right|^2 \tag{2.1.59}$$

将式(2.1.58)代入式(2.1.59)并利用汉开尔函数的渐近式,可得

$$\mathrm{RCS}=\frac{k_0}{4}\begin{cases}\left|\oint_{\partial\Omega}[J_\mathrm{m}(\boldsymbol{\rho}')\hat{\boldsymbol{n}}'\cdot\boldsymbol{\rho}+\eta_0 J_\mathrm{e}(\boldsymbol{\rho}')]\mathrm{e}^{\mathrm{j}k_0\hat{\boldsymbol{\rho}}\cdot\boldsymbol{\rho}'}\mathrm{d}l'\right|^2, & \mathrm{TM}^z\\ \left|\oint_{\partial\Omega}[-J_\mathrm{e}(\boldsymbol{\rho}')\hat{\boldsymbol{n}}'\cdot\boldsymbol{\rho}+\dfrac{1}{\eta_0}J_\mathrm{m}(\boldsymbol{\rho}')]\mathrm{e}^{\mathrm{j}k_0\hat{\boldsymbol{\rho}}\cdot\boldsymbol{\rho}'}\mathrm{d}l'\right|^2, & \mathrm{TE}^z\end{cases} \tag{2.1.60}$$

2. 三维散射问题

首先讨论三维导体柱的散射问题。设导体区域和外部分别以 Ω 和 $\bar{\Omega}$ 表示，其边界为 $\partial\Omega$，边界的外法向单位矢量为 $\hat{\boldsymbol{n}}$，入射波为

$$\boldsymbol{E}_{\mathrm{i}}(\boldsymbol{r}) = \hat{\boldsymbol{u}}\mathrm{e}^{\mathrm{j}k_0(x\cos\alpha + y\cos\beta + z\cos\gamma)} \tag{2.1.61a}$$

$$\boldsymbol{H}_{\mathrm{i}}(\boldsymbol{r}) = \hat{\boldsymbol{v}}\,\frac{1}{\eta_0}\mathrm{e}^{\mathrm{j}k_0(x\cos\alpha + y\cos\beta + z\cos\gamma)} \tag{2.1.61b}$$

式中：$(\hat{\boldsymbol{u}},\hat{\boldsymbol{v}},\hat{\boldsymbol{k}}_0)$ 按右手法则构成直角坐标系，$\hat{\boldsymbol{u}}$ 为入射波的极化方向，$\hat{\boldsymbol{k}}_0$ 为入射波的入射方向；(α,β,γ) 为入射波的入射方向余弦。令入射波在导体表面感应的电流密度为 $\boldsymbol{J}(\boldsymbol{r}')$，则矢量位函数

$$\boldsymbol{A}(\boldsymbol{r}) = \oint\!\!\!\oint_{\partial\Omega} \boldsymbol{J}(\boldsymbol{r}')G(\boldsymbol{r},\boldsymbol{r}')\mathrm{d}S' \tag{2.1.62}$$

其中

$$G(\boldsymbol{r},\boldsymbol{r}') = \frac{\mathrm{e}^{-\mathrm{j}k_0|\boldsymbol{r}-\boldsymbol{r}'|}}{4\pi\,|\boldsymbol{r}-\boldsymbol{r}'|} \tag{2.1.63}$$

为自由空间中动态场的三维格林函数。进而有散射电场：

$$\boldsymbol{E}_{\mathrm{s}}(\boldsymbol{r}) = -\mathrm{j}\omega\mu_0\boldsymbol{A}(\boldsymbol{r}) + \frac{1}{\mathrm{j}\omega\varepsilon_0}\nabla\nabla\cdot\boldsymbol{A}(\boldsymbol{r}) \tag{2.1.64}$$

将式(2.1.62)代入式(2.1.64)，得

$$\begin{aligned}\boldsymbol{E}_{\mathrm{s}}(\boldsymbol{r}) &= -\mathrm{j}\omega\mu_0\left(1+\frac{\nabla\nabla}{k_0^2}\right)\oint\!\!\!\oint_{\partial\Omega}\boldsymbol{J}(\boldsymbol{r}')G(\boldsymbol{r},\boldsymbol{r}')\mathrm{d}S' = \\ &-\mathrm{j}\omega\mu_0\oint\!\!\!\oint_{\partial\Omega}\boldsymbol{J}(\boldsymbol{r}')\cdot\left(\bar{\bar{\boldsymbol{I}}}+\frac{\nabla\nabla}{k_0^2}\right)G(\boldsymbol{r},\boldsymbol{r}')\mathrm{d}S' = \\ &-\mathrm{j}\omega\mu_0\oint\!\!\!\oint_{\partial\Omega}\boldsymbol{J}(\boldsymbol{r}')\cdot\bar{\bar{\boldsymbol{G}}}(\boldsymbol{r},\boldsymbol{r}')\mathrm{d}S'\end{aligned} \tag{2.1.65}$$

式中：$\bar{\bar{\boldsymbol{I}}}$ 表示单位并矢；$\bar{\bar{\boldsymbol{G}}}(\boldsymbol{r},\boldsymbol{r}') = (\bar{\bar{\boldsymbol{I}}} + k_0^{-2}\,\nabla\nabla)G(\boldsymbol{r},\boldsymbol{r}')$ 为并矢格林函数。

在导体表面有边界条件 $\hat{\boldsymbol{n}}\times(\boldsymbol{E}_{\mathrm{i}}+\boldsymbol{E}_{\mathrm{s}})=\boldsymbol{0}$，代入式(2.1.65)即可得描述三维导体的电场积分方程

$$\hat{\boldsymbol{n}}\times\boldsymbol{E}_{\mathrm{i}}(\boldsymbol{r}) = -\mathrm{j}\omega\mu_0\oint\!\!\!\oint_{\partial\Omega}\hat{\boldsymbol{n}}\times\boldsymbol{J}(\boldsymbol{r}')\bar{\bar{\boldsymbol{G}}}(\boldsymbol{r},\boldsymbol{r}')\mathrm{d}S',\quad \boldsymbol{r}\in\partial\Omega \tag{2.1.66}$$

另外，散射磁场为

$$\boldsymbol{H}_{\mathrm{s}}(\boldsymbol{r}) = \nabla\times\oint\!\!\!\oint_{\partial\Omega}\boldsymbol{J}(\boldsymbol{r}')\bar{\bar{\boldsymbol{G}}}(\boldsymbol{r},\boldsymbol{r}')\mathrm{d}S' = \oint\!\!\!\oint_{\partial\Omega}\nabla\bar{\bar{\boldsymbol{G}}}(\boldsymbol{r},\boldsymbol{r}')\times\boldsymbol{J}(\boldsymbol{r}')\mathrm{d}S' \tag{2.1.67}$$

在导体表面上，$\hat{\boldsymbol{n}}\times(\boldsymbol{H}_{\mathrm{i}}+\boldsymbol{H}_{\mathrm{s}})=\boldsymbol{J}$，因此有磁场型积分方程：

$$\hat{\boldsymbol{n}}\times\boldsymbol{H}_{\mathrm{i}}(\boldsymbol{r}) = \boldsymbol{J}(\boldsymbol{r}) - \oint\!\!\!\oint_{\partial\Omega}\nabla\bar{\bar{\boldsymbol{G}}}(\boldsymbol{r},\boldsymbol{r}')\times\boldsymbol{J}(\boldsymbol{r}')\mathrm{d}S' \tag{2.1.68}$$

如果将导体改成介质体，建立其散射问题的体域积分方程比较简单，也更具实用价值。

将麦克斯韦第一方程作如下变化：

$$\nabla\times\boldsymbol{H}(\boldsymbol{r}) = \mathrm{j}\omega\varepsilon(\boldsymbol{r})\boldsymbol{E}(\boldsymbol{r}) = \mathrm{j}\omega\varepsilon_0[1+x(\boldsymbol{r})]\boldsymbol{E}(\boldsymbol{r}) = \boldsymbol{J}_{\mathrm{e}}(\boldsymbol{r}) + \mathrm{j}\omega\varepsilon_0\boldsymbol{E}(\boldsymbol{r}) \tag{2.1.69}$$

因此，我们可以将介质体去掉，代之以等效电流密度为 $\boldsymbol{J}_{\mathrm{e}} = \mathrm{j}\omega\varepsilon_0 x\boldsymbol{E}$。此外，在自由空间中我们知道

$$\nabla\times\boldsymbol{H}_{\mathrm{i}}(\boldsymbol{r}) = \mathrm{j}\omega\varepsilon_0\boldsymbol{E}_{\mathrm{i}}(\boldsymbol{r}) \tag{2.1.70}$$

与式(2.1.69)相减,得

$$\nabla\times\boldsymbol{H}_{\mathrm{s}}(\boldsymbol{r})=\boldsymbol{J}_{\mathrm{e}}(\boldsymbol{r})+\mathrm{j}\omega\varepsilon_0\boldsymbol{E}_{\mathrm{s}}(\boldsymbol{r}) \tag{2.1.71}$$

同理,散射场也满足无源的麦克斯韦第二方程。因此有

$$\boldsymbol{E}_{\mathrm{s}}(\boldsymbol{r})=-\mathrm{j}\omega\mu_0\iiint_{\Omega}\boldsymbol{J}_{\mathrm{e}}(\boldsymbol{r}')\overline{\overline{\boldsymbol{G}}}(\boldsymbol{r},\boldsymbol{r}')\mathrm{d}V' \tag{2.1.72}$$

当场点 $\boldsymbol{r}$ 位于介质体所在区域时,有

$$\mathrm{j}\omega\varepsilon_0\boldsymbol{E}_{\mathrm{i}}(\boldsymbol{r})=\frac{\boldsymbol{J}_{\mathrm{e}}(\boldsymbol{r})}{x(\boldsymbol{r}')}-k_0^2\iiint_{\Omega}\boldsymbol{J}_{\mathrm{e}}(\boldsymbol{r}')\overline{\overline{\boldsymbol{G}}}(\boldsymbol{r},\boldsymbol{r}')\mathrm{d}V',\quad \boldsymbol{r}\in\Omega \tag{2.1.73}$$

这是第二类弗雷德霍尔蒙型积分方程。解出等效电流密度后,代入式(2.1.72)可计算远区散射场,进而由下式可计算介质体的雷达散射截面 RCS:

$$\sigma=\lim_{r\to\infty}4\pi r^2\left|\frac{\boldsymbol{E}_{\mathrm{s}}}{\boldsymbol{E}_{\mathrm{i}}}\right|^2 \tag{2.1.74}$$

3. 旋转体散射问题

在实际中会遇到许多旋转体或准旋转体结构,如导弹、抛物面天线等。20 世纪 40 年代中期,人们开始注意对旋转体散射的研究,最初是采用积分方程法,利用表面电流建立电场积分方程,将入射波展开成柱面波模式,由于模式正交,散射体表面电流的贡献为各入射波感应的模式电流的叠加,这样求解计算量大为减少。这以后,对各种旋转体散射的研究大都基于这一思路,特别是将其与矩量法相结合,所解决的问题涉及有耗介质旋转体、均匀介质旋转体、非均匀介质旋转体和非均匀涂覆导电旋转体。另外,人们也从微分方程出发去解决这一问题,如用周向场分量定义位函数,推导出耦合位微分方程,通过变分原理,给出有限元算法。

下面将建立描述旋转体散射问题的积分方程和分别采用周向场分量及轴向场定义的位函数所满足的微分方程。

因为旋转体结构具有轴对称特性,所以可以利用这一特性将场方程降维,把原问题分解成一组二维问题进行求解,避免了直接求解三维结构时计算量大的困难。

(1) 2.5 维散射问题的积分方程。如图 2.1.3 所示的均匀媒质旋转体,媒质参数为 ε_{r},μ_{r},旋转体内部区域记作 Ω_1,外部区域记作 Ω_2,两区域分界面记作 $\partial\Omega$,其外法向单位矢量记作 $\hat{\boldsymbol{n}}$。

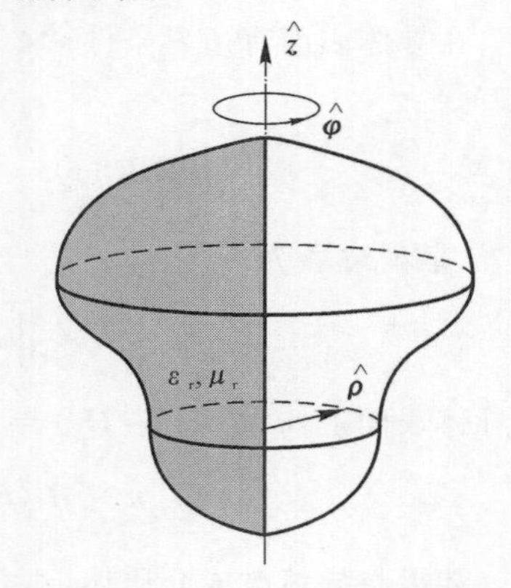

图 2.1.3　介质旋转体及柱坐标

在分界面 $\partial\Omega$ 上,有边界条件:

$$\left.\begin{aligned}\hat{\boldsymbol{n}}\times\boldsymbol{E}_1&=\hat{\boldsymbol{n}}\times\boldsymbol{E}_2\\ \hat{\boldsymbol{n}}\times\boldsymbol{H}_1&=\hat{\boldsymbol{n}}\times\boldsymbol{H}_2\end{aligned}\right\} \tag{2.1.75}$$

在分界面内表面和外表面上,等效磁流密度和等效电流密度定义如下:

$$\left.\begin{aligned}\boldsymbol{J}_{\mathrm{m1}}&=\hat{\boldsymbol{n}}\times\boldsymbol{E}_1,\quad &\boldsymbol{J}_{\mathrm{m2}}&=-\hat{\boldsymbol{n}}\times\boldsymbol{E}_2\\ \boldsymbol{J}_1&=-\hat{\boldsymbol{n}}\times\boldsymbol{H}_1,\quad &\boldsymbol{J}_2&=\hat{\boldsymbol{n}}\times\boldsymbol{H}_2\end{aligned}\right\} \tag{2.1.76}$$

由边界条件式(2.1.75)知:

$$\left.\begin{aligned}-\boldsymbol{J}_{\mathrm{m1}}&=\boldsymbol{J}_{\mathrm{m2}}=\boldsymbol{J}_{\mathrm{m}}\\ -\boldsymbol{J}_1&=\boldsymbol{J}_2=\boldsymbol{J}\end{aligned}\right\} \tag{2.1.77}$$

由上述可知,区域内部的总场可由分界面表面上的等效电流密度和等效磁流密度唯一确

定，而区域外部的散射场可由分界面外表面上的等效电流密度和等效磁流密度唯一确定。若采用矢量电位和矢量磁位，则区域内部的总场和外部的散射场可根据式(1.1.40)得到：

$$\boldsymbol{E}_p(\boldsymbol{r}) = -\nabla\times\boldsymbol{F}_p^h(\boldsymbol{r}) + \frac{1}{\mathrm{j}\omega\varepsilon}\nabla\nabla\cdot\boldsymbol{F}_p^e(\boldsymbol{r}) - \mathrm{j}\omega\mu\boldsymbol{F}_p^e(\boldsymbol{r}) \tag{2.1.78a}$$

$$\boldsymbol{H}_p(\boldsymbol{r}) = \nabla\times\boldsymbol{F}_p^e(\boldsymbol{r}) + \frac{1}{\mathrm{j}\omega\mu}\nabla\nabla\cdot\boldsymbol{F}_p^h(\boldsymbol{r}) - \mathrm{j}\omega\varepsilon\boldsymbol{F}_p^h(\boldsymbol{r}) \tag{2.1.78b}$$

式中：$p = 1,2$ 分别表示内部和外部区域，矢量位为

$$\boldsymbol{F}_p^e(\boldsymbol{r}) = \iiint_{\Omega_p}\frac{\boldsymbol{J}_p(\boldsymbol{r}')\mathrm{e}^{-\mathrm{j}k_p|\boldsymbol{r}-\boldsymbol{r}'|}}{4\pi|\boldsymbol{r}-\boldsymbol{r}'|}\mathrm{d}V' \tag{2.1.79a}$$

$$\boldsymbol{F}_p^h(\boldsymbol{r}) = \iiint_{\Omega_p}\frac{\boldsymbol{J}_{\mathrm{m}p}(\boldsymbol{r}')\mathrm{e}^{-\mathrm{j}k_p|\boldsymbol{r}-\boldsymbol{r}'|}}{4\pi|\boldsymbol{r}-\boldsymbol{r}'|}\mathrm{d}V' \tag{2.1.79b}$$

这里

$$k_p = \begin{cases}\omega\sqrt{\mu\varepsilon}, & p = 1\\ \omega\sqrt{\mu_0\varepsilon_0}, & p = 2\end{cases} \tag{2.1.80}$$

将式(2.1.78)代入边界条件式(2.1.75)并注意到区域 Ω_2 中的总场为入射场和散射场的叠加，即可得关于等效电流密度和等效磁流密度的耦合边界积分方程为

$$\left.\begin{aligned}\hat{\boldsymbol{n}}\times\boldsymbol{E}_{\mathrm{i}} &= \hat{\boldsymbol{n}}\times\boldsymbol{E}_1 - \hat{\boldsymbol{n}}\times E_{2\mathrm{s}} = L_{11}(\boldsymbol{J}) + L_{12}(\boldsymbol{J}_{\mathrm{m}})\\ \hat{\boldsymbol{n}}\times\boldsymbol{H}_{\mathrm{i}} &= \hat{\boldsymbol{n}}\times\boldsymbol{H}_1 - \hat{\boldsymbol{n}}\times H_{2\mathrm{s}} = L_{21}(\boldsymbol{J}) + L_{22}(\boldsymbol{J}_{\mathrm{m}})\end{aligned}\right\} \tag{2.1.81}$$

式中：算子

$$\begin{aligned}L_{11}(\boldsymbol{J}) = &\frac{-1}{\mathrm{j}\omega\varepsilon}\hat{\boldsymbol{n}}\times(k^2+\nabla\nabla)\oint_{\partial\Omega}\boldsymbol{J}(\boldsymbol{r}')G_1(\boldsymbol{r},\boldsymbol{r}')\mathrm{d}S' - \\ &\frac{1}{\mathrm{j}\omega\varepsilon_0}\hat{\boldsymbol{n}}\times(k_0^2+\nabla\nabla)\oint_{\partial\Omega}\boldsymbol{J}(\boldsymbol{r}')G_2(\boldsymbol{r},\boldsymbol{r}')\mathrm{d}S'\end{aligned} \tag{2.1.82a}$$

$$\begin{aligned}L_{12}(\boldsymbol{J}_{\mathrm{m}}) = &\hat{\boldsymbol{n}}\times\nabla\times\oint_{\partial\Omega}\boldsymbol{J}_{\mathrm{m}}(\boldsymbol{r}')G_1(\boldsymbol{r},\boldsymbol{r}')\mathrm{d}S' + \\ &\hat{\boldsymbol{n}}\times\nabla\times\oint_{\partial\Omega}\boldsymbol{J}_{\mathrm{m}}(\boldsymbol{r}')G_2(\boldsymbol{r},\boldsymbol{r}')\mathrm{d}S'\end{aligned} \tag{2.1.82b}$$

$$\begin{aligned}L_{21}(\boldsymbol{J}) = &-\hat{\boldsymbol{n}}\times\nabla\times\oint_{\partial\Omega}\boldsymbol{J}(\boldsymbol{r}')G_1(\boldsymbol{r},\boldsymbol{r}')\mathrm{d}S' - \\ &\hat{\boldsymbol{n}}\times\nabla\times\oint_{\partial\Omega}\boldsymbol{J}(\boldsymbol{r}')G_2(\boldsymbol{r},\boldsymbol{r}')\mathrm{d}S'\end{aligned} \tag{2.1.82c}$$

$$\begin{aligned}L_{22}(\boldsymbol{J}_{\mathrm{m}}) = &\frac{-1}{\mathrm{j}\omega\mu}\hat{\boldsymbol{n}}\times(k^2+\nabla\nabla)\oint_{\partial\Omega}\boldsymbol{J}_{\mathrm{m}}(\boldsymbol{r}')G_1(\boldsymbol{r},\boldsymbol{r}')\mathrm{d}S' - \\ &\frac{1}{\mathrm{j}\omega\mu_0}\hat{\boldsymbol{n}}\times(k_0^2+\nabla\nabla)\oint_{\partial\Omega}\boldsymbol{J}_{\mathrm{m}}(\boldsymbol{r}')G_2(\boldsymbol{r},\boldsymbol{r}')\mathrm{d}S'\end{aligned} \tag{2.1.82d}$$

若旋转体为导体，则在其表面有独立的边界积分方程：

$$\left.\begin{aligned}\hat{\boldsymbol{n}}\times\boldsymbol{E}_{\mathrm{i}} &= -\hat{\boldsymbol{n}}\times\boldsymbol{E}_{2\mathrm{s}} = L_1(\boldsymbol{J})\\ \hat{\boldsymbol{n}}\times\boldsymbol{H}_{\mathrm{i}} &= \boldsymbol{J} - \hat{\boldsymbol{n}}\times\boldsymbol{H}_{2\mathrm{s}} = \boldsymbol{J} - L_2(\boldsymbol{J})\end{aligned}\right\} \tag{2.1.83}$$

式中：

$$L_1(\boldsymbol{J}) = \frac{-1}{\mathrm{j}\omega\varepsilon_0}\hat{\boldsymbol{n}}\times(k_0^2+\nabla\nabla)\oint_{\partial\Omega}\boldsymbol{J}(\boldsymbol{r}')G_2(\boldsymbol{r},\boldsymbol{r}')\mathrm{d}S' \tag{2.1.84a}$$

$$L_2(\boldsymbol{J}) = -\hat{\boldsymbol{n}} \times \nabla \times \oint_{\partial\Omega} \boldsymbol{J}(\boldsymbol{r}') G_2(\boldsymbol{r},\boldsymbol{r}') \mathrm{d}S' \tag{2.1.84b}$$

式中:自由空间的格林函数

$$G_2(\boldsymbol{r},\boldsymbol{r}') = G(\boldsymbol{r},\boldsymbol{r}') = \frac{\mathrm{e}^{-\mathrm{j}k_0 R}}{4\pi R} \tag{2.1.85}$$

式中:$R = |\boldsymbol{r} - \boldsymbol{r}'|$,场点 $\boldsymbol{r}(\rho,\varphi,z)$ 位于表面 $\partial\Omega$ 上,在球坐标系中对应点(r,θ,φ);源点 $\boldsymbol{r}'(\rho',\varphi',z')$ 位于表面 $\partial\Omega$ 上,在球坐标系中对应点(r',θ',φ')。格林函数可以展开为

$$G(\rho,\varphi,z/\rho',\varphi',z') = \sum_{v=-\infty}^{v=\infty} G_v(\rho,z/\rho',z') \mathrm{e}^{\mathrm{j}v(\varphi-\varphi')} \tag{2.1.86}$$

式中:

$$G_v = \frac{1}{2\pi}\int_{-\pi}^{\pi} G(\boldsymbol{r},\boldsymbol{r}') \mathrm{e}^{-\mathrm{j}v(\varphi-\varphi')} \mathrm{d}\varphi \tag{2.1.87}$$

格林函数式(2.1.85)可以展开为

$$\frac{\mathrm{e}^{-\mathrm{j}k_0 R}}{4\pi R} = \frac{-\mathrm{j}k_0}{4\pi}\begin{cases} \sum\limits_{n=0}^{\infty}(2n+1)\mathrm{h}_n^{[2]}(k_0 r')\mathrm{j}_n(k_0 r)\mathrm{P}_n(\cos\xi), & r < r' \\ \sum\limits_{n=0}^{\infty}(2n+1)\mathrm{h}_n^{[2]}(k_0 r)\mathrm{j}_n(k_0 r')\mathrm{P}_n(\cos\xi), & r > r' \end{cases} \tag{2.1.88}$$

式中:

$$\mathrm{P}_n(\cos\xi) = \sum_{m=1}^{n}\delta_m \frac{(n-m)!}{(n+m)!}\mathrm{P}_n^m(\cos\theta)\mathrm{P}_n^m(\cos\theta')\cos m(\varphi-\varphi') \tag{2.1.89}$$

式中:$\mathrm{j}_n(\cdot)$ 和 $\mathrm{h}_n^{[2]}(\cdot)$ 分别为 n 阶球贝塞耳函数和 n 阶球汉开尔函数;$\mathrm{P}_n^m(\cdot)$ 为关联勒让德函数;δ_m 是纽曼常数(当 $m=1$ 时,$\delta_m = 1$;当 $m > 1$ 时,$\delta_m = 2$)。

将式(2.1.88)代入式(2.1.87),积分得

$$G_v = \frac{-\mathrm{j}k_0}{4\pi}\frac{n!}{r!(n-r)!}\begin{cases} \sum\limits_{n=0}^{\infty}\zeta_{vn}\mathrm{h}_n^{[2]}(k_0 r')\mathrm{j}_n(k_0 r)\mathrm{P}_n^v(\cos\theta)\mathrm{P}_n^v(\cos\theta'), & r < r' \\ \sum\limits_{n=0}^{\infty}\zeta_{vn}\mathrm{h}_n^{[2]}(k_0 r)\mathrm{j}_n(k_0 r')\mathrm{P}_n^v(\cos\theta)\mathrm{P}_n^v(\cos\theta'), & r > r' \end{cases} \tag{2.1.90}$$

式中:

$$\zeta_{vn} = \frac{(2n+1)(n-v)!}{(n+v)!} \tag{2.1.91}$$

在积分过程中可以发现 $G_v = G_{-v}$。

同样,表面电流密度 $\boldsymbol{J}(\boldsymbol{r}')$ 和磁流密度 $\boldsymbol{J}_{\mathrm{m}}(\boldsymbol{r}')$ 也可以沿 $\hat{\boldsymbol{\varphi}}$ 向展开为

$$\left.\begin{aligned} \boldsymbol{J}(\boldsymbol{r}') &= \sum_{v=-\infty}^{\infty}\boldsymbol{J}_v \mathrm{e}^{\mathrm{j}v\varphi'} \\ \boldsymbol{J}_{\mathrm{m}}(\boldsymbol{r}') &= \sum_{v=-\infty}^{\infty}\boldsymbol{J}_{\mathrm{m}v} \mathrm{e}^{\mathrm{j}v\varphi'} \end{aligned}\right\} \tag{2.1.92}$$

式中:$\boldsymbol{J}_v$ 和 $\boldsymbol{J}_{\mathrm{m}v}$ 分别称作模式电流和模式磁流。利用上述展开式并考虑到格林函数的展开式(2.1.86),可得矢量位函数

$$\left.\begin{aligned} \boldsymbol{F}^e &= 2\pi \sum_{v=-\infty}^{\infty} \mathrm{e}^{\mathrm{j}v\varphi} \int_C G_v \boldsymbol{J}_v \rho' \mathrm{d}\tau' = \sum_{v=-\infty}^{\infty} F_v^e \mathrm{e}^{\mathrm{j}v\varphi} \\ \boldsymbol{F}^h &= 2\pi \sum_{v=-\infty}^{\infty} \mathrm{e}^{\mathrm{j}v\varphi} \int_C G_v \boldsymbol{J}_{\mathrm{m}v} \rho' \mathrm{d}\tau' = \sum_{v=-\infty}^{\infty} F_v^h \mathrm{e}^{\mathrm{j}v\varphi} \end{aligned}\right\} \tag{2.1.93}$$

式中：C 为旋转体轴截面边界曲线；τ 为曲线 C 上的切向本地坐标（见图 2.1.3）。因此，利用旋转对称性已将面积分简化为线积分。

将矢量位函数式(2.1.93) 代入式(2.1.82) 或式(2.1.84)，然后再代入算子方程式(2.1.81) 或式(2.1.83)，即可得定义在介质旋转体轴截面边界曲线 C 上的边界积分方程为

$$\left.\begin{aligned} \hat{\boldsymbol{n}} \times \boldsymbol{E}_v^{\mathrm{i}} &= L_{11}(\boldsymbol{J}_v) + L_{12}(\boldsymbol{J}_{\mathrm{m}v}) \\ \hat{\boldsymbol{n}} \times \boldsymbol{H}_v^{\mathrm{i}} &= L_{21}(\boldsymbol{J}_v) + L_{22}(\boldsymbol{J}_{\mathrm{m}v}) \end{aligned}\right\} \tag{2.1.94}$$

或导体旋转体轴截面边界曲线 C 上的边界积分方程：

$$\left.\begin{aligned} \hat{\boldsymbol{n}} \times \boldsymbol{E}_v^{\mathrm{i}} &= L_1(\boldsymbol{J}_v) \\ \hat{\boldsymbol{n}} \times \boldsymbol{H}_v^{\mathrm{i}} &= \boldsymbol{J}_v - L_2(\boldsymbol{J}_v) \end{aligned}\right\} \tag{2.1.95}$$

式中：

$$\left.\begin{aligned} \boldsymbol{E}^{\mathrm{i}} &= \sum_{v=-\infty}^{\infty} \boldsymbol{E}_v^{\mathrm{i}} \mathrm{e}^{\mathrm{j}v\varphi} \\ \boldsymbol{H}^{\mathrm{i}} &= \sum_{v=-\infty}^{\infty} \boldsymbol{H}_v^{\mathrm{i}} \mathrm{e}^{\mathrm{j}v\varphi} \end{aligned}\right\} \tag{2.1.96}$$

(2) 2.5 维散射问题的周向位模型。以周向场分量定义位函数是分析旋转对称问题时特有的现象，下面以图 2.1.3 所示非均匀介质旋转体为例建立其周向位模型。采用柱坐标系(ρ,φ,z)，并设媒质参数 $\varepsilon_{\mathrm{r}}(\rho,z)$，$\mu_{\mathrm{r}}(\rho,z)$ 沿 φ 方向不变，则场可以展开为

$$\left.\begin{aligned} \boldsymbol{E}(\rho,\varphi,z) &= \sum_{v=-\infty}^{\infty} \boldsymbol{E}_v(\rho,z) \mathrm{e}^{\mathrm{j}v\varphi} \\ \boldsymbol{H}(\rho,\varphi,z) &= \sum_{v=-\infty}^{\infty} \boldsymbol{H}_v(\rho,z) \mathrm{e}^{\mathrm{j}v\varphi} \end{aligned}\right\} \tag{2.1.97}$$

将式(2.1.97) 代入频域中的麦克斯韦方程组，可得各模式场分量为

$$\mathrm{j}\omega\varepsilon\rho E_{\rho,v} = \mathrm{j}vH_{z,v} - \frac{\partial(\rho H_{\varphi,v})}{\partial z} \tag{2.1.98a}$$

$$\mathrm{j}\omega\varepsilon\rho E_{z,v} = -\mathrm{j}vH_{\rho,v} - \frac{\partial(\rho H_{\varphi,v})}{\partial \rho} \tag{2.1.98b}$$

$$\mathrm{j}\omega\varepsilon E_{\varphi,v} = \frac{\partial H_{\rho,v}}{\partial z} - \frac{\partial H_{z,v}}{\partial \rho} \tag{2.1.98c}$$

$$-\mathrm{j}\omega\mu\rho H_{\rho,v} = \mathrm{j}vE_{z,v} - \frac{\partial(\rho E_{\varphi,v})}{\partial z} \tag{2.1.98d}$$

$$-\mathrm{j}\omega\mu\rho H_{z,v} = \frac{\partial(\rho E_{\varphi,v})}{\partial \rho} - \mathrm{j}vE_{\rho,v} \tag{2.1.98e}$$

$$-\mathrm{j}\omega\mu H_{\varphi,v} = \frac{\partial E_{\rho,v}}{\partial z} - \frac{\partial E_{z,v}}{\partial \rho} \tag{2.1.98f}$$

将式(2.1.98e)、式(2.1.98d) 分别代入式(2.1.98a)、式(2.1.98b)，将式(2.1.98a)、式

(2.1.98b) 分别代入式(2.1.98e)、式(2.1.98d)，即可得用模式周向场分量 $E_{\varphi,v}$，$H_{\varphi,v}$ 表示的其他模式场分量表达式：

$$E_{\rho,v} = \left[\mathrm{j}\omega\mu\rho\frac{\partial(\rho H_{\varphi,v})}{\partial z} + \mathrm{j}v\frac{\partial(\rho E_{\varphi,v})}{\partial\rho}\right]\Big/ f_v \tag{2.1.99a}$$

$$H_{\rho,v} = \left[-\mathrm{j}\omega\varepsilon\rho\frac{\partial(\rho E_{\varphi,v})}{\partial z} + \mathrm{j}v\frac{\partial(\rho H_{\varphi,v})}{\partial\rho}\right]\Big/ f_v \tag{2.1.99b}$$

$$E_{z,v} = \left[-\mathrm{j}\omega\mu\rho\frac{\partial(\rho H_{\varphi,v})}{\partial\rho} + \mathrm{j}v\frac{\partial(\rho E_{\varphi,v})}{\partial z}\right]\Big/ f_v \tag{2.1.99c}$$

$$H_{z,v} = \left[\mathrm{j}\omega\varepsilon\rho\frac{\partial(\rho E_{\varphi,v})}{\partial\rho} + \mathrm{j}v\frac{\partial(\rho H_{\varphi,v})}{\partial z}\right]\Big/ f_v \tag{2.1.99d}$$

式中：$f_v = (k\rho)^2 - v^2$。

令周向位函数 ψ^e，ψ^h 为

$$\psi^e = \rho E_{\varphi,v} \tag{2.1.100a}$$

$$\psi^h = \rho H_{\varphi,v} \tag{2.1.100b}$$

观察式(2.1.99a) ~ 式(2.1.99d) 可以发现如下关系：

$$\hat{\boldsymbol{\varphi}}\cdot\boldsymbol{E}_v = \psi^e/\rho \tag{2.1.101a}$$

$$\hat{\boldsymbol{\varphi}}\cdot\boldsymbol{H}_v = \psi^h/\rho \tag{2.1.101b}$$

$$\hat{\boldsymbol{\varphi}}\times\boldsymbol{E}_v = (\mathrm{j}v\hat{\boldsymbol{\varphi}}\times\nabla_t\psi^e - \mathrm{j}\omega\mu\rho\,\nabla_t\psi^h)/f_v \tag{2.1.101c}$$

$$\hat{\boldsymbol{\varphi}}\times\boldsymbol{H}_v = (\mathrm{j}v\hat{\boldsymbol{\varphi}}\times\nabla_t\psi^h + \mathrm{j}\omega\varepsilon\rho\,\nabla_t\psi^e)/f_v \tag{2.1.101d}$$

式中：算子

$$\nabla_t = \hat{\boldsymbol{\rho}}\frac{\partial}{\partial\rho} + \hat{\boldsymbol{z}}\frac{\partial}{\partial z} \tag{2.1.102}$$

对式(2.1.101c)，式(2.1.101d) 两边作散度运算，得

$$\nabla\cdot\left[(\mathrm{j}v\hat{\boldsymbol{\varphi}}\times\nabla\psi^e - \mathrm{j}\omega\mu\rho\,\nabla\psi^h)/f_v\right] - \mathrm{j}\omega\mu\psi^h/\rho = 0 \tag{2.1.103a}$$

$$\nabla\cdot\left[(\mathrm{j}v\hat{\boldsymbol{\varphi}}\times\nabla_t\psi^h + \mathrm{j}\omega\varepsilon\rho\,\nabla_t\psi^e)/f_v\right] + \mathrm{j}\omega\varepsilon\psi^e/\rho = 0 \tag{2.1.103b}$$

于是，我们得到了周向位函数 ψ^e，ψ^h 的两个相互耦合的微分方程。

(3) 2.5 维散射问题的轴向位模型。在导波问题中，经常以纵向作为参考方向而定义位函数。对于旋转体问题，以纵向场分量定义位函数去建立场方程，仍具有形式简洁的特点。

利用模式场分量的关系式(2.1.98a) ~ 式(2.1.98f)，可得

$$\rho^2\frac{\partial^2 H_{z,v}}{\partial\rho^2} + \rho\frac{\partial H_{z,v}}{\partial\rho} + \rho^2\frac{\partial^2 H_{z,v}}{\partial z^2} + f_{\mathrm{m}}H_{z,v} = 0 \tag{2.1.104a}$$

$$\rho^2\frac{\partial^2 E_{z,v}}{\partial\rho^2} + \rho\frac{\partial E_{z,v}}{\partial\rho} + \rho^2\frac{\partial^2 E_{z,v}}{\partial z^2} + f_{\mathrm{m}}E_{z,v} = 0 \tag{2.1.104b}$$

以及

$$\left(k^2 + \frac{\partial^2}{\partial z^2}\right)E_{\rho,v} = \frac{\partial^2 E_{z,v}}{\partial\rho\partial z} + \frac{\omega\mu v}{\rho}H_{z,v} \tag{2.1.105a}$$

$$\left(k^2 + \frac{\partial^2}{\partial z^2}\right)E_{\varphi,v} = \frac{\mathrm{j}v}{\rho}\frac{\partial E_{z,v}}{\partial z} + \mathrm{j}\omega\mu\frac{\partial H_{z,v}}{\partial\rho} \tag{2.1.105b}$$

$$\left(k^2 + \frac{\partial^2}{\partial z^2}\right)H_{\rho,v} = \frac{\partial^2 H_{z,v}}{\partial\rho\partial z} - \frac{\omega\varepsilon v}{\rho}E_{z,v} \tag{2.1.105c}$$

$$\left(k^2 + \frac{\partial^2}{\partial z^2}\right)H_{\varphi,v} = \frac{\mathrm{j}v}{\rho}\frac{\partial H_{z,v}}{\partial z} - \mathrm{j}\omega\varepsilon\frac{\partial E_{z,v}}{\partial\rho} \tag{2.1.105d}$$

定义轴向位函数 ψ^e,ψ^h 为

$$\left(k^2+\frac{\partial^2}{\partial z^2}\right)\psi_v^e = E_{z,v} \tag{2.1.106a}$$

$$\left(k^2+\frac{\partial^2}{\partial z^2}\right)\psi_v^h = H_{z,v} \tag{2.1.106b}$$

则由式(2.1.104),得

$$\rho^2\frac{\partial^2\psi_v^{e,h}}{\partial\rho^2}+\rho\frac{\partial\psi_v^{e,h}}{\partial\rho}+\rho^2\frac{\partial^2\psi_v^{e,h}}{\partial z^2}+(k^2\rho^2-v^2)\psi_v^{e,h}=0 \tag{2.1.107}$$

各模式场分量与位函数的关系如下：

$$E_{\rho,v}=\frac{\partial^2\psi_v^e}{\partial\rho\partial z}+\frac{\omega\mu v}{\rho}\psi_v^h \tag{2.1.108a}$$

$$E_{\varphi,v}=\frac{\mathrm{j}v}{\rho}\frac{\partial\psi_v^e}{\partial z}+\mathrm{j}\omega\mu\frac{\partial\psi_v^h}{\partial\rho} \tag{2.1.108b}$$

$$E_{z,v}=\left(k^2+\frac{\partial^2}{\partial z^2}\right)\psi_v^e \tag{2.1.108c}$$

$$H_{\rho,v}=\frac{\partial^2\psi_v^h}{\partial\rho\partial z}-\frac{\omega\varepsilon v}{\rho}\psi_v^e \tag{2.1.108d}$$

$$H_{\varphi,v}=\frac{\mathrm{j}v}{\rho}\frac{\partial\psi_v^h}{\partial z}-\mathrm{j}\omega\varepsilon\frac{\partial\psi_v^e}{\partial\rho} \tag{2.1.108e}$$

$$H_{z,v}=\left(k^2+\frac{\partial^2}{\partial z^2}\right)\psi_v^h \tag{2.1.108f}$$

2.1.3　辐射问题

众所周知,几乎所有的电器都会产生电磁辐射,其中大部分情况下产生的电磁辐射是有害的,因而需要抑制。但天线产生电磁辐射却是按照人们的意愿将电磁能量送入空间的一种有益过程。天线的种类很多,例如有线天线、微带天线和孔径天线等。因本书后续内容的需要,本小节只考虑线天线和微带天线,并集中讨论描述其电磁辐射特性的基本方程。

1. 线天线

讨论图 2.1.4(a) 所示的任意形状线天线,图 2.1.4(b) 是馈电点的放大结构图。

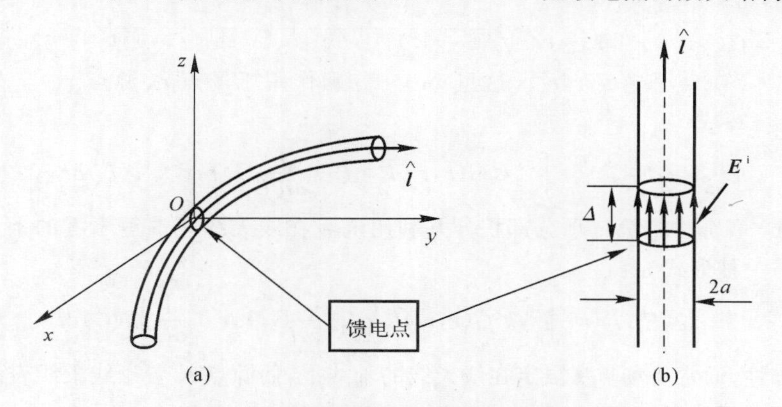

图 2.1.4　任意形状线天线及其馈电点

l 表示沿线天线轴线的弧线坐标，线天线的长度为 L，半径为 a，馈电点位置在 $l=0$ 处，馈电缝隙的宽度为 Δ。馈电缝隙间的电压设为 $V^{\mathrm{i}}=1\ \mathrm{V}$，并假定缝隙中的激励电场均匀且只有 $\hat{\boldsymbol{l}}$ 方向的分量，即 $\boldsymbol{E}^{\mathrm{i}}=\hat{\boldsymbol{l}}E^{\mathrm{i}}$，这时有

$$V^{\mathrm{i}}=\int_{-\Delta/2}^{\Delta/2}E^{\mathrm{i}}\mathrm{d}l=1\ (\mathrm{V}) \tag{2.1.109}$$

当 $\Delta\to 0$ 时，式(2.1.109) 正好是狄拉克 δ 函数的定义式，因此我们可以假定 $E^{\mathrm{i}}=\delta(l)$（单位：V/m），这是分析线天线问题时最常用的假定。由于激励源的存在，在细导线上将产生电流，进而产生辐射场。

采用矢量磁位 $\mathbf{A}$ 并考虑到只有电流源，由式(1.1.41a) 可得辐射电场的表达式：

$$\boldsymbol{E}(\boldsymbol{r})=\frac{1}{\mathrm{j}\omega\varepsilon_0}\nabla\nabla\cdot\boldsymbol{A}(\boldsymbol{r})-\mathrm{j}\omega\mu_0\boldsymbol{A}(\boldsymbol{r}) \tag{2.1.110}$$

将自由空间中矢量磁位的积分解式(1.1.44a) 代入式(2.1.110)，得

$$\mathrm{j}\omega\varepsilon_0\boldsymbol{E}(\boldsymbol{r})=\oint\!\!\!\oint_{\partial\Omega}[\nabla\nabla\cdot G(\boldsymbol{r},\boldsymbol{r}')+k_0^2G(\boldsymbol{r},\boldsymbol{r}')]\boldsymbol{J}(\boldsymbol{r}')\mathrm{d}S' \tag{2.1.111}$$

式中已假定电流仅分布在线天线导体表面 $\partial\Omega$ 上，$\boldsymbol{r}'$ 为位于线天线表面上的源点位置矢量。对于细导线天线，可以进一步假定线天线导体表面只有轴向电流 $I(l')$ 且沿圆周均匀分布，这时电流密度可写成

$$\boldsymbol{J}(\boldsymbol{r}')=\hat{\boldsymbol{l}}'\frac{I(l')}{2\pi a} \tag{2.1.112}$$

式(2.1.110) 可简化为

$$\begin{aligned}\mathrm{j}\omega\varepsilon_0\boldsymbol{E}(\boldsymbol{r})&=\int_L\int_0^{2\pi}[\nabla\nabla\cdot G(\boldsymbol{r},\boldsymbol{r}')+k_0^2G(\boldsymbol{r},\boldsymbol{r}')]\frac{\hat{\boldsymbol{l}}'I(l')}{2\pi a}a\,\mathrm{d}\varphi\mathrm{d}l'\approx\\&\int_L[\nabla\nabla\cdot G(\boldsymbol{r},\boldsymbol{r}')+k_0^2G(\boldsymbol{r},\boldsymbol{r}')]\hat{\boldsymbol{l}}'I(l')\mathrm{d}l'\end{aligned} \tag{2.1.113}$$

将场点 $\boldsymbol{r}$ 也限定在线天线上，取轴向分量并考虑到导体表面总切向电场 $E_l+E_l^{\mathrm{i}}=0$，得到关于线天线轴向电流的积分方程为

$$-\mathrm{j}\omega\varepsilon_0E_l^{\mathrm{i}}(l)=\int_L\left[\frac{\partial}{\partial l}\nabla G(\boldsymbol{r},\boldsymbol{r}')\cdot\hat{\boldsymbol{l}}'+k_0^2G(\boldsymbol{r},\boldsymbol{r}')\hat{\boldsymbol{l}}'\cdot\hat{\boldsymbol{l}}\right]I(l')\mathrm{d}l' \tag{2.1.114}$$

由定义

$$G(\boldsymbol{r},\boldsymbol{r}')=G(|\boldsymbol{r}-\boldsymbol{r}'|)=G[\sqrt{(x-x')^2+(y-y')^2+(z-z')^2}] \tag{2.1.115}$$

可以证明 $\nabla G(\boldsymbol{r},\boldsymbol{r}')=-\nabla'G(\boldsymbol{r},\boldsymbol{r}')$，这里 ∇，∇' 分别作用于场点 $\boldsymbol{r}$、源点 $\boldsymbol{r}'$。于是，积分方程(2.1.113) 又可写成

$$-\mathrm{j}\omega\varepsilon_0E_l^{\mathrm{i}}(l)=\int_L\left[k_0^2G(\boldsymbol{r},\boldsymbol{r}')\hat{\boldsymbol{l}}'\cdot\hat{\boldsymbol{l}}-\frac{\partial^2}{\partial l\partial l'}G(\boldsymbol{r},\boldsymbol{r}')\right]I(l')\mathrm{d}l' \tag{2.1.116}$$

将式(2.1.116) 积分中的第二项分部积分并利用电流在线天线两端等于零的条件，得线天线积分方程的另一种形式为

$$-\mathrm{j}\omega\varepsilon_0E_l^{\mathrm{i}}(l)=\int_L\left[k_0^2G(\boldsymbol{r},\boldsymbol{r}')\hat{\boldsymbol{l}}'\cdot\hat{\boldsymbol{l}}+\frac{\partial}{\partial l}G(\boldsymbol{r},\boldsymbol{r}')\frac{\mathrm{d}}{\mathrm{d}l'}\right]I(l')\mathrm{d}l' \tag{2.1.117}$$

为了避免奇异性，通常将场点 $\boldsymbol{r}$ 限定在线天线的轴线上，而源点 $\boldsymbol{r}'$ 置于线天线表面。

对于直振子天线，注意到

$$|\boldsymbol{r}-\boldsymbol{r}'|=\sqrt{a^2+(z-z')^2} \tag{2.1.118}$$

以及

$$\frac{\partial}{\partial z}G(z,z')=-\frac{\partial}{\partial z'}G(z,z'),\quad \hat{z}\cdot\hat{z}'=1 \tag{2.1.119}$$

由方程(2.1.115)得玻克林顿(Pocklington)方程：

$$-\mathrm{j}\omega\varepsilon_0 E_z^{\mathrm{i}}(z)=\int_L\left[k_0^2G(z,z')+\frac{\partial^2}{\partial z^2}G(z,z')\right]I(z')\mathrm{d}z' \tag{2.1.120}$$

由式(2.1.116)，得

$$-\mathrm{j}\omega\varepsilon_0 E_z^{\mathrm{i}}(z)=\int_L\left[k_0^2G(z,z')-\frac{\partial}{\partial z}G(z,z')\frac{\mathrm{d}}{\mathrm{d}z'}\right]I(z')\mathrm{d}z' \tag{2.1.121}$$

考虑到式(2.1.118)，然后对式(2.1.120)右边第二项分部积分得谢昆洛夫(Schelkunoff)方程

$$-\mathrm{j}\omega\varepsilon_0 E_z^{\mathrm{i}}(z)=\int_L\left[k_0^2I(z')+\frac{\partial^2}{\partial z'^2}I(z')\right]G(z,z')\mathrm{d}z'+\frac{\mathrm{d}I(z')}{\mathrm{d}z'}G(z,z')\bigg|_{L_1}^{L_2} \tag{2.1.122}$$

式中：L_1，L_2 为振子两端点。

对于直振子，有

$$E_z(z)=\frac{1}{\mathrm{j}\omega\varepsilon_0}\frac{\mathrm{d}^2}{\mathrm{d}z^2}A_z(z)-\mathrm{j}\omega\mu_0A_z(z) \tag{2.1.123}$$

在天线表面(不含馈电点)$E_z(z)=0$，从而有

$$\frac{\mathrm{d}^2}{\mathrm{d}z^2}A_z+k_0^2A_z=0 \tag{2.1.124}$$

若振子是对称的，则 $I(z)=I(-z)$，$A_z(z)=A_z(-z)$，因而方程(2.1.124)的解可以写成

$$A_z(z)=\frac{-\mathrm{j}}{\eta_0}[C_1\cos(k_0z)+C_2\sin(k_0|z|)] \tag{2.1.125}$$

式中：$\eta_0=\sqrt{\mu_0/\varepsilon_0}=120\pi$ 为自由空间波阻抗。将 A_z 的积分解代入，得海伦(Hallen)积分方程

$$\int_{-L/2}^{L/2}I(z')G(z,z')\mathrm{d}z'=\frac{-\mathrm{j}}{\eta_0}[C_1\cos(k_0z)+C_2\sin(k_0|z|)] \tag{2.1.126}$$

上述方程都可归结为下面的第一类弗雷德霍尔蒙(Fredholm)型积分方程：

$$\int_a^b I(l')K(l,l')\mathrm{d}l'=g(l) \tag{2.1.127}$$

若改用线天线表面的切向磁场边界条件：

$$\hat{\boldsymbol{n}}\times(\boldsymbol{H}+\boldsymbol{H}^{\mathrm{i}})=\boldsymbol{J} \tag{2.1.128}$$

则可得第二类弗雷德霍尔蒙型积分方程为

$$I(z)+\int_L I(z')\frac{\partial}{\partial\rho}G(z,z')\big|_{\rho=a}\mathrm{d}z'=2\pi aH_\varphi^{\mathrm{i}}(z) \tag{2.1.129}$$

式中：(ρ,φ,z) 为圆柱坐标系。

求解上述积分方程获得线天线上的电流分布后，即可算出馈电点处的输入阻抗(天线的输入阻抗)：

$$Z_{\mathrm{in}}=\frac{V^{\mathrm{i}}}{I(0)} \tag{2.1.130}$$

在远场条件下($r\to\infty$)，对于任意形状线天线，有辐射场：

$$\boldsymbol{E}\approx-\mathrm{j}\omega\mu\boldsymbol{A}=-\mathrm{j}\omega\mu\int_L\hat{\boldsymbol{l}}'I(l')G(\boldsymbol{r},\boldsymbol{r}')\mathrm{d}l' \tag{2.1.131}$$

天线的方向图定义为

$$f(\theta,\varphi) = \lim_{r\to\infty} r\boldsymbol{E} \tag{2.1.132}$$

电场的方向定义为极化方向，因此对具体问题利用式(2.1.132)就可计算不同极化以及不同切面的方向图。在远区，电场和磁场都只有垂直于传播方向的场分量，即具有平面波性质。若某一方向电场与垂直方向的电场相比要大得多，则称该方向为主极化方向，而与之垂直的电场方向称作交叉极化方向。实际中常见的有 E 面方向图(与主极化平行的面)和 H 面方向图(与主极化垂直的面)，水平极化(主极化与地面平行)和垂直极化(主极化与地面垂直)。

2. 微带天线

关于微带天线的分析方法主要有三类，即近似解析方法、基于积分方程的数值方法和基于微分方程的数值方法。等效传输线法、腔模法都属于近似解析方法，其中等效传输线法仅适用于图 2.1.5(a) 所示的矩形贴片微带天线，而腔模法也主要限制在一些可以解析得到腔模表达式的规则形状的贴片天线。基于微分方程的数值方法主要有时域有限差分法(FDTD)和频域有限差分法(FDFD)等，这些方法的基本方程就是麦克斯韦方程组。基于积分方程的代表性方法是矩量法(MOM)。下面仅就图 2.1.5(b) 所示的任意形状贴片微带天线给出其积分方程。

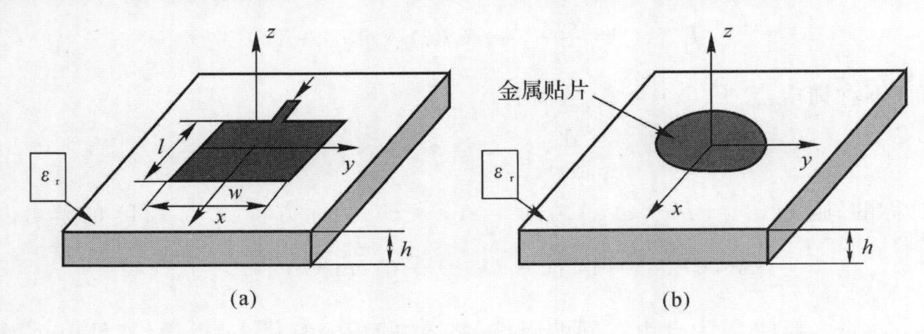

图 2.1.5　微带贴片天线

(a) 矩形微带贴片天线；(b) 任意形状贴片天线

对于此问题的严格分析需基于混合波，通常将介质分界面法向作为混合波的参考方向。分别以 Ω_1 和 Ω_2 表示介质区域($-h < z < 0$)和空气区域($z > 0$)，则 $TM^z + TE^z$ 波的赫兹位函数满足如下齐次亥姆霍兹方程：

$$\nabla^2 \Pi_n^{e,h}(\boldsymbol{r}) + \varepsilon_r k_0^2 \Pi_n^{e,h}(\boldsymbol{r}) = 0, \quad \boldsymbol{r} \in \Omega_n, n = 1,2 \tag{2.1.133}$$

场分量为

$$E_{xn} = \frac{\partial^2 \Pi_n^e}{\partial x \partial z} - j\omega\mu_0 \frac{\partial}{\partial y} \Pi_n^h \tag{2.1.134a}$$

$$E_{yn} = \frac{\partial^2 \Pi_n^e}{\partial y \partial z} + j\omega\mu_0 \frac{\partial}{\partial x} \Pi_n^h \tag{2.1.134b}$$

$$E_{zn} = \left(\varepsilon_{rn} k_0^2 + \frac{\partial^2}{\partial z^2}\right) \Pi_n^e \tag{2.1.134c}$$

$$H_{xn} = \frac{\partial^2 \Pi_n^h}{\partial x \partial z} + j\omega\varepsilon_n \frac{\partial}{\partial y} \Pi_n^e \tag{2.1.134d}$$

$$H_{yn} = \frac{\partial^2 \Pi_n^h}{\partial y \partial z} - j\omega\varepsilon_n \frac{\partial}{\partial x} \Pi_n^e \tag{2.1.134e}$$

$$H_{zn} = \left(\varepsilon_{rn} k_0^2 + \frac{\partial^2}{\partial z^2}\right) \Pi_n^h \tag{2.1.134f}$$

在接地板($z=-h$)和分界面($z=0$)上，切向场分量满足边界条件：

$$z=-h:\begin{cases}E_{x1}=0\\E_{y1}=0\end{cases}\tag{2.1.135a}$$

$$z=0:\begin{cases}E_{x1}=E_{x2}\\E_{y1}=E_{y2}\\H_{x2}-H_{x1}=J_y\\H_{y2}-H_{y1}=-J_x\end{cases}\tag{2.1.135b}$$

式中：J_x,J_y 为金属贴片上的电流。用傅里叶变换对

$$\left.\begin{aligned}\tilde{\boldsymbol{f}}(k_x,k_y,z)&=\int_{-\infty}^{\infty}\int_{-\infty}^{\infty}f(x,y,z)\mathrm{e}^{-\mathrm{j}k_xx-\mathrm{j}k_yy}\mathrm{d}x\mathrm{d}y\\f(x,y,z)&=\frac{1}{4\pi^2}\int_{-\infty}^{\infty}\int_{-\infty}^{\infty}\tilde{\boldsymbol{f}}(k_x,k_y,z)\mathrm{e}^{\mathrm{j}k_xx+\mathrm{j}k_yy}\mathrm{d}k_x\mathrm{d}k_y\end{aligned}\right\}\tag{2.1.136}$$

对方程(2.1.133)作变换，得

$$\frac{\mathrm{d}^2}{\mathrm{d}z^2}\tilde{\Pi}_n^{e,h}(k_x,k_y,z)+\gamma_n^2\tilde{\Pi}_n^{e,h}(k_x,k_y,z)=0\tag{2.1.137}$$

其通解为

$$\left.\begin{aligned}\tilde{\Pi}_1^e&=A^e\cos[\gamma_1(z+h)]\\\tilde{\Pi}_1^h&=A^h\sin[\gamma_1(z+h)]\\\tilde{\Pi}_2^e&=B^e\mathrm{e}^{-\mathrm{j}\gamma_2z}\\\tilde{\Pi}_2^h&=B^h\mathrm{e}^{-\mathrm{j}\gamma_2z}\end{aligned}\right\}\tag{2.1.138}$$

式中：$\gamma_n^2=\varepsilon_{rn}k_0^2-k_\rho^2$，$k_\rho^2=k_x^2+k_y^2$ 且已考虑了接地板($z=-h$)上的边界条件式(2.1.135a)。

对场分量式(2.1.134)作傅里叶变换，并将位函数的通解式(2.1.138)代入，然后对边界条件式(2.1.135b)作变换，再将变换后的横向场分量代入，最后消去待定系数 $A^{e,h}$，$B^{e,h}$，得

$$\begin{bmatrix}\tilde{\boldsymbol{E}}_x\\\tilde{\boldsymbol{E}}_y\end{bmatrix}=-\mathrm{j}\frac{\eta_0}{k_0}\begin{bmatrix}\tilde{\boldsymbol{G}}_{xx}&\tilde{\boldsymbol{G}}_{xy}\\\tilde{\boldsymbol{G}}_{yx}&\tilde{\boldsymbol{G}}_{yy}\end{bmatrix}\begin{bmatrix}\tilde{\boldsymbol{J}}_x\\\tilde{\boldsymbol{J}}_y\end{bmatrix}\tag{2.1.139a}$$

$$\tilde{\boldsymbol{E}}_z=-\mathrm{j}\frac{\eta_0}{k_0}\begin{bmatrix}\tilde{\boldsymbol{G}}_{zx}&\tilde{\boldsymbol{G}}_{zy}\end{bmatrix}\begin{bmatrix}\tilde{\boldsymbol{J}}_x\\\tilde{\boldsymbol{J}}_y\end{bmatrix}\tag{2.1.139b}$$

将式(2.1.139)记成矢量和并矢形式，有

$$\tilde{\boldsymbol{E}}_{\mathrm{t}}=-\mathrm{j}\frac{\eta_0}{k_0}\overline{\overline{\boldsymbol{G}}}(k_x,k_y)\cdot\overline{\boldsymbol{J}}(k_x,k_y)\tag{2.1.140}$$

式中：下脚标"t"表示切向；η_0 为自由空间的波阻抗；$\tilde{\boldsymbol{G}}_{mn}(k_x,k_y)$ 称作谱域中的并矢格林函数($m,n=x,y,z$)。其具体表达式如下：

$$\tilde{\boldsymbol{G}}_{xx}=\left(\frac{k_x^2\gamma_1\gamma_2}{k_\rho^2T^e}+\frac{k_y^2k_0^2}{k_\rho^2T^h}\right)\sin(\gamma_1h)\tag{2.1.141a}$$

$$\tilde{\boldsymbol{G}}_{xy}=\tilde{\boldsymbol{G}}_{yx}=\left(\frac{\gamma_1\gamma_2}{k_\rho^2T^e}-\frac{k_0^2}{k_\rho^2T^h}\right)k_xk_y\sin(\gamma_1h)\tag{2.1.141b}$$

$$\tilde{\boldsymbol{G}}_{yy}=\left(\frac{k_y^2\gamma_1\gamma_2}{k_\rho^2T^e}+\frac{k_x^2k_0^2}{k_\rho^2T^h}\right)\sin(\gamma_1h)\tag{2.1.141c}$$

$$\tilde{\boldsymbol{G}}_{zx}=\frac{k_x\gamma_1}{T^e}\sin(\gamma_1h)\tag{2.1.141d}$$

$$\widetilde{G}_{zy} = \frac{k_y \gamma_1}{T^e} \sin(\gamma_1 h) \tag{2.1.141e}$$

式中

$$\left.\begin{aligned} T^e &= \varepsilon_r \gamma_2 \cos(\gamma_1 h) + j\gamma_1 \sin(\gamma_1 h) \\ T^h &= \gamma_1 \cos(\gamma_1 h) + j\gamma_2 \sin(\gamma_1 h) \end{aligned}\right\} \tag{2.1.142}$$

对式(2.1.140)作反变换，则有

$$\begin{aligned} \overline{\boldsymbol{E}}_t(x,y,0) = &-j\frac{\eta_0}{k_0}\overline{\overline{\boldsymbol{G}}}(x,y) * \overline{\boldsymbol{J}}(x,y) = \\ &-j\frac{\eta_0}{k_0}\iint_S \overline{\overline{\boldsymbol{G}}}(x-x', y-y') \cdot \overline{\boldsymbol{J}}(x',y')\mathrm{d}x'\mathrm{d}y' \end{aligned} \tag{2.1.143}$$

式中，“$*$”表示卷积；S 表示金属贴片区域；空域电流分布 $\overline{\boldsymbol{J}}(x,y)$ 是谱域电流密度 $\overline{\boldsymbol{J}}(k_x,k_y)$ 的反变换；$\overline{\overline{\boldsymbol{G}}}(x,y)$ 称作空域并矢格林函数，是谱域并矢格林函数$\overline{\overline{\widetilde{\boldsymbol{G}}}}(k_x,k_y)$ 的反变换，即

$$\overline{\overline{\boldsymbol{G}}}(x,y) = \frac{1}{4\pi^2}\int_{-\infty}^{\infty}\int_{-\infty}^{\infty} \overline{\overline{\widetilde{\boldsymbol{G}}}}(k_x,k_y)\mathrm{e}^{\mathrm{j}k_x x + \mathrm{j}k_y y}\mathrm{d}k_x\mathrm{d}k_y \tag{2.1.144}$$

由积分方程(2.1.143)，我们可以采用矩量法求得贴片天线上的电流分布，进而算出微带贴片天线的辐射方向图和输入阻抗等。

2.2 电磁场边值问题的求解方法

1864 年，麦克斯韦在前人理论和实验的基础上建立了统一的电磁场理论，并用数学模型揭示了自然界一切宏观电磁现象所遵循的普遍规律，这就是麦克斯韦方程组。笼统而言，所有的宏观电磁问题都可以归结为麦克斯韦方程组在各种边界条件下的求解问题。从整个电磁理论发展的过程来看，可以大致分为两个阶段。①20 世纪 60 年代以前可以称为经典电磁学阶段。在这个时期，电磁场理论和工程中的许多问题大多采用解析或渐近的方法进行处理，即在 11 种可分离变量的坐标系中求解麦克斯韦方程组或其退化形式，最后得到解析解。这种方法能够得到问题的精确解，而且计算效率比较高，但适用范围很窄，只能求解具有规则边界的简单问题，对任意形状的边界则无能为力或需要很高的数学技巧。②60 年代以后，以基于积分方程的矩量法和基于微分方程的差分类方法为代表的数值计算方法的运用，标志着计算电磁学阶段的到来，当然这也得益于电子计算机的迅速发展，使大型数值计算成为可能。相对于经典电磁学而言，数值方法几乎不再受限于边界的约束，能解决各种类型的复杂问题。经过数十年世界各国学者的研究和发展，计算电磁学已成为现阶段电磁理论的主要组成部分。当然，这种划分也不是绝对的，经典电磁理论的研究也一直在进行着，它是计算电磁学的理论基础，没有它，计算电磁学也不可能得到蓬勃的发展。

计算电磁学之所以能取代经典电磁学而成为现代电磁理论研究的主流，主要得益于计算机硬件和软件的飞速发展。计算机内存容量不断增大，计算速度不断提高，软件功能不断增强，计算方法不断改进，再加上并行计算机的使用，使得我们能解决的电磁问题越来越多，越来越复杂，因此计算电磁学已经被广泛应用于诸如微波与毫米波通信、雷达、精确制导、导航和地质勘探等各种电磁领域，具有巨大的实用价值。

在麦克斯韦方程建立之后，余下的问题即归结为麦克斯韦方程在各种条件下的求解问题。

在计算机出现以前，人们能够求解的电磁问题是很少的，这段时间内各种解析方法成为电磁理论发展的主流。随着计算机水平和计算方法的日益发展和提高，过去一些不能用解析方法求解的问题可以用数值方法来求解，故数值计算在电磁学中的地位越来越重要。

电磁场边值问题是电磁场理论中一个极其重要的问题。探讨它的求解方法，不仅能充实电磁理论的内容，而且能为分析和设计电磁工程问题提供依据。因此，它在解决和发展电磁场理论和工程问题中占有很重要的地位。

求解电磁场边值问题一般都是在已知给定区域的边界条件和媒质特性（对于瞬变场还应包括初始条件）下，求解下列问题之一：

(1) 在该区域内可能存在的各种场分布模式。

(2) 在给定一定区域内的源分布时，该区域内实际的场分布。

(3) 在给定实际的激励时，源或等效源的分布，以及实际的场分布。

此外，还有一类电磁场边值问题的逆运算，即在已知源和场分布的情况下，求解边界条件和媒质特性（也就是求解目标形状和媒质特性）。这是上面提到的一类场的边值问题的反演。必须指出，不论何种电磁场边值问题的求解，必不可少的基本依据是麦克斯韦方程组、媒质的本构方程和边界条件。

我们知道，静态场边值问题可以归结为解拉普拉斯方程或泊松方程，再加上边界条件；瞬态场（任意时变场）则为解矢量或标量的、齐次或非齐次的波动方程，再加上初始条件和边界条件；对时谐场边值问题的稳态解，波动方程变成亥姆霍兹方程，此时只需边界条件。而拉普拉斯方程或泊松方程可以视为当频率 $f \to 0$ 时亥姆霍兹方程的特例。因此下面主要以讨论时谐场为主，并限于讨论时谐场的稳态解法，不涉及瞬态场，讨论的方法主要是在频域进行的，即频域法。值得指出的是，获得电磁场边值问题解答的充分必要检验条件是解应满足麦克斯韦方程组和边界条件。

2.2.1　按数学物理方法分类

下面我们按数学物理方法分类来说明各种解法及其特点。由于解法很多，这里我们只能按数学或物理方面的主要特征来说明一些基本的和常用的方法，包括经典解法（如分离变量法、积分方程法、简正波法、变分法、微扰法、渐近解、模匹配法）和数值解法。同时还应指出，一个具体问题往往可用多种解法或需数种方法联合使用，而且在解的过程中还要借助许多电磁定理和概念，有关这些内容在以后章节概略给出。

1. 经典解法

(1) 分离变量法（偏微分方程法）。为了能写出边界条件的表达式，实际问题的边界必须选择与一组正交曲线坐标系的一个或数个坐标面重合。而分离变量法只有在该坐标系的斯达克尔矩阵满足一定条件下才能应用。

对于标量亥姆霍兹方程，目前只有 10 种坐标系能进行变量分离，它们分别是笛卡儿直角、圆柱面、球面、椭圆柱面、抛物柱面、旋转抛物面、长旋转椭球、扁旋转椭球、锥面和椭球。此外，在双球面和环坐标两种坐标系中通过适当变换后，拉普拉斯方程可分离变量。

对于矢量亥姆霍兹方程，除了在直角坐标系中可分解为 3 个标量的亥姆霍兹方程外，在其他坐标系中不一定能直接得到一个到 3 个标量的亥姆霍兹方程。因此，必须找到场矢量与满足标量亥姆霍兹方程的量之间的关系，这大致可分为以下 3 种方法。

第一种方法是直接解电场矢量 $\boldsymbol{E}$ 或磁场矢量 $\boldsymbol{H}$ 的一个分量的亥姆霍兹方程，而不借助位函数。这就要求场矢量至少要有一个分量满足亥姆霍兹方程。例如在直角和圆柱坐标系中，E_z 和 H_z 满足标量亥姆霍兹方程，通过先求出这两个纵向分量，再由麦克斯韦方程求出其余四个横向分量，通常这种方法称为纵向场法。当场量具有某些特点时，在某些坐标系中也可利用直接解某一分量的亥姆霍兹方程的方法。例如，当场量与 z 轴无关，则在直角、圆柱、椭圆柱和抛物柱面坐标系中，E_z 和 H_z 满足标量亥姆霍兹方程；在场量轴对称的情况下，在球面、长旋转椭球面、扁旋转椭球面以及旋转抛物面坐标系中，E_φ 和 H_φ 可化为标量亥姆霍兹方程；等等。

第二种方法是将 $\boldsymbol{E}$ 和 $\boldsymbol{H}$ 用下列矢量函数表示为

$$\boldsymbol{L} = \nabla\varphi \tag{2.2.1a}$$

$$\boldsymbol{M} = \nabla\times(\boldsymbol{a}\varphi) \tag{2.2.1b}$$

$$\boldsymbol{N} = \frac{1}{k}\nabla\times\boldsymbol{M} \tag{2.2.1c}$$

式中：$\boldsymbol{a}$ 是一个单位常矢量；k 是波数；φ 满足标量亥姆霍兹方程

$$\nabla^2\varphi + k^2\varphi = 0 \tag{2.2.2}$$

在这种情况下，可以证明矢量函数 $\boldsymbol{L}$，$\boldsymbol{M}$ 和 $\boldsymbol{N}$ 都是 $\boldsymbol{E}$ 和 $\boldsymbol{H}$ 的亥姆霍兹方程的独立解。因此，$\boldsymbol{E}$ 和 $\boldsymbol{H}$ 的解直接可由这些矢量函数的线性叠加的展开式来表示。标量 φ 可在直角、圆柱、椭圆柱、球、抛物圆柱和圆锥等六种坐标系下满足标量亥姆霍兹方程。

第三种方法是引入各种辅助的矢量位和标量位来求解电磁场。在许多情况下，这些位函数可通过标量亥姆霍兹方程求出。对于无源场区，理论上可以证明，此时电磁场量可用两个标量位函数来表示。因此，在某一确定的坐标系下，可设法引入辅助位函数来求场。

用分离变量法解标量亥姆霍兹方程还需要用一组完备的正交函数系来表示方程的解，这些函数由一些普通函数或特殊函数构成。在这些函数中，目前只有三角函数、指数函数、各类贝塞耳函数、各类关联勒让德函数、马丢函数和旋转椭球函数等研究比较完善，并已制有大量数据和图表可供应用；有些函数，如拉美函数、贝尔函数和韦伯函数等虽有解的形式，但数据表格还不完善，还不常用。目前实际应用较广泛的只有直角、圆柱面、球、椭圆柱、长旋转椭球和扁旋转椭球等 6 种坐标系。

对于有源问题，需解非齐次标量亥姆霍兹方程。这时，除齐次方程的通解外，还应加一个特解（常为积分形式）。求特解的一般方法是用朗斯基行列式的方法得到。如果源为 δ 函数形式的点源，还可用 δ 函数的积分性质来求。

事实上，在高频场中的许多问题具有以下特点：对不含源的边值问题，场量或位函数满足齐次标量亥姆霍兹方程，而对有源边值问题，则是非齐次的。但对无源边值问题的边界条件常常是非齐次的，而对有源边值问题的边界条件又往往是齐次的。根据微分方程理论，一个具有非齐次边界的齐次方程可以化为齐次边界条件的非齐次方程来求解，反之亦然。因此，对许多边值问题可用两种不同途径求场，具体使用时视哪种更为方便而定。

分离变量法是最常用的一种解法，它可以获得严格解，特别适用于边界形状较规则的问题。它的缺点是无普遍性，受坐标系的限制。

(2) 积分方程法。对于一个已知体积 V 内电流源 $\boldsymbol{J}$ 分布和边界面 S 上边界条件的电磁场边值问题，其电场矢量 $\boldsymbol{E}$ 可由其对应的并矢格林函数 $\overline{\overline{\boldsymbol{G}}}$ 通过格林公式建立的积分方程求出严格解或数值解；如果源分布未知，可根据概念和经验假设一近似分布，据此求出场的近似解。这种方法就是积分方程法，是一种解边值问题的常用方法。该方法实质上是把偏微分方程加边界条件的问题转化为一个积分问题，它已包含了边界条件。此外，如果已知场的严格解或较准确的解，利用积分方程法可求出源分布。

积分方程的形式通常有第一类和第二类弗列德赫姆和沃尔特拉积分方程。不同形式的积分方程其解法也不完全相同，但大致可归纳为以下几种常用解法：

1）级数解法。将待求解的未知函数展开成级数形式，通过逐步逼近法求出级数解。

2）函数变换解。利用傅里叶变换或拉普拉斯变换，将未知函数变换后求出变换解，再经反变换得到原解。

3）Wiener-Hopf 法。此方法可得严格解，其积分方程的形式为

$$\varphi(x)=V(x)+\int_{0}^{\infty}G(x-x')\varphi(x')\mathrm{d}x' \tag{2.2.3}$$

4）数值方法。解积分方程的数值方法很多，但最适合计算机作数值计算的还是矩量法。

积分方程法的主要优点是，从数学形式上，它具有普遍性。当利用近似源分布求场时，由于利用积分求解，因此计算误差较小。它的主要缺点是求不出对复杂边界问题的格林函数表示式，另一缺点是积分求场有时积分积不出来，但总可以利用数值积分。

(3) 简正波法。这是另一种已知源分布求场分布的方法，它特别适用于将空间场展开成波形的问题，例如传输线或辐射系统。当系统内有源激励时，可将系统内产生的场展开成各种波形的叠加，则有

$$\boldsymbol{E}_{\mathrm{t}}=\sum_{n=0}^{\infty}A_n^{\pm}\boldsymbol{E}_n^{\pm} \tag{2.2.4a}$$

$$\boldsymbol{H}_{\mathrm{t}}=\sum_{n=0}^{\infty}A_n^{\pm}\boldsymbol{H}_n^{\pm} \tag{2.2.4b}$$

式中：$\boldsymbol{E}_n^{\pm}$ 和 $\boldsymbol{H}_n^{\pm}$ 为各种波型的模式函数，上标 ± 号分别表示正、反向的波或场。如在体积 V 内有电流源 $\boldsymbol{J}$ 和磁流源 $\boldsymbol{M}$，则各波形的模式系数 $A_n^{\pm}$ 为

$$A_n^{\pm}=-\frac{1}{2}\int_V(\boldsymbol{J}\cdot\boldsymbol{E}_n^{\pm}-\boldsymbol{M}\cdot\boldsymbol{H}_n^{\pm})\mathrm{d}V \tag{2.2.5}$$

一般地，模式函数 $\boldsymbol{E}_n^{\pm}$ 和 $\boldsymbol{H}_n^{\pm}$ 可通过解体积 V 内无源的齐次亥姆霍兹方程得到，所以简正波法也可看成是解区域内有源的非齐次亥姆霍兹方程的一种方法。

简正波法和积分方程法都是已知源分布求场分布的方法。它们有一个共同的特点，即把包含边界的复杂问题化成简单的单元问题来处理。前者将场分成若干基本波型，它类似于电路分析中的傅里叶级数法；后者将场看成若干点源产生场的组合，它类似于电路分析中的丢阿美尔积分。

(4) 变分法。许多实际工程问题的求解都可表示为一变分式，通过求泛函极值的方法，求出场或参量。求泛函极值一般都不直接利用欧拉方程，因为这样做又回到解偏微分方程。实际求解都利用近似法，如里兹法等。变分法应用很广，许多问题的近似解都可利用它求出，而且目前发展的许多数值解法（如矩量法和有限元法等）都含有变分原理。

变分法主要有以下优点：

1）可以得到一个近似表达式。

2）当待求量是实数时，可以求出近似解的误差上限和下限。

3）变分式是一个稳定解，因而它对未知函数的准确性要求不高。当它具有一阶误差时，得

到的待求量具有二阶误差，即精度提高了一个数量级。如果需要进一步提高精度，还可以采用迭代变分法。

(5) 微扰法。微扰法的基本思想是：若对某一区域内的场已有严格解或已知解，如果在此区域内有微小的扰动，则可利用已知解再加上一项扰动解，从而得到扰动后的解。这种方法只适用于扰动很小的情况，它是一个近似解。

微扰法作为求解近似解的一种常用方法，它与变分法是有差别的，变分法是从变分式求出一个近似本身正确解的函数，而微扰法是从一个已知解求出扰动后的变分解。

(6) 模匹配法。模匹配法比较适合两个具有交界面的均匀区域问题，利用交界面上场的连续性条件和波形正交性，可得一组线性联立方程组，求解它的场。

需要指出的是，模匹配法所得方程组与变分法中用瑞利-里兹法以及数值解中用矩量法的伽辽金法所得结果相同。说明这三种方法等价，它们都符合变分原理。

(7) 准静态场法(低频渐近解)。当频率 $f \to 0$ 时，亥姆霍兹方程或波动方程退化为拉普拉斯方程，所以准静态法不仅适用于低频似稳解，还可以广泛应用于高频传输线。这是因为高频传输线可以传输 TEM 波，其场量满足或近似满足拉普拉斯方程；对于传输 TE 波或 TM 波的波导，由于高次型波工作波长远大于截止波长，即 $\lambda \gg \lambda_c$，因此高次型波的场也可近似按拉普拉斯方程来求解。

拉普拉斯方程可用分离变量法、复变函数法、保角变换法、镜像法、静电模拟法和奇异积分方程法等求解。

(8) 光学法(高频渐近解)。当物体尺寸远大于波长时，可近似认为 $\lambda \to 0$，此时，可用光学方法来求解。最初常用的两种方法为几何光学法(GO)和物理光学法(PO)。前者比较直观和简单，能较准确预测天线主瓣性能，其缺点是对旁瓣或阴影区误差较大；后者稍复杂一些，准确性略有提高，但无质的变化。

在某些典型问题的严格解的基础上，发展了几何绕射理论(GTD)和物理绕射理论(PTD)。GTD 的优点是概念简单，有数学根据，其缺点是在阴影边界、反射边界和散焦处，理论上给出无限大场，需加校正项，而且对某些具体形状的物体，根据严格解求绕射系数也比较困难。PTD 的优点是一般都给出有限场，GTD 能解决的问题，PTD 都能解决，反之则不一定；PTD 的缺点是积分比较困难，对附加面电流项如何选取也不易确定。所以目前应用较为广泛的还是 GTD。

2. 数值解法

电磁场问题解决的最终要求是获得满足条件的麦克斯韦方程令人满意的解答。在 20 世纪 60 年代以前，电磁场理论与工程中的问题大多采用解析或渐近等方法进行处理，以期得到闭式的解析解，完成数学上的圆满求解。然而，只有少数典型的几何形状和结构简单的问题才有可能给出精确解。这一阶段的电磁学被称作经典电磁学。虽然经典电磁学解决的电磁场与电磁波问题非常有限，但其研究成果仍然对雷达、通信和射电天文等许多学科产生了巨大的推动作用。60 年代以后，随着高速计算机的迅速发展与普及，电磁场与电磁波问题的处理已逐步走向数值化。电磁场边值问题的计算机辅助数值分析已成为这一阶段电磁学研究的主要特征，可以说现代的电磁学本质上是计算电磁学。计算电磁学之所以能得以迅速发展并逐步取代经典电磁学，除了计算机硬件水平的提高这一基本条件外，它所能处理的问题范围及复杂程度远胜于经典电磁学是一个主要原因。计算电磁学的发展有力地推动了许多高技术领域，如微波与毫米波通信、雷达、精确制导、导航、地质勘探以及生物电磁学等的发展。因此计算电磁学的研究不仅具有理论上的重要意义,而且具有重大的实用价值。

电磁场边值问题的数值方法:① 积分方程类方法,包括矩量法、边界元法和谱域Galarkin法等;② 差分方程类方法,包括有限差分法、时域有限差分法、有限元法等。任何数值法的本质都是把连续函数加以离散化。目前上述各种方法已都日趋完善,原则上这些方法都可用于解任何电磁场边值问题。一般地,在处理辐射与散射问题时,还是常用积分方程类方法,因为积分方程类方法在这种情况下只需处理物体边界,而差分方程类方法却要在整个空间离散化;矩量法采用全域基时,可以利用模或波形的概念,而有限元法只能逐点计算。所以微波中矩量法用得更多一些,而在一些强电工程中差分法和有限元法用得较多。

积分方程类方法可以处理较为广泛的电磁问题,如传输线问题、微波电路问题、电磁辐射与散射问题等。这类方法的数值离散区域限于求解区域的边界,可以获得较高的计算精度。正是由于这一特点,矩量法被视为数值计算中的评判标准。但是,通过边界导出的积分或微积分方程不具有一般性,不得不对具体的几何边界和媒质特性进行深入推导。再者,矩量法最终要导致一个满矩阵方程的求解,而对满矩阵方程的存储与求解要极大地受到计算机条件的限制,所以求解的问题电尺寸较小。关于矩量法计算效率的研究涉及它的各个阶段,从格林函数的确定、基函数和权函数的选取、阻抗矩阵元素的数值积分到大型稠密线性方程组的求解都是值得研究的问题。在三维分层微波结构的矩量法分析中,闭式空域格林函数的获取是一个重要的课题,离散复镜像方法是这个领域的研究成果,如采用切比雪夫伪谱展开技术和基于Arnoldi算法的Krylov子空间降阶技术等为多种分层结构导出了闭式空域格林函数。基函数的选取方法与未知电流分布有关,特别是与电流的边界形态有关。选定一组基函数就意味着认定电流分布函数"基本"属于或很"接近"这组基函数所生成的内积空间。因此,基函数的恰当选取是获得高精度解的基础。这里的"精度"是理论上的,而不是数值计算上的。研究基函数的选取方法必须与具体问题的几何结构结合起来。许多电磁问题的几何结构是不规则的,使得电流的边界形态难以准确预测,所以最简单的脉冲基函数至今仍然被经常采用。阻抗矩阵元素的数值积分的难易程度与具体的格林函数有关,在分析近地或埋地天线的辐射时会遇到高振荡、慢收敛的Sommerfeld型积分,该积分难以快速、精度地计算。在分析系统参数的频率响应时,阻抗矩阵将被多次重复填充,从而消耗大量的时间,采用插值方法减少重复填充阻抗矩阵所消耗的时间是一个值得考虑的途径。对于矩量法在处理电大尺寸问题时产生的大型稠密线性方程组,目前已有许多研究。典型的方法有共轭梯度法与快速傅里叶变换的组合算法,以及快速多极子算法。最近,小波分析的方法逐渐进入电磁场数值计算,小波变换被用来稀疏矩量法矩阵,可望这一新的途径能大大推进电磁场矩量法的发展。

差分方程类方法具有较强的通用性,具有简单、直观、适用范围广的特点,特别适合于求解复杂边界和复杂媒质的电磁问题。其实,有限差分法作为最早的数值计算方法出现之时,这些特点就已为人们所认识。在计算美学中,人们普遍追求的简单、直观、全面、准确的原则,在这类方法中就有较好的体现。这类方法中有限元法是精度较高的方法,它需要微分方程的变分形式,理论上保证了收敛性,但得到变分形式并非易事。有限差分法和有限元法所得的系数矩阵具有对称、正定和稀疏的特点,前者较后者简单,但后者比前者的适用范围广。从时域麦克斯韦方程出发直接推导出方程的时域有限差分法,已经得到了广泛应用,显示了有限差分法的巨大潜力。相比而言,在频域内,有限差分方程推导、编程都较时域有限差分法容易。有限差分法受到的主要限制在于计算单元较多，尤其在开域问题中，计算区域需要截断。因此，贯穿于有限差分法中的两根主线就是有限差分方程和截断边界条件。截断边界条件一度成为有限差分法研究的主要方向。为了获得良好的吸收效果，通常要将截断边界向外推得较远，这就会产生数量较大的未知量。这个矛盾在三维开放域问题中更加突出，往往导致所需求解的线性方程组的系数矩阵达数十万阶。提高差分方程类方法在开域问题中的效率的一个重要途径是设法压缩计算空间和存储量。因此，吸收边界条件成为差分方程类方法中的研究热点，各种各样的吸收边界条件被提出来，各自具有不同的优缺点。

无论是差分方程类方法还是积分方程类方法，很难说哪一类数值方法是最有效的，各种方法都有其自身的特点，都在不断地向前发展。为了提高分析问题的效率，也可以综合采用各种方法，如有限元法和积分方程法的混合，直线法和有限元法的混合，等等。

2.2.2 按解答的特性来分类

按电磁场边值问题解答的特性来分，大致可将求解方法分为严格解法、近似解法和数值解法等3种。

1. *严格解法*

严格解法是从麦克斯韦方程组和边界条件出发，能够获得解析解（闭式）的方法。严格解法虽然比较复杂，但在理论和工程上占有极重要的地位。即使在数值计算技术日益发展的今天，它仍然是人们感兴趣的方法。

严格解法的主要优点：

(1) 根据电磁场边值问题的唯一性定理，严格解的正确性可以通过充分必要条件来检验。因此利用严格解可以作为近似解或数值解的检验手段，也可以用于验证测量设备及方法的正确性。

(2) 通过对某些问题的严格解的表达式的研究，可以得到许多电磁理论方面的重要规律和结论。

(3) 严格解法是许多近似解法或数值解法发展的基础，例如几何绕射理论GTD和微扰法等都是在严格解法的基础上发展起来的。

严格解法的主要缺点：

(1) 严格解法的分析和计算较复杂。

(2) 目前只有少数典型的电磁场边值问题有严格解。

常用的分离变量法、积分方程法、简正波法等在一定条件下就属于这一类解法。

2. *近似解法*

近似解法是指对某一实际边值问题所建立的数学模型，用近似方法得到一个具有明确表达式的解答。近似解法是一种常用的方法，现今仍占有一定的重要地位。

近似解法的主要优点：

(1) 有明确的表达式，可以直观地研究各参量之间的关系，计算简便和省时，便于进行优化设计。

(2) 有些近似解法借助于计算机，原则上可以得到所要求的任意精度。当然实际上要受计算机容量、速度和舍入误差的限制。

有些近似解法（如变分法）可以估计解的误差上、下限。

近似解法的主要缺点：

(1) 目前，对一些近似解的误差已有了解，或者已得到一些估计误差的公式，但对某些问题的解，其误差大小或正确性还是不易估计。

(2) 近似解法的应用范围虽然比严格解法已大大扩展，但仍有许多复杂的边值问题无法得到近似解，或得到的解因误差太大而无法使用。

常用的变分法、微扰法、模匹配法、准静态场法和光学法等就属于这一类解法。

3. 数值解法

数值解法是近几十年来发展最快的一种方法。它的突出优点是，原则上适用任何复杂的电磁场边值问题，且可得到所要求的精度。任何数值解法的主要特征都是将连续函数离散化，再解联立方程组得到数值解。边界形状愈复杂或要求的精度愈高，则方程组的阶数愈高。因此，实际上数值解法还要受到计算机内存、速度和舍入误差的限制。随着巨型计算机和数值计算方法的发展，许多过去只能依靠实验来设计的问题都可借助数值解法来实现，并可作到优化设计。数值解法除受条件和经济限制外，还有一点不足，这就是数值解目前还没有找到一种比较简单的充分必要检验手段来验证解的正确性或估计误差，有的虽有误差估计公式，但又偏于保守而无法使用。目前行之有效的手段除实验验证外就是采用收敛试验检验、先验知识检验、能力守恒检验和对比检验等，但这些检验方法一般要以大量消耗机时为代价。

综上所述，三种解法各有特点，它们相互促进，互相补充，不能绝对肯定其中的某一种，但当前以数值解法发展最快。

2.3 数值法的综合描述

当前广泛应用的各种离散方法，如有限差分法、有限元法、边界元法、等效源法和矩量法等，都存在着内在的联系，它们在加权余数法的基础上统一了起来。在数值计算中，基函数和权函数的选择是两个关键问题。选择不同的基函数和权函数组合，可以得到不同的计算格式。从计算机资源及计算精度等方面考虑，不同的基函数和权函数组合有不同的效果，其中以点匹配法和常数元配合最为简单，物理意义最明确，但收敛得较慢，如用它配合离散间接边界积分方程，有时称为子面元法。如将三角形一次元和伽辽金法组合离散正定算子方程，则得出的系数阵和建立在变分基础上的有限元方程(一次元)的系数阵相同，实质上这两种不同命名的方法是等价的。将基函数和权函数配合离散边界积分方程，便是有限元剖分的边界元法。如将基函数定义在无效区域内，而权函数定义在边界上，便成了有限元剖分的等效源法了。

本节将概括描述加权余数法求解实际问题的基本思想。

2.3.1 连续域的离散

正如前节已经指出的，无论是微分方程的解，还是积分方程的解，亦或是微积分方程的解，除了场域极其简单的以外，都没有解析表达式，但应用数值计算却可以计算大量的实际问题。数值计算法的思想早在麦克斯韦时代就已经形成了，但由于计算工作量很大，缺乏实用性。只有进入计算机作为计算工具的时代以来，数值计算才进入实用阶段。

数值计算的关键在于将求解对象所在区域进行离散。对微分方程而言，必须离散整个场域；而对边界积分方程而言，则只需离散场域的边界。所谓离散，即将整体的连续场域用有限个单元的总和来表达，而这些单元的形状随着剖分域的不同而有所不同，如有线段、圆弧、三角形、四边形、环状、带状、四面体、五面体或六面体等单元。这些单元统称为有限元剖分单元，各单元互不重叠而在顶点或边界处相连。这些顶点称为节点。

2.3.2 连续函数的展开

前面我们指出，电磁场边值问题可用微分、积分或微积分方程描述。如果采用算子的形式，所有的电磁场边值问题都可以用一个统一的算子方程描述，即有

$$L(f)=g \tag{2.3.1}$$

式中：$L(\cdot)$ 表示一种运算，它可以是微分运算、积分运算或微积分运算；g 表示方程的非齐次项即右端项，或激励项；f 表示算子的运算对象，即未知函数，它是建立在连续域上的连续函数。如果将连续域离散成剖分单元的总和，则意味着将连续函数离散成一系列节点上的函数值，即将无限多个自由度的问题离散成有限个自由度的问题。

非节点处的函数值用节点处的函数值展开，其数学表达式为

$$f(r)\approx\tilde{f}(r)=\sum_{i=1}^{n}N_i(r)f_i \tag{2.3.2}$$

式中：n 为离散节点数的总量；f_i 为节点处的函数值；$N_i(r)$ 称为节点 i 的基函数，它是场点坐标的函数，它在数值计算中起着十分重要的作用，后面将详细介绍。

式(2.3.2) 称为函数 $f(r)$ 的展开式，因为 n 是有限值，所以由此表达的函数，只能是原来连续函数的近似，记作 $\tilde{f}(r)$。将 $\tilde{f}(r)$ 替代式(2.3.1) 中的 $f(r)$，则该式必将出现余数 R，其值为

$$R=L(\tilde{f})-g=L\Big[\sum_{i=1}^{n}N_i(r)f_i\Big]-g=\sum_{i=1}^{n}L(N_i)f_i-g \tag{2.3.3}$$

数值计算的任务在于计算出 n 个离散节点上的 $f_i(i=1,2,\cdots,n)$ 值。计算 f_i 的通用方法，便是加权余数法。

2.3.3 加权余数法

加权余数法中，令式(2.3.3) 中的 R 在加权平均意义下为零，即有

$$\int_{\Omega}W_jR\,\mathrm{d}\Omega=\int_{\Omega}W_j\Big[\sum_{i=1}^{n}L(N_i)f_i-g\Big]\mathrm{d}\Omega=0 \tag{2.3.4a}$$

式中：Ω 表示算子 $L(\cdot)$ 的定义域，它可以是三维空间、空间曲面，也可以是平面或平面的边界线等；$W_j(r)(j=1,2,\cdots,n)$ 称为权函数，权函数可以有多种选择，例如可被指定为狄拉克(Dirac) 函数或常数或其他函数，它在数值计算中起着十分重要的作用，后面将详细介绍。

由于 f_i 是节点值而不是坐标的函数，因此式(2.3.4a) 可以写成

$$\sum_{i=1}^{n}f_i\int_{\Omega}W_jL(N_i)\mathrm{d}\Omega=\int_{\Omega}W_jg\,\mathrm{d}\Omega \tag{2.3.4b}$$

为了书写方便，定义积分运算

$$<u,v>=\int_{\Omega}uv\,\mathrm{d}\Omega \tag{2.3.5}$$

这样，式(2.3.4b) 便可简写成

$$\sum_{i=1}^{n} f_i < W_j, L(N_i) > = < W_j, g >, \quad j = 1,2,\cdots,n \tag{2.3.6}$$

若写成矩阵方程的形式，则有

$$\mathbf{Z}_{ij}\mathbf{I}_j = \mathbf{V}_i \tag{2.3.7}$$

式中：

$$\left.\begin{aligned} &\mathbf{Z}_{ij} = < W_j, L(N_i) > \\ &\mathbf{V}_i = < W_j, g >, \quad i,j = 1,2,\cdots,n \\ &\mathbf{I}_j = f_j \end{aligned}\right\} \tag{2.3.8}$$

这样，通过加权余数法便将算子方程式(2.3.1)转化成如式(2.3.7)所示的代数方程组(介质方程)。式(2.3.8)表明，在基函数 $N_i(r)$ $(i=1,2,\cdots,n)$ 和权函数 $W_j(r)$ $(j=1,2,\cdots,n)$ 确定以后，系数矩阵 $\mathbf{Z}_{ij}$ 和右端向量 $\mathbf{V}_i$ 即被确定了，从而可以计算出定义域中各节点上的未知数。

由此可见，基函数和权函数的选择是数值计算中的两个关键问题。

2.3.4　基函数的基本类型和性质

一般地说，基函数可分为全域基和分域基两大类。

1. 全域基

全域基系指在函数 f 的定义域上都有定义的基函数。若以一维函数为例，则通常有

(1) 傅里叶(Fourier)级数，即

$$\left.\begin{aligned} &N_i(x) = \{\cos ix, \sin ix\} \\ &\tilde{\boldsymbol{f}}(x) = \sum_{i=1}^{n} N_i(x) f_i \end{aligned}\right\} \tag{2.3.9}$$

(2) 切比雪夫(Chebyshev)多项式 $T_i(x)$，即

$$\left.\begin{aligned} &N_i(x) = T_i(x) \\ &\tilde{\boldsymbol{f}}(x) = \sum_{i=1}^{n} N_i(x) f_i \end{aligned}\right\} \tag{2.3.10}$$

(3) 幂级数，即

$$\left.\begin{aligned} &N_i(x) = x^i \\ &\tilde{\boldsymbol{f}}(x) = \sum_{i=1}^{n} N_i(x) f_i \end{aligned}\right\} \tag{2.3.11}$$

(4) 勒让德(Legendre)多项式 $P_i(x)$，即

$$\left.\begin{aligned} &N_i(x) = P_i(x) \\ &\tilde{\boldsymbol{f}}(x) = \sum_{i=1}^{n} N_i(x) f_i \end{aligned}\right\} \tag{2.3.12}$$

2. 分域基

分域基系指仅在函数 f 定义域内的各个剖分单元上才有定义的基函数。通常有：

(1) 台阶状插值函数。台阶状插值函数如图 2.3.1 所示。

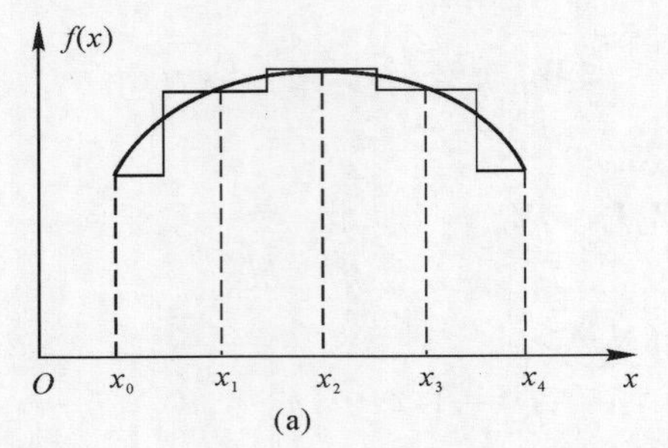

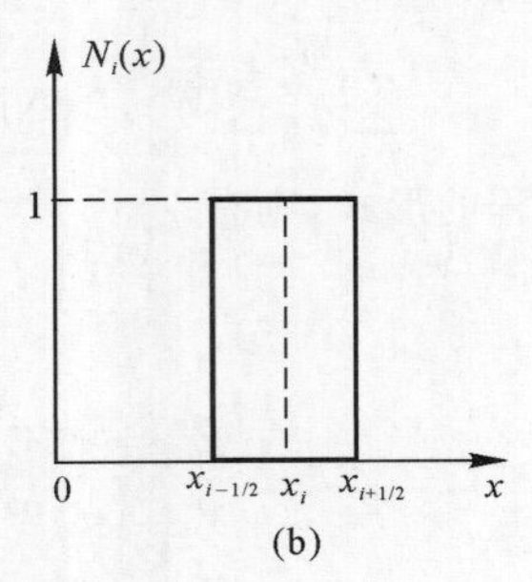

图 2.3.1　台阶状插值函数

(a) 插值函数；(b) 基函数

台阶状插值函数的数学表达式为

$$\tilde{f}(x) = f_i(x), \quad x \in [x_{i-1/2}, x_{i+1/2}], \quad i = 0,1,\cdots,n \tag{2.3.13}$$

即在每个子区间$(x_{i-1/2}, x_{i+1/2})$中作水平插值，而整体综合成台阶状插值，如图 2.3.1(a) 所示。由此可见，若令基函数为脉冲函数

$$N_i(x) = \Pi_i(x) = \begin{cases} 1, & x \in [x_{i-1/2}, x_{i+1/2}] \\ 0, & x \notin [x_{i-1/2}, x_{i+1/2}] \end{cases}, \quad i = 0,1,\cdots,n \tag{2.3.14}$$

如图 2.3.1(b) 所示，则未知函数可表示为

$$\tilde{f}(x) = \sum_{i=1}^{n} N_i f_i \tag{2.3.15}$$

显然，脉冲函数只在 f 定义域内个别段内有定义，且值为 1，而在其余部分都为零。所以脉冲函数属于分域基，图 2.3.1(b) 中所示的长方形表示脉冲函数的影响区域。图 2.3.1(a) 中 $n=4$，表示将连续函数分成 4 个剖分单元，而每个剖分单元中的函数设为常数，这种剖分单元又称为常数单元。显然，用常数单元组成的函数是不连续的，在单元的连接点处，出现函数的跳跃。n 值愈大，由式(2.3.15) 组成的函数 $\tilde{f}(x)$ 愈接近于实际函数 f，因而获得的计算精度也愈高。

(2) 分段线性插值函数。分段线性插值函数如图 2.3.2 所示。

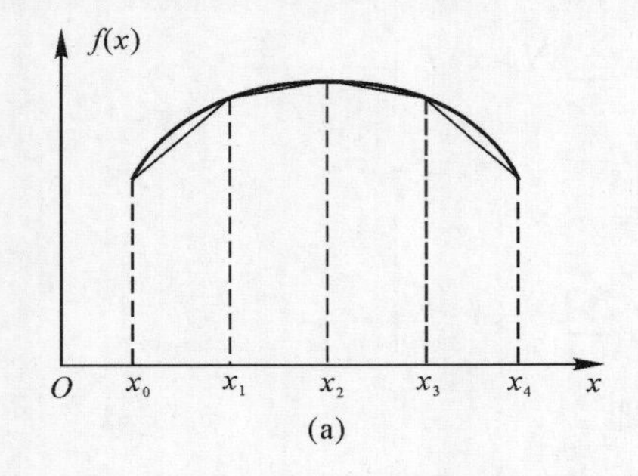

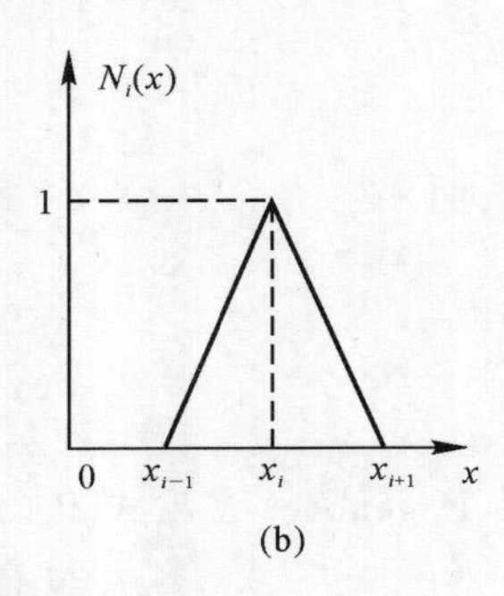

图 2.3.2　分段线性插值函数

(a) 插值函数；(b) 基函数

设近似函数 $\tilde{f}(x)$ 表示为

$$\tilde{f}(x) = a + bx \tag{2.3.16}$$

将(x_i, f_i)和(x_{i+1}, f_{i+1})两组数代入式(2.3.16)，则可联立解出系数 a, b 为

$$\left.\begin{aligned}a &= f_i - \frac{f_i - f_{i+1}}{x_i - x_{i+1}} x_i \\ b &= \frac{f_i - f_{i+1}}{x_i - x_{i+1}}\end{aligned}\right\} \tag{2.3.17}$$

将系数 a,b 代入式(2.3.16)，经整理后，得

$$\tilde{f} = \frac{x - x_{i+1}}{x_i - x_{i+1}} f_i - \frac{x - x_i}{x_i - x_{i+1}} f_{i+1}, \quad x \in [x_i, x_{i+1}], \quad i = 0,1,\cdots,n-1 \tag{2.3.18}$$

令基函数 $N_i(x)$ 定义为

$$N_i(x) = \begin{cases}\dfrac{x - x_{i-1}}{x_i - x_{i-1}}, & x \in [x_{i-1}, x_i] \\ \dfrac{x - x_{i+1}}{x_i - x_{i+1}}, & x \in [x_i, x_{i+1}] \\ 0, & x < x_{i-1}, x > x_{i+1}\end{cases} \tag{2.3.19}$$

上述基函数的图形如图2.3.2所示，图中 x_i 点为 N_i 的定义点且 $N_i(x_i) = 1$，而 $N_i(x_{i-1}) = 0$，$N_i(x_{i+1}) = 0$，这一特性可用克罗内克尔(Kronecker)符号 δ_{ij} 表示为

$$N_i(x_j) = \delta_{ij} = \begin{cases}1, & i = j \\ 0, & i \neq j\end{cases} \tag{2.3.20}$$

利用基函数的表达式(2.3.19)，可将式(2.3.18)写成

$$\tilde{f} = N_i f_i + N_{i+1} f_{i+1}, \quad x \in [x_i, x_{i+1}], \quad i = 0,1,\cdots,n-1 \tag{2.3.21}$$

式(2.3.21)表明 x_i 点上的基函数的下降段及 x_{i+1} 点上的基函数的上升段对函数 f 有贡献。

以上的剖分单元称为线性元。如果任意剖分单元中的函数值不是由该单元两端点的基函数形成，而是由对应于3个点的基函数形成，如图2.3.3所示，这3个点分布在剖分单元的两端点及其中点上，则不难理解，该单元中插值函数已不能用直线表达而该用二次函数表达。因为 (x_1, f_1)，(x_2, f_2) 和 (x_3, f_3) 可以确定插值函数中的3个积分常数，如

$$\tilde{f}(x) = a + bx + cx^2 \tag{2.3.22}$$

这样的剖分单元称为二次元。高次元的含义，依此类推。在电磁场中，用二次元计算场强较用一次元计算的精度高得多，虽然计算量也较大，但还是有益的。

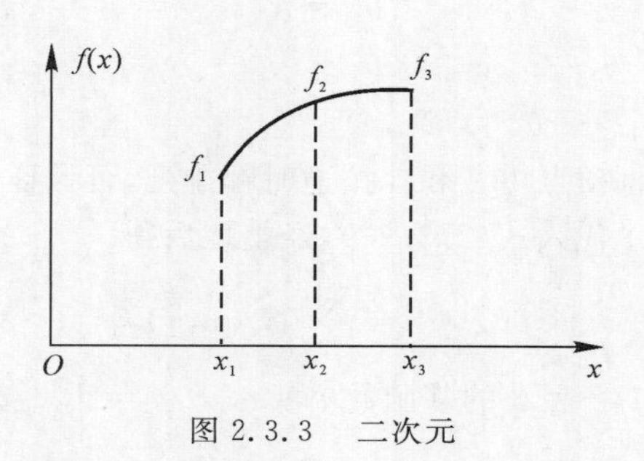

图2.3.3　二次元

(3) 三角元线性插值函数。三角形剖分单元中的线性插值函数即为二维变量中的线性元。在二维场域中的剖分单元及边界曲面中的剖分单元经常使用三角元。三角元也有线性元、二次元和高次元之分。线性元中的基函数为线性插值函数，二次元中的基函数为二次插值函数，高

次元中的基函数为高次插值函数。以下只介绍线性元，在此基础上不难理解二次元和高次元。

图 2.3.4 所示为线性三角元，顶点分别用 1，2 和 3 标记，且按逆时针方向配置。对应的函数分别记为 f_1，f_2 和 f_3。

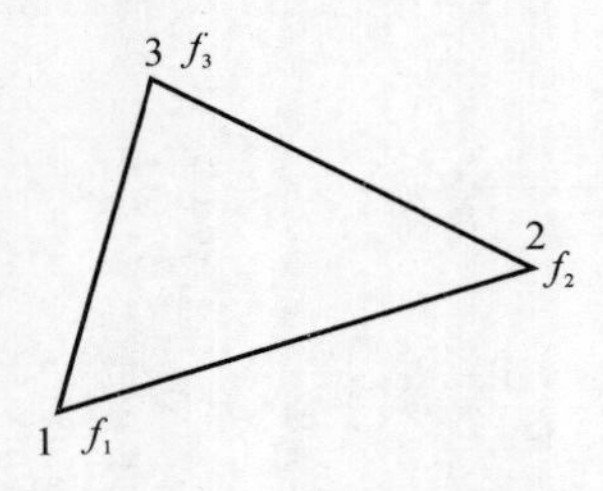

图 2.3.4　三角形一次元

剖分单元中任意点(x,y)的函数是 x 和 y 的线性函数，即有

$$\tilde{f}(x,y)=a_1+a_2x+a_3y \tag{2.3.23}$$

式(2.3.23) 又称为线性插值多项式。式中的三个系数可由三角形顶点的坐标和函数值确定，将它们分别代入式(2.3.23)，得

$$\tilde{f}(x_1,y_1)=f_1=a_1+a_2x_1+a_3y_1 \tag{2.3.24a}$$

$$\tilde{f}(x_2,y_2)=f_2=a_1+a_2x_2+a_3y_2 \tag{2.3.24b}$$

$$\tilde{f}(x_3,y_3)=f_3=a_1+a_2x_3+a_3y_3 \tag{2.3.24c}$$

联立式(2.3.24) 可得待定系数为

$$a_1=\sum_{i=1}^{3}\mathrm{d}_if_i/(2\Delta) \tag{2.3.25a}$$

$$a_2=\sum_{i=1}^{3}b_if_i/(2\Delta) \tag{2.3.25b}$$

$$a_3=\sum_{i=1}^{3}c_if_i/(2\Delta) \tag{2.3.25c}$$

式中：

$$\left.\begin{array}{lll} d_1=x_2y_3-x_3y_2 & b_1=y_2-y_3 & c_1=x_3-x_2 \\ d_2=x_3y_1-x_1y_3 & b_2=y_3-y_1 & c_2=x_1-x_3 \\ d_3=x_1y_2-x_2y_1 & b_3=y_1-y_2 & c_1=x_2-x_1 \\ \Delta=(b_1c_2-b_2c_1)/2 & & \end{array}\right\} \tag{2.3.26}$$

即 Δ 表示该三角形的面积。将顶点 1，2 和 3 按逆时针排列，可保证 Δ 为正值。

将求出的 $a_i(i=1,2,3)$ 代入式(2.3.23)，经整理后得

$$\tilde{f}(x,y)=\sum_{i=1}^{3}N_i(x,y)f_i \tag{2.3.27}$$

式中：三角形单元 3 个顶点 1，2 和 3 的基函数 $N_i(x,y)(i=1,2,3)$ 分别为

$$N_i(x,y)=\frac{1}{2\Delta}(a_i+b_ix+c_iy) \tag{2.3.28}$$

由此可见，三节点三角元的基函数也是线性函数，与插值多项式的次数相等。$N_i(x,y)$ 与单元顶点的坐标有关，即和剖分单元的形状有关，所以又称基函数为形状函数。

因为 $\tilde{f}(x_i,y_i)=f_i$，所以由式(2.3.27) 可得

$$\tilde{f}(x_1,y_1)=N_1(x_1,y_1)f_1+N_2(x_1,y_1)f_2+N_3(x_1,y_1)f_3 \tag{2.3.29}$$

因此由上式不难看出，$N_1(x_1,y_1)=1$，$N_2(x_1,y_1)=0$ 和 $N_3(x_1,y_1)=0$。将这种性质可综合写成

$$N_i(x_j,y_j)=\delta_{ij} \tag{2.3.30}$$

式中，δ_{ij} 如前述为克罗内克尔符号。这一性质与一维变量中的基函数的性质相同。其实，所有的基函数都具有这一特性。这一性质非常重要，是构造和检验一切形状函数的依据。

式(2.3.27)还可以表示成如下的矩阵形式：

$$\tilde{f}(x,y)=[N_1 \quad N_2 \quad N_3][f_1 \quad f_2 \quad f_3]^{\mathrm{T}}=\boldsymbol{Nf} \tag{2.3.31}$$

3. 基函数的性质

从以上内容不难看出，函数展开式中的各基函数是彼此线性独立的。此外，基函数还必须具有完备性，否则由它展开的函数不能收敛于原函数。前面已经指出，基函数用来确定系数矩阵 $\boldsymbol{Z}_{ij}$ 中的各元素[见式(2.3.8)]，显然，至少不能使 $L(N_i)=0(i=1,2,\cdots,n)$ 满足这一条件的基函数称为一致性基函数。总之，在选择基函数时，必须考虑它的独立性、完备性和一致性。

由于在分域基中，每个剖分单元中的插值函数只和本单元中的一些特定点上的值有关，而与其他节点值无关。因此，这些函数都具有"局部化"的特点。基函数正是反映了这一特点，因为分域基仅在一个局部区域内不为零。这样，每个节点值的变化将只直接影响到与其衔接的周围区域，从而保证了当节点数 n 递增时插值过程的数值稳定性。由于分域基直接应用了拉格朗日(Lagrange)函数，因此在节点处函数并不光滑，引起的误差较大，影响了收敛性。

总之，分域基的数值稳定性较高，而全域基的收敛性较好。当所选用的基函数和解愈接近，则收敛愈快。所以基函数的选择应与场的定性分析相结合。

以上介绍的是基函数中最基本的一些共性。除了已介绍的基函数外，在数值计算中应用较多的还有四边形单元，轴对称场中的环形单元、环带状单元和三维场中的立方体单元，以及自然坐标系中的标准单元，等等。

2.3.5　权函数的基本类型

式(2.3.8)表明，一个权函数对应于一个方程，所以有 n 个基函数就必须有 n 个权函数与之对应。由于权函数的不同选择，可以得到以下不同的命名方法。

1. 点匹配法

若选狄拉克函数为权函数，即令

$$W_j=\delta_j(\boldsymbol{r}-\boldsymbol{r}'),\quad j=1,2,\cdots,n \tag{2.3.32}$$

则由于它具有如下特性：设 $\boldsymbol{r},\boldsymbol{r}'$ 位于区域 Ω 内，有

$$\delta_j(\boldsymbol{r}-\boldsymbol{r}')=\begin{cases}0, & \boldsymbol{r}\neq\boldsymbol{r}'\\ \infty, & \boldsymbol{r}=\boldsymbol{r}'\\ \int_\Omega \delta_j(\boldsymbol{r}-\boldsymbol{r}')\mathrm{d}\Omega=1\end{cases} \tag{2.3.33}$$

因而当 $\boldsymbol{r}'_j$ 位于区域 Ω 内时，有

$$\int_\Omega f(\boldsymbol{r})\delta_j(\boldsymbol{r}-\boldsymbol{r}'_j)\mathrm{d}\Omega=f(\boldsymbol{r}'_j) \tag{2.3.34}$$

当 $\boldsymbol{r}'_j$ 位于区域 Ω 内，且 $f(\boldsymbol{r})$ 在 $\boldsymbol{r}=\boldsymbol{r}'_j$ 处连续时，可得

$$\left.\begin{aligned} Z_{ij} &= \langle W_j, \quad L[N_i(\boldsymbol{r})] \rangle = L[N_i(\boldsymbol{r}_j{}')] \\ V_i &= \langle W_i, \quad g(\boldsymbol{r}) \rangle = g(\boldsymbol{r}_j{}') \end{aligned}\right\} \tag{2.3.35}$$

式中：$\boldsymbol{r}_j'$为狄拉克函数的定义点；$N_i(\boldsymbol{r}_j')$和$g(\boldsymbol{r}_j')$分别表示基函数N_i和非齐次项g在点$\boldsymbol{r}_j'$处的值。这时点$\boldsymbol{r}_j'$又称为匹配点，从而将这种方法称为点匹配法。

根据以上介绍不难理解，点匹配法给系数矩阵的计算带来了很大的方便，所以实际应用较为广泛。

2. 子域匹配法

若令

$$W_j = 1, \quad \text{在剖分单元 } j \text{ 中} \tag{2.3.36a}$$

$$W_j = 0, \quad \text{在剖分单元 } j \text{ 以外的区域} \tag{2.3.36b}$$

则称之为子域匹配法。该方法使计算系数矩阵的各元素时，积分区域限制在剖分单元中，被积函数并不由于权函数的引入而增加复杂性。

3. 伽辽金(Galinkin) 法

若令权函数等于基函数，即令

$$W_j = N_j \tag{2.3.37}$$

则称之为伽辽金法。若基函数为分域基，则计算系数矩阵的各元素时，积分域也只限于在剖分单元中，但由于W_j的引入，增加了计算复杂性。若分域基为全域基，则计算系数矩阵时，应在整个场域中进行积分。虽然伽辽金法的计算比较复杂，需进行双重积分，但收敛性和计算精度都较点匹配法为佳。当匹配点数取得很多时，两者的计算精度比较接近。

4. 最小二乘解

若令权函数为

$$W_j = 2\frac{\partial R}{\partial f_j} \tag{2.3.38}$$

则就成了最小二乘解。最小二乘解在函数的逼近、超定方程的求解及最优化等方面有着广泛的应用。最小二乘解中的目标函数F为

$$F = \int_\Omega R^2 \mathrm{d}\Omega = \min \tag{2.3.39}$$

若将$R = L(\tilde{f}) - g$以及$\tilde{f} = \sum\limits_{j=1}^{n} N_j f_j$代入式(2.3.39)，则$F$便成了待定系数$f_j$的函数。欲使$F$取极值，只需令$\dfrac{\partial F}{\partial f_j} = 0$，由于$f_j$不是空间坐标的函数，故可得到最小二乘解为

$$\int_\Omega R\frac{\partial R}{\partial f_j}\mathrm{d}\Omega = 0 \tag{2.3.40}$$

如将式(2.3.38) 代入式(2.3.4a)，也能得到式(2.3.40)。由此可见，最小二乘解也是加权余数法中的一种特殊形式。值得指出的是，这里的讨论仅从理论上说明最小二乘法和加权余数法之间的内在联系，实际应用中均直接引用式(2.3.39)。

2.3.6 误差分析

误差是指计算值与真值之间的差值。误差分为绝对误差和相对误差两大类。它们表示由于计算误差所引起的精度损失。一个“数”的精度通常以有效数字的位数来表示，换句话说，有效

位数是确定一个“数”的精度的那些位数，它包括从最高有效位到最低有效位之间的所有位数，但最高有效位不得为零。按截数法或舍入法舍去的位数不能算作有效位。

计算误差分为两大类：一类由离散引起，称为离散误差；另一类由使用计算机引起，称为计算误差。

1. *计算误差*

计算误差是由于计算机的“字长”有限所致。由于“字长”有限而引起的误差又分为两类：一类误差是由于计算机不能精确表示一个“数”所引起的，根据表示“数”的规则的不同，又可分成舍入误差和截断误差两种；另一类误差是由于计算机对“数”进行加减运算引起的。目前，一般计算机内，乘除运算也是通过加减运算来实现的。要减少计算误差，需用“字长”较长的计算机；或用“双精度”进行计算，即用两个“字长”存放一个实数；或者改善算法减少运算次数。

2. *离散误差*

离散误差分为两类：一类是由连续域离散成有限单元总和时引起的，另一类是由连续函数展开成有限项的总和时引起的。

前面已经指出，将连续域用直线、三角形、四边形以及立体单元离散，这种离散方式比较灵活，实用性强。但用它们离散空间曲面时，离散域不如实际连续域那样光滑，这就出现了离散误差。这种误差对场强的影响很大，虽有不少改进措施，但未从根本上予以克服。近年来，已有采用所谓“实际单元”进行离散，如圆柱用圆环状单元离散、圆形用圆弧单元离散、椭圆柱用椭圆状单元离散等等。剖分单元愈密，由此引起的误差愈小。

无限自由度的连续函数用有限自由度的节点值展开，必然引起截断误差。展开式中所取的项数愈多，引起的误差愈小。换句话说，基函数的次数愈高，引起的误差愈小，但计算工作量增大。计算变量位函数时取常数元、一次元时往往可得足够的精度，但计算场强时以取二次元的效果为佳。

以上介绍的基函数都是拉格朗日型的插值函数，次数再高，在单元连接处导数也不连续。改进的方法是可用厄米特(Hermite)插值函数或样条插值函数，但增加了节点上的自由度，即增加了节点上的未知数，必然会增加计算工作量，实际使用时需要综合考虑。

另外，在计算系数矩阵元素时，由于表达式比较复杂，通常难以直接积分，故不得不采用数值积分法。由此引起的误差，也可归入离散误差。

系数矩阵的条件数的大小与离散有关，条件数愈大引起的计算误差也愈大。

参考文献

[1] HARRINGTON R F. 计算电磁场的矩量法. 北京：国防工业出版社，1981.
[2] 齐治昌. 数值分析及其应用. 长沙：国防科技大学出版社，1987.
[3] 袁慰平，张令敏，黄新芹，等. 数值分析. 南京：东南大学出版社，1992.
[4] 章文勋. 无线电技术中的微分方程. 北京：国防工业出版社，1982.
[5] STONE W R. Radar cross sections of complex objects. New York：IEEE Press，1989.
[6] 刘圣民. 电磁场的数值方法. 武汉：华中理工大学出版社，1991.
[7] 盛剑霓. 工程电磁场数值分析. 西安：西安交通大学出版社，1991.
[8] MITTRA R. Computer techniques for electromagnetics. New York：Pergamon Press

Ltd,1973.

[9] 柳重堪.正交函数及其应用.北京:国防工业出版社,1982.

[10] 文舸一,徐金平,漆一宏.电磁场数值计算的现代方法.郑州:河南科学技术出版社,1994.

[11] 洪伟.电磁场边值问题的数值分析:直线法原理与应用.南京:东南大学出版社,1993.

[12] 徐树方.矩阵计算的理论与方法.北京:北京大学出版社,1995.

[13] RAO S M. Time domain electromagnetics. New York:Academic Pprss,1999.

[14] KOLUNDZIJA B M,SARKAR T K. On the choice of optimal basis functions for MoM/SIE,MoM/VIE,FEM and hybrid methods. Antennas and Propagation Society International Symposium,IEEE,1998,1:278－281.

[15] 波波维奇,等.金属天线与散射体分析.邱景辉,等,译.哈尔滨:哈尔滨工业大学出版社,1996.

[16] 樊明武,颜威利.电磁场积分方程法.北京:机械工业出版社,1988.

[17] 李世智.电磁辐射与散射问题的矩量法.北京:电子工业出版社,1985.

第3章 多项式外推技术

本章首先介绍多项式逼近与插值的一般方法;其次介绍普罗尼外推技术,并介绍普罗尼方法与帕德逼近(见第7章7.4小节)的关系;再次介绍正交多项式外推技术的基本原理,并给出了两种非常有用的基函数——厄尔米特正交多项式和拉盖尔正交多项式;最后介绍多项式外推技术在电磁宽带响应和(或)完全时域响应获取中的应用。

3.1 引 言

3.1.1 多项式逼近与插值的原则

多项式外推就是采用一定的数学手段来寻求函数 $I(f)$ 与变量 f 之间的关系,即在有限区间 $[f_{min}, f_{max}]$ 内,用多项式 $SI(f)$ 逼近连续的复杂函数 $I(f)$ 到预先指定的精度,然后用这个多项式 $SI(f)$ 代替被逼近的复杂函数作数值计算。

在区间 $[f_{min}, f_{max}]$ 上,多项式 $SI(f)$ 取为一个级数的展开形式(即函数的级数展开)为

$$SI(f) = \sum_{n=0}^{\infty} c_n \varphi_n(f) \tag{3.1.1}$$

式中,c_n 是常系数;函数 $\varphi_n(f)$ 是展开级数的基函数,且序列 $\{\varphi_n(f)\}$ 是一个线性无关的函数系。值得指出的是,这种函数的级数展开形式,我们是非常熟悉的,例如函数的泰勒级数展开、周期函数的傅里叶级数展开和复变函数的罗朗级数展开等等,而且大部分函数的计算,如众多的初等函数到特殊函数,都要用到级数展开的形式。此外,函数展开还经常应用到微积分方程(包括常微分方程和偏微分方程(特别是数理方程)等)的求解以及数值分析与计算中。

但是在数值计算中,上述级数的项数只能取有限而不可能取为无穷,即多项式 $SI(f)$ 可近似为

$$SI_N(f) = \sum_{n=0}^{N} c_n \varphi_n(f) \tag{3.1.2}$$

称式(3.1.2)为式(3.1.1)的降阶模型,其中整数 N 称为多项式逼近的阶数。

若在一定的区间 $f \in [f_{min}, f_{max}]$ 上取多项式 $SI_N(f)$ 作为函数 $I(f)$ 的逼近结果,则称为函数的多项式逼近,即

$$I(f) \approx SI_N(f) = \sum_{n=0}^{N} c_n \varphi_n(f) \tag{3.1.3}$$

由式(3.1.3)可知,确定函数 $I(f)$ 的多项式逼近 $SI_N(f)$ 的主要任务就是要确定常系数 c_n,但是要确定这些系数,必须要提供关于逼近函数 $I(f)$ 的足够多的信息。后面我们将根据一致性逼近、二次方逼近以及插值等方法确定常系数 c_n,解决多项式逼近问题。

在讨论多项式逼近问题时，自然希望所寻求的多项式 $SI(f)$ 在整个区间$[f_{\min},f_{\max}]$上能近似地表示 $I(f)$，或者说，在整个区间上 $SI(f)$ 与 $I(f)$ 的误差尽量小，这就必须首先指出近似的意义（或误差度量标准），以及 $SI(f)$ 在某种意义（误差度量标准）下逼近 $I(f)$。常用的误差度量标准有一致性逼近原则和二次方逼近原则。它们的含义具体描述如下。

定义 3.1.1（一致性逼近原则）　在区间$[f_{\min},f_{\max}]$上，多项式 $SI(f)$ 逼近复杂连续函数 $I(f)$ 的精度 $\delta>0$ 可依据一致性逼近原则确定为

$$\| I(f)-SI(f) \|_{\infty}=\max_{f\in[f_{\min},f_{\max}]}|I(f)-SI(f)|<\delta \tag{3.1.4}$$

定义 3.1.2（L_p 逼近原则）　L_p 逼近原则确定为

$$\| I(f)-SI(f) \|_{p}=\sqrt{\left[\int_{f_{\min}}^{f_{\max}} I(f)-SI(f)\right]^{p}\mathrm{d}f}<\delta \tag{3.1.5}$$

特别地，当 $p=2$ 时，L_2 称为二次方逼近。

值得指出的是，在电磁问题中，我们经常涉及的是实函数逼近问题，尽管函数可以是复函数，但展开变量诸如频率、角度或其他物理参数等一般是实数。

3.1.2　多项式一致性逼近

根据展开基函数的不同选取类型，可分为一致性幂函数逼近和一致性正交多项式逼近。

1. 基函数为幂函数

展开基函数 $\varphi_n(f)$ 取为幂函数，即

$$\varphi_n(f)=(f-f_0)^n \tag{3.1.6}$$

式中：f_0 为展开点。根据式(3.1.4)定义的函数一致逼近原则，在最佳一致逼近的条件下，展开系数 c_n 为泰勒级数的系数，即

$$c_n=\frac{SI_N^{(n)}(f_0)}{n!} \tag{3.1.7}$$

因此，若函数 $I(f)$ 在$[f_{\min},f_{\max}]$中某一点 f_0 的邻域内充分可微，那么可将 $I(f)$ 展开成泰勒级数，取其部分和 $SI(f)$ 来逼近 $I(f)$。然而，在离 f_0 较远的点 f 处，会使 $SI(f)$ 与 $I(f)$ 产生较大的偏差。值得强调的是，如果一个泰勒级数展开是绝对收敛的，则由它所唯一确定的函数必然任意次可微；反之，如果一个函数是任意次可微的，则它唯一确定一个泰勒级数展开式。

上面用到了最佳一致逼近的概念，下面对有关定理和定义作一补充说明（这里不作证明，感兴趣的读者可参阅有关文献）。

定理 3.1.1（Weierstrass 定理）　设 $I(f)$ 是区间$[f_{\min},f_{\max}]$上的连续函数，则任给 $\delta>0$，存在一多项式 $SI_N(f)$，使不等式

$$|I(f)-SI_N(f)|<\delta \tag{3.1.8}$$

对所有的 $f\in[f_{\min},f_{\max}]$ 均成立。

Weierstrass 定理肯定了存在多项式一致逼近连续函数。

定义 3.1.3（最佳一致逼近多项式）　设 $I(f)$ 是区间$[f_{\min},f_{\max}]$上的连续函数，令 H_N 表示所有次数不超过 N 的多项式以及零多项式构成的集合，即 $H_N=\mathrm{span}\{1,x,\cdots,x^N\}$。若 $SI_N(f)\in H_N$，则称

$$\delta_N=\max_{f\in[f_{\min},f_{\max}]}|I(f)-SI_N(f)| \tag{3.1.9}$$

为 $SI_N(f)$ 与 $I(f)$ 的偏差，量

$$\varepsilon_N = \min_{SI_N(f) \in H_N} \delta_N \tag{3.1.10}$$

称为 $I(f)$ 的 N 次最佳逼近或最小逼近。显然，$\{\delta_N\}$ 为单调下降的非负数列，并由 Weierstrass 定理知 $\varepsilon_N \to 0(N \to \infty)$。如果在 H_N 中存在一个多项式 $SI_n(f)(n < N)$，使得

$$\max_{f \in [f_{\min}, f_{\max}]} |I(f) - SI_n(f)| = \varepsilon_N \tag{3.1.11}$$

那么，$SI_n(f)$ 称为 $I(f)$ 的最佳一致逼近多项式。

定义 3.1.4（交错点组）　设 $I(f)$ 是区间 $[f_{\min}, f_{\max}]$ 上的连续函数，若存在 N 个点 f_n：$f_{\min} \leqslant f_1 < f_2 < \cdots < f_N \leqslant f_{\max}$，使得

$$\left.\begin{aligned} &|I(f_n)| = \max_{f \in [f_{\min}, f_{\max}]} |I(f)|, \quad n = 1,2,\cdots,N \\ &I(f_n) = -I(f_{n+1}), \quad n = 1,2,\cdots,N-1 \end{aligned}\right\} \tag{3.1.12}$$

则称 $\{f_1, f_2, \cdots, f_N\}$ 为 $I(f)$ 在 $[f_{\min}, f_{\max}]$ 上的交错点组。

定理 3.1.2　设函数 $I(f)$ 是区间 $[f_{\min}, f_{\max}]$ 上的连续函数，$SI_n(f) \in H_N$，则 $SI_n(f)$ 是 $I(f)$ 的最佳一致逼近多项式的充要条件是 $I(f) - SI_n(f)$ 在 $[f_{\min}, f_{\max}]$ 上存在一个至少由 $(N+2)$ 个点组成的交错点组。

定理 3.1.3　设函数 $I(f)$ 是区间 $[f_{\min}, f_{\max}]$ 上的连续函数，则在 H_N 中，$I(f)$ 有唯一的一个最佳一致逼近多项式 $SI_n(f)$。

定理 3.1.4　设函数 $I(f)$ 在区间 $[f_{\min}, f_{\max}]$ 上有 $(N+1)$ 阶导数，且 $I^{(N+1)}(f)$ 在 $[f_{\min}, f_{\max}]$ 中保持定号（恒正或恒负），$SI_n(f) \in H_N$ 是 $I(f)$ 的最佳一致逼近多项式，则区间 $[f_{\min}, f_{\max}]$ 的端点属于 $I(f) - SI_n(f)$ 的交错点组。

2. 基函数为正交多项式

展开基函数 $\varphi_n(f)$ 取为正交多项式 $p_n(f)$，常见的正交多项式有三角函数、切比雪夫多项式、勒让德多项式、厄米特多项式和拉盖尔多项式等，即

$$\varphi_n(f) = p_n(f - f_0) \tag{3.1.13}$$

正交多项式 $p_n(f)$ 一般都是带权正交的，若设其权函数为 $\rho(f)$（定义在有限或无限区域 $[f_{\min}, f_{\max}]$ 上），则展开系数 c_n 可确定为

$$c_n = \frac{\displaystyle\int_{f_{\min}}^{f_{\max}} SI_N(f) p_n(f - f_0) \rho(f - f_0) \mathrm{d}f}{\displaystyle\int_{f_{\min}}^{f_{\max}} p_n^2(f - f_0) \rho(f - f_0) \mathrm{d}f} \tag{3.1.14}$$

值得指出的是，不同形式的正交多项式 $p_n(f)$ 对应的权函数 $\rho(f)$ 不同，例如：

三角函数：
$$\left.\begin{aligned} &p_n(f) = \{\cos(nf), \sin(nf)\} \\ &\rho(f) = 1, \quad f \in [0, 2\pi] \end{aligned}\right\} \tag{3.1.15a}$$

切比雪夫：
$$\left.\begin{aligned} &p_n(f) = T_n(f) \\ &\rho(f) = \frac{1}{\sqrt{1 - f^2}}, \quad f \in [-1, 1] \end{aligned}\right\} \tag{3.1.15b}$$

勒让德：
$$\left.\begin{aligned} &p_n(f) = \mathrm{P}_n(f) \\ &\rho(f) = 1, \quad f \in [-1, 1] \end{aligned}\right\} \tag{3.1.15c}$$

拉盖尔：
$$\left.\begin{aligned}p_n(f) &= \mathrm{L}_n(f)\\ \rho(f) &= \mathrm{e}^{-f},\quad f\in[0,+\infty)\end{aligned}\right\}\tag{3.1.15d}$$

厄米特：
$$\left.\begin{aligned}p_n(f) &= \mathrm{H}_n(f)\\ \rho(f) &= \mathrm{e}^{-f^2},\quad f\in(-\infty,+\infty)\end{aligned}\right\}\tag{3.1.15e}$$

3.1.3 多项式最佳二次方逼近

定义 3.1.5(最佳二次方逼近或最小二乘逼近)　若假设 $I(f)$ 是区间 $[f_{\min}, f_{\max}]$ 上的已知连续函数，$\{\varphi_n(f)\}(n=0,1,2,\cdots,N)$ 为区间 $[f_{\min}, f_{\max}]$ 上的一个线性无关函数系，并设 $\rho(f)$ 为 $[f_{\min}, f_{\max}]$ 上的一个权函数，根据式(3.1.5)定义的函数二次方逼近原则，确定逼近多项式的系数 $c_n(n=0,1,\cdots,N)$，使得

$$H(c_0,c_1,\cdots,c_N)=\int_{f_{\min}}^{f_{\max}}\rho(f)\,[I(f)-SI_N(f)]^2\mathrm{d}f=\min\tag{3.1.16}$$

这样得到的函数 $SI_N(f)$ 称为 $I(f)$ 在 $[f_{\min}, f_{\max}]$ 上关于权函数 $\rho(f)$ 的最佳二次方逼近或最小二乘逼近。

根据微分学中极值存在的必要条件知，欲使式(3.1.16)取得极值，必须使系数 $c_n(n=0,1,\cdots,N)$ 满足方程组

$$\frac{\partial H}{\partial c_n}=0,\quad n=0,1,\cdots,N\tag{3.1.17}$$

即

$$\sum_{n=0}^{N}c_n\int_{f_{\min}}^{f_{\max}}\rho(f)\varphi_n(f)\varphi_k(f)\mathrm{d}f=\int_{f_{\min}}^{f_{\max}}\rho(f)I(f)\varphi_k(f)\mathrm{d}f,\quad k=0,1,\cdots,N\tag{3.1.18}$$

式(3.1.18)是线性代数方程组，写成矩阵形式，则有

$$\boldsymbol{l}_{kn}\boldsymbol{c}_n=\boldsymbol{g}_k\tag{3.1.19}$$

该方程通常称为法方程组。其中，系数矩阵 $\boldsymbol{l}_{kn}$ 和向量 $\boldsymbol{g}_k$ 的各元素分别由下式确定：

$$l_{kn}=\int_{f_{\min}}^{f_{\max}}\rho(f)\varphi_n(f)\varphi_k(f)\mathrm{d}f\tag{3.1.20a}$$

$$g_k=\int_{f_{\min}}^{f_{\max}}\rho(f)I(f)\varphi_k(f)\mathrm{d}f\tag{3.1.20b}$$

定理 3.1.5(最佳二次方逼近)　设函数 $I(f)$ 是区间 $[f_{\min}, f_{\max}]$ 上的连续函数，则其最佳二次方逼近是存在而且是唯一的，且可由式(3.1.19)构造出来。

下面分别给出当基函数 $\varphi_n(f)$ 取幂级数和正交多项式时的函数逼近形式。

1. 基函数为幂函数

展开基函数 $\varphi_n(f)$ 取为幂函数，根据上述内容确定函数 $I(f)$ 的幂级数二次方逼近函数 $SI(f)$ 的有关计算公式如下：

$$\left.\begin{aligned}\varphi_n(f) &= f^n\\ \boldsymbol{l}_{kn}\boldsymbol{c}_n &= \boldsymbol{g}_k\end{aligned}\right\}\tag{3.1.21}$$

此时，权函数 $\rho(f)=1$。式(3.1.21)的有关元素的计算公式为

$$l_{kn}=\sum_{m=0}^{M}f_m^{k+n}\tag{3.1.22a}$$

$$g_k = \sum_{m=0}^{M} f_m^k I(f_m) \tag{3.1.22b}$$

2. 基函数为正交多项式

展开基函数 $\varphi_n(f)$ 取为正交多项式 $p_n(f)$，根据上述内容确定函数 $I(f)$ 的幂级数二次方逼近函数 $SI(f)$ 的有关计算公式如下：

$$\left.\begin{aligned} \varphi_n(f) &= p_n(f) \\ \boldsymbol{l}_{kn}\boldsymbol{c}_n &= \boldsymbol{g}_k \end{aligned}\right\} \tag{3.1.23}$$

此时，设权函数 $\rho(f)$（由相应正交多项式 $p_n(f)$ 确定），则式(3.1.23)的有关元素的计算公式为

$$l_{kn} = \begin{cases} 0, & k \neq n \\ \sum_{m=0}^{M} \rho(f_m) p_n^2(f_m), & k = n \end{cases} \tag{3.1.24a}$$

$$g_k = \sum_{m=0}^{M} \rho(f_m) p_k(f_m) I(f_m) \tag{3.1.24b}$$

根据式(3.1.24)，由式(3.1.23)不用求逆可以直接得到系数 c_n 为

$$c_n = g_n / l_{nn} \tag{3.1.25}$$

3.1.4　多项式插值

定义 3.1.6（多项式插值）　已知在区间$[f_{\min}, f_{\max}]$上的$(N+1)$个给定点 $f_{\min} = f_0 < f_1 < \cdots < f_N = f_{\max}$ 的函数值 $I(f_n)$ $(n=0,1,\cdots,N)$，此时希望一个构造次数不超过 N 的多项式 $SI_N(f)$，满足 $SI(f_n) = I(f_n)(n=0,1,\cdots,N)$。若满足上述条件的 $SI_N(f)$ 存在，则称 $SI_N(f)$ 为被插值函数 $I(f)$ 的插值多项式函数，称点 $f_n(n=0,1,\cdots,N)$ 为插值节点，其所在的区间$[f_{\min}, f_{\max}]$称为插值区间。

定理 3.1.6（唯一性）　设 $f_n(n=0,1,\cdots,N)$ 为区间$[f_{\min}, f_{\max}]$上$(N+1)$个相异点，$H_N = \mathrm{span}\{\varphi_0(f), \varphi_1(f), \cdots, \varphi_N(f)\}$ 为$(N+1)$维函数空间[即 $\varphi_0(f), \varphi_1(f), \cdots, \varphi_N(f)$ 是 H_N 上$(N+1)$个线性无关的函数，它们可作为 H_N 的一组基函数]，则定义在$[f_{\min}, f_{\max}]$上的函数 $I(f)$ 关于节点 $f_n(n=0,1,\cdots,N)$ 在 H_N 上的插值函数 $SI_N(f) = \sum_{n=0}^{N} c_n \varphi_n(f)$[这里 $c_0, c_1, \cdots, c_N$ 称为 $SI_N(f)$ 在基 $\varphi_n(f)$ $(n=0,1,\cdots,N)$ 下的坐标]存在且唯一的充要条件为

$$\begin{vmatrix} \varphi_0(f_0) & \varphi_1(f_0) & \cdots & \varphi_N(f_0) \\ \varphi_0(f_1) & \varphi_1(f_1) & \cdots & \varphi_N(f_1) \\ \vdots & \vdots & & \vdots \\ \varphi_0(f_N) & \varphi_1(f_N) & \cdots & \varphi_N(f_N) \end{vmatrix} \neq 0 \tag{3.1.26}$$

值得指出的是，插值的存在唯一性与插值空间 H_N 上基函数的选取方法无关；插值函数的存在唯一性与被插函数 $I(f)$ 无关，而只与插值空间 H_N 及插值节点 $f_n(n=0,1,\cdots,N)$ 有关。

1. 插值方法

(1) 线性最小二乘拟合。假设已知函数 $I(f)$ 在区间$[f_{\min}, f_{\max}]$上的点 $f_0, f_1, \cdots, f_M$ 处的值（或近似值）分别为 $I(f_0), I(f_1), \cdots, I(f_M)$，$\{\varphi_n(f)\}(n=0,1,2,\cdots,N)$ 为区间$[f_{\min}, f_{\max}]$上的一个线性无关函数系，$N < M$，则称

$$\delta_m = SI_N(f) - I(f_m) = \sum_{n=0}^{N} c_n \varphi_n(f_m) - I(f_m), \quad n = 0,1,\cdots,N \tag{3.1.27}$$

为残差。一般说来,不可能选择实数 $c_n(n=0,1,\cdots,N)$ 使 $\delta_m = 0(m=0,1,\cdots,M)$,但是,我们可以确定 $c_n(n=0,1,\cdots,N)$ 使残差的二次方和为最小,即

$$\sum_{m=0}^{M} \delta_m^2 = \min \tag{3.1.28}$$

这种函数逼近问题称为线性最小二乘拟合。仿照前面最佳二次方逼近或最小二乘逼近确定系数 $c_n(n=0,1,\cdots,N)$ 的步骤,同样可以得到法方程组(3.1.19),只是其中系数矩阵 $\boldsymbol{l}_{kn}$ 和向量 $\boldsymbol{g}_k$ 的各元素分别由下式确定为

$$l_{kn} = \sum_{m=0}^{M} \varphi_k(f_m)\varphi_n(f_m) \tag{3.1.29a}$$

$$g_k = \sum_{m=0}^{M} \varphi_k(f_m) I(f_m) \tag{3.1.29b}$$

因此,只要确定了展开基函数 $\varphi_n(f)(n=0,1,\cdots,N)$,以及在采样点 $f=f_m$ 的函数值 $I(f_m)$ $(m=0,2,\cdots,M)$,就能由式(3.1.19)确定函数 $I(f)$ 多项式逼近函数 $SI_N(f)$。

(2) 最佳二次方插值。假设已知函数 $I(f)$ 在区间$[f_{\min}, f_{\max}]$上的点 $f_0, f_1, \cdots, f_M$ 处的值(或近似值)分别为 $I(f_0), I(f_1), \cdots, I(f_M)$,$\{\varphi_n(f)\}$ $(n=0,1,2,\cdots,N)$ 为区间$[f_{\min}, f_{\max}]$上的一个线性无关函数系,并设 $\rho(f)$ 为$[f_{\min}, f_{\max}]$上的一个权函数,确定逼近多项式的系数 $c_n(n=0,1,\cdots,N)$,使得

$$H(c_0, c_1, \cdots, c_N) = \sum_{m=0}^{M} \rho(f_m)\left[I(f_m) - SI_N(f_m)\right]^2 = \min \tag{3.1.30}$$

这样得到的函数 $SI_N(f)$ 称为 $I(f)$ 在$[f_{\min}, f_{\max}]$上关于权函数 $\rho(f)$ 的最佳二次方插值。仿照前面最佳二次方逼近或最小二乘逼近确定系数 $c_n(n=0,1,\cdots,N)$ 的步骤,同样可以得到法方程组(3.1.19),只是其中系数矩阵 $\boldsymbol{l}_{kn}$ 和向量 $\boldsymbol{g}_k$ 的各元素分别由下式确定:

$$l_{kn} = \sum_{m=0}^{M} \rho(f_m)\varphi_k(f_m)\varphi_n(f_m) \tag{3.1.31a}$$

$$g_k = \sum_{m=0}^{M} \rho(f_m)\varphi_k(f_m) I(f_m) \tag{3.1.31b}$$

因此,只要确定了展开基函数 $\varphi_n(f)(n=0,1,\cdots,N)$(权函数也可相应确定),以及在采样点 $f=f_m$ 的函数值 $I(f_m)(m=0,2,\cdots,M)$,就能由式(3.1.19)确定函数 $I(f)$ 逼近函数 $SI_N(f)$。

2. 插值形式

在给定基函数 $\varphi_n(f)(n=0,1,\cdots,N)$ 的情况下,采用上述的插值方法(线性最小二乘拟合或最佳二次方插值)来确定插值多项式的系数,需要解式(3.1.19)所示的矩阵方程,一般计算工作量较大,且得出的多项式不便于应用。因此常用其他一些方法来构造插值多项式。我们构造插值函数,是为了便于对函数进行各种运算。例如,我们可用插值函数的导数、积分、函数值计算来近似被插值函数的导数、积分、函数值计算。因此,我们自然要求插值函数类中的函数有尽可能“好”的性质,如便于求导数、求积分等。下述介绍几种典型插值多项式的构造形式。

(1) 一般形式。当插值多项式中取基函数为幂函数时,它具有无穷光滑的性质,且它易于进行数值运算,即

$$\left.\begin{aligned} \varphi_n(f) &= f^n \\ SI_N(f) &= \sum_n^N c_n f^n \end{aligned}\right\} \tag{3.1.32}$$

由多项式插值的定义，可建立关于系数 $c_n(n=0,1,\cdots,N)$ 的方程为

$$\sum_{n=0}^{N} c_n f_m^n = I(f_m),\quad m=0,1,\cdots,N \tag{3.1.33}$$

式(3.1.33) 展开写成$(N+1)$ 元线性代数方程组，则有

$$\left.\begin{aligned} c_0 + c_1 f_0 + \cdots + c_N f_0^N &= I(f_0) \\ c_0 + c_1 f_1 + \cdots + c_N f_1^N &= I(f_1) \\ &\cdots\cdots \\ c_0 + c_1 f_N + \cdots + c_N f_N^N &= I(f_N) \end{aligned}\right\} \tag{3.1.34}$$

其系数行列式

$$V_N(f_0,f_1,\cdots,f_N) = \begin{vmatrix} 1 & f_0 & f_0^2 & \cdots & f_0^N \\ 1 & f_1 & f_1^2 & \cdots & f_1^N \\ \vdots & \vdots & \vdots & & \vdots \\ 1 & f_N & f_N^2 & \cdots & f_N^N \end{vmatrix} \tag{3.1.35}$$

称为范德蒙(Vandermonde) 行列式，利用行列式的性质可以求得

$$V_N(f_0,f_1,\cdots,f_N) = \prod_n^N \prod_m^{n-1} (f_n - f_m) \tag{3.1.36}$$

由于已知 $n \neq m$ 时 $f_n \neq f_m$，故所有的因子 $f_n - f_m \neq 0$，于是 $V_N(f_0,f_1,\cdots,f_N) \neq 0$，因此由多项式插值的唯一性定理知，方程组(3.1.34) 存在唯一的一组解

$$c_n = \frac{U_n(f_0,f_1,\cdots,f_N;I(f_0),I(f_1),\cdots,I(f_N))}{V_N(f_0,f_1,\cdots,f_N)},\quad n=0,1,\cdots,N \tag{3.1.37}$$

式中：

$$U_n(f_0,f_1,\cdots,f_N;I(f_0),I(f_1),\cdots,I(f_N)) = \begin{vmatrix} 1 & f_0 & f_0^2 & \cdots & f_0^{n-1} & I(f_0) & f_0^{n+1} & \cdots & f_0^N \\ 1 & f_1 & f_1^2 & \cdots & f_1^{n-1} & I(f_1) & f_1^{n+1} & \cdots & f_1^N \\ \vdots & \vdots & \vdots & & \vdots & \vdots & \vdots & & \vdots \\ 1 & f_N & f_N^2 & \cdots & f_N^{n-1} & I(f_N) & f_N^{n+1} & \cdots & f_N^N \end{vmatrix} \tag{3.1.38}$$

从代数的角度考虑，函数 $I(f)$ 关于基函数 $f_n(n=0,1,\cdots,N)$ 的 N 次多项式已经求得。然而，这里需要计算$(N+2)$ 个$(N+1)$ 阶行列式 $V_N(f_0,f_1,\cdots,f_N)$，$U_n(f_0,f_1,\cdots,f_N;I(f_0),I(f_1),\cdots,I(f_N))(n=0,1,\cdots,N)$，因此，上述方法还是存在较大的计算量。

(2) 拉格朗日(Lagrange) 形式。取插值多项式中基函数 $\varphi_n(f)$ 为

$$\varphi_n(f) = \frac{(f-f_0)(f-f_1)\cdots(f-f_{n-1})(f-f_{n+1})\cdots(f-f_N)}{(f_n-f_0)(f_n-f_1)\cdots(f_n-f_{n-1})(f_n-f_{n+1})\cdots(f_n-f_N)} = \prod_{\substack{m=0 \\ n\neq m}}^{N} \frac{f-f_m}{f_n-f_m} = L_n(f) \tag{3.1.39a}$$

$$SI_N(f) = \sum_{n=0}^{N} c_n L_n(f) \tag{3.1.39b}$$

$L_n(f)$ 称为拉格朗日基函数。该基函数具有以下特殊性质：

$$L_n(f_m)=\delta_{mn}=\begin{cases}0, & m\neq n\\ 1, & m=n\end{cases},\quad m,n=0,1,\cdots,N \tag{3.1.40}$$

由多项式插值的定义，可建立关于系数 $c_n(n=0,1,\cdots,N)$ 的方程如下：

$$\sum_{n=0}^{N}c_nL_n(f_m)=I(f_m),\quad m=0,1,\cdots,N \tag{3.1.41}$$

根据式(3.1.40)给出的基函数性质，由式(3.1.41)可求出系数 $c_n(n=0,1,\cdots,N)$ 如下：

$$c_n=I(f_n) \tag{3.1.42}$$

因此，插值多项式的拉格朗日形式式(3.1.39b)比一般形式式(3.1.32)具有更多优越性。只要给定节点 $f_n(n=0,1,\cdots,N)$，我们即可写出基函数 $L_n(f)$ 的表达式式(3.1.39a)，进而得到 $I(f)$ 关于节点 $f_n(n=0,1,\cdots,N)$ 的插值多项式的拉格朗日形式式(3.1.39b)。插值多项式的拉格朗日形式简单而优雅。另外，插值多项式的诸多理论结果也是通过其拉格朗日形式得到的。

若记

$$l_N(f)=(f-f_0)(f-f_1)\cdots(f-f_N) \tag{3.1.43}$$

则 $L_N(f)$ 可表示为

$$L_n(f)=\frac{l_N(f)}{(f-f_n)l_N'(f_n)} \tag{3.1.44}$$

特别地，有

$$\sum_{n=0}^{N}L_n(f)\equiv 1 \tag{3.1.45}$$

定理 3.1.7(拉格朗日形式的插值误差)　若 $I(f)\in C^{N+1}[f_{\min},f_{\max}]$，$f_n\subset[f_{\min},f_{\max}]$ $(n=0,1,\cdots,N)$，则 $I(f)$ 以 $f_n(n=0,1,\cdots,N)$ 为插值节点的 N 次插值多项式的误差：

$$\delta_N(f)=I(f)-\sum_{n=0}^{N}I(f_n)L_n(f)=\frac{I^{(N+1)}(\xi)}{(N+1)!}l_N(f) \tag{3.1.46}$$

式中：

$$\min\{f_0,f_1,\cdots,f_N,f\}\leqslant\xi=\xi(f)\leqslant\max\{f_0,f_1,\cdots,f_N,f\} \tag{3.1.47}$$

上述定理给出了当被插值函数充分光滑时的误差表达式。但是，在实际计算中，它不能给出插值误差的较精确的估计。下面给出在实际计算时，对误差的事后估计方法。

记 $SI_N(f)$ 为 $I(f)$ 以 $f_n(n=0,1,\cdots,N)$ 为节点的插值多项式，对确定的点 f，我们需要对误差 $\delta_N(f)=I(f)-SI(f)$ 做出估计。为此，另取一个节点 f_{N+1}，记 $SI_N^{(1)}(f)$ 为 $I(f)$ 以 $f_n(n=1,2,\cdots,N,N+1)$ 为节点的插值多项式。由上述定理可得

$$I(f)-SI_N(f)=\frac{I^{(N+1)}(\xi_1)}{(N+1)!}(f-f_0)(f-f_1)\cdots(f-f_N) \tag{3.1.48a}$$

$$I(f)-SI_N^{(1)}(f)=\frac{I^{(N+1)}(\xi_2)}{(N+1)!}(f-f_1)(f-f_2)\cdots(f-f_{N+1}) \tag{3.1.48b}$$

若 $I^{(N+1)}(f)$ 在插值区间上变化不太大，则由以上两式整理后，可得插值误差的实际估计关系式如下：

$$\delta_N(f)=I(f)-SI_N(f)\approx\frac{f-f_0}{f-f_{N+1}}[I(f)-SI_N^{(1)}(f)] \tag{3.1.49}$$

(3) 牛顿(Newton) 差商形式。前面介绍的拉格朗日插值多项式形式对于用插值多项式进行理论分析来说是比较方便的。然而，当再增加节点时，哪怕是再增加一个节点，拉格朗日插值多项式就得完全重新计算。因此它对于造表或其他要随时增添节点的问题来说，就不甚适宜了。多项式插值的牛顿差商算法，恰好从这个角度弥补了这个不足。

设任意给定的互异插值节点为 $f_n(n=0,1,\cdots,N)$，寻求函数 $I(f)$ 的插值多项式 $SI_N(f)$，使之满足插值条件：

$$SI_N(f_n) = I_N(f_n), \quad n = 0,1,\cdots,N \tag{3.1.50}$$

牛顿差商算法实际上就是一种待定系数方法。设

$$SI_N(f) = \sum_{n=0}^{N} c_n \prod_{m=0}^{n-1} (f - f_m) \tag{3.1.51}$$

则其中系数 $c_n(n = 0,1,\cdots,N)$ 可由插值条件式(3.1.50) 逐一确定为

$$\left.\begin{aligned}
c_0 &= I(f_0) \\
c_1 &= \frac{I(f_1) - I(f_0)}{f_1 - f_0} = I(f_0,f_1) \\
c_2 &= \frac{I(f_0,f_2) - I(f_0,f_1)}{f_2 - f_1} = I(f_0,f_1,f_2) \\
&\cdots\cdots \\
c_n &= \frac{I(f_0,\cdots,f_{n-2},f_n) - I(f_0,\cdots,f_{n-2},f_{n-1})}{f_n - f_{n-1}} = \\
&\quad I(f_0,\cdots,f_{n-1},f_n) \\
c_N &= \frac{I(f_0,\cdots,f_{N-2},f_N) - I(f_0,\cdots,f_{N-2},f_{N-1})}{f_N - f_{N-1}} = \\
&\quad I(f_0,\cdots,f_{N-1},f_N)
\end{aligned}\right\} \tag{3.1.52}$$

称 $I(f_0,f_1,\cdots,f_n)$ 为 $I(f)$ 的 n 阶差商。

3.2　普罗尼方法

3.2.1　引言

在时域计算过程中，如时域有限差分法(FDTD)、时域有限元法(FEMTD)、时间步进法(Marching-on-in-Time Method，MOT) 等，矩阵方程的求解可以不求逆，而按时间步进的方式逐步迭代求解，但由于计算误差的累积，可能会使晚时响应出现高频振荡似的不稳定性。此外，我们知道，时域方法的时间步长取决于最小剖分网格的尺寸，在要求网格必须剖分很小的情况下，必将导致计算时间十分漫长。

由于时域方法中的激励信号通常是高斯脉冲，对于实际电磁问题来说，在激励信号过去以后，电磁响应将会呈现有规律的阻尼振荡。利用这一特性，我们可以根据已经获取的初始响应，采用时域外推技术，推知晚时响应的阻尼振荡规律，从而获得完整的时域响应。

3.2.2　基本原理

普罗尼方法是一种获得指数型非线性逼近方法，亦即在已知时域响应 $i(t)$ 的 $2N$ 个型值

$$i_s(nT) = i_n, \quad n = 0,1,2,\cdots,2N-1 \tag{3.2.1}$$

的情况下,确定形如

$$i_s(t) = \sum_{n=1}^{N} I_n e^{s_n t} \tag{3.2.2}$$

逼近式中的 $2N$ 个参数 $\{I_n, s_n\}(n = 1,2,\cdots,N)$ 的一种方法,其中 T 为时间步长。

引入新的变量

$$z_n = e^{s_n T}, \quad n = 1,2,\cdots,N \tag{3.2.3}$$

和相关的变量 $q_n(n = 0,1,2,\cdots,N)$,有

$$\sum_{n=0}^{N} q_n z^n = \prod_{n=1}^{N}(z - z_n), \quad q_N = 1 \tag{3.2.4}$$

这样一来,为使式(3.2.2)所示时域响应满足插值条件式(3.2.1),即等价于要求

$$\sum_{m=1}^{N} I_m z_m^n = i_n, \quad n = 0,1,2,\cdots,2N-1 \tag{3.2.5}$$

由式(3.2.4)、式(3.2.5),可得

$$\sum_{m=0}^{N} i_{m+n} q_m = \sum_{m=0}^{N}\left(\sum_{l=1}^{N} I_l z_l^{m+n}\right) q_m =$$

$$\sum_{l=1}^{N} I_l z_l^n \sum_{m=0}^{N}(q_m z_l^m) = 0, \quad n = 0,1,\cdots,N-1 \tag{3.2.6}$$

由于 $q_N = 1$,于是上述方程组可改写成

$$\sum_{m=0}^{N-1} i_{m+n} q_m = -i_{N+n}, \quad n = 0,1,\cdots,N-1 \tag{3.2.7}$$

或者将上式写成矩阵方程的形式为

$$\begin{bmatrix} i_0 & i_1 & \cdots & i_{N-1} \\ i_1 & i_2 & \cdots & i_N \\ \vdots & \vdots & & \vdots \\ i_{N-1} & i_N & \cdots & i_{2N-2} \end{bmatrix} \begin{bmatrix} q_0 \\ q_1 \\ \vdots \\ q_{N-1} \end{bmatrix} = - \begin{bmatrix} i_N \\ i_{N+1} \\ \vdots \\ i_{2N-1} \end{bmatrix} \tag{3.2.8}$$

根据上述思想,归纳总结普罗尼方法的求解步骤如下:

步骤 1 由式(3.2.8)解出未知系数 $q_n(n = 0,1,\cdots,N-1)$。

步骤 2 根据式(3.2.4)求解代数方程式

$$z^N + q_{N-1} z^{N-1} + \cdots + q_1 z + q_0 = 0 \tag{3.2.9}$$

得到它的 N 个根 $z_n(n = 1,\cdots,N)$。

步骤 3 按公式

$$s_n = \frac{1}{T}\ln z_n, \quad n = 1,2,\cdots,N \tag{3.2.10}$$

即可确定式(3.2.2)中的指数 $s_n(n = 1,2,\cdots,N)$。

步骤 4 由式(3.2.5)中的前 N 个方程组成方程组

$$\sum_{m=1}^{N} I_m z_m^n = i_n, \quad n = 0,1,\cdots,N-1 \tag{3.2.11}$$

或将上式写成矩阵方程为

$$\begin{bmatrix} 1 & 1 & \cdots & 1 \\ z_1^1 & z_2^1 & \cdots & z_N^1 \\ \vdots & \vdots & & \vdots \\ z_1^{N-1} & z_2^{N-1} & \cdots & z_N^{N-1} \end{bmatrix} \begin{bmatrix} I_1 \\ I_2 \\ \vdots \\ I_N \end{bmatrix} = \begin{bmatrix} i_0 \\ i_1 \\ \vdots \\ i_{N-1} \end{bmatrix} \tag{3.2.12}$$

由式(3.2.12)解出式(3.2.2)中的各个系数 $I_n(n=1,2,\cdots,N)$。

因此,若我们利用时域方法已经获取了前 $2N$ 个时间步的初始响应,那么根据上述普罗尼外推技术,就可以推知晚时响应的阻尼振荡规律,从而获得完整的时域响应。

3.2.3 普罗尼方法与帕德逼近的关系

普罗尼方法从本质上来说,与时域响应的 Z 变换的帕德逼近是相通的。

现考虑时域响应 $i(t)$ 的 Z 变换 $I(z)$:

$$I(z)=\sum_{n=0}^{\infty} i_n z^{-n}=i_0+i_1 z^{-1}+\cdots+i_{2N-1} z^{-(2N-1)}+\cdots \tag{3.2.13}$$

因为 $\varphi_n(t)=\mathrm{e}^{s_n t}$ 的 Z 变换 $\Phi_n(z)$ 为

$$\Phi_n(z)=\frac{z}{z-\mathrm{e}^{s_n T}}=\frac{z}{z-z_n} \tag{3.2.14}$$

所以由式(3.2.2)所给出的时域响应 $i(t)$ 的近似时域响应 $i_s(t)$ 的 Z 变换 $I_s(z)$ 应具有如下形式:

$$I_s(z)=\sum_{n=1}^{N}\frac{I_n z}{z-z_n}=\frac{\sum_{n=1}^{N} p_n z^n}{\prod_{m=1}^{N}(z-z_m)} \tag{3.2.15}$$

式中:系数 p_n 与式(3.2.2)中的系数 I_n 具有一一对应的关系。根据式(3.2.4),式(3.2.15)具有如下有理分式的形式:

$$I_s(z)=\frac{\sum_{n=1}^{N} p_n z^n}{\sum_{m=0}^{N} q_m z^m} \tag{3.2.16}$$

令式(3.2.15)所示的有理分式 $I_s(z)$ 恰好是式(3.2.13)中 $I(z)$ 的帕德逼近,即

$$\sum_{n=1}^{N} p_n z^n=\left(\sum_{m=0}^{N} q_m z^m\right)\left(\sum_{m=0}^{\infty} i_m z^{-m}\right) \tag{3.2.17}$$

展开式(3.2.17)右端,并比较等式两边从 z^N 到 $z^{-(N-1)}$ 的各同次幂的系数,可得 $2N$ 个方程组成的线性代数方程组,即

$$\left.\begin{aligned} &i_0=p_N \\ &i_1+i_0 q_{N-1}=p_{N-1} \\ &\cdots\cdots \\ &i_{N-1}+i_{N-2} q_{N-1}+\cdots+i_0 q_1=p_1 \end{aligned}\right\} \tag{3.2.18a}$$

$$\left.\begin{aligned} &i_N+i_{N-1} q_{N-1}+\cdots+i_0 q_0=0 \\ &i_{N+1}+i_N q_{N-1}+\cdots+i_1 q_0=0 \\ &\cdots\cdots \\ &i_{2N-1}+i_{2N-2} q_{N-1}+\cdots+i_{N-1} q_0=0 \end{aligned}\right\} \tag{3.2.18b}$$

显然，式(3.2.18b)和式(3.2.8)是完全一样的。因此，在帕德逼近式(3.2.4)中的 q_n 以及由此而确定的 z_n，s_n 等恰好是普罗尼方法中所要求的那些量。

综上所述，归纳总结由时域响应 $i(t)$ 的 Z 变换 $I(z)$ 的帕德逼近实现普罗尼方法的求解步骤如下：

步骤 1　先由方程(3.2.18b)解出未知系数 $q_n(n=0,1,\cdots,N-1)$，再由式(3.2.18a)求出 $p_n(n=1,2,\cdots,N)$，从而确定有理分式 $I_s(z)$。

步骤 2　求解代数方程式

$$z^N+q_{N-1}z^{N-1}+\cdots+q_1z+q_0=0 \tag{3.2.19}$$

得到它的 N 个根 $z_n(n=1,\cdots,N)$。

步骤 3　按公式

$$s_n=\frac{1}{T}\ln z_n,\quad n=1,2,\cdots,N \tag{3.2.20}$$

即可确定式(3.2.2)中的指数 $s_n(n=1,2,\cdots,N)$。

步骤 4　由式(3.2.3)知

$$\sum_{n=1}^{N}\frac{I_n}{z-z_n}=\frac{I_s(z)}{z} \tag{3.2.21}$$

从而由式(3.2.21)解出式(3.2.2)中的各个系数 $I_n(n=1,2,\cdots,N)$。

3.2.4　时域电磁响应的加速计算

普罗尼外推技术加速时域电磁响应计算的主要步骤如下：

步骤 1　采用时域数值方法，如有限差分法、矩量法求出一定时间段内的数据 $I_n(n=1,2,\cdots,N)$（感应电流或场值）。

步骤 2　将上述数据以阻尼振荡的复指数形式表示出来，求出振荡频率和阻尼因子，即

$$I_n=\sum_{m=1}^{M}c_mz_m^n,\quad n=1,2,\cdots,N \tag{3.2.22}$$

式中：c_m，z_m 均是复数值，可以表述为

$$c_m=A_m\mathrm{e}^{\mathrm{j}\varphi_m} \tag{3.2.23a}$$

$$z_m=\mathrm{e}^{[(-\alpha_m+\mathrm{j}\omega_m)\Delta t]} \tag{3.2.23b}$$

式中：A_m 是幅度，φ_m 是初始相位，α_m 是阻尼因子，ω_m 是 m 次谐振角频率，Δt 是采样时间间隔。

利用式(3.2.22)可以很容易地得到

$$I_n=-\sum_{m=1}^{M}b_mI_{n-m},\quad n=M+1,M+2,\cdots,N \tag{3.2.24}$$

式中：$b_m(m=1,2,\cdots,M)$ 是下列多项式的系数：

$$z^M+b_1z^{M-1}+\cdots+b_{M-1}z+b_M=0 \tag{3.2.25}$$

该多项式的根 $z_1,z_2,\cdots,z_M$ 就是式(3.2.22)中的 $z_m(m=1,2,\cdots,M)$，也就是说，式(3.2.22)可以分解为式(3.2.24)和式(3.2.25)，或者说由式(3.2.24)和式(3.2.25)可以导出式(3.2.22)。

步骤 3　由式(3.2.24)着手，首先采用最小二乘法求出系数 $b_m(m=1,2,\cdots,M)$。然后，再由式(3.2.25)求出多项式的复根，这些复根就是式(3.2.23)中的阻尼因子和谐振频率的估算值。

步骤4 将上述复根 $z_1, z_2, \cdots, z_M$ 代入式(3.2.22),再采用最小二乘法估算系数 $c_m(m=1,2,\cdots,M)$,如式(3.2.23)所示,c_m 是由振荡幅度 A_m 和初始相位 φ_m 构成的复数值。

步骤5 c_m, z_m 求得后,就可以由式(3.2.22)推算以后任意时刻的时域电磁响应(感应电流或场值),即

$$I_n = \sum_{m=1}^{M} c_m z_m^n, \quad n = 1, 2, \cdots \tag{3.2.26}$$

3.3 正交多项式外推技术

3.3.1 引言

在电磁问题的数值计算中,一般总是在频域或时域独立地进行分析,如果要得到对应域内的解,往往需要借助傅里叶变换及其逆变换。若要分析电大尺寸的散射体的电磁响应,往往会受到计算机内存和运算速度等物理因素的限制。

在频域计算过程中,如矩量法(MOM)、有限元法(FEM)、边界元法(BEM)等,对于宽频带分析来说,需要在照射电磁波频带内逐个频点重复求解矩阵方程,从而花费了大量的计算时间,特别是当频域响应变化迅速时,则要求所取计算频点更密,从而使计算时间成倍增长;随着频率的升高,矩阵的规模随之增大,计算机内存和计算时间迅速增加。尽管基于渐近波形估计(AWE)技术的外推计算,就能获得给定频率点附近有限大范围内的频率信息,并大大提高计算效率(若要获得更大频率范围内的频率响应,则必须进行多频点展开计算),但总还是要受到带宽的限制而使精度不易得到保证。

在时域计算过程中,如时域有限差分法(FDTD)、时域有限元法(FEMTD)、时间步进法(Marching-on-in-Time Method,MOT)、时域矩量法等,矩阵方程的求解可以不求逆,而按时间步进的方式逐步迭代求解,但由于计算误差的累积,可能会使晚时响应出现高频振荡似的不稳定性。尽管基于Prony方法和矩阵惩罚(Matrix penance method)方法由初始响应可以完成外推计算,首先,在实际中要区分早时响应和晚时响应是很困难的;其次,例如对于多柱体散射问题,如电磁波假设从并排放置的两个柱体的连线方向照射,要想进行准确的外推计算,那么所需计算的初始响应信息中不仅要包含来自前一个散射体的响应,还必须要包含后一个散射体的响应,由于两个散射体具有一定的空间距离,这样所需的计算时间步是很大的,特别随着柱体间的间距的增大,计算时间大大增加。

本章介绍的时域和频域联合外推求解电磁问题的方法,能有效克服时域法和频域法单独求解或外推的缺点。这种方法的目的不是考虑能够外推的数据范围有多大,而是在于如何利用容易计算获得的频域低频响应信息和时域早时响应信息来联合外推同时得到整个时、频域响应。本方法的基本思想是:由傅里叶变换的特性知,频域响应中的低频成分和高频成分主要决定其对应的时域响应中的晚时响应和早时响应,这样早时响应和低频响应就构成了信息互补,即可由低频响应提供供外推晚时响应所需的信息,而由早时响应提供供外推高频响应所需的信息,这样在时域和频域响应的外推过程中并不需要其他任何附加信息。因为所需要的外推的部分响应已经存在于对应域的已知信息中,现在的问题就归结到采取一定的数学手段从低频响应和早时响应中分别相应地提取出晚时响应和高频响应。因此,时域和频域联立求解并外推

的步骤是：首先利用频域法，如MOM，结合AWE技术求得频域的低频响应，并利用时域法，如MOT，获得时域的早时响应，然后根据早时响应和低频响应的信息来联合外推求得频域的高频响应和时域的晚时响应，从而同时获得完整的时域响应和频域响应。由于基于AWE技术的MOM法求解低频响应以及MOT法求解早时响应都是十分有效的，并不需要太多的计算量，因而整个外推分析过程是非常方便的。

本章中，我们将讨论利用时频联合外推技术来加速求解电磁问题的完全响应的过程，即首先根据散射体在高斯脉冲平面波激励下感应电流的能量几乎全部集中在时间域和频率域的有限范围内的事实，将时域响应展开为系数待定的归一化正交多项式的叠加，并根据归一化正交多项式的傅里叶变换，得到与时域响应形式类似的频域响应；其次利用时域方法和频域方法分别计算电磁问题的早时响应和低频信息；最后经过时域和频域联合外推计算，由早时响应和低频信息确定时域和频域响应的待定系数，从而获得了整个时域和频域的完全响应。

3.3.2 基本原理

1. 响应的正交多项式函数展开

众所周知，在有限带宽的电磁脉冲信号激励下，时域电磁响应的脉宽和频域电磁响应的带宽一般总是有限的，也就是说，时域响应与频域响应的能量总是分别集中在一定的时域和频域范围内，因而可用能量相对集中的正交基函数的叠加来同时表示时域响应和频域响应。

本章中我们选用满足上述要求的正交多项式作为时域响应 $i(t)$ 的基函数。设 $\{\varphi_n(t)\}(n=0,1,\cdots,\infty)$ 为归一化正交多项式序列，即

$$\int_{-\infty}^{\infty}\varphi_n(t)\varphi_m(t)\mathrm{d}t=\delta_{mn}=\begin{cases}1, & m=n\\0, & m\neq n\end{cases}\tag{3.3.1}$$

当选择 $\varphi_n(t)(n=0,1,\cdots,\infty)$ 作为时域响应 $i(t)$ 的基函数时，应选取合适的尺度因子 l_t 使时域响应 $i(t)$ 的定义域限定在基函数 $\varphi_n(t)(n=0,1,\cdots,\infty)$ 的作用范围之内。而且要展开具有因果关系的信号 $i(t)$[即当 $t<0$ 时 $i(t)=0$]，应选取一个合适的时延 t_0，使展开信号与基函数的作用范围匹配，或使基函数中心与信号中心一致，即

$$i(t)=\sum_{n=0}^{\infty}a_n\varphi_n(t-t_0,l_t)\tag{3.3.2}$$

式中：l_t 为时域尺度因子；a_n 为待定系数；

$$\varphi_n(t,l_t)=\frac{\varphi_n(t/l_t)}{\sqrt{l_t}}\tag{3.3.3}$$

即

$$\int_{-\infty}^{\infty}\varphi_n(t-t_0,l_t)\varphi_m(t-t_0,l_t)\mathrm{d}t=\int_{-\infty}^{\infty}\varphi_n(t,l_t)\varphi_m(t,l_t)\mathrm{d}t=$$
$$\int_{-\infty}^{\infty}\frac{\varphi_n(t/l_t)}{\sqrt{l_t}}\frac{\varphi_m(t/l_t)}{\sqrt{l_t}}\mathrm{d}t=\delta_{mn}=\begin{cases}1, & m=n\\0, & m\neq n\end{cases}\tag{3.3.4}$$

因而基函数 $\varphi_n(t-t_0,l_t)(n=0,1,\cdots,\infty)$ 与 $\varphi_n(t)(n=0,1,\cdots,\infty)$ 一样具有归一化正交性。

设基函数 $\varphi_n(t)$ 的傅里叶变换为 $\Phi(f)$，则对式(3.3.2)两边同时作傅里叶变换，可确定时域响应 $i(t)$ 的频域响应 $I(f)$ 为

$$I(f)=\sum_{n=0}^{\infty}a_n\mathrm{e}^{-\mathrm{j}2\pi ft_0}\Phi_n(f,l_f)\tag{3.3.5}$$

式中：$l_f = 1/(2\pi l_t)$ 为频域尺度因子。其中，$\Phi_n(f,l_f)$ 是 $\varphi_n(t,l_t)$ 的傅里叶变换，即

$$\Phi_n(f,l_f) = \frac{1}{\sqrt{2\pi l_f}}\Phi_n\left(\frac{f}{2\pi l_f}\right) \tag{3.3.6}$$

关于上述傅里叶变换，补充下述有关理论。

定义 3.3.1 给定一个定义在整个实数域$(-\infty,+\infty)$的函数 $i(t)$，定义傅里叶变换对为

$$I(f) = \int_{-\infty}^{\infty} i(t)\mathrm{e}^{-\mathrm{j}2\pi ft}\mathrm{d}t \tag{3.3.7a}$$

$$i(t) = \int_{-\infty}^{\infty} I(f)\mathrm{e}^{\mathrm{j}2\pi ft}\mathrm{d}f \tag{3.3.7b}$$

定理 3.3.1（存在条件） 如果函数 $i(t)$ 在整个实数域$(-\infty,+\infty)$是绝对可积的，则其傅里叶变换存在，且其变换是一致有界的。

定理 3.3.2（线性） 如果函数 $i(t)$ 和 $g(t)$ 在整个实数域$(-\infty,+\infty)$都是绝对可积的，且其傅里叶变换分别为 $I(f)$ 和 $G(f)$，则函数 $h(t) = ai(t) + bg(t)$（a，b 均为与自变量 t 无关的常数）具有傅里叶变换 $H(f) = aI(f) + bG(f)$。

定理 3.3.3（无穷大特性） 如果函数 $i(t)$ 在整个实数域$(-\infty,+\infty)$是绝对可积的，则在绝对值范数的意义下，有

$$\lim_{f\to\infty} I(f) = 0 \tag{3.3.8}$$

定理 3.3.4（连续性） 如果函数 $i(t)$ 在整个实数域$(-\infty,+\infty)$是绝对可积的，则 $i(t)$ 的傅里叶变换 $I(f)$ 在整个实数域$(-\infty,+\infty)$上是一致连续的。

定理 3.3.5（第一位移定理） 如果函数 $i(t)$ 在整个实数域$(-\infty,+\infty)$是绝对可积的，且其傅里叶变换为 $I(f)$，则函数 $i(t-t_0)$ 的傅里叶变换存在，为

$$i(t-t_0) \Leftrightarrow I(f)\mathrm{e}^{-\mathrm{j}2\pi ft_0} \tag{3.3.9}$$

定理 3.3.6（第二位移定理） 如果函数 $i(t)$ 在整个实数域$(-\infty,+\infty)$是绝对可积的，且其傅里叶变换为 $I(f)$，则有如下傅里叶变换存在：

$$i(t)\mathrm{e}^{\mathrm{j}2\pi f_0 t} \Leftrightarrow I(f-f_0) \tag{3.3.10}$$

定理 3.3.7 如果函数 $i(t)$ 的傅里叶变换为 $I(f)$，则它的复共轭函数 $i^*(t)$ 的傅里叶变换为 $I^*(-f)$。

定理 3.3.8（尺度改变） 如果函数 $i(t)$ 在整个实数域$(-\infty,+\infty)$是绝对可积的，且其傅里叶变换为 $I(f)$，则有如下傅里叶变换存在：

$$i(t/l_t) \Leftrightarrow |\, l_t \,|\, I(l_t f) = \frac{1}{|\, 2\pi l_f \,|} I\left(\frac{f}{2\pi l_f}\right) \tag{3.3.11}$$

式中，$l_t = 1/(2\pi l_f)$。

定理 3.3.9（变换的导数） 如果函数 $i(t)$ 且 $|\, t^n i(t) \,|$ 在整个实数域$(-\infty,+\infty)$是绝对可积的，则其傅里叶变换为 $I(f)$ 具有 n 阶导数，且这些导数为

$$t^n i(t) \Leftrightarrow \frac{1}{(-2\pi\mathrm{j})^n}\frac{\mathrm{d}^n I(f)}{\mathrm{d}f^n} \tag{3.3.12}$$

定理 3.3.10（导数的变换） 如果函数 $i(t)$ 且 $|\, t^n i(t) \,|$ 在整个实数域$(-\infty,+\infty)$是绝对可积的，则其傅里叶变换为 $I(f)$，则 $i(t)$ 的 n 阶导数具有如下傅里叶变换：

$$i^{(n)}(t) \Leftrightarrow (\mathrm{j}2\pi f)^n I(f) \tag{3.3.13}$$

定义 3.3.2（卷积） 两个函数 $i(t)$ 和 $g(t)$ 的卷积用 $i(t) * g(t)$ 表示，其数学定义为

$$i(t) * g(t) = \int_{-\infty}^{\infty} i(\tau) g(t-\tau) \mathrm{d}\tau \tag{3.3.14}$$

定理3.3.11(卷积) 如果函数 $i(t)$ 与 $G(f)$ 在整个实数域$(-\infty, +\infty)$是绝对可积的,则 $i(t)$ 有一个有界的变换 $I(f)$,$G(f)$ 有一个有界的反变换 $g(t)$,而且,有 $I(f)G(f)$ 在$(-\infty, +\infty)$ 内绝对可积,且

$$i(t) * g(t) \Leftrightarrow I(f)G(f) \tag{3.3.15}$$

定理3.3.12(乘积) 如果函数 $g(t)$ 与 $I(f)$ 在整个实数域$(-\infty, +\infty)$是绝对可积的,这里 $i(t)$ 与 $I(f)$ 以及 $g(t)$ 与 $G(f)$ 是傅里叶变换对,则有

$$i(t) g(t) \Leftrightarrow I(f) * G(f) \tag{3.3.16}$$

2. *插值方法*

当采用数值技术确定式(3.3.2)、式(3.3.5) 的未知系数时,展开阶数必须取有限值且设为 N,即

$$i(t) = \sum_{n=0}^{N} a_n \varphi_n(t-t_0, l_t) \tag{3.3.17a}$$

$$I(f) = \sum_{n=0}^{N} a_n \mathrm{e}^{-\mathrm{j}2\pi f t_0} \Phi_n(f, l_f) \tag{3.3.17b}$$

式(3.3.17) 中的待定系数 $a_n(n=0,1,\cdots,N)$ 需要根据早时响应和低频响应的采样值确定。设早时响应和低频响应的采样点数分别为 P 和 Q,则方程(3.3.17) 离散为

$$i(t_p) = \sum_{n=0}^{N} a_n \varphi_n(t_p - t_0, l_t), \quad p = 1,2,\cdots,P \tag{3.3.18a}$$

$$I(f_q) = \sum_{n=0}^{N} a_n \mathrm{e}^{-\mathrm{j}2\pi f t_0} \Phi_n(f_q, l_f), \quad q = 1,2,\cdots,Q \tag{3.3.18b}$$

式(3.3.18) 写成矩阵方程为

$$\boldsymbol{\lambda} \boldsymbol{v} = \boldsymbol{\gamma} \tag{3.3.19}$$

式中:$\boldsymbol{v} = (a_0, a_1, \cdots, a_N)^{\mathrm{T}}$ 为待求系数向量,其阶数为$(N+1)$,由于展开基函数 $\varphi_n(t-t_0, l_t)(n=0,1,\cdots,N)$ 为实数,由式(3.3.18a) 知,$\boldsymbol{v}$ 应为实向量;系数矩阵 $\boldsymbol{\lambda}$ 是复矩阵且其阶数为$(P+Q) \times (N+1)$,激励向量 $\boldsymbol{\gamma}$ 是复向量且其阶数为$(P+Q)$,它们的元素分别表示如下:

$$\lambda_{mn} = \begin{cases} \varphi_n(t_m, l_t), & 1 \leqslant m \leqslant P \\ \mathrm{e}^{-\mathrm{j}2\pi f t_0} \Phi_n(f_m, l_f), & P+1 \leqslant m \leqslant P+Q \end{cases} \tag{3.3.20a}$$

$$\gamma_m = \begin{cases} i(t_m), & 1 \leqslant m \leqslant P \\ I(f_m), & P+1 \leqslant m \leqslant P+Q \end{cases} \tag{3.3.20b}$$

早时响应采样 $i(t_p)(p=1,2,\cdots,P)$ 和低频响应采样 $I(f_q)(q=1,2,\cdots,Q)$ 要分别采用时域数值方法和频域数值方法预先得到。值得指出的是,复矩阵方程(3.3.19) 是一个线性代数方程组,一般应化为实矩阵方程求解,一般情况下,方程个数$(P+2Q)$ 大于未知系数的个数$(N+1)$,因此应采用最小二乘法来求解。此外,实际计算结果表明,所应计算的早时响应和低频响应信息应占整个时域响应和频域响应的 50% ~ 60%。

3. *误差分析及参数优化选择*

若已知早时响应和低频响应,求解式(3.3.18) 并根据式(3.3.16) 似乎就能完全同时确定整个时域响应和频域响应。但是问题并非如此简单,因为还存在着如何选择最佳的展开项数 N、尺

度因子(l_t 或 l_f) 或时间延迟 t_0 的问题。对于不同的实际电磁计算模型,展开项数的变化范围较大,项数取得过小,就会使得插值与外推的结果不准确;而项数取得过大又会引起插值区或外推区振荡,同样使波形失真,而且时延或尺度因子也会随之变化,因而很难取得合适。因此对于这种多个参数同时发生变化的情况,如果人工逐个取点加以验证,则要耗费大量时间,而且精度也难以满足实际需要,所以采取合理的优化算法对参数进行优化就显得尤为重要。

根据归一化正交多项式的正交性式(3.3.1) 及式(3.3.2) 可将展开系数表示为

$$a_n = \langle i(t), \varphi_n(t-t_0, l_t) \rangle = \int_{-\infty}^{+\infty} i(t)\varphi_n(t-t_0, l_t)\mathrm{d}t = \int_{-\infty}^{+\infty} i(t)\varphi_n(t, l_t)\mathrm{d}t \tag{3.3.21}$$

根据式(3.3.5)、式(3.3.21) 可得巴塞伐尔(Paresal) 关系式:

$$\sum_{n=0}^{+\infty} a_n^2 = \sum_{n=0}^{+\infty}\left[\int_{-\infty}^{+\infty} i(t)\varphi_n(t,l_t)\mathrm{d}t\right]\left[\int_{-\infty}^{+\infty} i(t)\varphi_n(t,l_t)\mathrm{d}t\right] = \sum_{n=0}^{+\infty}\int_{-\infty}^{+\infty} i^2(t)\mathrm{d}t\int_{-\infty}^{+\infty}\varphi_n(t,l_t)\varphi_n(t,l_t)\mathrm{d}t = \int_{-\infty}^{+\infty} i^2(t)\mathrm{d}t \tag{3.3.22}$$

因此,收敛条件为$\int_{-\infty}^{+\infty} i^2(t)\mathrm{d}t < +\infty$,且由式(3.3.21)、式(3.3.22) 以及归一化正交关系式(3.3.4) 得 N 阶展开误差为

$$\begin{aligned} \mathrm{e}_N &= \int_{-\infty}^{+\infty}\left[i(t) - \sum_{n=0}^{N} a_n\varphi_n(t-t_0,l_t)\right]^2\mathrm{d}t = \\ &\int_{-\infty}^{+\infty} i^2(t)\mathrm{d}t - 2\sum_{n=0}^{N} a_n\int_{-\infty}^{+\infty} i(t)\varphi_n(t-t_0,l_t)\mathrm{d}t + \\ &\int_{-\infty}^{+\infty}\left[\sum_{n=0}^{N} a_n\varphi_n(t-t_0,l_t)\right]^2\mathrm{d}t = \\ &\sum_{n=0}^{+\infty} a_n^2 - 2\sum_{n=0}^{N} a_n^2 + \sum_{n=0}^{N} a_n^2 = \sum_{n=N+1}^{+\infty} a_n^2 \end{aligned} \tag{3.3.23}$$

累计所有早时响应采样点 $i(t_p)(p=1,2,\cdots,P)$ 和低频响应采样点 $I(f_q)(q=1,2,\cdots,Q)$ 的匹配误差 $e(t_0,l_t)$ 可表示为

$$\begin{aligned} e(t_0,l_t) = &\sum_{p=1}^{P}\left| i(t_p) - \sum_{n=0}^{N} a_n\varphi_n(t_p - t_0, l_t)\right|^2 + \\ &\sum_{q=1}^{Q}\left| I(f_q) - \sum_{n=0}^{N} a_n \mathrm{e}^{-\mathrm{j}2\pi f t_0}\Phi_n(f_q, l_f)\right|^2 \end{aligned} \tag{3.3.24}$$

显然,对于一给定的展开项数 N,若选择不同的时延 t_0 和尺度因子 l_t,由矩阵方程(3.3.19) 将得到不同的展开系数 $a_n(n=0,1,\cdots,N)$ 以及相应的展开误差 e_N 与匹配误差 $e(t_0,l_t)$。

因此,当展开项数 N 给定时,最佳选择是使匹配误差 $e(t_0,l_t)$ 最小,来获得最优的时延 t_0 和尺度因子 l_t,这需要求解以下关于时延 t_0 和尺度因子 l_t 的非线性问题,即

$$\min\{e(t_0,l_t)\} \tag{3.3.25}$$

而展开项数 N 则由匹配误差 $e(t_0,l_t)$ 和展开误差 e_N 共同决定。要得到最优的展开,使计算结果满足实际需要,我们采取如下步骤进行优化:

步骤 1　根据实际情况设定小的初始展开项数 N。例如,一般地,取 $N \leqslant 5$。

步骤 2 设定一个初始时延 t_0 和尺度因子 l_t。例如，一般地，选择初始时延为早时响应的中点 $t_0=(t_1+t_P)/2$，初始尺度因子 $l_t=3.0$。

步骤 3 对 $\min\{e(t_0,l_t)\}$ 进行优化求得最佳时延 t_0 和最佳尺度因子 l_t，从而得到初始 N 值下的最优展开。

步骤 4 分别计算 N 阶匹配误差 $e(t_0,l_t)$ 和展开误差 e_N，并与给定精度 ε 进行比较，看是否符合精度要求。我们可以采用最后几个展开系数计算展开误差 e_N 和采用式(3.3.24)计算匹配误差 $e(t_0,l_t)$。如果展开误差和步进误差均大于 ε，则将 N 值变为 $(N+1)$，并将第 3 步得到的最佳时延 t_0 和最佳尺度因子 l_t 作为新的初始时延 t_0 和初始尺度因子 l_t，转向继续执行第 3 步；如果匹配误差 $e(t_0,l_t)$ 和展开误差 e_N 均小于 ε，证明结果满足精度要求，优化程序结束。显而易见，当程序优化过程结束时，将得到最佳展开项数 N。

3.3.3 归一化正交多项式的选择

根据前面的分析，所选择的归一化正交多项式 $\varphi_n(t)(n=0,1,\cdots,\infty)$ 应满足的条件是：

(1) 具有确定形式的傅里叶变换或拉普拉斯变换表达式 $\Phi_n(f)(n=0,1,\cdots,\infty)$；

(2) $\varphi_n(t)$ 和 $\Phi_n(f)$ 的能量应分别相对集中在一定的时间范围内和频带范围内。

本节，我们给出满足上述要求的正交多项式，它们分别是厄尔米特多项式和拉盖尔多项式。

1. 厄尔米特正交多项式及其归一化形式

n 阶厄尔米特多项式定义如下：

$$\mathrm{H}_n(t)=(-1)^n \mathrm{e}^{t^2}\frac{\mathrm{d}^n(\mathrm{e}^{-t^2})}{\mathrm{d}t^n} \tag{3.3.26}$$

式中：$n\geqslant 0$，$-\infty<t<+\infty$。厄尔米特正交多项式 $\mathrm{H}_n(t)$ 有以下的递推关系：

$$\mathrm{H}_0(t)=1 \tag{3.3.27a}$$

$$\mathrm{H}_1(t)=2t \tag{3.3.27b}$$

$$\mathrm{H}_n(t)=2t\mathrm{H}_{n-1}(t)-2(n-1)\mathrm{H}_{n-2}(t) \tag{3.3.27c}$$

式中：下标 $n\geqslant 2$。归一化厄尔米特正交多项式 $\mathrm{h}_n(t)$ 表示为

$$\varphi_n(t)=\mathrm{h}_n(t)=\frac{1}{\sqrt{2^n n!\sqrt{\pi}}}\mathrm{H}_n(t)\mathrm{e}^{-\frac{t^2}{2}} \tag{3.3.28}$$

式中：下标 $n\geqslant 0$。令 $\varphi_n(t)=\mathrm{h}_n(t)$，则其对应的傅里叶变换 $\Phi_n(f)$ 为

$$\Phi_n(f)=(-\mathrm{j})^n\frac{\sqrt{2\sqrt{\pi}}}{\sqrt{2^n n!}}\mathrm{H}_n(2\pi f)\mathrm{e}^{-\frac{(2\pi f)^2}{2}}=$$

$$(-\mathrm{j})^n\sqrt{2\pi}\,\mathrm{h}_n(2\pi f) \tag{3.3.29}$$

由此可见，归一化厄尔米特正交多项式及其傅里叶变换具有相同的函数形式，这种特性称为归一化厄尔米特正交多项式的自反性。

因而由式(3.3.28)知归一化时域展开基函数为

$$\varphi_n(t,l_t)=\frac{\mathrm{h}_n(t/l_t)}{\sqrt{l_t}} \tag{3.3.30}$$

对上式进行傅里叶变换，利用傅里叶变换的尺度改变定理式(3.3.10)以及式(3.3.29)，可得

频域展开基函数为

$$\Phi_n(f,l_f)=\frac{1}{\sqrt{2\pi l_f}}(-\mathrm{j})^n\sqrt{2\pi}\,\mathrm{h}_n\left(\frac{2\pi f}{2\pi l_f}\right)=(-j)^n\varphi_n(f,l_f) \tag{3.3.31}$$

几个低阶厄尔米特正交多项式 $\mathrm{h}_n(t)$ 的波形如图 3.3.1 所示。

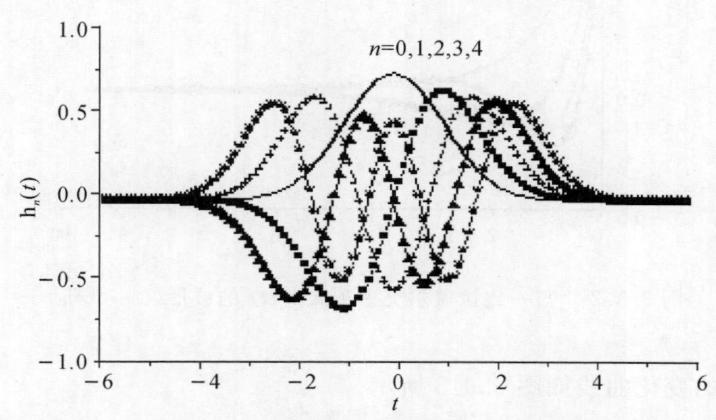

图 3.3.1　归一化厄尔米特正交多项式 $\mathrm{h}_n(t)$ 的波形(0 ～ 4 阶)

由图 3.3.1 知，归一化正交厄尔米特多项式 $\mathrm{h}_n(t)$ 的作用区域在(−6,6)的范围内，且它在 $t=0$ 两边的图形具有对称性。

2. 拉盖尔正交多项式及其归一化形式

n 阶拉盖尔多项式定义如下：

$$\mathrm{L}_n(t)=\frac{1}{n!}\mathrm{e}^t\,\frac{\mathrm{d}^n(t^n\mathrm{e}^{-t})}{\mathrm{d}t^n} \tag{3.3.32}$$

式中：$n\geqslant 0$，$t\geqslant 0$。拉盖尔正交多项式有如下的递推关系：

$$\mathrm{L}_0(t)=1 \tag{3.3.33a}$$

$$\mathrm{L}_1(t)=1-t \tag{3.3.33b}$$

$$\mathrm{L}_n(t)=\frac{2n-1-t}{n}\mathrm{L}_{n-1}(t)-\frac{n-1}{n}\mathrm{L}_{n-2}(t) \tag{3.3.33c}$$

式中：下标 $n\geqslant 2$。归一化拉盖尔正交多项式表示如下：

$$\mathrm{l}_n(t)=\mathrm{e}^{-\frac{t}{2}}\mathrm{L}_n(t) \tag{3.3.34}$$

令 $\varphi_n(t)=\mathrm{l}_n(t)$，则其对应的傅里叶变换 $\Phi_n(f)$ 为

$$\Phi_n(f)=\frac{(-0.5+\mathrm{j}2\pi f)^n}{(0.5+\mathrm{j}2\pi f)^{n+1}} \tag{3.3.35}$$

因而由式(3.3.28) 知归一化时域展开基函数为

$$\varphi_n(t,l_t)=\frac{\mathrm{l}_n(t/l_t)}{\sqrt{l_t}} \tag{3.3.36}$$

对式(3.3.36) 进行傅里叶变换，利用傅里叶变换的尺度改变定理式(3.3.10) 以及式(3.3.29)，可得频域展开基函数为

$$\Phi_n(f,l_f)=\frac{1}{\sqrt{2\pi l_f}}\,\frac{(-0.5+\mathrm{j}f/l_f)^n}{(0.5+\mathrm{j}f/l_f)^{n+1}} \tag{3.3.37}$$

几个低阶拉盖尔正交多项式 $l_n(t)$ 的波形如图 3.3.2 所示。

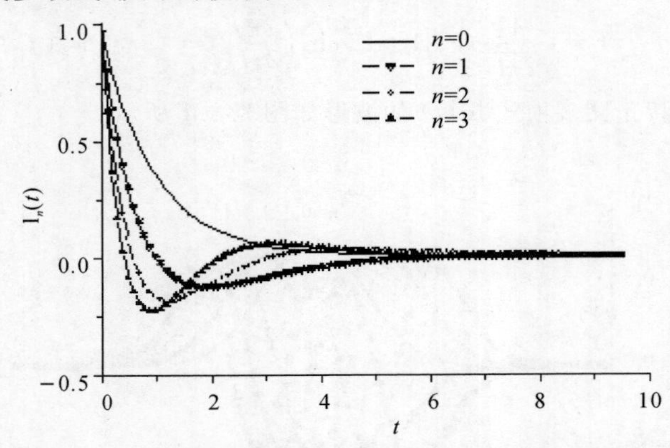

图 3.3.2 归一化拉盖尔交多项式 $l_n(t)$ 的波形(0 ～ 3 阶)

$\Phi_n(f)$ 随频率的变化曲线如图 3.3.3 所示。

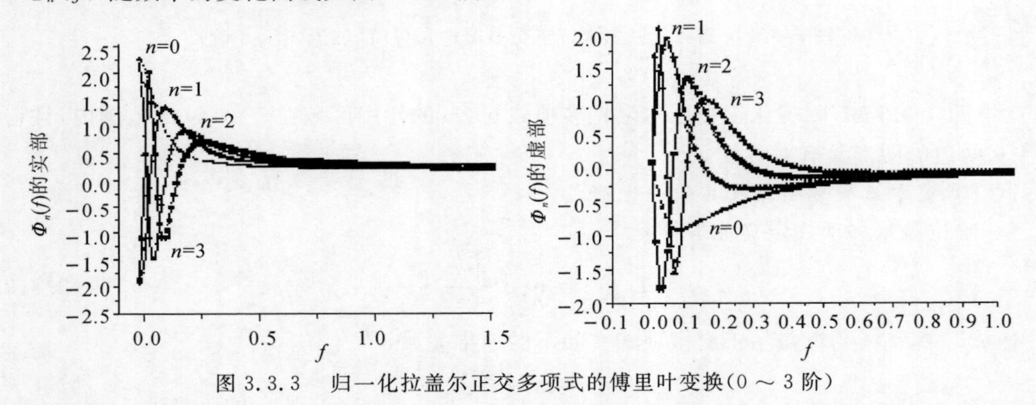

图 3.3.3 归一化拉盖尔正交多项式的傅里叶变换(0 ～ 3 阶)

值得指出的是，选用拉盖尔正交多项式作为电磁响应的展开基函数，较选用厄尔米特正交多项式更为优越。因为厄尔米特正交多项式的定义域为[$-\infty$, $+\infty$]，必须进行大小为 t_0 的时延才能和时域响应匹配，而且 t_0 一旦选择不合适，会对结果影响很大；拉盖尔正交多项式定义在[0, $+\infty$] 的范围之内，不需要进行任何时延就能和时域响应匹配。此外，选用拉盖尔正交多项式由于比选用厄尔米特正交多项式少了一个时延变量 t_0，因而能更有效地加快参数优化确定的过程。

3.3.4 时、频域电磁响应的加速计算

步骤 1 分别用时域方法和频域方法求得早时响应和低频响应。

步骤 2 将时、频响应按归一化正交多项式展开，优化选定时、频尺度因子。

步骤 3 在早时响应和低频响应区内离散上述时、频响应的归一化正交多项式展开式，得到关于展开系数的矩阵方程。该矩阵方程的规模取决于归一化正交多项式展开项数的多少，展开项数主要影响外推区电磁响应的性态，选择过大会使外推区内响应产生振荡，选择过少会使外推区响应幅度太小，因此应采用优化方法进行选取。

步骤4　一般地，展开系数的矩阵方程的性态较差，矩阵的条件数会非常大，一般的矩阵求解方法往往稳定性很差，需要采用奇异值分解（SVD）技术加以克服。若解收敛，则说明所选早时响应和低频响应的信息足够以及展开项数合适，否则需要选择更多的早时响应和低频响应的信息，或重新选定项数，再由矩阵方程重新计算展开系数。

步骤5　根据归一化正交多项式展开系数和渐近表达式求时、频域的完全电磁响应。

参考文献

[1] 王云宏. 数值有理逼近. 上海：上海科学出版社，1980.

[2] HILDEBRAND F B. Introduction to numerical analysis. New York：McGraw-Hill，1974.

[3] VAN BLARICUM M L，MITTRA R. Problems and solutions associated with Prony's method for processing transient data. IEEE Transactions on Antennas and Propagation，1978，26（1）：174 -182.

[4] WAI L K，MITTRA R J. A combination of FD-TD and Prony's methods for analyzing microwave integrated circuits. IEEE Transactions on Microwave Theory and Techniques，1991，39(12)：2176 – 2181.

[5] ESWARAPPA C，SO P P M，HOEFER W J R. Efficient field-based CAD of microwave circuits on massively parallel processor computer using TLM and Prony's methods. International Microwave Symposium，1994，96(2)：1531 – 1534.

[6] KO W L，MITTRA R. A combination of FD-TD and Prony's methods for analyzing microwave integrated circuits，MTT-S International Microwave Symposium，1991，91(3)：999 – 1002.

[7] NAISHADHAM K，LIN X P. Application of spectral estimation techniques to correct the reflection from imperfect absorbing boundaries in the FDTD simulation of microwave circuits. MTT-S International Microwave Symposium，1994，94(1)：361 – 363.

[8] PEREDA J A，VIELVA L A，VEGAS A，et al. Computation of resonant frequencies and quality factors of open dielectric resonators by a ombination of the finite-difference time-domain（FDTD）and Prony's methods. Microwave and Guided Wave Letters，1992，2(11)：431 – 433.

[9] KO W L，MITTRA R. A combination of FD-TD and Prony's methods for analyzing microwave integrated circuits. 1991 Transactions on Microwave Theory and Techniques，1991，39(12)：2176 – 2181.

[10] NAISHADHAM K，LIN X P. Application of spectral domain Prony's method to the FDTD analysis of planar microstrip circuits. Transactions on Microwave Theory and Techniques，1994，42(12)：2391 – 2398.

[11] SHAW A K，NAISHADHAM K. Efficient ARMA modeling of FDTD time sequences for microwave resonant structures. MTT-S International Microwave Symposium，1997，1：341 – 344.

[12] SCHAMBERGER M A, KOSANOVICH S, MITTRA R. Parameter extraction and correction for transmission lines and discontinuities using the finite-difference time-domain method. Transactions on Microwave Theory and Techniques, 1996, 44 (6): 919 - 925.

[13] MROZOWSKI M, NIEDZWIECKI M, SUCHOMSKI P. A fast recursive highly dispersive absorbing boundary condition using time domain diakoptics and laguerre polynomials. Microwave and Guided Wave Letters, 1995, 5(6): 183 - 185.

[14] CHEN J, WU C, WU K L, et al. Combining an autoregressive (AR) model with the FDTD algorithm for improved computational efficiency. MTT-S International Microwave Symposium, 1993, 93(2): 749 - 752.

[15] AKSUN M I, MITTRA R. Derivation of closed-form Green's functions for a general microstrip geometry. Transactions on Microwave Theory and Techniques, 1992, 40 (11): 2055 - 2062.

[16] ZHAO A P, RAISANEN A V. Accurate and detailed FDTD solution of microwave integrated circuits using the frequency shifting technique. MTT-S International Microwave Symposium, 1996, 96 (2): 577 - 580.

[17] SHUBAIR R M, CHOW Y L. A technique for the efficient computation of the periodic Green's function in layered dielectric media. MTT-S International Microwave Symposium, 1992, 92(1): 393 - 396.

[18] DURAL G, AKSUN M I. Closed-form Green's functions for general sources and stratified media. Transactions on Microwave Theory and Techniques, 1995, 43(7): 1545 - 1552.

[19] DEY S, MITTRA R. Efficient computation of resonant frequencies and quality factors of cavities via a combination of the finite-difference time-domain technique and the Pade approximation. Microwave and Guided Wave Letters, 1998, 8(12): 415 - 417.

[20] NAISHADHAM K, LIN X P. Minimization of reflection error caused by absorbing boundary condition in the FDTD simulation of planar transmission lines. Transactions on Microwave Theory and Techniques, 1996, 44(1): 41 - 46.

[21] DHAENE T, UREEL J, FACHE N, et al. Adaptive frequency sampling algorithm for fast and accurate S-parameter modeling of general planar structures. MTT-S International Microwave Symposium, 1995, 96(3): 1427 - 1430.

[22] WANG Y, LING H. Multimode parameter extraction for multi-conductor transmission lines via single-pass FDTD and signal-processing techniques. Transactions on Microwave Theory and Techniques, 1998, 46(1): 89 - 96.

[23] ZHAO A P, RAISANEN A V, CVETKOVIC S R. A fast and efficient FDTD algorithm for the analysis of planar micro-strip discontinuities by using a simple source excitation scheme. Microwave and Guided Wave Letters, 1995, 5(10): 341 - 343.

[24] MROZOWSKI M. A hybrid PEE-FDTD algorithm for accelerated time domain analysis of electromagnetic waves in shielded structures. Microwave and Guided Wave Letters, 1994, 4(10): 323 - 325.

[25] SHUBAIR R M,CHOW Y L. Efficient computation of the periodic Green's function in layered dielectric media. Transactions on Microwave Theory and Techniques,1993, 41(3):498 - 502.

[26] HSU S G, WU R B. Full wave characterization of a through hole via using the matrix-penciled moment method. Transactions on Microwave Theory and Techniques, 1994,42(8):1540 - 1547.

[27] KOTTAPALLI K,SARKAR T K,HUA Y,et al. Accurate computation of wide-band response of electromagnetic systems utilizing narrow - band information. Transactions on Microwave Theory and Techniques,1991,39(4):682 - 687.

[28] ALATAN L, AKSUN M I, MAHADEVAN K, et al. Analytical evaluation of the MoM matrix elements. Transactions on Microwave Theory and Techniques,1996,46 (2):519 - 525.

[29] SU C C,GUAN J M. Finite-difference analysis of dielectric-loaded cavities using the simultaneous iteration of the power method with the chebyshev acceleration technique. Transactions on Microwave Theory and Techniques,1994,42(10):1998 - 2006.

[30] KIPP R,CHAN C H. Triangular-domain basis functions for full - wave analysis of microstrip discontinuities. Transactions on Microwave Theory and Techniques,1993, 41(6):1187 - 1194.

[31] SARKAR T K. Application of signal processing algorithms in microwave applications. Proceedings of IEEE MTT-S International Microwave and Optoelectronics Conference,1997,2:593 - 598.

[32] SARKAR T K. Jinhwan Koh Generation of a wide-band electromagnetic response through a laguerre expansion using early-time and low-frequency data. IEEE Transactions on Microwave Theory and Techniques,2002,50(5):1408 - 1416.

[33] HU J L,CHAN C H,SARKAR T K. Optimal simultaneous interpolation/extrapolation algorithm of electromagnetic responses in time and frequency domains. IEEE Transactions on Microwave Theory and Techniques,2001,49(10):1725 - 1732.

[34] SARKAR T K,JINHWAN K,SALAZAR P M. Generation of a ultrawideband electromagnetic response through a laguerre expansion using early time and low frequency data. Asia-Pacific Microwave Conference,2001(1):558 - 562.

[35] ADVE R S,SARKAR T K. Compensation for the effects of mutual coupling on direct data domain adaptive algorithms. IEEE Transactions on Antennas and Propagation, 2000,48(1):86 - 94.

[36] RAO M M,SARKAR T K,ADVE R S,et al. Extrapolation of electromagnetic responses from conducting objects in time and frequency domains. IEEE Transactions on Microwave Theory and Techniques,1999,47(10):1964 - 1974.

[37] RAO M M,ARKAR T K,ANJALI T,et al. Simultaneous extrapolation in time and frequency domains using hermite expansions. IEEE Transactions on Antennas and

Propagation,1999,47(6):1108 - 1115.

[38] ADVE R S,SARKAR T K. Simultaneous time-and frequency-domain extrapolation. IEEE Transactions on Antennas and Propagation,1998,46 (4):484 - 493.

[39] HUA Y,SARKAR T K. A discussion of E-pulse method and Prony's method for radar target resonance retrieval from scattered field. Antennas and Propagation Society International Symposium, IEEE,1988(1):660 - 663.

[40] STONE W R. Radar cross sections of complex objects. New York:IEEE Press,1989.

[41] RAO S M. Time domain electromagnetics. New York:Academic Press,1999.

[42] 童创明,洪伟,许锋.基于 Hermite 外推的多柱体时、频域电磁散射计算.电子科学学刊,2002,24(9):1238 - 1244.

[43] 童创明,洪伟,周后型.电磁散射问题中的时、频域同时外推法.电波科学学报,2002,17(4):337 - 340.

[44] 童创明.电磁响应的快速获取方法研究.南京:东南大学,2001.

第4章　有理分式外推技术

本章首先介绍有理分式函数插值与逼近的一般方法，然后介绍连分式逼近、帕德逼近、柯西逼近等方法，最后介绍有理分式外推技术在电磁宽带响应获取问题中的应用。

4.1　引　言

4.1.1　问题的提出

计算电磁学之所以能得以迅速发展并逐步取代经典电磁学，除了计算机硬件水平的提高这一基本条件外，它所能处理的问题范围及复杂程度远胜于经典电磁学是一个主要原因。计算电磁学在分析、计算电磁问题时，首先要确定电磁场的数学模型，然后采用一定的数值方法求解。

由第2章介绍的理论以及上述几个实际例子可知，电磁问题都可用以下非齐次算子方程表示出来：

$$L[\boldsymbol{J}(\boldsymbol{r})]=\boldsymbol{E}_{\mathrm{i}}(\boldsymbol{r}),\quad \boldsymbol{r}\in\Omega \tag{4.1.1}$$

其中，$\boldsymbol{E}_{\mathrm{i}}(\boldsymbol{r})$ 为充分光滑的已知激励函数或源；$L[\cdot]$ 为线性微积分算子；$\boldsymbol{J}(\boldsymbol{r})$ 为待求解的未知函数(场量)；Ω 为 $\boldsymbol{J}(\boldsymbol{r})$ 的存在区域。

采用一定的数值方法(如矩量法、边界元法、有限差分法和有限元法等)，将式(4.1.1)离散为代数方程组(矩阵方程)求解，则有

$$\boldsymbol{Z}(f)\boldsymbol{I}(f)=\boldsymbol{V}(f) \tag{4.1.2}$$

式中，$\boldsymbol{Z}(f)$ 是已知系数矩阵，该矩阵一般是一个大型矩阵，其阶数与区域 Ω 的剖分网格数有关；$\boldsymbol{V}(f)$ 为已知激励向量；$\boldsymbol{I}(f)$ 为待求向量。矩阵 $\boldsymbol{Z}(f)$ 的阶数决定了方程(4.1.2)求解的计算时间和计算机内存，阶数大则计算时间长、计算机内存需求大，阶数小则计算时间短、计算机内存需求也小。

值得指出的是，矩阵方程(4.1.2)中的参数 f 在不同的电磁问题中具有不同的意义，如对电磁辐射问题(天线)，f 一般表示频率；对电磁散射问题，f 既可表示频率又可表示入射波方向 φ^{i}。此外，在其他电磁问题中，如微带结构，f 既可表示频率又可表示衬底的介电常数；等等。

在实际电磁问题的分析中，人们往往非常关心在宽参数(如宽频带或方向性等)变化范围内的电磁响应。对于宽频带响应，针对提高各种频域分析方法算法本身的计算效率，人们做了大量的工作，使得计算效率提高很多，但是传统的频域方法在分析频率响应时，必须以一定的频率间隔，在希望的频带内逐点重复求解矩阵方程(4.1.2)，当频域响应变化比较剧烈时，为了精确刻画，就必须减小频率间隔，这使得计算量显著增加，从而花费了大量的计算时间，特别是当频域响应变化迅速时，要求所取计算频点更密，使计算时间成倍增长。此外，随着频率的升

高,矩阵的规模随之增大,计算机内存和计算时间迅速增加。

例如,当频率响应存在谐振现象时,在谐振点附近的曲线往往都非常陡峭,因而在采用数值方法进行扫频计算时,由于谐振点的位置一般不易确定且其附近带宽非常窄,这样要求扫描步长非常小,这意味着在所希望的频带内需要重复求解矩阵方程(4.1.2)的次数非常之多,这是造成求取宽带响应时计算量剧增的原因。因此,如何提高频域分析方法分析宽频带响应的计算效率,就显得尤为重要。

目前,提高频域方法分析宽频带响应的主要方法有渐近波形估计(Asymptotic Waveform Evaluation, AWE)和基于 Krylov 子空间的缩减技术两种,这两种方法可以统称为降阶模型(Reduced Order Model)方法。起初,这类方法主要用于大规模集成电路、互连和封装结构的电路的瞬态响应分析,其实质在于将系统频率响应表示为有理函数,通过降阶模型方法求出对系统贡献较大的主要零、极点,以减小分析计算的电路规模。近年来,降阶模型方法被逐渐应用到电磁问题中,并受到人们的重视。不过,AWE 较基于 Krylov 子空间的缩减技术在电磁问题中的应用要广泛得多,因为后者目前还主要集中于闭合域电磁问题的研究,而前者在电磁领域中的应用早在 20 世纪 90 年代初就从微波电路和器件的分析开始了,例如求解三维 VLSI 互连电路电磁模型积分方程的快速扫频计算方法、微波器件的宽带频域响应的快速计算。最近,AWE 技术被逐渐应用到电磁场的全波分析中,例如介质波导、部分填充介质波导和共面波导等任意二维结构的频域响应的快速计算、任意形状的三维导体的雷达散射面(RCS)在宽频段内的快速计算、S 域内无源线性电磁系统的电磁场分析并获得这种电磁结构在任意频域和时域激励时其传输函数的解析结果、带孔金属板在整个角度变化范围内的 RCS 方向图。而且,在渐近波形估计技术算法方面,近年来也做了不少改进,例如复频率跳点技术(Complex Frequency Hopping, CFH)在多点展开,采用 Cauchy 有理逼近方法,并结合最小范数的总体平方法(Total Least Square,TLS)确定有理阶数,以展宽外推的范围。

本章中,将针对求取宽带响应时导致计算量增加的原因是由于要重复求解矩阵方程(4.1.2)的结论展开研究,这需要了解下面有关函数逼近与插值的理论和方法。

4.1.2 有理分式逼近与插值技术

1. 函数逼近与插值

众所周知,传统方法求取宽带响应时,就是在有限区间$[f_{\min},f_{\max}]$内以一定的扫频步长重复求解矩阵方程(4.1.2),得到向量$\boldsymbol{I}(f)$与变量f之间的关系。与传统方法不同,这里我们将借助于函数逼近的数学手段来寻求函数$I(f)$与变量f之间的关系,即在有限区间$[f_{\min},f_{\max}]$内,用简单函数$SI(f)$逼近连续的复杂函数$I(f)$到预先指定的精度,然后用这个简单函数代替被逼近的复杂函数作数值计算。因此,所谓函数逼近问题可以定义如下。

定义 4.1.1(函数逼近问题) 假定$I(f)$是定义在某区间$[f_{\min},f_{\max}]$上的函数,寻求另一个构造简单、计算量小的函数$SI(f)$来近似地代替$I(f)$的问题就是所谓函数逼近问题。

定义 4.1.2(函数插值问题) 在生产和科学实验中,设函数$I(f)$是定义在区间$[f_{\min},f_{\max}]$上的某个具有一定光滑性的函数,但是它的表达式非常复杂(或不便于计算)或无表达式而只知在区间$[f_{\min},f_{\max}]$上的$(N+1)$个给定点$f_{\min}=f_0<f_1<\cdots<f_N=f_{\max}$的函数值$I(f_n)$(以及导数值$I^{(m)}(f_n)(m=0,1,\cdots,M;n=0,1,\cdots,N)$),此时希望寻求另一个构造简单、计算量小的函数$SI(f)$作为$I(f)$的近似,以便于计算在诸$f_n$点之外的点处的函数值,使其在

给定点上 $SI(f)$ 的值等于原来函数 $I(f)$ 的函数值 $SI(f_n)=I(f_n)$（以及导数值 $SI^{(m)}(f_n)=I^{(m)}(f_n)$）$(m=0,1,\cdots,M;n=0,1,\cdots,N)$，这样的函数逼近问题称为插值问题，$SI(f)$ 称为 $I(f)$ 的一个插值函数，点 $f_n(n=0,1,\cdots,N)$ 称为插值节点，其所在的区间 $[f_{\min},f_{\max}]$ 称为插值区间，$I(f)$ 称为被插值函数。

插值法是函数逼近的重要方法，由插值问题定义知，插值函数实际上是一条经过平面上点 $(f_n,I(f_n))(n=0,1,\cdots,N)$ 的曲线，这条平面曲线函数，就可作为 $I(f)$ 的逼近函数。

2. 有理分式的表达式

简单函数 $SI(f)$ 取为两种级数之比的有理分式的展开形式：

$$SI(f)=\frac{\sum_{n=0}^{\infty}a_n\varphi_n(f)}{\sum_{n=0}^{\infty}b_n\varphi_n(f)} \tag{4.1.3}$$

式中：a_n,b_n 是常系数；函数 $\varphi_n(f)$ 是展开级数的基函数，且序列 $\{\varphi_n(f)\}$ 是一个线性无关的函数系。值得指出的是，对于函数的有理分式展开形式式(4.1.3)，我们不应该感到陌生，如若将任一信号的时域波形 $g(t)$ 表示为复指数函数叠加的形式，则它的拉普拉斯变换 $G(s)$ 正好具有式(4.1.3)的级数有理分式的形式，即

$$g(t)=\sum_{n=0}^{\infty}\gamma_n e^{jn\omega_0 t},t\geqslant 0 \tag{4.1.4}$$

其拉普拉斯变换则为

$$G(s)=\sum_{n=0}^{\infty}\gamma_n\frac{1}{s-jn\omega_0}=\frac{\sum_{n=0}^{\infty}\alpha_n\varphi_n(s)}{\sum_{n=0}^{\infty}\beta_n\varphi_n(s)} \tag{4.1.5}$$

在数值计算中，上述级数的项数只能取有限而不可能取为无穷，此时上述级数退化为有理分式，即简单函数可近似为

$$SI_{M/N}(f)=\frac{\sum_{m=0}^{M}a_m\varphi_m(f)}{\sum_{n=0}^{N}b_n\varphi_n(f)} \tag{4.1.6}$$

称式(4.1.6)为式(4.1.3)的降阶模型，其中整数 M 与 N 称为有理分式的分子与分母的逼近阶数。

若在一定的 $f\in[f_{\min},f_{\max}]$ 内取简单函数 $SI_{M/N}(f)$ 作为函数 $I(f)$ 的逼近结果，则称为函数的有理分式逼近，则有

$$I(f)\approx SI_{M/N}(f)=\frac{\sum_{m=0}^{M}a_m\varphi_m(f)}{\sum_{n=0}^{N}b_n\varphi_n(f)} \tag{4.1.7}$$

由式(4.1.6)可知，确定函数 $I(f)$ 的有理分式逼近 $SI_{M/N}(f)$ 的主要任务就是要确定常系数 a_m 和 b_n，但是要确定这些系数，必须要提供关于逼近函数 $I(f)$ 的足够多的信息。后面将根据帕德逼近、柯西逼近以及插值等方法来确定常系数 a_m 和 b_n，解决有理分式逼近问题。

3. 多项式逼近与有理分式逼近的比较

函数的多项式逼近与其有理分式逼近的效果有非常明显的差别。尽管函数的多项式逼近在一定的 $f \in [f_{\min}, f_{\max}]$ 内，在大多数情况下能较好地逼近函数的真值，但是一般地，多项式逼近的速度都较慢，收敛半径也较小，而且它逼近有奇异性的函数（含有峰、谷或水平渐近线）有困难。数学分析和实际计算表明，在取相同的项数的情形下，函数 $I(f)$ 的有理分式逼近 $SI_{N/N}(f)$ 比多项式逼近 $SI_{2N}(f)$ 要优越得多，而且前者很好地克服了后者的上述三个主要缺点。这些结论在一般的有关函数逼近理论的参考书中都能找到，而且下面的例子也可以帮助我们很好地理解这些结论。

下面通过两个具体的例子，来比较多项式逼近和有理分式逼近的差别。

例 4.1.1 分析比较函数 $f(x) = \sqrt{2-1/(1+x)}$ 的多项式逼近和有理分式逼近特性。

解 函数 $f(x) = \sqrt{2-1/(1+x)}$ 的多项式逼近可由泰勒公式展开得到，即

$$\sqrt{2-1/(1+x)} = 1 + \frac{x}{2} - \frac{5x^2}{8} + \frac{13x^3}{16} - \frac{141x^4}{128} + \cdots$$

即函数 $f(x) = \sqrt{2-1/(1+x)}$ 的前 5 项多项式逼近为

$$f_1(x) = 1$$

$$f_2(x) = 1 + \frac{x}{2}$$

$$f_3(x) = 1 + \frac{x}{2} - \frac{5x^2}{8}$$

$$f_4(x) = 1 + \frac{x}{2} - \frac{5x^2}{8} + \frac{13x^3}{16}$$

$$f_5(x) = 1 + \frac{x}{2} - \frac{5x^2}{8} + \frac{13x^3}{16} - \frac{141x^4}{128}$$

显然，当 $x > 1/2$ 时，上述泰勒级数展开式是不成立的，因此不能用上述泰勒级数展开式来求 $x \to \infty$ 时的函数值，但实际上 $f(\infty) \to \sqrt{2} = 1.414\cdots$ 是存在的。

下面考虑函数 $f(x) = \sqrt{2-1/(1+x)}$ 的有理分式逼近的构造方法。作变量代换，令

$$x = \frac{y}{1-2y} \quad \text{或} \quad y = \frac{x}{1+2x}$$

则

$$f(x) = \sqrt{2-1/(1+x)} = 1/\sqrt{1-y}$$

将上式对变量 y 作泰勒展开，得

$$1/\sqrt{1-y} = 1 + \frac{y}{2} + \frac{3y^2}{8} + \frac{5y^3}{16} + \frac{35y^4}{128} + \cdots$$

上式在 $y < 1$ 时是收敛的。由于 $x \to \infty$ 点变为 $y = 1/2$，因而上述泰勒展开在 $y = 1/2(x \to \infty)$ 是收敛的。将 x 与 y 的变换关系代回上式，则有函数 $f(x) = \sqrt{2-1/(1+x)}$ 的前几个有理分式逼近形式为

$$f_{0/0}(x) = 1$$

$$f_{1/1}(x)=\frac{1+(5/2)x}{1+2x}$$

$$f_{2/2}(x)=\frac{1+(9/2)x+(43/8)x^2}{1+2x^2}$$

由上述有理分式逼近函数，可以计算 $f(\infty)$ 的前几个近似值为 1，1.125，1.343 75，1.382 81，1.399 90，它们将收敛到 $\sqrt{2}=1.414\cdots$。

例 4.1.2　分析比较函数 $f(x)=\ln(1+x)$ 的多项式逼近和有理分式逼近特性。

解　函数 $f(x)=\ln(1+x)$ 的多项式逼近由泰勒公式得

$$\ln(1+x)=x-\frac{x^2}{2}+\frac{x^3}{3}-\frac{x^4}{4}+\cdots+(-1)^{N+1}\frac{x^N}{N}+\cdots$$

该级数的收敛范围是 $-1<x\leqslant 1$，但在 $x=1$ 处收敛极慢，而在 $x=2$ 处发散。因而 $\ln(1+x)$ 的 N 阶多项式逼近形式 $SI_N(x)$ 为

$$SI_N(x)=x-\frac{x^2}{2}+\frac{x^3}{3}-\frac{x^4}{4}+\cdots+(-1)^{N+1}\frac{x^N}{N}$$

而函数 $f(x)=\ln(1+x)$ 的有理分式逼近可由如下连分式确定为

$$\ln(1+x)=\frac{x}{1}+\frac{1^2x}{2}+\frac{1^2x}{3}+\frac{2^2x}{4}+\frac{2^2x}{5}+\frac{3^2x}{6}+\cdots=$$

$$\cfrac{x}{1+\cfrac{1^2x}{2+\cfrac{1^2x}{3+\cfrac{2^2x}{4+\cfrac{2^2x}{5+\cfrac{3^2x}{6+\cdots}}}}}}$$

由上式可得 $\ln(1+x)$ 的各阶有理分式逼近式 $SI_{M/N}(x)$ 如下：

$$SI_{1/1}(x)=\frac{x}{1}+\frac{1^2x}{2}=\frac{2x}{2+x}=SI_2(x)+o(x^3)$$

$$SI_{2/2}(x)=\frac{x}{1}+\frac{1^2x}{2}+\frac{1^2x}{3}+\frac{2^2x}{4}=$$

$$\frac{6x+3x^2}{6+6x+x^2}=SI_4(x)+o(x^5)$$

$$SI_{3/3}(x)=\frac{x}{1}+\frac{1^2x}{2}+\frac{1^2x}{3}+\frac{2^2x}{4}+\frac{2^2x}{5}+\frac{3^2x}{6}=$$

$$\frac{60x+60x^2+11x^3}{60+90x+36x^2+3x^3}=SI_6(x)+o(x^7)$$

$$\cdots\cdots$$

$$SI_{N/N}(x)=SI_{2N}(x)+o(x^{2N+1})$$

由此可见，函数 $f(x)=\ln(1+x)$ 的 $2N$ 阶多项式逼近形式 $SI_{2N}(x)$（泰勒展开的前 $2N$ 项）与 $[N/N]$ 阶有理分式逼近式 $SI_{N/N}(x)$ 重合，并且 $SI_{N/N}(x)$ 的参数个数与 $SI_{2N}(x)$ 的参数个数相同。

利用上述 $\ln(1+x)$ 的多项式与有理分式函数逼近结论，用 $SI_{2N}(1)$ 和 $SI_{N/N}(1)$ 分别作为 $\ln 2$ 的逼近时比较两者的误差 ε_{2N} 和 $\varepsilon_{N/N}$ 的大小情况，见表 4.1.1。

表 4.1.1　多项式逼近与有理分式逼近的比较

N	$SI_{2N}(1)$	$SI_{N/N}(1)$	ε_{2N}	$\varepsilon_{N/N}$	$\varepsilon_{2N}/\varepsilon_{N/N}$
1	0.50	0.667	0.19	0.026	7
2	0.58	0.692 31	0.11	0.000 84	131
3	0.617	0.693 122	0.076	0.000 025	3 040
4	0.634	0.693 146 42	0.058	0.000 000 76	76 316

注：ln2 = 0.693 147 18…。

因此，有理分式函数比多项式逼近的精度要高得多。

此外，考虑用具有 $2N$ 项叠加的 $SI_{2N}(2)$ 和分子与分母都具有 N 项叠加而总项数仍为 $2N$ 项的 $SI_{N/N}(2)$ 来逼近 $\ln 3 = 1.098\ 61\cdots$ 的情况：

当 $x = 2$ 时，由于函数 $\ln(1+x)$ 的泰勒展开级数发散（收敛范围为 $-1 < x \leqslant 1$），因此多项式 $SI_{2N}(2)$ 不能用来逼近 $\ln 3$；而有理分式 $SI_{N/N}(2)$ 可以较好地逼近 $\ln 3$，其结果是：$SI_{1/1}(2) = 1, \varepsilon_{1/1} = 0.098\ 61$；$SI_{2/2}(2) = 1.090\ 91, \varepsilon_{2/2} = 0.007\ 70$；$SI_{3/3}(2) = 1.098\ 04$，$\varepsilon_{3/3} = 0.000\ 57$；$SI_{4/4}(2) = 1.098\ 57, \varepsilon_{4/4} = 0.000\ 04$。

因此，有理分式函数比多项式逼近的范围也要宽得多。

4.2　连分式逼近技术

在 4.1 节的例 4.1.2 中，我们曾证明了连分式与有理分式是等价的，而且连分式逼近比多项式逼近具有逼近精度高、逼近范围宽的优点。本节我们将根据连分式理论，讨论如何将由幂级数所定义的函数转化为连分式形式的问题，即

$$I(f) = \sum_{n=0}^{\infty} c_n f^n \Rightarrow \frac{a_1(f)}{b_1(f)} + \frac{a_2(f)}{b_2(f)} + \cdots + \frac{a_n(f)}{b_n(f)} + \cdots \tag{4.2.1}$$

式中：$\{a_n(f), b_n(f)\}(n = 1, 2, \cdots, \infty)$ 是关于 f 的一元一次表达式 $a_n(f), b_n(f) = u_n + v_n f$。上述连分式函数等价为有理分式：

$$SI_{P/Q}(f) = \frac{\sum_{p=0}^{P} a_p f^p}{\sum_{q=0}^{N} b_q f^q} \tag{4.2.2}$$

4.2.1　连分式的定义

形如

$$I(f) = \frac{a_1(f)}{b_1(f)} + \frac{a_2(f)}{b_2(f)} + \cdots + \frac{a_n(f)}{b_n(f)} + \cdots =$$

$$\frac{a_1(f)}{b_1(f) + \dfrac{a_2(f)}{b_2(f) + \cdots}} +$$

$$\frac{b_{n-1}(f)}{b_{n-1}(f) + \dfrac{a_n(f)}{b_n(f) + \cdots}} \tag{4.2.3}$$

的函数表达式称为函数的连分式表达形式，它的前 N 项截止表达式即为函数逼近形式，即有

$$SI_N(f)=\frac{a_1(f)}{b_1(f)}+\frac{a_2(f)}{b_2(f)}+\cdots+\frac{a_N(f)}{b_N(f)}=$$

$$\frac{a_1(f)}{b_1(f)+\dfrac{a_2(f)}{b_2(f)+\cdots}}+$$

$$\frac{b_{N-1}(f)}{b_{N-1}(f)+\dfrac{a_N(f)}{b_N(f)}} \tag{4.2.4}$$

若 $\lim\limits_{N\to\infty}SI_N(f)$ 存在，就说连分式是收敛的。

4.2.2 连分式的变化技巧

对于连分式，下述定理提供了计算的技巧。

定理 4.2.1 对于连分式的前 N 项渐近分式：

$$\frac{A_N(f)}{B_N(f)}=\frac{a_1(f)}{b_1(f)}+\frac{a_2(f)}{b_2(f)}+\cdots+\frac{a_N(f)}{b_N(f)}=$$

$$\frac{a_1(f)}{b_1(f)+\dfrac{a_2(f)}{b_2(f)+\cdots}}+$$

$$\frac{b_{N-1}(f)}{b_{N-1}(f)+\dfrac{a_N(f)}{b_N(f)}} \tag{4.2.5}$$

下列递推公式成立：

$$\left.\begin{aligned}&A_n(f)=b_n(f)A_{n-1}(f)+a_n(f)A_{n-2}(f),\quad n=2,3,\cdots,N\\&B_n(f)=b_n(f)B_{n-1}(f)+a_n(f)B_{n-2}(f),\quad n=2,3,\cdots,N\\&A_0(f)=0,\quad A_1(f)=a_1(f)\\&B_0(f)=1,\quad B_1(f)=b_1(f)\end{aligned}\right\} \tag{4.2.6}$$

推理 4.2.1 上述连分式的两个相继的渐近分式有如下关系：

$$\frac{A_N(f)}{B_N(f)}-\frac{A_{N-1}(f)}{B_{N-1}(f)}=\frac{(-1)^{N-1}\prod\limits_{n=1}^{N}a_n(f)}{B_N(f)B_{N-1}(f)} \tag{4.2.7}$$

推理 4.2.2 上述连分式的前 N 项渐近分式可以表示为

$$\frac{A_N(f)}{B_N(f)}=\frac{a_1(f)}{b_1(f)}+\frac{a_2(f)}{b_2(f)}+\cdots+\frac{a_N(f)}{b_N(f)}=$$

$$\frac{a_1(f)}{B_0(f)B_1(f)}-\frac{a_1(f)a_2(f)}{B_1(f)B_2(f)}+\cdots+\frac{(-1)^{N-1}\prod\limits_{n=1}^{N}a_n(f)}{B_{N-1}(f)B_N(f)} \tag{4.2.8}$$

该推理提供了将连分式转化为交错级数的方法。

推理 4.2.3 上述连分式的前 N 项渐近分式可以表示为

$$\frac{A_N(f)}{B_N(f)}=\frac{a_1(f)}{b_1(f)}+\frac{a_2(f)}{b_2(f)}+\cdots+\frac{a_N(f)}{b_N(f)}=$$

$$\frac{\lambda_1 a_1(f)}{\lambda_1 b_1(f)}+\frac{\lambda_1\lambda_2 a_2(f)}{\lambda_2 b_2(f)}+\cdots+\frac{\lambda_{N-1}\lambda_N a_N(f)}{\lambda_N b_N(f)} \tag{4.2.9}$$

式中：参数 $\lambda_n(n=1,2,\cdots,N)$ 是任意的非零数。该推理提供了连分式化简的方法。

特别是，如果适当选择 $\lambda_n(n=1,2,\cdots,N)$，使 $\lambda_{n-1}\lambda_n a_n(f)=1$ $(n=1,2,\cdots,N)$（注意 $\lambda_0=1$），此时，式(4.2.9)可化为

$$\begin{aligned}\frac{A_N(f)}{B_N(f)}&=\frac{a_1(f)}{b_1(f)}+\frac{a_2(f)}{b_2(f)}+\cdots+\frac{a_N(f)}{b_N(f)}=\\&\frac{1}{\lambda_1 b_1(f)}+\frac{1}{\lambda_2 b_2(f)}+\cdots+\frac{1}{\lambda_N b_N(f)}=\\&\frac{1}{\bar{b}_1(f)}+\frac{1}{\bar{b}_2(f)}+\cdots+\frac{1}{\bar{b}_N(f)}\end{aligned} \tag{4.2.10}$$

式中：$\bar{b}_n(f)=\lambda_n b_n(f)(n=1,2,\cdots,N)$。

此外，如果适当选择 $\lambda_n(n=1,2,\cdots,N)$，使 $\lambda_n b_n(f)=1$，则式(4.2.9)可化为

$$\begin{aligned}\frac{A_N(f)}{B_N(f)}&=\frac{a_1(f)}{b_1(f)}+\frac{a_2(f)}{b_2(f)}+\cdots+\frac{a_N(f)}{b_N(f)}=\\&\frac{\lambda_1 a_1(f)}{1}+\frac{\lambda_1\lambda_2 a_2(f)}{1}+\cdots+\frac{\lambda_{N-1}\lambda_N a_N(f)}{1}=\\&\frac{\bar{a}_1(f)}{1}+\frac{\bar{a}_2(f)}{1}+\cdots+\frac{\bar{a}_N(f)}{1}\end{aligned} \tag{4.2.11}$$

式中：$\bar{a}_n(f)=\lambda_{n-1}\lambda_n a_n(f)(n=1,2,\cdots,N)$（注意 $\lambda_0=1$）。

定理 4.2.2(Seidel 收敛性)　设连分式

$$\frac{A_N(f)}{B_N(f)}=\frac{1}{\bar{b}_1(f)}+\frac{1}{\bar{b}_2(f)}+\cdots+\frac{1}{\bar{b}_N(f)} \tag{4.2.12}$$

中的所有 $\bar{b}_n(f)>0(n=1,2,\cdots,N)$，则该连分式收敛的条件是当且仅当级数 $\sum_n \bar{b}_n(f)$ 发散。

下述斯蒂尔吉斯定理揭示了连分式与正交多项式之间的关系。

定理 4.2.3(斯蒂尔吉斯)　对应于区间$[-c,c]$上的任何正连续权函数 $\rho(f)$，存在一列正交多项式 $p_n(f)(n=0,1,\cdots,\infty)$，它们满足递推关系式 $p_n(f)=(f-b_n)p_{n-1}(f)-a_n p_{n-2}$，其中初始值 $p_0(f)=1$，$p_1(f)=f-a_1$；如果使用这一递推关系式而用初始值 $q_0=0$，$q_1=1$ 来生成另一多项式 $q_n(f)(n=0,1,\cdots,\infty)$，那么对于任何 $f\notin[-c,c]$，有以下连分式与多项式关系：

$$\left.\begin{aligned}&\frac{q_N(f)}{p_N(f)}=\frac{a_1}{f-b_1}-\frac{a_2}{f-b_2}-\cdots-\frac{a_N}{f-b_N}=\sum_{n=0}^{N}\frac{\mu_n}{f^{n+1}}\\&\int_{-c}^{c}\frac{\rho(t)\mathrm{d}t}{f-t}=\lim_{N\to\infty}\frac{q_N(f)}{p_N(f)}\end{aligned}\right\} \tag{4.2.13}$$

式中：μ_n 为 $\rho(f)$ 的矩量，即

$$\mu_n=\int_{-c}^{c}f^n\rho(f)\mathrm{d}f \tag{4.2.14}$$

4.2.3　连分式的计算方法

1. $Q-D$ 算法

设 $\rho(f)$ 是定义在$[0,\infty)$上的有界非减函数，有以下关系：

$$\int_0^{\infty}\frac{\mathrm{d}\rho(t)}{1+ft}=\sum_{n=0}^{\infty}c_nf^n=\frac{c_0}{1}-\frac{q_1^{(0)}f}{1}-\frac{e_1^{(0)}f}{1}-\frac{q_2^{(0)}f}{1}-\frac{e_2^{(0)}f}{1}-\cdots \tag{4.2.15a}$$

$$\int_0^{\infty}\frac{\mathrm{d}\rho(t)}{f+t}=\sum_{n=0}^{\infty}c_n/f^{n+1}=\frac{c_0}{f}-\frac{q_1^{(0)}}{1}-\frac{e_1^{(0)}}{f}-\frac{q_2^{(0)}}{1}-\frac{e_2^{(0)}}{f}-\cdots \tag{4.2.15b}$$

式中：

$$c_n=(-1)^n\int_0^{\infty}t^n\mathrm{d}\rho(t) \tag{4.2.16}$$

式(4.2.15)的收敛条件如下：

$$\sum_{n=0}^{\infty}|c_n|^{-1/2n}=\infty \tag{4.2.17a}$$

$$|\arg(f)|<\pi \tag{4.2.17b}$$

$q_m^{(n)}$ 与 $e_m^{(n)}$ 由以下公式确定为

$$\left.\begin{aligned}
&e_0^{(n)}=0,\quad n=1,2,\cdots\\
&q_1^{(n)}=c_{n+1}/c_n,\quad n=0,1,2,\cdots\\
&e_m^{(n)}=e_{m-1}^{(n+1)}+[q_m^{(n+1)}-q_m^{(n)}],\quad n=0,1,\cdots;m=1,2,\cdots\\
&q_{m+1}^{(n)}=q_m^{(n+1)}e_m^{(n+1)}/e_m^{(n)},\quad n=0,1,\cdots;m=1,2,\cdots
\end{aligned}\right\} \tag{4.2.18}$$

按照上式可以形成一张 $Q-D$ 表，见表4.2.1。

表4.2.1　$Q-D$ 表

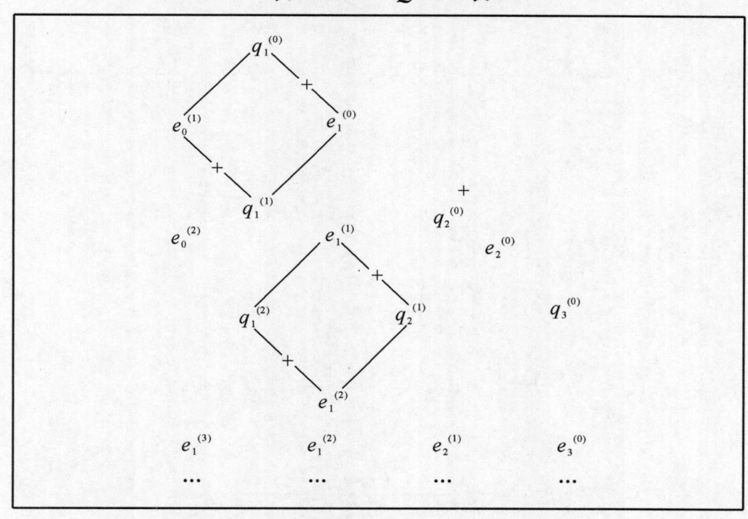

为使上述 $Q-D$ 变换存在，必须且只需以下汉开尔行列式不为零，即

$$\mathrm{H}_m^{(n)}=\begin{vmatrix} c_n & c_{n+1} & \cdots & c_{n+m-1}\\ c_{n+1} & c_{n+2} & \cdots & c_{n+m}\\ \vdots & \vdots & & \vdots\\ c_{n+m-1} & c_{n+m} & \cdots & c_{n+2m-2}\end{vmatrix}\neq 0 \tag{4.2.19}$$

此时，式(4.2.17)可用上述汉开尔行列式表示为

$$q_m^{(n)}=\frac{\mathrm{H}_m^{(n+1)}\ \mathrm{H}_{m-1}^{(n)}}{\mathrm{H}_m^{(n)}\ \mathrm{H}_{m-1}^{(n+1)}},\quad m=1,2,\cdots;n=0,1,\cdots \tag{4.2.20a}$$

$$e_m^{(n)} = \frac{\mathrm{H}_{m+1}^{(n)}\ \mathrm{H}_{m-1}^{(n+1)}}{\mathrm{H}_m^{(n)}\ \mathrm{H}_m^{(n+1)}},\quad m = 1,2,\cdots;n = 0,1,\cdots \tag{4.2.20b}$$

需要指出的是，利用式(4.2.15)，可以将由幂级数所定义的函数转化为连分式；其次，选择不同的 $\rho(f)$，可以非常方便地得到某些函数的连分式展开公式。下面举几个实例。

例 4.2.1 选择

$$\rho(f) = \begin{cases} f, & 0 \leqslant f < 1 \\ 0, & 1 \leqslant f < \infty \end{cases}$$

将上式代入式(4.2.15a)、式(4.2.16)，得

$$I(f) = \int_0^1 \frac{\mathrm{d}t}{1+ft} = \frac{1}{f}\ln(1+f)$$

$$c_n = (-1)^n \int_0^1 t^n \mathrm{d}t = \frac{(-1)^n}{n+1},\quad n = 0,1,\cdots$$

由 $Q-D$ 算法，得

$$\begin{cases} q_m^{(0)} = -\dfrac{m}{2(2m-1)} \\ e_m^{(0)} = -\dfrac{m}{2(2m+1)} \end{cases}$$

由式(4.2.18)知，将上述结果代入式(4.2.15a)，在 $|\arg(f)| < \pi$ 内，可得如下函数的连分式展开：

$$\ln(1+f) = \sum_{n=0}^{\infty} \frac{(-1)^n}{n+1} f^{n+1} = \frac{f}{1} + \frac{f}{2} + \frac{f}{3} + \frac{4f}{4} + \frac{4f}{5} + \cdots$$

例 4.2.2 选择

$$\rho(f) = \begin{cases} \sqrt{f}, & 0 \leqslant f < 1 \\ 0, & 1 \leqslant f < \infty \end{cases}$$

将上式代入式(4.2.15a)、式(4.2.16)，得

$$I(f) = \int_0^1 \frac{\mathrm{d}\sqrt{t}}{1+ft} = \frac{1}{\sqrt{f}}\arctan\sqrt{f}$$

$$c_n = (-1)^n \int_0^1 t^n \mathrm{d}\sqrt{t} = \frac{(-1)^n}{2n+1},\quad n = 0,1,\cdots$$

由 $Q-D$ 算法，得

$$\begin{cases} q_m^{(0)} = -\dfrac{(m-1/2)^2}{(2m-3/2)(2m-1/2)} \\ e_m^{(0)} = -\dfrac{m^2}{(2m-1/2)(2m+1/2)} \end{cases}$$

由式(4.2.18)知，将上述结果代入式(4.2.15a)，在 $|\arg(f)| < \pi/2$ 内，可得如下函数的连分式展开：

$$\arctan f = \sum_{n=0}^{\infty} \frac{(-1)^n}{2n+1} f^{n+1} = \frac{f}{1} + \frac{f^2}{3} + \frac{4f^2}{5} + \frac{9f^2}{7} + \cdots$$

例 4.2.3 选择

$$\mathrm{d}\rho(f) = \frac{1}{\sqrt{\pi}} \frac{\mathrm{e}^{-f}}{\sqrt{f}} \mathrm{d}f$$

将上式代入式(4.2.15b)、式(4.2.16),得

$$I(f)=\frac{2\mathrm{e}^{f}}{\sqrt{f}}\mathrm{Erfc}(\sqrt{f}),\quad \mathrm{Erfc}(f)=\int_{f}^{\infty}\mathrm{e}^{-t^{2}}\mathrm{d}t$$

$$c_n=\begin{cases}1, & n=0\\(-1)^{n}(n-1/2)!, & n=1,2,\cdots\end{cases}$$

由 $Q-D$ 算法,得

$$\begin{cases}q_m^{(0)}=-(m-1/2)\\e_m^{(0)}=-m\end{cases}$$

由式(4.2.18)知,将上述结果代入式(4.2.15b),在 $|\arg(f)|<\pi/2$ 内,可得如下函数的连分式展开:

$$\mathrm{Erfc}(f)=\frac{\mathrm{e}^{-f^{2}}}{2}\left[\frac{1}{f}+\sum_{n=1}^{\infty}\frac{(-1)^{n}(n-1/2)!}{f^{2n+1}}\right]=$$

$$\frac{\mathrm{e}^{-f^{2}}}{2}\left(\frac{1}{f}+\frac{1}{2f}+\frac{2}{f}+\frac{3}{2f}+\frac{4}{f}+\cdots\right)$$

2. Viskovatoff 方法

$$\sum_{n=0}^{\infty}c_nf^{n}=c_0+c_1f+c_2f^2+\cdots+c_nf^n+\cdots=$$

$$\cfrac{c_0}{1+\cfrac{c_0}{c_0+c_1f+c_2f^2+\cdots}-1}=\cfrac{c_0}{1-\cfrac{c_1f+c_2f^2+\cdots}{c_0+c_1f+c_2f^2+\cdots}}=$$

$$\cfrac{c_0}{1-\cfrac{c_1f}{c_0+\cfrac{c_0+c_1f+c_2f^2+\cdots}{1+\cfrac{c_2}{c_1}f+\cdots}-c_0}}\tag{4.2.21}$$

将上述过程继续下去就可以将多项式所定义的函数转化为连分式。下面我们以 e^{f} 为例来说明上述过程。

$$\mathrm{e}^{f}=1+f+\frac{1}{2!}f^2+\frac{1}{3!}f^3+\cdots=$$

$$\cfrac{1}{1+\cfrac{1}{1+f+\cfrac{1}{2!}f^2+\cfrac{1}{3!}f^3+\cdots}-1}=\cfrac{1}{1-\cfrac{f\left(1+\frac{1}{2!}f+\frac{1}{3!}f^2+\cdots\right)}{1+f+\frac{1}{2!}f^2+\frac{1}{3!}f^3+\cdots}}$$

最后求得 e^{f} 的连分式展开式为

$$\mathrm{e}^{f}=\sum_{n=0}^{\infty}\frac{1}{n!}f^{n}=\frac{1}{1}-\frac{f}{1}+\frac{f}{2}-\frac{f}{3}+\frac{f}{2}-\frac{f}{5}+\cdots$$

3. Thiele 倒差商算法

连分式插值的 Thiele 方法是一种待定系数法,它是为解决下面的插值问题而设计的。

设任意给定的互异插值节点为 $f_n(n=0,1,\cdots,N)$,寻求函数 $I(f)$ 的插值函数 $SI_{P/Q}(f)$,使之满足插值条件

$$SI_{P/Q}(f_n)=I_N(f_n),\quad n=0,1,\cdots,N\tag{4.2.22}$$

根据 Thiele 方法，满足上述插值条件的连分式形式的插值函数 $SI_{P/Q}(f)$ 为

$$SI_{P/Q}(f)=I(f_0)+\frac{f-f_0}{\rho_1(f_0,f_1)}+\frac{f-f_1}{\rho_2(f_0,f_1,f_2)-I(f_0)}+\frac{f-f_2}{\rho_3(f_0,f_1,f_2,f_3)-\rho_1(f_0,f_1)}+\cdots+\frac{f-f_{P+Q-1}}{\rho_{P+Q}(f_0,f_1,\cdots,f_{P+Q})-\rho_{P+Q-2}(f_0,f_1,\cdots,f_{P+Q-2})} \tag{4.2.23}$$

式中：$\rho_n(f_0,f_1,\cdots,f_{n-1},f)$ 为 $I(f)$ 的 n 阶倒差商，它可由下列递推关系确定为

$$\left.\begin{aligned}&\rho_{-1}(f)=0\\&\rho_0(f)=I(f)\\&\rho_n(f_0,\cdots,f_{n-1},f)=\\&\frac{f-f_{n-1}}{\rho_{n-1}(f_0,\cdots,f_{n-2},f)-\rho_{n-1}(f_0,\cdots,f_{n-1})+\rho_{n-2}(f_0,\cdots,f_{n-2})}\end{aligned}\right\} \tag{4.2.24}$$

4.3 有理分式插值技术

在 4.1 节中，我们曾指出有理分式逼近比多项式逼近具有逼近精度高、逼近范围宽的优点。本节我们将根据有理分式插值方法，确定函数的有理分式逼近问题，即

$$I(f)\Rightarrow SI_{P/Q}(f)=\frac{N_P(f)}{D_Q(f)} \tag{4.3.1}$$

4.3.1 一般有理分式降阶模型

设由式(4.3.1)表示的有理分式 $SI_{P/Q}(f)=N_P(f)/D_Q(f)$ 中 $N_P(f)$，$D_Q(f)$ 互质，且它们是分别关于 f 的第 P 阶和第 Q 阶多项式，可用数学语言精确表达为

$$H_P=\{N_P(f)=\sum_{p=0}^{P}a_pf^p,f,a_p\in\mathbf{C}\} \tag{4.3.2a}$$

$$H_Q=\{D_q(f)=\sum_{q=0}^{Q}b_qf^q,f,b_q\in\mathbf{C}\backslash\{0\}\} \tag{4.3.2b}$$

式中：$\mathbf{C}$ 表示复数全体，$\mathbf{C}\backslash\{0\}$ 指从 $\mathbf{C}$ 中除去恒为零的元素。$N_P(f)$ 含有 $(P+1)$ 个待定系数 $a_p(p=0,1,\cdots,P)$，$D_Q(f)$ 含有 $(Q+1)$ 个待定系数 $b_q(q=0,1,\cdots,Q)$，但是为了保证分式的确定性，可取 $b_0=1$，这样有理分式 $SI_{P/Q}(f)$ 中总共包含了 $(P+Q+1)$ 个独立的未知系数，即其表达式为

$$SI_{P/Q}(f)=\frac{\sum_{p=0}^{P}a_pf^p}{1+\sum_{q=1}^{Q}b_qf^q} \tag{4.3.3}$$

Hamming 方法是一种发现有理分式形式的方法，也是一种有理分式函数插值法。

设已知型值点 $\{f_n,I(f_n)\}(n=1,2,\cdots)$，欲用有理分式来逼近由该型值点所表征的函数 $I(f)$。设有理分式函数的形式为

$$SI(f)=\frac{N(f)}{D(f)}=\frac{N(f)}{1+b_1f+\cdots} \tag{4.3.4}$$

式中：$N(f)$，$D(f)$ 为 f 的多项式，且 $D(0)=1$。

为了找到 $SI(f)$ 的分子 $N(f)$、分母 $D(f)$ 的次数，只须对

$$I(f)\approx\frac{N(f)}{1+b_1f+\cdots} \tag{4.3.5}$$

两边取对数，即可得

$$\ln I(f_n)\approx\ln N(f_n)-\ln(1+b_1f_n+\cdots),\quad n=1,2,\cdots \tag{4.3.6}$$

将 $N(f)=a_pf^p+a_{p+1}f^{p+1}+\cdots(a_p\neq0)$ 代入上式，得

$$\ln I(f_n)\approx\ln a_p+p\ln f_n+\ln\left(1+\frac{a_{p+1}}{a_p}f_p+\cdots\right)-\ln(1+b_1f_n+\cdots),\quad n=1,2,\cdots \tag{4.3.7}$$

当 f_n 较小时，$\ln I(f_n)$ 作为 $\ln f_n$ 的线性函数的斜率值（取整数部分），p 就取为分子 $N(f)$ 的最低次幂。于是 $SI(f)$ 应形如

$$SI(f)=\frac{a_pf^p+a_{p+1}f^{p+1}+\cdots}{1+b_1f+\cdots} \tag{4.3.8}$$

究竟 $SI(f)$ 的分子 $N(f)$、分母 $D(f)$ 应该是 f 多少幂次的多项式，那还应该进一步考察当 f_n 增大时 $I(f_n)$ 的变化趋势。如果 $I(f_n)$ 随 f_n 增大（减小）而增大（减小），则分子 $N(f)$ 的幂次应比分母 $D(f)$ 的幂次为大（为小）。鉴于一般情况下，分子、分母的幂次相等或相差为 1 时，有理分式具有精确度较好的事实，即当 $SI(f)$ 形如

$$SI(f)=\frac{a_pf^p+a_{p+1}f^{p+1}+\cdots+a_Pf^P}{1+b_1f+\cdots+b_Qf^Q} \tag{4.3.9}$$

时，有

$$P=Q,\quad (P+Q)\text{ 为偶数} \tag{4.3.10a}$$

$$|P-Q|=1,\ (P+Q)\text{ 为奇数} \tag{4.3.10b}$$

至于 P（或 Q）到底取多大，这要根据数据本身的特点和个数来确定。

如果 P（或 Q）已经确定，则 $SI(f)$ 中的参数个数为 $(P+Q+1-p)$。因此，要完成有理分式插值，应选取 $(P+Q+1-p)$ 个型值点。当然这些型值点应该选取对函数形状比较关键的一批点。这往往可以用绘图的办法来确定。

以上问题全部解决之后，剩下的只是一个有理分式插值问题

$$SI_{P/Q}(f_n)=I(f_n),\quad n=0,1,\cdots,P+Q+1-p \tag{4.3.11}$$

Hamming 建议将上式线性化为

$$D_Q(f_n)I(f_n)=N_P(f_n),\quad n=0,1,\cdots,P+Q+1-p$$

来求解，从而得到 $I(f)$ 的有理分式逼近函数 $SI_{P/Q}(f)$。

1. 单变量插值

设函数 $I(f)$ 的定义域为 $[f_{\min},f_{\max}]$，在 $[f_{\min},f_{\max}]$ 上有 $(P+Q+1)$ 个不同的确定点 $f_n(n=0,1,\cdots,P+Q)$，以及相应的函数值 $I(f_n)(n=0,1,\cdots,P+Q)$。

所谓有理分式插值问题，就是寻求有理分式(4.3.1)，使其在给定点 $f_n(n=0,1,\cdots,P+Q)$ 处的函数值 $I(f_m)(m=0,1,\cdots,P+Q)$ 与由式(4.3.3)确定的有理分式逼近函数 $I(f_n)(n=0,1,\cdots,P+Q)$ 相等，即有如下插值关系：

$$SI_{P/Q}(f_n)=I(f_n),\quad n=0,1,\cdots,P+Q \tag{4.3.12}$$

由式(4.3.3)可知，当 $Q=0$ 时，$SI_{P/0}(f)=N_P(f)$ 是 P 次多项式，于是按照3.3节介绍的多项式插值理论，插值问题式(4.3.3)的解是存在并且唯一的。那么，当 $Q>0$ 时，插值问题式(4.3.3)的解是否存在并且唯一呢?因此，最为关心的是，是否一定会存在由式(4.3.3)给出的那种类型的有理分式函数，使得插值条件式(4.3.12)得以满足呢?关于上述有理分式插值问题确定的逼近函数 $SI_{P/Q}(f)$，有如下定理：

定理4.3.1 插值问题式(4.3.12)若有解，则其解必唯一。

上述定理表明，有理分式插值问题的解只要存在则必唯一。但是值得指出的是，有理分式插值问题式(4.3.12)并不总是有解的，于是探讨有理分式插值问题解的存在性条件就是一个十分重要的理论与实际课题。

一般说来，插值问题式(4.3.12)是一个非线性问题。但是当有理分式函数式(4.3.3)是插值问题式(4.3.12)的解时，当然亦有

$$N_P(f_n)-I(f_n)D_Q(f_n)=\sum_{p=0}^{P}a_pf_n^p-I(f_n)\sum_{q=0}^{Q}b_qf_n^q=0,\quad n=0,1,\cdots,P+Q \tag{4.3.13}$$

式(4.3.13)正是未知参数 $a_p(p=0,1,\cdots,P)$，$b_q(q=0,1,\cdots,Q)$ 的线性方程组。

定理4.3.2 若线性方程组(4.3.13)有非平凡解存在，则为了满足插值条件式(4.3.12)的最简有理分式函数式(4.3.3)存在，必须且只须线性方程组(4.3.13)的任意非平凡解 $\overline{N}_P(f)$，$\overline{D}_Q(f)$ 在约去一切公因子(即约化为两互质多项式)后所得的多项式 $N_P^*(f)$，$D_Q^*(f)$ 仍然是线性方程组(4.3.13)的解，即

$$N_P^*(f_n)-I(f_n)D_Q^*(f_n)=0,\quad n=0,1,\cdots,P+Q \tag{4.3.14}$$

上述定理说明，如果多项式 $N_P(f)$，$D_Q(f)$ 是互质的，那么线性方程组(4.3.13)的求解问题与插值问题式(4.3.3)等价；如果多项式 $N_P(f)$，$D_Q(f)$ 不是互质的，那么线性方程组(4.3.13)的求解问题与插值问题式(4.3.12)不等价，但多项式 $N_P(f)$，$D_Q(f)$ 约化后的多项式 $N_P^*(f)$，$D_Q^*(f)$ 构成的线性方程组(4.3.14)的求解问题与插值问题式(4.3.12)等价。

为了给出便于应用的存在性定理，下面先引入矩阵 $\mathbf{A}_n(n=0,1,\cdots,P+Q)$：

$$\mathbf{A}_n=\begin{bmatrix}1 & f_0 & f_0^2 & \cdots & f_0^{P-1} & I_0 & f_0I_0 & \cdots & f_0^{Q-1}I_0\\ \vdots & \vdots & \vdots & & \vdots & \vdots & \vdots & & \vdots\\ 1 & f_{n-1} & f_{n-1}^2 & \cdots & f_{n-1}^{P-1} & I_{n-1} & f_{n-1}I_{n-1} & \cdots & f_{n-1}^{Q-1}I_{n-1}\\ 1 & f_{n+1} & f_{n+1}^2 & \cdots & f_{n+1}^{P-1} & I_{n+1} & f_{n+1}I_{n+1} & \cdots & f_{n+1}^{Q-1}I_{n+1}\\ \vdots & \vdots & \vdots & & \vdots & \vdots & \vdots & & \vdots\\ 1 & f_{P+Q} & f_{P+Q}^2 & \cdots & f_{P+Q}^{P-1} & I_{P+Q} & f_{P+Q}I_{P+Q} & \cdots & f_{P+Q}^{Q-1}I_{P+Q}\end{bmatrix} \tag{4.3.15}$$

式中：$I_n=I(f_n)(n=0,1,\cdots,P+Q)$。

定理4.3.3 若插值点 $f_n(n=0,1,\cdots,P+Q)$ 是互异的，则为使存在满足插值条件式(4.3.12)的最简有理分式函数式(4.3.3)，必须且只须各个矩阵 $\mathbf{A}_n(n=0,1,\cdots,P+Q)$ 是非奇异的。

定理4.3.4 若对于 $n=0,1,\cdots,P+Q$，$\mathbf{A}_n$ 的秩是一常数，则存在满足插值条件式(4.3.12)的有理分式函数式(4.3.3)。

前面，给出了有理分式插值逼近的定义，以及其存在的唯一性定理。下面，讨论有理分式插

值算法。

(1) 直接方法。由式(4.3.13)知：

$$\sum_{p=0}^{P} a_p f_n^p - I(f_n) \sum_{q=1}^{Q} b_q f_n^q = I(f_n), \quad n = 0,1,\cdots,P+Q \tag{4.3.16}$$

式(4.3.16)可写成如下矩阵方程：

$$\boldsymbol{\lambda} \boldsymbol{\nu} = \boldsymbol{\gamma} \tag{4.3.17}$$

式中：$\boldsymbol{\nu} = [a_0 \quad a_1 \quad \cdots \quad a_P \quad b_1 \quad b_2 \quad \cdots \quad b_Q]^{\mathrm{T}}$；矩阵 $\boldsymbol{\lambda}$ 和向量 $\boldsymbol{\gamma}$ 的元素由下式确定为

$$\gamma_m = I(f_m) \tag{4.3.18a}$$

$$\lambda_{mn} = \begin{cases} f_m^n, & 0 \leqslant n \leqslant P \\ -f_m^{n-P} I(f_m), & P < n \leqslant P+Q \end{cases} \tag{4.3.18b}$$

(2) 最小二乘法。一般说来，型值点$\{f_n, I(f_n)\}(n=0,1,\cdots,N)$要比有理分式 $SI_{P/Q}(f)$ 中的参数多得多。如果将所有型值点都用上，则常采用最小二乘法，即求解下述极小值问题：

$$\sum_{n=0}^{N} \left[I(f_n) - \frac{N_P(f_n)}{D_Q(f_n)} \right]^2 = \min \tag{4.3.19}$$

因为在一般情况下，由式(4.3.19)所导出的法方程组是一个非线性方程组，从而它的求解也是比较困难的。Hamming 建议求解式(4.3.19)的逐步线性化变形：取 $D_0(f) \equiv 1$，并按求解下列极小值问题来形成 $D_1(f), D_2(f), \cdots, D_m(f), \cdots$

$$\sum_{n=0}^{N} \frac{1}{D_{m-1}^2(f_n)} [D_Q(f_n) I(f_n) - N_P(f_n)]^2 = \min, \quad m = 1,2,\cdots \tag{4.3.20}$$

直到前、后两 $D_m(f)$ 在给定精度内系数完全重合为止。此时求出与该 $D_m(f)$ 相应的 $D_Q(f)$，即得有理分式逼近函数 $SI_{P/Q}(f)$。该方法收敛很快，但有时不甚稳定。

(3) Stoer 算法。Stoer 算法是一种计算有理分式插值的算法。这里只是不加证明地引用这种算法，为了公式描述方便起见，可适当改变前面的若干记号。假设有理分式函数插值问题存在，则定义

$$SI_{P/Q}^m(f) = \frac{N_{P,Q}^m(f)}{D_{P,Q}^m(f)} = \frac{\sum_{p=0}^{P} a_{p,Q}^m f^p}{\sum_{q=0}^{Q} b_{P,q}^m f^q} \tag{4.3.21}$$

为满足插值条件

$$SI_{P/Q}^m(f_n) = I(f_n), \quad n = m, m+1, \cdots, m+P+Q \tag{4.3.22}$$

的有理分式函数，并定义

$$d_m(f) = f - f_m \tag{4.3.23}$$

Stoer 的递推公式如下：

$$N_{0,0}^m(f) \equiv I(f_m) D_{0,0}^m(f) \equiv 1 \tag{4.3.24a}$$

$$\left.\begin{aligned} N_{P,Q}^m(f) &= d_m(f) b_{P-1,Q}^m N_{P-1,Q}^{m+1}(f) - d_{m+P+Q}(f) b_{P-1,Q}^{m+1} N_{P-1,Q}^m(f) \\ D_{P,Q}^m(f) &= d_m(f) b_{P-1,Q}^m D_{P-1,Q}^{m+1}(f) - d_{m+P+Q}(f) b_{P-1,Q}^{m+1} D_{P-1,Q}^m(f) \end{aligned}\right\} \tag{4.3.24b}$$

$$\left.\begin{aligned} N_{P,Q}^m(f) &= d_m(f) a_{P,Q-1}^m N_{P,Q-1}^{m+1}(f) - d_{m+P+Q}(f) a_{P,Q-1}^{m+1} N_{P,Q-1}^m(f) \\ D_{P,Q}^m(f) &= d_m(f) a_{P,Q-1}^m D_{P,Q-1}^{m+1}(f) - d_{m+P+Q}(f) a_{P,Q-1}^{m+1} D_{P,Q-1}^m(f) \end{aligned}\right\} \tag{4.3.24c}$$

如果我们要求的仅是 $SI_{P/Q}(f)$ 在 $f = \alpha$ 处的值，则可以修改上述算法，而给出以下递推公

式：

$$d_m(\alpha) = \alpha - f_m \tag{4.3.25a}$$

$$SI^m_{P/0}(\alpha) = \frac{d_m(\alpha)SI^{m+1}_{P-1/0}(\alpha) - d_{m+P}(\alpha)SI^m_{P-1/0}(\alpha)}{d_m(\alpha) - d_{m+P}(\alpha)} \tag{4.3.25b}$$

$$SI^m_{0/Q}(\alpha) = \frac{d_m(\alpha) - d_{m+P}(\alpha)}{\dfrac{d_m(\alpha)}{SI^{m+1}_{0/Q-1}(\alpha)} - \dfrac{d_{m+P}(\alpha)}{SI^m_{0/Q-1}(\alpha)}} \tag{4.3.25c}$$

$$SI^m_{P/Q}(\alpha) = SI^m_{P-1/Q}(\alpha) + \frac{d_m(\alpha)[SI^{m+1}_{P-1/Q}(\alpha) - SI^m_{P-1/Q}(\alpha)][SI^m_{P-1/Q}(\alpha) - SI^{m+1}_{P-1/Q-1}(\alpha)]}{\left\{\begin{array}{l} d_m(\alpha)[SI^m_{P-1/Q}(\alpha) - SI^{m+1}_{P-1/Q-1}(\alpha)] - \\ d_{m+P+Q}(\alpha)[SI^{m+1}_{P-1/Q}(\alpha) - SI^{m+1}_{P-1/Q-1}(\alpha)] \end{array}\right\}} \tag{4.3.25d}$$

$$SI^m_{P/Q}(\alpha) = SI^m_{P/Q-1}(\alpha) + \frac{d_m(\alpha)[SI^{m+1}_{P/Q-1}(\alpha) - SI^m_{P/Q-1}(\alpha)][SI^m_{P/Q-1}(\alpha) - SI^{m+1}_{P-1/Q-1}(\alpha)]}{\left\{\begin{array}{l} d_m(\alpha)[SI^m_{P/Q-1}(\alpha) - SI^{m+1}_{P-1/Q-1}(\alpha)] - \\ d_{m+P+Q}(\alpha)[SI^{m+1}_{P/Q-1}(\alpha) - SI^{m+1}_{P-1/Q-1}(\alpha)] \end{array}\right\}} \tag{4.3.25e}$$

不难看出，递推公式(4.3.24b)是用来将下标 P 增加 1，而递推公式(4.3.24c)是用来将下标 Q 增加 1。

2. 多变量插值

设函数 $I(f,\theta)$ 用二元有理分式展开为

$$I(f,\theta) = \frac{\sum\limits_{p_f=0}^{P_f}\sum\limits_{p_\theta=0}^{P_\theta} a_{p_f p_\theta} f^{p_f}\theta^{p_\theta}}{\sum\limits_{q_f=0}^{Q_f}\sum\limits_{q_\theta=0}^{Q_\theta} a_{q_f q_\theta} f^{q_f}\theta^{q_\theta}} \tag{4.3.26}$$

式中：有理分式的系数 $\{a_{p_f p_\theta} \mid p_f = 0,1,\cdots,P_f; p_\theta = 0,1,\cdots,P_\theta\}$，$\{b_{q_f q_\theta} \mid q_f = 0,1,\cdots,Q_f; q_\theta = 0,1,\cdots,Q_\theta\}$，类似单变量函数情形，取 $b_{00} = 1$。

将式(4.3.26)右端的有理函数的分母左乘，即

$$\sum_{p_f=0}^{P_f}\sum_{p_\theta=0}^{P_\theta} a_{p_f p_\theta} f^{p_f}\theta^{p_\theta} - I(f,\theta)\sum_{q_f=0}^{Q_f}\sum_{q_\theta=0}^{Q_\theta} a_{q_f q_\theta} f^{q_f}\theta^{q_\theta} = 0 \tag{4.3.27}$$

设采样点 $\{(f_n,\theta_n) \mid n = 0,1,\cdots,N\}$，根据有理分式的待定系数个数，采样数应满足 $N = P_f P_\theta + Q_f Q_\theta + P_f + Q_f + P_\theta + Q_\theta$。式(4.3.12)可写成如下矩阵方程：

$$\boldsymbol{\lambda}\boldsymbol{\nu} = \boldsymbol{\gamma} \tag{4.3.28}$$

式中：矩阵 $\boldsymbol{\lambda}$ 和向量 $\boldsymbol{\gamma}$ 的元素由下式确定为

$$\gamma_m = I(f_m,\theta_m) \tag{4.3.29a}$$

$$\lambda_{mn} = \begin{cases} \hat{\boldsymbol{\alpha}}^n_m, & 0 \leqslant n \leqslant P_f \\ -\hat{\boldsymbol{\beta}}^{n-P_f}_m, & P_f < n \leqslant P_f + Q_f \end{cases} \tag{4.3.29b}$$

式中：

$$\hat{\boldsymbol{\alpha}}^n_m = [f^n_m \quad f^n_m\theta_m \quad \cdots \quad f^n_m\theta^{P_\theta}_m] \tag{4.3.30a}$$

$$\hat{\boldsymbol{\beta}}^n_m = \begin{cases} [\theta_m \quad \theta^2_m \quad \cdots \quad \theta^{Q_\theta}_m], & n = 0 \\ [f^n_m \quad f^n_m\theta_m \quad \cdots \quad f^n_m\theta^{Q_\theta}_m], & n \neq 0 \end{cases} \tag{4.3.30b}$$

而 $\boldsymbol{v} = [\hat{\boldsymbol{a}}_0 \quad \hat{\boldsymbol{a}}_1 \quad \cdots \quad \hat{\boldsymbol{a}}_{m_x} \quad \hat{\boldsymbol{b}}_0 \quad \hat{\boldsymbol{b}}_1 \quad \cdots \quad \hat{\boldsymbol{b}}_{n_x}]^{\mathrm{T}}$ 表示有理分式的系数，其中各元素的具体形式为

$$\hat{\boldsymbol{\alpha}}_{p_f} = [a_{p_f 0} \quad a_{p_f 1} \quad \cdots \quad a_{p_f P_\theta}]^{\mathrm{T}}, \quad p_f = 0,1,\cdots,P_f \tag{4.3.31a}$$

$$\hat{\boldsymbol{b}}_{p_\theta} = \begin{cases} [b_{01} \quad b_{02} \quad \cdots \quad b_{0Q_\theta}]^{\mathrm{T}}, & p_\theta = 0 \\ [b_{p_\theta 0} \quad b_{p_\theta 1} \quad \cdots \quad b_{p_\theta Q_\theta}]^{\mathrm{T}}, & p_\theta \neq 0 \end{cases} \tag{4.3.31b}$$

4.3.2　广义有理分式降阶模型

以上讨论的有理分式降阶模型中，分子与分母多项式的基函数都是幂函数。在本章中相对于有理分式降阶模型提出了一种广义有理分式降阶模型，这种降阶模型的分子与分母多项式的基函数是任意形式的函数，而不再单纯取幂函数。

设由式(4.3.1)表示的有理分式 $SI_{P/Q}(f) = N_P(f)/D_Q(f)$ 中 $N_P(f)$，$D_Q(f)$ 互质，且它们是分别关于 f 的第 P 阶和第 Q 阶多项式，可用数学语言精确表达为

$$H_P = \{N_P(f) = \sum_{p=0}^{P} a_p \varphi_p(f), \quad f, a_p \in \mathbf{C}\} \tag{4.3.32a}$$

$$H_Q = \{D_q(f) = \sum_{q=0}^{Q} b_q \varphi_q(f), \quad f, b_q \in \mathbf{C}\backslash\{0\}\} \tag{4.3.32b}$$

式中：$\mathbf{C}$ 表示复数全体，$\mathbf{C}\backslash\{0\}$ 指从 $\mathbf{C}$ 中除去恒为零的元素。$\varphi_n(f)$（$n = p$ 或 $n = q$）是广义有理函数模型的基函数。$N_P(f)$ 含有 $(P+1)$ 个待定系数 a_p（$p = 0,1,\cdots,P$），$D_Q(f)$ 含有 $(Q+1)$ 个待定系数 b_q（$q = 0,1,\cdots,Q$），但是为了保证分式的确定性，可取 $b_0 = 1$，这样有理分式 $SI_{P/Q}(f)$ 中总共包含了 $(P+Q+1)$ 个独立的未知系数。

有理分式模型是广义有理分式模型的特例。由于广义有理分式模型的基函数的选择具有随意性，当采用广义有理分式模型来逼近系统传递函数时，有可能使得有理函数模型获得更大程度的降阶。广义有理分式模型在特定的基函数下的展开系数与有理分式模型一样，须由其相应的特征方程提供的信息确定。

文献中，一般是采用有理分式降阶模型逼近，现在将其推广到广义有理降阶模型。与有理分式降阶模型逼近（基函数只能取幂函数）相比，由于广义有理降阶模型中基函数选择随意，因而具有更大的灵活性。

将式(4.3.32)代入式(4.3.1)，可确定广义有理分式函数为

$$SI_{P/Q}(f) = \frac{\sum_{p=0}^{P} a_p \varphi_p(f)}{\varphi_0(f) + \sum_{q=0}^{Q} b_q \varphi_q(f)} \tag{4.3.33}$$

设函数 $I(f)$ 的定义域为 $[f_{\min}, f_{\max}]$，在 $[f_{\min}, f_{\max}]$ 上有 $(P+Q+1)$ 个不同的确定点 f_n（$n = 0, 1,\cdots,P+Q$），以及相应的函数值 $I(f_n)$（$n = 0,1,\cdots,P+Q$）。

所谓广义有理分式插值问题，就是寻求有理分式(4.3.33)，使其在给定点 f_n（$n = 0, 1,\cdots,P+Q$）处的函数值 $I(f_n)$（$n = 0,1,\cdots,P+Q$）与由式(4.3.33)确定的有理分式逼近函数相等，即有以下插值关系：

$$SI_{P/Q}(f_n) = I(f_n), \quad n = 0,1,\cdots,P+Q \tag{4.3.34}$$

将式(4.3.33)代入上式，并将有理分式函数的分母右乘，经移项后得

$$\sum_{p=0}^{P} a_p \varphi_p(f_n) - I(f_n)\sum_{q=1}^{Q} b_q \varphi_p(f_n) = I(f_n)\varphi_0(f_n), \quad n = 0,1,\cdots,P+Q \tag{4.3.35}$$

式(4.3.35)可写成如下矩阵方程：

$$\boldsymbol{\lambda}\boldsymbol{\nu} = \boldsymbol{\gamma} \tag{4.3.36}$$

式中：$\boldsymbol{\nu} = [a_0 \quad a_1 \quad \cdots \quad a_P \quad b_1 \quad b_2 \quad \cdots \quad b_Q]^{\mathrm{T}}$，矩阵 $\boldsymbol{\lambda}$ 和向量 $\boldsymbol{\gamma}$ 的元素由下式确定为

$$\gamma_m = \varphi_0(f_m) I(f_m) \tag{4.3.37a}$$

$$\lambda_{mn} = \begin{cases} \varphi_n(f_m), & 0 \leqslant n \leqslant P \\ -\varphi_{n-P}(f_m) I(f_m), & P < n \leqslant P+Q \end{cases} \tag{4.3.37b}$$

由式(4.3.36)、式(4.3.37)可知，有理分式函数的系数除与插值点的函数值有关外，还与基函数有关。因此，基函数 $\varphi_n(f)(n=0,1,2\cdots)$ 的选择是非常重要的。例如，一般地，基函数可取为

A. 幂函数：

$$\varphi_n(f) = f^n \tag{4.3.38}$$

式中，$f(\cdot)$ 为单位脉冲函数。基函数取幂函数时对应于普通有理函数模型。

B. 指数函数：

$$\varphi_n(f) = \exp(-nf) \tag{4.3.39}$$

C. 三角函数(或复指数函数)：

$$\varphi_n(f) = \exp(\mathrm{j}nf) \tag{4.3.40}$$

D. Bessel 函数：

$$\varphi_n(f) = J_n(f) \tag{4.3.41}$$

4.4 帕德逼近技术

在 4.1 节中，曾指出有理分式逼近比多项式逼近具有逼近精度高、逼近范围宽的优点。本节将根据帕德逼近理论，讨论如何将由幂级数所定义的函数转化为有理分式的问题，即

$$I(f) = \lim_{N\to\infty}\sum_{n=0}^{N} c_n f^n \Rightarrow SI_{L/M}(f) = \frac{\sum_{l=0}^{L} p_l f^l}{\sum_{m=0}^{M} q_m f^m} \tag{4.4.1}$$

4.4.1 单元帕德逼近

帕德逼近是 19 世纪由法国数学家帕德等人提出的一种函数逼近理论，它的研究和发展与解析函数理论、逼近论，以及差分方程等领域密切相关。目前，帕德逼近的理论和算法已成为计算数学领域的一个分支。

帕德逼近是有理函数逼近，并类似于泰勒多项式逼近。因而在进行正式定义之前，我们首先回忆函数的泰勒展开中的几个事实，并将这些事实解释为逼近理论中的结果。

假设被逼近的函数 $I(f)$ 在原点周围的一个区间中由下述形式幂级数定义：

$$I(f) = \sum_{n=0}^{\infty} c_n f^n \tag{4.4.2}$$

截断这个级数所得到的多项式：

$$SI_N(f) = \sum_{n=0}^{N} c_n f^n \tag{4.4.3}$$

称为 $I(f)$ 的泰勒多项式，它具有值得注意的性质：$SI_N(0) = I(0)$，$SI'_N(0) = I'(0)$，…，$SI_N^{(m)}(0) = I^{(m)}(0)$。这样，$SI_N(f)$ 是 $I(f)$ 的最佳一致逼近。这个逼近也可用下述方式来描述，以避免 $I(f)$ 具有某些阶连续导数这种明显的假定（这样，只要求 $SI_N(f)$ 应满足一个形如 $I(f) - SI_N(f) = O(f^\nu)$ 的关系式，其中 $O(f^\nu)$ 表示对 f 的 ν 阶无穷多项式，要求 ν 值尽可能大）：如果 $I(f)$ 在原点周围的一个区间中具有 $(N+1)$ 阶的连续导数，则可取 $\nu = N+1$，因为泰勒定理提供了一个具有所期望性质的多项式，即式(4.4.3)中的系数满足关系式：

$$c_n = I^{(n)}(0)/n! \tag{4.4.4}$$

对 $\nu = N+1$ 满足关系式 $I(f) - SI_N(f) = O(f^\nu)$ 的次数 $n \leqslant N$ 的多项式 $SI_n(f)$ 是唯一的。因此当取 $\nu = 0,1,\cdots,N$ 时，将可得到 $(N+1)$ 个方程，即配置的系数的个数等于施加条件的个数。

与上述描述相类似，设 $I(f)$ 的帕德逼近为

$$SI_{L/M}(f) = [L/M] = \frac{P_L(f)}{Q_M(f)} \tag{4.4.5}$$

式中：$P_L(f)$ 和 $Q_M(f)$ 是分别关于 f 的第 L 阶和第 M 阶多项式，可用数学语言精确表达为

$$H_L = \{P_L(f) = \sum_{l=0}^{L} p_l f^l, \quad f, p_l \in \mathbf{C}\} \tag{4.4.6a}$$

$$H_M = \{Q_M(f) = \sum_{m=0}^{M} q_m f^m, \quad f, q_m \in \mathbf{C}\backslash\{0\}\} \tag{4.4.6b}$$

式中：$\mathbf{C}$ 表示复数全体，$\mathbf{C}\backslash\{0\}$ 指从 $\mathbf{C}$ 中除去恒为零的元素。因此，帕德逼近就是从函数的幂级数形式出发获得有理分式函数逼近式的一种简捷而且非常有效的方法，其基本思想就对于一个给定形式的幂级数，构造一个有理函数，称其为帕德逼近式，使其泰勒展开式从首项起有尽可能多的项与原来的幂级数相吻合。

显然，当式(4.4.5)的分子 $P_L(f)$ 与分母 $Q_M(f)$ 同乘任一非零的常数时，分式的值都将不至于改变，因而可以假定 $P_L(f)$ 和 $Q_M(f)$ 无公共因子存在。

下述定理指出了帕德逼近存在的唯一性。

定理 4.4.1（帕德逼近唯一性）　形式幂级数 $I(f)$ 的 $[L/M]$ 帕德逼近只要存在，则必唯一。

根据帕德逼近的上述基本思想，$P_L(f)$ 和 $Q_M(f)$ 的系数由下列方程所确定，即

$$I(f) - [L/M] = O(f^\nu) \tag{4.4.7}$$

式中：$\nu = L+M+1$。可是这个要求，甚至对具有幂级数的函数有时也是太严了一点，因此代之以只要求有理分式中的系数应该这样选择使上式对最大可能的 ν 值成立，在典型的情况下，这个最大的可能值将是 ν。

将式(4.4.2)、式(4.4.5)、式(4.4.6)代入式(4.4.7)，得

$$\sum_{n=0}^{\infty} c_n f^n - \frac{\sum_{l=0}^{L} p_l f^l}{\sum_{m=0}^{M} q_m f^m} = O(f^{L+M+1}) \tag{4.4.8}$$

式中：$(L+M+1)$ 应尽可能大；帕德逼近式(4.4.5)的分子 $P_L(f)$、分母 $Q_M(f)$ 分别含有 $(L+1)$

个、$(M+1)$ 个系数,为了保证分式的确定性,可以假定标准化条件为 $b_0=1$,这样帕德逼近式中总共包含了$(L+M+1)$ 个独立的未知系数。将帕德逼近式的分母 $Q_M(f)$ 同乘方程(4.4.8)的两边,并通过比较等式中两边同次幂项的系数,可得关于系数 $p_l(l=0,1,\cdots,L)$,$q_m(m=1,2,\cdots,M)$ 的线性方程组如下:

$$\left.\begin{aligned}
&c_0=p_0\\
&c_1+c_0q_1=p_1\\
&c_2+c_1q_1+c_0q_2=p_2\\
&\qquad\cdots\cdots\\
&c_L+c_{L-1}q_1+\cdots+c_0q_L=p_L\\
&c_{L+1}+c_Lq_1+\cdots+c_{L-M+1}q_M=0\\
&c_{L+2}+c_{L+1}q_1+\cdots+c_{L-M+2}q_M=0\\
&\qquad\qquad\cdots\cdots\\
&c_{L+M}+c_{L+M-1}q_1+\cdots+c_Lq_M=0
\end{aligned}\right\}\tag{4.4.9}$$

规定:

$$\left.\begin{aligned}
c_n&\equiv 0,\quad n<0\\
q_m&\equiv 0,\quad m>M
\end{aligned}\right\}\tag{4.4.10}$$

将式(4.4.9)写成递推算式为

$$\left.\begin{aligned}
&p_l-\sum_{m=1}^{l}c_{l-m}q_m=c_l\\
&c_l=0,\quad l<0\\
&p_l=0,\quad l>L\\
&q_m=0,\quad m>M\\
&q_0=1\\
&l=0,1,\cdots,L+M
\end{aligned}\right\}\tag{4.4.11}$$

或者将上式写成矩阵方程的形式为

$$\begin{bmatrix}
c_L & c_{L-1} & \cdots & c_{L-M+1}\\
c_{L+1} & c_L & \cdots & c_{L-M+2}\\
\vdots & \vdots & & \vdots\\
c_{L+M-1} & c_{L+M-2} & \cdots & c_L
\end{bmatrix}\begin{bmatrix}q_1\\q_2\\\vdots\\q_M\end{bmatrix}=-\begin{bmatrix}c_{L+1}\\c_{L+2}\\\vdots\\c_{L+M}\end{bmatrix}\tag{4.4.12a}$$

$$\begin{bmatrix}p_0\\p_1\\\vdots\\p_L\end{bmatrix}=\begin{bmatrix}
c_0 & 0 & \cdots & 0\\
c_1 & c_0 & \cdots & 0\\
\vdots & \vdots & & \vdots\\
c_L & c_{L-1} & \cdots & c_{L-M}
\end{bmatrix}\begin{bmatrix}q_0\\q_1\\\vdots\\q_M\end{bmatrix}\tag{4.4.12b}$$

式(4.4.11)或式(4.4.12)称为帕德方程。因此,在函数的幂级数形式已知的情况下,可以首先由矩阵方程(4.4.12a)解出帕德逼近式分母 $Q_M(f)$ 的系数 $q_m(m=1,2,\cdots,M)$,然后再由方程(4.4.12b)解出帕德逼近式分子 $P_L(f)$ 的系数 $p_l(l=0,1,\cdots,L)$。

值得指出的是，帕德逼近的出发点是形式幂级数，所以我们可以不必知道逼近函数的具体形式。

以上是通过解线性代数方程组(或矩阵方程)的方法来获得帕德逼近。以下定理则直接给出了帕德逼近。

定理 4.4.2　如果函数 $I(f)$ 在 $f=0$ 的某个邻域中具有$(L+M+1)$阶连续导数，则 $I(f)$ 具有$[L/M]$阶帕德逼近。

定理 4.4.3(Jacobi 定理)　当方程组(4.4.9)非奇异时，帕德逼近$[L/M]$有下述表达式：

$$[L/M]=\frac{\begin{vmatrix} c_{L-M+1} & c_{L-M+2} & \cdots & c_{L+1} \\ c_{L-M+2} & c_{L-M+3} & \cdots & c_{L+2} \\ \vdots & \vdots & & \vdots \\ c_L & c_{L+1} & \cdots & c_{L+M} \\ \sum\limits_{n=M}^{L} c_{n-M} f^n & \sum\limits_{n=M-1}^{L} c_{n-M+1} f^n & \cdots & \sum\limits_{n=0}^{L} c_n f^n \end{vmatrix}}{\begin{vmatrix} c_{L-M+1} & c_{L-M+2} & \cdots & c_{L+1} \\ c_{L-M+2} & c_{L-M+3} & \cdots & c_{L+2} \\ \vdots & \vdots & & \vdots \\ c_L & c_{L+1} & \cdots & c_{L+M} \\ f^M & f^{M-1} & \cdots & 1 \end{vmatrix}} \tag{4.4.13}$$

除假定式(4.4.9)成立外，当求和号中下标超过上标时规定该和为零。

事实上，若记式(4.4.12)右端的分子、分母分别为 $P(f)$，$Q(f)$，则由行列式性质可以直接验明：

$$I(f)Q(f)-P(f)=O(f^{L+M+1}) \tag{4.4.14}$$

在实际应用中，常将各个帕德逼近列成如下一张所谓帕德表：

$$\begin{matrix} [0/0] & [0/1] & [0/2] & [0/3] & [0/4] & \cdots \\ [1/0] & [1/1] & [1/2] & [1/3] & [1/4] & \cdots \\ [2/0] & [2/1] & [2/2] & [2/3] & [2/4] & \cdots \\ [3/0] & [3/1] & [3/2] & [3/3] & [3/4] & \cdots \\ [4/0] & [4/1] & [4/2] & [4/3] & [4/4] & \cdots \\ \cdots & \cdots & \cdots & \cdots & \cdots & \cdots \end{matrix} \tag{4.4.15}$$

上述帕德表中第一列上各元素，恰为原来泰勒级数的相应各部分之和。

定义 4.4.1　如果对一切 $L,M\geqslant 0$，恒有

$$\begin{vmatrix} c_{L-M+1} & c_{L-M+2} & \cdots & c_L \\ c_{L-M+2} & c_{L-M+3} & \cdots & c_{L+1} \\ \vdots & \vdots & & \vdots \\ c_L & c_{L+1} & \cdots & c_{L+M-1} \end{vmatrix} \neq 0 \tag{4.4.16}$$

则说幂级数式(4.4.2)和由它组成的帕德表式(4.4.14)是正则的。例如，e^f 的帕德表见表4.4.1。

表 4.4.1 e^f 的帕德表

L \ M	0	1	2
0	$\frac{1}{1}$	$\frac{1}{1-f}$	$\frac{2}{2-2f+f^2}$
1	$\frac{1+f}{1}$	$\frac{2+f}{2-f}$	$\frac{6+2f}{6-4f+f^2}$
2	$\frac{2+2f+f^2}{1}$	$\frac{6+4f+f^2}{6-2f}$	$\frac{12+6f+f^2}{12-6f+f^2}$
3	$\frac{6+6f+3f^2+f^3}{6}$	$\frac{24+18f+6f^2+f^3}{24-6f}$	$\frac{60+36f+9f^2+f^3}{60-24f+3f^2}$
4	$\frac{24+24f+12f^2+4f^3+f^4}{24}$	$\frac{120+96f+36f^2+8f^3+f^4}{120-24f}$	$\frac{360+240f+72f^2+12f^3+f^4}{360-120f+12f^2}$

L \ M	3	4
0	$\frac{6}{6-6f+3f^2-f^3}$	$\frac{24}{24-24f+12f^2-4f^3+f^4}$
1	$\frac{24+6f}{24-18f+6f^2-f^3}$	$\frac{120+24f}{120-96f+36f^2-8f^3+f^4}$
2	$\frac{60+24f+3f^2}{60-36f+9f^2-f^3}$	$\frac{24}{360-240f+72f^2-12f^3+f^4}$
3	$\frac{120+60f+12f^2+f^3}{120-60f+12f^2-f^3}$	$\frac{840+360f+60f^2+4f^3}{840-480f+120f^2-16f^3+f^4}$
4	$\frac{840+480f+120f^2+16f^3+f^4}{840-360f+60f^2-4f^3}$	$\frac{1680-840f+180f^2+20f^3+f^4}{1680-840f+180f^2-20f^3+f^4}$

实践表明，当 $L+M$ 为一确定常数值时，亦即帕德逼近的分子和分母阶数之和为一常数值时，只有当

$$L=M,\quad (L+M)\text{ 为偶数} \tag{4.4.17a}$$

$$|L-M|=1,\ (L+M)\text{ 为奇数} \tag{4.4.17b}$$

时，其精确程度最好。例如在表 4.4.1 中，帕德逼近就比[4/0]，[3/1]，[1/3] 和[0/4] 精确。

在实际问题中，常以 $P_L(f)-I(f)Q_M(f)$ 的麦克劳林(Maclaurin)展开的第一个非零项作为衡量 $I(f)$ 的[L/M] 帕德逼近 $P_L(f)/Q_M(f)$ 的误差。

定理 4.4.4(Wynn 恒等式)　Wynn 恒等式反映了帕德表中以[L/M]为中心的十字架上 5 项之间的相互关系。当帕德表中前两列已经算出的情况下，可以直接采用如下 Wynn 恒等式依次算出以后各列来：

$$\frac{1}{[L+1/M]-[L/M]}+\frac{1}{[L-1/M]-[L/M]}=\frac{1}{[L/M+1]-[L/M]}+\frac{1}{[L/M-1]-[L/M]} \tag{4.4.18}$$

帕德曾经指出，并非每个函数的帕德逼近都存在，由式(4.4.7)知每一个有界函数都具有一个帕德逼近。下述定理指出了帕德逼近的存在性。

定理 4.4.5(帕德逼近存在性)　如果函数 $I(f)$ 在 $f=0$ 的邻域存在 $L+M+1$ 阶导数，则 $I(f)$ 具有 $[L/M]$ 帕德逼近。

定理 4.4.6(贝克帕德逼近存在性)　给定任一幂级数式(4.4.2)，其中 $c_0\neq 0$，则

(1) 对任意给定的 M，存在 L 的一个无穷序列，使 $[L/M]$ 存在；

(2) 对任意给定的 L，存在 M 的一个无穷序列，使 $[L/M]$ 存在；

(3) 对任意给定的 L，存在 M 的一个无穷序列，使 $[L+M/M]$ 存在。

上述定理指出了采用帕德逼近方法来逼近按式(4.4.2)给出的幂级数($c_0\neq 0$)的可能性。

定理 4.4.7(对偶定理)　设 $P_L(f)/Q_M(f)$ 是 $I(f)$ 的 $[L/M]$ 帕德逼近，只要 $I(0)\neq 0$(相当于幂级数式(4.4.2)中的 $c_0\neq 0$)，$Q_M(f)/P_L(f)$ 就是 $1/I(f)$ 的 $[M/L]$ 帕德逼近。

对偶定理指出，$1/I(f)$ 的帕德表恰好为 $I(f)$ 的帕德表的转置，它们的帕德表的主对角线上的元素都是相同的。

定理 4.4.8　设 $P_L(f)/Q_L(f)$ 是 $I(f)$ 的 $[L/L]$ 帕德逼近，a,b,c,d 为常数，且 $c+dI(0)\neq 0$，则 $\dfrac{a+b[L/L]}{c+d[L/L]}$ 是函数 $\dfrac{a+bI(f)}{c+dI(f)}$ 的 $[L/L]$ 帕德逼近。

定理 4.4.9(Euler变换下的不变性)　设 $P_L(f)/Q_L(f)$ 是 $I(f)$ 的 $[L/L]$ 帕德逼近，a,b 为常数，则 $\left[P_L\left(\dfrac{af}{1+bf}\right)\right]\Big/\left[Q_L\left(\dfrac{af}{1+bf}\right)\right]$ 是 $I\left(\dfrac{af}{1+bf}\right)$ 的 $[L/L]$ 帕德逼近。

从这个定理产生一种可能，就是在函数的形式幂级数式(4.4.2)的发散点处，$I(f)$ 的 $[L/L]$ 帕德逼近函数也能较好地逼近 $I(f)$，如 4.1 节中的例 1。

定理 4.4.10(不变性)　设 $P_L(f)/Q_L(f)$ 是 $I(f)$ 的 $[L/L]$ 帕德逼近，a,b,c,d 为常数，且 $c+\mathrm{d}I(0)\neq 0$，则

$$\left[a+b\frac{P_L\left(\dfrac{af}{1+bf}\right)}{Q_L\left(\dfrac{af}{1+bf}\right)}\right]\Bigg/\left[c+d\frac{P_L\left(\dfrac{af}{1+bf}\right)}{Q_L\left(\dfrac{af}{1+bf}\right)}\right]$$

是 $\left[a+bI\left(\dfrac{af}{1+bf}\right)\right]\Big/\left[c+\mathrm{d}I\left(\dfrac{af}{1+bf}\right)\right]$ 的 $[L/L]$ 帕德逼近。

定理 4.4.11(贝克递推算法)　设函数 $I(f)$ 为如式(4.4.2)所定义的形式幂级数，且

$$\left.\begin{aligned}P_0(f)&=\sum_{n=0}^{L}c_nf^n,\quad Q_0(f)=1\\P_1(f)&=\sum_{n=0}^{L-1}c_nf^n,\quad Q_1(f)=1\end{aligned}\right\}\tag{4.4.19}$$

则有如下帕德逼近表达式：

$$[L-m/m]=\frac{P_{2m}(f)}{Q_{2m}(f)}\tag{4.4.20a}$$

$$[L-m-1/m]=\frac{P_{2m+1}(f)}{Q_{2m+1}(f)}\tag{4.4.20b}$$

式中：$P_l(f),Q_l(f)(l=2m$ 或 $l=2m+1)$ 有如下递推公式：

$$\frac{P_l(f)}{Q_l(f)}=\frac{\overline{P}_{l-1}P_{l-2}(f)-f\overline{P}_{l-2}P_{l-1}(f)}{\overline{P}_{l-1}Q_{l-2}(f)-f\overline{P}_{l-2}Q_{l-1}(f)} \tag{4.4.21}$$

式中：$\overline{P}_l$ 为 $P_l(f)$ 的最高次幂项 $f^{L-(l+1)/2}$ 的系数。

定理 4.4.12(Maehly 方法)　设函数 $I(f)$ 为下式所定义的切比雪夫多项式 $T_n(f)=\cos(n\arccos f)$ 的级数：

$$I(f)=\sum_{n=0}^{\infty}c_nT_n(f) \tag{4.4.22}$$

构造有理分式函数：

$$P_L(f)/Q_M(f)=\sum_{l=0}^{L}p_lT_l(f)\Big/\sum_{m=0}^{M}q_mT_m(f) \tag{4.4.23}$$

则系数 $p_l(l=0,1,\cdots,L),q_m(m=1,2,\cdots,M)$ 是下述$(L+M+1)$ 个方程的解：

$$\left.\begin{aligned}
&p_0=c_0+\frac{1}{2}\sum_{m=1}^{M}c_mq_m\\
&p_l=c_l+\frac{1}{2}c_0q_l+\frac{1}{2}\sum_{m=1}^{M}(c_{m+l}+c_{|m-l|})q_m,\quad l=1,2,\cdots,L+M\\
&p_l=0,\quad l>L\\
&q_m=0,\quad m>M\\
&q_0=1
\end{aligned}\right\} \tag{4.4.24}$$

Maehly 方法是帕德逼近方法的推广和改进。它通常比帕德逼近的精度高，特别是当被逼近函数的麦克劳林展开收敛较慢，而它的切比雪夫展开收敛较快时更是如此。

4.4.2　二元帕德逼近

在诸如散射的电磁问题中需要在频域和方向上同时求解散射体上关于感应电流分布的矩阵方程，若采用逐点扫描求解，必将导致巨大的计算量，而采用多变量外推技术能有效地减少矩阵方程的重复求解。

本节考虑基于多元函数的有理分式逼近的多变量外推问题。多元函数逼近研究用简单的多元函数来近似表达任意多元函数的问题，它是现代函数逼近论中的一个有着重要理论和实际意义的研究方向。多元函数逼近与一元函数逼近有着一定的联系，但它却不是一元情形的简单推广，它要比一元情形困难得多、复杂得多。多元函数与一元函数的根本区别在于定义域的维数不同，位于直线上的一个点只能有两个不同的运动方向，而在多维区域上的一个点却可以有无穷多个运动方向，这说明多维区域上的点的分布呈现复杂的情况，而不限于一定的方向和顺序。多维区域的这种性质使得多元函数的某些逼近问题往往具有不唯一性，同时也使得一元逼近中普遍适用的一些方法不能简单地推广到多元逼近中。

多元函数逼近的困难在于多元函数在多维区域上所表现出来的复杂性，例如以最简单的二元多项式(它是最简单的二元函数逼近工具)为例，它所具有的一些与一元多项式截然不同的复杂性就足以说明这一点。首先，与一元 n 次多项式至多有 n 个零点的性质相反，二元 n 次多项式在一般情况下有无穷多个零点，这些零点构成一条平面代数曲线，而代数曲线通常具有复杂的结构；其次，二元多项式的代数性质也比一元情形复杂得多，一元多项式总能分解成一次或二次质因式的连乘积，而二元多项式却不能这样，它可以有较高次的质因式，这种代数结构上的复杂性使得二元函数逼近问题必然会遇到很大的困难。此外，二元 n 次多项式的独项式没有一元情形所具有的那种自然的排列顺序，这使得二元直交多项式没有简单的递推关系。

1. Lutterodt 格式

假设被逼近的二元函数 $I(f,\theta)$ 在原点周围的一个邻域中由下述形式幂级数所定义：

$$I(f,\theta) \equiv \sum_{i=0}^{\infty}\sum_{j=0}^{\infty} c_{ij} f^i \theta^j \tag{4.4.25}$$

若 $I(f,\theta)$ 为任意函数，则根据二元函数的泰勒展开亦可得到上述表达式，但其系数可由下式确定为

$$c_{ij} = \frac{\mathrm{d}^{i+j}}{\mathrm{d}f^i\mathrm{d}\theta^j}\frac{I(0,0)}{i!j!} \tag{4.4.26}$$

那么 $I(f,\theta)$ 的帕德逼近式就是要确定二元多项式偶 $(P(f,\theta),Q(f,\theta))$，即

$$P(f,\theta) = \sum_{(i,j)\in N} a_{ij} f^i \theta^j \tag{4.4.27a}$$

$$Q(f,\theta) = \sum_{(i,j)\in D} b_{ij} f^i \theta^j \tag{4.4.27b}$$

使得有如下关系式成立：

$$\sum_{i=0}^{\infty}\sum_{j=0}^{\infty} c_{ij} f^i \theta^j - \frac{P(f,\theta)}{Q(f,\theta)} = \sum_{(i,j)\in E} d_{ij} f^i \theta^j,\quad d_{ij} = 0,\ \forall (i,j) \in E \tag{4.4.28}$$

式中：各指标集 N，D 和 E 的取值范围为

$$N = \{(i,j) \in \overline{(0,m_x)} \times \overline{(0,m_y)}\} \tag{4.4.29a}$$

$$D = \{(i,j) \in \overline{(0,n_x)} \times \overline{(0,n_y)}\} \tag{4.4.29b}$$

$$E = \{(i,j) \in \overline{(m_x+n_x+1,\infty)} \times \overline{(m_y+n_y+1,\infty)}\} \tag{4.4.29c}$$

如图 4.4.1 所示。

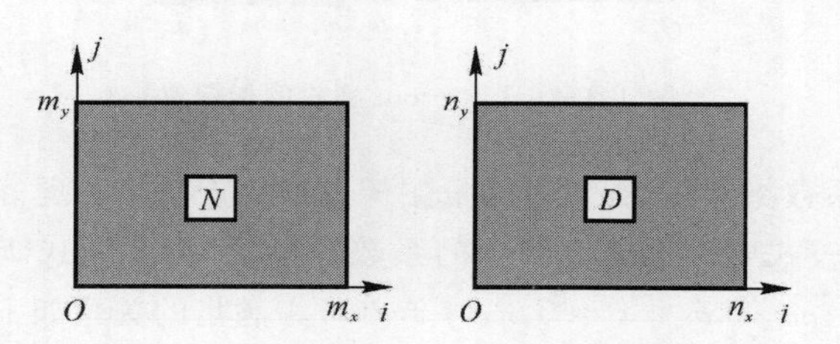

图 4.4.1　有理分式的分子、分母系数的指标集

因此，有理分式 $P(f,\theta)/Q(f,\theta)$ 的分子、分母分别含有 $(m_x+1)\times(m_y+1)$ 个、$(n_x+1)\times(n_y+1)$ 个系数，类似单变量外推方法，取 $b_{00}=1$，则有理分式中共包含了 $(m_xm_y+n_xn_y+m_x+n_x+m_y+n_y+1)$ 个独立的未知系数。根据帕德逼近的基本思想，当考虑满足式(4.2.3)的关系时，有理分式的系数 $\{a_{ij} \mid i=\overline{0,m_x}, j=\overline{0,m_y}\}$，$\{b_{ij} \mid i=\overline{0,n_x}, j=\overline{0,n_y}\}$ 指标集范围是：$(i,j)\in\overline{(0,m_x+n_x)}\times\overline{(0,m_y+n_y)}$，这表明在该指标集内可提供的方程数为 $(m_x+n_x$

$+1)\times(m_y+n_y+1)$，这个数目比有理分式系数的总的个数多了$(m_x n_y+n_x m_y)$。因此在这个指标集中根据有理分式系数的个数取不同的子指标集，就可以确定有理分式的系数，但是由于子指标集的不同，相应确定的有理分式的系数就不同，对应的有理分式的形式也就不同，这就造成函数有理分式逼近的不唯一性。

函数有理分式逼近出现不唯一性的根本原因在于，对于一元函数来说，定义域只有一维，一个点只能有两个不同的运动方向；而对于多元函数来说，定义域是多维的，在多维区域上的一个点却可以有无穷多个运动方向。这说明，多维区域上的点的分布呈现复杂的情况，而不限于一定的方向和顺序。多维区域的这种性质使得多元函数的逼近问题具有不唯一性，同时使得在一元逼近中普遍适用的一些方法不能简单地推广到多元逼近中。

函数有理分式逼近中由于子指标集取法的多样性导致了不同形式的帕德逼近，然而并非任意选取子指标集都可以成功地定义帕德逼近，况且人们在定义这些帕德逼近的时候，总要或多或少地保持单变量帕德逼近的某些性质。因此子指标集的选取不能不受到一些限制，例如，确定性（有理分式系数有唯一解，即方程个数与系数个数相等）、投影性（若有理分式的一个变量退化为零，则相应的帕德逼近退化成单变量的帕德逼近）等等。

指标集为 B^1 型 Lutterodt 逼近格式 LAB^1，如图 4.4.2 所示。

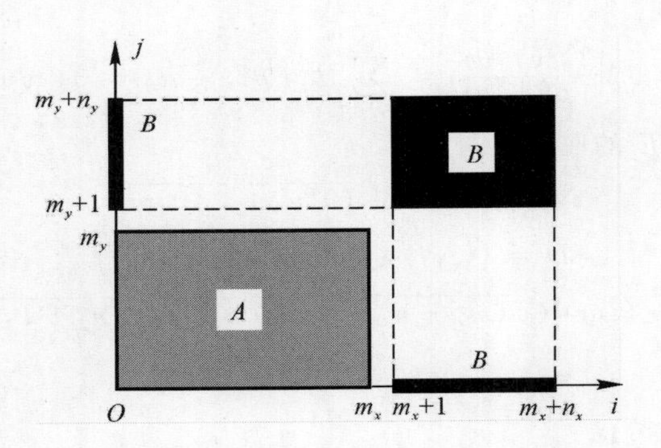

图 4.4.2 Lutterodt 格式的指标集

根据图 4.4.2 确定的系数指标集，类似单变量帕德逼近的方法将有理分式的分母同乘方程(4.4.28)两边，并通过比较式中两边同次幂项的系数，可以解出多项式 $P(f,\theta)$，$Q(f,\theta)$ 的系数 $\{a_{ij}\mid i=\overline{0,m_x},j=\overline{0,m_y}\}$，$\{b_{ij}\mid i=\overline{0,n_x},j=\overline{0,n_y}\}$ 满足的关系如下：

$$\sum_{p=0}^{n_x}\sum_{q=0}^{n_y} c_{i-p,j-q}b_{pq}=0,\quad (i,j)\in B \tag{4.4.30a}$$

$$\sum_{p=0}^{n_x}\sum_{q=0}^{n_y} c_{i-p,j-q}b_{pq}=a_{ij},\quad (i,j)\in A \tag{4.4.30b}$$

$$c_{ij}=0,\quad \forall(i<0),\forall(j<0) \tag{4.4.30c}$$

$$b_{00}=1 \tag{4.4.30d}$$

2. Chisholm 格式

Chisholm 格式考虑二重级数

$$I(f,\theta)=\sum_{m,n=0}^{\infty}c_{mn}f^m\theta^n \tag{4.4.31}$$

的二元$[M/M]$逼近

$$I_{M/M}(f,\theta)=\frac{\sum\limits_{m,n=0}^{M}a_{mn}f^m\theta^n}{\sum\limits_{m,n=0}^{M}b_{mn}f^m\theta^n} \tag{4.4.32}$$

式中：有理分式的分子、分母上的多项式关于 f 与 θ 的最高次幂分别都是 M 次的。为了保证有理分式的唯一性而假定

$$b_{00}=1 \tag{4.4.33}$$

注意到约定式(4.4.33)，$I_{M/M}$ 的未知参数的个数为

$$2(M+1)^2-1=2M^2+4M+1 \tag{4.4.34}$$

用有理分式函数 $I_{M/M}(f,\theta)$ 逼近函数 $I(f,\theta)$ 时，根据式(4.4.31)、式(4.4.32) 则有

$$\left(\sum_{m,n=0}^{M}b_{mn}f^m\theta^n\right)\left(\sum_{m,n=0}^{\infty}c_{mn}f^m\theta^n\right)=\sum_{m,n=0}^{M}a_{mn}f^m\theta^n+0(f^i\theta^{2M-i}) \tag{4.4.35}$$

式中：右端最后一项表示等式两端的第一项中整体阶(即 f 与 θ 的幂次之和)小于 $2M+1$ 的项均相等。

考虑条件式(4.4.33)，由式(4.4.35) 所得到方程的个数为

$$\sum_{i=1}^{2M+1}i=2M^2+3M+1 \tag{4.4.36}$$

它比由式(4.4.34) 所示的未知参数的个数恰好少了 M 个。为了补上这个差额，自然应该从式(4.4.35) 两边整体幂次为 $2M+1$ 次的项 $f^i\theta^{2M+1-i}$ 中去寻找。Chisholm 的办法是从关于 f 和 θ 对称的角度，而令 M 对项

$$f^i\theta^{2M+1-i},f^{2M+1-i}\theta^i\quad i=1,2,\cdots,M \tag{4.4.37}$$

系数的和相等来补偿这个差额。

因此根据式(4.4.35)、式(4.4.37)，得线性方程组为

$$\sum_{i=0}^{m}\sum_{j=0}^{n}b_{ij}c_{m-i,n-j}=a_{mn},\quad m,n\in ABC \tag{4.4.38a}$$

$$\sum_{i=0}^{m}\sum_{j=0}^{n}(b_{ij}c_{m-i,n-j}+b_{ji}c_{n-j,m-i})=0,\quad m,n\in BC \tag{4.4.38b}$$

$$a_{mn}=b_{mn}\equiv 0,\quad m>M \text{ 或 } n>M \tag{4.4.38c}$$

式中：

$$ABC=\{m,n=0,1,\cdots,2M;0\leqslant m+n\leqslant 2M\} \tag{4.4.39a}$$

$$BC=\{m=1,2,\cdots,M;m+n=2M+1\} \tag{4.4.39b}$$

方程组(4.4.38a) 可以确定$(M+1)^2$ 个系数 $a_{mn}(m,n=0,1,\cdots,M)$，剩下的 $M(M+1)$ 个方程组与方程组(4.4.38b) 的 M 个方程一起确定除去 b_{00} 以外的 $M(M+2)$ 个系数 $b_{mn}(m,n=0,1,\cdots,M;m+n\neq 0)$。Chisholm 格式的指标集 ABC，BC 如图 4.4.3 所示。

3. 降维展开格式

设 Ω' 是含于方域 $\Omega\{0\leqslant f\leqslant 1,0\leqslant\theta\leqslant 1\}$ 内的闭区域，其边界 $\partial\Omega$ 是一条分段光滑的简单封闭曲线，假设函数 $J(f,\theta)$ 在 Ω 上对 f 具有 m 阶连续偏导数 $J_f^{(m)}(f,\theta)$；又设 $P(f,\theta)=$

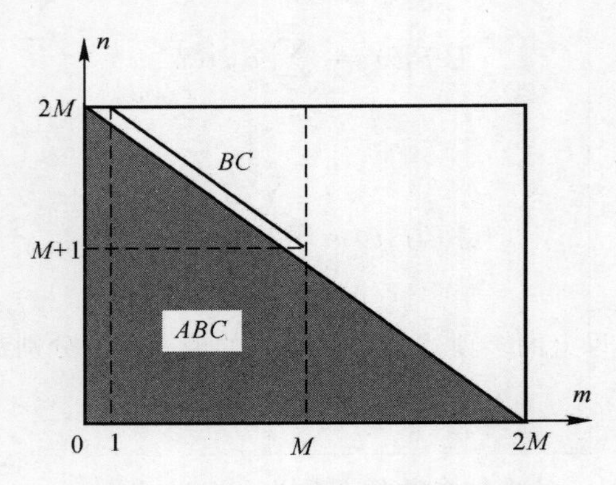

图 4.4.3 Chisholm 格式的指标集

$f^m + Q(f,\theta)$ 是一个二元多项式，其中 $Q(f,\theta)$ 所含 f 的最高次幂不大于$(m-1)$，则有

$$\iint_{\Omega} J(f,\theta)\mathrm{d}f\mathrm{d}\theta = \sum_{n=0}^{m-1} \frac{(-1)^n}{m!}\int_{\partial\Omega} P_f^{(m-n-1)} J_f^{(n)}\mathrm{d}\theta + \frac{(-1)^m}{m!}\iint_{\Omega} PJ_f^{(m)}\mathrm{d}f\mathrm{d}\theta \tag{4.4.40}$$

式中：最后一项表示余项。设 $0 \leqslant f_0 < f \leqslant 1, 0 \leqslant \theta_0 < \theta \leqslant 1$，并且矩形区域 $\Omega'\{f_0 \leqslant f' \leqslant f, \theta_0 \leqslant \theta' \leqslant \theta\}$。令

$$J(f,\theta) = \frac{\partial^2 I(f,\theta)}{\partial f \partial \theta} \tag{4.4.41}$$

将式(4.4.41) 代入式(4.4.40)，可得

$$\begin{aligned} I(f,\theta) = {} & I(f_0,\theta) + I(f,\theta_0) - I(f_0,\theta_0) + \\ & \sum_{n=0}^{m-1} \frac{(-1)^n}{m!}\left[\frac{\mathrm{d}^{m-n-1}P}{\mathrm{d}f^{m-n-1}}\left[\frac{\partial^{n+1}I}{\partial f^{n+1}}\right]_{\theta_0}^{\theta}\right]_{f_0}^{f} + \\ & \frac{(-1)^m}{m!}\int_{f_0}^{f} P(f)\left[\frac{\partial^{n+1}I}{\partial f^{n+1}}\right]_{\theta_0}^{\theta}\mathrm{d}f \end{aligned} \tag{4.4.42}$$

已采用记号

$$\left.\begin{aligned} [I(f,\theta)]_{\theta_0}^{\theta} &= I(f,\theta) - I(f,\theta_0) \\ [I(f,\theta)]_{f_0}^{f} &= I(f,\theta) - I(f_0,\theta) \end{aligned}\right\} \tag{4.4.43}$$

为了使式(4.4.42) 中余项（最后一项）有较小的估值，最好选择区间$[0,1]$ 上的勒让德(Legendre) 多项式作为 $P(f)$，则有

$$P(f) = \frac{m!}{(2m)!}\left(\frac{\mathrm{d}}{\mathrm{d}f}\right)^m [x^m (x-1)^m], \quad 0 \leqslant f \leqslant 1 \tag{4.4.44}$$

于是根据展开公式(4.4.42) 便可以得到如下展开式：

$$\begin{aligned} I(f,\theta) = {} & I(0,\theta) + I(f,0) - I(0,0) + \\ & \sum_{n=0}^{m} \frac{(-1)^{n-1}}{(2m)!}\left[\left[\frac{\mathrm{d}^n I}{\mathrm{d}f^n}\right]_0^{\theta}\left(\frac{\mathrm{d}}{\mathrm{d}f}\right)^{2m-n}(f^2-f)^m\right]_0^f + \delta_m, \\ & 0 \leqslant f \leqslant 1,\ 0 \leqslant \theta \leqslant 1 \end{aligned} \tag{4.4.45}$$

式中：δ_m 为这个展开式的余项。在 $\partial^{m+1} f/\partial f^{m+1}$，$\partial^{m+2} f/\partial f^{m+1}$ 为连续函数的条件下，余项 δ_m 分别有下列估计式：

$$|\delta_m| \leqslant \frac{m!}{(2m)!}\sqrt{\frac{2f}{m+0.5}}\left\|\frac{\partial^{m+1} I}{\partial f^{m+1}}\right\| \tag{4.4.46a}$$

$$|\delta_m| \leqslant \frac{m!}{(2m)!}\sqrt{\frac{|f\theta|}{2m+1}}\left\|\frac{\partial^{m+2} I}{\partial f^{m+1}\partial\theta}\right\| \tag{4.4.46b}$$

式中：$\|\cdot\|$ 表示函数在 $\Omega\{0\leqslant f\leqslant 1, 0\leqslant\theta\leqslant 1\}$ 上的切比雪夫模。

4.5　柯西逼近方法

在4.1节中，曾指出有理分式逼近比多项式逼近具有逼近精度高、逼近范围宽的优点。本节我们将根据柯西逼近方法，确定函数的有理分式逼近问题，即

$$I(f) \Rightarrow SI_{P/Q}(f) = (P,Q) = \frac{N_P(f)}{D_Q(f)} \tag{4.5.1}$$

4.5.1　一般有理分式降阶模型

设由式(4.5.1)表示的有理分式 $SI_{P/Q}(f) = N_P(f)/D_Q(f)$ 中 $N_P(f)$，$D_Q(f)$ 互质，且它们是分别关于 f 的第 P 阶和第 Q 阶多项式，可用数学语言精确表达为

$$H_P = \{N_P(f) = \sum_{p=0}^{P} a_p f^p, \quad f, a_p \in \mathbf{C}\} \tag{4.5.2a}$$

$$H_Q = \{D_q(f) = \sum_{q=0}^{Q} b_q f^q, \quad f, b_q \in \mathbf{C}\backslash\{0\}\} \tag{4.5.2b}$$

式中：$\mathbf{C}$ 表示复数全体，$\mathbf{C}\backslash\{0\}$ 指从 $\mathbf{C}$ 中除去恒为零的元素。$N_P(f)$ 含有 $(P+1)$ 个待定系数 $a_p(p=0,1,\cdots,P)$，$D_Q(f)$ 含有 $(Q+1)$ 个待定系数 $b_q(q=0,1,\cdots,Q)$，但是为了保证分式的确定性，可取 $b_0=1$，这样有理分式 $SI_{P/Q}(f)$ 中总共包含了 $(P+Q+1)$ 个独立的未知系数，则有

$$SI_{P/Q}(f) = \frac{\sum_{p=0}^{P} a_p f^p}{1+\sum_{q=1}^{Q} b_q f^q} \tag{4.5.3}$$

1. 单点柯西逼近

设函数 $I(f)$ 的定义域为 $[f_{\min}, f_{\max}]$，f_0 为 $[f_{\min}, f_{\max}]$ 内的一个确定点，在 f_0 处函数 $I(f)$ 的各阶导数分别为

$$\left.\frac{\mathrm{d}^n I(f)}{\mathrm{d}f^n}\right|_{f=f_0} = I^{(n)}(f_0), \quad n=0,1,2,\cdots,N \tag{4.5.4}$$

式中：$I^{(0)}(f_0) = I(f_0)$。

所谓柯西逼近问题，就是寻求有理分式(4.5.3)，使其在给定点 f_0 处的各阶导数与由式(4.5.4)确定的函数 $I(f)$ 的相应阶导数相等，则有

$$SI^{(n)}(f_0) = I^{(n)}(f_0), \quad n=0,1,2,\cdots,N \tag{4.5.5}$$

将按上述柯西逼近方法确定的有理分式(4.4.3)，称为 $I(f)$ 的 (P,Q) 柯西有理分式 $SI_{P/Q}(f)$。

关于上述 $SI_{P/Q}(f)$，有下述定理：

定理4.5.1　$I(f)$ 的 (P,Q) 柯西有理分式 $SI_{P/Q}(f)$ 是唯一存在的。

定理4.5.2　若 $D_Q(f_0)\neq 0$，则方程组

$$\frac{\mathrm{d}^n}{\mathrm{d}f^n}\left[\frac{N_P(f)}{D_Q(f)}\right]_{f=f_0} = I^{(n)}(f_0), \quad n=0,1,2,\cdots,N \tag{4.5.6}$$

等价于方程组

$$N_P^{(n)}(f_0)=[I(f)D_Q(f)]_{f=f_0}^{(n)},\quad n=0,1,2,\cdots,N \tag{4.5.7}$$

定理 4.5.2 的作用在于将非线性问题式(4.5.6)转化为一个等价的线性问题式(4.5.7)的求解问题,从而使问题得以大大简化。

定理 4.5.3 为使满足式(4.4.4)的有理分式存在,必须且只须 $I(f)$ 的 (P,Q) 柯西有理分式 $SI_{P/Q}(f)$ 满足式(4.5.6)。

定理 4.5.4 若问题式(4.5.4)有解,则此解必唯一且等于 $I(f)$ 的 (P,Q) 柯西有理分式(4.5.3)。

对于不同的 P 和 Q,$I(f)$ 的 (P,Q) 柯西有理分式 $SI_{P/Q}(f)$ 可列表如下:

$$\begin{matrix}(0/0) & (0/1) & (0/2) & (0/3) & (0/4) & \cdots\\ (1/0) & (1/1) & (1/2) & (1/3) & (1/4) & \cdots\\ (2/0) & (2/1) & (2/2) & (2/3) & (2/4) & \cdots\\ (3/0) & (3/1) & (3/2) & (3/3) & (3/4) & \cdots\\ (4/0) & (4/1) & (4/2) & (4/3) & (4/4) & \cdots\\ \cdots & \cdots & \cdots & \cdots & \cdots & \cdots\end{matrix} \tag{4.5.8}$$

假定式(4.5.8)中的每个元素是相应的柯西有理分式逼近问题式(4.5.5)的解。

将式(4.5.2)代入式(4.5.7),并根据求两个函数乘积的高阶导数的莱布尼兹公式,得

$$\sum_{p=0}^{P}\varphi_p^{(n)}(f_0)a_p-\sum_{q=1}^{Q}\sum_{i=0}^{n}C_n^iI^{(n-i)}(f_0)\varphi_q^{(i)}(f_0)b_q=I^{(n)}(f_0),$$
$$n=0,1,\cdots,N \tag{4.5.9}$$

式中:

$$\varphi_m^{(n)}(f_0)=\begin{cases}0, & m<n\\ n!C_m^nf_0^{m-n}, & m\geqslant n\end{cases} \tag{4.5.10}$$

$C_n^i=\dfrac{n!}{(n-i)!i!}$ 是二项式系数,下文同。为了使式(4.5.9)确定的方程个数与有理分式 $SI_{P/Q}(f)$ 的未知系数个数相等,被逼近函数 $I(f)$ 的最高求导的次数 N 应满足关系 $N=P+Q$。这样式(4.5.9)可写成如下矩阵方程:

$$\boldsymbol{\lambda\nu}=\boldsymbol{\gamma} \tag{4.5.11}$$

式中,$\boldsymbol{\nu}=[a_0\quad a_1\quad\cdots\quad a_P\quad b_1\quad b_2\quad\cdots\quad b_Q]^{\mathrm{T}}$,而矩阵 $\boldsymbol{\lambda}$ 和向量 $\boldsymbol{\gamma}$ 的元素由下式确定为

$$\gamma_m=I^{(m)}(f_0) \tag{4.5.12a}$$

$$\lambda_{mn}=\begin{cases}\varphi_n^{(m)}(f_0), & 0\leqslant n\leqslant P\\ -\displaystyle\sum_{i=0}^{m}C_m^iI^{(m-i)}(f_0)\varphi_{n-P}^{(i)}(f_0), & P<n\leqslant P+Q\end{cases} \tag{4.5.12b}$$

求解矩阵方程(4.5.11)可得有理分式的系数。

值得指出的是,上述单点外推方法中的两种技术帕德逼近和柯西逼近所形成的有理分式系数的特征方程尽管其形式不同,但考虑到函数的泰勒展开系数与函数的矩量间的关系,则其实质是相同的,因为只要将两者之一稍作变化,就可以互相转换。

2. *多点柯西逼近*

对于定义域 $[f_{\min},f_{\max}]$ 变化较小的函数逼近计算,只在单点展开,就能获得较理想的外推

结果。但对于定义域$[f_{\min},f_{\max}]$变化较大的函数逼近计算，则必须在多点展开，才能获得较大范围的外推。多点外推的数学本质就是有理厄尔米特插值，文献中，有许多名称，诸如多点帕德逼近、柯西 - 雅可比问题、牛顿 - 帕德逼近等。

设$S=\{0,1,\cdots,s\}$，$K_i=\{0,1,\cdots,k_i\}$，$i\in S$，$F=\{f_i\in \mathbf{C}$:互异，$i\in S\}$，数学上定义的有理厄尔米特插值就是对于一个给定的函数$I(f)$，求有理分式$N_P(f)/D_Q(f)\in \mathbf{R}(P,Q)$，使得

$$\frac{\mathrm{d}^j}{\mathrm{d}f^j}\left[\frac{N_P(f)}{D_Q(f)}\right]_{f=f_i}=I^{(j)}(f_i) \tag{4.5.13}$$

式中：$P+Q+1=\sum_{i\in S}(k_i+1)$。

与一般文献介绍的方法不同，下面结合前节内容具体讨论上式的求解。

设函数$I(f)$的有理分式逼近由式(4.5.3)确定。根据前一小节的内容可推广知，在某一展开点$f=f_j$处，有理分式的系数$a_p(p=0,1,\cdots,P)$，$b_q(q=0,1,\cdots,Q)$满足的特征方程类似于式(4.5.11)，即有

$$\boldsymbol{\lambda}(x_j)\boldsymbol{v}=\boldsymbol{\gamma}(x_j) \tag{4.5.14}$$

式中：$\boldsymbol{v}=[a_0\quad a_1\quad\cdots\quad a_P\quad b_1\quad b_2\quad\cdots\quad b_Q]^{\mathrm{T}}$；由式(4.5.12)，矩阵$\boldsymbol{\lambda}(x_j)$和向量$\boldsymbol{\gamma}(x_j)$的元素为

$$\gamma_m(x_j)=I^{(m)}(x_j) \tag{4.5.15a}$$

$$\lambda_{mn}(f_j)=\begin{cases}\varphi_n^{(m)}(f_j), & 0\leqslant n\leqslant P\\ -\sum_{i=0}^{m}\mathrm{C}_m^i I^{(m-i)}(f_j)\varphi_{n-P}^{(i)}(f_j), & P<n\leqslant P+Q\end{cases} \tag{4.5.15b}$$

$$\varphi_n^{(m)}(f_j)=\begin{cases}0, & n<m\\ m!\mathrm{C}_n^m f_j^{n-m}, & n\geqslant m\end{cases} \tag{4.5.15c}$$

将式(4.5.15)依序列相异展开点$f_j\in[f_{\min},f_{\max}](j=0,1,2,\cdots,J)$排列起来，得系数矩阵特征方程

$$\begin{bmatrix}\boldsymbol{\lambda}(f_0)\\ \boldsymbol{\lambda}(f_1)\\ \vdots\\ \boldsymbol{\lambda}(f_J)\end{bmatrix}\boldsymbol{v}=\begin{bmatrix}\boldsymbol{\gamma}(f_0)\\ \boldsymbol{\gamma}(f_1)\\ \vdots\\ \boldsymbol{\gamma}(f_J)\end{bmatrix} \tag{4.5.16}$$

式中：子矩阵$\boldsymbol{\lambda}(f_j)(j=\overline{0,J})$和子向量$\boldsymbol{\gamma}(f_j)(j=\overline{0,J})$的元素由式(4.5.15)确定，即

$$\boldsymbol{\lambda v}=\boldsymbol{\gamma} \tag{4.5.17}$$

4.5.2　广义有理降阶模型

以上讨论的有理分式降阶模型中，分子与分母多项式的基函数都是幂函数。在本章中相对于有理分式降阶模型提出了一种广义有理分式降阶模型，这种降阶模型的分子与分母多项式的基函数是任意形式的函数，而不再单纯取幂函数。

设由式(4.4.3)表示的有理分式$SI_{P/Q}(f)=N_P(f)/D_Q(f)$中$N_P(f)$，$D_Q(f)$互质，且它们分别是关于$f$的第$P$阶和第$Q$阶多项式，可用数学语言精确表达为

$$H_P=\{N_P(f)=\sum_{p=0}^{P}a_p\varphi_p(f),\quad f,a_p\in\mathbf{C}\} \tag{4.5.18a}$$

$$H_Q = \{D_q(f) = \sum_{q=0}^{Q} b_q \varphi_q(f), \quad f, b_q \in \mathbf{C} \backslash \{0\}\} \tag{4.5.18b}$$

式中，$\mathbf{C}$ 表示复数全体，$\mathbf{C}\backslash\{0\}$ 指从 $\mathbf{C}$ 中除去恒为零的元素。$\varphi_n(f)(n = p$ 或 $n = q)$ 是广义有理函数模型的基函数。$N_P(f)$ 含有 $(P+1)$ 个待定系数 $a_p(p = 0,1,\cdots,P)$，$D_Q(f)$ 含有 $(Q+1)$ 个待定系数 $b_q(q = 0,1,\cdots,Q)$，但是为了保证分式的确定性，可取 $b_0 = 1$，这样有理分式 $SI_{P/Q}(f)$ 中总共包含了 $(P+Q+1)$ 个独立的未知系数。将式(4.5.18)代入式(4.4.1)，得

$$SI_{P/Q}(f) = \frac{\sum_{p=0}^{P} a_p \varphi_p(f)}{\varphi_0(f) + \sum_{q=0}^{Q} b_q \varphi_q(f)} \tag{4.5.19}$$

有理分式模型是广义有理分式模型的特例。由于广义有理分式模型的基函数的选择具有随意性，当采用广义有理分式模型来逼近系统传递函数时，有可能使得有理函数模型获得更大程度的降阶。广义有理分式模型在特定的基函数下的展开系数与有理分式模型一样，须由其相应的特征方程提供的信息确定。

文献中，一般是采用有理分式降阶模型逼近，现在将其推广到广义有理降阶模型。与有理分式降阶模型逼近(基函数只能取幂函数)相比，由于广义有理降阶模型中基函数选择随意，因而具有更大的灵活性。

1. 单点柯西逼近

将式(4.5.19)两端同时乘以有理分式的分母，然后在等式两边同时对自变量 f 求 n 阶导数，并在展开点 $f = f_0$ 整理，确定系数之间的关系如下：

$$\sum_{p=0}^{P} \varphi_p^{(n)}(f_0) a_p - \sum_{q=1}^{Q} \sum_{i=0}^{n} \mathrm{C}_m^i I^{(n-i)}(f_0) \varphi_q^{(i)}(f_0) b_q = \sum_{i=0}^{n} \mathrm{C}_n^i I^{(n-i)}(f_0) \varphi_0^{(i)}(f_0), \quad n = 0,1,\cdots,N \tag{4.5.20}$$

根据有理分式待定系数的个数知，为了使方程数与未知系数个数相等，逼近函数的最高求导的次数 N 应满足 $N = P + Q$。上式可简化为如下矩阵方程：

$$\boldsymbol{\lambda \nu} = \boldsymbol{\gamma} \tag{4.5.21}$$

式中，$\boldsymbol{\nu} = [a_0 \quad a_1 \quad \cdots \quad a_P \quad b_1 \quad b_2 \quad \cdots \quad b_Q]^{\mathrm{T}}$，矩阵 $\boldsymbol{\lambda}$ 和向量 $\boldsymbol{\gamma}$ 的元素由下式确定为

$$\gamma_m(f_0) = \sum_{i=0}^{m} \mathrm{C}_m^i I^{(m-i)}(f_0) \varphi_0^{(i)}(f_0) \tag{4.5.22a}$$

$$\lambda_{mn}(f_0) = \begin{cases} \alpha_{mn}(f_0), & 0 \leqslant n \leqslant P \\ -\beta_{mn}(f_0), & P < n \leqslant P+Q \end{cases} \tag{4.5.22b}$$

式中：

$$\alpha_{mn}(f_0) = \varphi_n^{(m)}(f_0) \tag{4.5.23a}$$

$$\beta_{mn}(f_0) = \sum_{i=0}^{m} \mathrm{C}_m^i I^{(m-i)}(f_0) \varphi_{n-P}^{(i)}(f_0) \tag{4.5.23b}$$

因此，只要选择合适的基函数并由系统函数的各阶矩量，通过求解方程(4.5.21)，就能确定其有理分式模型的展开系数。

由式(4.5.22)、式(4.5.23)可知，有理函数的系数除与函数 $I(f)$ 的各低阶导数有关外，还取决于基函数的各低阶导数，因而基函数 $\varphi_n(f)(n = 0,1,2\cdots)$ 的选择是非常重要的，其一要

保证在外推区域内各阶导数是存在的，其二要保证各阶导数有解析的表达式，例如，一般地，基函数及其各阶导数可取为

E. 幂函数

$$\varphi_n(f) = f^n \tag{4.5.24a}$$

$$\varphi_n^{(m)}(f) = m!\mathrm{C}_n^m f^{n-m} u(n-m) \tag{4.5.24b}$$

式中：$u(\cdot)$ 为单位脉冲函数。基函数取幂函数时对应于普通有理函数模型。

F. 指数函数

$$\varphi_n(f) = \exp(-nf) \tag{4.5.25a}$$

$$\varphi_n^{(m)}(f) = (-n)^m \exp(-nf) \tag{4.5.25b}$$

G. 三角函数(或复指数函数)

$$\varphi_n(f) = \exp(\mathrm{j}nf) \tag{4.5.26a}$$

$$\varphi_n^{(m)}(f) = (\mathrm{j}n)^m \exp(\mathrm{j}nf) \tag{4.5.26b}$$

H. Bessel 函数

$$\varphi_n(f) = J_n(f) \tag{4.5.27a}$$

$$\varphi_n^{(m)}(f) = \sum_{i=0}^{m} (-1)^i \mathrm{C}_m^i J_{2i-m+n}(f) \tag{4.5.27b}$$

2. 多点柯西逼近

根据前一小节的内容可推广知，在某一展开点 $f = f_j$ 处，有理分式的系数 $a_p(p = 0,1,\cdots,P)$，$b_q(q = 0,1,\cdots,Q)$ 满足的特征方程类似于式(4.5.21)，即

$$\boldsymbol{\lambda}(f_j)\boldsymbol{v} = \boldsymbol{\gamma}(f_j) \tag{4.5.28}$$

式中：$\boldsymbol{v} = [a_0 \quad a_1 \quad \cdots \quad a_P \quad b_1 \quad b_2 \quad \cdots \quad b_Q]^{\mathrm{T}}$；矩阵 $\boldsymbol{\lambda}$ 和向量 $\boldsymbol{\gamma}$ 的元素由下式确定为

$$\gamma_m(f_j) = \sum_{i=0}^{m} \mathrm{C}_m^i I^{(m-i)}(f_j)\varphi_0^{(i)}(f_j) \tag{4.5.29a}$$

$$\lambda_{mn}(f_j) = \begin{cases} \alpha_{mn}(f_j), & 0 \leqslant n \leqslant P \\ -\beta_{mn}(f_j), & P < n \leqslant P+Q \end{cases} \tag{4.5.29b}$$

式中：

$$\alpha_{mn}(f_j) = \varphi_n^{(m)}(f_j) \tag{4.5.30a}$$

$$\beta_{mn}(f_j) = \sum_{i=0}^{m} \mathrm{C}_m^i I^{(m-i)}(f_j)\varphi_{n-P}^{(i)}(f_j) \tag{4.5.30b}$$

将式(4.5.28)依展开点 $f_j(j = 0,1,2,\cdots,J)$ 排列起来，得矩阵方程：

$$\begin{bmatrix} \boldsymbol{\lambda}(f_0) \\ \boldsymbol{\lambda}(f_1) \\ \vdots \\ \boldsymbol{\lambda}(f_J) \end{bmatrix} \boldsymbol{v} = \begin{bmatrix} \boldsymbol{\gamma}(f_0) \\ \boldsymbol{\gamma}(f_1) \\ \vdots \\ \boldsymbol{\gamma}(f_J) \end{bmatrix} \tag{4.5.31}$$

即

$$\boldsymbol{\lambda}\boldsymbol{v} = \boldsymbol{\gamma} \tag{4.5.32}$$

因此，只要选择合适的基函数并由系统函数的各阶导数，通过求解方程(4.5.30)，就能确定其有理函数的展开系数。

4.6 电磁响应的加速计算

4.6.1 引言

在4.1节中提到对于电磁问题都可以抽象出一种数学模型，即用以下非齐次算子方程表示出来：

$$L[\boldsymbol{J}(\boldsymbol{r})] = \boldsymbol{E}_{\mathrm{i}}(\boldsymbol{r}), \quad \boldsymbol{r} \in \Omega \tag{4.6.1}$$

在电磁场数值计算方法中式(4.6.1)归结为代数方程组(矩阵方程)求解。

$$\boldsymbol{Z}(f)\boldsymbol{I}(f) = \boldsymbol{V}(f) \tag{4.6.2}$$

在4.2节中提到利用矩阵方程(4.6.2)可以求得电磁问题的宽带响应，传统方法是在一定的频带$[f_{\min}, f_{\max}]$内，以一定的频率间隔，逐点重复求解矩阵方程(4.6.2)，首先获得电流$I(f)$的频率响应，然后由该电流响应求取电磁宽带响应。由于上述方法存在大量矩阵方程(4.6.2)重复计算而导致计算量巨大的问题，本章中是采用函数插值与逼近技术来克服传统方法所存在的问题的，这些技术主要包括多项式函数插值与逼近、有理分式函数插值与逼近，后者还包括连分式插值与逼近、帕德逼近、柯西逼近等方法。

因此，电磁场频率外推技术，主要考虑以下两种方法：

(1) 外推技术(Extrapolation Technique,EPT)。利用给定离散频率点处的电流及其各阶导数确定电流频率响应的逼近函数。其中包括单点外推(仅利用一个频率点处的电流值及其各阶导数)、多点外推(利用若干个离散频率点处的电流及其各阶导数)和多变量外推(若干个变量同时外推)。

(2) 插值技术(Interpolation Technique,IPT)。仅利用离散频率点处的电流值确定电流频率响应的逼近函数。其中包括单变量插值和多变量插值。

值得指出的是，离散频率点处的电流值可以是来自电磁场数值计算的结果，也可能来源于一些物理测量。

通过函数插值与逼近技术获得电流$I(f)$的频率响应时，需要事先获得给定的频带$[f_{\min}, f_{\max}]$内离散频率点$f_n \in [f_{\min}, f_{\max}]$$(n = 0,1,\cdots,N)$处的电流及其导数$\boldsymbol{I}^{(m)}(f_n)$$(n = 0,1,\cdots,N; m = 0,1,\cdots,M)$。这些所需要的信息可由矩阵方程(4.6.2)确定如下：

其一，在给定频率点$f_n \in [f_{\min}, f_{\max}]$$(n = 0,1,\cdots,N)$处求解矩阵方程(4.6.2)，得

$$\boldsymbol{I}(f_n) = \boldsymbol{Z}^{-1}(f_n)\boldsymbol{V}(f_n) \tag{4.6.3}$$

其二，在给定频率点$f_n \in [f_{\min}, f_{\max}]$$(n = 0,1,\cdots,N)$处，对矩阵方程(4.6.2)两边同时求关于$f$的$m$阶导数并整理后，得

$$\boldsymbol{I}^{(m)}(f_n) = \boldsymbol{Z}^{-1}(f_n)\left[\boldsymbol{V}^{(m)}(f_n) + \sum_{i=1}^{m} \mathrm{C}_m^i \boldsymbol{Z}^{(i)}(f_n)\boldsymbol{I}^{(m-i)}(f_n)\right] \tag{4.6.4}$$

式(4.6.4)可根据求导的阶数依次递推求解，其中$\boldsymbol{I}^{(0)}(f_n) \equiv \boldsymbol{I}(f_n)$并由式(4.6.3)确定。

4.6.2 外推技术加速计算

外推技术加速宽频带电磁响应计算的主要步骤如下：

步骤1 首先根据电磁场理论建立电磁场边值问题方程，如式(4.6.1)所示；然后根据电

磁场数值计算方法将该方程转化为矩阵方程，如式（4.6.2）所示，即确定系数矩阵和激励向量；最后由系数矩阵和激励向量求出关于频率的各次低阶导数。

值得指出的是，系数矩阵和激励向量的表达式形式要便于进行求导，这也就要求电磁场数值计算方法中的基函数和权函数应具有较简单的形式。

步骤 2　由矩阵方程求出频率展开点处的电流值及其各次低阶导数。设展开频率点是 f_0，它们分别确定如下：

$$\boldsymbol{Z}(f_0)\boldsymbol{I}(f_0)=\boldsymbol{V}(f_0) \tag{4.6.5a}$$

$$\boldsymbol{Z}(f_0)\boldsymbol{I}^{(m)}(f_0)=\boldsymbol{V}^{(m)}(f_0)+\sum_{i=0}^{m-1}\mathrm{C}_k^i\boldsymbol{Z}^{(i)}(f_0)\boldsymbol{I}^{(m-i)}(f_0) \tag{4.6.5b}$$

式(4.6.5)中，求导的阶数 $m=1,2,3,\cdots,M$。

步骤 3　将电流频率响应 $I(f)$ 展开成多项式函数逼近降阶模型 $SI_N(f)$ 或有理分式函数逼近降阶模型 $SI_{P/Q}(f)$。

(1) 多项式逼近方法中电流频率响应的降阶模型如下：

$$SI_N(f)=\sum_{n=0}^{N}c_nf^n \tag{4.6.6}$$

(2) 连分式逼近方法中电流频率响应的有理分式模型是：

$$SI_N(f)=\frac{d_0}{1}+\frac{d_1f}{1}+\frac{d_2f}{1}+\cdots+\frac{d_Nf}{1} \tag{4.6.7}$$

(3) 帕德逼近方法中电流频率响应的有理分式模型是：

$$SI_{P/Q}(f)=\frac{\sum\limits_{p=0}^{P}a_p\,(f-f_0)^p}{1+\sum\limits_{q=1}^{Q}b_q\,(f-f_0)^q} \tag{4.6.8}$$

(4) 柯西逼近方法中电磁响应的有理分式模型是：

$$SI_{P/Q}(f)=\frac{\sum\limits_{p=0}^{P}a_pf^p}{1+\sum\limits_{q=1}^{Q}b_qf^q} \tag{4.6.9}$$

步骤 4　由式(4.6.5)确定的展开点处的电流值及其各次低阶导数，根据多项式逼近技术、连分式逼近技术、帕德逼近技术、柯西逼近技术等确定式(4.6.6)～式(4.6.9)中待定系数。

值得指出的是，为了扩大降阶模型的收敛半径，展开点 f_0 一般应选择在频率响应变化范围$[f_{\min},f_{\max}]$的中点。

对于多项式逼近，展开阶数 N 的选择方法是：设容许最大相对误差为 δ，根据以上步骤，首先确定阶数为 N_1 时的多项式降阶模型 $I_{N_1}(f)$，然后增加阶数至 N_2 并确定有理分式降阶模型 $I_{N_2}(f)$，当满足关系

$$\frac{|I_{N_1}(f)-I_{N_2}(f)|}{|I_{N_1}(f)|}<\delta \tag{4.6.10}$$

时，可认为给定的有理分式的阶数 N_1 是合适的。

对于有理分式逼近，展开阶数 P 和 Q 的选择方法是：设容许最大相对误差为 δ，根据以上

步骤，首先确定阶数为 P_1 和 Q_1 时的有理分式降阶模型 $I_{P_1/Q_1}(f)$，然后增加阶数至 P_2 和 Q_2 并确定有理分式降阶模型 $I_{P_2/Q_2}(f)$，当满足关系

$$\frac{|I_{P_1/Q_1}(f)-I_{P_2/Q_2}(f)|}{|I_{P_1/Q_1}(f)|}<\delta \tag{4.6.11}$$

时，可认为给定的有理分式的阶数 P_1 和 Q_1 是合适的。一般地，式(4.6.7) ~ 式(4.6.9) 的近似解在展开点附近误差很小，外推范围越大，误差也就越大，因此在利用式(4.6.11) 时，仅仅需要计算参量变化范围内距离展开点 f_0 最远处的误差即可。

步骤 5 由电流频率响应的降阶模型求电磁场特征参数，如目标的雷达散射截面积、天线的输入阻抗等。

4.6.3 插值技术加速数值计算

插值技术加速宽频带电磁响应计算的主要步骤如下：

步骤 1 首先根据电磁场理论建立电磁场边值问题方程，如式(4.6.1) 所示；然后根据电磁场数值计算方法将该方程转化为矩阵方程，如式 (4.6.2) 所示，即确定系数矩阵和激励向量。

步骤 2 由矩阵方程求出展开点 $f_n(n=0,1,\cdots,N)$ 处的电流值，即

$$\boldsymbol{I}(f_n)=\boldsymbol{Z}^{-1}(f_n)\boldsymbol{V}(f_n) \tag{4.6.12}$$

步骤 3 将电流频率响应 $I(f)$ 展开成多项式函数插值降阶模型 $SI_N(f)$ 或有理分式函数逼近降阶模型 $SI_{P/Q}(f)$。

(1) 多项式插值方法中电流频率响应的降阶模型如下：

$$SI_N(f)=\sum_{n=0}^{N}c_nf^n \tag{4.6.13}$$

(2) 连分式插值方法中电流频率响应的有理分式模型是：

$$SI_N(f)=\frac{d_0}{1}+\frac{d_1f}{1}+\frac{d_2f}{1}+\cdots+\frac{d_Nf}{1} \tag{4.6.14}$$

(4) 有理分式插值方法中电磁响应的有理分式模型是：

$$SI_{P/Q}(f)=\frac{\sum_{p=0}^{P}a_pf^p}{1+\sum_{q=1}^{Q}b_qf^q} \tag{4.6.15}$$

步骤 4 由式(4.6.12) 确定的展开点处的电流值，根据多项式插值技术、连分式插值技术、有理分式插值技术等确定式(4.6.13) ~ 式(4.6.15) 中待定系数。

对于多项式插值，展开阶数 N 的选择方法是：设容许最大相对误差为 δ，根据以上步骤，首先确定阶数为 N_1 时的多项式降阶模型 $I_{N_1}(f)$，然后增加阶数至 N_2 并确定有理分式降阶模型 $I_{N_2}(f)$，当满足关系

$$\frac{|I_{N_1}(f)-I_{N_2}(f)|}{|I_{N_1}(f)|}<\delta \tag{4.6.16}$$

时，可认为给定的有理分式的阶数 N_1 是合适的。

对于有理分式插值，展开阶数 P 和 Q 的选择方法是：设容许最大相对误差为 δ，根据以上步骤，首先确定阶数为 P_1 和 Q_1 时的有理分式降阶模型 $I_{P_1/Q_1}(f)$，然后增加阶数至 P_2 和 Q_2 并

确定有理分式降阶模型 $I_{P_2/Q_2}(f)$，当满足关系

$$\frac{|I_{P_1/Q_1}(f) - I_{P_2/Q_2}(f)|}{|I_{P_1/Q_1}(f)|} < \delta \tag{4.6.17}$$

时，可认为给定的有理分式的阶数 P_1 和 Q_1 是合适的。

步骤 5　由电流频率响应的降阶模型求电磁场特征参数，如目标的雷达散射截面积、天线的输入阻抗等。

参考文献

[1] 徐献瑜，李家楷，徐国良. Padé 逼近概论. 上海：上海科学技术出版社，1990.

[2] TROELSEN J, MEINCKE P, BREINBJERG O. Frequency sweep of the field scattered by an inhomogeneous structure using method of moments and asymptotic waveform evaluation. Antennas and Propagation Society International Symposium, IEEE, 2000, 3: 1830 - 1833.

[3] JIAO D, JIN J M. Fast frequency-sweep analysis of microstrip antennas on dispersive substrate. Electronics Letters, 1999, 35(14): 1122 - 1123.

[4] LIANG J, HONG W. A fast generalized algorithm for the analysis of multilayered patch antennas. Asia Pacific Microwave Conference, 1999: 736 - 738.

[5] ZHANG X M, LEE J F. Application of the AWE method with the 3-D TVFEM to model spectral responses of passive microwave components. IEEE Transactions on Microwave Theory and Techniques, 1998, 46(11): 1735 - 1741.

[6] BRACKEN J E, CENDES Z J. Asymptotic waveform evaluation for S-domain solution of electromagnetic devices. IEEE Transactions on Magnetics, 1998, 34 (5): 3232 - 3235.

[7] ERDEMLI Y E, GONG J, REDDY C J, et al. Fast RCS pattern fill using AWE technique. IEEE Transactions on Antennas and Propagation, 1998, 46(11): 1752 - 1753.

[8] REDDY C J, DESHPANDE M D, COCKRELL C R, et al. Fast RCS computation over a frequency band using method of moments in conjunction with asymptotic waveform evaluation technique. IEEE Transactions on Antennas and Propagation, 1998, 46(8): 1229 - 1233.

[9] POLSTYANKO S V, DYEZIJ E R, JIN F L. Fast frequency sweep technique for the efficient analysis of dielectric waveguides. IEEE Transactions on Microwave Theory and Techniques, 1997, 45(7): 1118 - 1126.

[10] DAS S K, SMITH W T. Application of asymptotic waveform evaluation for analysis of skin effect in lossy interconnects. IEEE Transactions on Electromagnetic Compatibility, 1997, 39(2): 138 - 146.

[11] SLONE R D, SMITH W T, BAI Z J. Using partial element equivalent circuit full wave analysis and Pade Via Lanczos to numerically simulate EMC problems. IEEE International Symposium on Electromagnetic Compatibility, 1997(1): 608 - 613.

[12] GONG J, VOLAKIS J L. AWE implementation for electromagnetic FEM analysis.

Electronics Letters,1996,32 (24):2216 - 2217.

[13] CELIK M,OCALI O,TAN M A,et al. Improving AWE accuracy using multipoint Pade approximation. IEEE International Symposium on Circuits and Systems,1994,1: 379 - 382.

[14] BRACKEN J E,RAGHAVAN V,ROHRER R A. Simulating distributed elements with asymptotic waveform evaluation. IEEE MTT-S International Microwave Symposium,1992(1):1337 - 1340.

[15] LEE J Y,HUANG X,ROHRER R A. Efficient pole zero sensitivity calculation in AWE. IEEE International Conference on Computer-Aided Design,1990,10:538 - 541.

[16] GUO W H,LI W J,HUANG Y Z. Computation of resonant frequencies and quality factors of cavities by FDTD technique and pade approximation. Microwave and Wireless Components Letters,IEEE,2001,11(5):223 - 225.

[17] YEVICK D. The application of complex Pade approximants to vector field propagation. IEEE Photonics Technology Letters,2000, 12(12):1636 - 1638.

[18] EL REFAEI H,BETTY I,YEVICK D. The application of complex Pade approximants to reflection at optical waveguide facets. IEEE Photonics Technology Letters,2000,12 (2):158 - 160.

[19] ZHOU T,DVORAK S L,PRINCE J L. Application of the Pade approximation via Lanczos (PVL) algorithm to electromagnetic systems with expansion at infinity. Proceedings of 50th Electronic Components & Technology Conference,2000,8:1515 - 1520.

[20] MA Z,KOBAYASHI Y. Analysis of dielectric resonators using the FDTD method combined with the Pade interpolation technique. Asia Pacific Microwave Conference, 1999,2:401 - 404.

[21] DEY S,MITTRA R. Efficient computation of resonant frequencies and quality factors of cavities via a combination of the finite-difference time-domain technique and the Pade approximation. IEEE Microwave and Guided Wave Letters,1998,8(12):415 - 417.

[22] ZHANG X M,LEE J F. Application of the AWE method with the 3-D TVFEM to model spectral responses of passive microwave components. IEEE Transactions on Microwave Theory and Techniques,1998,46(11):1735 - 1741.

[23] ZHENG J,LI Z J. Efficient parameter computation of 2-D multiconductor interconnection lines in layered media by convergence acceleration of dielectric Green's function via Pade approximation. IEEE Transactions on Microwave Theory and Techniques, 1998,46(9):1339 - 1343.

[24] REDDY C J,DESHPANDE M D,COCKRELL C R,et al. Fast RCS computation over a frequency band using method of moments in conjunction with asymptotic waveform evaluation technique. IEEE Transactions on Antennas and Propagation,1998,46(8): 1229 - 1233.

[25] BORSBOOM P P,ZEBIC L,HYARIC A. RCS predictions using wide-angle PE codes.

Tenth International Conference on Antennas and Propagation,1997,2:191－194.

[26] TAIWO O,KREBS V. Multivariable system simplification using moment matching and optimisation. IEEE Proceedings of Control Theory and Applications,1995,142(2):103－110.

[27] GRIESE E. Coupled-wave analysis of planar-grating diffraction using a Pade approximation. Antennas and Propagation Society International Symposium,IEEE,1994,1:614－617.

[28] LUCAS T N. Extension of matrix method for complete multipoint Pade approximation. Electronics Letters,1993,29(20):1805－1806.

[29] LUCAS T N. Differentiation reduction method as a multipoint Pade approximant. Electronics Letters,1988,24(1):60－61.

[30] BRACKEN J E,CENDES Z J. Asymptotic waveform evaluation for S-domain solution of electromagnetic devices. IEEE Transactions on Magnetics,1998,34(5):3232－3235.

[31] YANG X,ARVAS E. Use of frequency-derivative information in two-dimensional electromagnetic scattering problems. IEEE Proceedings of Microwaves,Antennas and Propagation,1991,13 (4):269－272.

[32] ADVE R S,SARKAR T K. Application of the cauchy method for extrapolating/interpolating narrow-band system response. IEEE Tran. MTT,1997,5:837－845.

[33] PEIK S F,MANSOUR R R,CHOW Y L. Multidimensional cauchy method and adaptive sampling for an accurate. Microwave Circuit Modeling,IEEE Tran. MTT,1998,12:2364－2371.

[34] MILLER E K. Model-based parameter estimation in electromagnetics. Part I. Background and Theoretical Development. IEEE Tran. AP Magazine,1998,1:42－52.

[35] MILLER E K. Model-based parameter estimation in electromagnetics. Part II. Applications to EM Observable. IEEE Tran. AP Magazine,1998,1:51－65.

[36] MILLER E K. Model-based parameter estimation in electromagnetics. Part III. Applications to EM Integral Equations. IEEE Tran. AP Magazine,1998,1:49－66.

[37] LUTTERODT C H. A two-dimensional analogue of Pade approximant theory. J. Phys. A,1974(1):1027－1037.

[38] 黄友谦,李岳生.数值逼近.北京:高等教育出版社,1987.

[39] 王云宏,梁学章.多元函数逼近.北京:科学出版社,1988.

[40] 蒋尔雄,赵风光.数值逼近.上海:复旦大学出版社,1995.

[41] 王云宏.数值有理逼近.上海:上海科学技术出版社,1980.

[42] 黄友谦.曲线曲面的数值表示和逼近.上海:上海科学技术出版社,1984.

[43] 徐利治,王云宏,周蕴时.函数逼近的理论与方法.上海:上海科学技术出版社,1983.

[44] 邓建中.外推法及其应用.上海:上海科学技术出版社,1984.

[45] TONG C M,HONG W,YUAN N C. Simultaneous extrapolation of RCS in both angular and frequency domains based on AWE technique. Microwave And Optical Technology Letters,2002,4:290－293.

[46] TONG C M, YUAN N C, CAO Y, et al. A fast frequency sweeping method for Rcs computation based on the rational interpolation technique. ICMMT, 2002(1): 568 - 571.

[47] TONG C M, HONG W. Fast Rcs pattern computation based on AWE technique. APMC, 2000.

[48] 童创明，洪伟. 渐近波形估计技术应用于导体柱 RCS 方向图的快速获取. 电子学报，2001, 29(9): 1198 - 1201.

[49] 童创明，洪伟，周后型. 广义 Cauchy 技术加速 MOM 对介质柱 RCS 的快速求解. 微波学报，2001, 17(3): 48 - 53.

[50] 童创明，洪伟，周后型. 多项式逼近在介质柱宽角度 RCS 快速计算中的应用. 上海航天，2001, 18(3): 5 - 7, 14.

[51] 童创明，洪伟. 渐近波形估计技术在电磁散射与辐射分析中的应用. 首届中国博士后大会文集(计算机与信息技术分册). 北京：科学出版社，2001: 176 - 180.

第5章　混合域基函数加速技术

本章首先介绍用两种形状简单的基本形状类型对物体表面进行有效近似：一个是广义导线，主要用于导线近似；另一个是广义四边形，主要用于金属表面近似。然后介绍了求取广义导线及广义四边形上的电流分布，已知电流分布的广义导线及广义四边形所产生的电磁场。最后介绍了采用 Galerkin－MOM 对上述目标模型的电磁散射、辐射特性进行分析与计算。

5.1　目标的几何建模

5.1.1　引言

用矩量法分析目标的电磁特性，主要工作是确定目标上的电流分布。一旦得到精度足够的电流分布，所有其他感兴趣的参量，如散射场、辐射场、近场、输入阻抗等参量，就比较容易求出了。

要完成目标电磁特性的分析，首先必须说明目标的几何形状。通常，几何形状的建模是一项很复杂的工作，经常碰到的目标几何形状不能精确地描述出来，目标的几何建模对整个求解过程有很大的影响。此外，作为对各种目标的分析，几何建模应具有一般性，因而必须适当进行近似处理，以便能进行更有效的分析。

值得指出的是，目标几何建模并不像看上去那么简单。一般地讲，对目标建模的基本要求是该模型的电磁特性在容许的误差范围内与原结构的电磁特性要一致，很明显，这种误差将因问题不同而异。作为粗略估计，对于电小结构，近似模型与实际目标结构的最大偏差应与描述该目标表面的某个特征长度相比拟，并且不应超过这个长度的某个百分比，例如不超过目标最大尺寸的10％；对于电大尺寸结构，最大误差应与工作波长相比拟，例如不超过波长的1/32或至少为波长的1/16。此外，不同电磁参量对几何建模的近似程度要求也不同，例如，与远场相比，为了保证同样的精度，近场问题要求较精确的几何建模与精确的电流分布，更确切地说，如果模型有实际目标表面并不存在的边缘，当表面连续而不论表面的一阶导数是否连续时，远场的计算精度还是可以的，然而对近场的精确计算还需表面的一阶导数连续。在目标几何建模时，即使给定了实际结构与近似模型之间的最大容许误差，要确定该模型上的电流分布，除了某些特殊情况，也只能进行近似计算，即我们面对的问题总是：对目标进行几何建模近似，再对该近似模型寻找近似电流分布。对于大部分目标结构，都可用形状简单的两种基本类型对目标表面形状进行有效的近似：一种是广义四边形（主要用于表面近似），另一种是广义导线（主要用于导线及有关不连续的近似）。

在确定目标表面的电流分布时，需要预先定义两个坐标系：一个坐标系称为“全局坐标系”，用来定义目标整体，以及描述近场点以及远场点等；另一个坐标系称为“局部坐标系”，被定义在目标表面的各个部分,用于描述那部分表面上的电流分布。因此,目标几何形状的建模,特别是对该模型选择的局部坐标系与将要确定的电流分布是密切相关的,确定电流分布的复杂程度依赖于全局坐标系,特别是局部坐标系的选择上,在该坐标系中应该使确定电流分布尽可能简单。

采用的广义导线近似模型是截锥体,采用的广义四边形近似模型是双线性表面。由于处理的目标主要涉及广义导线,因而下面将对广义导线进行详细介绍,而对广义四边形只作简单描述。

5.1.2 广义导线

1. 广义导线的近似模拟

广义导线近似的要点在于对其半径与轴线参数方程的近似。

首先研究导线半径 $a(u)$ 参数方程的近似,该方程可用标准形式的多项式来近似,即

$$a(u)=\sum_{i=0}^{n}p_i u^i \tag{5.1.1}$$

式中:u 是沿广义导线轴线的坐标参量;n 是近似阶数;标量系数 p_i 可由不同的出发点求出,确定次系数最简单方法是使该多项式与已知半径 $a_i=a(u_i)[i=1,2,\cdots,(n+1)]$ 在$(n+1)$ 个点上相等,然后解此线性方程组再求出未知系数 p_i。在这种特殊情况下,方程(5.1.1) 的多项式可写成

$$a(u)=\sum_{i=1}^{n+1}q_i(u)a_i \tag{5.1.2}$$

这里的 $q_i(u)$ 就是熟知的拉格朗日内插多项式。

同理,可把导线轴线参数方程近似表示成矢量多项式:

$$\boldsymbol{r}_a(u)=\sum_{i=0}^{n}\boldsymbol{P}_i u^i \tag{5.1.3}$$

式中:$\boldsymbol{P}_i$ 是系数矢量,也可用拉格朗日内插法求出。

用于广义导线几何形状模拟的拉格朗日样条的可能阶数是线性样条、平方样条、立体样条等。当 $n=1$ 时的参数方程就是线性样条插值,即

$$a(u)=p_0+p_1u \tag{5.1.4a}$$

$$\boldsymbol{r}_a(u)=\boldsymbol{P}_0+\boldsymbol{P}_1u \tag{5.1.4b}$$

式中:$p_0,p_1,\boldsymbol{P}_0,\boldsymbol{P}_1$ 分别可由相应导线段的已知的半径和轴线位置矢量表示。线性样条适用于对截锥体的模拟,且应用起来方便简单,故采用截锥体来模拟广义导线几何形状。

2. 直截锥体

导线结构通常由半径为常数(也可能是等效的) 的直线段构成,如图 5.1.1(a) 所示,通常人们采用此种模型对大部分线天线与散射体进行研究,还能对弯曲导线进行近似,然而这种模型不能用于横截面连续变化的导线的精确近似。如果用截锥体代替圆柱体,即如图 5.1.1(b) 所示结构,就可部分地消除这种困难。

在个别情况下,截锥体可变异为直圆柱、普通圆锥、平板与褶边。如图 5.1.2(a)(b) 所示,这些结构可用于模拟导线半径有平的(褶边形) 呈圆锥变化的圆柱导线,也可用于模拟平面形状的导线终端。

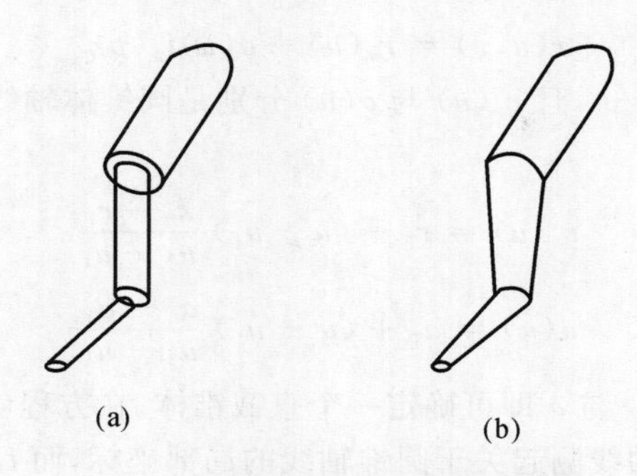

图 5.1.1　广义导线的几何形状模拟

(a) 用圆柱；(b) 用截锥体

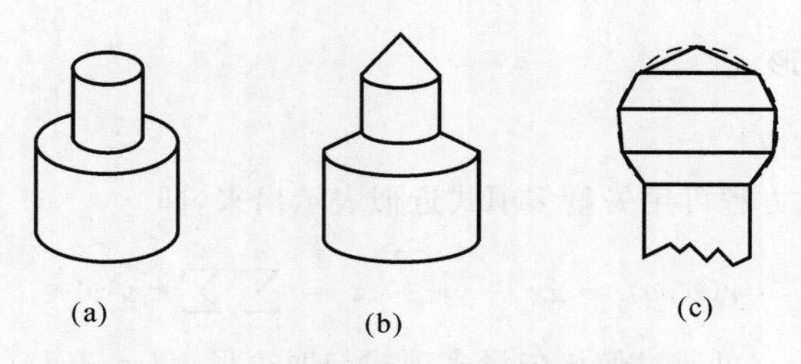

图 5.1.2　导线半径突变的几何模型化

(a) 一个平面结与终端；(b) 一个圆锥结与终端；

(c) 用短圆锥段序列近似球形终端

3. 直截锥体的几何描述

直截锥体由其首、尾两处的位置矢量与半径，即由 $\boldsymbol{r}_1$ 与 a_1 以及 $\boldsymbol{r}_2$ 与 a 共同决定，如图 5.1.3 所示。

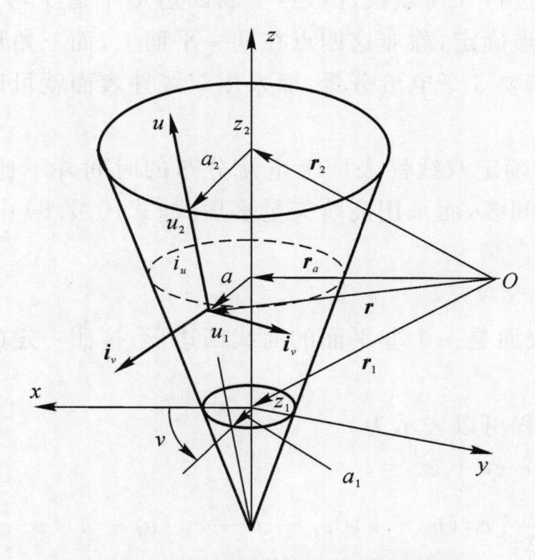

图 5.1.3　截锥体的几何形状描述

截锥体表面参数方程可写成

$$\boldsymbol{r}(u,v)=\boldsymbol{r}_a(u)+a(u)\boldsymbol{i}_p(v) \tag{5.1.5}$$

其中 $u_1\leqslant u\leqslant u_2, v_1\leqslant v\leqslant v_2$，且 $\boldsymbol{r}_a(u)$ 与 $a(u)$ 分别是圆锥体轴线及圆锥体的局部半径的参量方程，则有

$$\boldsymbol{r}_a(u)=\boldsymbol{r}_1+(u-u_1)\frac{\boldsymbol{r}_2-\boldsymbol{r}_1}{u_2-u_1} \tag{5.1.6a}$$

$$a(u)=a_1+(u-u_1)\frac{a_2-a_1}{u_2-u_1} \tag{5.1.6b}$$

由此可见，只要知道 $\boldsymbol{r}_1, a_1, \boldsymbol{r}_2$ 与 a 即可确定一个直截锥体。在方程(5.1.5) 中 u 是沿参考圆锥母线的局部坐标，v 是从 x 轴线测起关于圆锥轴线的局部坐标，而 $\boldsymbol{i}_p$ 是垂直圆锥轴线的局部坐标系中的径向单位矢量，如图5.1.3所示。注意 u,v 不是长度坐标，而 u_1 和 u_2 可任意选择，为了简化分析，取所用截锥体起点与终点的 u 坐标分别为 -1 与 $+1$ 是方便的。

5.1.3 广义四边形

1. 双线性表面的定义

广义四边形的参数方程可用矢量多项式近似表示出来，即

$$\boldsymbol{r}(u,v)=x\hat{\boldsymbol{x}}+y\hat{\boldsymbol{y}}+z\hat{\boldsymbol{z}}=\sum_{i=0}^{n_u}\sum_{j=0}^{n_v}\boldsymbol{r}_{ij}u^iv^j \tag{5.1.7}$$

式中：$\boldsymbol{r}_{ij}$ 称为矢量系数，它可通过使该矢量多项式与四边形上 $(n_u+1)(n_v+1)$ 个点上的已知位置矢量求得，即

$$\boldsymbol{r}_{ij}=\boldsymbol{r}(u_i,v_j),\quad i=0,1,\cdots,n_u; j=0,1,\cdots,n_v \tag{5.1.8}$$

对广义四边形的几何形状近似，双线性表面[式(5.1.8) 中只取 $n_u=n_v=1$] 的近似是最方便的。这是因为：

(1) 除导线外，实际目标都是由平的或近似平的板做成的，这样用平面四边形与三角形可以给任何不带导线的目标进行几何建模。但是，平面四边形不适于弯曲表面的建模，这是因为它们不能用空间的任意四点确定，除非这四点在同一平面上，而三角形面元却适宜于弯曲表面的建模，但是三角形面元需要 3 个电流分量。而采用双线性表面就可以避免平面四边形与三角形面元中的问题。

(2) 后面将可以看出，确定双线性表面上电流分布的时间并不比确定平面矩形或三角形表面的电流分布所用的时间多，而采用高阶矢量多项式[式(5.1.8) 中取 $n_u,n_v>1$]时，分析工作与计算时间都要增加。

2. 双线性表面的参数方程

一般情况下，双线性表面是一个非平面的曲线四边形，按照一定的规则能用其四个顶点唯一确定，如图 5.1.4 所示。

双线性表面的参数方程可以表示为

$$\left.\begin{aligned}&\boldsymbol{r}=x\hat{\boldsymbol{x}}+y\hat{\boldsymbol{y}}+z\hat{\boldsymbol{z}}=\\&\frac{1}{\Delta u\Delta v}[\boldsymbol{r}_{11}(u_2-u)(v_2-v)+\boldsymbol{r}_{12}(u_2-u)(v-v_1)+\\&\boldsymbol{r}_{21}(u-u_1)(v_2-v)+\boldsymbol{r}_{22}(u-u_1)(v-v_1)]\\&\Delta u=u_2-u_1,\quad \Delta v=v_2-v_1\end{aligned}\right\} \tag{5.1.9}$$

式中：双线性表面的位置矢量$\boldsymbol{r}$(或x,y,z)及其四个顶点的位置矢量$\boldsymbol{r}_{11}$，$\boldsymbol{r}_{12}$，$\boldsymbol{r}_{21}$和$\boldsymbol{r}_{22}$是定义在全局坐标系上的(见图 5.1.4)；变量u,v是定义在该表面的局部坐标系上的(见图 5.1.5)，而$u_1=-1,v_1=-1,u_2=1,v_2=1$是局部坐标系中四边形各边的起点与终点坐标。

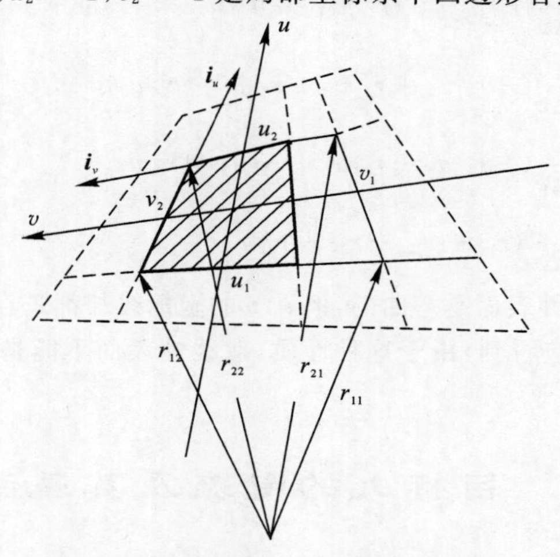

图 5.1.4　双线性表面的全局坐标

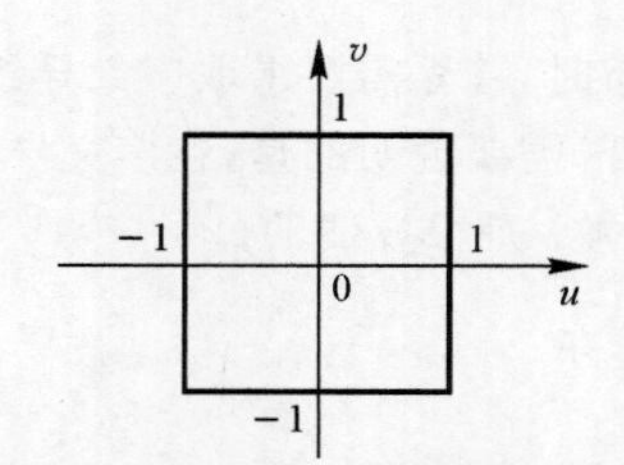

图 5.1.5　双线性表面的局部坐标

通常情况下，u与v坐标不是长度坐标。此时，坐标线对应于u与v坐标增量$\mathrm{d}u$与$\mathrm{d}v$方向的长度元$\mathrm{d}l_u$与$\mathrm{d}l_v$可由下式得出：

$$\mathrm{d}l_u=e_u\mathrm{d}u,\quad \mathrm{d}l_v=e_v\mathrm{d}v$$

式中：e_u与e_v是所谓的拉摩系数，即

$$e_u=\left|\frac{\mathrm{d}\boldsymbol{r}}{\mathrm{d}u}\right|,\quad e_v=\left|\frac{\mathrm{d}\boldsymbol{r}}{\mathrm{d}v}\right|$$

在所研究的表面单元的任意点上，局部坐标的单位方向矢量可由下式得出：

$$\boldsymbol{i}_u=\frac{1}{e_u}\frac{\mathrm{d}\boldsymbol{r}}{\mathrm{d}u},\quad \boldsymbol{i}_v=\frac{1}{e_v}\frac{\mathrm{d}\boldsymbol{r}}{\mathrm{d}v}$$

该表面的面元$\mathrm{d}S$可表示为

$$\mathrm{d}S=\mathrm{d}l_u\mathrm{d}l_v\sin\alpha_{uv}=e_ue_v\sin\alpha_{uv}\mathrm{d}u\mathrm{d}v \tag{5.1.10}$$

式中：α_{uv}是该面元处u与v坐标线的夹角。

值得指出的是，任何目标表面都可用若干双线性表面单元拟合而成，对于不同的单元，它在全局坐标系中 4 个顶点的位置矢量$\boldsymbol{r}_{11}$，$\boldsymbol{r}_{12}$，$\boldsymbol{r}_{21}$和$\boldsymbol{r}_{22}$可能是不同的，但局部坐标系却是完全一样的。

对双线性表面参数方程进行初等变换后得

$$\boldsymbol{r}(u,v)=\boldsymbol{r}_c+\boldsymbol{r}_u u+\boldsymbol{r}_v v+\boldsymbol{r}_{uv} uv,\quad u_1\leqslant u\leqslant u_2, v_1\leqslant v\leqslant v_2 \tag{5.1.11}$$

式中的 $\boldsymbol{r}_c,\boldsymbol{r}_u,\boldsymbol{r}_v,\boldsymbol{r}_{uv}$ 是常矢量并由下式决定：

$$\boldsymbol{r}_c=\frac{1}{\Delta u\Delta v}(\boldsymbol{r}_{11}u_2v_2-\boldsymbol{r}_{12}u_2v_1-\boldsymbol{r}_{21}u_1v_2-\boldsymbol{r}_{22}u_1v_1) \tag{5.1.12a}$$

$$\boldsymbol{r}_u=\frac{1}{\Delta u\Delta v}(-\boldsymbol{r}_{11}v_2+\boldsymbol{r}_{12}v_1+\boldsymbol{r}_{21}v_2-\boldsymbol{r}_{22}v_1) \tag{5.1.12b}$$

$$\boldsymbol{r}_v=\frac{1}{\Delta u\Delta v}(-\boldsymbol{r}_{11}u_2+\boldsymbol{r}_{12}u_2+\boldsymbol{r}_{21}u_1-\boldsymbol{r}_{22}u_1) \tag{5.1.12c}$$

$$\boldsymbol{r}_{uv}=\frac{1}{\Delta u\Delta v}(\boldsymbol{r}_{11}-\boldsymbol{r}_{12}-\boldsymbol{r}_{21}+\boldsymbol{r}_{22}) \tag{5.1.12d}$$

尽管一般情况下双线性表面是弯曲的，但 u,v 的坐标线却都是直线，这正是这种表面称为“双线性表面”的原因。还应看到，由于这种性质，双线性表面不能是凹的或凸的，而只能是弯折的(或平的)。

5.2 目标上的电流及其基函数

5.2.1 引言

用矩量法求目标上的电流分布时，首先需要求取广义导线及广义四边形上的电流分布，这种电流分布可用混合域基进行展开。需要说明的是，在广义导线或广义四边形所在的局部坐标系中描述这些电流(即相应的基函数)是很方便的。

5.2.2 沿广义导线的电流展开

1. 概述

大多数情况下，沿广义导线的电流展开式可以是用于细圆柱导线电流近似展开中的任意一个，例如可以是分段线性展开，分段正弦展开，以及多项式展开等。当广义导线的长度远大于其平均半径时，这些近似无疑是适宜的。然而，如果考虑的是广义导线的变异形式，诸如圆锥、扁平导线终端或扁平面环，当两个相连段导线的线径有突变时，尽管这些细导线电流展开还可以用，但并不都是很方便的。例如，对那些变异的广义导线，多项式近似与含有说明边缘附近电流基本特性部分的更复杂近似，可能是比其他近似更适宜的两种近似。

不管最初采用的电流展开是什么形式，把它变换在广义导线的连接处与自由终端，能自动满足电流连续性方程的电流展开式是方便的。由此，可使未知量减少很多，还可得到更稳定的解。

2. 广义导线上的混合域基

混合域基包含分域基和全域基两部分。采用混合域基来展开广义导线上的电流，其形式为

$$I(u)=\sum_{i=1}^{M_u}I_i\omega_i(u) \tag{5.2.1}$$

式中：M_u 为沿 u 坐标近似时的阶数；I_i 是待定系数，$\omega_i(u)$ 是待选用轴向的基函数。

选择幂级数作为基本基函数，即令 $f_i(u)=u^{i-1}$。我们在构成导线模型的各个线元内采用全域基，以提高计算精度；在相交的两个线元的交点处，由于需考虑电流的连续性，而采用分域

基。为此，我们形成一种基于该幂级数函数的能自动满足边界电流连续条件的混合域基，即

$$\omega_i(u) = f_i(u) + A_i f_2(u) + B_i \tag{5.2.2}$$

式中：

$$A_i = \begin{cases} -0.5, & i = 1,2 \\ 0.5 \times [(-1)^{i-1} - 1], & i \geqslant 3 \end{cases}, \quad B_i = \begin{cases} 0.5 \times (-1)^i, & i = 1,2 \\ 0.5 \times [(-1)^i - 1], & i \geqslant 3 \end{cases} \tag{5.2.3}$$

将式(5.2.2)代入式(5.2.1)，可得 u 的混合基函数电流形式：

$$I(u) = \sum_{i=1}^{M_u} I_i \omega_i(u) = \sum_{i=1}^{M_u} I_i (u^{i-1} + A_i u + B_i) \tag{5.2.4}$$

当 $i = 1$ 或 2 时，式(5.2.4)所表示的基函数正好是满足两单元连接处电流连续的分域基；当 $i \geqslant 3$ 时，式(5.2.4)显然是单元内的全域基。两相交线元的混合域基函数如图 5.2.1 所示，它和式(5.2.4)表达的意义是吻合的。可以看出这种基函数不仅拥有全域基精度高的优点，而且体现了分域基能保证单元连接的电流连续性的灵活性。

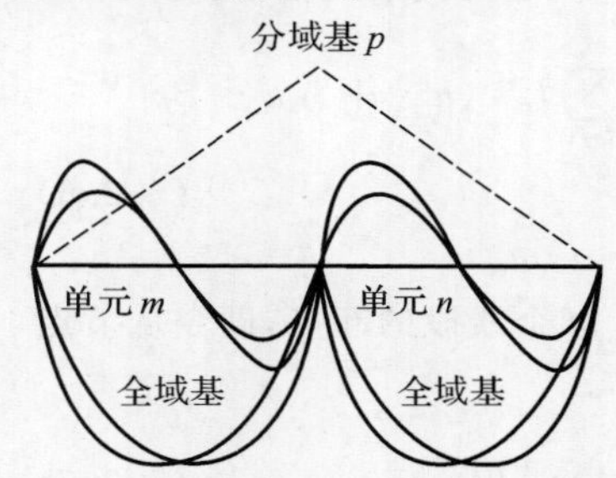

图 5.2.1　两个相交单元 m,n 的混合域基函数

可以看出，混合域基的全域基分量比较简单($i \geqslant 3$ 的情况)，当某个单元是独立的(即不和其他单元相交)时，此单元的电流只用全域基函数即可模拟；但混合域基的分域基分量要保证在单元间电流的连续性，使得这种情况变得比较复杂。下面着重对广义导线上的分域基分量进行讨论。

假设对导线模型分段后取出其中的两个单元，其编号分别为 m 和 n，如果这两个单元相交，则可能存在如图 5.2.2 所示的 4 种情况。

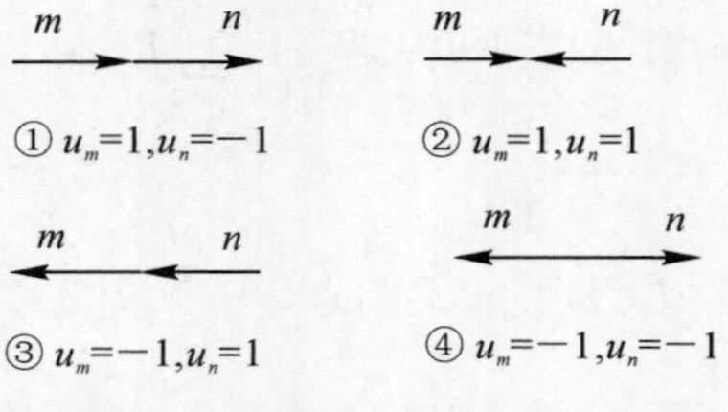

① $u_m=1, u_n=-1$　② $u_m=1, u_n=1$

③ $u_m=-1, u_n=1$　④ $u_m=-1, u_n=-1$

图 5.2.2　线元连接点上的坐标方向

不失一般性，首先考虑图 5.2.2 中的情形①编号为 m，n 的两段线元相交点处对应的局部坐标为：$u_m = 1, u_n = -1$，此时两相交单元 m，n 的分域基表示为

情形①：
$$\boldsymbol{\Lambda} = \begin{cases} \omega_2, \text{单元 } m \\ \omega_1, \text{单元 } n \end{cases} \tag{5.2.5a}$$

类似地，还可以写出其他三种情形下的分域基表达式

情形 ②：
$$\boldsymbol{\Lambda}=\begin{cases}\omega_2\text{，单元 }m\\-\omega_2\text{，单元 }n\end{cases}\tag{5.2.5b}$$

情形 ③：
$$\boldsymbol{\Lambda}=\begin{cases}\omega_1\text{，单元 }m\\\omega_2\text{，单元 }n\end{cases}\tag{5.2.5c}$$

情形 ④：
$$\boldsymbol{\Lambda}=\begin{cases}\omega_1\text{，单元 }m\\-\omega_1\text{，单元 }n\end{cases}\tag{5.2.5d}$$

式中："—"号表示两单元的电流方向相反，如情形 ②④，其他情况表示两单元电流方向相同。

3. 多线相交的特殊情况

在实际几何模型中，经常会遇到多根导线交于一点的情况。这要求在节点上，对任意数量的导线其电流连续性方程能自动满足。为了得到这样的展开式，先考虑相交于一个节点上的 m 根导线，如图 5.2.3 所示。

假定已经得到每根导线的电流展开式形式如下：

$$I^{(k)}(u)=\sum_{i=1}^{M_u}I_i^{(k)}\omega_i^{(k)}(u)=\sum_{i=1}^{M_u}I_i^{(k)}\,(u^{i-1}+A_iu+B_i)^{(k)}\tag{5.2.6}$$

式中：$u_1^{(k)}\leqslant u\leqslant u_2^{(k)}$，$k=1,2,\cdots,m$。

为简化分析，令节点是所有 m 个线段的起点，即令从节点流向导线的电流强度为

$$\sum_{k=1}^{m}I^{(k)}\{u_1^{(k)}\}=\sum_{k=1}^{m}I_1^{(k)}=0\tag{5.2.7}$$

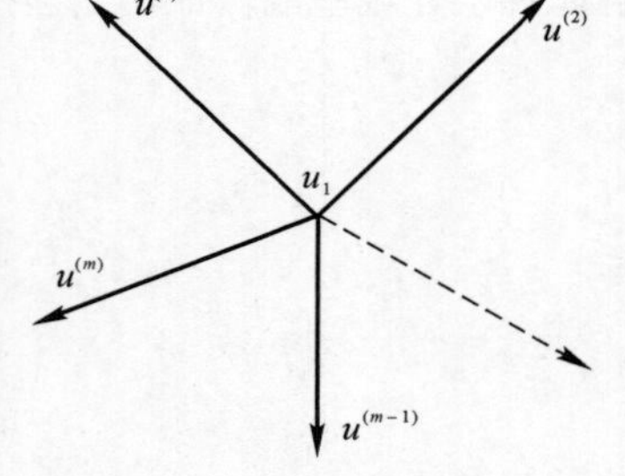

图 5.2.3　m 根广义导线交于一个节点

为满足该方程，用其他项表示系数 $I_1^{(k)}$ 中的一个，例如 $I_1^{(1)}$，把这样得到的 $I_1^{(1)}$ 代入 $k=1$ 的方程(5.2.6)后，我们得到标记为"1"的广义导线的电流展开式有如下形式(第一个方程)：

$$\left.\begin{aligned}I^{(1)}(u)&=-\Big\{\sum_{k=2}^{m}I_1^{(k)}\Big\}\omega_1^{(1)}+I_2^{(1)}\omega_2^{(1)}+\sum_{i_n=3}^{M_u}I_{i_n}^{(1)}\omega_{i_n}^{(1)}\\I^{(2)}(u)&=I_1^{(2)}\omega_1^{(2)}+I_2^{(2)}\omega_2^{(2)}+\sum_{i_n=3}^{M_u}I_{i_n}^{(2)}\omega_{i_n}^{(2)}\\&\cdots\cdots\\I^{(m)}(u)&=I_1^{(m)}\omega_1^{(m)}+I_2^{(m)}\omega_2^{(m)}+\sum_{i_n=3}^{M_u}I_{i_n}^{(m)}\omega_{i_n}^{(m)}\end{aligned}\right\}\tag{5.2.8}$$

这就是在节点处自动满足电流连续性方程的 m 个导线上的电流展开式。

5.2.3　双线性表面

前面通过目标表面的双线性表面几何建模，将全局坐标系下表面单元的三维坐标(x,y,z)映射为局部坐标系下二维坐标(u,v)，这是解决实际问题的第一步，我们的最终目的是要确定在电磁波的照射下，目标表面的电流分布。根据目标表面上述近似建模中的降维思想，我们可

以将全局坐标系(x,y,z)下目标表面三维电流分量减少为局部坐标系(u,v)的二维分量，这种情况与广义导线上描述电流基函数是类似的，只不过分为u,v两个方向而已。

1. 双线性表面上的混合域基

简要地说，如果在整个单元(即在四边形整个表面)上定义，则该基函数称为全域基；如果把面元再分为小的子单元，而且对每一子单元基本上都采用一个基函数确定时，称该基函数为分域基。采用混合域基来展开双线性表面上的电流分布，如图5.2.4所示为第m个近似表面单元示意图，其四条边界可能有相交面(多面模拟)，也可能没有(尺寸合适的单板情况)。

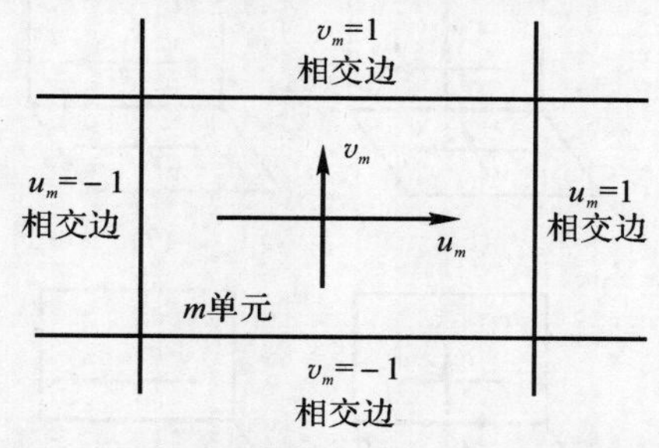

图5.2.4　近似目标表面的第m个双线性表面单元

上述已经指出，混合域基包括全域基分量和分域基分量两部分，如图5.2.1所示为两个面m,n相交时基函数的考虑。分域基用在两个面元的交线上，满足电流连续的条件；全域基用在面元内部，以减少未知数个数，降低矩阵维数，从而可以提高计算效率。

2. 全域基分量

全域基分量定义在目标表面各个双线性表面单元上。若构成目标表面的双线性表面总个数为N，则目标上的全域基分量的总个数亦为N。在单元相应的局部坐标系中，$\hat{\boldsymbol{u}}$(或$\hat{\boldsymbol{v}}$)方向的全域基分量具有多项式的形式，且在其单元相应边界上$\hat{\boldsymbol{u}}$(或$\hat{\boldsymbol{v}}$)方向的全域基分量分布的幅度为零。

令$\sigma_{i_n j_n}=u_n^{i_n-1}v_n^{j_n-1}$，则对于单元$n\in N$，有

$$\left.\begin{aligned}
&\boldsymbol{\omega}_{i_n j_n}=\begin{cases}\omega^u_{i_n j_n}=\sigma_{i_n j_n}+a_{i_n}\sigma_{2j_n}+b_{i_n}\sigma_{1j_n}, & i_n=[3,M_u],j_n=[1,M_v]\\ \omega^v_{i_n j_n}=\sigma_{i_n j_n}+a_{j_n}\sigma_{i_n 2}+b_{j_n}\sigma_{i_n 1}, & i_n=[1,M_u],j_n=[3,M_v]\end{cases}\\
&a_i=[(-1)^{i-1}-1]/2\\
&b_i=[(-1)^{i}-1]/2
\end{aligned}\right\}\qquad(5.2.9)$$

式中：ω的右上标表示极化方向；i_n,j_n分别表示单元n上u,v方向的全域基分量的序号；M_u，M_v分别表示u,v坐标的多项式阶数。

3. 分域基分量

分域基分量定义在目标表面相交的双线性表面单元的交线上。设P_u,P_v分别是目标表面的双线性表面中沿$\hat{\boldsymbol{u}}$,$\hat{\boldsymbol{v}}$方向的总相交边个数，则目标上的分域基分量的总个数亦为$P_u+P_v=P$。设单元m,n的相交边编号为$p\in P$，其对应的分域基分量亦记为p，它在单元m,n上的相交坐标方向为三角形函数分布(相交边上幅度最大且为1，而在另一条对应边上的幅度则最小且为0)，而另一方向则为幂函数分布。分域基分量的方向与该单元的局部坐标中的相交坐标方向一致。与图5.2.2类似，如果考虑u,v两种情况的耦合，对面面相交的可能存在的16种情形

如图 5.2.5 所示。

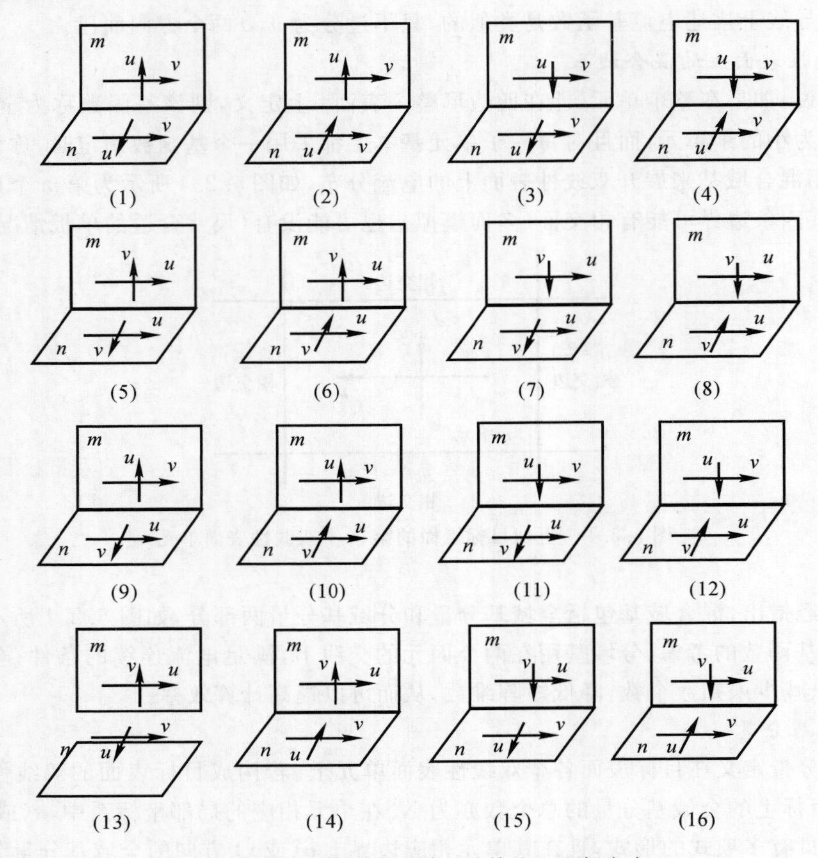

图 5.2.5　双线性表面单元连接边上坐标方向

(1) $u_{m1}=u_{n1}=-1$　(2) $u_{m1}=-1,u_{n1}=1$　(3) $u_{m1}=1,u_{n1}=-1$　(4) $u_{m1}=u_{n1}=1$

(5) $v_{m1}=v_{n1}=-1$　(6) $u_{m1}=-1,v_{n1}=1$　(7) $v_{m1}=1,v_{n1}=-1$　(8) $v_{m1}=v_{n1}=1$

(9) $u_{m1}=v_{n1}=-1$　(10) $u_{m1}=-1,v_{n1}=1$　(11) $u_{m1}=1,v_{n1}=-1$　(12) $u_{m1}=v_{n1}=1$

(13) $v_{m1}=u_{n1}=-1$　(14) $v_{m1}=-1,u_{n1}=1$　(15) $v_{m1}=1,u_{n1}=-1$　(16) $v_{m1}=u_{n1}=1$

不失一般性，首先考虑图 5.2.5 中的情形(1)：编号为 m,n 的两个双线性表面单元相交边在局部坐标系中的坐标为 $u_{m1}=u_{n1}=-1$ 且 $v_m=v_n$。此时，相交单元 m,n 的分域基分量 p 在单元 m,n 中的方向均为 $\hat{\boldsymbol{u}}$ 方向，即表示为

情形(1)：

$$\boldsymbol{\Lambda}_{k_p}=\begin{cases}\omega_{1k_p}^{u}, & k_p=[1,M_v],\text{单元 } m\\ -\omega_{1k_p}^{u}, & k_p=[1,M_v],\text{单元 } n\end{cases}\tag{5.2.10}$$

类似地，还可以写出连接边为其他 15 种类型时的分域基分量的表达式，如图 5.2.5 所示。

5.2.4　双线性表面上的电流近似

1. 电流基函数的推导

在电磁波的照射下，目标表面将产生面电流 $\boldsymbol{J}_s$ 和面电荷 ρ_s 分布。在双线性表面的局部坐

标系中有

$$\boldsymbol{J}_{\mathrm{s}}=\boldsymbol{J}_{\mathrm{s}u}+\boldsymbol{J}_{\mathrm{s}v} \tag{5.2.11a}$$

$$\rho_{\mathrm{s}}=\frac{\mathrm{j}}{\omega}\nabla_{\mathrm{s}}\cdot\boldsymbol{J}_{\mathrm{s}} \tag{5.2.11b}$$

式中：

$$\boldsymbol{J}_{\mathrm{s}u}=\frac{\boldsymbol{e}_u}{|\boldsymbol{e}_u\times\boldsymbol{e}_v|}\frac{\mathrm{d}I}{\mathrm{d}v} \tag{5.2.12a}$$

$$\boldsymbol{J}_{\mathrm{s}v}=\frac{\boldsymbol{e}_v}{|\boldsymbol{e}_u\times\boldsymbol{e}_v|}\frac{\mathrm{d}I}{\mathrm{d}u} \tag{5.2.12b}$$

$$\nabla_{\mathrm{s}}=\frac{\boldsymbol{e}_u}{e_u^2}\frac{\partial}{\partial u}+\frac{\boldsymbol{e}_v}{e_v^2}\frac{\partial}{\partial v} \tag{5.2.12c}$$

式中：$\frac{\mathrm{d}I}{\mathrm{d}u}$ 和 $\frac{\mathrm{d}I}{\mathrm{d}v}$ 分布是微带元 $\mathrm{d}u$ 和 $\mathrm{d}v$ 上的电流密度。

根据前面介绍的双线性表面上的混和基函数形式，目标表面的电流按两部分展开：一部分按分域基分量展开，另一部分按全域基分量展开，即

$$\frac{\mathrm{d}I}{\mathrm{d}u}=\sum_{p=1}^{P_v}\sum_{k_p=1}^{M_u}I_{k_p}^{v}\Lambda_{k_p}^{v}+\sum_{n=1}^{N}\sum_{i_n=1}^{M_u}\sum_{j_n=3}^{M_v}I_{i_nj_n}^{v}\omega_{i_nj_n}^{v} \tag{5.2.13a}$$

$$\frac{\mathrm{d}I}{\mathrm{d}v}=\sum_{p=1}^{P_u}\sum_{k_p=1}^{M_v}I_{k_p}^{u}\Lambda_{k_p}^{u}+\sum_{n=1}^{N}\sum_{i_n=3}^{M_u}\sum_{j_n=1}^{M_v}I_{i_nj_n}^{u}\omega_{i_nj_n}^{u} \tag{5.2.13b}$$

在式(5.2.13)中，I_{ij} 表示电流展开系数，将混合域基中的全域基分量(见式(5.2.9))和分域基分量(见式(5.2.10))代入式(5.2.13)，经变换得

$$\begin{aligned}\frac{\mathrm{d}I}{\mathrm{d}v}&=\sum_{n=1}^{N}\sum_{j_n=1}^{M_v}\left(I_{1j_n}^{u}\omega_{1j_n}^{u}+I_{2j_n}^{u}\omega_{2j_n}^{u}+\sum_{i_n=3}^{M_u}I_{i_nj_n}^{u}\omega_{i_nj_n}^{u}\right)=\\&\sum_{n=1}^{N}\sum_{j_n=1}^{M_v}\left[\begin{array}{l}I_{1j_n}^{u}\dfrac{1-u_n}{2}+I_{2j_n}^{u}\dfrac{1+u_n}{2}+\\\sum\limits_{\substack{i_n=3\\(2)}}^{M_u}I_{i_nj_n}^{u}(u_n^{i_n-1}-1)v_n^{j_n-1}+\sum\limits_{\substack{i_n=4\\(2)}}^{M_u}I_{i_nj_n}^{u}(u_n^{i_n-1}-u_n)v_n^{j_n-1}\end{array}\right]\end{aligned} \tag{5.2.14}$$

$$\begin{aligned}\frac{\mathrm{d}I}{\mathrm{d}u}&=\sum_{n=1}^{N}\sum_{i_n=1}^{M_u}\left(I_{i_n1}^{v}\omega_{i_n1}^{v}+I_{i_n2}^{v}\omega_{i_n2}^{v}+\sum_{j_n=3}^{M_v}I_{i_nj_n}^{v}\omega_{i_nj_n}^{v}\right)=\\&\sum_{n=1}^{N}\sum_{i_n=1}^{M_u}\left[\begin{array}{l}I_{i_n1}^{v}\dfrac{1-v_n}{2}+I_{i_n2}^{v}\dfrac{1+v_n}{2}+\\\sum\limits_{\substack{j_n=3\\(2)}}^{M_v}I_{i_nj_n}^{v}(v_n^{j_n-1}-1)u_n^{i_n-1}+\sum\limits_{\substack{j_n=4\\(2)}}^{M_v}I_{i_nj_n}^{v}(v_n^{j_n-1}-v_n)u_n^{i_n-1}\end{array}\right]\end{aligned} \tag{5.2.15}$$

式(5.2.14)和式(5.2.15)中，求和号下括号中的(2)表示递增量。至此，混合域基函数已经确定，之所以选择幂基数作为基函数是因为：

首先，多项式非常灵活，项数不多就可以精确地近似各种函数形状；其次，可快速进行计算，因为在分析过程中要占用时间较少，因此这个优点是最重要的；最后，在某些情况下，利用递推公式可从低阶积分得到高阶积分。

2. 电流表达式的推导

采用如下的电流分布的初始近似：

$$J_{su}(u,v)=\frac{1}{e_v\sin\alpha_{uv}}\frac{\mathrm{d}I}{\mathrm{d}v} \tag{5.2.16}$$

$$J_{su}(u,v)=\frac{1}{e_u\sin\alpha_{uv}}\frac{\mathrm{d}I}{\mathrm{d}u} \tag{5.2.17}$$

式(5.2.16)和式(5.2.17)分别是u,v方向电流表达式，其中e_u,e_v,α_{uv}均已在5.1节中提到，分别将式(5.2.14)、式(5.2.15)代入式(5.2.16)、式(5.2.17)中即可得到具体的u,v方向电流表达式。

经简单整理，可以得到第k个面元上u,v方向电流表达式为

$$J_{su}^{(k)}(u,v)=\frac{1}{e_v^{(k)}\sin^{(k)}\alpha_{uv}}\sum_{j_n=1}^{M_v}\left[I_{1j_n}^{u(k)}\omega_{1j_n}^{u(k)}+I_{2j_n}^{u(k)}\omega_{2j_n}^{u(k)}+\sum_{i_n=3}^{M_u}I_{i_nj_n}^{u(k)}\omega_{i_nj_n}^{u(k)}\right] \tag{5.2.18}$$

$$J_{sv}^{(k)}(u,v)=\frac{1}{e_u^{(k)}\sin^{(k)}\alpha_{uv}}\sum_{i_n=1}^{M_u}\left[I_{i_n1}^{v(k)}\omega_{i_n1}^{v(k)}+I_{i_n2}^{v(k)}\omega_{i_n2}^{v(k)}+\sum_{j_n=3}^{M_v}I_{i_nj_n}^{v(k)}\omega_{i_nj_n}^{v(k)}\right] \tag{5.2.19}$$

在后面的矩阵处理时，还需要用到式(5.2.18)、式(5.2.19)的详细形式。以式(5.2.18)u方向电流为例，中括号内的三项，第一项表示处理当$u=-1$为公共边时的函数；第二项表示处理当$u=+1$为公共边时的函数；第三项表示处理面元内部时的全域基函数。

5.2.5 双线性表面的电流连续性的处理

1. 单面元情况

该处所说的单面元是指只用一块双线性表面单元来模拟平板物体表面的特殊情况。因为只有一块面元，所以用于处理交线电流连续性方程的分域基将不起任何作用，表现在u方向电流[见式(5.2.18)]和v方向电流[见式(5.2.19)]中时，中括号中的前两项，需要式(5.2.18)中j_n从3开始；式(5.2.19)中i_n从3开始。

2. 两面元交于一线情况

在实际应用中，单板情况只是一个特例，最多的情形是两个面元交于一条交线，如图5.2.5所示两个广义四边形的交界，其$u_m=1$,$u_n=-1$为公共边，v方向为公共边的方向，用式(5.2.18)求解，则有

$$J_{su}^{(m)}(u,v)=\frac{1}{e_v^{(m)}\sin^{(m)}\alpha_{uv}}\sum_{j_n=1}^{M_v}\left[-I_{1j_n}^{u(m)}\omega_{1j_n}^{u(m)}+I_{2j_n}^{u(m)}\omega_{2j_n}^{u(m)}+\sum_{i_n=3}^{M_u}I_{i_nj_n}^{u(m)}\omega_{i_nj_n}^{u(m)}\right] \tag{5.2.20}$$

$$J_{su}^{(n)}(u,v)=\frac{1}{e_v^{(n)}\sin^{(n)}\alpha_{uv}}\sum_{j_n=1}^{M_v}\left[I_{1j_n}^{u(n)}\omega_{1j_n}^{u(n)}+I_{2j_n}^{u(n)}\omega_{2j_n}^{u(n)}+\sum_{i_n=3}^{M_u}I_{i_nj_n}^{u(n)}\omega_{i_nj_n}^{u(n)}\right] \tag{5.2.21}$$

式中：$I_{1j_n}^{u(m)}=-I_{1j_n}^{u(n)}$，从而可以保证沿$u_m=-1$,$u_n=-1$为公共边的$u$方向电流的连续性。沿着与相交线相对的四边形的边(即另外的$u_m=1$,$u_n=1$的两条边)，如果都是自由边，就可以略去式(5.2.20)与式(5.2.21)中括号内第二项；如果各自对应的边不是自由项，即它是其他四边形的公用边时，则必须保留对应的该项，以便与另一个有公共边的四边形形成对偶项，继续满足另一公共边的电流连续方程。

3. 多面元交于一线情况

在实际目标模型中的剖分中，有时要遇到多面元(多于两个面元)交于一线的情况，例如

带侧翼的导弹，飞机的机身与机翼等复杂目标模型。此时就要针对该交线对电流表达式进行处理。如图 5.2.6 所示，假设有 m 个面元有公共边，并且都是 $u^{(k)}=u_1=-1$ 这条边。

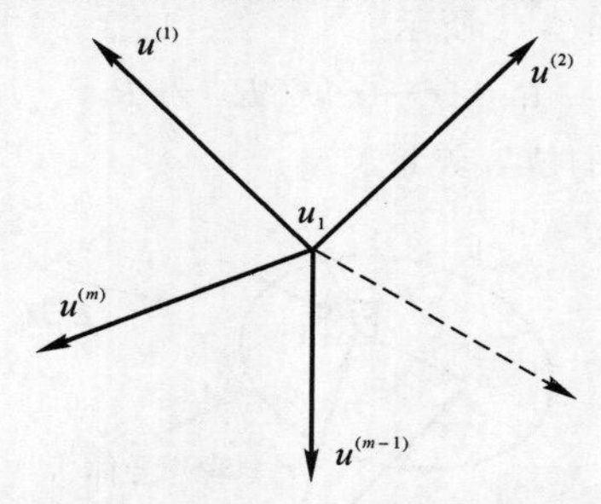

图 5.2.6　m 个面元交于一线的切面图

为了保证这 m 个面元在交线 $u^{(k)}=u_1=-1$ 处满足电流连续性方程，则有

$$\sum_{k=1}^{m} I_{1j}^{u(k)}=0 \tag{5.2.22}$$

用其余 $m-1$ 个未知数来表示 $I_{1j}^{u(1)}$，则有 $I_{1j}^{u(1)}=-\sum_{k=2}^{m} I_{1j}^{u(k)}$，故得

$$\left.\begin{aligned}
\boldsymbol{J}_{su}^{(1)}(u,v)&=\frac{1}{e_v^{(1)}\sin^{(1)}\alpha_{uv}}\sum_{j_n=1}^{M_v}\left\{-\left[\sum_{k=2}^{m} I_{1j_n}^{u(k)}\right]\omega_{1j_n}^{u(1)}+I_{2j_n}^{u(1)}\omega_{2j_n}^{u(1)}+\sum_{i_n=3}^{M_u} I_{i_nj_n}^{u(1)}\omega_{i_nj_n}^{u(1)}\right\}\\
\boldsymbol{J}_{su}^{(2)}(u,v)&=\frac{1}{e_v^{(2)}\sin^{(2)}\alpha_{uv}}\sum_{j_n=1}^{M_v}\left[I_{1j_n}^{u(2)}\omega_{1j_n}^{u(2)}+I_{2j_n}^{u(2)}\omega_{2j_n}^{u(2)}+\sum_{i_n=3}^{M_u} I_{i_nj_n}^{u(2)}\omega_{i_nj_n}^{u(2)}\right]\\
&\cdots\cdots\\
\boldsymbol{J}_{su}^{(m)}(u,v)&=\frac{1}{e_v^{(m)}\sin^{(m)}\alpha_{uv}}\sum_{j_n=1}^{M_v}\left[I_{1j_n}^{u(m)}\omega_{1j_n}^{u(m)}+I_{2j_n}^{u(m)}\omega_{2j_n}^{u(m)}+\sum_{i_n=3}^{M_u} I_{i_nj_n}^{u(m)}\omega_{i_nj_n}^{u(m)}\right]
\end{aligned}\right\} \tag{5.2.23}$$

由此可见，m 个面元关于 $u^{(k)}=u_1=-1$ 这条公共边来说，有 $m-1$ 个未知数，满足了在该交线上的电流连续性方程。

5.3　广义线元和面元上电流的场

5.3.1　理想导体表面上电流的电磁场

针对需要解决的问题，考虑真空中理想导体表面上有时谐面电荷密度 ρ_s 及面电流密度 $\boldsymbol{J}_s$ 这样的系统，理想导体内部场为零，因此可以假设存在于真空中的电荷与电流遍布物体的几何表面，而其分布情况使在这些表面上的边界条件与理想导体时的相同。则洛仑兹标量位 V 与矢量位 $\boldsymbol{A}$ 可由熟知的公式计算：

$$V=\frac{1}{\varepsilon_0}\int_S \rho_s g(R)\mathrm{d}s \tag{5.3.1a}$$

$$\boldsymbol{A}=\mu_0\int_S \boldsymbol{J}_s g(R)\mathrm{d}s \tag{5.3.1b}$$

式中：$g(R)=\dfrac{\exp(-\mathrm{j}\beta R)}{4\pi R}$ 是自由空间的格林函数，自由空间的传播常数 $\beta=\omega\sqrt{\varepsilon_0\mu_0}$。$\boldsymbol{R}$ 是从源点 P' 到场点 P 的距离，如图 5.3.1 所示。

$$\boldsymbol{R}=\boldsymbol{r}-\boldsymbol{r}',\quad R=|\boldsymbol{R}| \tag{5.3.2}$$

式中：$\boldsymbol{r}$ 和 $\boldsymbol{r}'$ 分别为场点和源点的位置矢量。

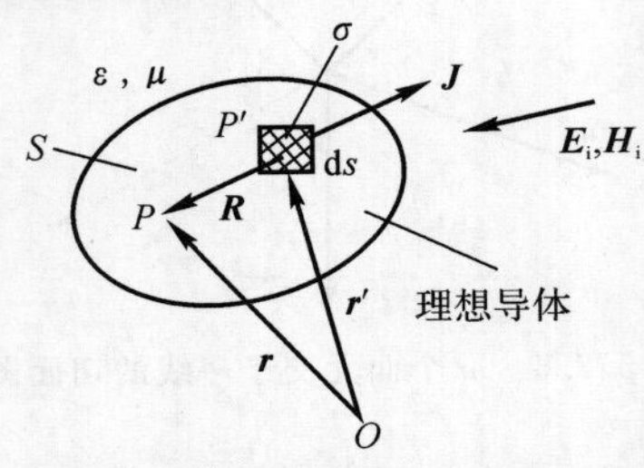

图 5.3.1　由入射场激励的置于均匀介质中的理想导体

由位函数求电磁场的公式为

$$\boldsymbol{E}=-\mathrm{j}\omega\boldsymbol{A}-\nabla V,\quad \boldsymbol{H}=\frac{1}{\mu_0}\nabla\times\boldsymbol{A} \tag{5.3.3}$$

并利用连续性方程 $\rho_s=(\mathrm{j}/\omega)\nabla_s\cdot\boldsymbol{J}_s$，注意到$\nabla$和$\nabla\times$算子运算是在场点进行的，并且只对格林函数起作用，又有

$$\nabla[\nabla_s\cdot\boldsymbol{J}_s g(R)]=\nabla_s\cdot\boldsymbol{J}_s\nabla g(R)=\nabla_s\cdot\boldsymbol{J}\frac{\mathrm{d}g(R)}{\mathrm{d}R}\boldsymbol{i}_R \tag{5.3.4a}$$

$$\nabla\times[\boldsymbol{J}_s g(R)]=\nabla[g(R)]\times\boldsymbol{J}_s=\frac{\mathrm{d}g(R)}{\mathrm{d}R}\boldsymbol{i}_R\times\boldsymbol{J}_s \tag{5.3.4b}$$

式中：$\boldsymbol{i}_R$ 是单位矢量，其方向是从源点指向场点，$\boldsymbol{i}_R=\boldsymbol{R}/R$。

最后得到散射(辐射)电、磁场的表示式为

$$\boldsymbol{E}_s=-\mathrm{j}\omega\mu_0\left[\int_s\boldsymbol{J}_s g(R)\mathrm{d}S+\frac{1}{\beta^2}\int_s\nabla_s\cdot\boldsymbol{J}_s\boldsymbol{i}_R\frac{\mathrm{d}g(R)}{\mathrm{d}R}\mathrm{d}s\right] \tag{5.3.5a}$$

$$\boldsymbol{H}_s=\int_s\frac{\mathrm{d}g(R)}{\mathrm{d}R}\boldsymbol{i}_R\times\boldsymbol{J}_s\mathrm{d}s \tag{5.3.5b}$$

因为关于入射场 $\boldsymbol{E}_i,\boldsymbol{H}_i$ 是已知的，所以将用到的 $\boldsymbol{E}_i,\boldsymbol{H}_i,\boldsymbol{E}_s,\boldsymbol{H}_s$ 量分别代入理想导体表面边界条件里，即可得到电场积分方程和磁场积分方程。

5.3.2　广义导线上电流的辐射场

1. 广义导线上电流的位与场

对广义导线采用的 u,v 坐标(见图 5.2.3)是互相垂直的，即两坐标间的夹角为 $\pi/2$。于是导线中的 $\sin a_{uv}=1$。再回顾式(5.2.12)，可考虑宽度为 $\mathrm{d}V$ 的微元带上的电流，为了方便，我们把它重新写在下面。

$$\mathrm{d}\boldsymbol{I}_u=\boldsymbol{F}_{su}\mathrm{d}l_v\sin a_{uv} \tag{5.3.6}$$

注意到 $\mathrm{d}l_v=e_v\mathrm{d}v$，$e_v$ 是拉摩系数，电流矢量的 u 分量的计算方法为

$$\boldsymbol{J}_{su}=\frac{1}{e_v}\frac{\partial\boldsymbol{I}_u}{\partial v} \tag{5.3.7}$$

不失一般性，对任意导线均可取 v 坐标的界限为 $v_1=-v_2$。利用这种便利的表示，同时注意到沿广义导线的电流在环向不变的假设，有如下关系：

$$\boldsymbol{J}_{su}=\frac{1}{e_v}\frac{\boldsymbol{I}_u}{v_2-v_1}=\frac{1}{e_v}\frac{\boldsymbol{I}(u)}{2v_2} \tag{5.3.8}$$

$I(u)=I_u$ 表示在坐标 u 上沿导线的电流强度。联立最后两个方程，可得对广义导线的如下关系：

$$\frac{\partial \boldsymbol{I}_u}{\partial v}=\frac{\boldsymbol{I}(u)}{2v_2} \tag{5.3.9}$$

对任意的 u，按下述方法选择各 v 坐标的原点是方便的。注意到局部 v 坐标线已选为圆。设想包含场点与表示圆对称面的某一平面。该平面与圆的交线将被选作相应 u 坐标的各 v 坐标的原点。用这种方法选择了各 v 坐标的原点之后，再考虑到对 $\partial I_u/\partial v$ 的表达式(5.3.9) 以及 $v_1=-v_2$ 这个惯用作法，可把式(5.3.1) 与式(5.3.2) 的标位与矢位写成如下形式：

$$V=\frac{\mathrm{j}}{\omega\varepsilon_0}\frac{1}{v_2}\int_{u_1}^{u_2}\frac{\mathrm{d}\boldsymbol{I}(u)}{\mathrm{d}u}\int_0^{v_2}g(R)\,\mathrm{d}v\mathrm{d}u \tag{5.3.10}$$

$$\boldsymbol{A}=\mu_0\frac{1}{2v_2}\int_{u_1}^{u_2}\boldsymbol{I}(u)\int_0^{v_2}\left[\frac{\partial \boldsymbol{r}'(u,-v)}{\mathrm{d}u}+\frac{\partial \boldsymbol{r}'(u,v)}{\partial u}\right]g(R)\,\mathrm{d}v\mathrm{d}u \tag{5.3.11}$$

用相似的方法，可把广义导线的电、磁场矢量表达式(5.3.5a) 与(5.3.5b) 写成

$$\boldsymbol{E}=-\mathrm{j}\omega\mu_0\frac{1}{2v_2}\left\{\int_{u_1}^{u_2}\boldsymbol{I}(u)\int_0^{v_2}\left[\frac{\partial \boldsymbol{r}'(u,-v)}{\mathrm{d}u}+\frac{\partial \boldsymbol{r}'(u,v)}{\partial u}\right]g(R)\,\mathrm{d}v\mathrm{d}u+\right.$$
$$\left.\frac{1}{\beta^2}\int_{u_1}^{u_2}\frac{\mathrm{d}\boldsymbol{I}(u)}{\mathrm{d}u}\int_0^{u_2}\left[\boldsymbol{i}_R(u,-v)+\boldsymbol{i}_R(u,v)\right]\frac{\mathrm{d}g(R)}{\mathrm{d}R}\mathrm{d}v\mathrm{d}u\right\} \tag{5.3.12}$$

$$\boldsymbol{H}=\frac{1}{2v_2}\int_{u_1}^{u_2}\boldsymbol{I}(u)\int_0^{v_2}\left[\boldsymbol{i}_R(u,-v)\times\frac{\partial \boldsymbol{r}'(u,-v)}{\partial u}+\boldsymbol{i}_R(u,v)\times\frac{\partial \boldsymbol{r}(u,v)}{\partial u}\right]\frac{\mathrm{d}g(R)}{\mathrm{d}R}\mathrm{d}v\mathrm{d}u \tag{5.3.13}$$

对远场，式(5.3.12) 和式(5.3.13) 还可以简化。如果 $|\boldsymbol{R}|\gg|\boldsymbol{r}|$（场点在远区），有

$$\boldsymbol{R}\approx\boldsymbol{r}-\boldsymbol{r}'\cdot\boldsymbol{i}_R,\quad R=|\boldsymbol{R}|\approx|\boldsymbol{r}|=r \tag{5.3.14a}$$

于是

$$g(R)=\frac{\exp(-\mathrm{j}\beta R)}{4\pi R}\approx\frac{\exp(-\mathrm{j}\beta r)}{4\pi r}\exp(\mathrm{j}\beta\boldsymbol{r}'\cdot\boldsymbol{i}_R) \tag{5.3.14b}$$

首先对式(5.3.11) 的 $g(R)$ 用其近似式(5.3.14b) 代替，从而得到

$$\boldsymbol{A}=\mu_0\frac{1}{2v_2}\frac{\exp(-\mathrm{j}\beta r)}{r}\int_{u_1}^{u_2}\boldsymbol{I}(u)\times\int_0^{v_2}\left[\frac{\partial \boldsymbol{r}'(u,-v)}{\partial u}+\frac{\partial \boldsymbol{r}(u,v)}{\partial u}\right]\exp(\mathrm{j}\beta\boldsymbol{r}'\cdot\boldsymbol{i}_R)\,\mathrm{d}v\mathrm{d}u \tag{5.3.15}$$

众所周知，任意天线或散射体的远区电场矢量可表示为

$$\boldsymbol{E}=-\mathrm{j}\omega\boldsymbol{A}_n \tag{5.3.16}$$

式中：$\boldsymbol{A}_n$ 表示与单位矢量 $\boldsymbol{i}_R$ 垂直的矢量磁位分量，而

$$\boldsymbol{A}_n=\boldsymbol{i}_R\times(\boldsymbol{A}\times\boldsymbol{i}_R) \tag{5.3.17}$$

将式(5.3.15) 与式(5.3.16) 和式(5.3.17) 联立起来，可求远区电场矢量。

2. 广义导线上电流的简化核位与场矢量

在系统分析时，用简化核代替精确核往往是有意义的做法。如果考虑的是细导线，这种简化的数值计算不会对精度产生严重影响。此时原点与场点的距离由下式确定(见图 5.3.2)：

$$R_a = [|\boldsymbol{r} - \boldsymbol{r}_a(u)|^2 + a(u)^2]^{\frac{1}{2}} \tag{5.3.18}$$

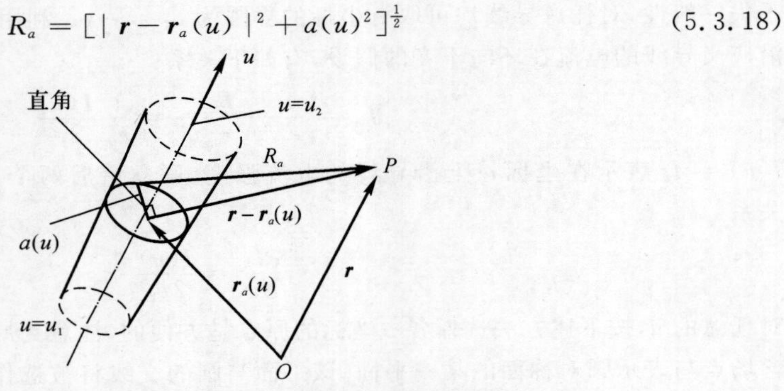

图 5.3.2　广义导线及简化核中源点与场点距离的定义

因为 R_a 不再是 v 的函数，式(5.3.10)与式(5.3.11)中的电标量位与磁矢量位的表达式得以简化为如下形式：

$$V = \frac{\mathrm{j}}{\omega\varepsilon_0}\int_{u_1}^{u_2} \frac{\mathrm{d}\boldsymbol{I}(u)}{\mathrm{d}u} g(R_a)\mathrm{d}u \tag{5.3.19}$$

$$\boldsymbol{A} = \mu_0 \int_{u_1}^{u_2} \boldsymbol{I}(u) \frac{\mathrm{d}\boldsymbol{r}_a(u)}{\mathrm{d}u} g(R_a)\mathrm{d}u \tag{5.3.20}$$

为了求出相应的电磁场矢量表达式，注意到∇与$\nabla\times$算子可以引入到式(5.3.3)的积分号内，而且这些算子只对 $g(R_a)$ 进行运算。因为 $\boldsymbol{C}$ 是常矢量，可把$\nabla g(R_a)$与$\nabla\times C_g(R_a)$写成

$$\nabla g(R_a) = \frac{\mathrm{d}g(R_a)}{\mathrm{d}R_a} \nabla R_a = \frac{\mathrm{d}g(R_a)}{\mathrm{d}R_a} \frac{r - r_a}{R_a} \tag{5.3.21}$$

$$\nabla\times[\boldsymbol{C}g(R_a)] = \nabla g(R_a)\times\boldsymbol{C} \tag{5.3.22}$$

考虑以上这些公式，易得出对应于简化核近似的下列电、磁场矢量表达式为

$$\boldsymbol{E} = -\mathrm{j}\omega\mu_0\left[\int_{u_1}^{u_2} \boldsymbol{I}(u)\frac{\mathrm{d}\boldsymbol{r}_a(u)}{\mathrm{d}u} g(R_a)\mathrm{d}u + \frac{1}{\beta_2}\int_{u_1}^{u_2} \frac{\mathrm{d}\boldsymbol{I}(u)}{\mathrm{d}u} \nabla R_a \frac{\mathrm{d}g(\boldsymbol{R}_a)}{\mathrm{d}\boldsymbol{R}_a}\mathrm{d}u\right] \tag{5.3.23}$$

$$\boldsymbol{H} = \int_{u_1}^{u_2} \boldsymbol{I}(u)\, \nabla R_a \times \frac{\mathrm{d}\boldsymbol{r}_a(u)}{\mathrm{d}u} \frac{\mathrm{d}g(R_a)}{\mathrm{d}R_a}\mathrm{d}u \tag{5.3.24}$$

把式(5.2.1)的电流展开式代入式(5.3.14)与式(5.3.15)的位表达式中，可得如下位表达式：

$$V = \sum_{i=1}^{n_u} I_i V_i \tag{5.3.25}$$

$$V_i = \frac{\mathrm{j}}{\omega\varepsilon_0}\int_{u_1}^{u_2} \frac{\mathrm{d}f_i(u)}{\mathrm{d}u} g(R_a)\mathrm{d}u \tag{5.3.26}$$

而

$$\boldsymbol{A} = \sum_{i=1}^{n_v} I_i \boldsymbol{A}_i \tag{5.3.27}$$

$$\boldsymbol{A}_i = \mu_0 \int_{u_1}^{u_2} f_i(u) \frac{\mathrm{d}\boldsymbol{r}_a(u)}{\mathrm{d}u} g(R_a)\mathrm{d}u \tag{5.3.28}$$

用近似的方法得到场矢量为

$$\boldsymbol{E} = \sum_{i=1}^{n_u} I_i \boldsymbol{E}_i \tag{5.3.29}$$

$$\boldsymbol{E}_i = -\mathrm{j}\omega\boldsymbol{A}_i - \frac{\mathrm{j}\omega\mu_0}{\beta^2}\int_{u_1}^{u_2}\frac{\mathrm{d}f_i(u)}{\mathrm{d}u}\nabla R_a\frac{\mathrm{d}g(R_a)}{\mathrm{d}R_a}\mathrm{d}u \tag{5.3.30}$$

而

$$\boldsymbol{H} = \sum_{i=1}^{n_u} I_i\boldsymbol{H}_i \tag{5.3.31}$$

$$\boldsymbol{H}_i = \int_{u_1}^{u_2} f_i(u)\nabla R_a\frac{\mathrm{d}\boldsymbol{r}_a(u)}{\mathrm{d}u}\frac{\mathrm{d}g(R_a)}{\mathrm{d}R_a}\mathrm{d}u \tag{5.3.32}$$

用与以前相同的方法可以求出远场矢量。把 $g(R_a)$(可按式(5.3.14b) 求 $g(R)$ 那样求出)代入式 (5.3.28),可先得出远区矢量磁位表达式为

$$A_i = \mu_0\frac{\exp(-\mathrm{j}\beta r)}{4\pi r}\int_{u_1}^{u_2} f_i(u)\frac{\mathrm{d}\boldsymbol{r}_a(u)}{\mathrm{d}u}\exp(\mathrm{j}\beta\boldsymbol{r}_a\cdot\boldsymbol{i}_R)\mathrm{d}u \tag{5.3.33}$$

式中:$\boldsymbol{r}$ 是远场点位置矢量,$\boldsymbol{r}_a = \boldsymbol{r}_a(u)$,而 $\boldsymbol{i}_R$ 为指向远场点的单位矢量。远区电场矢量由式(5.3.16) 与式(5.3.17) 求出。除了对圆柱段中源点与场点的距离[见式(5.3.18)]有 $a(u)$ 为常数外,对圆导线段的上边一些表达式并未被简化。然而,实际上它们也并不简单,因为在两种情况下,根号内都是 u 二次方的函数,下面继续简化。

3. 广义导线多项式电流分布的简化核

如同已经指出那样,从分析与数值计算两方面看,广义导线电流的多项式近似都是很方便的。因此这里分别导出与幂函数 $f_i(u) = u^i(i=0,1,\cdots)$ 形式近似的电流表达的简化核位函数与场矢量的全部表达式。

如果考虑到式(5.1.6a),由广义导线幂函数电流分布产生的位与场可写成

$$V_i = \frac{\mathrm{j}}{\omega\varepsilon_0}(i-1)P_{i-1},\quad \boldsymbol{A}_i = \mu_0\boldsymbol{r}_u P_i \tag{5.3.34}$$

$$\boldsymbol{E}_i = -\mathrm{j}\omega\mu_0\left\{\boldsymbol{r}_u P_i + \frac{1}{\beta^2}(i-1)[(r-r_c)Q_{i-1} - \boldsymbol{r}_u Q_i]\right\} \tag{5.3.35}$$

而

$$\boldsymbol{H}_i = (\boldsymbol{r} - \boldsymbol{r}_c)\times\boldsymbol{r}_u Q_i \tag{5.3.36}$$

式中:

$$\boldsymbol{r}_c = \boldsymbol{r}_1 - u_1\boldsymbol{r}_u,\quad \boldsymbol{r}_u = \frac{\boldsymbol{r}_2 - \boldsymbol{r}_1}{u_2 - u_1} \tag{5.3.37}$$

$$P_i = \int_{u_1}^{u_2} u^{i-1}g(R_a)\mathrm{d}u,\quad Q_i = \int_{u_1}^{u_2} u^{i-1}\frac{1}{R_a}\frac{\mathrm{d}g(R_a)}{\mathrm{d}R_a}\mathrm{d}u \tag{5.3.38}$$

在这些方程中,$\boldsymbol{r}_1$ 与 $\boldsymbol{r}_2$ 分别是广义导线轴线起点与终点的位置矢量(参阅图 5.3.2)。

如果先把 P_i 中的 $g(R_a)$ 用它的近似式代替,就可得到适于远区的相应表达式,这时的 P_i 变成

$$P_i = \frac{\exp(-\mathrm{j}\beta r)}{r}\int_{u_1}^{u_2}\frac{u^{i-1}\exp(\mathrm{j}\beta\boldsymbol{r}_a\cdot\boldsymbol{i}_R)}{4\pi}\mathrm{d}u \tag{5.3.39}$$

如同对简化核与任意基函数处理的方法一样,在该表达式中,$\boldsymbol{r}$ 是远场点的位置矢量,$\boldsymbol{r}_a = \boldsymbol{r}_a(u)$,而 $\boldsymbol{i}_R$ 是指向远场点的单位矢量。把式(5.3.37) 代入式(5.3.39),可得远区矢量磁位。

5.3.3 广义面元上电流的位与场

1. 双线性表面上电流的位与场

前面论述了洛仑兹标量位 V 和电流所产生的矢量位 $\boldsymbol{A}$，以及由此而推导出的电流产生的近场 $\boldsymbol{E}_s$，$\boldsymbol{H}_s$[见式(5.3.5a)、式(5.3.5b)]。考虑图 5.3.3 所示的曲面四边形的源点 P' 和场点 P 的关系。

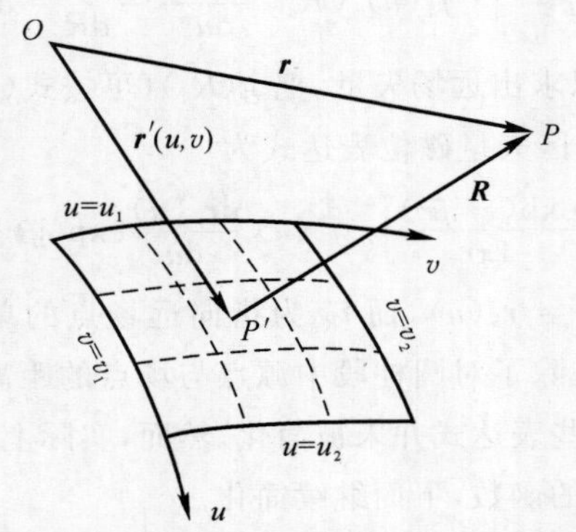

图 5.3.3 具有局部坐标 u,v，源点 P' 与场点 P 的曲面四边形

不失一般性，考虑双线性表面上电流 $\boldsymbol{J}_{su}$ 产生的洛仑兹标量位 V 和矢量位 $\boldsymbol{A}$ 分别为[见式(5.3.1a)、式(5.3.1b)]：

$$
\begin{aligned}
V = & \frac{1}{\varepsilon_0}\int_S \rho_s g(R)\mathrm{d}s = \frac{-1}{\mathrm{j}\omega\varepsilon_0}\int_S \nabla_s\cdot \boldsymbol{J}_s g(R)\mathrm{d}s = \\
& \frac{-1}{\mathrm{j}\omega\varepsilon_0}\int_{-1}^{1}\int_{-1}^{1}\left(\frac{\boldsymbol{e}_u}{e_u^2}\frac{\partial}{\partial u}+\frac{\boldsymbol{e}_v}{e_v^2}\frac{\partial}{\partial v}\right)\cdot\frac{\boldsymbol{e}_u}{|\boldsymbol{e}_u\times\boldsymbol{e}_v|}\frac{\mathrm{d}I}{\mathrm{d}v}g(R)\,|\boldsymbol{e}_u\times\boldsymbol{e}_v|\,\mathrm{d}u\mathrm{d}v = \\
& \frac{\mathrm{j}}{\omega\varepsilon_0}\int_{-1}^{1}\int_{-1}^{1}\frac{\partial}{\partial u}\left(\frac{\mathrm{d}I}{\mathrm{d}v}\right)g(R)\mathrm{d}u\mathrm{d}v
\end{aligned}
\tag{5.3.40}
$$

$$
\begin{aligned}
\boldsymbol{A} = & \mu_0\int_S \boldsymbol{J}_s g(R)\mathrm{d}s = \\
& \mu_0\int_{-1}^{1}\int_{-1}^{1}\left(\frac{\boldsymbol{e}_u}{|\boldsymbol{e}_u\times\boldsymbol{e}_v|}\frac{\mathrm{d}I}{\mathrm{d}v}\right)g(R)\,|\boldsymbol{e}_u\times\boldsymbol{e}_v|\,\mathrm{d}u\mathrm{d}v = \mu_0\int_{-1}^{1}\int_{-1}^{1}\left(\frac{\mathrm{d}I}{\mathrm{d}v}\right)\frac{\partial\boldsymbol{r}}{\partial u}g(R)\mathrm{d}u\mathrm{d}v
\end{aligned}
\tag{5.3.41}
$$

将式(5.3.1)和式(5.3.2)分别代入式(5.3.5a)和式(5.3.5b)中，得到相应的电磁散射场为

$$
\boldsymbol{E}_s = \mathrm{j}\omega\mu_0\left\{\int_{-1}^{1}\int_{-1}^{1}\left(\frac{\partial\boldsymbol{I}_u}{\partial v}\right)\frac{\partial\boldsymbol{r}}{\partial u}g(R)\mathrm{d}u\mathrm{d}v+\frac{1}{\beta^2}\int_{-1}^{1}\int_{-1}^{1}\frac{\partial}{\partial u}\left(\frac{\partial\boldsymbol{I}_u}{\partial v}\right)\boldsymbol{i}_R\frac{\mathrm{d}g(R)}{\mathrm{d}R}\mathrm{d}u\mathrm{d}v\right\}
\tag{5.3.42}
$$

$$
\boldsymbol{H}_s = \int_{-1}^{1}\int_{-1}^{1}\frac{\mathrm{d}g(R)}{\mathrm{d}R}\boldsymbol{i}_R\times\frac{\partial\boldsymbol{r}}{\partial u}\left(\frac{\partial\boldsymbol{I}_u}{\partial v}\right)\mathrm{d}u\mathrm{d}v
\tag{5.3.43}
$$

2. 双线性表面上多项式电流分布的场

分析表明，混合域基函数最基本的构成成分是幂函数(实际函数由其叠加而成)，即

$$
\sigma_{i_n j_n} = u_n^{i_n-1}v_n^{j_n-1}
\tag{5.3.44}
$$

为分析简单起见，只考虑双线性表面 n 上电流 $\boldsymbol{J}_{su}$ 的位与场。其中 $\boldsymbol{u}$ 方向电流为

$$
\boldsymbol{J}_{su} = \frac{\boldsymbol{e}_{u_n}}{|\boldsymbol{e}_{u_n}\times\boldsymbol{e}_{v_n}|}\frac{\mathrm{d}I}{\mathrm{d}v_n}
\tag{5.3.45}
$$

选用的一般基函数为

$$\frac{\mathrm{d}I}{\mathrm{d}v_n}=\sum_{i_n=1}^{M_u}\sum_{j_n=1}^{M_v}I_{i_nj_n}u_n^{i_n-1}v_n^{j_n-1} \tag{5.3.46}$$

将式(5.3.46)分别代入式(5.3.40)和式(5.3.41)，可以相应地得到

$$V=\sum_{i_n=1}^{M_u}\sum_{j_n=1}^{M_v}I_{i_nj_n}V_{i_nj_n} \tag{5.3.47a}$$

$$\boldsymbol{A}=\sum_{i_n=1}^{M_u}\sum_{j_n=1}^{M_v}I_{i_nj_n}\boldsymbol{A}_{i_nj_n} \tag{5.3.47b}$$

式中：

$$V_{ij}=\frac{\mathrm{j}}{\omega\varepsilon_0}(i-1)P_{i-1,j} \tag{5.3.48a}$$

$$\boldsymbol{A}_{ij}=\mu_0(\boldsymbol{r}_uP_{i,j}+\boldsymbol{r}_{uv}P_{i,j+1}) \tag{5.3.48b}$$

同理，将式(5.3.46)分别代入式(5.3.42)和式(5.3.43)，则可以相应地得到

$$\boldsymbol{E}_{\mathrm{s}}=\sum_{i_n=1}^{M_u}\sum_{j_n=1}^{M_v}I_{i_nj_n}\boldsymbol{E}_{i_nj_n} \tag{5.3.49a}$$

$$\boldsymbol{H}_{\mathrm{s}}=\sum_{i_n=1}^{M_u}\sum_{j_n=1}^{M_v}I_{i_nj_n}\boldsymbol{H}_{i_nj_n} \tag{5.3.49b}$$

式中：

$$\boldsymbol{E}_{i_nj_n}=-\mathrm{j}\omega\mu_0\Big\{\boldsymbol{r}_uP_{i_n,j_n}+\boldsymbol{r}_{uv}P_{i_n,j_n+1}+\frac{1}{\beta^2}(i_n-1)[(\boldsymbol{r}-\boldsymbol{r}_c)Q_{i_n-1,j_n}-\boldsymbol{r}_uQ_{i_nj_n}-\boldsymbol{r}_vQ_{i_n-1,j_n+1}-\boldsymbol{r}_{uv}Q_{i_n,j_n+1}]\Big\} \tag{5.3.50a}$$

$$\boldsymbol{H}_{i_nj_n}=(\boldsymbol{r}-\boldsymbol{r}_c)\times\boldsymbol{r}_uQ_{i_nj_n}+[\boldsymbol{r}_u+\boldsymbol{r}_v+(\boldsymbol{r}-\boldsymbol{r}_c)\times\boldsymbol{r}_{uv}]Q_{i_n,j_n+1}-\boldsymbol{r}_v\times\boldsymbol{r}_{uv}Q_{i_n,j_n+2} \tag{5.3.50b}$$

式(5.3.50)中，其公共因子为

$$P_{i_nj_n}=\int_{-1}^{1}\int_{-1}^{1}u^{i_n-1}v^{j_n-1}g(R)\mathrm{d}u\mathrm{d}v \tag{5.3.51}$$

$$Q_{i_nj_n}=\int_{-1}^{1}\int_{-1}^{1}u^{i_n-1}v^{j_n-1}\frac{1}{R}\frac{\mathrm{d}g(R)}{\mathrm{d}R}\mathrm{d}u\mathrm{d}v \tag{5.3.52}$$

5.4　EFIE 及其 Galerkin - MOM 解

5.4.1　EFIE 及其 MOM

根据理想导体(PEC)表面的边界条件(以散射情况讨论)：

$$\hat{\boldsymbol{n}}\times\boldsymbol{E}=\boldsymbol{0} \tag{5.4.1a}$$

则有

$$-\hat{\boldsymbol{n}}\times\boldsymbol{E}_{\mathrm{s}}=\hat{\boldsymbol{n}}\times\boldsymbol{E}_{\mathrm{i}} \tag{5.4.1b}$$

式中：

$$\boldsymbol{E}_{\mathrm{s}}=L(\boldsymbol{J}_{\mathrm{s}}) \tag{5.4.2}$$

这里 $\boldsymbol{E}_s$ 和 $\boldsymbol{E}_i$ 分别代表散射场和入射场，L 为算子符号，$\boldsymbol{J}_s$ 为表面电流。设第 l 个基函数的电流为 $\boldsymbol{J}_l$，且 $\boldsymbol{J}_s = \sum_l I_l \boldsymbol{J}_l$，代入式(5.4.2)，则有

$$\boldsymbol{E}_s = L(\sum_l I_l \boldsymbol{J}_s) \tag{5.4.3}$$

因而，式(5.4.1)和式(5.4.3)按 Galerkin-MOM 展开为矩阵方程为

$$\boldsymbol{Z}_{kl}\boldsymbol{I}_l = \boldsymbol{V}_k \tag{5.4.4a}$$

式中：

$$\left.\begin{aligned} Z_{kl} &= <\boldsymbol{J}_k, L(\boldsymbol{J}_l)> = <\boldsymbol{J}_k, \boldsymbol{E}_l> \\ V_k &= <\boldsymbol{J}_k, -\boldsymbol{E}_i> \end{aligned}\right\} \tag{5.4.4b}$$

式中：$\boldsymbol{E}_l = L(\boldsymbol{J}_l)$ 是定义在源点所在面(n 面)上的第 l 个基函数 $\boldsymbol{J}_l$ 电流所产生的场；$\boldsymbol{J}_k$ 是定义在场点所在面(m 面)上的第 k 个权函数。值得指出的是：本来场 $\boldsymbol{E}_l$ 与 $\boldsymbol{E}_i$ 都应取表面切向分量，但考虑了权函数 $\boldsymbol{J}_k$ 定义在导体表面的情况，所以直接用其非切向分量形式。

在填充矩阵方程[见式(5.4.4a)]时，在布局方面考虑，首先是结合混合基函数中的全域基分量(称为独立项 q)和分域基分量(称为对偶项 d)的相互耦合影响来排列矩阵元素。由式(5.4.4a)可以得到

$$\begin{bmatrix} Z^{qq} & Z^{qd} \\ Z^{dq} & Z^{dd} \end{bmatrix} \begin{bmatrix} I^q \\ I^d \end{bmatrix} = \begin{bmatrix} V^q \\ V^d \end{bmatrix} \tag{5.4.4c}$$

式(5.4.4c)中，Z^{qq}，Z^{dd} 分别表示作用于近似线元(或面元)内部的独立项的自耦合阻抗和作用于线元(面元)相交处(即交点或交线上)的对偶项的自耦合阻抗，Z^{qd}，Z^{dq} 分别表示它们之间的互耦合阻抗。

在填充矩阵时同时考虑了线、面和线面耦合的情况，也就是在独立项和对偶项耦合的框架下，考虑线、面的耦合，然后再考虑把面分为 u，v 两个方向的耦合阻抗，这里线元只有一个方向，记为 s，所以由式(5.4.4c)可进一步得到阻抗矩阵 $\boldsymbol{Z}$ 的分布：

$$\boldsymbol{Z} = \begin{bmatrix} Z^{uu} & Z^{uv} & Z^{us} & Z^{udp} & Z^{ud1} \\ Z^{vu} & Z^{vv} & Z^{vs} & Z^{vdp} & Z^{vd1} \\ Z^{su} & Z^{sv} & Z^{ss} & Z^{sdp} & Z^{sd1} \\ Z^{dpu} & Z^{dpv} & Z^{dps} & Z^{dpdp} & Z^{dpd1} \\ Z^{d1u} & Z^{d1v} & Z^{d1s} & Z^{d1dp} & Z^{d1d1} \end{bmatrix} \tag{5.4.4d}$$

如果知道对导线分段数为 N，线段交点个数为 L；近似目标的双线性面元的个数为 M，交线条数为 P，就可以确定式(5.4.4d)所示矩阵方程的阶数。假如取 u，v，s 方向多项式的最高次阶数为 $M_u = M_v = M_s = M_j$，并且为了保证 q，d 项的存在，要求 $M_j \geqslant 3$。则式(5.4.4d)中的阻抗矩阵 $\boldsymbol{Z}$ 是一个大小为 $[2MM_j(M_j-2)+N(M_j-2)+PM_j+L]^2$ 的方阵。

$\boldsymbol{Z}$ 矩阵里的线、面耦合元素的详细分布和矩阵阶数描述如下：

Z^{uu}：面的 u 方向全域基和面 u 方向全域基耦合，阶数为 $[MM_j(M_j-2)]^2$；

Z^{uv}：面的 u 方向全域基和面 v 方向全域基耦合，阶数为 $[MM_j(M_j-2)]^2$；

Z^{vv}：面的 v 方向全域基和面 v 方向全域基耦合，阶数为 $[MM_j(M_j-2)]^2$；

Z^{us}：面的 u 方向全域基和线的 s 方向全域基耦合，阶数为 $[MM_j(M_j-2)][N(M_j-2)]$；

Z^{vs}：面的 v 方向全域基和线的 s 方向全域基耦合，阶数为 $[MM_j(M_j-2)][N(M_j-2)]$；

Z^{ss}：线的全域基和线的全域基耦合，阶数为 $[N(M_j-2)]^2$；

Z^{dpdp}：面的分域基和面的分域基耦合，阶数为 PM_jPM_j；

Z^{dldl}：线的分域基和线的分域基耦合，阶数为 $L\ L$；

Z^{udp}：面的 u 方向全域基和面的分域基耦合，阶数为$[MM_j(M_j-2)]PM_j$；

Z^{vdp}：面的 v 方向全域基和面的分域基耦合，阶数为$[MM_j(M_j-2)]PM_j$；

Z^{sdp}：线的全域基和面的分域基耦合，阶数为$[N(M_j-2)]PM_j$；

Z^{udl}：面的 u 方向全域基和线的分域基耦合，阶数为$[MM_j(M_j-2)]L$；

Z^{vdl}：面的 v 方向全域基和线的分域基耦合，阶数为$[MM_j(M_j-2)]L$；

Z^{sdl}：线的全域基和线的分域基耦合，阶数为$[N(M_j-2)]L$；

Z^{dpdl}：面的分域基和线的分域基耦合，阶数为 PM_jL。

以上是 $\boldsymbol{Z}$ 矩阵对角线右上方耦合矩阵分布情况，根据对称性可知对角线左下方耦合矩阵元素分布情况。

5.4.2　矩阵的计算

1. 面元的阻抗矩阵

现在我们考虑 $\boldsymbol{Z}_{kl}$ 的形式，由内积定义可得

$$\boldsymbol{Z}_{kl}=\int_{S_k}\boldsymbol{J}_{sk}\cdot\boldsymbol{E}_l\,\mathrm{d}S_k \tag{5.4.5}$$

式中，S_k 是第 k 个基函数赖以定义的表面(第 m 面)，点乘积保证只有 E_l 的切向分量出现在该表达式中。我们采用标量电位与矢量磁位来表示 E_l，即

$$E_l=-\nabla V_l-\mathrm{j}\omega\boldsymbol{A}_l \tag{5.4.6a}$$

将上式代入到式(5.4.5)中，经简单整理，并且注意到

$$\nabla_s\cdot(V_l\boldsymbol{J}_{sk})=V_l\,\nabla_s\cdot\boldsymbol{J}_{sk}+\boldsymbol{J}_{sk}\cdot\nabla_sV_l=-\mathrm{j}\omega\rho_{sk}V_l+\boldsymbol{J}_{sk}\cdot\nabla V_l$$

则有

$$\int_{S_k}\nabla_s\cdot(V_lJ_{sk})=\int_{C_k}V_lJ_{sk}\cdot\mathrm{d}_{C_k}=0 \tag{5.4.6b}$$

因而可以得到

$$\boldsymbol{Z}_{kl}=-\mathrm{j}\omega\int_{S_k}(\rho_{sk}V_l+\boldsymbol{J}_{sk}\cdot\boldsymbol{A}_l)\mathrm{d}S_k \tag{5.4.7}$$

若只考虑第 m 个双线性表面 S_k 上第 k 个基函数电流 $\boldsymbol{J}_k$，则有

$$\boldsymbol{J}_k=\frac{\boldsymbol{e}_u}{|\boldsymbol{e}_u\times\boldsymbol{e}_v|}\left(\frac{\mathrm{d}I}{\mathrm{d}v}\right)_k+\frac{\boldsymbol{e}_v}{|\boldsymbol{e}_u\times\boldsymbol{e}_v|}\left(\frac{\mathrm{d}I}{\mathrm{d}u}\right)_k \tag{5.4.8a}$$

$$\rho_k=\frac{\nabla_s\cdot\boldsymbol{J}_k}{-\mathrm{j}\omega}=\frac{-1}{\mathrm{j}\omega}\left(\frac{\boldsymbol{e}_u}{\boldsymbol{e}_u^2}\frac{\partial}{\partial u}+\frac{\boldsymbol{e}_v}{\boldsymbol{e}_v^2}\frac{\partial}{\partial v}\right)\cdot\left[\frac{\boldsymbol{e}_u}{|\boldsymbol{e}_u\times\boldsymbol{e}_v|}\left(\frac{\mathrm{d}I}{\mathrm{d}v}\right)_k+\frac{\boldsymbol{e}_v}{|\boldsymbol{e}_u\times\boldsymbol{e}_v|}\left(\frac{\mathrm{d}I}{\mathrm{d}u}\right)_k\right]=$$
$$\frac{-1}{\mathrm{j}\omega|\boldsymbol{e}_u\times\boldsymbol{e}_v|}\left[\frac{\mathrm{d}}{\mathrm{d}u}\left(\frac{\mathrm{d}I}{\mathrm{d}v}\right)_k+\frac{\mathrm{d}}{\mathrm{d}v}\left(\frac{\mathrm{d}I}{\mathrm{d}u}\right)_k\right] \tag{5.4.8b}$$

同理，第 n 个双线性表面第 l 个基函数的 $\boldsymbol{A}_l$，V_l，结合式(4.3.1)和式(5.3.41)，则有

$$\boldsymbol{A}_l=\mu_0\int_S\boldsymbol{J}_lg(R)\mathrm{d}s=$$
$$\mu_0\int_{-1}^{1}\int_{-1}^{1}\left\{\left[\frac{\mathrm{d}\boldsymbol{r}}{\mathrm{d}u}\left(\frac{\mathrm{d}I}{\mathrm{d}v}\right)\right]_l+\left[\frac{\mathrm{d}\boldsymbol{r}}{\mathrm{d}v}\left(\frac{\mathrm{d}I}{\mathrm{d}u}\right)\right]_l\right\}g(R)\mathrm{d}u_l\mathrm{d}v_l \tag{5.4.9a}$$

$$V_l=\frac{1}{\varepsilon_0}\int_S \rho_l g(R)\mathrm{d}s=\frac{-1}{\mathrm{j}\omega\varepsilon_0}\int_{-1}^{1}\int_{-1}^{1}\left[\frac{\mathrm{d}}{\mathrm{d}u}\left(\frac{\mathrm{d}I}{\mathrm{d}v}\right)_l+\frac{\mathrm{d}}{\mathrm{d}v}\left(\frac{\mathrm{d}I}{\mathrm{d}u}\right)_l\right]g(R)\mathrm{d}u_l\mathrm{d}v_l \tag{5.4.9b}$$

将式(5.4.8)和式(5.4.9)代入式(5.4.7)中，即可得到所需要的 $\boldsymbol{Z}_{kl}$ 矩阵。其中，阻抗元素矩阵 $\boldsymbol{Z}_{kl}^{uu}$ 确定为

$$\boldsymbol{Z}_{kl}^{uu}=\int_S \boldsymbol{J}_k^u\cdot\boldsymbol{E}_l^u\mathrm{d}S=-\mathrm{j}\omega\int_S(\rho_k^u V_l^u+\boldsymbol{J}_k^u\cdot\boldsymbol{A}_l^u)\mathrm{d}S=$$

$$-\mathrm{j}\omega\mu_0\int_{-1}^{1}\int_{-1}^{1}\int_{-1}^{1}\int_{-1}^{1}\left\{-\frac{1}{\beta^2}\left[\frac{\mathrm{d}}{\mathrm{d}u}\left(\frac{\mathrm{d}I}{\mathrm{d}v}\right)\right]_k\left[\frac{\mathrm{d}}{\mathrm{d}u}\left(\frac{\mathrm{d}I}{\mathrm{d}v}\right)\right]_l+\left[\left(\frac{\mathrm{d}I}{\mathrm{d}v}\right)\frac{\mathrm{d}\boldsymbol{r}}{\mathrm{d}u}\right]_k\left[\frac{\mathrm{d}\boldsymbol{r}}{\mathrm{d}u}\left(\frac{\mathrm{d}I}{\mathrm{d}v}\right)\right]_l\right\}\times$$

$$g(R)\mathrm{d}u_l\mathrm{d}v_l\mathrm{d}u_k\mathrm{d}v_k \tag{5.4.10}$$

同理，其他耦合方式 $\boldsymbol{Z}_{kl}^{uv}$，$\boldsymbol{Z}_{kl}^{vu}$，$\boldsymbol{Z}_{kl}^{vv}$ 的阻抗矩阵元素也可类似地求出。为了简单起见，首先给出基函数为以下幂函数时的阻抗矩阵元素表达式：

$$\frac{\mathrm{d}I_u}{\mathrm{d}v}=\sum_{i=1}^{M_u}\sum_{j=1}^{M_v}I_{ij}u^{i-1}v^{j-1} \tag{5.4.11a}$$

$$\frac{\mathrm{d}I_v}{\mathrm{d}u}=\sum_{i=1}^{M_u}\sum_{j=1}^{M_v}I_{ij}v^{j-1}u^{i-1} \tag{5.4.11b}$$

以 $\boldsymbol{Z}_{kl}^{uu}$ 耦合方式为例，由式(5.4.10)可得

$$\boldsymbol{Z}_{kl}^{uu}=\boldsymbol{Z}_{i_m,j_m,i_n,j_n}^{uu}=-\mathrm{j}\omega\mu_0\begin{bmatrix}-\frac{1}{\beta^2}(i_m-1)(i_n-1)S_{i_m-1,j_m,i_n-1,j_n}+(r_{um}\cdot r_{un})S_{i_m,j_m,i_n,j_n}+\\(r_{um}\cdot r_{uvn})S_{i_m,j_m,i_n,j_n+1}+(r_{uvm}\cdot r_{un})S_{i_m,j_m+1,i_n,j_n}+\\(r_{uvm}\cdot r_{uvn})S_{i_m,j_m+1,i_n,j_n+1}\end{bmatrix} \tag{5.4.12}$$

式中：公共因子

$$S_{i_m,j_m,i_n,j_n}=\int_{-1}^{1}\int_{-1}^{1}u_m^{i_m-1}v_m^{j_m-1}P_{i_nj_n}\mathrm{d}u_m\mathrm{d}v_m \tag{5.4.13}$$

并且式(5.4.13)中，$P_{i_nj_n}$ 见式(5.3.51)，代入并整理为

$$S_{i_m,j_m,i_n,j_n}=\int_{-1}^{1}\int_{-1}^{1}\int_{-1}^{1}\int_{-1}^{1}u_m^{i_m-1}v_m^{j_m-1}u_n^{i_n-1}v_n^{j_n-1}g(R)\mathrm{d}u_n\mathrm{d}v_n\mathrm{d}u_m\mathrm{d}v_m \tag{5.4.14}$$

与 $\boldsymbol{Z}_{kl}^{uu}$ 类似，其他3种阻抗耦合矩阵也可求出。

根据全域基分量和分域基分量，可以将混合域基表示为

$$\frac{\mathrm{d}I_u}{\mathrm{d}v}=\sum_{i=1}^{M_u}\sum_{j=1}^{M_v}I_{ij}(u^{i-1}+a_iu+b_i)v^{j-1} \tag{5.4.15a}$$

$$\frac{\mathrm{d}I_v}{\mathrm{d}u}=\sum_{i=1}^{M_u}\sum_{j=1}^{M_v}I_{ij}(v^{j-1}+a_jv+b_j)u^{i-1} \tag{5.4.15b}$$

式(5.4.15a)和式(5.4.15b)分别为 $\boldsymbol{J}_{su}$，$\boldsymbol{J}_{sv}$ 方向基函数。式中系数为

$$a_i=\begin{cases}-0.5, & i<3\\0.5\times[(-1)^{i-1}-1], & i\geqslant 3\end{cases} \tag{5.4.16a}$$

$$b_i=\begin{cases}0.5\times(-1)i, & i<3\\0.5\times[(-1)^{i}-1], & i\geqslant 3\end{cases} \tag{5.4.16b}$$

比较式(5.4.11)和式(5.4.15)中两种基函数的表达式，即可得到混合域基时对应公共因子为

$$S'^{uu}_{i_m,j_m,i_n,j_n}=S_{i_m,j_m,i_n,j_n}+a_{i_n}S_{i_m,j_m,2,j_n}+b_{i_n}S_{i_m,j_m,1,j_n}+a_{i_m}S_{2,j_m,i_n,j_n}+a_{i_m}a_{i_n}S_{2,j_m,2,j_n}+a_{i_m}b_{i_n}S_{2,j_m,1,j_n}+b_{i_m}S_{1,j_m,i_n,j_n}+b_{i_m}a_{i_n}S_{1,j_m,2,j_n}+b_{i_m}b_{i_n}S_{1,j_m,1,j_n} \tag{5.4.17a}$$

$$S'^{uv}_{i_m,j_m,i_n,j_n}=S_{i_m,j_m,i_n,j_n}+a_{j_n}S_{i_m,j_m,j_n,2}+b_{j_n}S_{i_m,j_m,j_n,1}+a_{i_m}S_{2,j_m,i_n,j_n}+a_{i_m}a_{j_n}S_{2,j_m,i_n,2}+a_{i_m}b_{j_n}S_{2,j_m,i_n,1}+b_{i_m}S_{1,j_m,i_n,j_n}+b_{i_m}a_{j_n}S_{1,j_m,i_n,2}+b_{i_m}b_{j_n}S_{1,j_m,i_n,1} \tag{5.4.17b}$$

$$S'^{vu}_{i_m,j_m,i_n,j_n}=S_{i_m,j_m,i_n,j_n}+a_{i_n}S_{i_m,j_m,2,j_n}+b_{i_n}S_{i_m,j_m,1,j_n}+a_{j_m}S_{i_m,2,i_n,j_n}+a_{j_m}a_{i_n}S_{i_m,2,2,j_n}+a_{j_m}b_{i_n}S_{i_m,2,1,j_n}+b_{j_m}S_{i_m,1,i_n,j_n}+b_{j_m}a_{i_n}S_{i_m,1,2,j_n}+b_{j_m}b_{i_n}S_{i_m,1,1,j_n} \tag{5.4.17c}$$

$$S'^{vv}_{i_m,j_m,i_n,j_n}=S_{i_m,j_m,i_n,j_n}+a_{j_n}S_{i_m,j_m,i_n,2}+b_{j_n}S_{i_m,j_m,i_n,1}+a_{j_m}S_{i_m,2,i_n,j_n}+a_{j_m}a_{j_n}S_{i_m,2,i_n,2}+a_{j_m}b_{j_n}S_{i_m,2,i_n,1}+b_{j_m}S_{i_m,1,i_n,j_n}+b_{j_m}a_{j_n}S_{i_m,1,i_n,2}+b_{j_m}b_{j_n}S_{i_m,1,i_n,1} \tag{5.4.17d}$$

因而，在调用式(5.4.10)、式(5.4.12)填充阻抗矩阵 $\boldsymbol{Z}$ 时，分别选用对应的 S'_{i_m,j_m,i_n,j_n} 即可。另外，为了节省求解 S_{i_m,j_m,i_n,j_n} 四重积分的时间，我们可以先把式(5.4.17)求出，以备填充 $\boldsymbol{Z}$ 时可以直接调用。

2. 线元的阻抗矩阵

广义导线只有一个方向，记其局部坐标为 s，线与线耦合的矩阵 $\boldsymbol{Z}_{kl}$ 的具体推导过程与矩阵元素推导过程类似，因此对于线与线的矩阵，有

$$\boldsymbol{Z}_{kl}=\int_{-1}^{1}\left\{\left[\frac{\mathrm{d}}{\mathrm{d}s}I(s)\right]_k\cdot V_l-\mathrm{j}\omega\cdot\left[I(s)\cdot\frac{\mathrm{d}\boldsymbol{r}_a}{\mathrm{d}s}\right]_k\cdot\boldsymbol{A}_l\right\}\mathrm{d}s_k \tag{5.4.18}$$

式中：

$$V_l=\frac{\mathrm{j}}{\omega\varepsilon_0}\int_{-1}^{1}\frac{\mathrm{d}I(s)}{\mathrm{d}s}g(R_a)\mathrm{d}s_l \tag{5.4.19a}$$

$$\boldsymbol{A}_l=\frac{\mathrm{j}}{\omega\varepsilon_0}\int_{-1}^{1}I(s)\frac{\mathrm{d}\boldsymbol{r}_a(s)}{\mathrm{d}s}g(R_a)\mathrm{d}s_l \tag{5.4.19b}$$

为了简单起见，首先给出基函数为以下幂函数时的阻抗矩阵元素表达式：

$$I(s)=\sum_{i=1}^{M_j}I_iu^{i-1} \tag{5.4.20}$$

把式(5.4.19)和式(5.4.20)代入式(5.4.18)可得(假设第 m 段线和第 n 段线耦合)

$$\boldsymbol{Z}_{kl}=\boldsymbol{Z}_{i_m,i_n}=-\mathrm{j}\omega\mu_0\left[-\frac{1}{\beta^2}(i_m-1)(i_n-1)S_{i_m-1,i_n-1}+(\boldsymbol{r}_{um}\cdot\boldsymbol{r}_{un})S_{i_m,i_n}\right] \tag{5.4.21}$$

式中：

$$S_{i_m,i_n}=\int_{-1}^{1}\int_{-1}^{1}s_m^{i_m-1}s_n^{i_n-1}\frac{\mathrm{e}^{-\mathrm{j}\beta R_a}}{4\pi R_a}\mathrm{d}s_m\mathrm{d}s_n \tag{5.4.22}$$

线上的混合域基函数可表示如下：

$$I(s)=\sum_{i=1}^{M_u}I_i\omega_i(s)=\sum_{i=1}^{M_u}I_i(s^{i-1}+a_is+b_i) \tag{5.4.23}$$

式中：系数如式(5.4.16a)所示。把式(5.4.23)重新代入式(5.4.18)中，并与式(5.4.21)作比较可得混合基对应的 $\boldsymbol{Z}$ 矩阵

$$\boldsymbol{Z}_{i_m,i_n}=\mathrm{j}\omega\mu_0\Big\{-\frac{1}{\beta^2}\big[(i_m-1)(i_n-1)S_{i_m-1,i_n-1}+(i_m-1)a_{i_n}S_{i_m-1,1}+$$

$$(i_n-1)a_{i_m}S_{1,i_n-1}+a_{i_m}a_{i_n}S_{1,1}]+(\boldsymbol{r}_{um}\cdot\boldsymbol{r}_{vn})[S_{i_m,i_n}+a_{i_n}S_{i_m,2}+$$
$$b_{i_n}S_{i_m,1}+a_{im}S_{2,i_n}+a_{im}a_{in}S_{2,2}+a_{im}b_{i_n}S_{2,1}+b_{im}S_{1,in}+$$
$$b_{im}a_{in}S_{1,2}+b_{im}b_{in}S_{1,1}]\Big\} \tag{5.4.24}$$

3. 线与面的耦合矩阵

对于线、面耦合的情况只以 Z^{us} 的推导为例，即考虑面上的 u 方向分量和线进行耦合，为了描述问题的方便，这里可认为 k 代表面元且位于源点，l 代表线元且位于场点：

$$\boldsymbol{Z}_{kl}=\int_{-1}^{1}\int_{-1}^{1}\left\{\left[\frac{\mathrm{d}}{\mathrm{d}u}\left(\frac{\mathrm{d}I_u}{\mathrm{d}v}\right)\right]_k\cdot V_l-\mathrm{j}\omega\left[\frac{\mathrm{d}I_u}{\mathrm{d}v}\cdot\frac{\mathrm{d}\boldsymbol{r}}{\mathrm{d}u}\right]_k\cdot\boldsymbol{A}_l\right\}\mathrm{d}u_k\mathrm{d}v_k \tag{5.4.25}$$

已知位于场点的线的位为

$$V_l=\frac{\mathrm{j}}{\omega\varepsilon_0}\int_{-1}^{1}\frac{\mathrm{d}I(s)}{\mathrm{d}s}g(R_a)\mathrm{d}s_l \tag{5.4.26a}$$

$$\boldsymbol{A}_l=\frac{\mathrm{j}}{\omega\varepsilon_0}\int_{-1}^{1}I(s)\frac{\mathrm{d}\boldsymbol{r}_a(s)}{\mathrm{d}s}g(R_a)\mathrm{d}s_l \tag{5.4.26b}$$

为了方便起见，仍然考虑面和线上的幂级数形式的电流基函数。

面元上的基函数为

$$\frac{\mathrm{d}I_u}{\mathrm{d}v}=\sum_{i=1}^{M_u}\sum_{j=1}^{M_v}I_{ij}u^{i-1}v^{j-1} \tag{5.4.27a}$$

线元上的基函数为

$$I(s)=\sum_{i=1}^{M_j}I_iu^{i-1} \tag{5.4.27b}$$

把式(5.4.26)和式(5.4.27)代入式(5.4.25)可得基本的 $\boldsymbol{Z}^{us}$ 矩阵元素：

$$\boldsymbol{Z}^{us}=-\mathrm{j}\omega\mu_0\left[-\frac{1}{\beta^2}(i_k-1)(i_k-1)C_{i_k-1,j_k,i_l-1}+(\boldsymbol{r}_{uk}\cdot\boldsymbol{r}_{ul})C_{i_k,j_k,i_l}+(\boldsymbol{r}_{uvk}\cdot\boldsymbol{r}_{ul})C_{i_k,j_k+1,i_l}\right] \tag{5.4.28}$$

式中：

$$C_{i_k,j_k,i_l}=\int_{-1}^{1}\int_{-1}^{1}\int_{-1}^{1}u^{i_k-1}v^{j_k-1}s^{i_l-1}g(R)\mathrm{d}u\mathrm{d}v\mathrm{d}s \tag{5.4.29}$$

这里的 R 为面到线的距离，即

$$R=|\boldsymbol{R}|=|\boldsymbol{r}_k-\boldsymbol{r}_{a_l}| \tag{5.4.30}$$

式中：$\boldsymbol{r}_k$，$\boldsymbol{r}_{a_l}$ 分别表示面和线上的位置矢量，$\boldsymbol{r}_{uk}$，$\boldsymbol{r}_{uvk}$ 和 $\boldsymbol{r}_{ul}$ 分别是表征面和线位置矢量的参量。同理，也可表示出 $\boldsymbol{Z}^{vs}$，$\boldsymbol{Z}^{su}$ 和 $\boldsymbol{Z}^{sv}$ 如下：

$$\boldsymbol{Z}^{vs}=-\mathrm{j}\omega\mu_0\left[-\frac{1}{\beta^2}(j_k-1)(i_k-1)C_{i_k,j_k-1,i_l-1}+(\boldsymbol{r}_{vk}\cdot\boldsymbol{r}_{ul})C_{i_k,j_k,i_l}+(\boldsymbol{r}_{uvk}\cdot\boldsymbol{r}_{ul})C_{i_k+1,j_k,i_l}\right] \tag{5.4.31a}$$

$$\boldsymbol{Z}^{su}=-\mathrm{j}\omega\mu_0\left[-\frac{1}{\beta^2}(i_k-1)(i_l-1)C_{i_k-1,i_l-1,j_l}+(\boldsymbol{r}_{uk}\cdot\boldsymbol{r}_{ul})C_{i_k,i_l,j_l}+(\boldsymbol{r}_{uvl}\cdot\boldsymbol{r}_{uk})C_{i_k,i_k,j_l+1}\right] \tag{5.4.31b}$$

$$\boldsymbol{Z}^{sv}=-\mathrm{j}\omega\mu_0\left[-\frac{1}{\beta^2}(i_k-1)(j_l-1)C_{i_k-1,i_l,j_l-1}+(\boldsymbol{r}_{vk}\cdot\boldsymbol{r}_{ul})C_{i_k,i_l,j_l}+(\boldsymbol{r}_{uvl}\cdot\boldsymbol{r}_{uk})C_{i_k,i_k+1,j_l}\right] \tag{5.4.31c}$$

利用式(5.4.31),将面元上的混合基和线元上的混合基函数代入式(5.4.28)和式(5.4.31)中,即可得到线面耦合的混合基矩阵元素,这正是计算时要用到的重要信息。

5.4.3　激励源的处理

对于散射问题,人们把远距离照射到目标表面上的雷达波看作是平面波。由于平面波源与目标距离甚远,可以认为波源与目标之间没有耦合,因此这样处理会使问题变得简化,且对计算精度影响不大。

天线与散射体的基本区别只在于源点的位置不同而已,如果源点是远离物体的,则可看成是散射体;如果源点在物体上,则为天线。对于辐射问题,激励源常用两种方法进行近似,一种是用 δ 源激励,另一种用磁流环激励。它们的精度和适用范围略有不同,应针对具体问题选择适当的模型进行计算。

1. 平面波激励

对于散射问题,可简单地用外施电场矢量 $\boldsymbol{E}_{\mathrm{i}}$ 与外施磁场矢量 $\boldsymbol{H}_{\mathrm{i}}$ 来表示目标的激励。如图 5.4.1 所示,$\boldsymbol{k}$ 为入射场的传播方向。

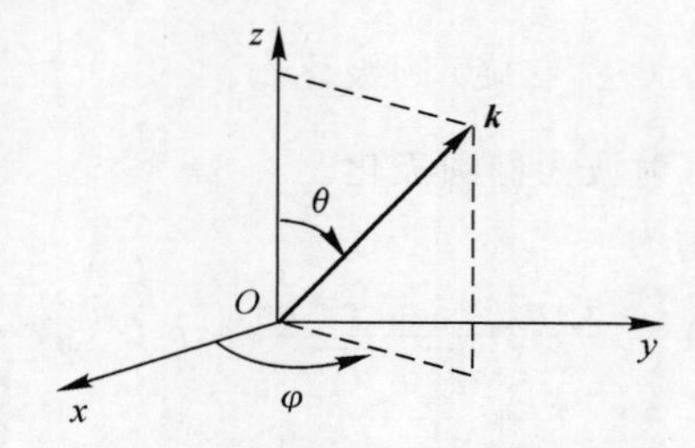

图 5.4.1　入射场的球坐标图

假定该平面波是椭圆极化,即电场矢量的振幅为复数,例如为 $\hat{\boldsymbol{E}}_0$,且 $|\hat{\boldsymbol{E}}_0|=1$,则入射波的电场复矢量可以表示为

$$\boldsymbol{E}_{\mathrm{i}}(\boldsymbol{r})=\hat{\boldsymbol{E}}_0\exp\left(-\mathrm{j}\beta\boldsymbol{r}\cdot\boldsymbol{k}\right) \tag{5.4.32}$$

式中:$\beta=\omega\sqrt{\mu\varepsilon}$ 为相位常数,$\boldsymbol{r}=x\boldsymbol{i}_x+y\boldsymbol{i}_y+z\boldsymbol{i}_z$ 为等相位面的位置矢量。若考虑入射波照射到场点位置即第 m 面(或线)上,则对于面元,$\boldsymbol{r}$ 可表示为

$$\boldsymbol{r}=\boldsymbol{r}_m=\boldsymbol{r}_{cm}+u_m\boldsymbol{r}_{um}+v_m\boldsymbol{r}_{vm}+u_mv_m\boldsymbol{r}_{uvm} \tag{5.4.33a}$$

对于线元,$\boldsymbol{r}$ 可表示为

$$\boldsymbol{r}=\boldsymbol{r}_m=\boldsymbol{r}_{cm}+u_m\boldsymbol{r}_{um} \tag{5.4.33b}$$

注意,式(5.4.33a)和式(5.4.33b)中尽管有些矢量是同名的,但它们分别是针对面和线的模型而言的。由图 5.4.1 可知

$$\boldsymbol{k}=\boldsymbol{i}_x\sin\theta\cos\varphi+\boldsymbol{i}_y\sin\theta\sin\varphi+\boldsymbol{i}_z\cos\theta \tag{5.4.34}$$

由入射波电场可得该平面入射波的磁场矢量为

$$\boldsymbol{H}_{\mathrm{i}}(\boldsymbol{r})=\sqrt{(\varepsilon/\mu)}\,\boldsymbol{k}\times\boldsymbol{E}_{\mathrm{i}}(\boldsymbol{r}) \tag{5.4.35}$$

下述讨论入射波的极化方式,如图 5.4.1,构造平面 $\boldsymbol{k}\times\boldsymbol{Z}$,所以此面为电场的入射平面(极化平面),再将电场 $\boldsymbol{E}_{\mathrm{i}}$ 分解为平行和垂直于该面的两个分量,即 $\boldsymbol{E}_{\mathrm{i}}=\boldsymbol{E}_{\mathrm{i}/\!/}+\boldsymbol{E}_{\mathrm{i}\perp}$。

令

$$\boldsymbol{n}_{\perp}=\frac{\boldsymbol{Z}\times\boldsymbol{k}}{|\boldsymbol{Z}\times\boldsymbol{k}|}=-\boldsymbol{i}_x\sin\varphi+\boldsymbol{i}_y\cos\varphi \tag{5.4.36}$$

即垂直于平面 $\boldsymbol{k}\times\boldsymbol{Z}$ 的单位矢量。

$$\boldsymbol{n}_{//}=\frac{\boldsymbol{n}_{\perp}\times\boldsymbol{k}}{|\boldsymbol{n}_{\perp}\times\boldsymbol{k}|}=\boldsymbol{i}_x\cos\theta\cos\varphi+\boldsymbol{i}_y\cos\theta\sin\varphi-\boldsymbol{i}_z\sin\theta \tag{5.4.37}$$

即平行于平面 $\boldsymbol{k}\times\boldsymbol{Z}$ 的单位矢量。

因此,有

$$\hat{\boldsymbol{E}}_0=\frac{a_{//}\boldsymbol{n}_{//}+a_{\perp}\mathrm{e}^{\mathrm{j}\varphi_0}\boldsymbol{n}_{\perp}}{\sqrt{a_{//}^2+a_{\perp}^2}} \tag{5.4.38}$$

式中:$a_{//}$,$a_{\perp}$ 分别为平行分量、垂直分量的模值;φ_0 为两分量相差的复角。

讨论:

(1) 若 $a_{\perp}=0,a_{//}\neq 0$ 时,$\boldsymbol{E}_0=a_{//}\boldsymbol{n}_{//}/\sqrt{a_{//}^2}$,入射波为水平极化。

(2) 若 $a_{//}=0,a_{\perp}\neq 0$ 时,$\boldsymbol{E}_0=a_{\perp}\mathrm{e}^{\mathrm{j}\varphi_0}\boldsymbol{n}_{\perp}/\sqrt{a_{\perp}^2}$,入射波为垂直极化。

(3) 若 $a_{\perp}=a_{//}\neq 0$ 时,$\boldsymbol{E}_0=(a_{//}\boldsymbol{n}_{//}+a_{\perp}\mathrm{e}^{\mathrm{j}\varphi_0}\boldsymbol{n}_{\perp})/\sqrt{a_{//}^2+a_{\perp}^2}$,当 $\varphi_0=0$ 时,入射波为线极化;当 $\varphi_0=\pm\frac{\pi}{2}$ 时,入射波为(左、右旋)圆极化。

(4) 若 $a_{\perp}\neq a_{//}\neq 0$ 时,入射波为椭圆极化。

因此,入射波电场可以表示为

$$\boldsymbol{E}_{\mathrm{i}}(\boldsymbol{r})=\frac{a_{//}\boldsymbol{n}_{//}+a_{\perp}\mathrm{e}^{\mathrm{j}\varphi_0}\boldsymbol{n}_{\perp}}{\sqrt{a_{//}^2+a_{\perp}^2}}\exp(-\mathrm{j}\beta\boldsymbol{r}\cdot\boldsymbol{k}) \tag{5.4.39}$$

2. *δ 源激励*

δ 函数源(发生器)是点状的理想电压源。最简单的情况是要求无限靠近源终端的两点之间的电位差等于源的电动势而不管终端形状如何。如果在导线分析方法中,当要求在交点处接入源且两个导线的相邻两点之间的电位差等于给定值时,可很简明地表示这类源。

一根导线在其沿线一点或者更多的点处加一个集中电压源来激励,这种情况便可以看做是导线在第 i 个区间被激励,则外加的电压矩阵式为

$$\boldsymbol{V}_s=[0\quad\cdots\quad V_i\quad\cdots\quad 0]^{\mathrm{T}} \tag{5.4.40}$$

这就是说,除了电源电压的第 i 项之外,其余各项全部为零[2]。解矩阵方程 $\boldsymbol{ZI}=\boldsymbol{V}$,可得导线上的电流分布 $\boldsymbol{I}$。因此,天线在 i 区间馈电的输入导纳为电流矩阵 $\boldsymbol{I}$ 的第 i 个元素,即该点的输入阻抗为

$$I_i=a+\mathrm{j}b \tag{5.4.41a}$$

$$Z_i=V_i/I_i \tag{5.4.41b}$$

值得指出的是,对于本书基于混合域基所建立的矩阵来说,电压 V_i 应加在某两线段的相交点处,且对应矩阵元素为这两段线相互耦合的分域基矩阵元素。

3. *磁流环激励*

上述 δ 函数发生器是导线天线实际激励区的最简单和精度最低的理论模型。下面将介绍一种更好的逼近激励区的方法 —— 同轴线激励的逼近法,这种方法可得到精确和可靠的天线导纳值。

(1) 磁流环产生的电磁场。如果工作频率能使条件 $kb < 0.1$(b 为同轴线外导体内径)近似满足,磁流环适用于对同轴线馈电的近似。

现考虑图 5.4.2 所示高为 h 的单极天线,同轴线内导体的简单延伸形成天线,接地面是无限大的理想导电平面,在同轴线开口处场分量可以近似地认为只存在纯主模:

$$E_{\rho}(\rho) \approx E_{\rho\mathrm{TEM}}(\rho) = \frac{V}{\rho \ln (b/a)} \tag{5.4.42}$$

式中:V 是外加电压,a 是内径,b 是外径,ρ 是开口处场点与 z 轴的距离。用这种源的优点在于可以使我们在馈电点得到实际源的精确模型。对于在无限大地平面上终止的同轴线口径而言,我们关心的场量可以从磁流环得到,磁流环的场分析如下。

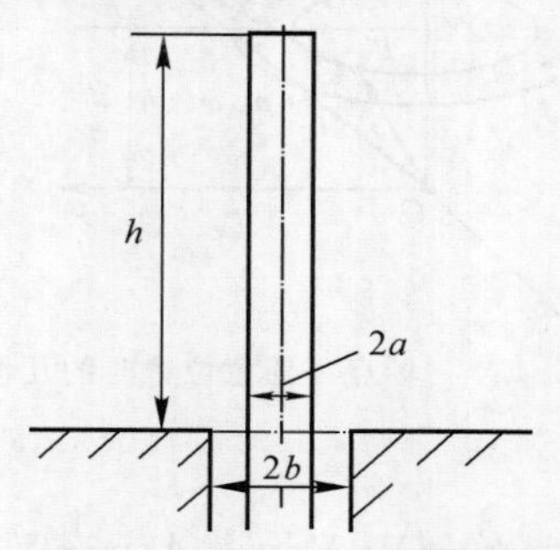

图 5.4.2　放于无限大地面的单极天线

现在分析图 5.4.3 所示的环的几何形状,假定环具有分别为 a 和 b 的同轴线内、外半径,并以 z 轴为其中心,位于 $z = z'$ 的地方,其中 $P'(\rho', \varphi', z')$ 为源点坐标,位于磁流环上;$P(\rho, \varphi, z)$ 为场点坐标,位于空间任意一点(见图 5.4.4)。假定有主模分布(TEM)且旋转对称,那么对 1 V 激励的口径分布为

$$E_{\rho'}(\rho) = \frac{1}{\rho' \ln (b/a)} \hat{\boldsymbol{P}}' \tag{5.4.43}$$

按照镜像理论,相应的磁流分布为

$$\boldsymbol{J}_{\mathrm{m}} = -\frac{2}{\rho' \ln (b/a)} \hat{\boldsymbol{\varphi}}' \tag{5.4.44}$$

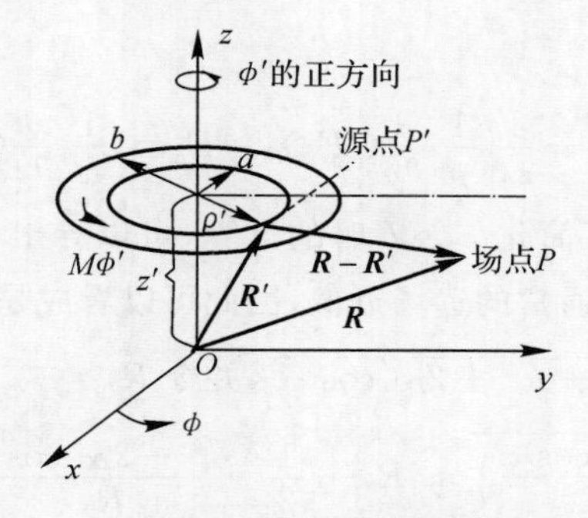

图 5.4.3　磁流环的几何图

借助于电矢位 $\boldsymbol{F}$,并根据图 5.4.4 所示,可得

$$\boldsymbol{F}(p) = \frac{\varepsilon_0}{4\pi}\iint_s \boldsymbol{J}_{\mathrm{m}}(\rho',\varphi')\frac{\mathrm{e}^{-\mathrm{j}k|\boldsymbol{r}-\boldsymbol{r}'|}}{|\boldsymbol{r}-\boldsymbol{r}'|}\mathrm{d}s = -\frac{\varepsilon_0}{2\pi\ln(b/a)}\int_0^{2\pi}\int_a^b \frac{\mathrm{e}^{-\mathrm{j}k|\boldsymbol{r}-\boldsymbol{r}'|}}{|\boldsymbol{r}-\boldsymbol{r}'|}\hat{\boldsymbol{\varphi}}'\mathrm{d}\rho'\mathrm{d}\varphi' \tag{5.4.45}$$

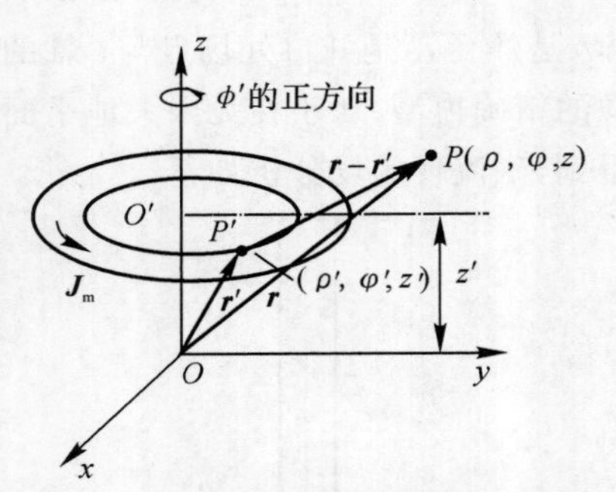

5.4.4　场点在任意位置时的几何图

可以用下式确定 $\boldsymbol{E}$ 和 $\boldsymbol{H}$:

$$\boldsymbol{E} = \frac{1}{\mathrm{j}\omega\varepsilon_0}\{\nabla\cdot\nabla + k^2\}\boldsymbol{A} - \frac{1}{\varepsilon_0}\nabla\times\boldsymbol{F} \tag{5.4.46a}$$

$$\boldsymbol{H} = \frac{1}{\mathrm{j}\omega\mu_0}\{\nabla\cdot\nabla + k^2\}\boldsymbol{F} + \frac{1}{\mu_0}\nabla\times\boldsymbol{A} \tag{5.4.46b}$$

因为只用了磁流,所以 $\boldsymbol{A} = \boldsymbol{0}$。其中

$$|\boldsymbol{r}-\boldsymbol{r}'| = \sqrt{(z-z')^2+\rho^2+\rho'^2+2\rho\rho'\cos(\varphi-\varphi')} \tag{5.4.47}$$

并令 $\boldsymbol{R}' = |\boldsymbol{r}-\boldsymbol{r}'|$,$\varphi = \varphi-\varphi'$,且 $\hat{\boldsymbol{\varphi}}' = \hat{\boldsymbol{\varphi}}\cos\varphi + \hat{\boldsymbol{\rho}}\sin\varphi$,代入到式(5.4.45),可得

$$\boldsymbol{F}(p) = F_\varphi\hat{\boldsymbol{\varphi}} + F_\rho\hat{\boldsymbol{P}} \tag{5.4.48}$$

式中:

$$F_\rho = \frac{-\varepsilon_0}{2\pi\ln(b/a)}\int_0^{2\pi}\int_a^b \frac{\mathrm{e}^{-\mathrm{j}kR'}}{R'}\sin\varphi\mathrm{d}\rho'\mathrm{d}\varphi = 0 \tag{5.4.49a}$$

$$F_\varphi = \frac{-\varepsilon_0}{\pi\ln(b/a)}\int_0^{\pi}\int_a^b \frac{\mathrm{e}^{-\mathrm{j}kR'}}{R'}\cos\varphi\mathrm{d}\rho'\mathrm{d}\varphi \tag{5.4.49b}$$

由 $\boldsymbol{E} = -\frac{1}{\varepsilon_0}\nabla\times\boldsymbol{F}$,得到

$$E_z = -\frac{1}{\varepsilon_0}\frac{1}{\rho}\frac{\partial}{\partial\rho}(\rho F_\varphi),\quad E_\rho = \frac{1}{\varepsilon_0}\frac{\partial}{\partial z}(F_\varphi) \tag{5.4.50}$$

(2)“近远区” 表达式。为了简化 $\rho \gg b$ 时的计算,可以导出 $\boldsymbol{E}$ 的闭合形式的表达式。因为 $\lambda \gg \rho \gg b$,所以在这里没有作通常的远场近似,因此可以看成是“远近区” 的表达式。

由 $R' = \sqrt{(z-z')^2+\rho^2+\rho'^2+2\rho\rho'\cos\varphi}$,并令 $R_0 = \sqrt{(z-z')^2+\rho^2}$,则有

$$R' = R_0\sqrt{\left(1+\frac{\rho'^2}{R_0^2}-\frac{2\rho\rho'\cos\varphi}{R_0^2}\right)} \approx R_0 + \frac{1}{2}\frac{(\rho'^2-2\rho\rho'\cos\varphi)}{R_0},\quad \rho \gg \rho' \tag{5.4.51}$$

将式(5.4.51) 代入式(5.4.49b),整理得

$$F_{\varphi} = \frac{-\mathrm{j}k\rho\varepsilon_0}{4\ln(b/a)} \frac{\mathrm{e}^{-\mathrm{j}kR_0}}{R_0^2}(b^2-a^2)\left(1-\frac{\mathrm{j}}{kR_0}-\frac{a^2+b^2}{2R_0^2}\right) \tag{5.4.52}$$

由式(5.4.50)，得

$$E_{\rho} = \frac{1}{\varepsilon_0}\frac{\partial}{\partial z}(F_{\varphi}) \approx$$

$$-\frac{k(b^2-a^2)}{4\ln(b/a)}\rho\frac{(z-z')}{R_0}\frac{\exp(-\mathrm{j}kR_0)}{R_0^2}\left\{k-\left[\frac{3}{k}+\frac{k(b^2+a^2)}{2}\right]\frac{1}{R_0^2}+\mathrm{j}\left[\frac{2(b^2+a^2)}{R_0^3}\right]\right\} \tag{5.4.53a}$$

$$\boldsymbol{E}_z = -\frac{1}{\varepsilon_0}\frac{1}{\rho}\frac{\partial}{\partial\rho}(\rho F_{\varphi}) \approx$$

$$\frac{k(b^2-a^2)}{4\ln(b/a)}\frac{\exp(-\mathrm{j}kR_0)}{R_0^2}\left\{2\left[\frac{1}{kR_0}+\mathrm{j}-\frac{\mathrm{j}(b^2+a^2)}{2R_0^2}\right]+\right.$$

$$\left.\frac{\rho^2}{R_0}\left[\left(\frac{1}{kR_0}+\mathrm{j}-\frac{\mathrm{j}(b^2+a^2)}{2R_0^2}\right)\left(-\mathrm{j}k-\frac{2}{R_0}\right)+\left(\frac{-1}{kR_0^2}+\mathrm{j}\frac{(b^2+a^2)}{R_0^3}\right)\right]\right\} \tag{5.4.53b}$$

(3) 轴向场公式。在轴上 $\rho=0$，问题的 φ 对称性表明，$E_{\rho}(0,z)\equiv 0$。当 $\rho\to 0$ 时，式(5.4.53)是不精确的。所以现在来推导轴向场公式，电场的 z 分量可以写成

$$E_z = -\frac{1}{\varepsilon_0}\frac{F_{\varphi}}{\rho}-\frac{1}{\varepsilon_0}\frac{\partial}{\partial\rho}F_{\varphi} = -\frac{2}{\varepsilon_0}\frac{\partial}{\partial\rho}F_{\varphi}\bigg|_{\rho=0} \tag{5.4.54}$$

在 $\rho=0$ 处，由式(5.4.51)得

$$R' = \sqrt{(z-z')^2+\rho'^2}$$

完成式(5.4.53)的计算，得 E_z 的轴向场形式：

$$E_z(0,z) = \frac{1}{\ln(b/a)}\left[\frac{\mathrm{e}^{-\mathrm{j}k\sqrt{(z-z')^2+a^2}}}{\sqrt{(z-z')^2+a^2}}-\frac{\mathrm{e}^{-\mathrm{j}k\sqrt{(z-z')^2+b^2}}}{\sqrt{(z-z')^2+b^2}}\right] \tag{5.4.55a}$$

$$E_{\rho}(0,z) \equiv 0 \tag{5.4.55b}$$

根据轴向场和“远近区”的电场表达式，就可分析任意结构的线天线。根据上面的理论，也可导出磁流环的远场表达式，但经过验证磁流环的远场对天线的辐射场贡献很小，几乎可以忽略。

5.4.4　V 矩阵的计算

1. 平面波激励下的 $\boldsymbol{V}$ 矩阵

(1) 面元的 $\boldsymbol{V}$ 矩阵。由式(5.4.4b)可知

$$V_k^u = \int_S \boldsymbol{J}_k^u\cdot\boldsymbol{E}_{\mathrm{i}}\mathrm{d}S = \int_{-1}^{1}\int_{-1}^{1}\left[\left(\frac{\mathrm{d}I}{\mathrm{d}v}\right)\frac{\mathrm{d}\boldsymbol{r}}{\mathrm{d}u}\right]_k\cdot\boldsymbol{E}_{\mathrm{i}}\mathrm{d}u_k\mathrm{d}v_k \tag{5.4.56a}$$

$$V_k^v = \int_S \boldsymbol{J}_k^v\cdot\boldsymbol{E}_{\mathrm{i}}\mathrm{d}S = \int_{-1}^{1}\int_{-1}^{1}\left[\left(\frac{\mathrm{d}I}{\mathrm{d}u}\right)\frac{\mathrm{d}\boldsymbol{r}}{\mathrm{d}v}\right]_k\cdot\boldsymbol{E}_{\mathrm{i}}\mathrm{d}u_k\mathrm{d}v_k \tag{5.4.56b}$$

又由式(5.4.39)知 $\boldsymbol{E}_{\mathrm{i}}$，所以 $\boldsymbol{V}$ 矩阵可以建立为

$$V_k^u = V_{i_m j_m}^u = \int_{-1}^{1}\int_{-1}^{1}\left[\left(\frac{\mathrm{d}I}{\mathrm{d}v}\right)\frac{\mathrm{d}\boldsymbol{r}}{\mathrm{d}u}\right]_k\cdot\boldsymbol{E}_{\mathrm{i}}\mathrm{d}u_k\mathrm{d}v_k =$$

$$\int_{-1}^{1}\int_{-1}^{1}[(u^{i_m-1}+a_{i_m}u+b_{i_m})v^{j_m-1}(\boldsymbol{r}_{vm}+\boldsymbol{r}_{uvm}v)]\cdot\boldsymbol{E}_{\mathrm{i}}\mathrm{d}u_k\mathrm{d}v_k \tag{5.4.57a}$$

$$V_k^v=V_{i_mj_m}^v=\int_{-1}^{1}\int_{-1}^{1}\left[\left(\frac{\mathrm{d}I}{\mathrm{d}u}\right)\frac{\mathrm{d}\boldsymbol{r}}{\mathrm{d}v}\right]_k\cdot\boldsymbol{E}_{\mathrm{i}}\mathrm{d}u_k\mathrm{d}v_k=$$

$$-\int_{-1}^{1}\int_{-1}^{1}[(v^{j_m-1}+a_{j_m}v+b_{j_m})u^{i_m-1}(\boldsymbol{r}_{um}+\boldsymbol{r}_{uvm}u)]\cdot\boldsymbol{E}_{\mathrm{i}}\mathrm{d}u_k\mathrm{d}v_k \tag{5.4.57b}$$

(2) 线元的 **V** 矩阵。由式(5.4.4b) 可知：

$$V_k^s=\int_S\boldsymbol{J}_k^s\cdot\boldsymbol{E}_{\mathrm{i}}\mathrm{d}S=\int_{-1}^{1}\left[I(s)\frac{\mathrm{d}\boldsymbol{r}_a}{\mathrm{d}s}\right]_k\cdot\boldsymbol{E}^{\mathrm{i}}\mathrm{d}s_k \tag{5.4.58}$$

式中：s 代表线的局部坐标，又由线上的混合基函数为

$$I(s)=\sum_{i=1}^{M_u}I_i\omega_i(s)=\sum_{i=1}^{M_u}I_i(s^{i-1}+a_is+b_i) \tag{5.4.59}$$

把式(5.4.59) 和式(5.4.39) 代入到式(5.4.58)，可得线上的平面波激励 **V** 矩阵：

$$V_k^s=V_{i_m}^s=\int_{-1}^{1}\left[I(s)\frac{\mathrm{d}\boldsymbol{r}_a}{\mathrm{d}s}\right]_k\cdot\boldsymbol{E}_{\mathrm{i}}\mathrm{d}u_k=$$

$$\int_{-1}^{1}[(s^{i_m-1}+a_{i_m}s+b_{i_m})\boldsymbol{r}_u]\cdot\boldsymbol{E}_{\mathrm{i}}\mathrm{d}s_k \tag{5.4.60}$$

2. 天线问题的 **V** 矩阵

对于天线问题，还需在线上加 δ 源或磁流环源。δ 源激励比较简单，只要在 **V** 矩阵对应的分域基分量上加 1 V 电压即可；对于磁流环源激励的情况，我们需把前面所推导的“近远场”公式(5.4.53) 和轴向场公式(5.4.55) 的电场 $\boldsymbol{E}$ 代入式(5.4.58) 即可得到磁流环激励的 **V** 矩阵。

参考文献

[1] 波波维奇，等. 金属天线与散射体分析. 邱景辉，等，译. 哈尔滨：哈尔滨工业大学出版社，1999.

[2] 林昌禄. 天线工程手册. 北京：电子工业出版社，2002.

[3] 哈林登. 计算电磁场的矩量法. 北京：国防工业出版社，1981.

[4] 李世智. 电磁辐射与散射问题的矩量法. 北京：电子工业出版社，1985.

[5] 米特拉. 计算机技术在电磁学中的应用. 金元松，译. 北京：人民邮电出版社，1983.

[6] 波波维奇. 导线天线的分析与综合. 杨渊，译. 北京：人民邮电出版社，1987.

[7] 周后型，洪伟，童创明. 预条件共轭梯度法在大型振子阵列天线 RCS 分析中的应用. 电子学报，2001，29(12)：1601－1604.

[8] 阮颖铮. 雷达截面与隐身技术. 北京：国防工业出版社，1998.

[9] 盛剑霓，等. 电磁场数值分析. 北京：科学出版社，1984.

[10] 刘圣民. 电磁场的数值方法. 武汉：华中理工大学出版社，1991.

[11] 耿方志. 电中、小尺寸目标电磁散射特性的计算. 西安：空军工程大学，2004.

[12] DJORDJEVIC A R, POPOVIC B D. A rapid method for analysis of wire-antenna

structures. Arch. Elektrotech,1979,61:17－23.

[13] KOLUNDZIJA B M,POPOVIC B D. Entire-domain galerkin method for analysis of metallic antennas and scatters. IEEE Proceedings-H,1993,140(1):116－119.

[14] EDWARD H N. Polygonal Plates Modeling of Realistic Structures. IEEE Transactions on Antennas and Propagation,1984, 32(7):342－347.

[15] BRANKO M K. Generalized Combined Field Integral Equation. IEEE Trans. Microwave Theory Tech,2001,49(1):731－734.

[16] BRANKO M K. Electromagnetic Modeling of Composite Metallic and Dielectric Structures. IEEE Trans. Microwave Theory Tech,1999,47(7):1021.

[17] KOLUNDZJA B,NIKOLAJEVIC V,MARINCIC A,et al. Efficient analysis of horn antennas using WIPL code at personal computers. Antennas and Propagation Society International Symposium,1996,1(21/22/23/24/25/26):268－271.

[18] B M,POPOVIC B D,WEEM J P,et al. Efficient large-domain MoM solutions to electrically large practical EM problems. IEEE Transactions on Microwave Theory and Techniques, 2001,49(1):151－159.

[19] LAWRENCE D E,KAMAL S. Electromagnetic Scattering from Vibrating Metallic Objects Using Time-Varying Generalized Impedance Boundary Conditions. IEEE Trans. AP,2002(1):782－785.

[20] OLIVIER M,BRUNO S. High-Order Impedance Boundary Conditions for Multi-layer Coated 3-D Objects. IEEE Trans. AP,2000,48(3):429－436.

[21] WANG H,XU M J,WANG C. Impedance Boundary Conditions in a Hybrid FEM/MOM Formulation. IEEE Trans. AP,2003,45(2):198－206.

[22] ABDEL-RAZIK SEBAK. Scattering from Dielectric-Coated Impedance Elliptic Cylinder. IEEE Trans. AP,2000,48(10):1574－1580.

[23] UMASHANHAR K,TAFLOVE A. Electromagnetic Scattering by Arbitrary Shaped Three-Dimensional Homogeneous Lossy Dielectric Objects. IEEE Trans. AP, 1986, 34(6):758－766.

[24] COTE M G,MARGARET B. Woodworth Scattering from the Perfectly Conducting Cube. IEEE Trans. AP,1988,36(9):1321－1326.

[25] KOLUNDZIJA B M,POPOVOC B D. Simplified treatment of wire-to-plate junctions with magnetic-current frill excitation. IEE Proc, MAP,1994,141(1):1－4.

[26] KOLUNDZIJA B M,POPOVOC B D. Simplified treatment of wire-to-plate junctions with magnetic-current frill excitation. IEE Proc,MAP,1994,141(2):133－134.

[27] KOLUNDZIJA B M, HARRINGTON R F. WIPL: A Program for Electromagnetic Modeling of Composite-Wire and Plate Structures. IEEE Trans. AP, 1996, 38 (1): 75－76.

[28] IBRAHIM T,NEWMAN E H. Method of Moments Solution for a Wire Attached to an Arbitrary Faceted Surface. IEEE Trans. AP,1998,46(4):559 - 562.

[29] TSAI L L. AWire-Grid Model for scattering by conducting Bodies. IEEE Trans. AP, 1966,14(6):782 - 783.

[30] KAZUHISA ISHIBASHI,EIKICHI SAWADO. Three-Dimensional Analysis of Electromagnetic Fields in Rectangular Waveguides by the Boundary Integral Equation Method. IEEE Trans. AP,1990,38(9):1300 - 1305.

[31] GLISSON ALLEN W,GREGORY P. JUNKER. A comparison of the dyadic Green's function approach and the mixed potential approach for the solution of surface integral equations. IEEE Trans. AP,1989,25(4):3049 - 3051.

[32] MICHAEL THIEL,ACHIM DREHER. Dyadic Green's Function of Multilayer Cylindrical Closedand Sector Structures for Wave guide, Microstrip-Antenna, and Network Analysis. IEEE Trans. AP,2002,50(11):2576.

[33] AMIR BORJI,SAFAVI-NAEINI S. Fast Convergent Green's Fiinction in a Rectangular Enclosure[J]. IEEE Trans. AP,2003(1):950 - 953.

[34] CANGELLARIS ANDREAS C, VLADIMIR OKHMATOVSKY. New closed-formelectromag netic green's functions in layered media. IEEE Trans. AP,2000:1065.

[35] DANIEL H SCHAUBERT,DONALD R WILTON,et al. A Tetrahedral Modeling Method for Electromagnetic Scattering by Arbitrarily Shaped Inhomogeneous Dielectric Bodies. IEEE Trans. AP,1984,32(1):77 - 85.

[36] TAYLOR DOUGLAS J. Accurate and Efficient Numerical Integration of Weakly Singular Integrals in Galerkin EFIE Solutions. IEEE Trans. AP,2003,51(7):1630 - 1637.

[37] CAORSI S,MORENO D,SIDOTI F. Theoretical and Numerical Treatment of Surface Integrals Involving the Free-Space Green's Function. IEEE Trans. AP,1993,41(9): 1296 - 1301.

[38] GIUSEPPE VECCHI. Loop-Star Decomposition of Basis Functions in the Discretization of the EFIE. IEEE Trans. AP,1999,47(2):339 - 346.

[39] BROWN WILLIAM J,WILTON DONALD R. Singular Basis Functions and Curvilinear Triangles in the Solution of the Electric Field Integral Equation. IEEE Trans. AP, 1999,47(2):347 - 353.

[40] ROGERS SHAWN D,BUTLER CHALMERS M. An Efficient Curved-Wire Integral Equation Solution Technique. IEEE Trans. AP,2001,49(1):70 - 79.

[41] 项春望.导线及金属体的电磁散射与辐射计算.西安:空军工程大学,2005.

[42] 项春望,童创明,耿方志.复杂目标降维建模方法及其在电磁散射中的应用.电波科学学报,2005,20(2):189 - 192.

[43] 耿方志,童创明,项春望,等.混合域基函数及其在线天线阻抗特性问题.系统工程与电

子技术,2006,28(1): 40 - 42.

[44]　童创明. 线状散射体的有效电磁建模方法及其应用. 电波科学学报,2003,21(1):117 - 120.

[45]　耿方志,童创明,项春望,等. 一种新的混合基函数在电磁散射问题中的应用. 系统工程与电子技术,2006,28(6): 827 - 829,872.

[46]　GENG F Z, TONG C M, LÜ D, et al. Application of Bilinear Quadrilateral Modeling to EM Scattering Problems. 2005'APMC:1733 - 1735.

[47]　耿方志,常光才,童创明,等. 一种有效解决混合基矩量法积分奇异性的方法. 空军工程大学学报(自然科学版),2006(3):61 - 64.

[48]　耿方志,童创明,项春望,等. 一种基于幂级数函数混合基函数的收敛性分析. 上海航天,2006(1):31 - 35.

[49]　李西敏. 介质及涂敷目标电磁散射特性仿真方法研究. 西安:空军工程大学,2008.

[50]　耿方志. 电磁散射与辐射问题混合计算方法研究. 西安:空军工程大学,2007.

第 6 章　快速非均匀平面波算法

本章介绍三维快速非均匀平面波算法(FIPWA)的数学基本理论,详细推导该算法的数值实现过程并介绍其在电磁散射快速计算中的应用。

6.1 引　言

在积分方程方法的最新发展中,基于矩量法的快速多极子方法(FMM)和多层快速多极子方法(MLFMA)是近十余年来最令人瞩目的高效方法,被美国计算物理学会评为 20 世纪十大算法之一。这使矩量法求解电大尺寸复杂目标的散射问题成为可能。1989 年,耶鲁大学 V. Rokhlin教授提出了快速多极子法,该方法最初应用于泊松方程静电问题的求解。在其问世不久,包括 V. Rokhlin 在内的众多学者如 N. Enghety, R. Coifman, L. R. Hamilton, C. C. Lu, Song J. M., W. C. Chew, J. M. Jin 及 J. L. Volakis 等人就对其进行了研究。特别是美国依利诺依大学 W. C. Chew(周永祖)领导的研究组的工作,使快速多极子法在电磁散射领域获得了极大发展与完善。从 1999 年起该课题组又在进行高阶基函数方面的研究,并已经成功地将高阶基应用于 MLFMA 中。同时还开发出了并行高阶基 MLFMA 程序。这又使 MLFMA 迈向了一个新高度,使其求解能力大幅度提高。对于 N 个未知量,采用快速多极子方法计算其工作量、存储量均为 $O(N^{1.5})$量级。采用多层快速多极子方法计算,其工作量和存储量则为 $O(N\lg N)$ 量级,然而 MLFMA 有内在数值控制上的一些不足,比如转移因子的计算涉及无穷项特殊函数求和(含球汉克尔函数和勒让德函数),其截断控制非常考究,无限制增加求和项不仅使计算量增加,更为糟糕的是带来其中某些高阶特殊函数发散,这使算法在稳定性上存在一些问题。另外一个潜在的缺陷是,由于 MLFMA 基于标量格林函数的加法定理展开,不易直接推广到分层问题含索末菲积分的并矢格林函数的展开,尽管仍有学者利用该方法处理分层问题,但均有其一定的局限性。而这一问题正是近年来越发强调的目标与环境一体化建模所必须面对的。

本章介绍的快速非均匀平面波算法,其多层形式的计算复杂度为 $O(N\lg N)$,与 MLFMA 相当且克服了 MLFMA 的局限性。该算法直接基于格林函数谱域展开,易于实现对角化,其转移因子不再含有特殊函数,而仅仅含有初等函数,这给数值实现和稳定性控制带来了方便。同时,由于包含分层信息的广义反射系数在谱域积分的积分核,而其对格林函数展开又直接基于谱域积分,因此在处理分层问题中的界面影响时仅需要在转移因子中增加一项广义反射系数,不会引入任何近似。这也是该算法的潜在优势所在。

6.2　三维快速非均匀平面波算法

在积分方程方法中，基于矩量法旨在加速迭代求解中矩阵与矢量的相乘计算和节省矩阵的存储量的快速多极子方法（FMM）和多层快速多极子方法（MLFMA）是近十余年来最令人瞩目的高效方法，被美国计算物理学会评为 20 世纪十大算法之一。它们使矩量法求解电大尺寸复杂目标的 RCS 成为可能。众多学者对这一算法进行了研究，其中以伊利诺依大学 W. C. Chew（周永祖）教授和 Demaco 公司联合推出的 FISC（Fast Illinois Solver Code）软件最为瞩目。据称，该软件已能求解高达 800 万个未知量的散射问题。该软件的主要方法正是快速多极子方法和多层快速多极子方法。FMM 的计算复杂度为 $O(N^{1.5})$，MLFMA 的计算复杂度为 $O(N\lg N)$ 。而本节所研究的算法——快速非均匀平面波算法 FIPWA，它的计算复杂度为 $O(N^{3/4})$ ，与射线传播快速多极子方法（RPFMA）相当，其多层形式 MLFIPWA 的计算复杂度为 $O(N\lg N)$ 与 MLFMA 相当，且克服了 MLFMA 在一些稳定性上的缺陷，及在处理分层媒质问题上的局限性。

本节阐述了快速非均匀平面波算法的基本原理，然后详细研究了该算法的数值实现过程，成功求解了三维任意横截面形状的导体电磁散射。

6.2.1　快速非均匀平面波算法的基本原理

快速非均匀平面波算法对积分方程中格林函数的处理直接基于谱域积分，沿修正最陡下降路径（MSDP）进行数值展开后，借助内插外推技术将非均匀平面波转化为平面波，从而将密集阵与矢量的相乘计算转化为 3 个稀疏阵与矢量的相乘计算。

快速非均匀平面波算法的基本原理是：利用 FMM 根据耦合强弱划分耦合半径的思想将散射体表面上离散得到的子散射体分组。任意两个子散射体间的互耦根据它们所在组的位置关系而采用不同的方法计算。当它们为相邻组时，采用直接数值计算。而当它们为非相邻组时，则采用聚合—转移—配置方法计算。对于一个给定的场点组，首先将它的各个非相邻组内所有子散射体的贡献“聚合”到组中心（类似于电话网中的交换机）表达，再将这些组的贡献由这些组的中心“转移”至给定场点组的组中心表达，最后将得到的所有非相邻组的贡献由该中心“配置”到该组内各子散射体。对于散射体表面上的 N 个子散射体，直接计算它们的互耦时，每个子散射体都是一个散射中心即一个单极子，共需数值计算量为 $O(N^2)$ （见图 6.2.1）；而应用快速非均匀平面波算法，任意两个子散射体的互耦由它们所在组的组中心联系。各个组中心就是一个多极子，其数值计算量只为 $O(N^{3/4})$ （见图 6.2.2）。对于源点组来说，该组中心代表了组内所有子散射在其非相邻组产生的贡献；对场点组来说，该组中心代表了来自该组的所有非相邻组的贡献，从而大大减少了散射中心的数目。

三维 FIWPA 的基本原理与二维相同，但数值实现却有很大不同。三维问题的格林函数与二维情形完全不同，由于二重积分的存在，修正最陡下降路径的设计及转移因子的对角化将变得更加复杂。因此，本节对三维 FIWPA 的数值实现作出了详细的分析。最后通过大量的数值算例，验证了算法设计的正确性及有效性。

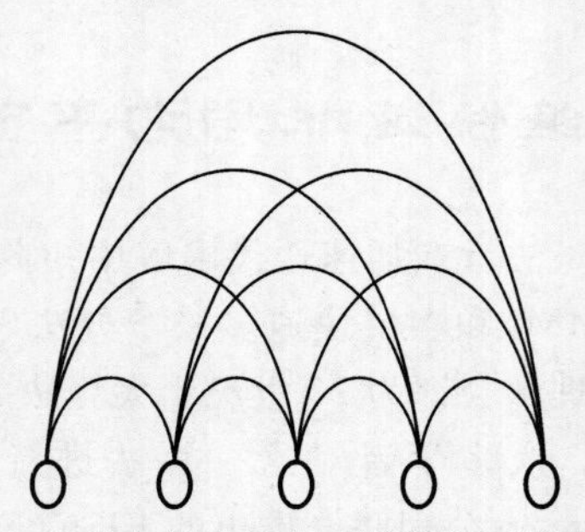

图 6.2.1　N 个未知量直接相互耦合“链接”数是 N^2 量级

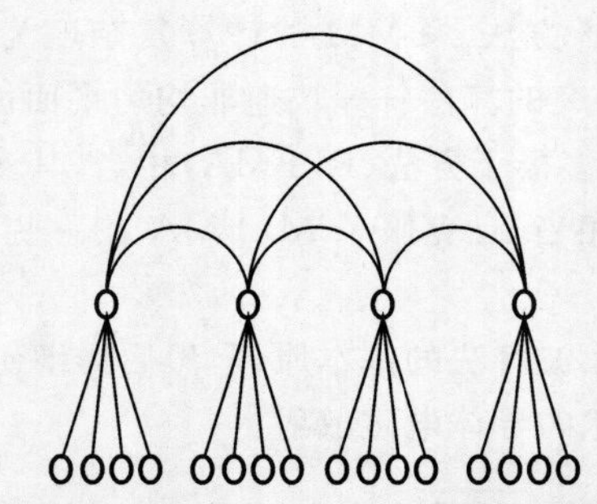

图 6.2.2　“交换机”的引入减少了电流单元间直接的耦合“链接”数

6.2.2　三维快速非均匀平面波算法的数值实现

1. 三维模型及电场积分方程

任意三维导电目标在平面波照射下的模型如图 6.2.3 所示。

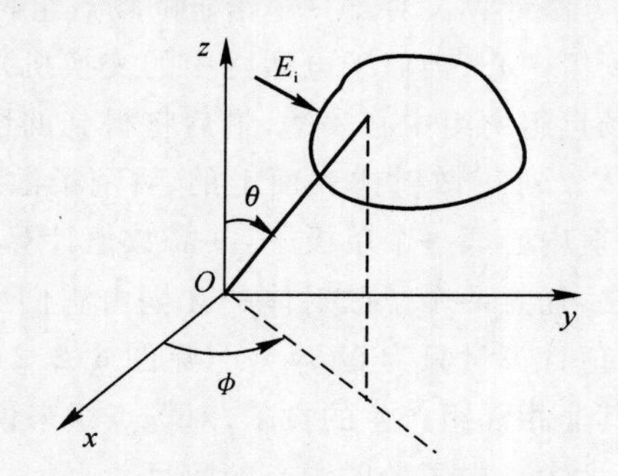

图 6.2.3　三维目标受平面波照射模型

匹配金属边界，建立电场积分方程如下：

$$\hat{t} \cdot \int_S \bar{G}(\boldsymbol{r},\boldsymbol{r}') \cdot \boldsymbol{J}(\boldsymbol{r}')\mathrm{d}S' = \frac{4\pi\mathrm{i}}{k\eta}\hat{t} \cdot \boldsymbol{E}_{\mathrm{i}}(\boldsymbol{r}), \quad \boldsymbol{r} \in S \tag{6.2.1}$$

式中：

$$\bar{\boldsymbol{G}}(\boldsymbol{r},\boldsymbol{r}')=(\bar{\boldsymbol{I}}-\frac{1}{k^2}\nabla\nabla')g(\boldsymbol{r},\boldsymbol{r}') \tag{6.2.2}$$

$$g(\boldsymbol{r},\boldsymbol{r}')=\frac{\mathrm{e}^{\mathrm{i}k|\boldsymbol{r}-\boldsymbol{r}'|}}{|\boldsymbol{r}-\boldsymbol{r}'|} \tag{6.2.3}$$

$\bar{\boldsymbol{G}}(\boldsymbol{r},\boldsymbol{r}')$ 为自由空间的并矢格林函数。

为了求解积分方程中的未知电流 $\boldsymbol{J}(\boldsymbol{r})$，首先将目标表面用三角形小面元划分，电流按 RWG 基函数展开：

$$\boldsymbol{J}(\boldsymbol{r})=\sum_{i=1}^{N}I_i\boldsymbol{J}_i(\boldsymbol{r}) \tag{6.2.4}$$

式中，N 是表面上的边数，I_i 表示第 i 条边的法向电流密度，$\boldsymbol{J}_i(\boldsymbol{r})$ 为第 i 个基函数。则 EFIE 变为

$$\sum_{i=1}^{N}I_i\hat{\boldsymbol{t}}\cdot\int_S\bar{\boldsymbol{G}}(\boldsymbol{r},\boldsymbol{r}')\cdot\boldsymbol{J}(\boldsymbol{r}')\mathrm{d}S'=\frac{4\pi\mathrm{i}}{k\eta}\hat{\boldsymbol{t}}\cdot\boldsymbol{E}_{\mathrm{i}}(\boldsymbol{r}) \tag{6.2.5}$$

采用伽略金匹配场点，可得到下列矩阵方程：

$$\sum_{i=1}^{N}\boldsymbol{Z}_{ji}\boldsymbol{I}_i=\boldsymbol{V}_j,\quad j=1,2,\cdots,N \tag{6.2.6}$$

式中：

$$\boldsymbol{Z}_{ji}=\int_S\mathrm{d}S\boldsymbol{J}_j(\boldsymbol{r})\cdot\int_S\bar{\boldsymbol{G}}(\boldsymbol{r},\boldsymbol{r}')\cdot\boldsymbol{J}_i(\boldsymbol{r}')\mathrm{d}S' \tag{6.2.7}$$

$$\boldsymbol{V}_j=\frac{4\pi\mathrm{i}}{k\eta}\int_S\boldsymbol{J}_j(\boldsymbol{r})\cdot\boldsymbol{E}_{\mathrm{i}}(\boldsymbol{r})\mathrm{d}S \tag{6.2.8}$$

式(6.2.6) 得到的矩阵是满阵，用迭代方法求解的计算复杂度为 $O(N^2)$，迭代方法求解的复杂度主要在于矩矢相乘，因此，用 FIWPA 来加速矩矢相乘。

2. 点源格林函数展开

与二维问题一样，对于三维问题的处理，也是先将目标表面的耦合区通过分组分为附近区和非附近区。附近区采用严格的 MOM 计算，非附近区采用加速方法计算。

为分析简便，先对三维问题并矢格林函数中的 $g(\boldsymbol{r},\boldsymbol{r}')$ 进行谱域展开。利用索末菲恒等式，将点源格林函数展开如下：

$$\begin{aligned}\frac{\mathrm{e}^{\mathrm{i}kr_{ji}}}{r_{ji}}&=\mathrm{i}\int_0^{\infty}\mathrm{d}k_\rho\frac{k_\rho}{k_z}J_0(k_\rho\rho_{ji})\mathrm{e}^{\mathrm{i}k_z|z_{ji}|}=\\&\frac{\mathrm{i}k}{2\pi}\int_0^{2\pi}\mathrm{d}\varphi\int_{SIP}\mathrm{d}\theta\sin\theta\mathrm{e}^{\mathrm{i}k(x_{ji}\sin\theta\cos\varphi+y_{ji}\sin\theta\sin\varphi+z_{ji}\cos\theta)}=\\&\frac{\mathrm{i}k}{2\pi}\int_0^{2\pi}\mathrm{d}\varphi\int_{SIP}\mathrm{d}\theta\sin\theta\mathrm{e}^{\mathrm{i}\boldsymbol{k}(\theta,\varphi)\cdot\boldsymbol{r}_{ji}}\end{aligned} \tag{6.2.9}$$

式中：$\boldsymbol{k}(\theta,\varphi)=k\hat{\boldsymbol{k}}(\theta,\varphi)=k(\hat{\boldsymbol{x}}\sin\theta\cos\varphi+\hat{\boldsymbol{y}}\sin\theta\sin\varphi+\hat{\boldsymbol{z}}\cos\theta)$，$k_\rho=k\sin\theta$，$k_z=k\cos\theta$，SIP 为复角谱平面的索末菲积分路径，如图 6.2.4 所示。θ 为复角谱平面上的点，θ 为复数，则式(6.2.9) 可理解成不同方向上非均匀平面波的叠加，权系数为 $\sin\theta$。

根据矢量关系知 $\boldsymbol{r}_{ji}=\boldsymbol{r}_{jC_J}+\boldsymbol{r}_{C_JC_I}+\boldsymbol{r}_{C_Ii}$，下标 C_I，C_J 分别表示包含 i，j 点的组中心，如图 6.2.5 所示。式(6.2.9) 可写成

$$\frac{\mathrm{e}^{\mathrm{i}kr_{ji}}}{r_{ji}}=\frac{\mathrm{i}k}{2\pi}\int_0^{2\pi}\mathrm{d}\varphi\int_{\mathrm{SIP}}\mathrm{d}\theta\sin\theta\mathrm{e}^{\mathrm{i}\boldsymbol{k}(\theta,\varphi)\cdot\boldsymbol{r}_{jC_J}}\mathrm{e}^{\mathrm{i}\boldsymbol{k}(\theta,\varphi)\cdot\boldsymbol{r}_{C_JC_I}}\mathrm{e}^{\mathrm{i}\boldsymbol{k}(\theta,\varphi)\cdot\boldsymbol{r}_{C_Ii}} \tag{6.2.10}$$

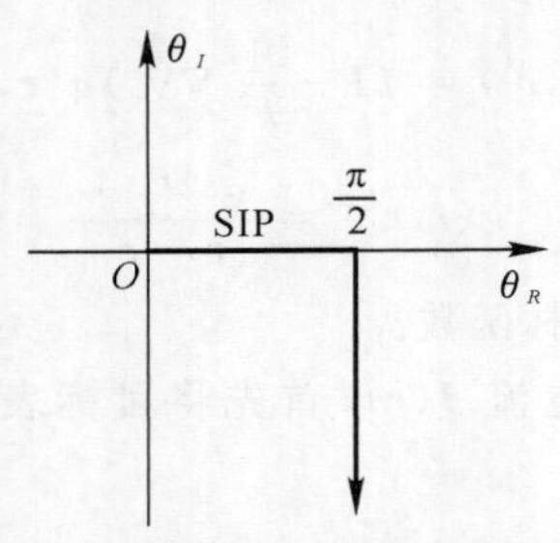

图 6.2.4 角谱平面折合的索末菲积分路径

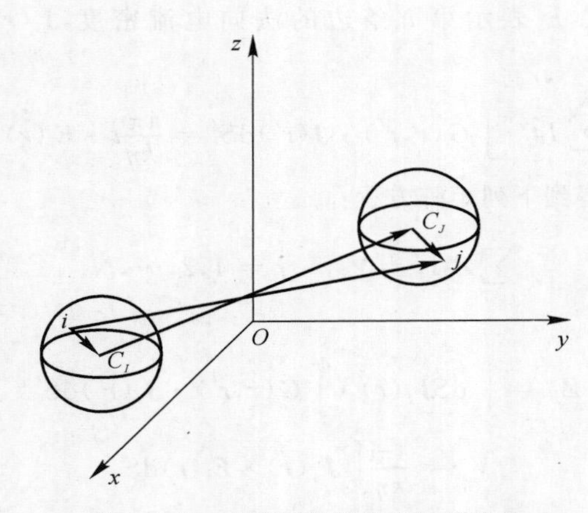

图 6.2.5 非附近组场源点矢量关系

与二维的思想一样，为能进行数值积分，必须设计修正最陡下降路径替代索末菲积分路径。但由于二重积分的存在，修正最陡下降路径 MSDP 的设计将变得比较困难。当场源组中心连线平行于 z 轴时，$\boldsymbol{r}_{C_JC_I}$ 只有 $\hat{z}$ 向分量，这时 MSDP 的设计与二维情况类似。当场源组中心连线不平行于 z 轴时，需采用坐标系旋转，使 $\boldsymbol{r}_{C_JC_I}$ 与新坐标系中的 z 轴平行。所以，下面我们分两种情况进行讨论。

(1) 场源组中心连线平行于 z 轴。当场源组中心连线平行于 z 轴时，如图 6.2.6 所示，MSDP 的设计与二维情况类似。MSDP 由两部分构成：

路径 Ⅰ：
$$0 \leqslant \theta_R \leqslant \theta_0 \tag{6.2.11}$$

路径 Ⅱ：
$$\left.\begin{aligned} \cos(\theta_R - \theta_0)\cosh\theta_I = 1 \\ (\theta_R - \theta_0) \times \theta_I < 0 \end{aligned}\right\} \tag{6.2.12}$$

式(6.2.11)、式(6.2.12) 中 $\theta_0 = \sin^{-1}(2R/r_{C_JC_I})$ 其中 R 为组外切圆半径，$r_{C_JC_I}$ 为场源组中心间距。MSDP 示意图如图 6.2.7 所示。

沿 MSDP 进行数值积分，路径 Ⅰ 上积分核振荡，因此需要很多的积分点，可采用复合梯形积分公式，路径 Ⅱ 上当远离实轴时被积函数指数倍衰减，可采用高斯-拉盖尔积分，于是将式(6.2.10)离散为

$$\frac{\mathrm{e}^{ikr_{ji}}}{r_{ji}} = \sum_{q_2}\sum_{q_1} B_{jC_J}(\theta_{q_1}, \varphi_{q_2}) T_{C_JC_I}(\theta_{q_1}, \varphi_{q_2}) B_{C_Ii}(\theta_{q_1}, \varphi_{q_2}) \tag{6.2.13}$$

式中：

$$B_{jC_J}(\theta_{q_1},\varphi_{q_2}) = e^{ik(\theta_{q_1},\varphi_{q_2})r_{jC_J}} \tag{6.2.14}$$

$$B_{C_I i}(\theta_{q_1},\varphi_{q_2}) = e^{ik(\theta_{q_1},\varphi_{q_2})r_{C_I i}} \tag{6.2.15}$$

$$T_{C_J C_I}(\theta_{q_1},\varphi_{q_2}) = \omega_{q_1}\omega_{q_2}\frac{ik}{2\pi}\sin\theta_{q_1}\, e^{ikz_{C_J C_I}\cos\theta_{q_1}} \tag{6.2.16}$$

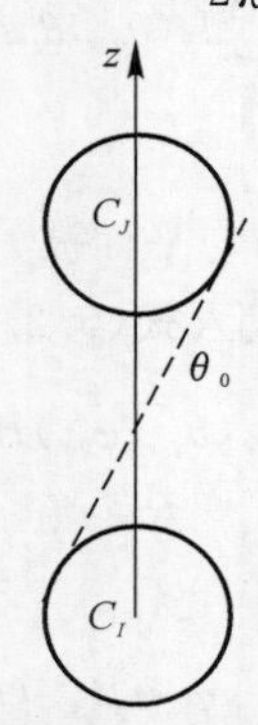

图 6.2.6　场源组中心连线平行 z 轴时场源组

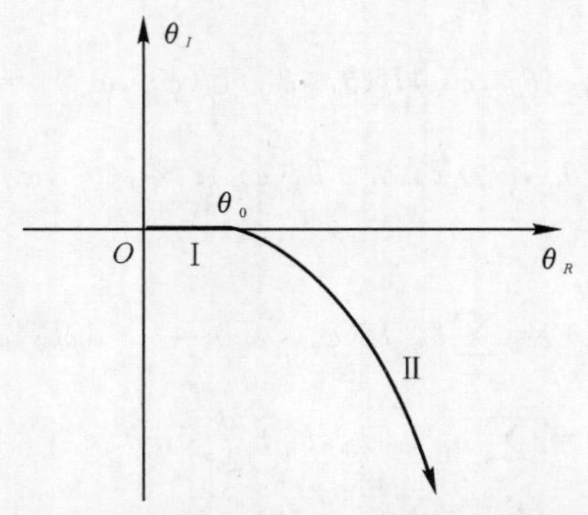

图 6.2.7　场源组中心连线平行 z 轴时场源点的 MSDP

式(6.2.13) ～ 式(6.2.16) 中，θ_{q_1} 和 φ_{q_2} 为积分路径上的采样点，ω_{q_1} 和 ω_{q_2} 为对应的积分权系数。点源格林函数这样展开，可理解成源点组的外向波在转移因子 $T_{C_J C_I}(\theta_{q_1},\varphi_{q_2})$ 的作用下转化为场点组的内向波。其中对角转移因子各角谱之间的量不存在互耦，沿某个方向的源点平面波因子通过该方向的转移到达场点组，与场点该方向的平面波因子组合。

我们知道采用分组策略的快速算法如快速多极子方法都要求预先计算和存储一套角谱序列的聚合、配置因子，和与之对应的转移因子，从而达到加速矩矢相乘，减少计算复杂度及存储量的目的。由式(6.2.13) 中 θ_{q_1} 直接分布在复平面的 MSDP 上，可知角谱($\theta_{q_1},\varphi_{q_2}$) 序列是非均匀的且是路径依赖的。当场源组的相对位置关系发生变化时，可确定不同的 MSDP，从而角谱序列($\theta_{q_1},\varphi_{q_2}$) 就得全部变换，而且路径 Ⅰ 上积分核振荡，需要很多的 θ_{q_1}，这些都造成了角谱序列($\theta_{q_1},\varphi_{q_2}$) 的庞大。对于实际问题，预先计算和存储一套角谱序列的聚合、转移、配置因子更是不可能的，因此，与二维情况类似，必须采用内插 / 外推技术来克服这一问题。内插 / 外推可以表述为

$$B(\theta,\varphi) = \sum_{\theta_{s_1}}\sum_{\varphi_{s_2}} I_\theta(\theta,\theta_{s_1})I_\varphi(\varphi,\varphi_{s_2})B(\theta_{s_1},\varphi_{s_2}) \tag{6.2.17}$$

式中：$I_\theta(\theta,\theta_{s1})$ 和 $I_\varphi(\varphi,\varphi_{s2})$ 为 θ 和 φ 各自的内插 / 外推系数，上述处理后，θ_{s1} 和 φ_{s2} 均均匀分布在实轴上，且对不同的场点组或源点组，只有统一的一套角谱序列。

根据式(6.2.17) 进行内插 / 外推：

$$B_{jC_J}(\theta_{q_1},\varphi_{q_2})\cdot B_{C_I i}(\theta_{q_1},\varphi_{q_2})=\sum_{\theta_{s1}}\sum_{\varphi_{s2}}I_\theta(\theta_{q_1},\theta_{s_1})I_\varphi(\varphi_{q_2},\varphi_{s_2})B_{jC_J}(\theta_{s_1},\varphi_{s_2})\cdot B_{C_I i}(\theta_{s_1},\varphi_{s_2}) \tag{6.2.18}$$

此时，$B_{jC_J}(\theta_{s_1},\varphi_{s_2})$，$B_{C_I i}(\theta_{s_1},\varphi_{s_2})$ 是均匀平面波，角谱采样点$(\theta_{s_1},\varphi_{s_2})$只与场点组、源点组有关，与两组间距离无关。将式(6.2.18) 代入式(6.2.13) 得

$$\begin{aligned}\frac{e^{ikr_{ji}}}{r_{ji}}=&\sum_{q_2}\sum_{q_1}B_{jC_J}(\theta_{q_1},\varphi_{q_2})T_{C_JC_I}(\theta_{q_1},\varphi_{q_2})B_{C_I i}(\theta_{q_1},\varphi_{q_2})=\\&\sum_{q_2}\sum_{q_1}T_{C_JC_I}(\theta_{q_1},\varphi_{q_2})\times\\&\Big[\sum_{\theta_{s1}}\sum_{\varphi_{s2}}I_\theta(\theta_{q_1},\theta_{s_1})I_\varphi(\varphi_{q_2},\varphi_{s_2})B_{jC_J}(\theta_{s_1},\varphi_{s_2})B_{C_I i}(\theta_{s_1},\varphi_{s_2})\Big]=\\&\sum_{\theta_{s1}}\sum_{\varphi_{s2}}B_{jC_J}(\theta_{s_1},\varphi_{s_2})B_{C_I i}(\theta_{s_1},\varphi_{s_2})\times\\&\Big[\sum_{q_2}\sum_{q_1}T_{C_JC_I}(\theta_{q_1},\varphi_{q_2})I_\theta(\theta_{q_1},\theta_{s_1})I_\varphi(\varphi_{q_2},\varphi_{s_2})\Big]=\\&\sum_{\theta_{s1}}\sum_{\varphi_{s2}}B_{jC_J}(\theta_{s_1},\varphi_{s_2})T_\theta(\theta_{s_1})T_\varphi(\varphi_{s_2}).B_{C_I i}(\theta_{s_1},\varphi_{s_2})\end{aligned} \tag{6.2.19}$$

式中：

$$T_\varphi(\varphi_{s_2})=\sum_{q_2}\omega_{q_2}I_\varphi(\varphi_{q_2},\varphi_{s_2})=\int_0^{2\pi}d\varphi I_\varphi(\varphi,\varphi_{s_2}) \tag{6.2.20}$$

$$\begin{aligned}T_\theta(\theta_{s_1})=&\sum_{q_1}\omega_{q_1}I_\theta(\theta_{q_1},\theta_{s_1})\frac{ik}{2\pi}\sin\theta_{q_1}e^{ikz_{C_JC_I}\cos\theta_{q_1}}=\\&\int_\Gamma d\theta I_\theta(\theta,\theta_{s_1})\frac{ik}{2\pi}\sin\theta e^{ikz_{C_JC_I}\cos\theta}\end{aligned} \tag{6.2.21}$$

通过式(6.2.13) ～ 式(6.2.21)，点源格林函数已经由一组非均匀平面波的叠加变换为一组沿各个方向均匀平面波的叠加，且对角化的转移因子可以将源点组的平面波因子转移至场点组的平面波因子。

为方便起见，将式(6.2.19) 写为

$$\frac{e^{ikr_{ji}}}{r_{ji}}=\sum_s B_{jC_J}(\Omega_s)T_{C_JC_I}(\Omega_s)B_{C_I i}(\Omega_s) \tag{6.2.22}$$

式中：$\Omega_s=(\theta_{s_1},\varphi_{s_2})$，$s=(s_1,s_2)$，

$$T_{C_JC_I}(\Omega_s)=T_{C_JC_I}(\theta_{s_1},\varphi_{s_2})=T_\theta(\theta_{s_1})T_\varphi(\varphi_{s_2}) \tag{6.2.23}$$

(2) 场源组中心连线不平行于 z 轴。如前所述，由于两重积分的存在，不容易直接得到场源组中心连线不平行 z 轴的 MSDP。为此，采用坐标旋转策略，将新的 z 轴转至场源组中心连线方向，如图 6.2.8 所示，便可在新坐标系下定义与上节一致的 MSDP。

坐标旋转可通过变换矩阵实现，选 4 个特殊点，得到其对应的新旧系统坐标，即可解得变换矩阵，新旧系统中任意一点的映射都可通过变换矩阵求得：

$$\boldsymbol{P}_0=[x\quad y\quad z\quad 1]=\boldsymbol{P}_n\overline{\boldsymbol{T}}_{3D}=$$

$$[x' \quad y' \quad z' \quad 1]\begin{bmatrix} a & b & c & m \\ \mathrm{d} & e & f & n \\ g & h & i & o \\ j & k & l & p \end{bmatrix} \tag{6.2.24}$$

$\bar{\boldsymbol{T}}_{3D}$ 各元素意义详见相关文献。

本节中所选 4 点为原坐标系统的：

$$p_1 = (0,0,0) \tag{6.2.25}$$

$$p_2 = \left(\frac{x}{\sqrt{x^2+y^2+z^2}}, \frac{y}{\sqrt{x^2+y^2+z^2}}, \frac{z}{\sqrt{x^2+y^2+z^2}}\right) \tag{6.2.26}$$

$$p_3 = \left(\frac{z}{\sqrt{x^2+z^2}}, 0, \frac{-x}{\sqrt{x^2+z^2}}\right) \tag{6.2.27}$$

若 $x = 0$ 且 $z = 0$，可令 $p_3 = (1,0,0)$，则

$$p_4 = p_2 \times p_3 \tag{6.2.28}$$

其中，x, y, z 分别为场源组中心连线矢量的 3 个分量。对应新系统的 4 点为

$$p'_1 = (0,0,0) \tag{6.2.29}$$

$$p'_2 = (0,0,1) \tag{6.2.30}$$

$$p'_3 = (1,0,0) \tag{6.2.31}$$

$$p'_4 = (0,1,0) \tag{6.2.32}$$

在新坐标系下，采用与场源组中心连线平行 z 轴时一致的 MSDP 与格林函数展开，式(6.2.22) 可写成

$$\frac{\mathrm{e}^{\mathrm{i}kr_{ji}}}{r_{ji}} = \sum_t B'_{jC_J}(\Omega'_t) T'_{C_J C_I}(\Omega'_t) B'_{C_I i}(\Omega'_t) \tag{6.2.33}$$

式中：$B'_{jC_J}(\Omega'_t)$，$B'_{C_I i}(\Omega'_t)$，$T'_{C_J C_I}(\Omega'_t)$ 的形式与式(6.2.22) 中的一致，只是它在新坐标系下计算，采用的是新坐标系中的角谱采样序列。新坐标系中的角谱采样序列 Ω'_t 对应的原坐标系中的角谱采样序列与式(6.2.22) 中的角谱 Ω_s 序列不一致。为加快 FIPWA 的速度，节省存储量，我们需预先存储和计算统一的一套角谱序列，即原坐标系中的角谱采样序列 Ω_s，所以，必须再次采用内插 / 外推技术。

假定新坐标系中的角谱点 $\Omega'_t = (\theta'_{t_1}, \varphi'_{t_2})$ 对应原坐标系中的角谱点 $\Omega_t = (\theta_{t_1}, \varphi_{t_2})$，单位方向矢量 $\hat{\boldsymbol{k}}'(\Omega'_t)$ 对应 $\hat{\boldsymbol{k}}(\Omega_t)$。由于，$\hat{\boldsymbol{k}}'(\Omega'_t)$ 与 $\hat{\boldsymbol{k}}(\Omega_t)$ 一致，新旧坐标系中 $\boldsymbol{r}_{jC_J}$，$\boldsymbol{r}_{C_I i}$ 都不变，所以，$B'_{jC_J}(\Omega'_t) = B_{jC_J}(\Omega_t)$，$B'_{C_I i}(\Omega'_t) = B_{C_I i}(\Omega_t)$。

根据式(6.2.17) 进行内插 / 外推

$$B_{jC_J}(\Omega_t) B_{C_I i}(\Omega_t) = \sum_s I(\Omega_t, \Omega_s) B_{jC_J}(\Omega_s) B_{C_I i}(\Omega_s) \tag{6.2.34}$$

式中：

$$I(\Omega_t, \Omega_s) = I_\theta(\theta_{t_1}, \theta_{s_1}) I_\varphi(\varphi_{t_2}, \varphi_{s_2}) \tag{6.2.35}$$

与式(6.2.19) 的推导类似，将式(6.2.34) 代入式(6.2.33)，得

$$\frac{\mathrm{e}^{\mathrm{i}kr_{ji}}}{r_{ji}} = \sum_t B'_{jC_J}(\Omega'_t) T'_{C_J C_I}(\Omega'_t) B'_{C_I i}(\Omega'_t) =$$

$$\sum_t B_{jC_J}(\Omega_t) T'_{C_J C_I}(\Omega'_t) B_{C_I i}(\Omega_t) =$$

$$\sum_t T'_{C_J C_I}(\Omega'_t)\left[\sum_s I(\Omega_t,\Omega_s)B_{jC_J}(\Omega_s)B_{C_I i}(\Omega_s)\right]=$$
$$\sum_s B_{jC_J}(\Omega_s)B_{C_I i}(\Omega_s)\sum_t I(\Omega_t,\Omega_s)T'_{C_J C_I}(\Omega'_t)=$$
$$\sum_s B_{jC_J}(\Omega_s)T_{C_J C_I}(\Omega_s)B_{C_I i}(\Omega_s) \tag{6.2.36}$$

式中：$T_{C_J C_I}(\Omega_s)$ 为组 I 到组 J 的对角化转移因子，并有

$$T_{C_J C_I}(\Omega_s)=\sum_t I(\Omega_t,\Omega_s)T'_{C_J C_I}(\Omega'_t) \tag{6.2.37}$$

插值过程如图 6.2.8 所示。

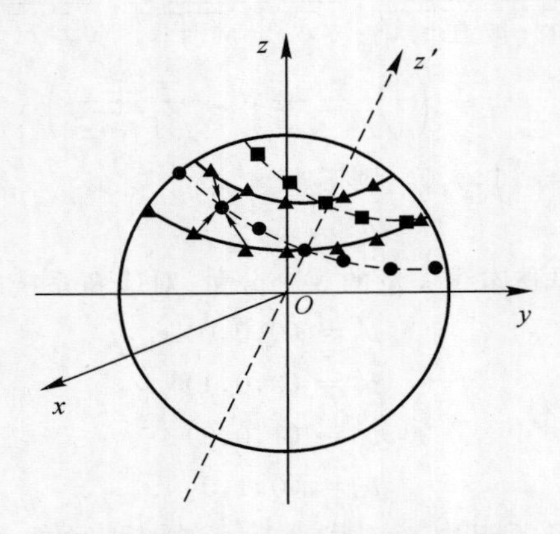

图 6.2.8　坐标旋转后插值示意图

通过以上讨论，无论场源组位置关系如何，点源格林函数均可展开成一组从源点组到场点组的均匀平面波的叠加，且只有一套角谱序列，因此，可以实施快速均匀平面波算法。

3. 快速非均匀平面波算法

将上节中所得的格林函数展开式代入式(6.2.7)，得

$$Z_{ji}=\int_S \mathrm{d}S\boldsymbol{J}_j(\boldsymbol{r})\cdot\int_S \bar{\boldsymbol{G}}(\boldsymbol{r},\boldsymbol{r}')\cdot\boldsymbol{J}_i(\boldsymbol{r}')\mathrm{d}S'=$$
$$\int_S \mathrm{d}S\boldsymbol{J}_j(\boldsymbol{r})\cdot\int_S \mathrm{d}S'\sum_{\Omega_s}B_{jC_J}(\Omega_s)T_{C_J C_I}(\Omega_s)B^*_{iC_I}(\Omega_s)[\bar{\boldsymbol{I}}-\hat{\boldsymbol{k}}(\Omega_s)\hat{\boldsymbol{k}}(\Omega_s)]\cdot\boldsymbol{J}_i(\boldsymbol{r}')=$$
$$\sum_{\Omega_s}\int_S \mathrm{d}S[\bar{\boldsymbol{I}}-\hat{\boldsymbol{k}}(\Omega_s)\hat{\boldsymbol{k}}(\Omega_s)]\cdot\boldsymbol{J}_j(\boldsymbol{r})B_{jC_J}(\Omega_s)T_{C_J C_I}(\Omega_s)\cdot$$
$$\int_S \mathrm{d}S'B^*_{iC_I}(\Omega_s)[\bar{\boldsymbol{I}}-\hat{\boldsymbol{k}}(\Omega_s)\hat{\boldsymbol{k}}(\Omega_s)]\cdot\boldsymbol{J}_i(\boldsymbol{r}')=$$
$$\sum_{\Omega_s}V_{jC_J}(\Omega_s)T_{C_J C_I}(\Omega_s)V^*_{iC_I}(\Omega_s) \tag{6.2.38}$$

式中：

$$V_{iC_I}(\Omega_s)=\int_S \mathrm{d}S'B_{iC_I}(\Omega_s)[\bar{\boldsymbol{I}}-\hat{\boldsymbol{k}}(\Omega_s)\hat{\boldsymbol{k}}(\Omega_s)]\cdot\boldsymbol{J}_i(\boldsymbol{r}') \tag{6.2.39}$$

$$V_{jC_J}(\Omega_s)=\int_S \mathrm{d}SB_{jC_J}(\Omega_s)[\bar{\boldsymbol{I}}-\hat{\boldsymbol{k}}(\Omega_s)\hat{\boldsymbol{k}}(\Omega_s)]\cdot\boldsymbol{J}_j(\boldsymbol{r}) \tag{6.2.40}$$

结合附近区及非附近区作用由式(6.2.6)得 FIWPA 的最终表达式：

$$\left.\begin{array}{l} V_j = \sum\limits_{I \in NF(J)} \sum\limits_{i \in G_I} Z_{ji} I_i + \sum\limits_{\Omega_s} V_{jC_J}(\Omega_s) \sum\limits_{I \in FF(J)} T_{C_J C_I}(\Omega_s) \sum\limits_{i \in G_I} V^*_{iC_I}(\Omega_s) I_i \\ j \in G_J \end{array}\right\} \tag{6.2.41}$$

6.2.3　三维快速非均匀平面波算法的数值算例

算例 1　由于球的 RCS 具有 Mie 级数解析表达，电磁散射领域通常以球作为三维验模的标准之一。图 6.2.9 所示为直径为 2λ 的导体球的表面三角单元剖分图，该球表面单元共包含 1 202个小的三角单元，1 803 条边，共有 1 803 个未知量。当平面波沿 $\theta = 0°$ 入射时，用 FIPWA 方法计算该球的 HH 极化双站 RCS 结果，与 Mie 级数解析表达计算的结果进行比较，如图 6.2.10 所示。由图 6.2.10 可见，使用 FIPWA 的计算结果与解析结果吻合良好，充分说明了 FIPWA 的正确性。

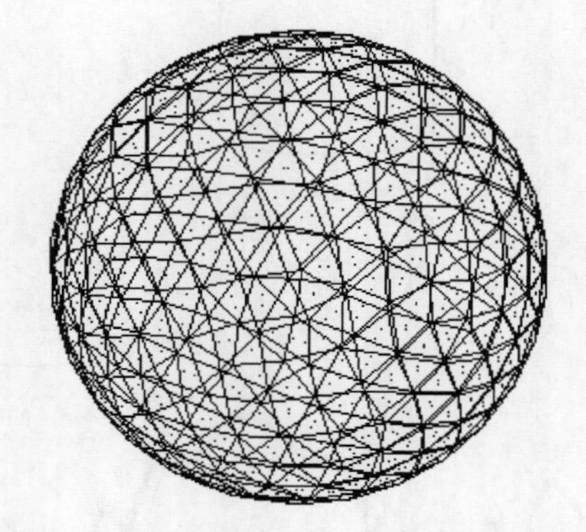

图 6.2.9　导体球表面三角单元剖分图

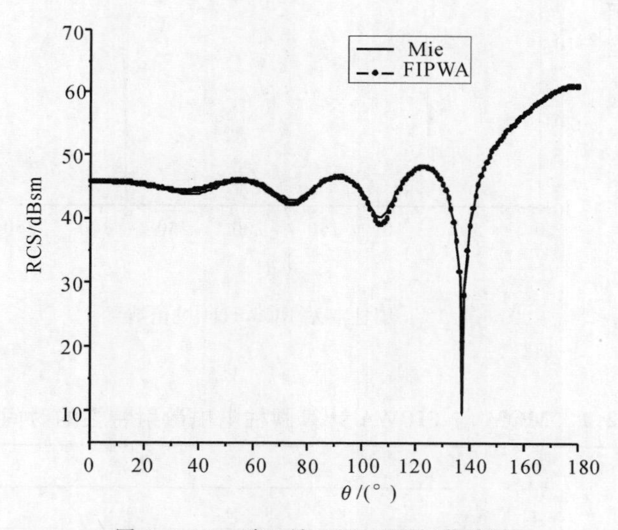

图 6.2.10　球双站 RCS，HH 极化结果

算例 2　图 6.2.11 所示的是圆柱模型的几何示意图，其横截面直径为 0.8λ，长度为2.4λ。用三角单元剖分，未知量为 3 229 个，采用 RWG 基函数，伽略金匹配，用共轭梯度迭代法计算，

误差门限为 0.01。当平面波在 xOz 面内以 0° 角入射时，分别用 FIPWA，MOM 计算该圆柱在 xOz 面内的双站 RCS，HH 极化结果，对比图如图 6.2.12。其计算时间的对比见表6.2.1。

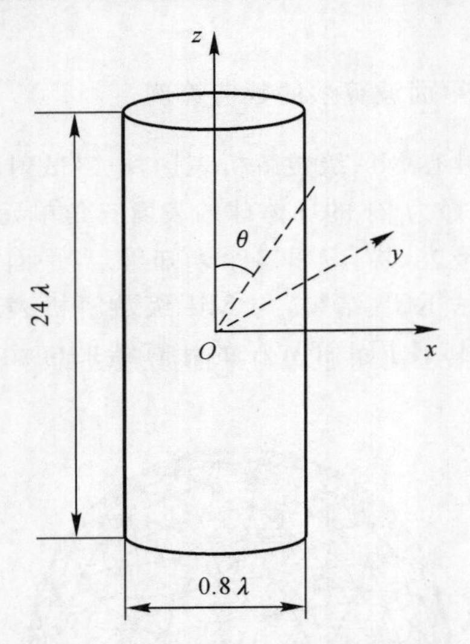

图 6.2.11 圆柱几何模型示意图

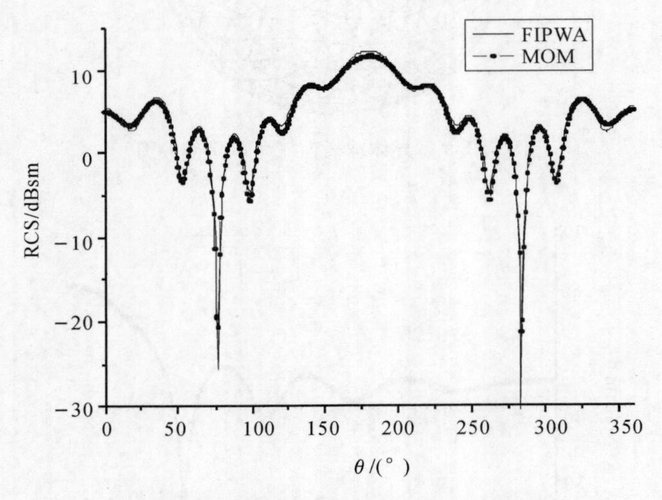

图 6.2.12 圆柱双站 RCS，HH 极化结果

表 6.2.1 MOM 与 FIPWA 计算圆柱电磁散射特性的时间比较

参数	方法	
	MOM	FIPWA
矩阵填充时间/s	605.7	64.5
迭代时间/s	6 373.3	673.5
迭代次数	28	30

从图 6.2.12 中可以看出，用 FIPWA 计算的 RCS 与传统矩量法计算的结果吻合良好。部分地方吻合不够是由于路径截断、内插/外推等数值因素引起。由表 6.2.1 中数据可以看出 FIPWA 计算效率远高于传统 MOM。

6.3　多层快速非均匀平面波算法

快速非均匀平面波算法加速了矩矢相乘，使数值计算量减小到 $O(N^{3/4})$，而用多层快速非均匀平面波算法(MLFIPWA)则可减小到 $O(N\lg N)$。可见，多层快速非均匀平面波算法特别适合处理电大尺寸复杂目标的电磁散射分析。因此，本节就对这一算法的原理、数值实现及复杂度进行详细介绍，并给出多层快速非均匀平面波算法的计算实例来验证该方法的正确性及高效性。

6.3.1　引言

多层快速非均匀平面波算法是一种多层计算方法。多层计算方法在工程领域的应用由来已久，这种方法广泛应用于天体力学、量子力学、流体力学、分子运用论、固态材料科学、电磁场等领域。1983 年，V. Rokhlin 用多层的快速多极子思想处理了静电场问题。1986 年，Barnes 和 Hut 用类似的多层级方法计算了粒子间的互耦问题。在此之后，国外众多学者如 Dembart，Yip，C. C. Lu，J. M. Song 等将多层快速多极子方法应用于电磁散射问题，使该法得到了很大的发展与完善。其中，令人瞩目的成果就是伊利诺依大学周永祖教授与 Demaco 公司联合推出的 FISC 软件。据悉，他们利用该软件已求解了 800 万未知量的散射问题。而该软件正是采用了以快速多极子方法(FMM)与多层快速多极子方法(MLFMA)为主的高效方法。除多层快速多极子方法之外，其他的多层计算方法也得到了很大的发展，如多层矩阵分解算法等。

本节研究的 MLFIPWA 与 MLFMA 计算量相当，均为 $O(N\lg N)$，但比 MLFMA 更稳定且更易于处理分层问题。

6.3.2　MLFIPWA 的基本原理

多层快速非均匀平面波方法与多层快速多极子方法类似。它是快速非均匀平面波方法在多层级结构中的推广。对于 N 体互耦，多层快速非均匀平面波算法采用在多个层级上分组分区计算，即对于附近区强耦合量直接计算，对于非附近区耦合量则用多层快速非均匀平面波方法实现。多层快速非均匀平面波方法基于树形结构计算，其特点是：逐层聚合、逐层转移、逐层配置、嵌套递推。

对于二维情况，将求解区域用一正方形包围，然后再细分为 4 个子正方形，该层记为第一层。将每个子正方形再细分为 4 个更小的子正方形，则得到第二层，此时共有 42 个正方形。依此类推得到更高层。对于三维情况，则将求解区域用一正方体包围，第一层为 8 个子正方体。显然，对于二维、三维情况，第 i 层子正方形，子正方体的数目分别为 $4i$，$8i$。这种分层级结构如图 6.3.1 所示。对于散射问题，最高层的每个正方形，正方体的边长为半个波长左右(具体问题可视几何建模、基函数等的不同具体而定)，由此可以确定求解一个给定尺寸的目标散射时多层快速非均匀平面波算法所需的层数。

为方便阐述多层快速非均匀平面波方法的原理，有必要事先对几个重要术语进行说明。它们是：非空组、父层与父组、子层与子组、远亲组与近邻组。

在对一个给定目标完成多层分组之后，首先就是判断空组和非空组。对于最高层的每一个正方形或正方体，通过判断该中心与每一个基函数中心的距离，可得到不包含基函数的空组和包含基函数的非空组。在各个层级，只将非空组用树形结构数据记录下来。显然，散射计算量的大小也仅仅取决于非空组的数量。

记当前所在层为第 l 层，则由它所细分的更高层为第 $l+1$ 层。第 l 层是第 $l+1$ 层的父层，第 $l+1$ 层是第 l 层的子层，在父层上的非空组为父组，它们所对应的子层上的非空组为其子组。示意图见图 6.3.1。

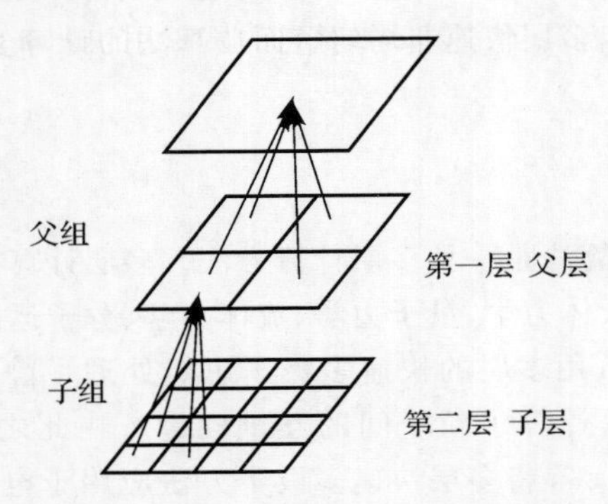

图 6.3.1 MLFIPWA 中的分层级结构

对于给定的某一层某一非空组，凡是在该层上与该组有公共顶点的非空组均为其附近组。远亲组是其父组的附近组的子组且又是该层该组的非附近组。近邻组即为该层该组的非空附近组。对于二维情形，非空组 m 的附近组最多为 9 个，其远亲组数目最多为 27 个；对于三维情形，非空组 m 的附近组最多为 27 个，其远亲组数目最多为 189 个。示意图见图 6.3.2，其中对于非空组，含 × 的正方形是它的远亲组，含阴影线的正方形是它的近邻组（假设所有组均为非空组）。

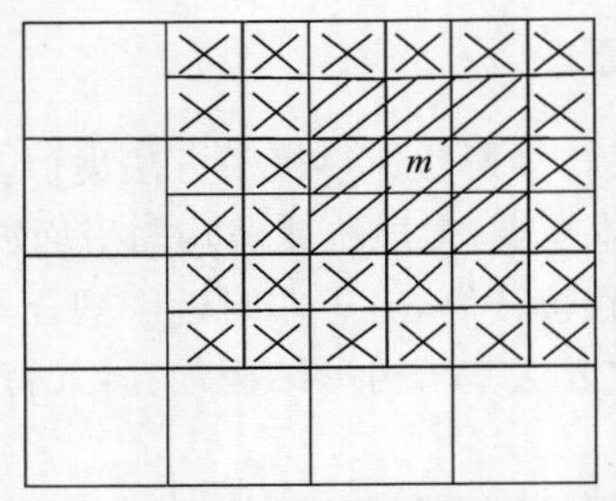

图 6.3.2 远亲组与近邻组示意图

多层快速非均匀平面波算法是快速非均匀平面波算法的多层扩展。快速非均匀平面波法的基本步骤是聚合、转移和配置，即先将各组内各子散射体的贡献聚合到该组中心表达，然后转移到待求子散射体所在的组中心，最后由该组中心配置到待求子散射体。对于各组的附近组贡献，则直接计算。多层快速非均匀平面波算法除上述操作之外，还有父层、子层的层间递推计算。对于散射问题，它用内插与伴随内插技术计算。与快速非均匀平面波算法不同的是，多层快速非均匀平面波算法的转移计算在各层各组的远亲组间进行，而快速非均匀平面波算法的转移计算在非附近组间进行。与快速非均匀平面波算法相似，多层快速非均匀平面波算法的直接计算部分仅在最高层各非空组的近邻组间进行。

基于以上分层级结构，多层算法由上行过程、下行过程两部分组成。上行过程分为最高层的多极展开、子层到父层的多极聚合。上行过程一般在多极聚合到第二层后，经远亲转移计算转向下行过程。下行过程则分为父层到子层的多极配置、同层间远亲组的转移和最高层的部分场展开。

6.3.3　MLFIPWA 的数值实现

对于给定子散射体 j，所有源子散射体 i 对它的贡献用快速非均匀平面波方法表达为

$$\sum_{i=1}^{N} Z_{ji} J_i = \sum_{I \in NG(J)} \sum_{i \in G_I} Z_{ji} J_i + \sum_{n=1}^{K_l} V_{jC_J}(\hat{\boldsymbol{k}}_n) \sum_{I \in FG(J)} T_{C_J C_I}(\hat{\boldsymbol{k}}_n) \sum_{i \in G_I} V_{iC_I}^{*}(\hat{\boldsymbol{k}}_n) J_i, \quad j \in G_J \tag{6.3.1}$$

式中：J_i 为第 i 个源子散射体的电流幅度，其中 $NG(J)$ 表示 J 的附近组，$FG(J)$ 表示 J 的非附近组，G_I，G_J 分别表示组 I，组 J 中的所有子散射体，C_I，C_J 分别表示组 I，组 J 的组中心，K_l 为预先存储的角谱采样点数目，$\hat{\boldsymbol{k}}$ 为角谱空间单位矢量。V_{jC_J}，$T_{C_J C_I}$，V_{iC_I} 分别表示配置，转移，聚合因子，* 表示共轭运算。

多层快速非均匀平面波算法求解式(6.3.1)的具体步骤如下：

(1) 最高层的多极展开：计算公式同于快速非均匀平面波算法中聚合量的计算，为

$$S_{C_I}(\hat{\boldsymbol{k}}) = \sum_{i \in G_I} V_{iC_I}^{*}(\hat{\boldsymbol{k}}) J_i \tag{6.3.2}$$

$$V_{iC_I}(\hat{\boldsymbol{k}}) = \int_s \mathrm{d}s' \mathrm{e}^{\mathrm{i}\boldsymbol{k}\cdot\boldsymbol{r}_{iC_I}} (\bar{\boldsymbol{I}} - \hat{\boldsymbol{k}}\hat{\boldsymbol{k}}) \cdot \boldsymbol{J}_i(\boldsymbol{r}') \tag{6.3.3}$$

式中：C_I 为最高层 L 中，子散射体 i 所在组的组中心。$S_{C_I}(\hat{\boldsymbol{k}})$，$V_{iC_I}(\hat{\boldsymbol{k}})$ 分别为最高层中第 I 组的聚合量，聚合因子。

(2) 多极聚合：是将源子散射体在子层子组中心的聚合量平移到父层父组中心表达。在波动问题中，由于 N_{s1}（θ 向角谱采样点数），N_{s2}（φ 向角谱采样点数）都只取决于源区尺寸即所在层正方形或正方体的边长，因此从子层到父层 N_{s1}，N_{s2} 以2倍递增，而 $K_l = N_{s1} N_{s2}$，所以，越低的层级，需要的 K_l 值越大。例如在 l 层，$S_{C_I(l)}$ 只有 K_l 个值，但在 $l-1$ 层，则需要 $S_{C_I(l-1)}$ 的 K_{l-1} 个值（$K_{l-1} = 4K_l$）。这时就需要对子层的 K_l 个 $S_{C_I(l)}$ 插值以获得 K_{l-1} 个 $S_{C_I(l-1)}$。利用插值矩阵 $\boldsymbol{W}_{n'n}$，可得

$$S_{C_I(l-1)}(\hat{\boldsymbol{k}}_{n'(l-1)}) = \sum_{G_{I(l)} \in G_{I(l-1)}} \mathrm{e}^{\mathrm{i}\boldsymbol{k}_{n'(l-1)} \cdot \boldsymbol{r}_{C_I(l-1)} \boldsymbol{r}_{C_I(l-1)}} \sum_{n=1}^{K_l} \boldsymbol{W}_{n'n} S_{C_I(l)}(\hat{\boldsymbol{k}}_{n(l)}), \quad l = 3, 4, \cdots, L \tag{6.3.4}$$

式中：$C_I(l)$，$C_I(l-1)$ 分别为第 l 层，第 $l-1$ 层中源子散射体 i 所在组的组中心，$\boldsymbol{r}_{C_I(l)}$，$\boldsymbol{r}_{C_I(l-1)}$ 分别为 $C_I(l)$，$C_I(l-1)$ 的矢径，$n(l)$，$n'(l-1)$ 分别为 l 层第 n 个，$l-1$ 层第 n' 个角谱点。

(3) 多极转移：多极聚合到第二层后，便不再向上聚合，于是开始多极转移，即将源区的外向波转换为场区的内向波，为下行过程做准备。

在第二层，在源区组中心 C_I 的聚合量 $S_{C_I 2}(\hat{\boldsymbol{k}})$ 即为以 C_I 为中心的外向波，则以场区组中心

C_J 为中心的内向波 $B_{C_J 2}(\hat{\boldsymbol{k}})$ 可由下式求得：

$$B_{C_J 2}(\hat{\boldsymbol{k}}) = \sum_{I \in J\text{的远亲}} T_{C_J C_I}(\hat{\boldsymbol{k}}) S_{C_I 2}(\hat{\boldsymbol{k}}) \tag{6.3.5}$$

$T_{C_J C_I}(\hat{\boldsymbol{k}})$ 为第二层上的转移因子，分两种情况，当场源组中心连线平行 z 轴时，有

$$T_{C_J C_I}[\hat{\boldsymbol{k}}(\theta_{s1}, \varphi_{s2})] = \sum_{q_2}\sum_{q_1} \omega_{q1}\omega_{q2} \frac{\mathrm{i}k}{2\pi} \sin\theta_{q1} \mathrm{e}^{\mathrm{i}kz_{JI}\cos\theta_{q1}} I_\theta(\theta_{q1}, \theta_{s1}) I_\varphi(\varphi_{q2}, \varphi_{s2}) \tag{6.3.6}$$

式中：$(\theta_{s1}, \varphi_{s2})$ 为预先存储的实角谱采样点，$(\theta_{q1}, \varphi_{q2})$ 为修正最陡下降路径上的积分点，ω_{q1}，ω_{q2} 为相应的权系数，$I_\theta(\theta_{q1}, \theta_{s1}) I_\varphi(\varphi_{q2}, \varphi_{s2})$ 为相应的插值系数。场源组中心连线不平行 z 轴时，需进行坐标轴旋转，再采用插值技术转化为统一的一套角谱采样序列，详细分析见上一节。

之所以选择第二层开始多极转移，是因为在第二层，远亲组即为非附近组，通过远亲组的转移计算可得到待求的所有非附近组的贡献。以上步骤为多层快速非均匀平面波算法的上行过程，下面步骤则是多层快速非均匀平面波算法的下行过程。

(4) 多极配置：是将在以父层父组中心为中心的内向波转化为以子层子组中心为中心的内向波表达。多极配置是多极聚合的逆过程。与多极聚合中子层到父层采用内插计算类似，多极配置过程中，父层到子层则采用伴随内插计算。

对于在第 $l-1$ 层，组中心为 C_J 的组内场点 j 而言，来自于该组所有非附近组的贡献为

$$A = \sum_{n'=1}^{K_{l-1}} V_{jC_J(l-1)}[\hat{\boldsymbol{k}}_{n'(l-1)}] B_{C_J(l-1)}[\hat{\boldsymbol{k}}_{n'(l-1)}] \tag{6.3.7}$$

将父层父组的非附近组贡献平移到子层子组的组中心后可表达为

$$A = \sum_{n=1}^{K_l} V_{jC_J(l)}[\hat{\boldsymbol{k}}_{n(l)}] B_{C_J(l)}^{(1)}[\hat{\boldsymbol{k}}_{n(l)}] \tag{6.3.8}$$

式中：$B_{C_J(l)}^{(1)}[\hat{\boldsymbol{k}}_{n(l)}]$为待定内向波幅度。与多极聚合相似，多极配置中父层的配置因子可由子层的配置因子内插得到，即

$$V_{jC_J(l-1)}[\hat{\boldsymbol{k}}_{n'(l-1)}] = \mathrm{e}^{\mathrm{i}\boldsymbol{k}_{n'(l-1)} \boldsymbol{r}_{C_J(l)C_J(l-1)}} \sum_{n=1}^{K_l} W_{n'n} V_{jC_J(l)}[\hat{\boldsymbol{k}}_{n(l)}] \tag{6.3.9}$$

将式(6.3.9)代入式(6.3.7)，并交换$\sum\limits_{n=1}^{K_l}$ 和$\sum\limits_{n'=1}^{K_{l-1}}$ 次序，与式(6.3.6)对照，得到

$$B_{C_J(l)}^{(1)}[\hat{\boldsymbol{k}}_{n(l)}] = \sum_{n'=1}^{K_{l-1}} W_{nn'} \mathrm{e}^{\mathrm{i}k_{n'(l-1)} r_{C_J(l)C_J(l-1)}} B_{C_J(l-1)}[\hat{\boldsymbol{k}}_{n'(l-1)}] \tag{6.3.10}$$

(5) 多极转移：为了继续从父层到子层递推下去，就必须得到来自于子层子组的所有非附近组的贡献。于是，在多极配置的基础上还必须考虑子层子组的远亲组贡献。计算式如下：

$$B_{C_J(l)}^{(2)}[\hat{\boldsymbol{k}}_{n(l)}] = \sum_{I \in J(l)\text{的远亲}} T_{C_J C_I}[\hat{\boldsymbol{k}}_{n(l)}] S_{C_I(l)}[\hat{\boldsymbol{k}}_{n(l)}] \tag{6.3.11}$$

式中：$T_{C_J C_I}(\hat{\boldsymbol{k}})$ 为该子层上的转移因子。

于是得到了子层子组的所有非附近组的贡献如下：

$$B_{C_J(l)}[\hat{\boldsymbol{k}}_{n(l)}] = B_{C_J(l)}^{(1)}[\hat{\boldsymbol{k}}_{n(l)}] + B_{C_J(l)}^{(2)}[\hat{\boldsymbol{k}}_{n(l)}] \tag{6.3.12}$$

重复步骤(4)(5)，直到最高层为止。

(6) 部分场展开：对于最高层每个非空组 J，在其组中心进行部分场展开，得到 J 的所有非附近组对组内场点 j 的贡献

$$A_1 = \sum_{n=1}^{K_l} V_{jC_J}(\hat{\boldsymbol{k}}) B_{C_J}(\hat{\boldsymbol{k}}) \tag{6.3.13}$$

式中：$V_{jC_J}(\hat{\boldsymbol{k}})$为最高层的配置因子，$B_{C_J}(\hat{\boldsymbol{k}})$为最高层上以组 J 的中心为中心的内向波，代表了组 J 的所有非附近组对组 J 的贡献。

(7) 直接计算附近组间的贡献。

$$A_2 = \sum_{I \in NG(J)} \sum_{i \in G_I} Z_{ji} J_i \tag{6.3.14}$$

(8) 与非附近组的贡献相叠加，得到所有源子散射体对场子散射体的贡献。

$$\sum_{i=1}^{N} Z_{ji} J_i = A_1 + A_2 \tag{6.3.15}$$

以上是三维矢量散射的 MLFIPWA 的原理及具体步骤，二维标量散射的 MLFIPWA 的原理和步骤与之相似，在此不再作介绍。

6.3.4 MLFIPWA 的计算复杂度分析

以二维情况为例，对于一个具有 N 个未知数的电磁散射问题，若使用多层快速非均匀平面波方法，假设最高层为第 L 层，在此层平均每组子散射体数目为 M，角谱采样点数目为 C_1M，因此，在最高层的多极展开过程中所需的计算量为

$$T_1 = \frac{N}{M} M C_1 M = C_1 N M \tag{6.3.16}$$

不失一般性，假定 l 层的非空组数目为$(N/M)/2^{L-l}$，角谱采样点数目为 C_1M2^{L-l}。由于 l 层，$l-1$ 层所需的角谱采样点数目 K_l，K_{l-1} 不同，为得到 $l-1$ 层组的 K_{l-1} 个角谱采样点，需运用插值技术，每次插值所用到 l 层组的角谱点数为 C_2，因此，在 l 层到 $l-1$ 层的聚合过程中所需的计算量为

$$T_{2,l} = \frac{N/M}{2^{L-l}} (C_1 M 2^{L-l+1}) C_2 = 2 C_1 C_2 N \tag{6.3.17}$$

在整个多极聚合的过程中，即从 L 层聚合到第 2 层，总共所需计算量为

$$T_2 = \sum_{l=3}^{L} T_{2,l} = \sum_{l=3}^{L} 2 C_1 C_2 N = 2 C_1 C_2 N (L-2) \approx 2 C_1 C_2 N \left(\mathrm{lb} \frac{N}{M} - 2 \right) \tag{6.3.18}$$

与多极聚合类似，多极配置所需的计算量为

$$T_3 \approx 2 C_1 C_2 N \left(\mathrm{lb} \frac{N}{M} - 2 \right) \tag{6.3.19}$$

假定每层场区组的远亲组个数为 C_4，以 l 层为例，在 l 层的多极转移过程中所需计算量为

$$T_{4,l} = \frac{N/M}{2^{L-l}} C_1 M 2^{L-l} C_4 = C_1 C_4 N \tag{6.3.20}$$

则所有层的转移过程所需的总计算量为

$$T_4 = \sum_{l=2}^{L} T_{4,l} = \sum_{l=2}^{L} C_1 C_4 N = C_1 C_4 N (L-1) \approx C_1 C_4 N \left(\mathrm{lb} \frac{N}{M} - 1 \right) \tag{6.3.21}$$

在 L 层的部分场展开与前面所述最高层的多极展开所需的计算量相等，亦为 T_1。

假定最高层中场区组的附近组个数为 C_5，直接计算部分的计算量为

$$T_5 = \frac{N}{M} C_5 M^2 = C_5 NM \tag{6.3.22}$$

因此，用 MLFIPWA 完成矩阵矢量相乘的计算量为

$$T = 2T_1 + T_2 + T_3 + T_4 + T_5 =$$
$$N\left[(4C_1C_2 + C_1C_4)\,\mathrm{lb}\frac{N}{M} + (2C_1 + C_5)M - (8C_1C_2 + C_1C_4)\right] \tag{6.3.23}$$

三维情况的分析与二维类似，可知多层快速非均匀平面波算法的矩矢相乘复杂度为 $O(N\lg N)$。

6.3.5 MLFIPWA 计算中的优化

为了近一步减少计算量和对内存的需求，下面讨论不随计算迭代过程而改变的量：$T_{C_JC_I}$，V_{iC_I}，V_{jC_J} 和 Z_{ji}。

在前面提到了 $T_{C_JC_I}$ 的平移不变性，这里可以引入该性质。对 $T_{C_JC_I}$ 通常要计算和存储每层中的每个非空组和它的所有非空远亲组之间的作用，对二维每个组的远亲组最多是 27 个，对三维每个组的远亲最多是 189 个，则第 i 层上要计算和存储 $O(189N_i)$，N_i 是第 i 层上非空组的个数。利用 $T_{C_JC_I}$ 的平移不变性，只需计算每层上的一个组和它的所有远亲组之间的作用，并存储起来，而不需要计算所有的非空组和它的远亲组之间的作用。当需要使用任一组和它的非空远亲组之间的作用时，只需知道两个组之间位移矢量，再根据 $T_{C_JC_I}$ 平移不变性从存储中调用相应的值即可，从而使 $T_{C_JC_I}$ 的计算量和内存复杂度从 $O(189N_i)$ 减为 $O(189)$。

由 V_{iC_I}，V_{jC_J} 的表达式可知当 $k' = -k$ 时，$V_{iC_I}(k') = V_{iC_I}(k)$，$V_{jC_J}(k') = V_{jC_J}(k)$，这样 V_{iC_I}，V_{jC_J} 的计算量和对内存需求从 $O(K_LN)$ 减为 $O(K_LN/2)$，K_L 是 $\hat{\boldsymbol{k}}$ 的所有取向。当使用伽略金方法时 $V_{iC_I}(k) = V_{jC_J}(k)$，$Z_{ji} = Z_{ji}^{T}$，这样其计算和存储量就降为 $O(K_LN/4)$。

6.3.6 MLFIPWA 的数值算例

算例 1 利用 6 层 MLFIPWA 计算一 TM 波沿 x 轴照射二维导电柱的双站 RCS。该导电柱的截面由两对称圆弧构成，其圆弧半径为 25λ，弦高为 10λ，示意图如图 6.3.3。采用脉冲基函数，点匹配，未知量个数为 463，用共轭梯度迭代法进行计算，误差门限为 0.01。为便于对比，同时又采用了 FIPWA 在相同条件下进行了计算。计算结果的对比如图 6.3.4 所示，时间对比见表 6.3.1。

算例 2 利用 4 层 MLFIPWA 计算一三维 5 m×5 m 金属方板的双站 RCS，其入射示意图如图 6.3.5。入射波频率为 $f = 300$ MHz，未知量为 3 240 个，采用 RWG 基函数，伽略金匹配，用共轭梯度迭代法计算，误差门限为0.01。图 6.3.6 为垂直照射，HH 极化的计算结果与 FIPWA 计算结果的对比图。图 6.3.7 给出了平面波 $\theta = 45°$ 入射，xOz 面内的 VV 极化结果并与 FIPWA 计算的结果进行了对比，计算时间的对比见表 6.3.1。

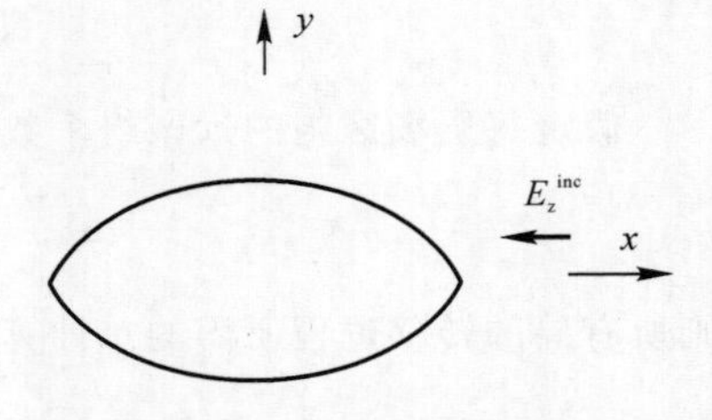

图 6.3.3 导电柱几何示意图

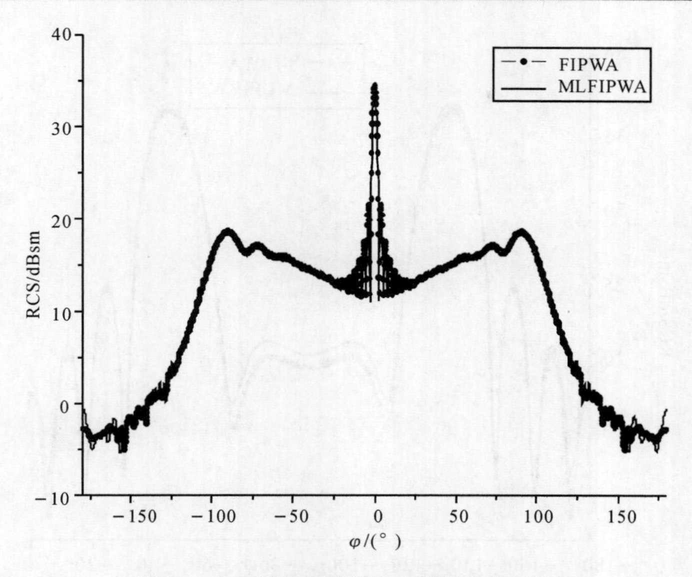

图 6.3.4　两对称圆弧构成的导电柱 RCS

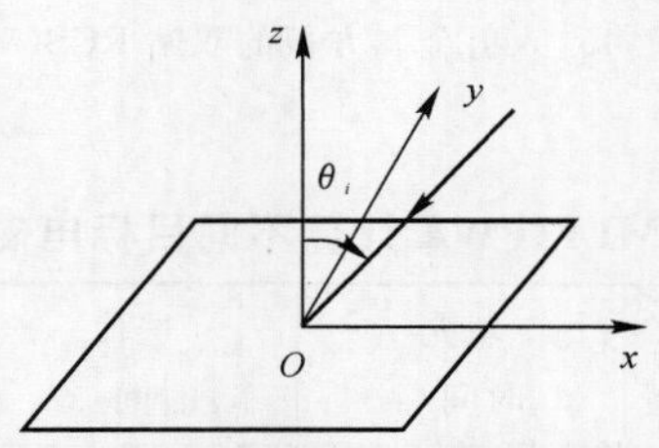

图 6.3.5　金属方板几何示意图

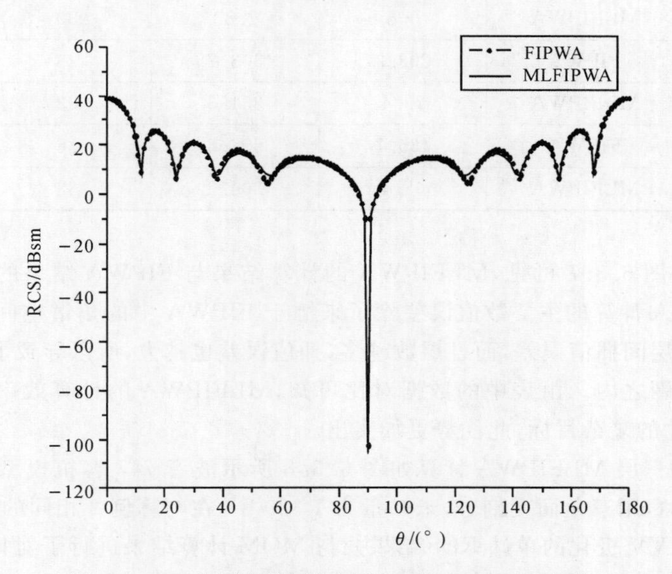

图 6.3.6　垂直照射金属方板的双站 RCS(HH 极化)

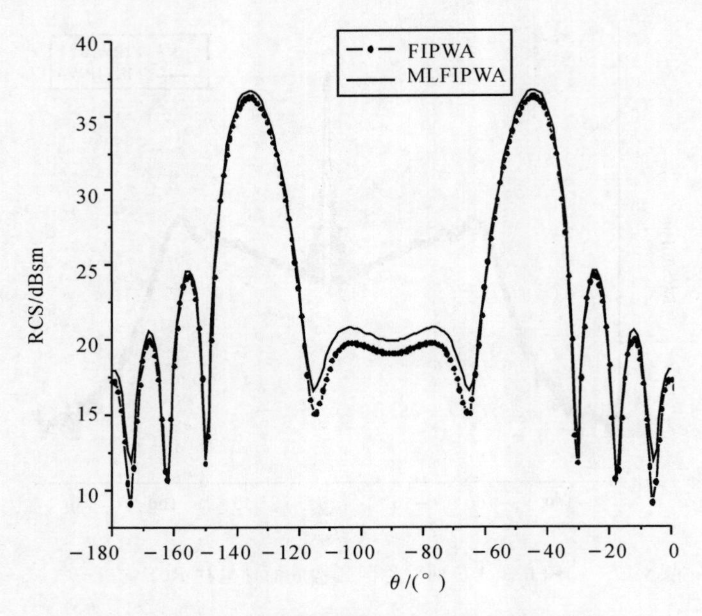

图 6.3.7　45°入射金属方板的双站 RCS(VV 极化)

表 6.3.1　FIPWA 与 MLFIPWA 计算不同目标电磁散射特性的时间比较

目标形状	算　法	填充时间/s	迭代时间/s	迭代次数	总时间/s
两圆弧构成的导电柱	FIPWA	6.6	4.76	28	144.9
	MLFIPWA	0.8	2.83	30	83.8
金属方板(垂直照射)	FIPWA	203.3	803.7	28	22 733.9
	MLFIPWA	75.4	351.3	32	11 332.8
金属方板(45°入射)	FIPWA	165.7	694.8	36	25 315.5
	MLFIPWA	65.4	304.2	38	11 641.6

由图 6.3.5～图 6.3.7 可见，MLFIPWA 的计算结果与 FIPWA 结果的吻合程度是令人满意的，MLFIPWA 计算的主要数值误差除了来源于 FIPWA 中的角谱空间积分的数值积分误差外，还来源于层间插值误差，而且层数越多，插值误差也越大，所以导致了个别地方不够吻合，但均在接受范围之内。由表中的数据对比可知，MLFIPWA 的计算效率远优于 FIPWA，尤其对于电大尺寸的复杂目标，此优势更加突出。

算例 3　利用三层 MLFIPWA 计算如图 6.3.8 所示波音 747 客机模型的单站 RCS。飞机机身长度为 1.3λ，用三角面元剖分，未知量为 1 320 个，在与算例 2 相同的计算条件下，分别计算了 HH 极化，VV 极化的单站 RCS 结果并与 MOM 计算结果进行了对比，由图 6.3.9、图 6.3.10 可见两计算结果吻合较好。

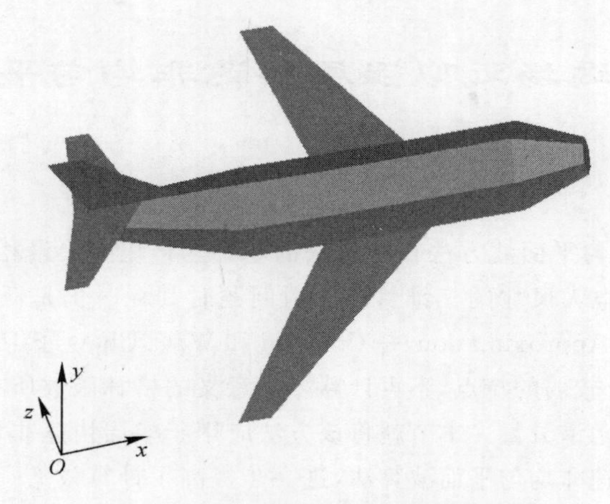

图 6.3.8　波音 747 客机模型

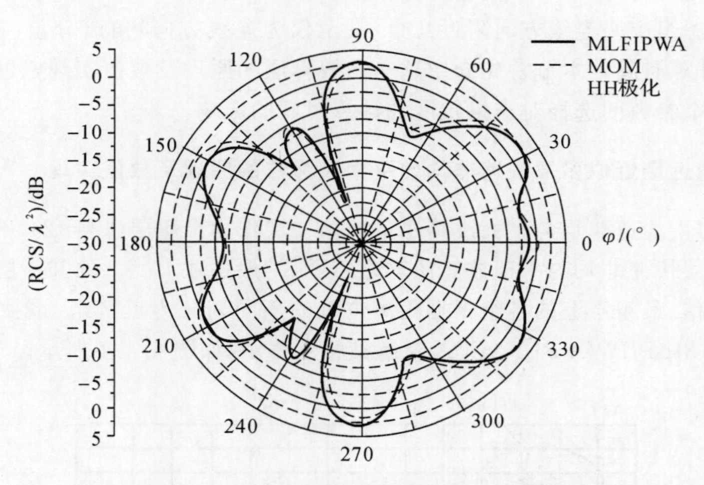

图 6.3.9　波音 747 客机单站 RCS，HH 极化

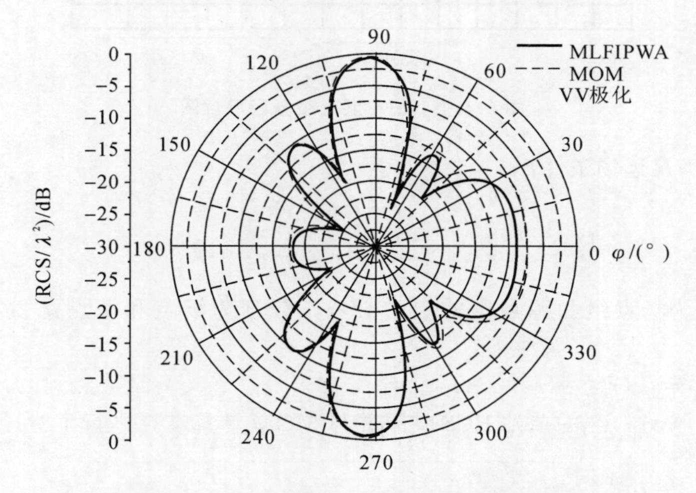

图 6.3.10　波音 747 客机单站 RCS，VV 极化

6.4 快速远场近似多层快速非均匀平面波算法

6.4.1 引言

尽管多层快速非均匀平面波方法在矩量法的基础上将矩阵矢量相乘的计算复杂度降为$O(N\lg N)$，但是在求解电大尺寸的三维目标散射问题时其耗时仍是巨大的。快速远场近似FAFFA(Fast Far Field Approximation)是C. C. Lu和W. C. Chew于1995年提出的一种渐进近似技术，利用远区耦合较弱的特点，不再计算严格意义的格林函数所有角谱分量，而是仅计算其中耦合最强的某个角谱分量。本节就将该方法应用于多层快速非均匀平面波算法，提出了快速远场近似多层快速非均匀平面波算法，进一步提高了计算效率。该方法将最粗层上的组按照位置关系分为近区组、谐振区组和远区组，在远区组间使用快速远场近似，使转移因子的计算只涉及场源组中心连线方向附近几个(甚至仅为连线方向)角谱分量，从而大大简化了计算量，节省了计算时间。本节首先介绍这一高效算法的原理及数值实现，然后用数值计算结果讨论算法中几个参数的选择对结果精度和计算时间的影响。

6.4.2 快速远场近似多层快速非均匀平面波算法的原理及数值实现

我们知道，多层快速非均匀平面波算法选择第二层作为最粗层($L=2$)开始多极转移，而快速远场近似多层快速非均匀平面波算法与之不同，一般选取$L>2$的某一层作为最粗层，在该层进行多极转移。最粗层上的各组根据距离位置的不同划分为近区组、谐振区组和远区组，分别采用MOM，MLFIPWA和FAFFA求解其相互作用，如图6.4.1所示。

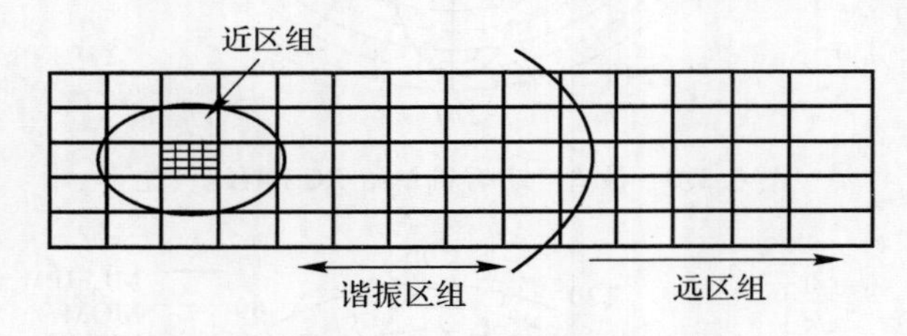

图6.4.1 最粗层上组分区示意图

当场源位置满足远场条件：

$$r_{C_JC_I} \gg |\boldsymbol{r}_{jC_J} - \boldsymbol{r}_{iC_I}| \tag{6.4.1}$$

$$r_{C_JC_I} \gg \frac{1}{2}k\,|\boldsymbol{r}_{jC_J} - \boldsymbol{r}_{iC_I}|^2 \tag{6.4.2}$$

式中：C_J，C_I分别为场点组和源点组的组中心，j，i分别为场点和源点，k为波数。可作如下近似：

$$\begin{aligned} kr_{ji} = k|\boldsymbol{r}_{jC_J} + \boldsymbol{r}_{C_JC_I} - \boldsymbol{r}_{iC_I}| = \\ k\sqrt{(\boldsymbol{r}_{jC_J} + \boldsymbol{r}_{C_JC_I} - \boldsymbol{r}_{iC_I})\cdot(\boldsymbol{r}_{jC_J} + \boldsymbol{r}_{C_JC_I} - \boldsymbol{r}_{iC_I})} = \\ kr_{C_JC_I}\sqrt{1 + 2\frac{\boldsymbol{r}_{C_JC_I}}{\boldsymbol{r}^2_{C_JC_I}}\cdot(\boldsymbol{r}_{jC_J} - \boldsymbol{r}_{iC_I}) + \frac{|\boldsymbol{r}_{jC_J} - \boldsymbol{r}_{iC_I}|^2}{r^2_{C_JC_I}}} = \end{aligned}$$

$$kr_{C_JC_I}\sqrt{1+2\frac{\boldsymbol{r}_{C_JC_I}}{r_{C_JC_I}^2}\cdot(\boldsymbol{r}_{jC_J}-\boldsymbol{r}_{iC_I})} \tag{6.4.3}$$

由泰勒级数展开，得

$$kr_{ji}=kr_{C_JC_I}\left[1+\frac{\hat{\boldsymbol{r}}_{C_JC_I}}{r_{C_JC_I}}\cdot(\boldsymbol{r}_{jC_J}-\boldsymbol{r}_{iC_I})-\frac{1}{8}\left(4\frac{|\boldsymbol{r}_{jC_J}-\boldsymbol{r}_{iC_I}|^2}{r_{C_JC_I}^2}\right)\cos^2\vartheta\right]=$$
$$k\left[1+\frac{\hat{\boldsymbol{r}}_{C_JC_I}}{r_{C_JC_I}}\cdot(\boldsymbol{r}_{jC_J}-\boldsymbol{r}_{iC_I})+\frac{|\boldsymbol{r}_{jC_J}-\boldsymbol{r}_{iC_I}|^2}{2r_{C_JC_I}^2}\sin^2\vartheta-\frac{|\boldsymbol{r}_{jC_J}-\boldsymbol{r}_{iC_I}|^2}{2r_{C_JC_I}^2}\right] \tag{6.4.4}$$

由式(6.4.1)、式(6.4.2)，得

$$kr_{ji}\approx kr_{C_JC_I}\left[1+\frac{\hat{\boldsymbol{r}}_{C_JC_I}}{r_{C_JC_I}}\cdot(\boldsymbol{r}_{jC_J}-\boldsymbol{r}_{iC_I})\right]=k\hat{\boldsymbol{r}}_{C_JC_I}\cdot\boldsymbol{r}_{C_JC_I}+k\hat{\boldsymbol{r}}_{C_JC_I}\cdot(\boldsymbol{r}_{jC_J}-\boldsymbol{r}_{iC_I})=$$
$$\boldsymbol{k}(\Omega_0)\cdot\boldsymbol{r}_{C_JC_I}+\boldsymbol{k}(\Omega_0)\cdot(\boldsymbol{r}_{jC_J}-\boldsymbol{r}_{iC_I}) \tag{6.4.5}$$

式中：

$$\boldsymbol{k}(\Omega_0)=k\hat{\boldsymbol{r}}_{C_JC_I} \tag{6.4.6}$$

远场条件下的格林函数可作如下近似：

$$\frac{\mathrm{e}^{ikr_{ji}}}{r_{ji}}\approx\mathrm{e}^{i\boldsymbol{k}(\Omega_0)\cdot\boldsymbol{r}_{jC_J}}\frac{\mathrm{e}^{i\boldsymbol{k}(\Omega_0)\cdot\boldsymbol{r}_{C_JC_I}}}{r_{C_JC_I}}\cdot\mathrm{e}^{i\boldsymbol{k}(\Omega_0)\cdot\boldsymbol{r}_{C_Ii}} \tag{6.4.7}$$

由于对每一场源组而言其 $\boldsymbol{k}(\Omega_0)$ 各不相同，如果保存所有可能的 Ω_0，同样会造成极大的存储量。为了充分利用原 FIPWA 存储的角谱信息，我们依然采用插值手段，将格林函数变换为

$$\frac{\mathrm{e}^{ikr_{ji}}}{r_{ji}}=\frac{\mathrm{e}^{i\boldsymbol{k}(\Omega_0)\cdot\boldsymbol{r}_{C_JC_I}}}{r_{C_JC_I}}\sum_{\Omega_s}I(\Omega_0,\Omega_s)\mathrm{e}^{i\boldsymbol{k}(\Omega_s)\cdot\boldsymbol{r}_{jC_J}}\cdot\mathrm{e}^{i\boldsymbol{k}(\Omega_s)\cdot\boldsymbol{r}_{C_Ii}}=$$
$$\sum_{\Omega_s}\mathrm{e}^{i\boldsymbol{k}(\Omega_s)\cdot\boldsymbol{r}_{jC_J}}\cdot I(\Omega_0,\Omega_s)\frac{\mathrm{e}^{i\boldsymbol{k}(\Omega_0)\cdot\boldsymbol{r}_{C_JC_I}}}{r_{C_JC_I}}\cdot\mathrm{e}^{i\boldsymbol{k}(\Omega_s)\cdot\boldsymbol{r}_{C_Ii}}=$$
$$\sum_{\Omega_s}\mathrm{e}^{i\boldsymbol{k}(\Omega_s)\cdot\boldsymbol{r}_{jC_J}}\cdot T^F_{C_JC_I}(\Omega_s)\cdot\mathrm{e}^{i\boldsymbol{k}(\Omega_s)\cdot\boldsymbol{r}_{C_Ii}} \tag{6.4.8}$$

式中：

$$T^F_{C_JC_I}(\Omega_s)=I(\Omega_0,\Omega_s)\frac{\mathrm{e}^{i\boldsymbol{k}(\Omega_0)\cdot\boldsymbol{r}_{C_JC_I}}}{r_{C_JC_I}} \tag{6.4.9}$$

$I(\Omega_0,\Omega_s)$ 为插值系数。

由式(6.4.8)、式(6.4.9) 可知，在 FAFFA 中，转移因子只包含了场源组中心连线方向附近的几个角谱分量，相比较传统 MLFIPWA 有了大量简化。将式(6.4.8) 代入式(6.4.7)，结合 MLFIPWA 方程最终得 FAFFA - MLFIPWA 的表达式为

$$V_j=\sum_{I\in NG(J)}\sum_{i\in G_I}Z_{ji}I_i+$$
$$\sum_{\Omega_s}V_{jC_J}(\Omega_s)\left[\sum_{I\in RG(J)}T^R_{C_JC_I}(\Omega_s)\sum_{i\in G_I}V^*_{iC_I}(\Omega_s)I_i+\sum_{I\in FG(J)}T^F_{C_JC_I}(\Omega_s)\sum_{i\in G_I}V^*_{iC_I}(\Omega_s)I_i\right]$$
$$j\in G_J,\quad j=1,2,\cdots,N \tag{6.4.10}$$

式中：NG，RG，FG 分别表示组 J 的近区组，谐振区组和远区组。

必须指出的是，当对 FAFFA - MLFIPWA 进行数值实现时，需要对远场条件式(6.4.1)、式(6.4.2) 进行量化。一般来说，规定

$$r_{C_JC_I}\geqslant\gamma r_{\max} \tag{6.4.11}$$

即可满足条件，其中$\gamma \geqslant 1$，$r_{\max}$为最粗层上远亲组间的最大组间距（$r_{\max}=3D$，D为最粗层上组的对角线长度）。由此可以解释 FAFFA - MLFIPWA 不选择第二层作为最粗层进行多极转移的原因，即是因为第二层上没有组满足式(6.4.11)规定的远场条件，因而导致该算法失效。

显然，式(6.4.11)中γ越小，满足远场条件的组就越多，使用FAFFA的远区组就越多，因而越节省时间，相应的结果精度损失就越多。反之，γ逐渐变大，满足远场条件的组也逐渐减少，到一定程度甚至可以完全没有组符合远场条件，因而 FAFFA 无法实现，此时算法实际上就是传统的 MLFIPWA，只不过最粗层定位不再是第二层而已了。

6.4.3　快速远场近似多层快速非均匀平面波算法的数值算例

以三维$8\lambda \times 4\lambda$金属长方板在入射波垂直照射下HH极化的双站RCS计算为例。长方板分为5层，将FAFFA－MLFIPWA的最粗层定为第三层，γ分别取1和1.5进行计算。为验证该方法，同时采用5层 MLFIPWA 进行计算，计算结果对比如图6.4.2所示，时间对比见表6.4.1。

由图6.4.2可见两种方法计算的结果吻合良好，充分验证了FAFFA－MLFIPWA的正确性。由表6.4.1中的数据可知FAFFA－MLFIPWA的计算效率高于MLFIPWA，而且未知量越大此优势越突出。另外可知，γ的大小对FAFFA－MLFIPWA的计算时间有影响，这是因为γ越小，最粗层上满足远场条件的组就越多，FAFFA用得就越频繁，从而计算所耗时间就越少。

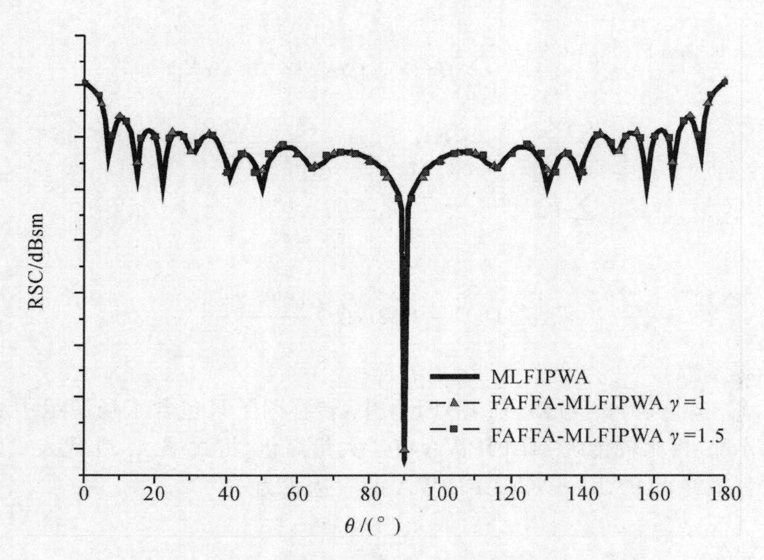

图6.4.2　金属长方板的双站RCS，HH极化

表6.4.1　MLFIPWA和FAFFA－MLFIPWA计算金属板双站RCS的时间比较

方　法	MLFIPWA	FAFFA－MLFIPWA $\gamma=1$	FAFFA－MLFIPWA $\gamma=1.5$
计算时间	4 h 6 min	3 h 15 min	3 h 27 min

下面研究 FAFFA－MLFIPWA 最粗层的选取对结果的影响，分别将最粗层定为第二层(MLFIPWA)，第三层，第四层及第五层，$\gamma=1$，对上述问题进行计算，所得计算结果如图6.4.3所示，时间对比见表 6.4.2。

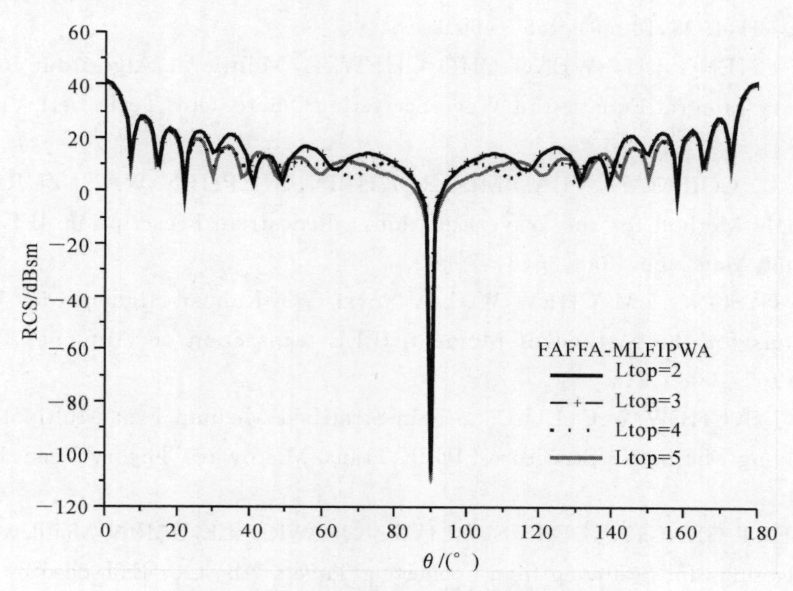

图 6.4.3　最粗层的选取对结果的影响对比

表 6.4.2　最粗层的选取对计算时间的影响对比

最粗层定位	2(MLFIPWA)	3	4	5
计算时间	4 h 6 min	3 h 15 min	2 h 38 min	1 h 50 min

由图 6.4.3，表 6.4.2 可看出，当 FAFFA－MLFIPMA 最粗层的选取由第二层向第五层变化时，计算时间逐渐减少，结果精度却逐渐变差。这是因为最粗层逐渐定位于分组较多的层，因而该层上满足远场条件式(6.4.11)的组就越多，随之产生的远区组也逐渐增多，使用 FAFFA 也就越趋频繁。

综上所述，FAFFA－MLFIPWA 作为一种快速高效算法，对求解三维目标的电磁散射问题较 MLFIPWA 有明显改善。尽管在结果精度上有所损失，但是这种误差是可控的，可以通过最粗层的定位、γ 因子的改变来将结果控制在一个合理的精度范围之内。

参考文献

[1]　RUIS M，FERRANDO M，JOFRE L. Greco graphical electromagnetic computing for RCS prediction in real time. IEEE Antennas and Propagation Magazine，1993，35(2)：7－17.

[2]　DONGARRA J J，SULLIVAN F. The Top 10 Algorithms in 20th century. IEEE Computing in Science and Engineering，2000(2)：22－23.

[3] ROKHLIN V. Rapid solution of integral equations of scattering theory in two dimensions. Journal of Computational Physics,1990,86:414 - 439.

[4] LU C C,CHEW W C. Fast Algorithm for Solving Hybrid Integral Equations. IEE,Proceedings-H,1993,140(6):455 - 460.

[5] CAI - CHENG LU, WENG CHO CHEW. A Multilevel Algorithm for Solving a Boundary Integral Equation of Wave Scattering. Micro. Opt. Tech. Lett. ,1994,7(10):389 - 394.

[6] RONALD COIFMAN, VLADIMIR ROKHLIN, STEPHEN WANDZURA. The Fast Multipole Method for the Wave Equation: a Pedestrian Prescription. IEEE. Antennas Propagat. Magazine,1993,35(3):7 - 12.

[7] KANG G,SONG J M,CHEW W C. A Noval Grid-Robust Higher-order Vector Basis Functions for the Method of Moment. IEEE transaction on Antennas Propagation, 2001,49(6):908 - 915.

[8] ZHAO J S,CHEW W C,LU C C. Thin-Stratified Medium Fast Multipole Algorithm for Solving Microstrip Structures. IEEE Trans. Microwave Theory Tech,1998,46(4):395 - 403.

[9] NORBERT GENG, ANDERS SULLIVAN, LAWRENCE CARIN. Multilevel Fast-Multipole Algorithm for Scattering from Conducting Targets Above or Embedded in a Lossy Half Space. IEEE Trans. Geoscience and Remote Sensing,2000,38(4):1561 - 1573.

[10] 周永祖. 非均匀介质中的场与波. 聂在平,柳清伙,译. 北京:电子工业出版社,1992.

[11] BIN HU,WENG CHO CHEW,ERIC MICHIELSSEN,et al. fast inhomogeneous plane wave algorithm for the fast analysis of two-dimensional problems. Radio science,1999,34(4):759 - 772.

[12] JIANG L J,CHEW W C. Low-Frequency Fast Inhomogeneous Plane-Wave Algorithm (LF-FIPWA). Micro. Opt. Tech. Lett. ,2004,40(2):117 - 122.

[13] JIMG L J,CHEW W C. Modified Fast Inhomogeneous Plane Wave Algorithm from Low Frequency to Microwave Frequency. IEEE,2003(1):310 - 313.

[14] MICHAEL A. SAVILLE,CHEW W C. Error Control for the 3-D FIPWA in Complex Media. IEEE,2005(1):196 - 199.

[15] HARRINGTON R F. 计算电磁场的矩量法. 王尔杰,等,译. 北京:国防工业出版社,1981:68 - 70.

[16] RAO S M,WILTON D R,GLISSON A W. Electromagnetic Scattering by Surfaces of Arbitrary Shape. IEEE Trans. Antennas Propagat,1982,32:409 - 418.

[17] UMASHANKAR K,TAFLOVE A,RAO S M. Electromagnetic Scattering by Arbitrary Shaped Three-Dimensional Homogeneous Lossy Dielectric Objects. IEEE Trans. Antennas Propagat,1986,34:758 - 765.

[18] SCHAUBERT D H,WILTON D R,GLISSON A W. A Tetrahedral Modeling for Electromagnetic Scattering by Arbitrary Shaped Homogeneous Dielectric Bodies. IEEE Trans. Antennas Propagat,1984,32:77 - 85.

[19] VALLE L,RIVAS F,CATEDRA M F. Combining the Moment Method with Geometrical Modeling by NURBS Surface and Bezier Patches. IEEE Trans. Antennas Propagat,1990,42:373-381.

[20] DJORDJEVIC M, NOTAROS B M. Double Higher Order Method of Moments for Surface Integral Equation Modeling of Metallic and Dielectric Antennas and Scatterers. IEEE Trans. Antennas Propagat,2004,52:2118-2129.

[21] RAO M,WILTON D R,GLISSON A W. Electromagnetic scattering by surfaces of arbitrary sharp. IEEE Trans. Antennas Propag, 1982,30(3):409-418.

[22] 盛新庆.计算电磁学要论.北京:科学出版社,2005.

[23] 王秉中.计算电磁学.北京:科学出版社,2002.

[24] 克拉特.雷达散射截面:预估、测量和减缩.阮颖铮,陈海,译.北京:电子工业出版社,1988.

[25] SONG J M, LU C C, CHEW W C, et al. Introduction to Fast Illinois Solver Code (FISC). IEEE Antennas Propagation Symposium,1997(1):48-51.

[26] MICHIELSSEN E,CHEW W C. Fast steepest descent path algorithm for analyzing scattering from two-dimensional objects. Radio Science,1996,31(1):1215-1224.

[27] 科恩 A,科恩 M.数学手册.北京:工人出版社,1987.

[28] BIN HU,WENG CHO CHEW,SANJAY VELAMPARAMBIL. fast inhomogeneous plane wave algorithm for the analysis of electromagnetic scattering. Radio Science, 2001,36(6):1327-1340.

[29] JIANG L J, CHEW W C. Low-Frequency Fast Inhomogeneous Plane-Wave Algorithm (LF-FIPWA). Micro. Opt. Tech. Lett. ,2004,40(2):117-122.

[30] RAO S M,WILTON D R,GLISSON A W. Electromagnetic scattering by surfaces of arbitrary shape. IEEE Trans. Antennas Propagat,1982,30:409-418.

[31] 胡俊.复杂目标矢量电磁散射的高效方法:快速多极子方法及其应用.成都:电子科技大学,2000.

[32] GREENGARD L,ROKHLIN V. A fast algorithm for particle simulations. Journal of Computational Physics,1987,83:325-348.

[33] SONG J M,CHEW W C. Multilevel fast-multipole algorithm for solving combined field integral equations of electromagnetic scattering. Microwave and Optical Tech. Lett. ,1995,10(1):14-19.

[34] CAI-CHENG LU,WENG CHO CHEW. Fast Far-Field Approximation for Calculating the RCS of Large Objects. Micro. Opt. Tech. Lett. ,1995,8(5):238-241.

[35] 卢雁.电磁散射问题的快速非均匀平面波算法研究.西安:空军工程大学,2008.

[36] 卢雁,童创明.基于 FIPWA 的 RCS 快速计算.上海航天,2008,25(5): 29-32.

第 7 章 时域有限体积法

本章首先阐述时域有限体积法的基本原理。然后给出将时域有限体积法应用到电磁散射计算时平面波源的加入、振幅相位的提取和时域近-远场变换技术，讨论金属涂覆目标时的散射问题，给出反射系数的计算公式，并将时域有限体积法应用到电磁散射计算上。最后，研究三维的非结构的时域有限体积法。

7.1 引 言

目标的电磁散射特性研究和隐身飞行器的外形优化设计，迫切需要准确、高效的散射电磁场数值模拟，以预测宽频带范围(100MHz～20GHz)雷达散射截面。预测复杂外形宽频带范围雷达散射截面的能力是发展隐身飞形器所特别需要的，而要分析雷达散射截面就要知道电磁波与散射体相互作用时的电场与磁场。通常，获取目标特性的途径有实测和仿真计算。实测结果虽然可信程度高，但费用高昂，而且受诸多实际条件的限制，而电磁仿真可以降低成本，缩短研究时间。随着计算机技术的不断发展，利用其强大的计算能力，高精度的复杂目标三维重建和电磁计算问题变得越来越容易实现，电磁仿真计算已成为目标散射特性分析的一个主要途径。

由于麦克斯韦方程组和流体力学(CFD)中的欧拉方程都同属于双曲型偏微分方程组，同样的数学特性使得计算流体力学中非定常方法逐渐被应用于电磁问题，其中有限体积法由于求解守恒形式的欧拉方程或 N-S 方程，能保持质量、动量、能量等物理守恒量在整体和局部积分空间中守恒，并在模拟复杂流场运动中取得成功而得到了广泛应用。

时域有限体积方法(Finite Volume Time Domain method，FVTD)，是由计算流体力学方法发展而来的一种求解麦克斯韦方程的时域方法。与时域有限差分(FDTD)方法相比，FVTD 方法在以下方面存在明显的优势：一是采用守恒形式的控制方程，因而可在贴体结构化网格或非结构网格上进行计算，在复杂外形的描述方面比 FDTD 方法采用的正交的网格(Yee 氏元胞)更准确，效率更高；二是可借鉴 CFD 中成熟的时间、空间高阶离散格式，比 FDTD 方法的二阶精度格式需要的网格更少；三是可借鉴 CFD 中的大型代数方程组求解技术、数值计算结果图形显示技术等成熟技术；四是由于采用的数值计算方法与 CFD 相似，因而更容易与 CFD 融合，实现电磁学与流体力学的耦合求解。

为实现气动、隐身性能的一体化，本章开展了时域有限体积法的算法研究，是将时域有限体积方法应用于电磁场计算问题的一种有益的尝试，研究内容具有重要的理论意义和军事应用价值。

7.2　时域有限体积法基本原理

7.2.1　电磁场基本理论

1. 麦克斯韦方程组

描述空间任意一点处场与源之间时空变化关系的微分形式麦克斯韦方程组为

$$\frac{\partial \boldsymbol{B}}{\partial t}+\nabla\times\boldsymbol{E}=\boldsymbol{J}_{\mathrm{m}} \tag{7.2.1}$$

$$\frac{\partial \boldsymbol{D}}{\partial t}-\nabla\times\boldsymbol{H}=-\boldsymbol{J} \tag{7.2.2}$$

$$\nabla\cdot\boldsymbol{D}=\rho \tag{7.2.3}$$

$$\nabla\cdot\boldsymbol{B}=0 \tag{7.2.4}$$

式中：$\boldsymbol{B}$ 为磁感应强度或磁通密度（$\mathrm{Wb/m^2}$）；$\boldsymbol{D}$ 为电位移矢量或电通密度（$\mathrm{C/m^2}$）；$\boldsymbol{H}$ 为磁场强度（A/m）；$\boldsymbol{E}$ 为电场强度（V/m）；$\boldsymbol{J}$ 为自由电流密度（$\mathrm{A/m^2}$）；$\boldsymbol{J}_{\mathrm{m}}$ 为磁流密度（等效）；ρ 为自由电荷密度（$\mathrm{C/m^3}$）。

在空间变化的电场产生变化的磁场，变化的磁场产生变化的电场，并由近及远传播就形成了电磁波。

2. 本构关系

$\boldsymbol{D}$ 和 $\boldsymbol{E}$ 以及 $\boldsymbol{B}$ 和 $\boldsymbol{H}$ 的关系与媒质的物理性质有关，称为媒质的本构关系。

对于均匀、线性各向同性媒质，其本构关系为

$$\left.\begin{aligned}\boldsymbol{D}(\boldsymbol{r})&=\varepsilon\boldsymbol{E}(\boldsymbol{r})=\varepsilon_{\mathrm{r}}\varepsilon_0\boldsymbol{E}(\boldsymbol{r})\\ \boldsymbol{B}(\boldsymbol{r})&=\mu\boldsymbol{H}(\boldsymbol{r})=\mu_{\mathrm{r}}\mu_0\boldsymbol{H}(\boldsymbol{r})\\ \boldsymbol{J}(\boldsymbol{r})&=\sigma\boldsymbol{E}(\boldsymbol{r})\end{aligned}\right\} \tag{7.2.5}$$

式中：$\varepsilon_0=8.85\times10^{-12}\,\mathrm{F/m}$ 为真空中的介电常数（或电容率）；$\mu_0=4\pi\times10^{-7}\,\mathrm{H/m}$ 为真空中的磁导率；$\varepsilon=\varepsilon_0\varepsilon_{\mathrm{r}}$ 是媒质的介电常数，ε_{r} 为相对介电常数；$\mu=\mu_0\mu_{\mathrm{r}}$ 是媒质的磁导率，μ_{r} 为相对磁导率；σ 为媒质的电导率，单位为 S/m。

如果在研究的电磁领域中，$\boldsymbol{J}=0,\rho=0,\sigma=0$，则其电磁场方程组为

$$\left.\begin{aligned}\nabla\times\boldsymbol{E}&=-\mu\frac{\partial\boldsymbol{H}}{\partial t}\\ \nabla\times\boldsymbol{H}&=\varepsilon\frac{\partial\boldsymbol{E}}{\partial t}\end{aligned}\right\} \tag{7.2.6}$$

7.2.2　曲线坐标下的控制方程

求解电磁场问题时的 FVTD 方法形式多种多样，都是建立在麦克斯韦旋度方程的基础上。微分形式的麦克斯韦方程组的两个旋度方程在直角坐标系下为

$$\frac{\partial\boldsymbol{Q}}{\partial t}+\frac{\partial\boldsymbol{F}}{\partial x}+\frac{\partial\boldsymbol{G}}{\partial y}+\frac{\partial\boldsymbol{H}}{\partial z}=\boldsymbol{S} \tag{7.2.7}$$

式中：

$$\boldsymbol{Q}=[B_x,B_y,B_z,D_x,D_y,D_z]^{\mathrm{T}} \tag{7.2.8}$$

$$\boldsymbol{F}=[0,-E_z,E_y,0,H_z,-H_y]^{\mathrm{T}} \tag{7.2.9}$$

$$\boldsymbol{G}=[E_z,0,-E_x,-H_z,0,H_x]^{\mathrm{T}} \tag{7.2.10}$$

$$\boldsymbol{H}=[-E_y,E_x,0,H_y,-H_x,0]^{\mathrm{T}} \tag{7.2.11}$$

$$\boldsymbol{S}=[0,0,0,-J_x,-J_y,-J_z]^{\mathrm{T}} \tag{7.2.12}$$

$\boldsymbol{Q}$ 称为独立变量，$\boldsymbol{F}$,$\boldsymbol{G}$ 及 $\boldsymbol{H}$ 是通量矢量，依赖于独立变量 $\boldsymbol{Q}$,$\boldsymbol{S}$ 是源项。

对于结构网格而言，分析目标的电磁散射时，模拟复杂外形首先必须生成合适的贴体曲线坐标系，形成贴体网格。坐标变换就是把物理空间的网格的直角坐标一一映射到计算空间的贴体曲线坐标，坐标变换为

$$\left.\begin{aligned}\hat{\boldsymbol{\xi}}&=\hat{\boldsymbol{\xi}}(x,y,z)\\ \hat{\boldsymbol{\eta}}&=\hat{\boldsymbol{\eta}}(x,y,z)\\ \hat{\boldsymbol{\zeta}}&=\hat{\boldsymbol{\zeta}}(x,y,z)\end{aligned}\right\} \tag{7.2.13}$$

转换后的曲线坐标系下麦克斯韦方程组守恒型表示为

$$\frac{\partial \boldsymbol{Q}}{\partial t}+\frac{\partial \widetilde{\boldsymbol{F}}}{\partial \hat{\boldsymbol{\xi}}}+\frac{\partial \widetilde{\boldsymbol{G}}}{\partial \hat{\boldsymbol{\eta}}}+\frac{\partial \widetilde{\boldsymbol{H}}}{\partial \hat{\boldsymbol{\zeta}}}=\widetilde{\boldsymbol{S}} \tag{7.2.14}$$

式中：

$$\boldsymbol{Q}=\boldsymbol{Q}/J=\begin{bmatrix}\boldsymbol{B}/\boldsymbol{J}\\ \boldsymbol{D}/\boldsymbol{J}\end{bmatrix} \tag{7.2.15}$$

$$\widetilde{\boldsymbol{F}}=(\xi_x\boldsymbol{F}+\xi_y\boldsymbol{G}+\xi_z\boldsymbol{H})/\boldsymbol{J}=\begin{bmatrix}\hat{\boldsymbol{\xi}}\times\boldsymbol{E}/\boldsymbol{J}\\ -\hat{\boldsymbol{\xi}}\times\boldsymbol{H}/\boldsymbol{J}\end{bmatrix} \tag{7.2.16}$$

$$\widetilde{\boldsymbol{G}}=(\eta_x\boldsymbol{F}+\eta_y\boldsymbol{G}+\eta_z\boldsymbol{H})/\boldsymbol{J}=\begin{bmatrix}\hat{\boldsymbol{\eta}}\times\boldsymbol{E}/\boldsymbol{J}\\ -\hat{\boldsymbol{\eta}}\times\boldsymbol{H}/\boldsymbol{J}\end{bmatrix} \tag{7.2.17}$$

$$\widetilde{\boldsymbol{H}}=(\zeta_x\boldsymbol{F}+\zeta_y\boldsymbol{G}+\zeta_z\boldsymbol{H})/\boldsymbol{J}=\begin{bmatrix}\hat{\boldsymbol{\zeta}}\times\boldsymbol{E}/\boldsymbol{J}\\ -\hat{\boldsymbol{\zeta}}\times\boldsymbol{H}/\boldsymbol{J}\end{bmatrix} \tag{7.2.18}$$

$$\widetilde{\boldsymbol{S}}=\boldsymbol{S}/\boldsymbol{J} \tag{7.2.19}$$

$\hat{\boldsymbol{\xi}}$ 为(ξ_x,ξ_y,ξ_z),$\hat{\boldsymbol{\xi}}\times\boldsymbol{E}$ 和 $\hat{\boldsymbol{\xi}}\times\boldsymbol{H}$ 表示 $\hat{\boldsymbol{\xi}}$ 为常数的面上电场和磁场的切向分量；$\hat{\boldsymbol{\eta}}$ 为(η_x,η_y,η_z),$\hat{\boldsymbol{\eta}}\times\boldsymbol{E}$ 和 $\hat{\boldsymbol{\eta}}\times\boldsymbol{H}$ 表示 $\hat{\boldsymbol{\eta}}$ 为常数的面上电场和磁场的切向分量；$\hat{\boldsymbol{\zeta}}$ 为$(\zeta_x,\zeta_y,\zeta_z)$,$\hat{\boldsymbol{\zeta}}\times\boldsymbol{E}$ 和 $\hat{\boldsymbol{\zeta}}\times\boldsymbol{H}$ 表示 $\hat{\boldsymbol{\zeta}}$ 为常数的面上电场和磁场的切向分量；$\widetilde{\boldsymbol{F}}$,$\widetilde{\boldsymbol{G}}$ 和 $\widetilde{\boldsymbol{H}}$ 是切向分量。J 是坐标变换的雅可比矩阵，表示网格单元体积，ξ_x,ξ_y,ξ_z 等是笛卡儿坐标变换的度量，表达式为

$$\boldsymbol{J}=\left|\frac{\partial(\hat{\boldsymbol{\xi}},\hat{\boldsymbol{\eta}},\hat{\boldsymbol{\zeta}})}{\partial(x,y,z)}\right| \tag{7.2.20}$$

磁感应强度矢量 $\boldsymbol{B}$ 和电位移矢量 $\boldsymbol{D}$ 各分量以入射平面电磁波幅度$|\boldsymbol{B}_i|$和$|\boldsymbol{D}_i|$归一化，空间坐标以入射电磁波归一化，时间以入射电磁波周期归一化，ε 和 μ 分别以空间介电常数 ε_0 和空间磁导率 μ_0 归一化。

7.2.3 空间离散

数值格式按差分形式可以分为中心型差分格式和迎风型差分格式。中心型差分格式具有

二阶精度，算法简单，容易实现，求解流场时，可以较准确地给出激波的位置，减弱了激波抹平现象，适用于那些解域内没有间断的问题，包括 Lax-Wendroff 格式、MacCormack 格式等，不过，数值解会出现奇偶失调，不具有单调特性，在激波处会出现振荡现象，要引入人工黏性才可抑制振荡，并且人工黏性中需要的人工干预较多。迎风型差分格式考虑了物理问题特征传播的性质，空间离散时考虑解的影响域、依赖域等特性，更加符合物理实际；具有计算解单调、不会发生振荡的突出特点，分辨率高，需要的人工干预少，特别适用于双曲型问题的求解，是目前数值计算中普遍使用的差分方法。不过，运用迎风型格式计算时，占用内存较大，计算机处理时间较多，编程实现起来较复杂。迎风型通量分裂方法分为矢通量向量分裂法和通量差分裂方法两类。例如具有保单调特性和高阶精度特点的 MUSCL 方法属于前者，黎曼解方法属于后者。MUSCL 格式精度最高可达三阶，在计算流体力学和计算电磁学中都有广泛的应用。

本节主要讨论两种分裂方式的空间离散——Steger-Warming 分裂和近似黎曼解，采用时、空分离的半离散形式的 FVTD 算法。

1. Steger - Warming 分裂

曲线坐标系下流通量矢量 $\widetilde{\boldsymbol{F}},\widetilde{\boldsymbol{G}},\widetilde{\boldsymbol{H}}$ 由对应的通量雅可比系数矩阵表示为

$$\widetilde{\boldsymbol{F}}=\frac{\partial\widetilde{\boldsymbol{F}}}{\partial\widetilde{\boldsymbol{Q}}}\widetilde{\boldsymbol{Q}}=\widetilde{\boldsymbol{A}}\widetilde{\boldsymbol{Q}} \tag{7.2.21}$$

$$\widetilde{\boldsymbol{G}}=\frac{\partial\widetilde{\boldsymbol{G}}}{\partial\widetilde{\boldsymbol{Q}}}\widetilde{\boldsymbol{Q}}=\widetilde{\boldsymbol{B}}\widetilde{\boldsymbol{Q}} \tag{7.2.22}$$

$$\widetilde{\boldsymbol{H}}=\frac{\partial\widetilde{\boldsymbol{H}}}{\partial\widetilde{\boldsymbol{Q}}}\widetilde{\boldsymbol{Q}}=\widetilde{\boldsymbol{C}}\widetilde{\boldsymbol{Q}} \tag{7.2.23}$$

式中：$\widetilde{\boldsymbol{A}},\widetilde{\boldsymbol{B}},\widetilde{\boldsymbol{C}}$ 是通量雅可比系数矩阵，有 $\widetilde{\boldsymbol{A}}=\xi_x\boldsymbol{A}+\xi_y\boldsymbol{B}+\xi_z\boldsymbol{C}$，$\widetilde{\boldsymbol{B}}=\eta_x\boldsymbol{A}+\eta_y\boldsymbol{B}+\eta_z\boldsymbol{C}$，$\widetilde{\boldsymbol{C}}=\zeta_x\boldsymbol{A}+\zeta_y\boldsymbol{B}+\zeta_z\boldsymbol{C}$，$(t,\xi)$ 平面的特征值由解矩阵方程 $|\widetilde{\boldsymbol{A}}-\lambda\boldsymbol{I}|=0$ 获得，(t,η) 平面的特征值由解矩阵方程 $|\widetilde{\boldsymbol{B}}-\lambda\boldsymbol{I}|=0$ 获得，(t,ζ) 平面的特征值由解矩阵方程 $|\widetilde{\boldsymbol{C}}-\lambda\boldsymbol{I}|=0$ 获得，3 个特征值分别为

$$\lambda_\xi=\left\{\frac{\alpha}{\sqrt{\mu\varepsilon}}\quad\frac{\alpha}{\sqrt{\mu\varepsilon}}\quad-\frac{\alpha}{\sqrt{\mu\varepsilon}}\quad-\frac{\alpha}{\sqrt{\mu\varepsilon}}\quad 0\quad 0\right\} \tag{7.2.24}$$

$$\lambda_\eta=\left\{\frac{\beta}{\sqrt{\mu\varepsilon}}\quad\frac{\beta}{\sqrt{\mu\varepsilon}}\quad-\frac{\beta}{\sqrt{\mu\varepsilon}}\quad-\frac{\beta}{\sqrt{\mu\varepsilon}}\quad 0\quad 0\right\} \tag{7.2.25}$$

$$\lambda_\zeta=\left\{\frac{\gamma}{\sqrt{\mu\varepsilon}}\quad\frac{\gamma}{\sqrt{\mu\varepsilon}}\quad-\frac{\gamma}{\sqrt{\mu\varepsilon}}\quad-\frac{\gamma}{\sqrt{\mu\varepsilon}}\quad 0\quad 0\right\} \tag{7.2.26}$$

式中：$\alpha=\sqrt{\xi_x^2+\xi_y^2+\xi_z^2}$，$\beta=\sqrt{\eta_x^2+\eta_y^2+\eta_z^2}$，$\gamma=\sqrt{\zeta_x^2+\zeta_y^2+\zeta_z^2}$。

以下雅可比系数矩阵 $\widetilde{\boldsymbol{A}},\widetilde{\boldsymbol{B}},\widetilde{\boldsymbol{C}}$ 用 $\widetilde{\boldsymbol{M}}$ 表示：当 $\hat{\boldsymbol{n}}=\hat{\boldsymbol{\xi}}$ 时，$\widetilde{\boldsymbol{M}}=\widetilde{\boldsymbol{A}}$；当 $\hat{\boldsymbol{n}}=\hat{\boldsymbol{\eta}}$ 时，$\widetilde{\boldsymbol{M}}=\widetilde{\boldsymbol{B}}$；当 $\hat{\boldsymbol{n}}=\hat{\boldsymbol{\zeta}}$ 时，$\widetilde{\boldsymbol{M}}=\widetilde{\boldsymbol{C}}$。

雅可比系数矩阵 $\widetilde{\boldsymbol{A}},\widetilde{\boldsymbol{B}},\widetilde{\boldsymbol{C}}$ 经相似变换后可通过对角矩阵来表示：

$$\widetilde{\boldsymbol{M}}=\boldsymbol{S}_n^{-1}\boldsymbol{\Lambda}_n\boldsymbol{S}_n \tag{7.2.27}$$

式中：$\boldsymbol{\Lambda}_n$ 是由雅可比系数矩阵 $\widetilde{\boldsymbol{M}}$ 的 6 个特征值所构成的对角矩阵，$\boldsymbol{S}_n^{-1}$ 由对应矩阵 $\widetilde{\boldsymbol{M}}$ 的右特征列矢量构成，而 $\boldsymbol{S}_n$ 由对应矩阵 $\widetilde{\boldsymbol{M}}$ 的左特征行矢量构成，则有

$$\widetilde{\boldsymbol{M}}=\begin{bmatrix} 0 & 0 & 0 & 0 & \dfrac{-n_z}{\varepsilon} & \dfrac{n_y}{\varepsilon} \\ 0 & 0 & 0 & \dfrac{n_z}{\varepsilon} & 0 & \dfrac{-n_x}{\varepsilon} \\ 0 & 0 & 0 & \dfrac{-n_y}{\varepsilon} & \dfrac{n_x}{\varepsilon} & 0 \\ 0 & \dfrac{n_z}{\mu} & \dfrac{-n_y}{\mu} & 0 & 0 & 0 \\ \dfrac{-n_z}{\mu} & 0 & \dfrac{n_x}{\mu} & 0 & 0 & 0 \\ \dfrac{n_y}{\mu} & \dfrac{-n_x}{\mu} & 0 & 0 & 0 & 0 \end{bmatrix} \tag{7.2.28}$$

对于基于特征值的 Steger-Warming 分裂，分裂通量分别对应着正、负特征值联系的通量强度，整个通量是分裂通量之和。为了利用由特征值决定的波传播方向特性，$\boldsymbol{\Lambda}_n$ 被分裂为包含正、负特征值矩阵之和，即

$$\boldsymbol{\Lambda}_n^{\pm}=\text{diagonal}\left(\frac{\lambda_n\pm|\lambda_n|}{2}\right) \tag{7.2.29}$$

随着特征值矩阵的分裂，雅可比系数矩阵相应分裂为

$$\widetilde{\boldsymbol{M}}=\boldsymbol{S}_n^{-1}\boldsymbol{\Lambda}_n\boldsymbol{S}_n=\boldsymbol{S}_n^{-1}(\boldsymbol{\Lambda}_n^{+}+\boldsymbol{\Lambda}_n^{-})\boldsymbol{S}_n=\widetilde{\boldsymbol{M}}^{+}+\widetilde{\boldsymbol{M}}^{-} \tag{7.2.30}$$

式中：

$$\widetilde{\boldsymbol{M}}^{+}=\boldsymbol{S}_n^{-1}\boldsymbol{\Lambda}_n^{+}\boldsymbol{S}_n,\quad \widetilde{\boldsymbol{M}}^{-}=\boldsymbol{S}_n^{-1}\boldsymbol{\Lambda}_n^{-}\boldsymbol{S}_n$$

利用齐次特性，通量矢量 $\widetilde{\boldsymbol{F}},\widetilde{\boldsymbol{G}},\widetilde{\boldsymbol{H}}$，以下用 $\widetilde{\boldsymbol{K}}$ 表示后的分裂为

$$\widetilde{\boldsymbol{K}}(\widetilde{\boldsymbol{Q}})=(\widetilde{\boldsymbol{M}}^{+}+\widetilde{\boldsymbol{M}}^{-})\widetilde{\boldsymbol{Q}}=\widetilde{\boldsymbol{K}}^{+}(\widetilde{\boldsymbol{Q}})+\widetilde{\boldsymbol{K}}^{-}(\widetilde{\boldsymbol{Q}}) \tag{7.2.31}$$

式中：

$$\widetilde{\boldsymbol{K}}^{+}(\widetilde{\boldsymbol{Q}})=\widetilde{\boldsymbol{M}}^{+}\widetilde{\boldsymbol{Q}}^{+},\quad \widetilde{\boldsymbol{K}}^{-}(\widetilde{\boldsymbol{Q}})=\widetilde{\boldsymbol{M}}^{-}\widetilde{\boldsymbol{Q}}^{-}$$

式中：上标＋和－表示单元分界面处左、右状态变量，矩阵$\widetilde{\boldsymbol{M}}^{+}$，$\widetilde{\boldsymbol{M}}^{-}$ 仅与媒质特性有关，在网格剖分时求出，因此只要求出$\widetilde{\boldsymbol{Q}}^{+}$，$\widetilde{\boldsymbol{Q}}^{-}$ 即可，如图 7.2.1 所示，$\widetilde{\boldsymbol{Q}}^{+}$，$\widetilde{\boldsymbol{Q}}^{-}$ 值由 MUSCL 格式计算。

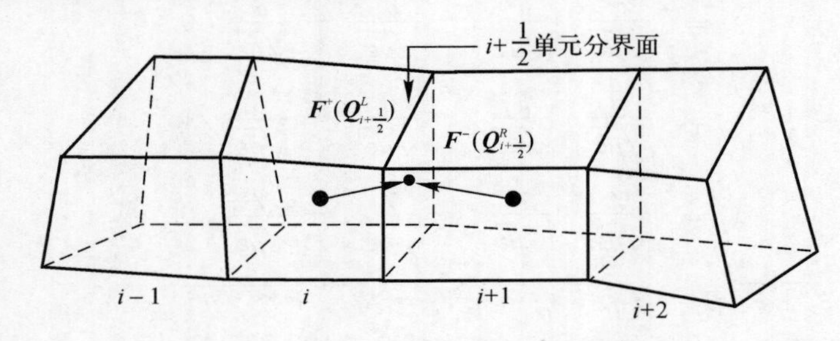

图 7.2.1　单元分界面通量分裂

2. MUSCL 格式

一阶迎风格式是最著名的迎风型插值格式

$$\left.\begin{aligned}\widetilde{\boldsymbol{Q}}^{+}_{i+\frac{1}{2}}&=\widetilde{\boldsymbol{Q}}_i\\ \widetilde{\boldsymbol{Q}}^{-}_{i+\frac{1}{2}}&=\widetilde{\boldsymbol{Q}}_{i+1}\end{aligned}\right\} \tag{7.2.32}$$

然而，一阶迎风格式精度较低，为了满足实际问题求解对精度的要求，常采用二阶或三阶精度格式插值：

$$\widetilde{\boldsymbol{Q}}_{i+1/2}^{L}=\widetilde{\boldsymbol{Q}}_{i}+\frac{\varphi}{4}[(1-\kappa)\nabla+(1+\kappa)\Delta]\widetilde{\boldsymbol{Q}}_{i} \tag{7.2.33}$$

$$\widetilde{\boldsymbol{Q}}_{i+1/2}^{R}=\widetilde{\boldsymbol{Q}}_{i+1}-\frac{\varphi}{4}[(1+\kappa)\nabla+(1-\kappa)\Delta]\widetilde{\boldsymbol{Q}}_{i+1} \tag{7.2.34}$$

式中：∇和Δ分别是后差和前差算符，即$\nabla\widetilde{\boldsymbol{Q}}_{i}=\widetilde{\boldsymbol{Q}}_{i}-\widetilde{\boldsymbol{Q}}_{i-1}$，$\Delta\widetilde{\boldsymbol{Q}}_{i}=\widetilde{\boldsymbol{Q}}_{i+1}-\widetilde{\boldsymbol{Q}}_{i}$；$\kappa$是格式的控制参数，$\kappa$值不同表示分裂格式不同；$\varphi$是限制器函数，本书取$\varphi=1$。

MUSCL 格式包含 4 种形式：

$\kappa=1/3$	三阶迎风偏置格式
$\kappa=1$	三点中心差分格式
$\kappa=-1$	全迎风格式
$\kappa=0$	Fromm 格式

$\widetilde{\boldsymbol{Q}}^{+}$，$\widetilde{\boldsymbol{Q}}^{-}$ 值由 MUSCL 格式计算得到后经 Steger-Warming 通量分裂变换后的 $\widetilde{\boldsymbol{F}}^{+}(\widetilde{\boldsymbol{Q}})$，$\widetilde{\boldsymbol{F}}^{-}(\widetilde{\boldsymbol{Q}})$，$\widetilde{\boldsymbol{G}}^{+}(\widetilde{\boldsymbol{Q}})$，$\widetilde{\boldsymbol{G}}^{-}(\widetilde{\boldsymbol{Q}})$，$\widetilde{\boldsymbol{H}}^{+}(\widetilde{\boldsymbol{Q}})$，$\widetilde{\boldsymbol{H}}^{-}(\widetilde{\boldsymbol{Q}})$具体形式为

$$\widetilde{\boldsymbol{K}}^{+}(\widetilde{\boldsymbol{Q}})=\frac{1}{\boldsymbol{J}}\begin{bmatrix}\frac{n_y^2+n_z^2}{2k\sqrt{\mu\varepsilon}} & \frac{-n_xn_y}{2k\sqrt{\mu\varepsilon}} & \frac{-n_xn_z}{2k\sqrt{\mu\varepsilon}} & 0 & \frac{-n_z}{2\varepsilon} & \frac{n_y}{2\varepsilon}\\ \frac{-n_xn_y}{2k\sqrt{\mu\varepsilon}} & \frac{n_x^2+n_z^2}{2k\sqrt{\mu\varepsilon}} & \frac{-n_yn_z}{2k\sqrt{\mu\varepsilon}} & \frac{n_z}{2\varepsilon} & 0 & \frac{-n_x}{2\varepsilon}\\ \frac{-n_xn_z}{2k\sqrt{\mu\varepsilon}} & \frac{-n_yn_z}{2k\sqrt{\mu\varepsilon}} & \frac{n_x^2+n_y^2}{2k\sqrt{\mu\varepsilon}} & \frac{-n_y}{2\varepsilon} & \frac{n_x}{2\varepsilon} & 0\\ 0 & \frac{n_z}{2\mu} & \frac{-n_y}{2\mu} & \frac{n_y^2+n_z^2}{2k\sqrt{\mu\varepsilon}} & \frac{-n_xn_y}{2k\sqrt{\mu\varepsilon}} & \frac{-n_xn_z}{2k\sqrt{\mu\varepsilon}}\\ \frac{-n_z}{2\mu} & 0 & \frac{n_x}{2\mu} & \frac{-n_xn_y}{2k\sqrt{\mu\varepsilon}} & \frac{n_x^2+n_z^2}{2k\sqrt{\mu\varepsilon}} & \frac{-n_yn_z}{2k\sqrt{\mu\varepsilon}}\\ \frac{n_y}{2\mu} & \frac{-n_x}{2\mu} & 0 & \frac{-n_xn_z}{2k\sqrt{\mu\varepsilon}} & \frac{-n_yn_z}{2k\sqrt{\mu\varepsilon}} & \frac{n_x^2+n_y^2}{2k\sqrt{\mu\varepsilon}}\end{bmatrix}\begin{bmatrix}B_x\\B_y\\B_z\\D_x\\D_y\\D_z\end{bmatrix} \tag{7.2.35}$$

$$\widetilde{\boldsymbol{K}}^{-}(\widetilde{\boldsymbol{Q}})=\frac{1}{\boldsymbol{J}}\begin{bmatrix}-\frac{n_y^2+n_z^2}{2k\sqrt{\mu\varepsilon}} & \frac{n_xn_y}{2k\sqrt{\mu\varepsilon}} & \frac{n_xn_z}{2k\sqrt{\mu\varepsilon}} & 0 & \frac{-n_z}{2\varepsilon} & \frac{n_y}{2\varepsilon}\\ \frac{n_xn_y}{2k\sqrt{\mu\varepsilon}} & -\frac{n_x^2+n_z^2}{2k\sqrt{\mu\varepsilon}} & \frac{n_yn_z}{2k\sqrt{\mu\varepsilon}} & \frac{n_z}{2\varepsilon} & 0 & \frac{-n_x}{2\varepsilon}\\ \frac{n_xn_z}{2k\sqrt{\mu\varepsilon}} & \frac{n_yn_z}{2k\sqrt{\mu\varepsilon}} & -\frac{n_x^2+n_y^2}{2k\sqrt{\mu\varepsilon}} & \frac{-n_y}{2\varepsilon} & \frac{n_x}{2\varepsilon} & 0\\ 0 & \frac{n_z}{2\mu} & \frac{-n_y}{2\mu} & -\frac{n_y^2+n_z^2}{2k\sqrt{\mu\varepsilon}} & \frac{n_xn_y}{2k\sqrt{\mu\varepsilon}} & \frac{n_xn_z}{2k\sqrt{\mu\varepsilon}}\\ \frac{-n_z}{2\mu} & 0 & \frac{n_x}{2\mu} & \frac{n_xn_y}{2k\sqrt{\mu\varepsilon}} & -\frac{n_x^2+n_z^2}{2k\sqrt{\mu\varepsilon}} & \frac{n_yn_z}{2k\sqrt{\mu\varepsilon}}\\ \frac{n_y}{2\mu} & \frac{-n_x}{2\mu} & 0 & \frac{n_xn_z}{2k\sqrt{\mu\varepsilon}} & \frac{n_yn_z}{2k\sqrt{\mu\varepsilon}} & -\frac{n_x^2+n_y^2}{2k\sqrt{\mu\varepsilon}}\end{bmatrix}\begin{bmatrix}B_x\\B_y\\B_z\\D_x\\D_y\\D_z\end{bmatrix} \tag{7.2.36}$$

当 $\widetilde{\boldsymbol{K}}=\widetilde{\boldsymbol{F}}$ 时，对应 $k=\alpha,\hat{\boldsymbol{n}}=\hat{\boldsymbol{\xi}}$；当 $\widetilde{\boldsymbol{K}}=\widetilde{\boldsymbol{G}}$ 时，对应 $k=\beta,\hat{\boldsymbol{n}}=\hat{\boldsymbol{\eta}}$；当 $\widetilde{\boldsymbol{K}}=\widetilde{\boldsymbol{H}}$ 时，对应 $k=\gamma,\hat{\boldsymbol{n}}=\hat{\boldsymbol{\zeta}}$。

3. 黎曼解

将 i,j 和 k 分别与 $\hat{\boldsymbol{\xi}},\hat{\boldsymbol{\eta}}$ 和 $\hat{\boldsymbol{\zeta}}$ 方向相关联，则有

$$\frac{\partial\widetilde{\boldsymbol{Q}}}{\partial t}+\frac{\partial\widetilde{\boldsymbol{F}}}{\partial\hat{\boldsymbol{\xi}}}+\frac{\partial\widetilde{\boldsymbol{G}}}{\partial\hat{\boldsymbol{\eta}}}+\frac{\partial\widetilde{\boldsymbol{H}}}{\partial\hat{\boldsymbol{\zeta}}}=\widetilde{\boldsymbol{S}} \tag{7.2.37}$$

在每一个网格单元上积分：

$$\iiint_V\frac{\partial\widetilde{\boldsymbol{Q}}}{\partial t}\mathrm{d}V+\iiint_V\left(\frac{\partial\widetilde{\boldsymbol{F}}}{\partial\hat{\boldsymbol{\xi}}}+\frac{\partial\widetilde{\boldsymbol{G}}}{\partial\hat{\boldsymbol{\eta}}}+\frac{\partial\widetilde{\boldsymbol{H}}}{\partial\hat{\boldsymbol{\zeta}}}\right)\mathrm{d}V=\iiint_V\widetilde{\boldsymbol{S}}\mathrm{d}V \tag{7.2.38}$$

假定体积单元尺寸不随时间变化，通量在单位积分时间步内在单元边界面上为常量，并且电流密度和依赖变量在每个积分单元内为常量，则式(7.2.14)可以作如下半离散化：

$$\frac{\mathrm{d}}{\mathrm{d}t}\widetilde{\boldsymbol{Q}}V+(\widetilde{\boldsymbol{F}}_{i+1/2,j,k}-\widetilde{\boldsymbol{F}}_{i-1/2,j,k})+(\widetilde{\boldsymbol{G}}_{i,j+1/2,k}-\widetilde{\boldsymbol{G}}_{i,j-1/2,k})+(\widetilde{\boldsymbol{H}}_{i,j,k+1/2}-\widetilde{\boldsymbol{H}}_{i,j,k-1/2})=\widetilde{\boldsymbol{S}}V \tag{7.2.39}$$

式中：$\widetilde{\boldsymbol{F}},\widetilde{\boldsymbol{G}}$ 和 $\widetilde{\boldsymbol{H}}$ 分别为相应网格积分面处数值通量，$\boldsymbol{Q}$ 是单元网格中心处的电磁场量值，V 为体积，A_k 为相应面积。如图 7.2.2 所示，(i,j,k) 是单元中心，是独立变量 $\boldsymbol{Q}$ 定义处；$(i\pm1/2,j\pm1/2,k\pm1/2)$ 是网格单元面，是通量 $\widetilde{\boldsymbol{F}},\widetilde{\boldsymbol{G}}$ 和 $\widetilde{\boldsymbol{H}}$ 取值计算的地方。

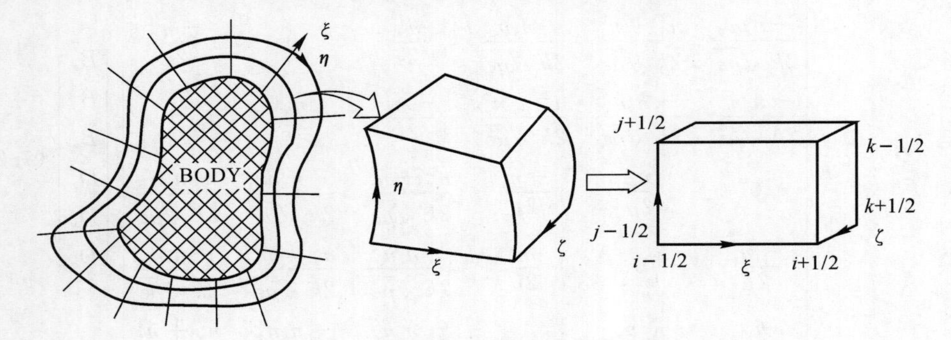

图 7.2.2　有限体积单元示意图

通量雅克比矩阵 $\widetilde{\boldsymbol{M}}$ 的特征值与 Steger-Warming 分裂的特征值一样，当 $\widetilde{\boldsymbol{M}}=\widetilde{\boldsymbol{A}}$ 时，$\hat{\boldsymbol{n}}=\hat{\boldsymbol{\xi}}$；当 $\widetilde{\boldsymbol{M}}=\widetilde{\boldsymbol{B}}$ 时，$\hat{\boldsymbol{n}}=\hat{\boldsymbol{\eta}}$；当 $\widetilde{\boldsymbol{M}}=\widetilde{\boldsymbol{C}}$ 时，$\hat{\boldsymbol{n}}=\hat{\boldsymbol{\zeta}}$。

体积元胞的分界面 S 的左、右通量变化式为

$$\left.\begin{aligned}Y_{\mathrm{L}}\hat{\boldsymbol{n}}\times\boldsymbol{E}^{*}-\hat{\boldsymbol{n}}\times(\hat{\boldsymbol{n}}\times\boldsymbol{H}^{*})&=Y_{\mathrm{L}}\hat{\boldsymbol{n}}\times\boldsymbol{E}_{\mathrm{L}}-\hat{\boldsymbol{n}}\times(\hat{\boldsymbol{n}}\times\boldsymbol{H}_{\mathrm{L}})\\Y_{\mathrm{R}}\hat{\boldsymbol{n}}\times\boldsymbol{E}^{**}-\hat{\boldsymbol{n}}\times(\hat{\boldsymbol{n}}\times\boldsymbol{H}^{**})&=Y_{\mathrm{R}}\hat{\boldsymbol{n}}\times\boldsymbol{E}_{\mathrm{R}}+\hat{\boldsymbol{n}}\times(\hat{\boldsymbol{n}}\times\boldsymbol{H}_{\mathrm{R}})\end{aligned}\right\} \tag{7.2.40}$$

式中：$\hat{\boldsymbol{n}}$ 表示波传播方向，计算中分别以 $\hat{\boldsymbol{\xi}},\hat{\boldsymbol{\eta}}$ 和 $\hat{\boldsymbol{\zeta}}$ 代替得到各个方向通量；$c=1/\sqrt{\varepsilon\mu}$ 为波速，$\varepsilon c=Y$，Y 为波导纳，$\mu c=Z$，Z 是波阻抗，并且有 $YZ=1$，下标 L 和 R 则指明计算时分别取分界面左、右单元网格中心处的媒质属性值，如图 7.2.3 所示。

当分界面为不连续的参量时，设定电场和磁场切向为

$$\left.\begin{aligned}\hat{\boldsymbol{n}}\times\boldsymbol{E}^{*}&=\hat{\boldsymbol{n}}\times\boldsymbol{E}^{**}\\\hat{\boldsymbol{n}}\times\boldsymbol{H}^{*}&=\hat{\boldsymbol{n}}\times\boldsymbol{H}^{**}\end{aligned}\right\} \tag{7.2.41}$$

黎曼解在边界上的状态变量为

$$\widetilde{\boldsymbol{Q}}^{**}=\widetilde{\boldsymbol{Q}}^{*}=\frac{1}{2}(\widetilde{\boldsymbol{Q}}_{\mathrm{L}}+\widetilde{\boldsymbol{Q}}_{\mathrm{R}})+\frac{1}{2}\widetilde{\boldsymbol{M}}(\widetilde{\boldsymbol{Q}}_{\mathrm{L}}-\widetilde{\boldsymbol{Q}}_{\mathrm{R}}) \tag{7.2.42}$$

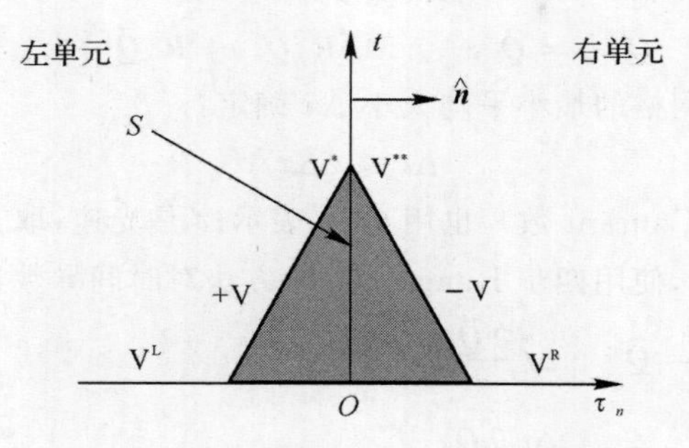

图 7.2.3　界面处左、右状态变量

离散麦克斯韦旋度方程，得到系数雅克比矩阵

$$\widetilde{\boldsymbol{M}}=\begin{bmatrix} 0 & 0 & 0 & 0 & -n_z & n_y \\ 0 & 0 & 0 & n_z & 0 & -n_x \\ 0 & 0 & 0 & -n_y & n_x & 0 \\ 0 & n_z & -n_y & 0 & 0 & 0 \\ -n_z & 0 & n_x & 0 & 0 & 0 \\ n_y & -n_x & 0 & 0 & 0 & 0 \end{bmatrix} \tag{7.2.43}$$

由于是线性方程，因而黎曼解可以离散为

$$\begin{aligned}\boldsymbol{F}_n=\widetilde{\boldsymbol{M}}\cdot\widetilde{\boldsymbol{Q}}^{*}&=\frac{1}{2}\widetilde{\boldsymbol{M}}\cdot(\widetilde{\boldsymbol{Q}}_{\mathrm{L}}+\widetilde{\boldsymbol{Q}}_{\mathrm{R}})+\frac{1}{2}\widetilde{\boldsymbol{M}}\cdot\widetilde{\boldsymbol{M}}\cdot(\widetilde{\boldsymbol{Q}}_{\mathrm{L}}-\widetilde{\boldsymbol{Q}}_{\mathrm{R}})=\\ &\frac{1}{2}(\widetilde{\boldsymbol{M}}+\widetilde{\boldsymbol{M}}\cdot\widetilde{\boldsymbol{M}})\cdot\widetilde{\boldsymbol{Q}}_{\mathrm{L}}+\frac{1}{2}(\widetilde{\boldsymbol{M}}-\widetilde{\boldsymbol{M}}\cdot\widetilde{\boldsymbol{M}})\,\widetilde{\boldsymbol{Q}}_{\mathrm{R}}=\\ &\widetilde{\boldsymbol{M}}^{+}\cdot\widetilde{\boldsymbol{Q}}_{\mathrm{L}}+\widetilde{\boldsymbol{M}}^{-}\cdot\widetilde{\boldsymbol{Q}}_{\mathrm{R}}\end{aligned} \tag{7.2.44}$$

当 $\hat{\boldsymbol{n}}=\hat{\boldsymbol{\xi}}$ 时，$\widetilde{\boldsymbol{M}}=\widetilde{\boldsymbol{A}}$，$\boldsymbol{F}_{\mathrm{n}}=\widetilde{\boldsymbol{F}}$；$\hat{\boldsymbol{n}}=\hat{\boldsymbol{\eta}}$ 时，$\widetilde{\boldsymbol{M}}=\widetilde{\boldsymbol{B}}$，$\boldsymbol{F}_{\mathrm{n}}=\widetilde{\boldsymbol{G}}$；$\hat{\boldsymbol{n}}=\hat{\boldsymbol{\zeta}}$ 时，$\widetilde{\boldsymbol{M}}=\widetilde{\boldsymbol{C}}$，$\boldsymbol{F}_{\mathrm{n}}=\widetilde{\boldsymbol{H}}$。式(7.2.40) 变成

$$\left.\begin{aligned}\hat{\boldsymbol{n}}\times\boldsymbol{E}^{*}&=\hat{\boldsymbol{n}}\times\frac{(\varepsilon c)_{\mathrm{R}}\boldsymbol{E}_{\mathrm{R}}+(\varepsilon c)_{\mathrm{L}}\boldsymbol{E}_{\mathrm{L}}+\hat{\boldsymbol{n}}\times(\boldsymbol{H}_{\mathrm{R}}-\boldsymbol{H}_{\mathrm{L}})}{(\varepsilon c)_{\mathrm{L}}+(\varepsilon c)_{\mathrm{R}}}\\ -\hat{\boldsymbol{n}}\times\boldsymbol{H}^{*}&=-\hat{\boldsymbol{n}}\times\frac{(\mu c)_{\mathrm{R}}\boldsymbol{H}_{\mathrm{R}}+(\mu c)_{\mathrm{L}}\boldsymbol{H}_{\mathrm{L}}-\hat{\boldsymbol{n}}\times(\boldsymbol{E}_{\mathrm{R}}-\boldsymbol{E}_{\mathrm{L}})}{(\mu c)_{\mathrm{L}}+(\mu c)_{\mathrm{R}}}\end{aligned}\right\} \tag{7.2.45}$$

式中：$\boldsymbol{E}_{\mathrm{L}}$，$\boldsymbol{E}_{\mathrm{R}}$，$\boldsymbol{H}_{\mathrm{L}}$ 和 $\boldsymbol{H}_{\mathrm{R}}$ 分别表示电、磁场矢量在分界面(网格单元积分面) 处左、右状态变量，其值由 MUSCL 格式算出。

7.2.4　时间离散

1. 时间离散方法

确定了空间方向的通量后，采用龙格-库塔(Runge-Kutta) 方法对时间导数进行离散。Runge-Kutta 方法有两种格式：一种是二步 Runge-Kutta 方法，另一种是四步 Runge-Kutta 方法。二步 Runge-Kutta 方法的时间步 n 到时间步 $n+1$ 的积分表示为

$$\left.\begin{aligned}\tilde{\boldsymbol{Q}}^0 &= \tilde{\boldsymbol{Q}}^n \\ \tilde{\boldsymbol{Q}}^1 &= \tilde{\boldsymbol{Q}}^0 - \lambda \boldsymbol{R}(\tilde{\boldsymbol{Q}}^0) \\ \tilde{\boldsymbol{Q}}^{n+1} &= \tilde{\boldsymbol{Q}}^0 - 0.5\lambda[\boldsymbol{R}(\tilde{\boldsymbol{Q}}^0) + \boldsymbol{R}(\tilde{\boldsymbol{Q}}^1)]\end{aligned}\right\} \tag{7.2.46}$$

时间步长 Δt 由计算域内网格的最小平均大小 Δx 确定：

$$\Delta t \leqslant v\Delta x / c \tag{7.2.47}$$

式中：v 是格式的库朗数(Courant 数)，也用 CFL 表示；c 是光速；取 $\lambda = \Delta t / v$。

为提高时间离散精度，使用四步 Runge-Kutta 方法对时间导数进行离散：

$$\left.\begin{aligned}\tilde{\boldsymbol{Q}}^1 &= \tilde{\boldsymbol{Q}}^n + \Delta t \frac{\partial \tilde{\boldsymbol{Q}}^n}{\partial t} \\ \tilde{\boldsymbol{Q}}^2 &= \tilde{\boldsymbol{Q}}^n + \frac{\Delta t}{2} \frac{\partial \tilde{\boldsymbol{Q}}^1}{\partial t} \\ \tilde{\boldsymbol{Q}}^3 &= \tilde{\boldsymbol{Q}}^n + \frac{\Delta t}{2} \frac{\partial \tilde{\boldsymbol{Q}}^2}{\partial t} \\ \tilde{\boldsymbol{Q}}^{n+1} &= \tilde{\boldsymbol{Q}}^n + \frac{\Delta t}{6}\left(\frac{\partial \tilde{\boldsymbol{Q}}^n}{\partial t} + 2\frac{\partial \tilde{\boldsymbol{Q}}^1}{\partial t} + 2\frac{\partial \tilde{\boldsymbol{Q}}^2}{\partial t} + \frac{\partial \tilde{\boldsymbol{Q}}^3}{\partial t}\right)\end{aligned}\right\} \tag{7.2.48}$$

式中：$\tilde{\boldsymbol{Q}}^n$ 表示时间 $t = n$ 时的 $\tilde{\boldsymbol{Q}}$ 值，时间步长由 $\Delta t \leqslant v\Delta x / c$ 决定，库朗数 $v \leqslant 0.86$，Δx 是单元格大小。

这里使用简化的四步 Runge-Kutta 方法：

$$\tilde{\boldsymbol{Q}}^{n+k/m} = \tilde{\boldsymbol{Q}}^n - \lambda \alpha_k R(\tilde{\boldsymbol{Q}}^{n+(k-1)/m}), \quad k = 1, 2, \cdots, m \tag{7.2.49}$$

式中：系数 α_k 决定格式精度，如果取最小截断误差，$m = 4$ 时有

$$\alpha_1 = \frac{1}{4}, \quad \alpha_2 = \frac{1}{3}, \quad \alpha_3 = \frac{1}{2}, \quad \alpha_4 = 1 \tag{7.2.50}$$

2. 二步 Runge-Kutta 方法稳定性分析

矢量微分形式的无量纲化时域麦克斯韦方程为

$$\left.\begin{aligned}\frac{\partial \mu \boldsymbol{H}}{\partial t} + \nabla \times \boldsymbol{E} &= -\sigma_M \boldsymbol{H} \\ \frac{\partial \varepsilon \boldsymbol{E}}{\partial t} - \nabla \times \boldsymbol{H} &= -\sigma_E \boldsymbol{E}\end{aligned}\right\} \tag{7.2.51}$$

自由空间中，μ 和 ε 是常数，而 $\sigma_E = \sigma_M = 0$，在一维情况下，式(7.2.51)在直角坐标系下的通量守恒形式可表示为

$$\frac{\partial u}{\partial t} + f_x = \frac{\partial u}{\partial t} + a\frac{\partial u}{\partial x} = 0 \tag{7.2.52}$$

式中：$a > 0$ 是波传播速度；u 是关于 $\boldsymbol{E}, \boldsymbol{H}$ 的物理量；f_x 是与 u 有关的物理量。

对于 Steger-Warming 通量分裂法，式(7.2.52)变成

$$f_{i+1/2}^{+} = a u_i^L, \quad f_{i+1/2}^{-} = 0$$
$$f_{i-1/2}^{+} = a u_{i-1}^L, \quad f_{i-1/2}^{-} = 0$$

应用 MUSCL 格式，有

$$a\frac{\Delta u}{\Delta x} = a(u_i^L - u_{i-1}^L) = a(u_i - u_{i-1}) + \frac{a}{4}[(1-\kappa)\nabla + (1+\kappa)\Delta](u_i - u_{i-1}) \tag{7.2.53}$$

式中：$\nabla u_i = u_i - u_{i-1}$，$\Delta u_i = u_{i+1} - u_i$，令 $a\dfrac{\partial u}{\partial x} \approx a\dfrac{\Delta u}{\Delta x}$，在 i 处 Taylor 展开，整理得

$$a\frac{\Delta u}{\Delta x} = a\frac{\partial u}{\partial x} + \frac{\Delta x^2}{12}a(3\kappa - 1)\frac{\partial^3 u}{\partial x^3} + \frac{\Delta x^3}{8}a(1-\kappa)\frac{\partial^4 u}{\partial x^4} \tag{7.2.54}$$

上式给出许多有意义的信息，MUSCL格式中κ的取值有4种，在7.2.3节中已经给出，κ值的不同对应不同的格式精度，也对应着不同的耗散和色散特性，作下述讨论：

当$\kappa = -1$时，$a\dfrac{\Delta u}{\Delta x} = a\left(\dfrac{\partial u}{\partial x} - \dfrac{\Delta x^2}{3}\dfrac{\partial^3 u}{\partial x^3} + \dfrac{\Delta x^3}{4}\dfrac{\partial^4 u}{\partial x^4}\right)$，误差主项是三阶导数项，色散误差占主导地位，同时其耗散误差在κ的四种取值中也是最大的；

当$\kappa = 0$时，$a\dfrac{\Delta u}{\Delta x} = a\left(\dfrac{\partial u}{\partial x} - \dfrac{\Delta x^2}{12}\dfrac{\partial^3 u}{\partial x^3} + \dfrac{\Delta x^3}{8}\dfrac{\partial^4 u}{\partial x^4}\right)$，误差主项是四阶导数项；

当$\kappa = 1$时，$a\dfrac{\Delta u}{\Delta x} = a\left(\dfrac{\partial u}{\partial x} + \dfrac{\Delta x^2}{6}\dfrac{\partial^3 u}{\partial x^3}\right)$，误差主项是三阶导数项，四阶耗散项为零，因此容易受到寄生的奇偶解耦影响而产生虚假数值振荡；

当$\kappa = 1/3$时，$a\dfrac{\Delta u}{\Delta x} = a\left(\dfrac{\partial u}{\partial x} + \dfrac{16\Delta x^3}{3}\dfrac{\partial^4 u}{\partial x^4}\right)$，误差主项为四阶导数项，三阶耗散项为零，因此比其他3种将有较好的色散误差特性。

式(7.2.52)在引入二步 Runge-Kutta 时间推进格式后可以表示为

$$\begin{aligned}u_i^{n+1} = {} & u_i^n - \frac{v}{8}[(1-\kappa)u_{i-2}^n - (5-3\kappa)u_{i-1}^n + (3-3\kappa)u_i^n + (1+\kappa)u_{i+1}^n] - \\ & \frac{v}{8}\left\{\begin{aligned}&(1-\kappa)\left[u_{i-2}^n - \frac{v}{4}[(1-\kappa)u_{i-4}^n - (5-3\kappa)u_{i-3}^n + (3-3\kappa)u_{i-2}^n + (1+\kappa)u_{i-1}^n]\right] - \\ &(5-3\kappa)\left[u_{i-1}^n - \frac{v}{4}[(1-\kappa)u_{i-3}^n - (5-3\kappa)u_{i-2}^n + (3-3\kappa)u_{i-1}^n + (1+\kappa)u_i^n]\right] + \\ &(3-3\kappa)\left[u_i^n - \frac{v}{4}[(1-\kappa)u_{i-2}^n - (5-3\kappa)u_{i-1}^n + (3-3\kappa)u_i^n + (1+\kappa)u_{i+1}^n]\right] + \\ &(1+\kappa)\left[u_{i+1}^n - \frac{v}{4}[(1-\kappa)u_{i-1}^n - (5-3\kappa)u_i^n + (3-3\kappa)u_{i+1}^n + (1+\kappa)u_{i+2}^n]\right]\end{aligned}\right\}\end{aligned} \tag{7.2.55}$$

式中：$v = a\Delta t/\Delta x$。使用傅里叶级数分析方法，令 $u = \hat{\boldsymbol{u}}\mathrm{e}^{\mathrm{j}\beta x/\Delta x} = \hat{\boldsymbol{u}}\mathrm{e}^{\mathrm{j}kx}$，其中 $\beta = k\Delta x$，k 为波数，j 是虚数符号，$\hat{\boldsymbol{u}}$ 是波幅。引入放大因子G，它代表了格式的耗散特性，表征后一时间步数值解与前一时间步数值解的振幅之比。上式可以表示为

$$\hat{\boldsymbol{u}}^{n+1} = G\hat{\boldsymbol{u}}^n \tag{7.2.56}$$

G 的实部和虚部分别为

$$\begin{aligned}\mathrm{Re}(G) = {} & 1 - \frac{v}{4}[(1-\kappa)\cos 2\beta - (5-3\kappa)\cos\beta + (3-3\kappa) + (1+\kappa)\cos\beta] + \\ & \frac{v^2}{32}\left\{\begin{aligned}&(1-\kappa)[(1-\kappa)\cos 4\beta - (5-3\kappa)\cos 3\beta + (3-3\kappa)\cos 2\beta + (1+\kappa)\cos\beta] - \\ &(5-3\kappa)[(1-\kappa)\cos 3\beta - (5-3\kappa)\cos 2\beta + (3-3\kappa)\cos\beta + (1+\kappa)] + \\ &(3-3\kappa)[(1-\kappa)\cos 2\beta - (5-3\kappa)\cos\beta + (3-3\kappa) + (1+\kappa)\cos\beta] + \\ &(1+\kappa)[(1-\kappa)\cos\beta - (5-3\kappa) + (3-3\kappa)\cos\beta + (1+\kappa)\cos 2\beta]\end{aligned}\right\}\end{aligned} \tag{7.2.57}$$

$$\operatorname{Im}(G)=-\frac{v}{4}[-(1-\kappa)\sin 2\beta+(5-3\kappa)\sin\beta+(1+\kappa)\sin\beta]+$$

$$\frac{v^2}{32}\left\{\begin{array}{l}(1-\kappa)[-(1-\kappa)\sin 4\beta+(5-3\kappa)\sin 3\beta-(3-3\kappa)\sin 2\beta+(1+\kappa)\sin\beta]-\\(5-3\kappa)[-(1-\kappa)\sin 3\beta+(5-3\kappa)\sin 2\beta-(3-3\kappa)\sin\beta]+\\(3-3\kappa)[-(1-\kappa)\sin 2\beta+(5-3\kappa)\sin\beta+(1+\kappa)\sin\beta]+\\(1+\kappa)[-(1-\kappa)\sin\beta+(3-3\kappa)\sin\beta+(1+\kappa)\sin 2\beta]\end{array}\right\} \tag{7.2.58}$$

通过式(7.2.57)、式(7.2.58)，按照格式的稳定要求$|G|\leqslant 1$，可分析每种格式稳定限制所能取的最大 CFL 数(即 v 值)。格式相移的正切是放大因子的虚部与实部之比，即

$$\tan\varphi=\frac{\operatorname{Im}(G)}{\operatorname{Re}(G)} \tag{7.2.59}$$

格式的色散特性可由相位误差 φ/φ_E 表示，其中 $\varphi_E=-ka\Delta t=-v\beta$ 为模型方程的精确相移。

3. 四步 Runge-Kutta 方法稳定性分析

四步 Runge-Kutta 方法稳定性分析引入时谐波 $u=\hat{\boldsymbol{u}}e^{j\beta x/\Delta x}=\hat{\boldsymbol{u}}e^{jkx}$ 后经过傅里叶变换，式(7.2.52)可以转换为

$$\Delta t\frac{d\hat{\boldsymbol{u}}}{dt}=-z\hat{\boldsymbol{u}} \tag{7.2.60}$$

式中：$z=v(1-e^{-j\beta})\left[1+\frac{1-\kappa}{4}(1-e^{-j\beta})+\frac{1+\kappa}{4}(e^{j\beta}-1)\right]$，时间方向使用四步 Runge-Kutta 法。对式(7.2.48)积分，则放大因子 G 是傅里叶符号 z 的函数：

$$G=1-z+\frac{1}{2}z^2-\frac{1}{6}z^3+\frac{1}{24}z^4 \tag{7.2.61}$$

同样，相位误差用 φ/φ_E 表示。

不同 κ 值条件下取得的最大 CFL 数见表 7.2.1。

表 7.2.1　不同 κ 值条件下取得的最大 CFL 数

κ	1/3	1	−1	0
CFL 数	1.745	2.828	0.696	1.384

4. 结论分析

图 7.2.4 和图 7.2.5 给出了二步 Runge-Kutta 方法 $\kappa=1/3$ 构成的三阶迎风偏置格式的放大因子和相位误差随着 CFL 数、相角 β 的变化曲线。由图中可以看出，v 值超过 0.87 时对应的格式对误差有放大作用，会导致数值发散，所以迎风格式的最大 CFL 数为 0.87。

图 7.2.6 和图 7.2.7 给出了二步 Runge-Kutta 方法 $\kappa=-1$ 构成的二阶全迎风格式的放大因子和相位误差随着 CFL 数、相角 β 的变化曲线。由图易见，v 值超过 0.5 时对应的格式对误差有放大作用，会导致数值发散，所以迎风格式的最大 CFL 数为 0.5。两种格式都有较大的色散误差，但是二阶全迎风格式比三阶迎风偏置格式大一个数量级。

图 7.2.8 和图 7.2.9 给出了四步 Runge-Kutta 方法 $\kappa = 1/3$ 构成的三阶迎风偏置格式的放大因子和相位误差随着 CFL 数、相角 β 的变化曲线。当 $k\Delta x = 0$ 即 $\beta = 0$ 时，放大系数都为1，没有耗散，除此以外，其余的相角都有耗散。与其他三种差分格式相比，该格式在 $\beta = 0$ 附近与1十分接近的范围较大，说明它比其他三种格式有更大的无色散范围，而且同一 CFL 数下，它有较小的色散幅度。

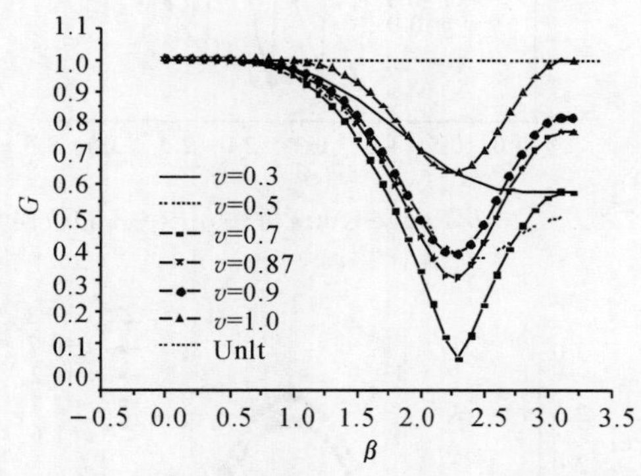

图 7.2.4　二步 Runge-Kutta 方法，$\kappa = 1/3$ 放大因子

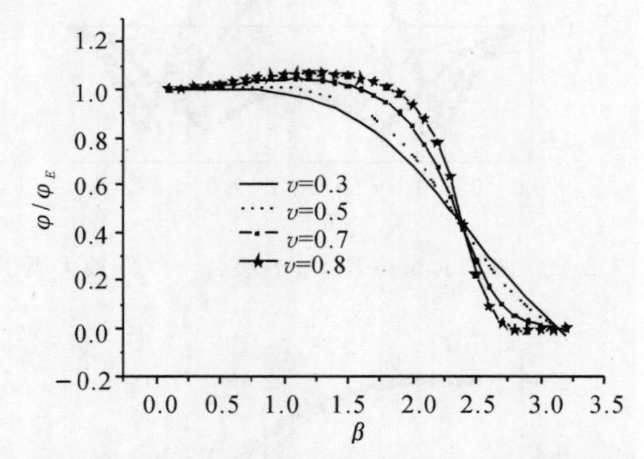

图 7.2.5　二步 Runge-Kutta 方法，$\kappa = 1/3$ 相位误差

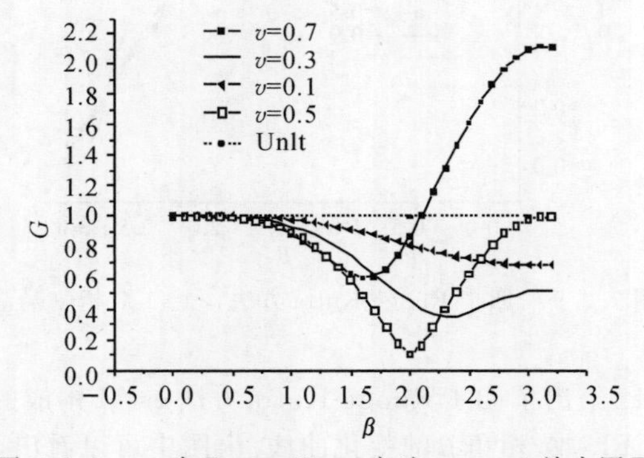

图 7.2.6　二步 Runge-Kutta 方法，$\kappa = -1$ 放大因子

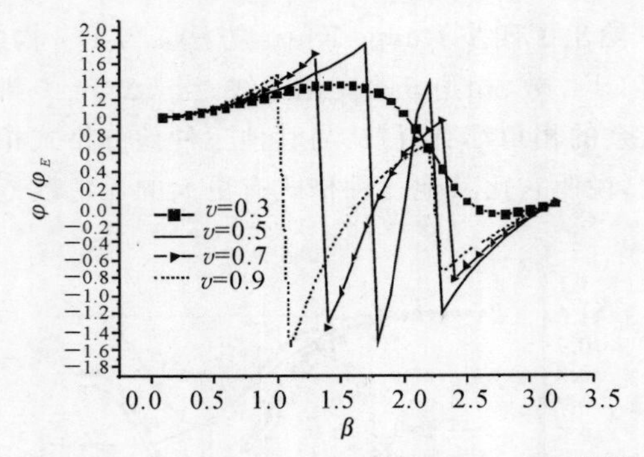

图 7.2.7　二步 Runge-Kutta 方法，$\kappa=-1$ 相位误差

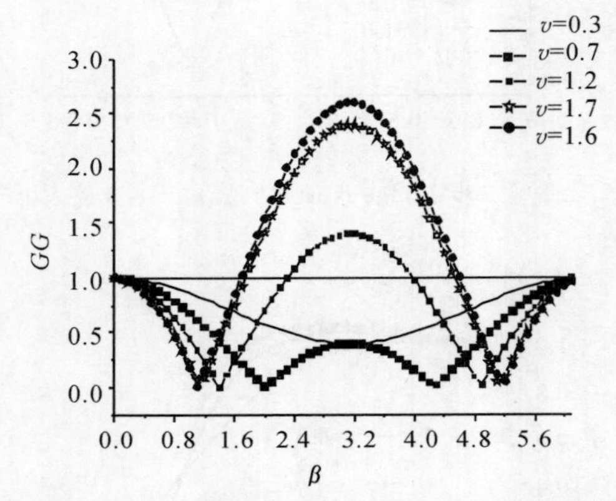

图 7.2.8　四步 Runge-Kutta 方法，$\kappa=1/3$ 放大因子

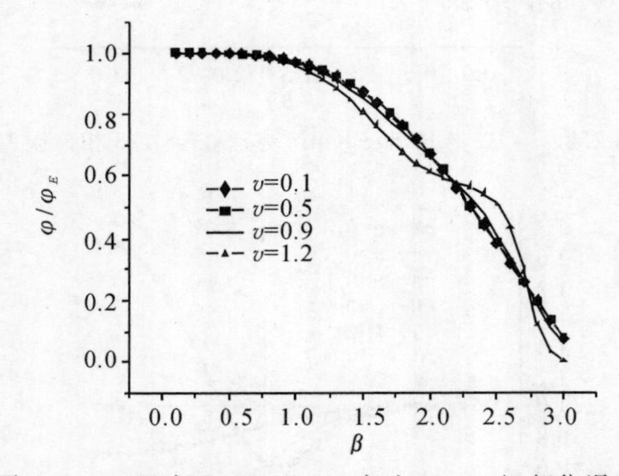

图 7.2.9　四步 Runge-Kutta 方法，$\kappa=1/3$ 相位误差

图 7.2.10 和图 7.2.11 给出了四步 Runge-Kutta 方法 $\kappa=1$ 构成的三点中心差分格式的放大因子和相位误差随着 CFL 数、相角 β 的变化曲线。由图中可以看出，三点中心差分格式的数值特性没有三阶迎风偏置格式好，可以取的 CFL 数比三阶迎风偏置格式大，比全迎风格式和 Fromm 格式的数值特性要好。ν 值取 1.0，1.5，2.0，2.5，2.8 时还没有数值发散，但是 υ 值取 2.9，4.9 时存在发散。

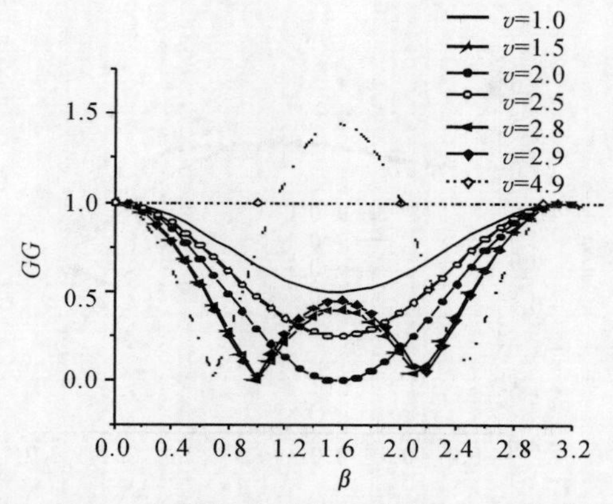

图 7.2.10　四步 Runge-Kutta 方法，$\kappa=1$ 放大因子

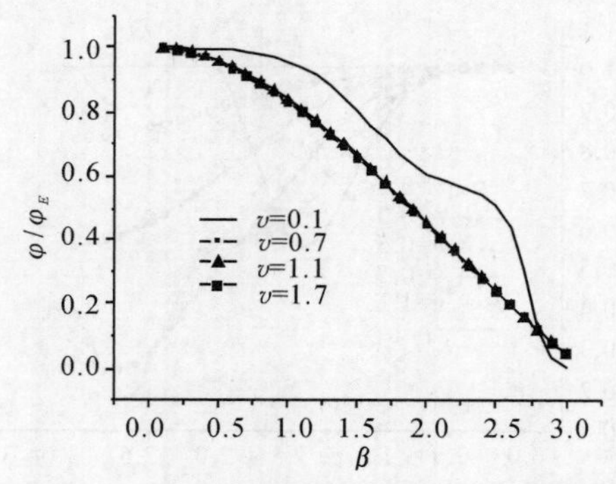

图 7.2.11　四步 Runge-Kutta 方法，$\kappa=1$ 相位误差

图 7.2.12～图 7.2.15 给出了四步 Runge-Kutta 方法 $\kappa=-1$ 构成的全迎风格式和 $\kappa=0$ 构成的 Fromm 格式的放大因子和相位误差随着 CFL 数、相角 β 的变化曲线，这里计算了 $v=0.1,0.3,0.5,0.7$ 时的放大因子。由图中可以看出，全迎风格式和 Fromm 格式的算法数值特性比三阶迎风偏置格式和三点中心差分格式差很多，有较大的耗散和色散误差。

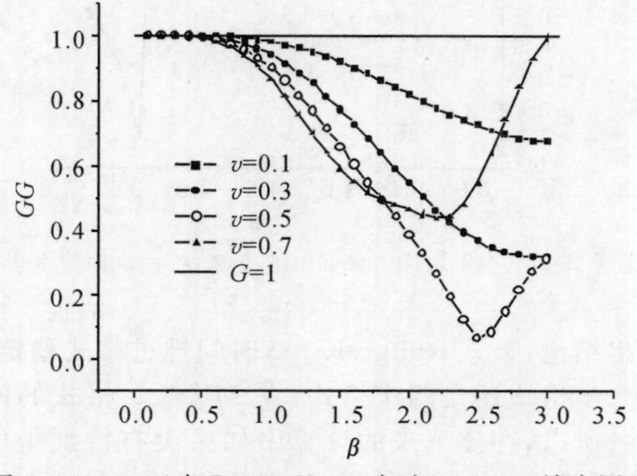

图 7.2.12　四步 Runge-Kutta 方法，$\kappa=-1$ 放大因子

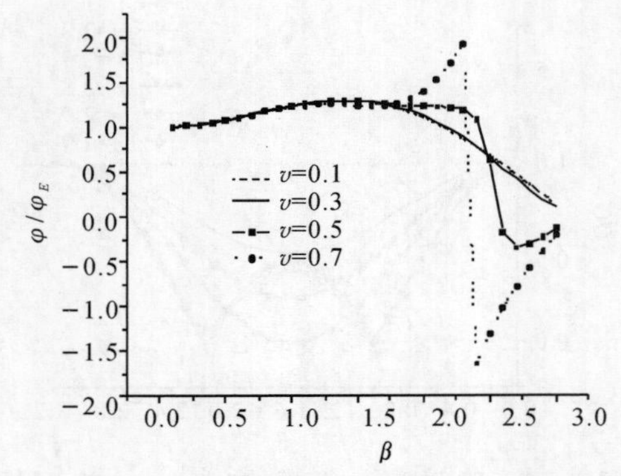

图 7.2.13　四步 Runge-Kutta 方法，$\kappa=-1$ 相位误差

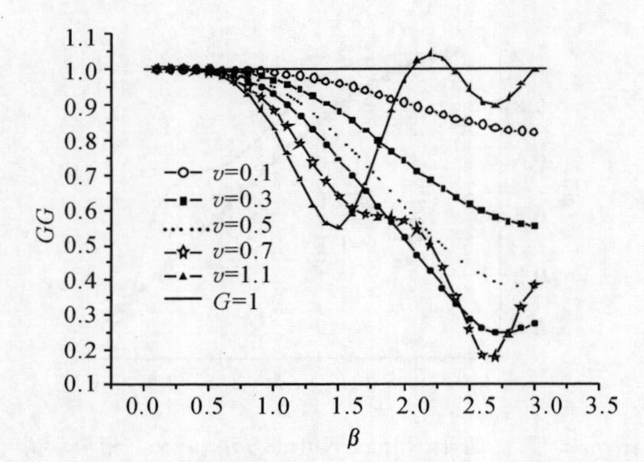

图 7.2.14　四步 Runge-Kutta 方法，$\kappa=0$ 放大因子

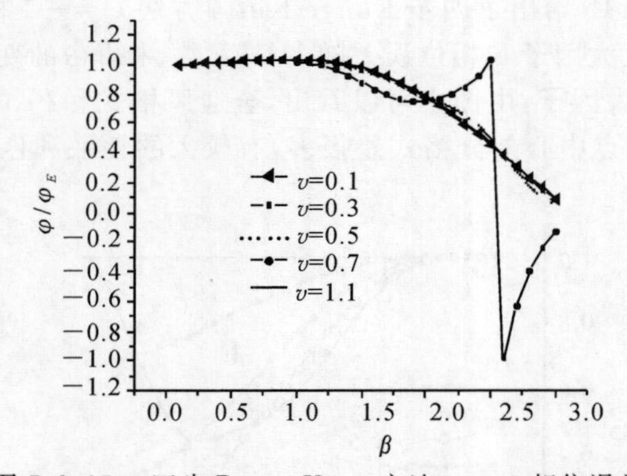

图 7.2.15　四步 Runge-Kutta 方法，$\kappa=0$ 相位误差

通过上述分析，可得出结论：显式 Runge-Kutta 时间推进格式稳定所允许的 CFL 数比二步格式所允许的大；无论是二步格式还是四步格式，在 MUSCL 格式的四种情况中，三阶迎风偏置格式有更好的数值特性。所以，在接下来的计算中如果没有特别指出，一般取的是简化的显式四步 Runge-Kutta 时间推进格式和三阶迎风偏置格式。

7.2.5　吸收边界条件

在电磁场中，由于不同媒质的分界面两侧的媒质特性参数发生突变，导致场矢量也发生突变。基于电荷守恒定律以及电磁场是由电荷分布和电流分布建立起来的这些物理理论，电磁场必须满足在两种不同介质交界面上的某些边界条件。这些条件可以从适用于界面的麦克斯韦方程的积分形式导出。

1. 理想导体边界条件

导体表面是经常遇到的边界之一，理想导体的电导率 σ 为无穷大。在理想导体表面既不存在静电场，也不存在交变电磁场。静止电荷，高频电流只存在导体表面：

$$\hat{\boldsymbol{n}} \times \boldsymbol{E}_{\mathrm{t}} = 0 \tag{7.2.62}$$

$$\hat{\boldsymbol{n}} \cdot \boldsymbol{B}_{\mathrm{t}} = 0 \tag{7.2.63}$$

$$\hat{\boldsymbol{n}} \times \boldsymbol{H}_{\mathrm{t}} = \boldsymbol{J} \tag{7.2.64}$$

$$\hat{\boldsymbol{n}} \cdot \boldsymbol{D}_{\mathrm{t}} = \rho \tag{7.2.65}$$

式中：$\hat{\boldsymbol{n}}$ 是导体表面法线方向；t 代表电磁场的总场形式。式(7.2.62)、式(7.2.63) 说明在完全导电体表面总电场的切向分量为0，而总磁场的法向分量为0。而式(7.2.64)、式(7.2.65) 中由于导体表面诱导电流 $\boldsymbol{J}$ 和诱导电荷 ρ 都是未知量，需要由数值计算结果给出，所以它们没有提供总电场法向分量和总磁场切向分量的信息。诱导电流 $\boldsymbol{J}$ 和诱导电荷 ρ 这两者在完全导电体上由电荷守恒定律相联系。

$$\frac{\partial \rho}{\partial t} + \nabla \cdot \boldsymbol{J} = 0 \tag{7.2.66}$$

2. 介质边界条件

两种无耗介质($\boldsymbol{J} = 0, \rho = 0$) 的边界条件：

$$\hat{\boldsymbol{n}} \times (\boldsymbol{H}_1 - \boldsymbol{H}_2) = 0 \tag{7.2.67}$$

$$\hat{\boldsymbol{n}} \times (\boldsymbol{E}_1 - \boldsymbol{E}_2) = 0 \tag{7.2.68}$$

$$\hat{\boldsymbol{n}} \cdot (\boldsymbol{B}_1 - \boldsymbol{B}_2) = 0 \tag{7.2.69}$$

$$\hat{\boldsymbol{n}} \cdot (\boldsymbol{D}_1 - \boldsymbol{D}_2) = 0 \tag{7.2.70}$$

式(7.2.67) 说明理想介质分界面上 $\boldsymbol{H}_{\mathrm{t}}$ 是连续的，式(7.2.68) 说明介质分界面上的电场强度 $\boldsymbol{E}$ 的切向分量是连续的，式(7.2.69) 说明理想介质分界面上 $\boldsymbol{B}_n$ 是连续的，式(7.2.70) 说明理想介质分界面上 $\boldsymbol{D}$ 的法向分量是连续的。

以上边界条件都是直接由麦克斯韦方程组导出的，因而是最基本的边界条件。具体问题的具体边界条件都可以由以上边界条件导出。

由于总磁场切向量在良导体表面不连续，因此无法直接得到散射场的切向量。对此，Shang 给出了如下形式的外插表面边界条件：

$$\hat{\boldsymbol{n}} \cdot \nabla(\hat{\boldsymbol{n}} \times \boldsymbol{H}) = 0 \tag{7.2.71}$$

$$\hat{\boldsymbol{n}} \cdot \nabla(\hat{\boldsymbol{n}} \cdot \boldsymbol{E}) = 0 \tag{7.2.72}$$

对于近似黎曼解通量算法，Shankar，Bishop 等给出了如下形式的外插边界条件：

$$(\hat{\boldsymbol{n}} \times \boldsymbol{H}^{*})_{\mathrm{B}} = (\hat{\boldsymbol{n}} \times \boldsymbol{H})_{\mathrm{R}} - \frac{\hat{\boldsymbol{n}}}{(\mu c)_{\mathrm{R}}} \times (\hat{\boldsymbol{n}} \times \boldsymbol{E}_{\mathrm{R}} - \hat{\boldsymbol{n}} \times \boldsymbol{E}_{\mathrm{B}}) \tag{7.2.73}$$

式中，下脚标 B 代表导体表面，R 指邻接单元。

3. 远场边界条件

由于计算机容量的限制，只能在有限的区域内计算。为了能模拟开域的电磁散射过程，在计算区域的截断边界（即剖分的最外围的一层）必须给出吸收边界条件，截断边界在物理上是不存在的，在数值处理中必须使得计算误差在该处不反射回计算区域，使用 Steger-Warming 分裂计算通量时，设定ξ方向为远场外边界法向方向，则远场条件就是ξ向进来的通量为零，其数学表达式为

$$\boldsymbol{H}^{-}(\hat{\xi},\quad \hat{\boldsymbol{\eta}},\quad \zeta_{\text{exit}}) = 0 \tag{7.2.74}$$

如果使用近似黎曼解法计算通量，只要令右状态变量为零，由式(7.2.48)可得

$$\left.\begin{aligned}\boldsymbol{\xi}\times\boldsymbol{E}^{*} &= \boldsymbol{\xi}\times\frac{\varepsilon c\boldsymbol{E}-\boldsymbol{\xi}\times\boldsymbol{H}}{2\varepsilon c}\\ -\boldsymbol{\xi}\times\boldsymbol{H}^{*} &= -\boldsymbol{\xi}\times\frac{\mu c\boldsymbol{H}+\boldsymbol{\xi}\times\boldsymbol{E}}{2\mu c}\end{aligned}\right\} \tag{7.2.75}$$

7.3 雷达散射截面计算

7.3.1 总场、散射场体系

入射平面电磁波与物体作用要产生散射波，散射波与入射波之和满足媒质不连续面上的切线分量连续的边界条件，因此在物体所在区域计算入射波与散射波之和的总场更为方便，如果用 i 表示入射场，s 表示散射场，t 表示总场，则有

$$\begin{aligned}\boldsymbol{E}_{\mathrm{t}} &= \boldsymbol{E}_{\mathrm{i}}+\boldsymbol{E}_{\mathrm{s}}\\ \boldsymbol{H}_{\mathrm{t}} &= \boldsymbol{H}_{\mathrm{i}}+\boldsymbol{H}_{\mathrm{s}}\end{aligned} \tag{7.3.1}$$

入射场为已知的，故在计算了总场之后散射场是很容易得到的，只要用总场减去入射场，即

$$\left.\begin{aligned}\boldsymbol{E}_{\mathrm{s}} &= \boldsymbol{E}_{\mathrm{t}}-\boldsymbol{E}_{\mathrm{i}}\\ \boldsymbol{H}_{\mathrm{s}} &= \boldsymbol{H}_{\mathrm{t}}-\boldsymbol{H}_{\mathrm{i}}\end{aligned}\right\} \tag{7.3.2}$$

按照与 FDTD 方法类似的区域划分原理也可以把 FVTD 计算区域划分成总场区和散射场区，如图 7.3.1 所示，在总场区用 FVTD 计算总场，即入射场和散射场之和；在散射场区则仅计算散射场。为把网格空间划分为总场区和散射场区，两区交界面上及其邻域的电磁场必须由连接条件进行计算，这些条件中包括交界面上及其邻域的入射电磁场，入射电磁场正是通过连接条件引入到总场区。为了计算 FVTD 区域以外的散射场，在总场边界和吸收边界之间设置散射数据存储边界，或称为数据吸收边界或外推边界。这样做的好处是：① 可以实现任意入射波激励。在分区的网格空间中入射波只存在于总场区，可以根据实际入射场情况将入射波离散化赋值在连接边界上，实现紧凑的任意入射波激励。② 可以直接使用边界吸收条件。因为截断边界位于散射场区，可直接使用对散射场导出的吸收边界条件。③ 使散射体的设置变得比较简单。④ 可以结合近-远场外推计算远场。

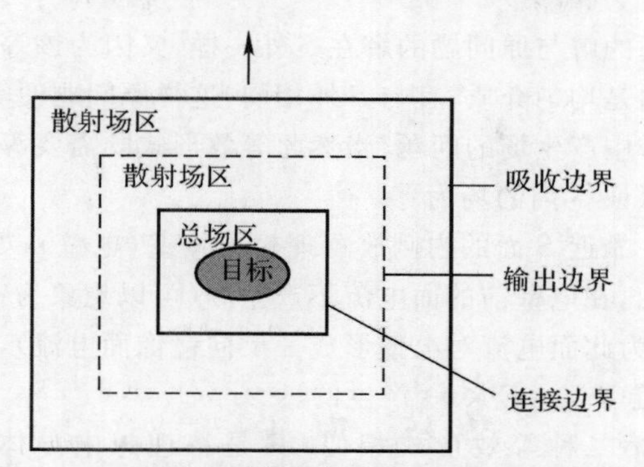

图 7.3.1　FVTD计算散射场时的区域划分及各种边界

7.3.2　等效原理

由于FVTD只能计算有限区域的电磁场，要获得远区的散射或辐射场则必须应用等效原理。场的等效原理就是一个场的边值问题可由另一个边值问题的解来代替的原理。在某一空间区域内，能产生同样场的两种源称为在该区域内是等效的。利用等效原理后，当需求解已知空间区域内的场时，实际源是不需要知道的，只要知道等效源就可以了。

等效原理最简单的应用情况如图 7.3.2 所示，设闭合面 S 将只含线性媒质的整个空间分为两个部分，即空间 V_1 与空间 V_2。图 7.3.2(a) 所示的原有问题中，V_2 内有源，V_1 是均匀媒质空间且无源。在这两个区域中的媒质特性分别为 $\varepsilon_1, \mu_1, \sigma_1$ 和 $\varepsilon_2, \mu_2, \sigma_2$。如果只关心 S 外的场，那么便可将此问题等效成一个只有在 S 上有源的规则问题，此问题的解与原问题的解在 S 外是一样的。这有下面三种等效形式，如图 7.3.2(b)(c)(d) 所示。

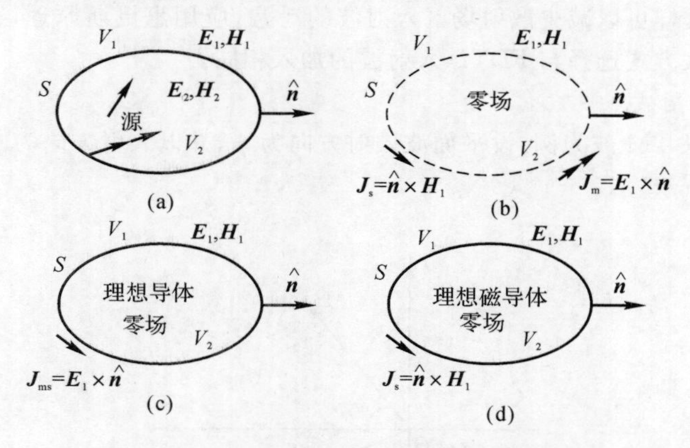

图 7.3.2　场的等效原理示意图

第一种形式是如图 7.3.2(b) 所示的 Love 场，假设 S 内的场为零，S 上有一组等效电流源 $\boldsymbol{J}_s$ 和磁流源 $\boldsymbol{J}_m$，它们满足

$$\boldsymbol{J}_m = \boldsymbol{E}\times\hat{\boldsymbol{n}} \tag{7.3.3}$$

$$\boldsymbol{J}_s = \hat{\boldsymbol{n}}\times\boldsymbol{H} \tag{7.3.4}$$

由边界连续性条件可知，此等效问题中 S 外的场在边界 S 的切向上与原问题是一样的，根

据唯一性定理可知此问题的解与原问题的解在 S 外一样，又因为该等效问题中 S 内的场为零，因而可以进一步假设 S 内是均匀介质，且与 S 外相同，这样原问题便等效成了一个 S 上一组等效源 $\boldsymbol{J}_s$ 和 $\boldsymbol{J}_m$ 在均匀介质中产生场的问题。当然此等效形式既需要等效电流源，又需要等效磁流源，除此之外，则无法保证 S 内的场为零。

第二种等效形式是在靠近 S 面的内侧放置理想导体壁（电壁），如图 7.3.2(c) 所示，根据洛仑兹互易定理可以证明，在电壁前的面电流不产生场（可以想象为密度为 $\boldsymbol{J}_m = \boldsymbol{E} \times \hat{\boldsymbol{n}}$ 的面电流被电壁短路，也可以认为此面电流对电壁形成一反向镜像面电流），所以 V_2 中的场是单独由电壁外侧 S 面上的面磁流（$\boldsymbol{J}_m = \boldsymbol{E} \times \hat{\boldsymbol{n}}$）产生的。

第三种等效形式与第二种等效形式相似，只是将理想电导体换成理想磁导体，如图 7.3.2(d) 所示，在靠近 S 面的内侧放置理想磁体壁（磁壁），满足 $\boldsymbol{J}_s = \hat{\boldsymbol{n}} \times \boldsymbol{H}$ 后原场问题等效成一个理想磁导体上等效电流源 $\boldsymbol{J}_s$ 产生场的问题。

7.3.3 平面波源的加入

用 FVTD 数值方法分析问题时，无论研究媒质的散射问题还是吸收问题，或是耦合问题等，除了在足够的网格空间中模拟被研究的媒质存在外，另一个重要的任务就是要模拟激励源，就是说，应将被研究媒质在真实激励源下这一完整条件在计算中尽可能的“复现”出来，或者说对所研究的主要参数来讲，二者是等效的。

很多电磁场问题是研究平面波与物体的相互作用，在这种问题中场源是具有特定传播和极化方向的平面电磁波，它的源头应设在无穷远处，所以在计算网格空间中，平面波的设置不同于其他类型的辐射波的设置。图 7.3.2 所示的等效原理表明在总场边界设置等效电磁流可以在总场区引入入射波，而在散射场区却没有入射波。但是在 FVTD 的差分离散实现时，会产生入射波泄漏到散射场区的现象。入射波为平面波时采用一维 FVTD 随时间逐步推进地在总场区引入入射波，这样可以减少散射场区入射波的泄漏。应用惠更斯原理，在连接边界引入入射波，入射波的加入方式选择与 FDTD 入射波的加入相同。

1. 时谐场的入射波

二维情形下，以 TM 波为例。设平面波入射方向为 φ_i，并以入射方向为 y' 轴建立 $Ox'y'$ 坐标系，如图 7.3.3 所示。

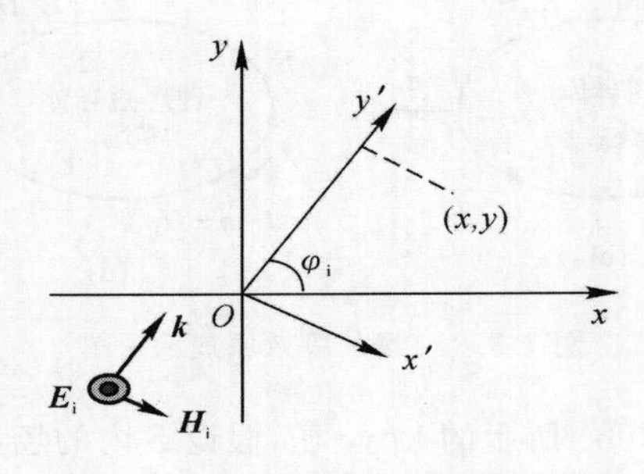

图 7.3.3　二维情形下平面波入射

在 Oxy 坐标系中，入射波表达式如下：

$$\left.\begin{aligned}
\boldsymbol{E}_{z,\mathrm{i}} &= \boldsymbol{E}'_z = \boldsymbol{E}_\mathrm{i} \\
\boldsymbol{H}_{x,\mathrm{i}} &= \sin\varphi_\mathrm{i}\boldsymbol{H}'_x = \frac{\sin\varphi_\mathrm{i}\boldsymbol{E}_\mathrm{i}}{Z_0} \\
\boldsymbol{H}_{y,\mathrm{i}} &= -\cos\varphi_\mathrm{i}\boldsymbol{H}'_x = \frac{-\cos\varphi_\mathrm{i}\boldsymbol{E}_\mathrm{i}}{Z_0}
\end{aligned}\right\} \tag{7.3.5}$$

对于 TE 波，入射波表达式如下：

$$\left.\begin{aligned}
\boldsymbol{H}_{z,\mathrm{i}} &= \boldsymbol{H}'_z = \boldsymbol{H}_\mathrm{i} \\
\boldsymbol{E}_{x,\mathrm{i}} &= -\sin\varphi_\mathrm{i}\boldsymbol{H}'_x = \frac{-\sin\varphi_\mathrm{i}\boldsymbol{H}_\mathrm{i}}{Y_0} \\
\boldsymbol{E}_{y,\mathrm{i}} &= -\cos\varphi_\mathrm{i}\boldsymbol{H}'_x = \frac{\cos\varphi_\mathrm{i}\boldsymbol{H}_\mathrm{i}}{Y_0}
\end{aligned}\right\} \tag{7.3.6}$$

上面两式中真空波阻抗 $Z_0 = \mu_0 c$，真空波导纳 $Y_0 = \varepsilon_0 c$，c 为真空中光速。

三维情况下，设 FVTD 区的坐标系为 $Oxyz$，平面波矢量 $\boldsymbol{k}$ 在 $Oxyz$ 系中的球坐标方向参数为 $(\theta_\mathrm{i}, \varphi_\mathrm{i})$，如图 7.3.4(a) 所示。另外，以平面波矢量 $\boldsymbol{k}$ 方向为 $\boldsymbol{e}_r$ 建立球坐标系，其他两个方向单位矢为 $\boldsymbol{e}_\theta$ 和 $\boldsymbol{e}_\varphi$。

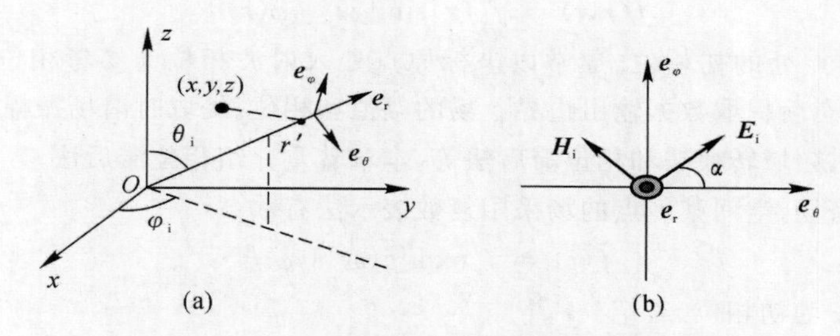

图 7.3.4　三维情况平面波入射时的坐标系

(a) 平面波矢量沿球坐标系中方向；(b) 平面波线极化方向

入射波电场在 xyz 坐标系中的分量为

$$\begin{aligned}
\boldsymbol{E}_{x,\mathrm{i}} &= \boldsymbol{E}_\mathrm{i}(-\sin\varphi_\mathrm{i}\sin\alpha + \cos\theta_\mathrm{i}\cos\varphi_\mathrm{i}\cos\alpha) \\
\boldsymbol{E}_{y,\mathrm{i}} &= \boldsymbol{E}_\mathrm{i}(\cos\varphi_\mathrm{i}\sin\alpha + \cos\theta_\mathrm{i}\sin\varphi_\mathrm{i}\cos\alpha) \\
\boldsymbol{E}_{z,\mathrm{i}} &= -\boldsymbol{E}_\mathrm{i}\sin\theta_\mathrm{i}\cos\alpha
\end{aligned} \tag{7.3.7}$$

对于入射磁场有类似处理，只需将式(7.3.7)中 $\boldsymbol{\alpha} \rightarrow (90° + \alpha)$，相应公式为

$$\left.\begin{aligned}
\boldsymbol{H}_{x,\mathrm{i}} &= \frac{\boldsymbol{E}_\mathrm{i}}{Z_0}(-\sin\varphi_\mathrm{i}\cos\alpha - \cos\theta_\mathrm{i}\cos\varphi_\mathrm{i}\sin\alpha) \\
\boldsymbol{H}_{y,\mathrm{i}} &= \frac{\boldsymbol{E}_\mathrm{i}}{Z_0}(\cos\varphi_\mathrm{i}\cos\alpha - \cos\theta_\mathrm{i}\sin\varphi_\mathrm{i}\sin\alpha) \\
\boldsymbol{H}_{z,\mathrm{i}} &= \frac{\boldsymbol{E}_\mathrm{i}}{Z_0}\sin\theta_\mathrm{i}\sin\alpha
\end{aligned}\right\} \tag{7.3.8}$$

2. 时谐场的开关函数

同 FDTD 方法一样，用 FVTD 方法模拟时谐场过程时，在入射波源的作用下，总要经历一段过程才可以达到稳态。为了缩短稳态建立所需要的时间和减小冲激效应，可以引入适当的开关函数 $U(t)$，或称窗函数。因此，时谐场源表示为

$$\boldsymbol{E}_\mathrm{i}(t) = \boldsymbol{E}_0 U(t)\sin(\omega t) \tag{7.3.9}$$

常见的开关函数有阶梯函数、倒指数函数、斜坡函数、升余弦函数，由于升余弦函数的平滑性最好，故所引起的附加起伏最小，这里使用升余弦函数作为开关函数，其函数形式为

$$U(t)=\begin{cases}0, & t<0\\ 0.5[1-\cos(\pi t/t_0)], & 0\leqslant t<t_0\\ 1, & t_0\leqslant t\end{cases} \tag{7.3.10}$$

式中：t_0 为常数。

7.3.4 时谐场振幅和相位的提取

设入射波为正弦波：

$$\boldsymbol{E}_{\mathrm{i}}=\begin{cases}0, & t<0\\ \boldsymbol{E}_0\sin(\omega t), & t\geqslant 0\end{cases} \tag{7.3.11}$$

由于 FVTD 方法是时域算法，因而给出的是场量的瞬时值。对于时谐场，空间一点的电场或磁场可以写为

$$f(\boldsymbol{r},t)=f_0(\boldsymbol{r})\sin[\omega t+\varphi(\boldsymbol{r})] \tag{7.3.12}$$

式中，$\varphi(\boldsymbol{r})$ 是观察点处的初相位。通常以坐标原点处入射波相位为参考相位。对于时谐场情况，在计算达到稳态后提取数据输出边界上场的幅值和相位。提取时谐场振幅和相位的方法一般有：峰值检波法、频域转换法和相位滞后法等。本章着重介绍相位滞后法。

对于空间时谐场，空间某一点的场采用复数表示法有

$$\tilde{\boldsymbol{f}}(t)=f_0\exp[\mathrm{j}(\omega t+\varphi)] \tag{7.3.13}$$

式中：f_0 是振幅；φ 为初相位。若记

$$\tilde{\boldsymbol{f}}(t)=f_{\mathrm{R}}+\mathrm{j}f_{\mathrm{I}}(t) \tag{7.3.14}$$

则其实部和虚部分别为

$$\left.\begin{aligned}f_{\mathrm{R}}&=f_0\cos(\omega t+\varphi)\\ f_{\mathrm{I}}&=f_0\sin(\omega t+\varphi)=f_0\cos\left(\omega t+\varphi-\frac{\pi}{2}\right)=f_{\mathrm{R}}(t-\frac{\pi}{4})\end{aligned}\right\} \tag{7.3.15}$$

式(7.3.15)表明实部和虚部彼此相差1/4周期。根据这一特性，在FVTD计算达到时谐场稳态后，对于计算区域中某一观察点输出一个值 $f_{\mathrm{I}}(t)$；然后让程序继续向前推进 1/4 周期，再输出另外一个值 $f_{\mathrm{R}}(t)$。由这两次输出值构成复数 $\tilde{\boldsymbol{f}}(t)=f_{\mathrm{R}}+\mathrm{j}f_{\mathrm{I}}(t)$。于是可以方便地求出时谐场的振幅为

$$f_0=|\tilde{\boldsymbol{f}}(t)|=\sqrt{f_{\mathrm{R}}^2(t)+f_{\mathrm{I}}^2(t)} \tag{7.3.16}$$

选取入射波在原点的初相位为参考相位。设原点处入射波为

$$\tilde{\boldsymbol{f}}^{\mathrm{i}}(t)=f_{\mathrm{R}}+\mathrm{j}f_{\mathrm{I}}(t)=f_0\exp[\mathrm{j}(\omega t+\varphi_0^{\mathrm{i}})] \tag{7.3.17}$$

令观察点和原点的输出取相同的时刻，由式(7.3.14)、式(7.3.15) 可得相位差为

$$\varphi-\varphi_0^{\mathrm{i}}=\arctan\left[\frac{\mathrm{Im}\left\{\dfrac{\tilde{\boldsymbol{f}}(t)}{\tilde{\boldsymbol{f}}^{\mathrm{i}}(t)}\right\}}{\mathrm{Re}\left\{\dfrac{\tilde{\boldsymbol{f}}(t)}{\tilde{\boldsymbol{f}}^{\mathrm{i}}(t)}\right\}}\right] \tag{7.3.18}$$

7.3.5　近-远场外推

当要考虑空间的几个区域时，根据场的等效原理，在计算区域内作一封闭面 S，把计算区域隔开，然后由这个面上的等效电磁流经过外推得到计算区域以外的散射场或辐射场。利用 Stratton-Chu 积分方程得到远场场矢量和虚拟界面处电磁场矢量的变换关系

$$\left.\begin{aligned}\boldsymbol{E}(\boldsymbol{r}) &= \frac{\mathrm{i}k}{4\pi}\iint\left\{\sqrt{\frac{\mu}{\varepsilon}}[\hat{\boldsymbol{n}}\times\boldsymbol{H}(\boldsymbol{r}')]-[\hat{\boldsymbol{n}}\times\boldsymbol{E}(\boldsymbol{r}')]\times\boldsymbol{r}-[\hat{\boldsymbol{n}}\cdot\boldsymbol{E}(\boldsymbol{r}')]\boldsymbol{r}\right\}\mathrm{e}^{-\mathrm{i}kr'\frac{r'}{|r'|}}\mathrm{d}S \\ \boldsymbol{H}(\boldsymbol{r}) &= -\frac{\mathrm{i}k}{4\pi}\iint\left\{\sqrt{\frac{\varepsilon}{\mu}}[\hat{\boldsymbol{n}}\times\boldsymbol{E}(\boldsymbol{r}')]+[\hat{\boldsymbol{n}}\times\boldsymbol{H}(\boldsymbol{r}')]\times\boldsymbol{r}+[\hat{\boldsymbol{n}}\cdot\boldsymbol{H}(\boldsymbol{r}')]\boldsymbol{r}\right\}\mathrm{e}^{-\mathrm{i}kr'\frac{r'}{|r'|}}\mathrm{d}S\end{aligned}\right\}$$

(7.3.19)

式中：$\boldsymbol{f}(\boldsymbol{r}')$，$\boldsymbol{f}(\boldsymbol{r})$ 分别表示近场和远场的场矢量；$k=2\pi/\lambda$（λ 是平面波波长）；S 表示面元；$\hat{\boldsymbol{n}}$ 是积分面法矢；$\boldsymbol{r}'$ 是坐标原点到积分面元的线矢量；r 是积分面到观察点的距离。

图 7.3.5 所示为近-远场外推示意图。

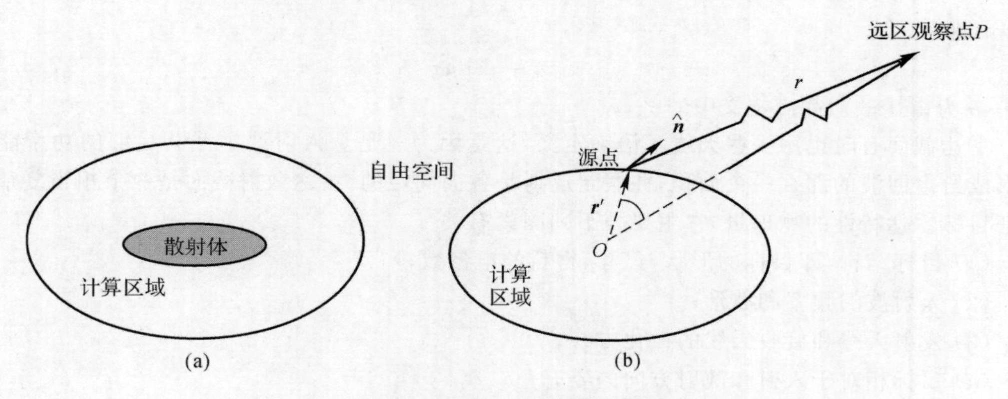

图 7.3.5　近-远场外推示意图

(a) 电磁散射原问题；(b) 电磁散射等效问题

7.3.6　雷达散射截面及诱导电流的计算

雷达散射截面用符号 σ 来表示，是在给定方向上返回或散射功率的一种量度，用于描述目标雷达特性，它用入射场的功率密度归一化：

$$\sigma = 4\pi\lim_{R\to\infty}R^2\frac{|\boldsymbol{E}_\mathrm{s}|^2}{|\boldsymbol{E}_\mathrm{i}|^2} = 4\pi\lim_{R\to\infty}R^2\frac{|\boldsymbol{H}_\mathrm{s}|^2}{|\boldsymbol{H}_\mathrm{i}|^2} \tag{7.3.20}$$

式中：$\boldsymbol{E}_\mathrm{i}$，$\boldsymbol{H}_\mathrm{i}$ 为入射雷达波在目标处的电磁场强度；$\boldsymbol{E}_\mathrm{s}$，$\boldsymbol{H}_\mathrm{s}$ 为散射波在雷达处的电磁场强度；R 为目标到雷达天线的距离，$R\to\infty$ 意味着目标处的入射波和雷达处的散射波都具有平面波的性质，因而消除了距离 R 对雷达截面的影响。它是一种假想的面积，来源于天线研究和设计。接收天线通常被认为是一个“有效接收面积”的口径，接收天线从此口径中接收能量，接收天线的接收功率则等于入射功率密度乘以天线有效面积。目标散射的能量也可以表示成为一个有效面积与雷达波功率密度的乘积，这个面积就是散射截面。

如图 7.3.6 所示，当接收站与发射站在同一个位置时，称为单站散射，又叫后向散射；当接

收站与发射站不在同一个位置时，称为双站散射。所以，单站散射是双站散射的特殊情况，在单站情况下，双站角为0°。不论是单站RCS计算还是双站RCS计算，从雷达散射截面的定义式可以看出，关键在于得到距离目标无穷远处的散射场的大小。

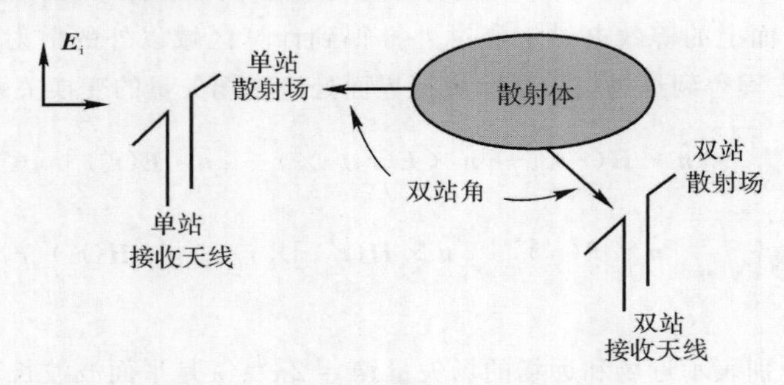

图 7.3.6　单站和双站散射的基本过程

RCS是个标量，其单位是 m^2。通常以对数的形式给出，即相对于 1 m^2 的分贝数，记为dBsm，即

$$\sigma_{\mathrm{dBsm}} = 10\lg\sigma \tag{7.3.21}$$

式中：σ 为雷达散射截面定义中的 σ。

雷达截面有时也用一些天线术语来定义，这是因为 σ 是从入射波中截获足够的功率能量以形成给定回波的那么一个面积，并假定反射是各向同性的。雷达散射截面是一个相当复杂的表征目标雷达特性的物理量，它主要与下列因素有关：

(1) 目标结构，即目标的形状、尺寸、材料的电参数；

(2) 入射波的频率和波形；

(3) 发射天线和接收天线的极化方式；

(4) 目标相对于入射和散射方向的姿态角。

雷达散射截面是这些因素的函数，为了减小飞行器的雷达散射截面，各国采取的措施无非是这些因素。

目标结构对雷达散射截面的影响是显著的，并且对目标的回波特性进行控制的方法主要是使用外形技术和吸收材料。众所周知的隐身飞机F117A主要是采取了较好的隐形外形和较有效的吸波材料，使得其雷达散射截面积最小时为0.025 m^2。

雷达截面 σ 是频域响应，计算它必须首先知道频域远场散射场，使用傅里叶变换可实现时域信号 $f(t)$ 到频域信号 $F(\omega)$ 的转换：

$$F(\omega) = \Delta t \sum_{n=0}^{N-1} f(t)\mathrm{e}^{-\mathrm{j}\omega n\Delta t} \tag{7.3.22}$$

式中：N 是取样周期内的取样步数，ω 是电磁波圆频率。对二维物体，散射宽度可认为是柱体单位长度的散射截面，公式表示为

$$\sigma = \frac{1}{4k}\left|S\right|^2 \tag{7.3.23}$$

对于TM波和TE波，有

$$\mathrm{S(TM)} = \frac{1}{|\boldsymbol{E}_\mathrm{i}|}\oint_S \left[-\omega\mu_0 J_z + k(-M_x \sin\psi + M_y \cos\psi)\right]\mathrm{e}^{\mathrm{j}\boldsymbol{k}\cdot\boldsymbol{r}'}\mathrm{d}S' \tag{7.3.24}$$

$$S(\mathrm{TE})=\frac{1}{|\boldsymbol{H}_s|}\oint_S[\omega\varepsilon_0 M_z+k(-J_x\sin\psi+J_y\cos\psi)]\mathrm{e}^{\mathrm{j}k\cdot r'}\mathrm{d}S' \tag{7.3.25}$$

式中：(J_x,J_y,J_z)，(M_x,M_y,M_z) 为等效电磁流 $\boldsymbol{J},\boldsymbol{M}$ 在 x,y,z 方向上的分量，$\boldsymbol{J},\boldsymbol{M}$ 的表达形式为

$$\left.\begin{aligned}\boldsymbol{J}&=\hat{\boldsymbol{n}}\times\boldsymbol{H}_s\\ \boldsymbol{M}&=-\hat{\boldsymbol{n}}\times\boldsymbol{E}_s\end{aligned}\right\} \tag{7.3.26}$$

式中：$\boldsymbol{E}_s$，$\boldsymbol{H}_s$ 是频域内目标表面的总电场或总磁场，本章中电场以 $|\boldsymbol{E}_i|$、磁场以 $|\boldsymbol{H}_i|$ 归一化；$\hat{\boldsymbol{n}}$ 为积分线上单位外法矢；$\boldsymbol{r}'$ 是坐标原点到积分线上的点矢。

散射宽度以波长 λ 归一化后取对数乘以 10 作为最终结果，即

$$\sigma(\mathrm{dB})=10\lg\frac{\sigma}{\lambda} \tag{7.3.27}$$

7.3.7　多层介质散射分析

现代隐身飞机和导弹的设计过程使精确预估目标电磁散射的能力变得越来越重要，这些都对计算电磁学的研究提出了更高的要求，尽管外形技术能在有限的视线内提供引人注目的雷达截面减缩(RCSR) 结果，但在很多情况下，为达到设计目的，要求对入射电磁能量进行吸收。雷达截面在一个观察角上的减小通常伴随着在另一个观察角上的增加，然而，如果使用了雷达吸收材料(RAM)，通过材料中能量的耗散，就可以得到雷达截面的减缩，而在其他方向上的 RCS 保持相对不变，在目标表面涂敷雷达吸收材料后的散射问题相对来说较复杂，为简化分析，通常在物体外表面施加合适的阻抗边界条件，通过无限大平面情况的散射问题，确定出与材料散射特性相关的反射系数，从而求得介质表面的散射场。下面就直接给出多层有耗介质的总反射系数结果。

图 7.3.7 所示为斜入射在多层有耗介质平面上散射示意图，图中 N 是总层数，ε_r，μ_r 分别为第 n 层的相对介电常数和相对磁导率，$d^{(n)}$ 为第 n 层的厚度，$\alpha^{(n)}$ 为入射波在第 n 层的入射角。

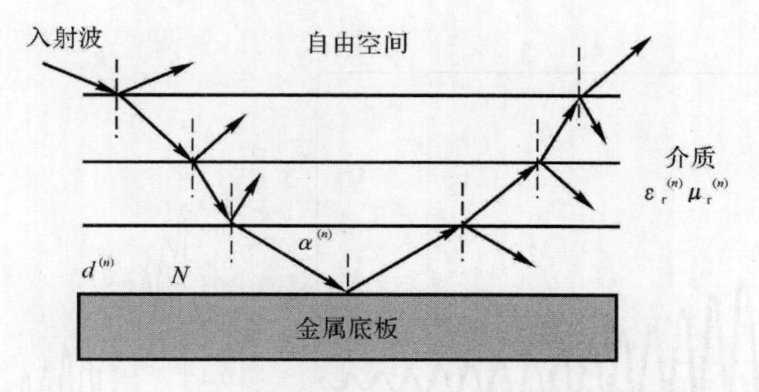

图 7.3.7　斜入射波在多层有耗介质平面散射示意图

一个任意极化的入射平面波可以分解为电场平行于入射面的水平线极化波(即相对于分界面法线方向的 TM 波) 和电场垂直入射面的垂直线极化波(即相对于分界面法线方向的 TE 波)，用 $Z_{\mathrm{i}H}^{(n)}$ 和 $Z_{\mathrm{i}E}^{(n)}$ 分别表示平行极化和垂直极化情况下第 n 层的输入阻抗，有

$$Z_{iH}^{(n)} = \frac{Z_{iH}^{(n+1)}\cos\alpha^{(n+1)} - jZ^{(n)}\cos\alpha^{(n)}\tan[c^{(n)}d^{(n)}]}{Z^{(n)}\cos\alpha^{(n)} - jZ_{iH}\cos\alpha^{(n+1)}\tan[c^{(n)}d^{(n)}]}Z^{(n)} \tag{7.3.28}$$

$$Z_{iE}^{(n)} = \frac{Z_{iE}^{(n+1)}\cos\alpha^{(n)} - jZ^{(n)}\cos\alpha^{(n+1)}\tan[c^{(n)}d^{(n)}]}{Z^{(n)}\cos\alpha^{(n+1)} - jZ_{iE}^{(n+1)}\cos\alpha^{(n)}\tan[c^{(n)}d^{(n)}]}Z^{(n)} \tag{7.3.29}$$

式中：$Z^{(n)}$ 是第 n 层的阻抗，$Z^{(n)} = \sqrt{\mu_0\mu_r/\varepsilon_0\varepsilon_r}$；$\varepsilon_0$ 和 μ_0 分别是自由空间的介电常数和磁导率。$c^{(n)} = k^{(n)}\cos\alpha^{(n)}$，$k^{(n)}$ 是第 n 层的波数

$$k^{(n)} = \omega\sqrt{\varepsilon_0\varepsilon_r^{(n)}\mu_0\mu_r^{(n)}} \tag{7.3.30}$$

$$\cos\alpha^{(n)} = \sqrt{1 - \frac{\mu_r^{(1)}\varepsilon_r^{(1)}}{\mu_r^{(n)}\varepsilon_r^{(n)}}\sin^2\alpha^{(1)}} \tag{7.3.31}$$

平行极化反射系数 R_H 和垂直极化反射系数 R_E 为

$$R_H = \frac{Z^{(1)}\cos\alpha^{(1)} - Z_{iH}^{(2)}\cos\alpha^{(2)}}{Z^{(1)}\cos\alpha^{(1)} + Z_{iH}^{(2)}\cos\alpha^{(2)}} \tag{7.3.32}$$

$$R_E = \frac{Z_{iE}^{(2)}\cos\alpha^{(1)} - Z^{(1)}\cos\alpha^{(2)}}{Z_{iE}\cos\alpha^{(1)} + Z^{(1)}\cos\alpha^{(2)}} \tag{7.3.33}$$

特别地，当介质板只由一层（$\varepsilon_r^{(1)}$，$\varepsilon_r^{(2)}$，$\mu_r^{(1)}$，$\mu_r^{(2)}$）构成时，可推导出此时的菲涅尔（Fresnel）反射系数

$$R_H = \frac{\sqrt{\varepsilon_{21}/\mu_{21}}\cos\alpha^{(1)} - \sqrt{1-1/(\varepsilon_{21}\mu_{21})\sin^2\alpha^{(1)}}}{\sqrt{\varepsilon_{21}/\mu_{21}}\cos\alpha^{(1)} + \sqrt{1-1/(\varepsilon_{21}\mu_{21})\sin^2\alpha^{(1)}}} \tag{7.3.34}$$

$$R_E = \frac{\sqrt{\mu_{21}/\varepsilon_{21}}\cos\alpha^{(1)} - \sqrt{1-1/(\varepsilon_{21}\mu_{21})\sin^2\alpha^{(1)}}}{\sqrt{\mu_{21}/\varepsilon_{21}}\cos\alpha^{(1)} + \sqrt{1-1/(\varepsilon_{21}\mu_{21})\sin^2\alpha^{(1)}}} \tag{7.3.35}$$

式中：$\varepsilon_{21} = \frac{\varepsilon_r^{(2)}}{\varepsilon_r^{(1)}}$，$\mu_{21} = \frac{\mu_r^{(2)}}{\mu_r^{(1)}}$。对于理想导体，有 $R_H = 1$，$R_E = -1$。

例如当第一层媒质是自由空间（$\varepsilon_r = 1.0$，$\mu_r = 1.0$），第二层媒质是胶合板（$\varepsilon_r = 2.5 - j0.16$，$\mu_r = 1.0$），第三层媒质是铁（$\varepsilon_r = -j1.8E7$，$\mu_r = 470$），入射波入射频率为 10 GHz。图 7.3.8 和图 7.3.9 所示是文献[51]结果与本书结果的比较，可以看出，本书计算结果与该文献结果一致。

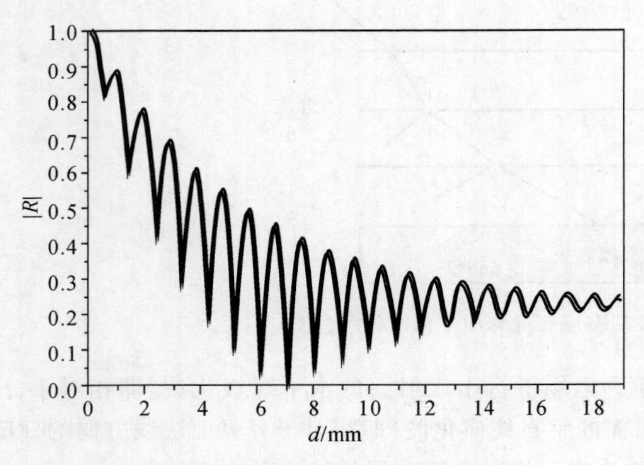

图 7.3.8　文献结果图

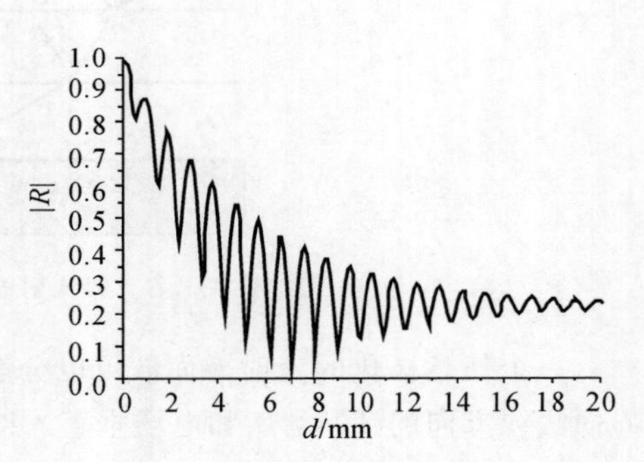

图 7.3.9　本书计算结果

7.4　二维目标电磁散射计算

7.4.1　控制方程

电磁散射空间中电磁总场是入射电磁场和散射场之和，为了避免在计算空间中传播入射波带来数值误差，使用散射场形式的麦克斯韦积分方程组。在直角坐标系下，选择平面电磁波传播方向为 x 轴，坐标 z 轴方向为物体轴方向。对于平面波垂直轴入射，则电磁场量在 z 轴方向梯度为零，由于空间 $\sigma_E = \sigma_M = 0$，右端源项为0，散射场满足的二维时域麦克斯韦微分方程形式为

$$\frac{\partial \boldsymbol{Q}}{\partial t} + \frac{\partial \boldsymbol{F}}{\partial x} + \frac{\partial \boldsymbol{G}}{\partial y} = 0 \tag{7.4.1}$$

式中：各通量定义为

$$\boldsymbol{Q} = [B_x, B_y, B_z, D_x, D_y, D_z]^{\mathrm{T}} \tag{7.4.2}$$

$$\boldsymbol{F} = [0, -E_z, E_y, 0, H_z, -H_y]^{\mathrm{T}} \tag{7.4.3}$$

$$\boldsymbol{G} = [E_z, 0, -E_x, -H_z, 0, H_x]^{\mathrm{T}} \tag{7.4.4}$$

$$\boldsymbol{H} = [-E_y, E_x, 0, H_y, -H_x, 0]^{\mathrm{T}} \tag{7.4.5}$$

对于TM波，有 $E_x = E_y = H_z = 0$；对于TE波，有 $E_z = H_x = H_y = 0$。模拟复杂外形物体时，使用曲线贴体坐标变换，有

$$\left.\begin{aligned} \hat{\boldsymbol{\xi}} &= \hat{\boldsymbol{\xi}}(x, y) \\ \hat{\boldsymbol{\eta}} &= \hat{\boldsymbol{\eta}}(x, y) \end{aligned}\right\} \tag{7.4.6}$$

坐标变换后，直角坐标系下的麦克斯韦方程组转换为

$$\frac{\partial \widetilde{\boldsymbol{Q}}}{\partial t} + \frac{\partial \widetilde{\boldsymbol{F}}}{\partial \hat{\boldsymbol{\xi}}} + \frac{\partial \widetilde{\boldsymbol{G}}}{\partial \hat{\boldsymbol{\eta}}} = 0 \tag{7.4.7}$$

式中各通量定义为

$$\widetilde{\boldsymbol{Q}} = \widetilde{\boldsymbol{Q}}/\boldsymbol{J} = \begin{bmatrix} \boldsymbol{B}/\boldsymbol{J} \\ \boldsymbol{D}/\boldsymbol{J} \end{bmatrix} \tag{7.4.8}$$

$$\widetilde{\boldsymbol{F}} = (\xi_x \boldsymbol{F} + \xi_y \boldsymbol{G} + \xi_z \boldsymbol{H})/\boldsymbol{J} = \begin{bmatrix} \hat{\boldsymbol{\xi}} \times \boldsymbol{E}/\boldsymbol{J} \\ -\hat{\boldsymbol{\xi}} \times \boldsymbol{H}/\boldsymbol{J} \end{bmatrix} \tag{7.4.9}$$

$$\widetilde{\boldsymbol{G}} = (\eta_x \boldsymbol{F} + \eta_y \boldsymbol{G} + \eta_z \boldsymbol{H})/\boldsymbol{J} = \begin{bmatrix} \hat{\boldsymbol{\eta}} \times \boldsymbol{E}/\boldsymbol{J} \\ -\hat{\boldsymbol{\eta}} \times \boldsymbol{H}/\boldsymbol{J} \end{bmatrix} \tag{7.4.10}$$

$$\widetilde{\boldsymbol{H}} = (\zeta_x \boldsymbol{F} + \zeta_y \boldsymbol{G} + \zeta_z \boldsymbol{H})/\boldsymbol{J} = \begin{bmatrix} \hat{\boldsymbol{\zeta}} \times \boldsymbol{E}/\boldsymbol{J} \\ -\hat{\boldsymbol{\zeta}} \times \boldsymbol{H}/\boldsymbol{J} \end{bmatrix} \tag{7.4.11}$$

几何变换参数 $\hat{\boldsymbol{\xi}}/\boldsymbol{J}, \hat{\boldsymbol{\eta}}/\boldsymbol{J}$ 在二维情况下代表网格单元在 $\hat{\boldsymbol{\xi}}, \hat{\boldsymbol{\eta}}$ 方向单元的边界线矢量，$1/\boldsymbol{J}$ 表示四边形网格单元的面积。

7.4.2　网格剖分

网格剖分是数值计算中最重要的工作之一。与传统的均匀剖分网格不同，本章采用的是计算流体力学常用的贴体网格剖分形式，即壁面加密几何级数网格，用坐标变换生成贴体坐标系，采用壁面加密、远场网格拉伸（稀疏）的非均匀网格，壁面网格密度设置每波长点数不小于30pts/λ。一方面保证壁面边界通量计算的足够精度，提高表面诱导电流的计算精度，从而得到

很好的雷达散射截面结果;另一方面远场稀疏网格的强耗散作用能减少计算量和远场反射杂波对内场的影响,这样可以节省计算机内存,提高精度和计算速度。

7.4.3 算例分析

算例1 导体圆柱

在所有二维电磁散射问题中,最容易得到解析解结果的是无限长理想导体圆柱的电磁散射。本小节通过计算这一算例,验证FVTD方法的精度。

1. 解析解

由分离变量方法得到两种极化情形下无限长理想导体的散射场解析解为

$$\boldsymbol{E}_{\mathrm{s}}=-\sum_{n=0}^{\infty}\varepsilon_n(-\mathrm{i})^n\frac{\mathrm{J}_n(ka)}{\mathrm{H}_n^{(1)}(ka)}\mathrm{H}_n^{(1)}(k\rho)\cos n\varphi \tag{7.4.12}$$

$$\boldsymbol{H}_{\mathrm{s}}=-\sum_{n=0}^{\infty}\varepsilon_n(-\mathrm{i})^n\frac{\mathrm{J}'_n(ka)}{\mathrm{H}^{(1)}{}'_n(ka)}\mathrm{H}_n^{(1)}(k\rho)\cos n\varphi \tag{7.4.13}$$

式中:符号"′"表示对宗量求导,$\varepsilon_n=\begin{cases}1,n=0\\2,n\neq 0\end{cases}$,汉克尔函数是第一类贝塞尔函数和第二类贝塞尔函数的线性组合:$\mathrm{H}_n^{(1)}(ka)=\mathrm{J}_n(ka)+\mathrm{i}\mathrm{Y}_n(ka)$。

以上各式中,a是圆柱半径,ρ是圆柱的轴到散射场观察点的距离,φ是入射方向与散射方向在圆柱轴上所对应的双站角,分子中的汉克尔函数代表一个向外传播的波,而且,就大宗量而言,汉克尔函数随$(k\rho)^{-1/2}$衰减。

对于两种极化情形(见图7.4.1),圆柱的散射宽度(单位长度的雷达散射截面积)

$$\sigma_E=\frac{2\lambda}{\pi}\left|\sum_{n=0}^{\infty}\varepsilon_n(-\mathrm{i})^n\frac{\mathrm{J}_n(ka)}{\mathrm{H}_n^{(1)}(ka)}\cos n\varphi\right|^2 \tag{7.4.14}$$

$$\sigma_H=\frac{2\lambda}{\pi}\left|\sum_{n=0}^{\infty}\varepsilon_n(-i)^n\frac{\mathrm{J}_n(ka)}{\mathrm{H}_n^{(1)}(ka)}\cos n\varphi\right|^2 \tag{7.4.15}$$

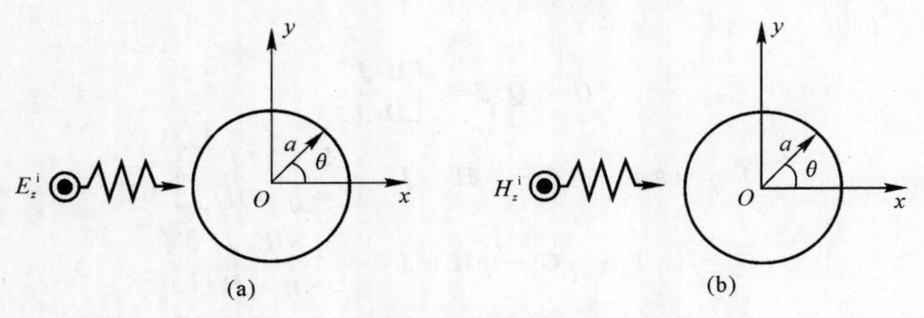

图7.4.1 电磁波对导体圆柱的照射

(a) TM波入射; (b) TE波入射

2. 数值解

理想导体圆柱,圆柱的半径$a=0.5$ m,TE波入射,入射波为带开关函数的正弦波,入射波长$\lambda=\pi/2$ m,网格密度为40 pts/λ,CFL $=1.2$,远场5λ。图7.4.2所示是圆柱外形的计算网格,贴近圆柱的地方网格剖分较密,远场处网格剖分较疏,这样可以提高计算精度;图7.4.3(a)(b)(c)所示是圆柱散射场E_x,E_y,H_z的分布情况;图7.4.4所示是圆柱诱导电流的理论值与计算值的比较,从结果看,二者吻合很好;图7.4.4是圆柱的雷达散射截面的理论值与使用Steger-Warming分裂和近似黎曼解结合各自的边界条件得到的雷达散射截面值计算值，由图可见两种通量分裂方法得到的结果基本一样，并且都能达到足够精度的结果，所以在以后的计算中不再区分了。

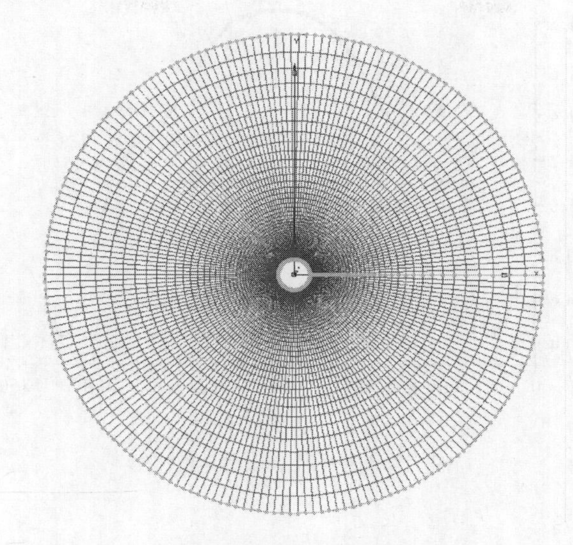

图 7.4.2　圆柱计算网格

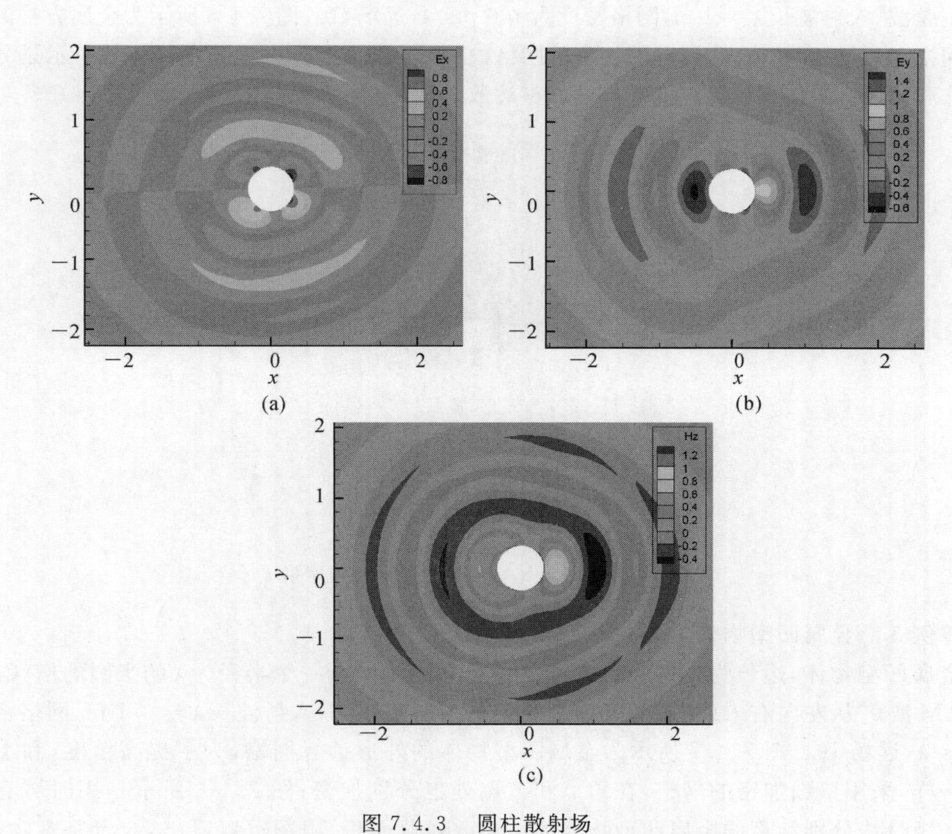

图 7.4.3　圆柱散射场

(a) 圆柱散射场 E_x 分布图；(b) 圆柱散射场 E_y 分布图；(c) 圆柱散射场 H_z 分布图

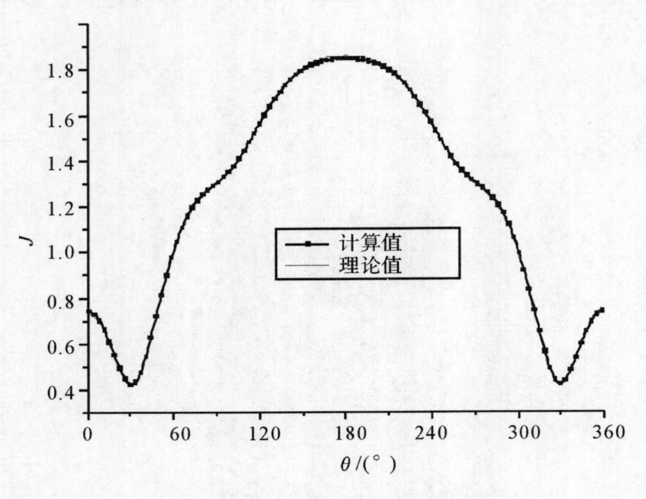

图 7.4.4　圆柱表面诱导电流

算例 2　导体矩形柱

金属矩形柱,边长为 25.6λ × 28.4λ,CFL = 1.0,TM 波 0° 从左向右入射,入射波为带开关函数的正弦波,入射波长 λ = 1 m,网格密度为 100 pts/λ,远场 10λ。图 7.4.5 所示为金属方柱的外形计算网格,为了提高精度,采用壁面加密的网格,在四个角点也分别加密;图 7.4.6 所示是分别用矩量法和时域有限体积法计算的矩形柱的雷达散射截面积,二者基本一致,吻合得很好。

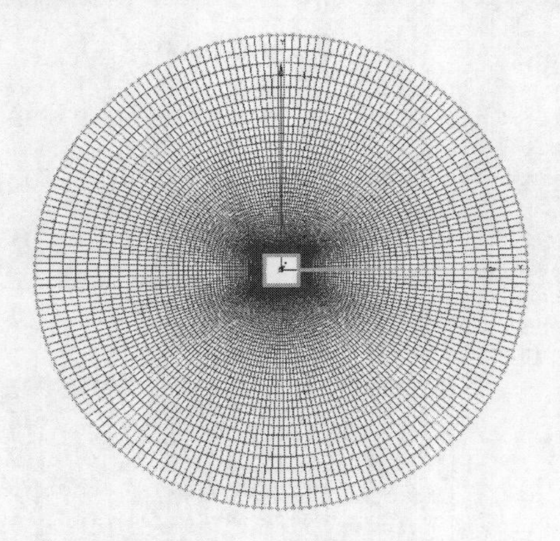

图 7.4.5　金属矩形柱的外形计算网格

算例 3　金属凹型物体

金属凹型物体,边长为 λ × 2λ,在左面的一条边的中央开一个半径为 λ 的半圆的槽,CFL = 1.2,TM 波 0° 从左向右入射,入射波为带开关函数的正弦波,入射波长 λ = 0.1 m,网格密度为 100pts/λ,远场 10λ。图 7.4.7 所示为金属凹型物体的外形计算网格,为了提高精度,和上面的计算一样,采用壁面加密的网格,在角点和节点处也分别加密;图 7.4.8 所示是用时域有限体积法和矩量法分别计算的金属凹型物体的雷达散射截面积,由图可以看出,二者基本吻合,说明时域有限体积法算法的可靠性且计算精度很高。

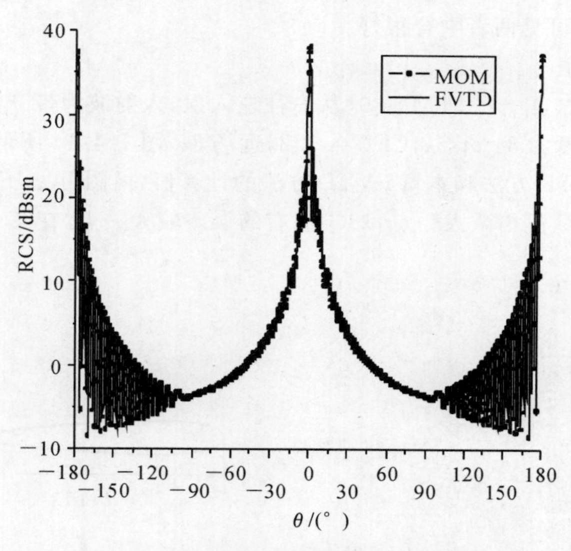

图 7.4.6　矩形柱的雷达散射截面积

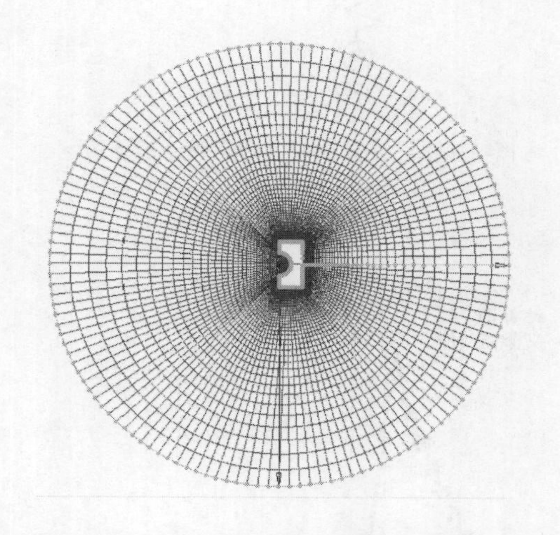

图 7.4.7　金属凹型物体外形计算网格图

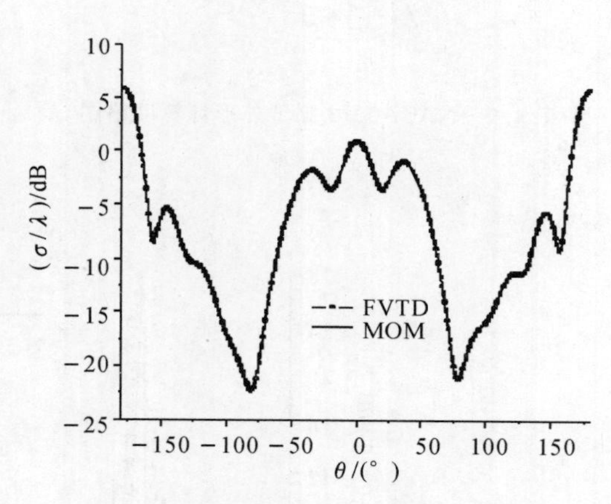

7.4.8　金属凹型物体雷达散射截面积

算例 4　NACA0012 翼型

NACA0012 翼型是空气动力学中的实际工程外形，不能给出电磁场解析解，故为检验结果本章将计算值与文献结果进行对比。图 7.4.9 所示是 NACA0012 翼型电磁散射计算网格。图 7.4.10 所示是 TM 波90°垂直入射翼型的情况。翼型弦长为 10λ，远场边界设置在 10λ 处，表面使用 200 个网格，辐射方向使用 100 个网格点。图 7.4.11 给出了时域有限体积法计算所得的双站 RCS 计算结果与文献[55]有限差分结果的比较，可见两者在峰值、波谷的位置和大小吻合良好。图7.4.12所示为计算TE波0°入射入射翼型的情况。翼型弦长为2λ,远场边界设置在3λ处,图7.4.13所示给出了时域有限体积法计算所得的双站RCS计算结果与文献[56]中的紧致方法结果比较,由图可见两者吻合很好。

算例5 介质方柱

方柱的边长 $a=2\lambda$,$\varepsilon_r=2$,TM波0°从右往左入射,入射波为带开关函数的正弦波,入射波长 $\lambda=1\ \mathrm{m}$,网格密度为84 pts/λ,CFL = 1.2,远场8λ。图7.4.14所示是介质方柱外形计算网格;图7.4.15是FDTD方法和本章FVTD方法的计算值,由图可见,FDTD方法计算值在峰值处比FVTD方法计算值稍微大一点,180°左右的误差较大一点,在其余地方很吻合。

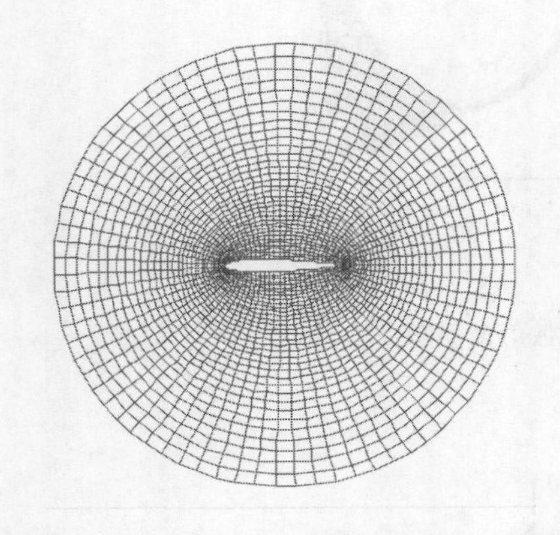

图7.4.9 NACA0012翼型外形计算网格图

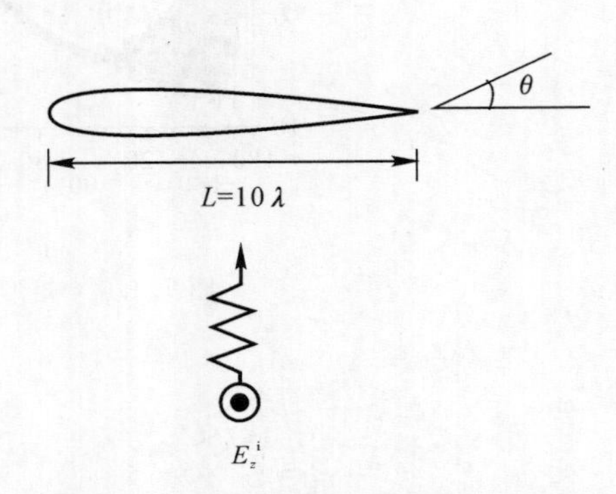

图7.4.10 TM波垂直入射翼型示意图

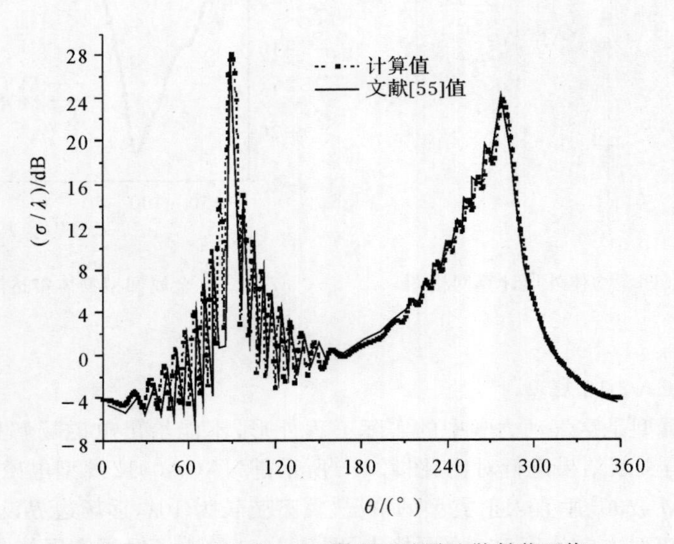

图7.4.11 NACA0012翼型双站雷达散射截面值

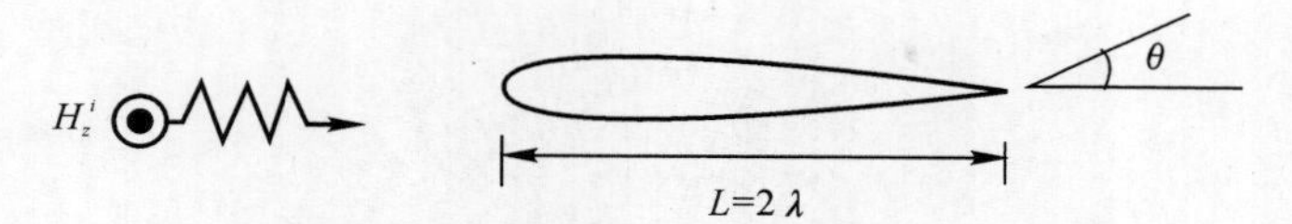

图 7.4.12　TE 波零度入射 NACA0012 翼型示意图

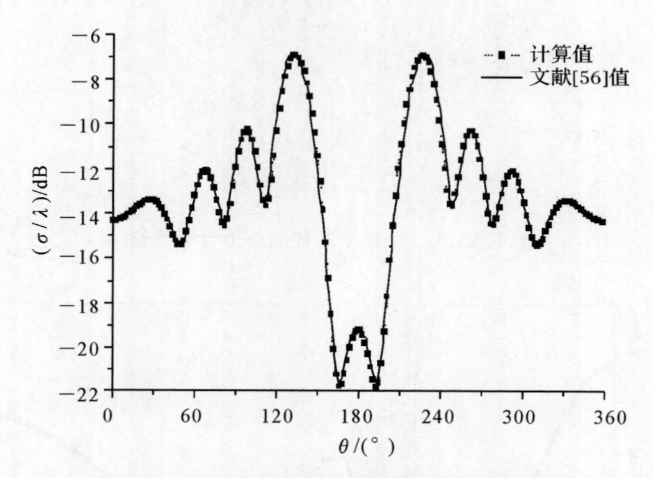

图 7.4.13　NACA0012 翼型双站雷达散射截面值

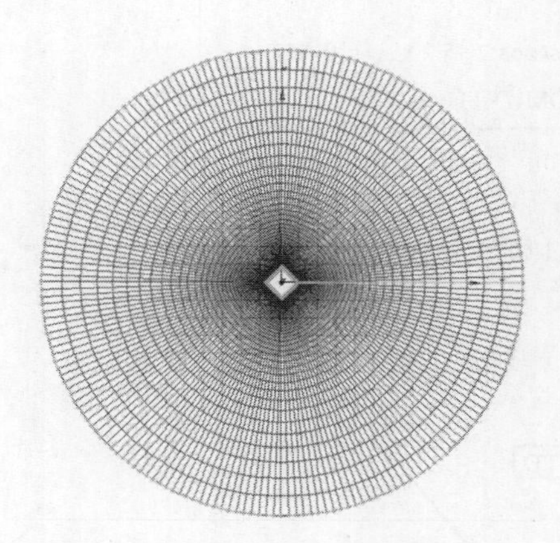

图 7.4.14　介质方柱外形计算网格图

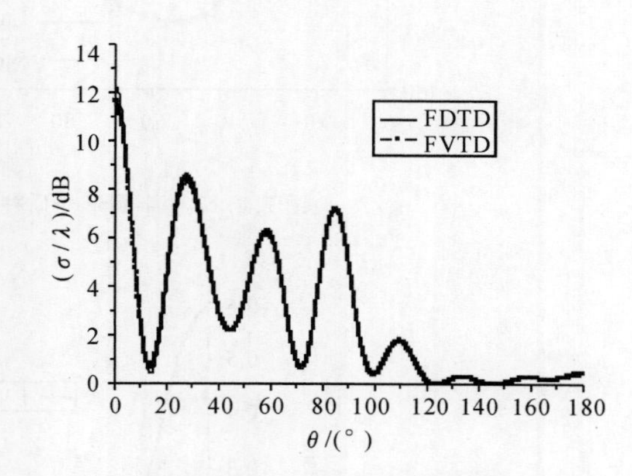

图 7.4.15　介质方柱计算结果

算例 6　介质半圆柱

圆柱的半径 $a = 0.2$ cm，$\varepsilon_r = 4$，$\mu_r = 1$，TM 波 0° 从左往右入射，入射波为带开关函数的正弦波，入射波长 $\lambda = 1$ m，网格密度为 40 pts/λ，CFL = 1.2，远场 10λ。图 7.4.16 所示为介质半圆柱的外形计算网格，图 7.4.17 所示是参考文献[57] 中的计算雷达散射的结果，图 7.4.18 所示是采用本书方法计算的计算值，由图可见二者基本吻合。

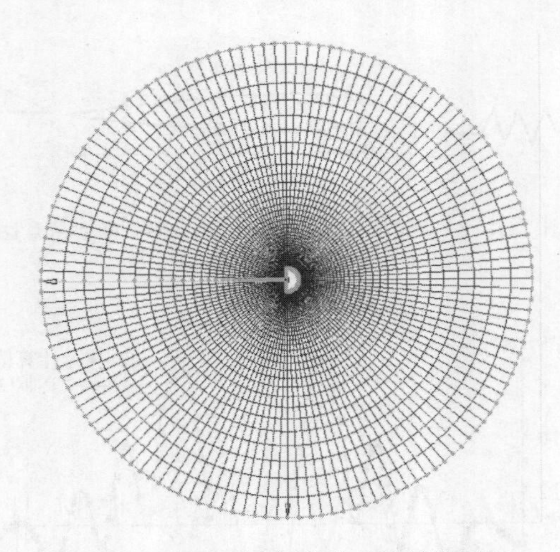

图 7.4.16　介质半圆柱的外形计算网格

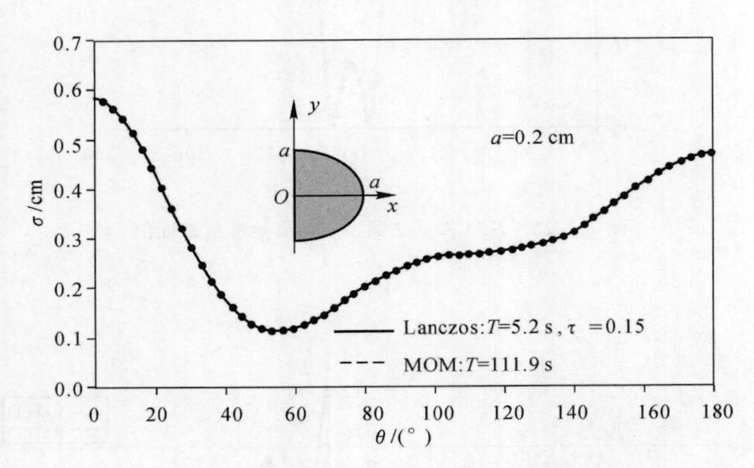

图 7.4.17　半圆形介质柱 RCS 文献结果图

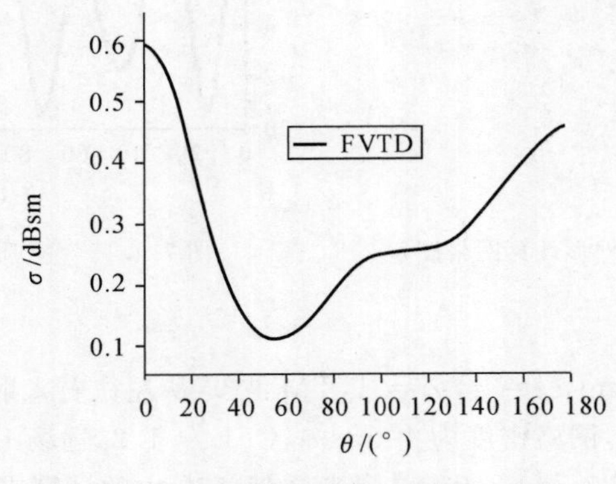

图 7.4.18　半圆形介质柱 RCS 本书结果

算例 7　涂覆介质圆柱

涂覆介质圆柱。圆柱的半径 $a=1\ \text{m}$，涂覆介质 $\varepsilon_r=2.0$，介质厚度为 0.5λ，TM 波 $0°$ 入射，入射波为带开关函数的正弦波，入射波长 $\lambda=1\ \text{m}$，网格密度为 $100\ \text{pts}/\lambda$，$\text{CFL}=1.0$，远场 6λ。图 7.4.19 所示是 FDTD 方法和本书 FVTD 方法计算涂覆介质圆柱雷达散射截面结果，由图可见二者无论是在波峰还是在波谷都很吻合。

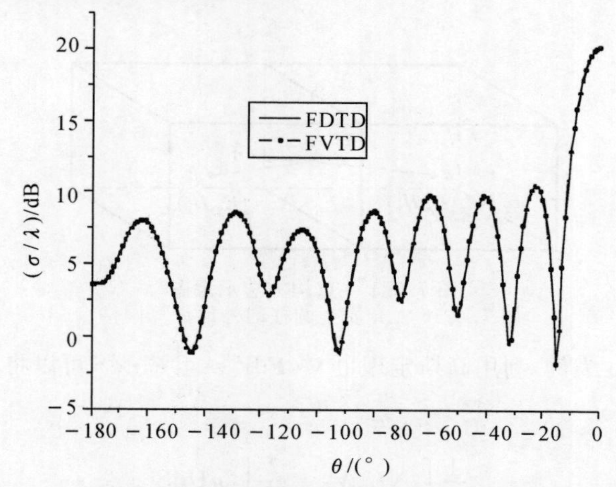

图 7.4.19　涂覆介质圆柱雷达散射截面 FDTD 和 FVTD 计算结果

7.5　三维目标电磁散射计算

7.5.1　引言

时域有限体积法需要在整个计算区域内生成计算网格，对于简单的物体，通常只需要生成拓扑结构单一的单块网格即可满足要求；但是对于拓扑结构复杂的物体，它的网格不能够通过简单的单块网格来生成，若采用单块网格技术（如结构网格），则所生成的网格质量往往很差，甚至在拓扑上不可能实现。为此，将计算流体力学领域的网格算法应用到时域有限体积法的电磁数值计算。常用的网格剖分技术有多块网格技术、非结构网格技术和重叠网格结构等，本章采用的是非结构网格剖分技术。

非结构网格下 FVTD 算法仍采用半离散方式，其控制方程与结构网格基本相同，但是在获取网格分界面处的左、右状态变量时，非结构算法不采用 MUSCL 格式，而必须另行给出由网格中心处场量值获取边界面值的处理方法，即重构方法。通过重构方法获取左、右状态变量后，利用近似黎曼解即可完成通量计算，接着采用二步二阶 Runge-Kutta 方法实现时间推进。下面着重介绍非结构时域有限体积法中的重构方法。

7.5.2　重构方法

设 α,β 为两相邻网格，如图 7.5.1 所示，S 为两者的分界面。$(\boldsymbol{E}_\text{L},\boldsymbol{H}_\text{L})$，$(\boldsymbol{E}_\text{R},\boldsymbol{H}_\text{R})$ 分别为左右网格 α,β 的场量，$\hat{\boldsymbol{n}}$ 是分界面上由左边网格指向右边网格的单位法向矢量，在两个网格内分

别使用重构方法，则在 S 面左、右两侧就能得到左、右状态变量。

采用梯度估计的方法重构界面两侧场量，令单元网格中心处各个场量值为 $\boldsymbol{U}$，把场量在格心处按一阶泰勒展开：

$$\boldsymbol{U}(x,y,z)=\boldsymbol{U}(x_0,y_0,z_0)+\nabla\boldsymbol{U}_0\cdot\Delta\boldsymbol{r} \tag{7.5.1}$$

式中：坐标 (x,y,z) 为面心位置，(x_0,y_0,z_0) 为格心位置；$\Delta\boldsymbol{r}=(x,y,z)-(x_0,y_0,z_0)$；$\nabla\boldsymbol{U}_0$ 为 $\boldsymbol{U}$ 在格心处的梯度。

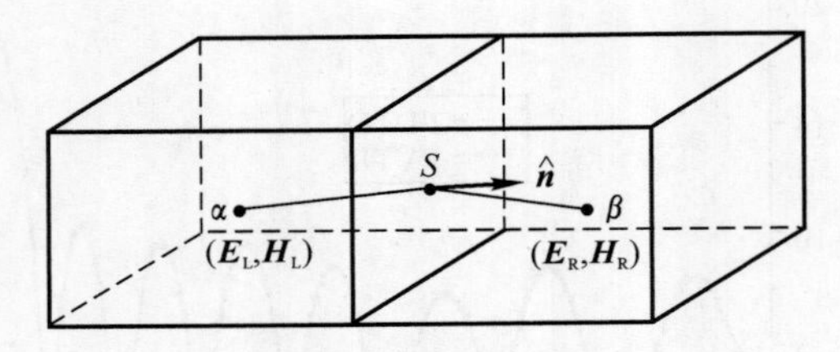

图 7.5.1　重构方法示意图

以左边单元网格 α 为例，利用高斯定理 $\iiint\limits_V \nabla\cdot\boldsymbol{F}\mathrm{d}V=\oiint\limits_S \boldsymbol{F}\cdot\mathrm{d}S$ 可以将场量 $\boldsymbol{U}$ 的梯度体积平均值表示为

$$\frac{1}{V_\alpha}\int_\alpha \nabla\boldsymbol{U}\mathrm{d}V=\frac{1}{V_\alpha}\int_{\partial\alpha}\hat{\boldsymbol{n}}\boldsymbol{U}\mathrm{d}S \tag{7.5.2}$$

式中，V_α 是单元网格 α 的体积，假设解向量在单元网格内是线性分布的，则梯度在整个网格内为常数，则有

$$\nabla\boldsymbol{U}=\frac{1}{V_\alpha}\int_{\partial\alpha}\hat{\boldsymbol{n}}\boldsymbol{U}\mathrm{d}S \tag{7.5.3}$$

为了得到网格面上的场量值 $\boldsymbol{U}$，用 $\boldsymbol{U}^*$ 近似表示该边界上的场量值，于是式(7.5.3) 可以简化为

$$\nabla\boldsymbol{U}\approx\frac{1}{V_\alpha}\int_{\partial\alpha}\hat{\boldsymbol{n}}\boldsymbol{U}^*\mathrm{d}S \tag{7.5.4}$$

由于在通量计算时只用到了切向量，没有涉及法向量，因此可以认为 $\hat{\boldsymbol{n}}\cdot\boldsymbol{U}^*=\hat{\boldsymbol{n}}\cdot\boldsymbol{U}_\alpha$，$\boldsymbol{U}_\alpha$ 为单元 α 格心处场量值。在此处理基础上，利用向量恒等式 $\hat{\boldsymbol{\alpha}}=\hat{\boldsymbol{n}}(\hat{\boldsymbol{n}}\cdot\hat{\boldsymbol{\alpha}})-\hat{\boldsymbol{n}}\times(\hat{\boldsymbol{n}}\times\hat{\boldsymbol{\alpha}})$ 代入式(7.5.4)，整理得

$$\nabla\boldsymbol{U}=\frac{1}{V_\alpha}\int_{\partial\alpha}\hat{\boldsymbol{n}}[\hat{\boldsymbol{n}}\times\hat{\boldsymbol{n}}\times(\boldsymbol{U}_\alpha-\boldsymbol{U}^*)]\mathrm{d}S \tag{7.5.5}$$

于是非结构网格下的重构方法得到的左边网格 α 的格心处场量值为

$$\begin{aligned}\boldsymbol{U}(x,y,z)&=\boldsymbol{U}(x_0,y_0,z_0)+\nabla\boldsymbol{U}_0\cdot\Delta\boldsymbol{r}=\\&\boldsymbol{U}(x_0,y_0,z_0)+\frac{1}{V_\alpha}\int_{\partial\alpha}\hat{\boldsymbol{n}}[\hat{\boldsymbol{n}}\times\hat{\boldsymbol{n}}\times(\boldsymbol{U}_\alpha-\boldsymbol{U}^*)]\mathrm{d}S\cdot\Delta\boldsymbol{r}\end{aligned} \tag{7.5.6}$$

同理可以得到右边网格 β 的格心处场量值。将得到的左、右状态值带入近似黎曼解方法即可完成通量计算，则有

$$\hat{\boldsymbol{n}}\times\boldsymbol{H}^*=\hat{\boldsymbol{n}}\times\frac{(\mu c)_\mathrm{R}\boldsymbol{H}_\mathrm{R}+(\mu c)_\mathrm{L}\boldsymbol{H}_\mathrm{L}-\hat{\boldsymbol{n}}\times(\boldsymbol{E}_\mathrm{R}-\boldsymbol{E}_\mathrm{L})}{(\mu c)_\mathrm{L}+(\mu c)_\mathrm{R}} \tag{7.5.7}$$

$$\hat{\boldsymbol{n}}\times\boldsymbol{E}^*=\hat{\boldsymbol{n}}\times\frac{(\varepsilon c)_\mathrm{R}\boldsymbol{E}_\mathrm{R}+(\varepsilon c)_\mathrm{L}\boldsymbol{E}_\mathrm{L}+\hat{\boldsymbol{n}}\times(\boldsymbol{H}_\mathrm{R}-\boldsymbol{H}_\mathrm{L})}{(\varepsilon c)_\mathrm{L}+(\varepsilon c)_\mathrm{R}} \tag{7.5.8}$$

7.5.3　时间离散

时间推进采用二阶二步 Runge - Kutta 方法，利用散度定理在单元网格的体积上积分，将式(7.2.14)写成

$$V\frac{\mathrm{d}\widetilde{\boldsymbol{Q}}}{\mathrm{d}t}=-\sum_{i=1}^{N}\hat{\boldsymbol{n}}_i\times\boldsymbol{K}_i\mathrm{d}S_i=-\boldsymbol{R}(\widetilde{\boldsymbol{Q}}) \tag{7.5.9}$$

式中：$\mathrm{d}V$ 为控制体体积；$\hat{\boldsymbol{n}}_i$ 为控制体面 i 的单位法向矢量，指向控制体网格外；$\mathrm{d}S_i$ 为面 i 的面积，$\widetilde{\boldsymbol{Q}}$ 是单元中心点处的场量值；$\boldsymbol{K}_i$ 在网格面上取值。$\boldsymbol{R}$ 为空间算子，电场在时间方向非交错采样，时间步 n 到时间步 $n+1$ 的积分可用显式二步模式表示为

$$\left.\begin{aligned}\widetilde{\boldsymbol{Q}}^{n+1/2}&=\widetilde{\boldsymbol{Q}}^{n}-0.5\lambda\times\boldsymbol{R}(\widetilde{\boldsymbol{Q}}^{n})\\ \widetilde{\boldsymbol{Q}}^{n+1}&=\widetilde{\boldsymbol{Q}}^{n}-\lambda\boldsymbol{R}(\widetilde{\boldsymbol{Q}}^{n+1/2})\end{aligned}\right\} \tag{7.5.10}$$

式中：$\lambda=\Delta t/V$。

以左边网格单元 α 为例，网格中心场量的时间推进格式如下：

$$\begin{aligned}\widetilde{\boldsymbol{Q}}_{\alpha}^{n+1/2}&=\widetilde{\boldsymbol{Q}}_{\alpha}^{n}-\frac{\Delta t}{2V_{\alpha}}\int_{\partial\alpha}\hat{\boldsymbol{n}}\cdot F(\widetilde{\boldsymbol{Q}}_{\alpha}^{*n})\mathrm{d}S\\ \widetilde{\boldsymbol{Q}}_{\alpha}^{n+1/2}(\boldsymbol{r})&=\widetilde{\boldsymbol{Q}}_{\alpha}^{n}+\frac{(\boldsymbol{r}-\boldsymbol{r}_{\alpha})}{V_{\alpha}}\cdot\int_{\partial\alpha}\hat{\boldsymbol{n}}[\hat{\boldsymbol{n}}\times\hat{\boldsymbol{n}}\times(\boldsymbol{U}_{\alpha}-\boldsymbol{U}^{*})]\mathrm{d}S\\ \widetilde{\boldsymbol{Q}}_{\alpha}^{n+1}&=\widetilde{\boldsymbol{Q}}_{\alpha}^{n}-\frac{\Delta t}{V_{\alpha}}\int_{\partial\alpha}\hat{\boldsymbol{n}}\cdot F[\widetilde{\boldsymbol{Q}}_{\alpha}^{*(n+1/2)}]\mathrm{d}S\end{aligned} \tag{7.5.11}$$

式中：$\int_{\partial\alpha}\hat{\boldsymbol{n}}\cdot\boldsymbol{F}(\widetilde{\boldsymbol{Q}}_{\alpha}^{*})\mathrm{d}S=\boldsymbol{R}(\widetilde{\boldsymbol{Q}}_{\alpha}^{*})=\sum_{i=1}^{N}\hat{\boldsymbol{n}}_i\times\boldsymbol{K}_i^{*}\mathrm{d}S_i$。

同理可以得到右边网格 β 的格心处场量的时间推进格式。

7.5.4　边界条件

三维边界条件与二维基本一致，与二维相比，除了总磁场切向量外，总电场法向量在良导体表面也不连续，于是采用文献[47]介绍的方法处理良导体表面，则有

$$\left.\begin{aligned}\hat{\boldsymbol{n}}\cdot\nabla(\hat{\boldsymbol{n}}\times\boldsymbol{H})=0\\ \hat{\boldsymbol{n}}\cdot\nabla(\hat{\boldsymbol{n}}\cdot\boldsymbol{D})=0\end{aligned}\right\} \tag{7.5.12}$$

奇性轴是三维旋转体外形数值计算常用的特殊边界，在计算奇性轴周向内点的电磁场值后，插值求出奇性轴上的电磁场，然后沿周向求得重合各点的电磁场算术平均值即可，用公式表示为

$$\left.\begin{aligned}\widetilde{\boldsymbol{Q}}_1&=\frac{18\,\widetilde{\boldsymbol{Q}}_2-9\,\widetilde{\boldsymbol{Q}}_3+2\,\widetilde{\boldsymbol{Q}}_4}{11}\\ \widetilde{\boldsymbol{Q}}_N&=\frac{18\,\widetilde{\boldsymbol{Q}}_{N-1}-9\,\widetilde{\boldsymbol{Q}}_{N-2}+2\,\widetilde{\boldsymbol{Q}}_{N-3}}{11}\end{aligned}\right\} \tag{7.5.13}$$

式中：$N=1,2,3$。

对于远场边界条件，用远场多维特征边界条件进行处理。一般地，特征边界条件按照面法向方向或坐标轴方向实现，这种边界条件从局部一维特征值理论出发进行推导，当波动传播方向与面法向量或坐标轴方向一致时，可以在远场截断边界处几乎不产生任何反射。如图 7.5.2 所示，由内场点 P 处场量 $\widetilde{\boldsymbol{Q}}^{n}$ 计算外边界面心 f 处场量 $\widetilde{\boldsymbol{Q}}_{f}^{n+1}$。与正特征值相对应的特征变量由内

场点 P 处值插值计算，即

$$W_{i,p}^{n} = W_{i,f}^{n+1} \tag{7.5.14}$$

P 点位置矢量由下式给出：

$$\boldsymbol{r}_P = \boldsymbol{r}_f - c\Delta t \cdot \boldsymbol{l} \tag{7.5.15}$$

式中：$\boldsymbol{l}=\boldsymbol{E}\times\boldsymbol{H}/|\boldsymbol{E}\times\boldsymbol{H}|$，$\Delta t$ 是时间步长，c 为波速，$W_{i,p}^{n}$ 由重构方法计算得到；令与负特征值相对应的特征变量为零；与特征值 0 相对应的特征变量则简单地用$\widetilde{Q}_f^{n}$ 代替。因此，$\widetilde{Q}_f^{n+1}$ 由下式获得：

$$\widetilde{Q}_f^{n+1} = R\,W_f^{n+1} \tag{7.5.16}$$

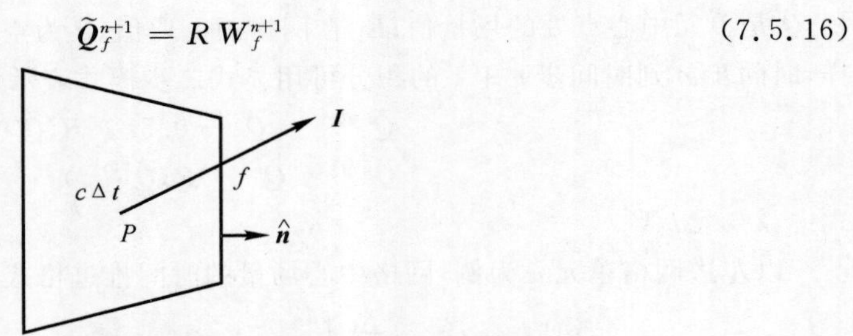

图 7.5.2　多维特征吸收边界条件示意图

7.5.5　算例分析

算例 1　导体球

(1) 解析解。导体球的散射是经典的三维电磁散射问题，这一问题涉及三维问题的主要特征，是最简单的三维电磁散射问题，可以用分离变量方法得到解析解，本章通过计算这个经典的电磁散射问题，并将得到的结果与 FVTD 方法得到的结果作对比分析，来验证 FVTD 方法的精度和可靠性。其散射场在球坐标系(r,θ,φ)处的解析解为

$$E_\theta^s = \frac{\mathrm{j}e^{-\mathrm{j}kr}\cos\varphi}{kr}\sum_{n=1}^{+\infty}\frac{2n+1}{n(n+1)}\left[\frac{\widetilde{\mathbf{J}}_n(ka)}{\widetilde{\mathbf{H}}_n^{(2)}(ka)}q_n(\theta)-\frac{\widetilde{\mathbf{J}}'_n(ka)}{\widetilde{\mathbf{H}}_n^{(2)\prime}(ka)}\mathrm{p}_n(\theta)\right] \tag{7.5.17}$$

$$E_\varphi^s = \frac{\mathrm{j}e^{-\mathrm{j}kr}\sin\varphi}{kr}\sum_{n=1}^{+\infty}\frac{2n+1}{n(n+1)}\left[\frac{\widetilde{\mathbf{J}}'_n(ka)}{\widetilde{\mathbf{H}}_n^{(2)\prime}(ka)}q_n(\theta)-\frac{\widetilde{\mathbf{J}}_n(ka)}{\widetilde{\mathbf{H}}_n^{(2)}(ka)}\mathrm{p}_n(\theta)\right] \tag{7.5.18}$$

$$H_\theta^s = -\frac{\mathrm{j}e^{-\mathrm{j}kr}\sin\varphi}{Z_0kr}\sum_{n=1}^{+\infty}\frac{2n+1}{n(n+1)}\left[\frac{\widetilde{\mathbf{J}}_n(ka)}{\widetilde{\mathbf{H}}_n^{(2)\prime}(ka)}\mathrm{q}_n(\theta)-\frac{\widetilde{\mathbf{J}}'_n(ka)}{\widetilde{\mathbf{H}}_n^{(2)\prime}(ka)}\mathrm{p}_n(\theta)\right] \tag{7.5.19}$$

$$H_\varphi^s = \frac{\mathrm{j}e^{-\mathrm{j}kr}\cos\varphi}{Z_0kr}\sum_{n=1}^{+\infty}\frac{2n+1}{n(n+1)}\left[\frac{\widetilde{\mathbf{J}}_n(ka)}{\widetilde{\mathbf{H}}_n^{(2)}(ka)}q_n(\theta)-\frac{\widetilde{\mathbf{J}}'_n(ka)}{\widetilde{\mathbf{H}}_n^{(2)\prime}(ka)}\mathrm{p}_n(\theta)\right] \tag{7.5.20}$$

式中：

$$\widetilde{\mathbf{J}}_n(x) = xj_n(x),\quad \widetilde{\mathbf{H}}_n^{(2)}(x) = x\mathrm{h}_n^{(2)}(x) \tag{7.5.21}$$

$$\mathrm{j}_n(x) = \sqrt{\frac{\pi}{2x}}\mathrm{J}_{n+1/2}^{(2)}(x)\text{（球贝赛尔函数）} \tag{7.5.22}$$

$$\mathrm{h}_n^{(2)}(x) = \sqrt{\frac{\pi}{2x}}\mathrm{H}_{n+1/2}^{(2)}(x)\text{（第二类球汉开尔函数）} \tag{7.5.23}$$

$$\mathrm{p}_n(\theta) = \frac{\mathrm{dP}_n^{(1)}(\cos\theta)}{\mathrm{d}\theta},\quad q_n(\theta) = \frac{\mathrm{P}_n^{(1)}(\cos\theta)}{\sin\theta} \tag{7.5.24}$$

$\mathrm{J}_{n+1/2}^{(2)}(x)$ 为半整数阶柱贝赛尔函数；$\mathrm{H}_{n+1/2}^{(2)}(x)$ 为半整数阶第二类柱汉开尔函数；

$P_n^{(1)}(\cos\theta)$是 n 阶一次关联勒让德函数；r 是球心到观察点的距离，a 是球半径。

当简谐波沿 $-x$ 轴入射时，如图7.5.3所示，球坐标系下双站雷达散射截面(以球的几何投影面积 πa^2 归一化) 为

$$\frac{\sigma}{\pi a^2}=\left(\frac{2}{ka}\right)^2\left\{\left|\sum_{n=1}^{+\infty}a_n\left[c_n \mathrm{p}_n(\theta)-\mathrm{d}_n q_n(\theta)\right]\right|^2\cos^2\varphi+\left|\sum_{n=1}^{+\infty}a_n\left[-c_n q_n(\theta)+\mathrm{d}_n \mathrm{p}_n(\theta)\right]\right|^2\sin^2\varphi\right\} \tag{7.5.25}$$

(2) 数值解。金属球的半径是 $a=0.5$ m。入射波为带开关函数的正弦波，入射波长 $\lambda=\pi/4$，网格密度为 80 pts/λ。观察角从 $+x$ 方向开始。图7.5.4给出了该球体 E 面和 H 面的理论值和计算值的双站雷达散射截面分布，由图可以看出，二者吻合很好，误差很小，说明本章发展的算法的准确性和精度都很高。

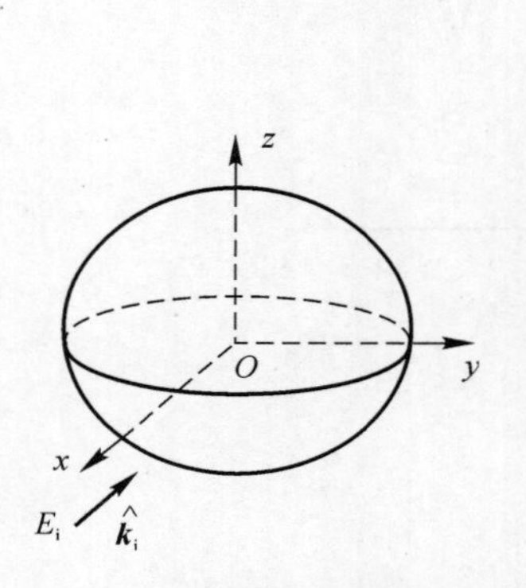

图7.5.3　球体的几何模型

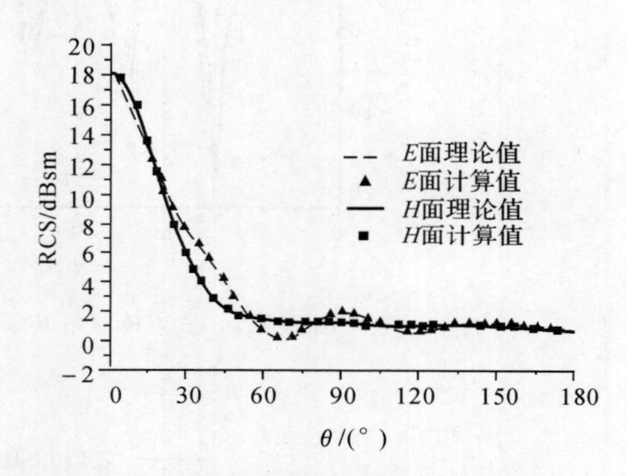

图7.5.4　金属球体双站 RCS 计算结果

算例2　金属立方体

立方体的边长是1.5 m，入射波为带开关函数的正弦波，入射波长 $\lambda=1$ m，网格密度为70 pts/λ，沿入射波方向观察。图7.5.5所示是立方体的几何模型，图7.5.6所示为该立方体 E 面用FVTD方法计算双站RCS分布图，由图可以看出，结果与矩量法和参考文献[62]吻合很好，但还是有误差，在开始计算时误差较大，超过50°结果较为理想。

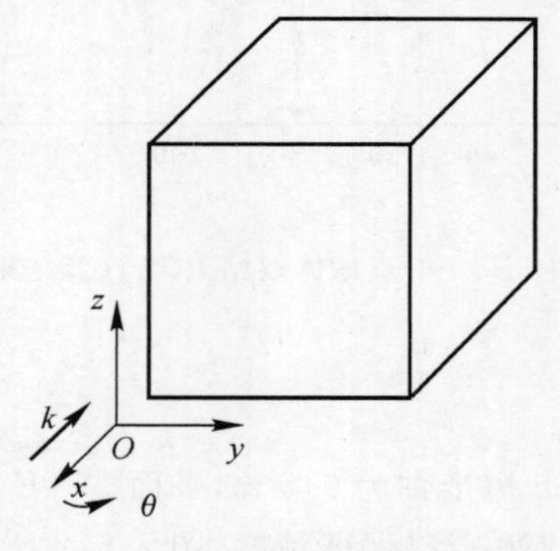

图7.5.5　立方体的几何模型

算例 3　导体双球体

两个金属球体大小一样，入射波为带开关函数的正弦波，球体电尺寸 $ka=\pi$，两球心距离为 2λ，沿 x 轴方向排列。沿入射波方向观察，图 7.5.7 给出了双球体双站 RCS 计算结果，并与矩量法、Liang 采用的广义多极子技术（见文献[58]）的结果进行了比较，由图可以看出，计算结果与文献的结果吻合很好，且优于矩量法计算结果，这表明本书采用的非结构算法对于计算复杂拓扑结构的散射问题是合适的。

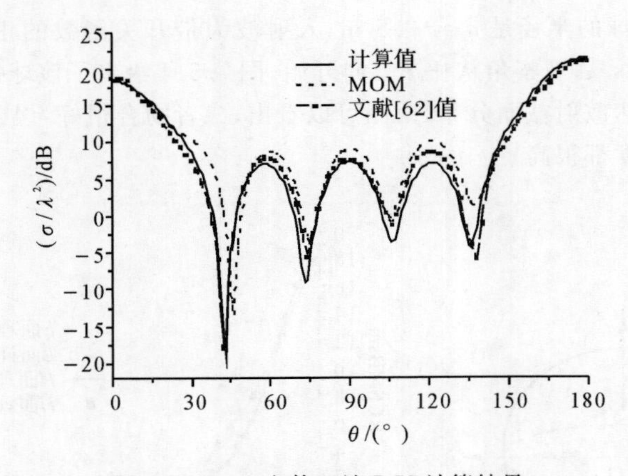

图 7.5.6　立方体双站 RCS 计算结果

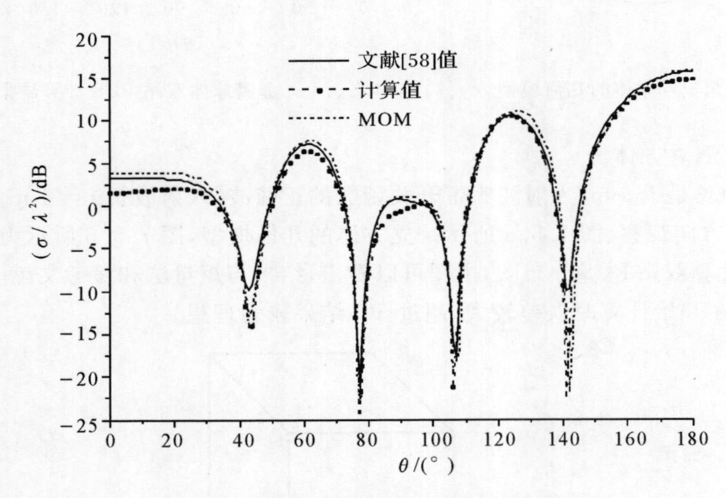

图 7.5.7　双球体双站 RCS 计算结果

算例 4　导体椭圆球

金属椭圆球的半长轴为 1 m，短半轴为 0.5 m，平面波 TE 波沿 z 轴方向入射，入射波电场为 x 轴方向线极化，每波长取 4 300 点以保证精度。图 7.5.8 所示是金属椭圆球的单站 RCS 随入射频率的变化曲线（见文献[28]）的计算结果，图 7.5.9 所示是 FVTD 计算结果，由图可以看出，低频时两者吻合得很好，频率很大时有误差，说明 FVTD 计算谐振区精度很高，而对于光学区是不够精确的，此时应采用高频近似方法。

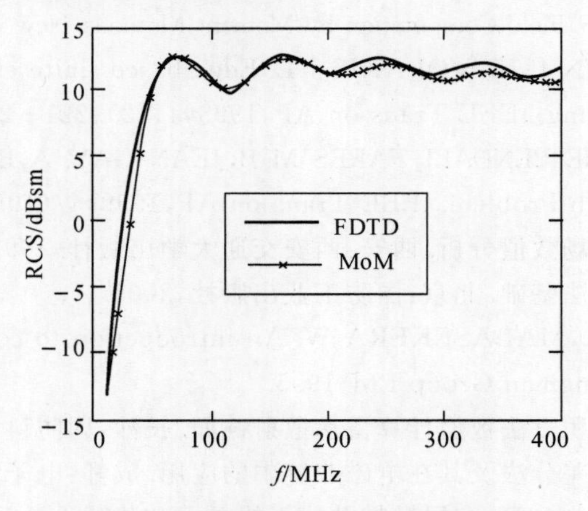

图 7.5.8　椭圆球单站 RCS 文献结果

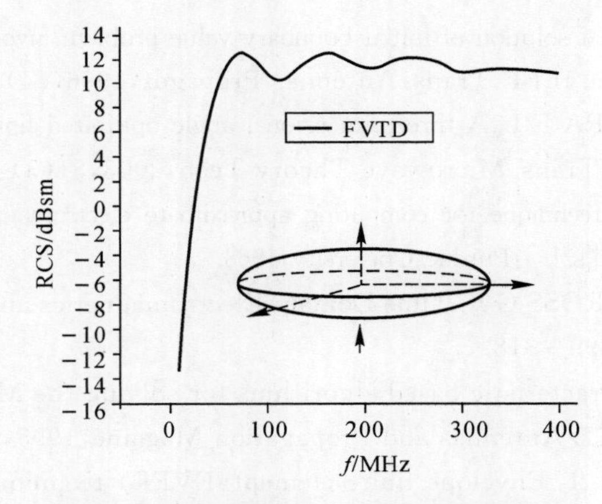

图 7.5.9　椭圆球单站 RCS 本书计算结果

参 考 文 献

[1]　KNOTT E F. 雷达散射截面：预估、测量和减缩. 阮颖铮，陈海，译. 北京：电子工业出版社，2005.

[2]　阙渭焰，彭应宁. 一种针对有项目标的雷达优化布站方法. 现代雷达，1996，18(6)：1 - 7.

[3]　黄培康，殷红成，许小剑. 雷达目标特性. 北京：电子工业出版社，2005.

[4]　赫新，陈坚强，毛枚良，等. 多块对接网格技术在电磁散射问题中的应用. 计算物理，2005，22(5)：465 - 470.

[5]　SHANG J S，GAITONDE D. On high resolution schemes for time-dependent Maxwell's equations. AIAA，1996：832 - 960.

[6] 许勇,乐嘉陵.基于 CFD 的电磁散射数值模拟.空气动力学学报,2004,6(2):185-189.
[7] 聂纯.RCS 数值计算的时域有限体积方法.雷达与对抗,2006(1):25-29.
[8] HARRINGTON R F. Field Computation by Moment Methods. New York:Macmillan,1968.
[9] CHATTARJEE,JIN L M,VOLAKIS J L. Edge-based finite element and vector ABCs applied 3-D scattering. IEEE Trans on AP,1993,41(2):221-226.
[10] ABDERRAHMANE BENDALI,FARES M B,JEAN GAY. A Boundary Element Solution of the Leontovitch Problem. IEEE Trans on AP,1999,47(10):1597-1605.
[11] 盛剑霓.工程电磁场数值分析.西安:西安交通大学出版社,1991.
[12] 李人宪.有限体积法基础.北京:国防工业出版社,2005.
[13] VERSYEEG H K,MALASEKERA W. An introduction to computation fluid dynamices. England:Longman Group Ltd,1995.
[14] 聂纯.时域有限体积方法数值计算雷达散射截面.长沙:国防科学技术大学,2005.
[15] 黄学刚.时域有限差分法及其在电磁兼容中的应用.成都:电子科技大学,2001.
[16] 李秀萍,安毅,徐晓文,等.多层微带贴片天线单元和阵列设计.电子与信息学报,2002,8(22):1120-1125.
[17] YEE K S. Numerical solution of initial boundary value problem involving Maxwell's equations in isotropic media. IEEE Trans. Antennas Propagdt,1966(14):302-307.
[18] WANG S,TEIXEIRA F L. A three-dimensional angle optimized finite difference time domain algorithm. IEEE Trans. Microwave Theory Tech,2003,51(3):811-817.
[19] BENNETT L. A technique for computing approximate electromagnetic impulse response of conducting bodies. [s. l.]:Purdue University,1968.
[20] BENNETT C L,ROSS G F. Time Domain Electromagnetics and Its Applications. Proc IEEE,1978(3):299-318.
[21] SHANG J S. Characteristic based algorithms for solving the Maxwell equations in the time domain. IEEE Antennas and Propagation Magaine,1995,37(3):15-25.
[22] WANG Y,ITOH T. Envelope finite element(EVFE) technique-a more efficient time domain scheme. IEEE Trans. Microwave Theory Tech,2001,49(12):2241-2246.
[23] 王承尧.计算流体力学及其并行算法.北京:国防科技大学出版社,2000.
[24] ROKHLIN V. Rapid solution of integral equations of scattering theory in two dimensions. J. Comput. Phys,1990,86(2):414-439.
[25] DEMBART B,YIP E. A 3D fast multipole method for electromagnetics with multipole level, Proceedings of the 11th Annual Review of progress in applied computational electromagnetics. Monterey California,1995,11:621-628.
[26] 金建铭.电磁场有限元方法.王建国,译.西安:西安电子科技大学出版社,1998.
[27] 文舸一,徐金平,漆一宏,等.电磁场数值计算的现代方法.郑州:河南科学技术出版社,1994.
[28] 葛德彪,闫玉波.电磁波时域有限差分方法.西安:西安电子科技大学出版社,2002.
[29] 邓聪.一种 FV-FD 混合算法仿真电磁散射问题.西安电子科技大学学报(自然科学版),2007,34(增刊):156-159.

[30] 朱自强.应用计算流体力学.北京:北京航空航天大学出版社,1998.

[31] 刘波.电磁场时域数值方法及其混合技术概述.微波学报,2006(22):1-6.

[32] YEE K S,CHEN J S. The finite difference time domain(FDTD) and finite volume time domain (FVTD) methods in solving Maxwell's equations. IEEE Trans. Microwave Theory Tech,1997,45(3):354-363.

[33] TAFLOVE A,UMASHANKAR K. A hybrid moment/finite difference time domain approach to electromagnetic coupling and aperture penetration into complex geometries. IEEE Trans. Antennas propagate,1982,30(4):617-627.

[34] SHANKAR V,HALL W F,MOHAMMADIAN A H. Advances in time-domain CEM using structured/unstructured formulations and massively parallel architectures. AIAA,1995,95:1963.

[35] ANDERSON D A. Computational Fluid Mechanics and Heat Transfer. [S. l.]: Hemisphere Publishing,1984.

[36] NOACK R W. Time Domain Solutions of Maxwell's Equations Using a Finite Volume Formulation. AIAA,2001,92:451.

[37] KABAKIAN ADOUR V,VIJAYA SHANKAR, WILLIAM F HALL. Unstructured grid based discontinuous Galerkin method for broadband electromagnetic simulations. J. of Scientific Computing. AIAA,2004,20(3):876-889.

[38] CAMBEROS J A. COBRA-A FVTD code for electromagnetic scattering over complex shapes. AIAA,2002(1):1093.

[39] CHATTERJEE,SHRIMAL A. Essentially nonoscillatory finite volume scheme for electromagnetic scattering by thin dielectric coatings. AIAA,2004,42(2):611-614.

[40] SERGE PIPERNO,MALIKA REMAKI,LOULA FEZOUI. A centered second-order finite volume scheme for the heterogeneous Maxwell equations in three dimensions on arbitrary unstructured meshes. INRIA Report,2001(1):41-61.

[41] KRISHNASWAMY SANKARAN,CHRISTOPHE FUMEAUX,RUDIGER VAHLDIECK. Uniaxial and Radial Anisotropy Models for Fininte-Volume Maxwellian absorber. IEEE Transactions on mircrowave theory and techniques,2006,54(12):4279-4304.

[42] STERGER J L,WARMING R F. Flux vector splitting of the inviscid gasdynamics equations with application to finite difference methods. Journal of Computational Physics,1981,40:263-293.

[43] VAN LEER B. Flux vector splitting for the Euler equations. ICASE Technical Report,1982(1):80-82.

[44] SHANKAR V,HALL W,MOHAMMADIAN A H. A CFD based finite volume procedure for computational electromagnetics-Interdisplinary applications of CFD methods. AIAA on CP,1989,89:1987.

[45] 邓建中,刘之行.计算方法.西安:西安交通大学出版社,2001:224-230.

[46] 谢处方,饶克谨.电磁场与电磁波.北京:高等教育出版社,1987.

[47] SHANG J S,GAITONDE D,WURTZLER K. Scattering simulations of computational electromagnetics. AIAA,1996,96:2337.

[48] MACCORMARK R W. The Effect of Viscosity in Hypervelocity Impact Cratering. AIAA,1996,69:354.

[49] JAMESON A,SCHMIDT W,TURKEL E. Numerical solutions of the Euler equations by finite volume methods with Runge-Kutta time stepping schemes. AIAA,1981,81:1259.

[50] WEBER Y S. Investigation on the properties of a finite volume time domain method for computational electromagnetic. AIAA,1995:95 - 1964.

[51] KLEMENT D,PREISSNER J. Special problems in applying the physical optics method for backscatter computations of complicated objects. IEEE Trans. 1988,36(2):228 - 237.

[52] 许勇.麦克斯韦方程组的时域有限体积法(FVTD)数值模拟.绵阳:中国空气动力研究与发展中心研究生部,2002.

[53] 王一平,陈达章,刘鹏程.工程电动力学.西安:西北电讯工程学院出版社,1984.

[54] 李建辉,苏东林,李青.局部涂敷RAM复杂目标的电磁散射特性计算.北京航空航天大学学报,1998,24(13):256 - 259.

[55] VINH H,DWYER H A,VANDAM C P. Finite difference algorithms for the time domain Maxwell's equations - A numerical approach to RCS analysis. AIAA,1992,92:2989.

[56] HUH K S,SHU M,AGARWAL R K. A compact high order finite volume time domain/ frequency domain method for electromagnetic scattering. AIAA,1992,92:453.

[57] 童创明.电磁响应快速获取方法的研究.南京:东南大学,2002.

[58] BLAKE D C,BUTER T A. Overset grid methods applied to a finite volume time domain Maxwell equations solver. AIAA,1996,96:2338.

[59] OSHER S,CHAKRAVARTHY S R. High resolution schemes and the entropy condition, SIAM J. Numerical Analysis,1984,21(5):955.

[60] SHANG J S,GAITONDE D. Characteristic-based Time Dependent Maxwell Equations Solver on a General Curvilinear Frame. AIAA,1989,89:1987.

[61] WANG Z J,PRZEKWAS A J. A FVTD electromagnetic solver using adaptive cartesian grids. AIAA,1999,99:339.

[62] COTE M,WOODWORTH,YAGHJIAN M. A Scattering from the perfectly conducting cube. IEEE Trans. Ant. Prop,1988,36(9):844 - 847.

第8章 改进型 FGG-FG-FFT 方法

拟合格林函数梯度-拟合格林函数-快速傅里叶变换(FGG-FG-FFT)方法是一种基于快速傅里叶变换(FFT)类的积分方程求解加速方法。针对原 FGG-FG-FFT 在目标散射特性分析中占用内存较大、计算效率不够高的问题,本章提出两种改进方案。首先,提出一种不同于 FGG-FG-FFT 中原有匹配方案中的实系数匹配方法。其次,提出一种不同于原有匹配模板的新型匹配模板,能在保证设定精度的前提下,有效地减少迭代过程中的计算复杂度,并提高求解效率。

8.1 引　言

矩量法作为一种积分方程法,广泛应用于求解目标的散射计算中,但是其导出的矩阵方程通常很难求解。假设未知数为 N,则直接求解的计算复杂度为 $O(N^3)$,若采用迭代法求解,则每一次迭代的计算复杂度为 $O(N^2)$。通常,求解矩量法的矩阵方程,迭代法具有比直接法更高的计算效率。为此,国内外学者在削减每一次迭代的计算复杂度时提出了一些有效的加速策略,在这其中快速多极子类和 FFT 类是典型代表。但是前者以格林函数的加法定理为基础,在网格剖分密度较大时会产生子波长崩溃的问题,因此制约了快速多极子类方法的应用;后者首先将原格林函数或基函数表示成等距规则网格上的格林函数或基函数,进而利用等距规则网格上相应函数的托普利兹结构,采用 FFT 进行加速。

FGG-FG-FFT 是近年来提出的 FFT 加速算法的一种。它主要的思想是采用匹配的方法将原有格林函数表示成等距规则网格上的格林函数。之前有学者对 FGG-FG-FFT 方法进行了系统的研究并经过大量的算例得出了一个有趣的结论:匹配系数通常为复数,但其虚部的绝对值与实部的绝对值相比非常小。本章利用格林函数的加法定理,给出一个非常有用的结论,即匹配系数在测试点满足一定条件时为严格的实数。基于这一结论提出实系数匹配的方案,并将其应用于 FGG-FG-FFT 得到实系数 RFGG-FG-FFT(RFGG-FG-FFT)。传统的 FFT 类方法能够对远区阻抗元素进行精度较高的近似,但是近区阻抗元素的匹配或插值模板会有重合点的存在,这就需要对近区阻抗元素进行修正。这一过程使得 FFT 类方法与快速多极子类方法相比,在预处理阶段会占据更多的时间。本章提出一种适用于 FGG-FG-FFT 的新匹配模板——降阶模板,最终得到一种新方法即降阶 FGG-FG-FFT(ROF)。该方法能够在保证精度的前提下有效减小迭代过程的计算复杂度。

8.2 托普利兹矩阵与向量乘积的快速计算

基于矩量法的快速算法中的FFT类快速算法应用也非常广泛。该类算法采用一个虚拟的长方体将计算对象包围住。长方体沿着直角坐标系的3个方向正规放置。对这一虚拟的长方体沿长、宽、高3个维度进行等距离剖分，这样便得到了一系列的网格点。预修正快速傅里叶变换(P-FFT)方法主要的思想是为每个基函数寻找包围其的正方体网格，并将基函数对应的位函数投影在这个正方体网格上，即用该正方体网格上的位函数近似表示原位函数；自适应积分方法(AIM)的主要思想是将基函数投影在这个正方体网格上，并采用高阶多重矩(high order multipole moments)来进行匹配，最终，正方体网格上的辅助基函数能近似表示原基函数；积分方程快速傅里叶变换(IE-FFT)方法与FGG-FG-FFT方法的主要思想是为格林函数的场点或源点寻找包围其的正方体网格，并将该格林函数投影在这个正方体网格上，采用正方体网格上对应的格林函数近似表示原格林函数。

接下来，FFT类方法要利用基于虚拟长方体网格点对应位函数、辅助基函数或格林函数，两两相互作用构成的是一个托普利兹矩阵的重要性质来实现迭代过程中矩阵向量积的加速计算。本节重点介绍最后一种方法中托普利兹矩阵的构造过程和在加速过程中的应用。图8.2.1所示为一虚拟长方体网格，M,P,N 分别表示 x 向，y 向，z 向上的网格点数。网格间距为 h。令 $\boldsymbol{r}_1$ 与 $\boldsymbol{r}_2$ 为网格点上对应的位置矢量，满足 $\boldsymbol{r}_1=(x_{i_1},y_{j_1},z_{k_1})$，$\boldsymbol{r}_2=(x_{i_2},y_{j_2},z_{k_2})$，则这两个点对应的格林函数可以表示为

$$g(r_1,r_2)=g_{(M,P,N)}=\frac{\mathrm{e}^{-\mathrm{j}k_0|\boldsymbol{r}_1-\boldsymbol{r}_2|}}{|r_1-r_2|} \tag{8.2.1}$$

式中：$M=k_1-k_2$，$P=j_1-j_2$，$N=i_1-i_2$。当 M 与 P 固定时，$\{g(\boldsymbol{r}_1,\boldsymbol{r}_2)\}$所构成的矩阵为

$$\boldsymbol{T}_{(M,P)}=\begin{bmatrix} g_{(M,P,0)} & g_{(M,P,-1)} & \cdots & g_{(M,P,1-N)} \\ g_{(M,P,1)} & g_{(M,P,0)} & \cdots & g_{(M,P,2-N)} \\ \vdots & \vdots & & \vdots \\ g_{(M,P,N-1)} & g_{(M,P,N-2)} & \cdots & g_{(M,P,0)} \end{bmatrix}_{N\times N} \tag{8.2.2}$$

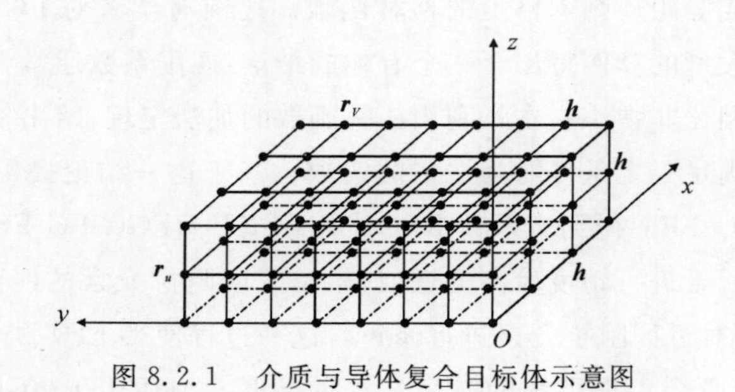

图 8.2.1 介质与导体复合目标体示意图

式(8.2.2)为一重托普利兹矩阵。当 M 固定时，$\{g(\boldsymbol{r}_1,\boldsymbol{r}_2)\}$ 所构成的矩阵为

$$
\left.\begin{aligned}
\boldsymbol{T}_{(M)} &= \begin{bmatrix} \boldsymbol{T}_{(M,0)} & \boldsymbol{T}_{(M,-1)} & \cdots & \boldsymbol{T}_{(M,1-P)} \\ \boldsymbol{T}_{(M,1)} & \boldsymbol{T}_{(M,0)} & \cdots & \boldsymbol{T}_{(M,2-P)} \\ \vdots & \vdots & & \vdots \\ \boldsymbol{T}_{(M,P-1)} & \boldsymbol{T}_{(M,P-2)} & \cdots & \boldsymbol{T}_{(M,0)} \end{bmatrix} \\
\boldsymbol{T}_{(m,p)} &= \begin{bmatrix} g_{(M,P,0)} & g_{(M,P,-1)} & \cdots & g_{(M,P,1-N)} \\ g_{(M,P,1)} & g_{(M,P,0)} & \cdots & g_{(M,P,2-N)} \\ \vdots & \vdots & & \vdots \\ g_{(M,P,N-1)} & g_{(M,P,N-2)} & \cdots & g_{(M,P,0)} \end{bmatrix}
\end{aligned}\right\} \tag{8.2.3}
$$

式(8.2.3)为二重托普利兹矩阵。进一步,$\{g(\boldsymbol{r}_1,\boldsymbol{r}_2)\}$ 构成的矩阵为

$$
\left.\begin{aligned}
\boldsymbol{T} &= \begin{bmatrix} \boldsymbol{T}_{(0)} & \boldsymbol{T}_{(-1)} & \cdots & \boldsymbol{T}_{(1-M)} \\ \boldsymbol{T}_{(1)} & \boldsymbol{T}_{(0)} & \cdots & \boldsymbol{T}_{(2-M)} \\ \vdots & \vdots & & \vdots \\ \boldsymbol{T}_{(M-1)} & \boldsymbol{T}_{(M-2)} & \cdots & \boldsymbol{T}_{(0)} \end{bmatrix} \\
\boldsymbol{T}_{(M)} &= \begin{bmatrix} \boldsymbol{T}_{(M,0)} & \boldsymbol{T}_{(M,-1)} & \cdots & \boldsymbol{T}_{(M,1-P)} \\ \boldsymbol{T}_{(M,1)} & \boldsymbol{T}_{(M,0)} & \cdots & \boldsymbol{T}_{(M,2-P)} \\ \vdots & \vdots & & \vdots \\ \boldsymbol{T}_{(M,P-1)} & \boldsymbol{T}_{(M,P-2)} & \cdots & \boldsymbol{T}_{(M,0)} \end{bmatrix} \\
\boldsymbol{T}_{(M,P)} &= \begin{bmatrix} g_{(M,P,0)} & g_{(M,P,-1)} & \cdots & g_{(M,P,1-N)} \\ g_{(M,P,1)} & g_{(M,P,0)} & \cdots & g_{(M,P,2-N)} \\ \vdots & \vdots & & \vdots \\ g_{(M,P,N-1)} & g_{(M,P,N-2)} & \cdots & g_{(M,P,0)} \end{bmatrix}
\end{aligned}\right\} \tag{8.2.4}
$$

式(8.2.4)为三重托普利兹矩阵。令 $N_{\mathrm{g}} = M \times P \times N$。基于 $\boldsymbol{T}$ 构造 $\boldsymbol{T}^{(2)}$,其具有如下形式:

$$
\boldsymbol{T}^{(2)} = \begin{bmatrix} \boldsymbol{T}_{(0)} & \boldsymbol{V}_{(0)} & \boldsymbol{T}_{(-1)} & \cdots & \boldsymbol{V}_{(1-M)} \\ \boldsymbol{U}_{(0)} & \boldsymbol{T}_{(0)} & \ddots & & \vdots \\ \boldsymbol{T}_{(1)} & \ddots & \ddots & & \vdots \\ \vdots & \ddots & \ddots & \ddots & \boldsymbol{T}_{(-1)} \\ \vdots & & \ddots & \boldsymbol{T}_{(0)} & \boldsymbol{V}_{(0)} \\ \boldsymbol{U}_{(M-1)} & \cdots & \boldsymbol{T}_{(1)} & \boldsymbol{U}_{(0)} & \boldsymbol{T}_{(0)} \end{bmatrix} \tag{8.2.5}
$$

式中:

$$
\boldsymbol{U}_M = \begin{bmatrix} \boldsymbol{O} & \boldsymbol{T}_{(M,P-1)} & \cdots & \boldsymbol{T}_{(M,1)} \\ \boldsymbol{T}_{(M+1,1-P)} & \boldsymbol{O} & \ddots & \vdots \\ \vdots & \ddots & \ddots & \ddots \\ \vdots & \ddots & \ddots & \boldsymbol{T}_{(M,P-1)} \\ \boldsymbol{T}_{(m+1,-1)} & \cdots & \boldsymbol{T}_{(m+1,1-P)} & \boldsymbol{O} \end{bmatrix}
$$

$$
\boldsymbol{V}_{-M}=\begin{bmatrix}
\boldsymbol{O} & \boldsymbol{T}_{(-(M+1),P-1)} & \cdots & \boldsymbol{T}_{[-(M+1),1]} \\
\boldsymbol{T}_{(-m,1-P)} & \boldsymbol{O} & \ddots & \vdots \\
\vdots & \ddots & \ddots & \ddots \\
\vdots & \ddots & \ddots & \boldsymbol{T}_{[-(m+1),P-1]} \\
\boldsymbol{T}_{(-m,-1)} & \cdots & \boldsymbol{T}_{(-m,1-P)} & \boldsymbol{O}
\end{bmatrix}
$$

事实上，$\boldsymbol{T}^{(2)}$ 为一个 $2N_g$ 阶的二重托普利兹矩阵。然后对 $\boldsymbol{T}^{(2)}$ 中的每个子矩阵作如下处理，以 $\boldsymbol{T}_{(M)}$ 为例构造 $\widetilde{\boldsymbol{T}}_{(M)}$，表达式为

$$
\widetilde{\boldsymbol{T}}_{(M)}=\begin{bmatrix}
\boldsymbol{T}_{(M,0)} & \boldsymbol{V}_{(M,0)} & \boldsymbol{T}_{(M,-1)} & \cdots \\
\boldsymbol{U}_{(M,0)} & \boldsymbol{T}_{(M,0)} & \ddots & \ddots \\
\boldsymbol{T}_{(M,1)} & \ddots & \ddots & \ddots \\
\vdots & \ddots & \ddots & \ddots \\
\vdots & \ddots & \boldsymbol{T}_{(M,0)} & \boldsymbol{V}_{(M,0)} \\
\boldsymbol{U}_{(M,P-1)} & \cdots & \boldsymbol{T}_{(m,1)} & \boldsymbol{U}_{(M,0)}
\end{bmatrix} \tag{8.2.6}
$$

式中：

$$
\boldsymbol{U}_{(M,j)}=\begin{bmatrix}
0 & g_{(M,j,N-1)} & \cdots & g_{(M,j,1)} \\
g_{[M,(j+1),1-N]} & 0 & \ddots & \\
\vdots & \ddots & \ddots & \ddots \\
\vdots & \ddots & 0 & g_{(M,j,N-1)} \\
g_{[M,(j+1),-1]} & \cdots & g_{[M,(j+1),1-N]} & 0
\end{bmatrix}
$$

$$
\boldsymbol{V}_{(M,-j)}=\begin{bmatrix}
0 & g_{[M,-(j+1),N-1]} & \cdots & g_{[M,-(j+1),1]} \\
g_{[m,-j,1-N]} & 0 & \ddots & \vdots \\
\vdots & \ddots & \ddots & \ddots \\
\vdots & \ddots & 0 & g_{[M,-(j+1),N-1]} \\
g_{[M,-j,-1]} & \cdots & g_{[m,-j,1-N]} & 0
\end{bmatrix}
$$

其余 $\boldsymbol{T}^{(2)}$ 的子矩阵均按照这个方法处理，最终得到了一个一重 $4N_g$ 阶托普利兹矩阵 $\boldsymbol{T}^{(1)}$：

$$
\boldsymbol{T}^{(1)}=\begin{bmatrix}
\widetilde{\boldsymbol{T}}_{(0)} & \widetilde{\boldsymbol{V}}_{(0)} & \widetilde{\boldsymbol{T}}_{(-1)} & \cdots & \widetilde{\boldsymbol{V}}_{(1-M)} \\
\widetilde{\boldsymbol{U}}_{(0)} & \widetilde{\boldsymbol{T}}_{(0)} & \ddots & & \vdots \\
\widetilde{\boldsymbol{T}}_{(1)} & \ddots & \ddots & \ddots & \vdots \\
\vdots & \ddots & \ddots & \ddots & \widetilde{\boldsymbol{T}}_{(-1)} \\
\vdots & \ddots & \ddots & \widetilde{T}_{(0)} & \widetilde{\boldsymbol{V}}_{(0)} \\
\widetilde{\boldsymbol{U}}_{(M-1)} & \cdots & \widetilde{\boldsymbol{T}}_{(1)} & \widetilde{\boldsymbol{U}}_{(0)} & \widetilde{\boldsymbol{T}}_{(0)}
\end{bmatrix}=\begin{bmatrix}
t_0 & t_{-1} & \cdots & t_{(1-4N_g)} \\
t_1 & t_0 & & \ddots \\
\vdots & \ddots & \ddots & \vdots \\
\vdots & \ddots & \ddots & t_{-1} \\
t_{(4N_g-1)} & \cdots & t_1 & t_0
\end{bmatrix} \tag{8.2.7}
$$

将一重托普利兹矩阵 $\boldsymbol{T}^{(1)}$ 转变成循环矩阵 $\boldsymbol{C}$，则有

$$
\boldsymbol{C}=\begin{bmatrix}
\boldsymbol{T}^{(1)} & \Delta\boldsymbol{T}^{(1)} \\
\Delta\boldsymbol{T}^{(1)} & \boldsymbol{T}^{(1)}
\end{bmatrix} \tag{8.2.8}
$$

式中：

$$\Delta \boldsymbol{T}^{(1)} = \begin{bmatrix} 0 & t_{(4N_g-1)} & \cdots & t_1 \\ t_{(1-4N_g)} & 0 & \ddots & \vdots \\ \vdots & \ddots & \ddots & \vdots \\ \vdots & \ddots & \ddots & t_{(4N_g-1)} \\ t_{-1} & \cdots & t_{(1-4N_g)} & 0 \end{bmatrix}$$

可见，$\boldsymbol{C}$ 为一个 $8N_g$ 阶的循环矩阵。因此，实际计算中只需存储其第一列的元素，即一个 $8N_g$ 阶的列向量，令其为 $\boldsymbol{C}'$。

若要计算图 8.2.1 中所示得到的三重托普利兹矩阵 $\boldsymbol{T}$ 与任意 N_g 阶列向量 $\boldsymbol{X}$ 相乘，即 $\boldsymbol{TX}$，则应当首先构造 $\boldsymbol{T}$ 所对应的循环矩阵列向量 $\boldsymbol{C}'$，然后将 $\boldsymbol{X}$ 转变成 $4N_g$ 阶的列向量 $\hat{\boldsymbol{X}}$。其构造过程为

$$\left.\begin{aligned} \boldsymbol{X} &= [\boldsymbol{X}^{\mathrm{T}}_{(M-1,P-1)}, \boldsymbol{X}^{\mathrm{T}}_{(M-1,P-2)}, \cdots \boldsymbol{X}^{\mathrm{T}}_{(0,0)}]^{\mathrm{T}} \\ \tilde{\boldsymbol{X}} &= [\boldsymbol{X}^{\mathrm{T}}_{(M-1,P-1)}, \boldsymbol{O}^{\mathrm{T}}_{(M-1,P-1)}, \boldsymbol{X}^{\mathrm{T}}_{(M-1,P-2)}, \boldsymbol{O}^{\mathrm{T}}_{(M-1,P-2)}, \cdots \boldsymbol{X}^{\mathrm{T}}_{(0,0)}, \boldsymbol{O}^{\mathrm{T}}_{(0,0)}]^{\mathrm{T}} \\ \hat{\boldsymbol{X}} &= [\tilde{\boldsymbol{X}}^{\mathrm{T}}_{(M-1)}, \boldsymbol{O}^{\mathrm{T}}_{(M-1)}, \tilde{\boldsymbol{X}}^{\mathrm{T}}_{(M-2)}\ \boldsymbol{O}^{\mathrm{T}}_{(M-1)}, \cdots \tilde{\boldsymbol{X}}^{\mathrm{T}}_{(0)}, \tilde{\boldsymbol{O}}^{\mathrm{T}}_{(M-1)}]^{\mathrm{T}} \end{aligned}\right\} \tag{8.2.9}$$

式中：$\boldsymbol{X}^{\mathrm{T}}_{(M,P)}$ 为 N 阶行向量；$\boldsymbol{O}^{T}_{(M,P)}$ 为 N 阶值为 0 的行向量；$\tilde{\boldsymbol{X}}^{\mathrm{T}}_{(M-1)}$ 为包含 $2P \times N$ 阶行向量；$\boldsymbol{O}^{\mathrm{T}}_{(M-1)}$ 为 $2P \times N$ 阶值为 0 的行向量。这样求解 $\boldsymbol{TX}$ 就等效于求解下式：

$$\boldsymbol{C}\begin{bmatrix} \hat{\boldsymbol{X}} \\ \boldsymbol{O} \end{bmatrix} = \begin{bmatrix} \boldsymbol{T}^{(1)} & \Delta\boldsymbol{T}^{(1)} \\ \Delta\boldsymbol{T}^{(1)} & \boldsymbol{T}^{(1)} \end{bmatrix}\begin{bmatrix} \hat{\boldsymbol{X}} \\ \boldsymbol{O} \end{bmatrix} = \begin{bmatrix} \boldsymbol{T}^{(1)}\hat{\boldsymbol{X}} \\ \Delta\boldsymbol{T}^{(1)}\boldsymbol{X}\hat{\boldsymbol{X}} \end{bmatrix}$$

即

$$\boldsymbol{C}\begin{bmatrix} \hat{\boldsymbol{X}} \\ \boldsymbol{O} \end{bmatrix} = \mathrm{FFT}^{-1}[\mathrm{FFT}(\boldsymbol{C}') \cdot \mathrm{FFT}(\hat{\boldsymbol{X}}^{\mathrm{T}}, \boldsymbol{O}^{\mathrm{T}})] \tag{8.2.10}$$

这样，矩阵向量积 $\boldsymbol{TX}$ 的计算复杂度就从 $O(N_g^2)$ 降低到了 $O[N_g \lg(N_g)]$。

8.3　实系数匹配方案与 FGG-FG-FFT 计算方法

8.3.1　匹配系数实数化的证明

三维导体目标的电磁散射可以借助电场积分方程(Electric Field Integral Equation, EFIE)或磁场积分方程(Magnetic Field Integral Equation, MFIE)来构造求解所需的矩阵方程。EFIE 和 MFIE 分别如下：

$$4\pi \boldsymbol{E}^{\mathrm{inc}}\,|_t = \left\{ \mathrm{j}k_0\eta_0 \int_S \left[g(\boldsymbol{r},\boldsymbol{r}')\boldsymbol{J}(\boldsymbol{r}) + \frac{1}{k_0^2}\nabla g(\boldsymbol{r},\boldsymbol{r}')\ \nabla' \cdot J(\boldsymbol{r}') \right] \mathrm{d}s' \right\}\Big|_t \tag{8.3.1a}$$

$$4\pi \boldsymbol{H}^{\mathrm{inc}}\,|_t = \left\{ 2\pi(\boldsymbol{n} \times \boldsymbol{J}(\boldsymbol{r})) + \mathrm{P.V.}\int_S J(\boldsymbol{r}') \times \nabla g(\boldsymbol{r},\boldsymbol{r}')\mathrm{d}s' \right\}\Big|_t \tag{8.3.1b}$$

式中：$\boldsymbol{E}^{\mathrm{inc}}$ 和 $\boldsymbol{H}^{\mathrm{inc}}$ 表示入射电场和磁场；$k_0 = 2\pi/\lambda_0$ 表示自由空间中的波数，λ_0 为自由空间中的波长；$\eta_0 = 120\pi\ \Omega$ 表示自由空间中的波阻抗；$\boldsymbol{J}(\boldsymbol{r})$ 为导体表面的位置感应电流；P.V. 表示主值积分；$\boldsymbol{n}$ 表示导体表面的单位法向向量；下标 t 表示取切向分量。$g(\boldsymbol{r},\boldsymbol{r}')$ 表示自由空间中的

格林函数。混合积分方程(Combined Field Integral Equation,CFIE)为 EFIE 与 MFIE 的组合,即

$$\mathrm{CFIE} = \alpha \mathrm{EFIE} + (1-\alpha)\mathrm{MFIE} \tag{8.3.2}$$

式中:α 表示组合系数,满足 $0 \leqslant \alpha \leqslant 1$。基于矩量法求解式(8.3.2),首先将导体表面离散为三角面元,边长不大于 $0.2\lambda_0$。

选取 RWG(Rao-Wilton-Glisson) 函数作为基函数 $\boldsymbol{f}(\boldsymbol{r})$,如图 8.3.1 所示:$\boldsymbol{n}^+$ 和 $\boldsymbol{n}^-$ 分别为左面元 T_n^+ 和右面元 T_n^- 的单位外法向量;$\boldsymbol{r}_1$ 和 $\boldsymbol{r}_2$ 分别为左、右面元的顶点位置矢量;l_n 表示第 n 条棱边的边长;$\boldsymbol{\rho}_n^+ = \boldsymbol{r} - \boldsymbol{r}_1$,$\boldsymbol{\rho}_n^- = \boldsymbol{r}_2 - \boldsymbol{r}$。则 RWG 基函数可以表示为

$$\boldsymbol{f}_n(\boldsymbol{r}) = \begin{cases} \dfrac{l_n}{2A_n^+}\boldsymbol{\rho}_n^+, & \boldsymbol{r} \in T_n^+ \\ \dfrac{l_n}{2A_n^-}\boldsymbol{\rho}_n^-, & \boldsymbol{r} \in T_n^- \end{cases} \tag{8.3.3}$$

$$\nabla \cdot \boldsymbol{f}_n(\boldsymbol{r}) = \begin{cases} \dfrac{l_n}{A_n^+}, & \boldsymbol{r} \in T_n^+ \\ -\dfrac{l_n}{A_n^-}, & \boldsymbol{r} \in T_n^- \end{cases} \tag{8.3.4}$$

式中:A_n^+ 和 A_n^- 分别表示左、右面元的面积。由式(8.3.3)可以看出:当场点 $\boldsymbol{r}$ 位于棱边上时,RWG 基函数所代表的垂直流过棱边的电流连续,因此棱边上并没有电荷积累。若采用伽辽金法建立矩阵方程,则测试函数仍然采用 RWG 函数。由此得到基于 CFIE 的矩阵方程:

$$\boldsymbol{Z}^{\mathrm{CFIE}}\boldsymbol{I} = \boldsymbol{V} \tag{8.3.5}$$

式中:$\boldsymbol{Z}^{\mathrm{CFIE}} = a\boldsymbol{Z}^{\mathrm{EFIE}} + (1-a)\boldsymbol{Z}^{\mathrm{MFIE}}$。$\boldsymbol{Z}^{\mathrm{EFIE}}$ 和 $\boldsymbol{Z}^{\mathrm{MFIE}}$ 的矩阵元素分别为

$$\boldsymbol{Z}_{mn}^{\mathrm{EFIE}} = \mathrm{j}k_0\eta_0 \int_{T_m} \mathrm{d}s\,\boldsymbol{f}_m(\boldsymbol{r}) \cdot \int_{T_n} g(\boldsymbol{r},\boldsymbol{r}')\boldsymbol{f}_n(\boldsymbol{r}')\mathrm{d}s' - \frac{\mathrm{j}\eta_0}{k_0}\int_{T_m} \mathrm{d}s\,\nabla\cdot \boldsymbol{f}_m(\boldsymbol{r}) \int_{T_n} g(\boldsymbol{r},\boldsymbol{r}')\,\nabla' \cdot \boldsymbol{f}_n(\boldsymbol{r}')\mathrm{d}s' \tag{8.3.6a}$$

$$\boldsymbol{Z}_{mn}^{\mathrm{MFIE}} = 2\pi\int_{T_m} \boldsymbol{f}_m(\boldsymbol{r}) \cdot \boldsymbol{f}_n(\boldsymbol{r})\mathrm{d}s + \int_{T_m} \mathrm{d}s[n \times \boldsymbol{f}_m(\boldsymbol{r})] \cdot \int_{T_n} \nabla g(\boldsymbol{r},\boldsymbol{r}') \times \boldsymbol{f}_n(\boldsymbol{r}')\mathrm{d}s' \tag{8.3.6b}$$

式中:T_m 和 T_n 分别表示基函数 $\boldsymbol{f}_m(\boldsymbol{r})$ 和 $\boldsymbol{f}_n(\boldsymbol{r})$ 所对应的面元。

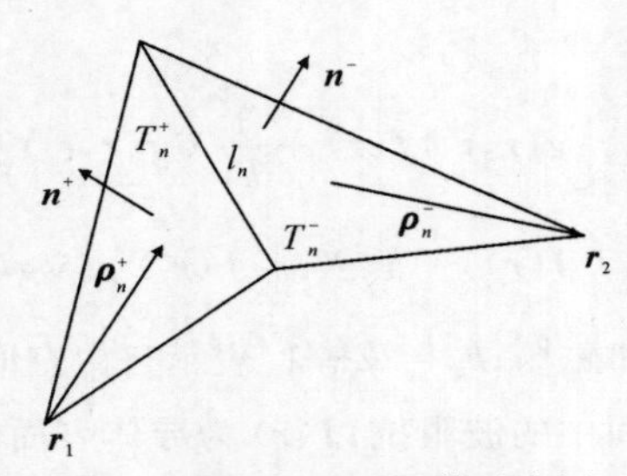

图 8.3.1 RWG 基函数示意图

采用 FGG-FG-FFT 加速前需要进行一些预处理工作，具体为：构造一个将导体目标包住的立方体并将其在直角坐标系的每个方向上对立方体进行等分以获得一个等距规则点网格，网格间距为 h。该网格中每两个点所对应的格林函数构成了一个三重托普利兹矩阵 $\boldsymbol{G}$；如图 8.3.2 所示，再选定一个包围原有格林函数 $g(\boldsymbol{r},\boldsymbol{r}')$ 的中心为 c_m 的 M 阶立方体网格 C_m，该网格包含 $N_C=(M+1)^3$ 个网格点，且包围它的最小球面半径为 r_m，将原有格林函数用立方体网格上的格林函数表示，即

$$g(\boldsymbol{r},\boldsymbol{r}')=\sum_{u\in C_m}\pi^{r}_{u,C_m}g(\boldsymbol{r}_u,\boldsymbol{r}') \tag{8.3.7}$$

式中：π^{r}_{u,C_m} 为匹配系数，为了求得此匹配系数，通常构造一个以 c_m 为中心的测试球面，其半径 $R_m=r_m+0.15\lambda_0$。在测试球面 S_m 上选取若干高斯点作为测试点 $\{\boldsymbol{r}_t\}T_e$，并且令 $\boldsymbol{r}'=\boldsymbol{r}_t$，数目满足 $T_e>(M+1)^3$。格林函数的梯度仍然采用这样的方法进行确定，从而将原表达式转化成

$$\nabla g(\boldsymbol{r},\boldsymbol{r}')=\sum_{u\in C_m}\varsigma^{r}_{u,C_m}g(\boldsymbol{r}_u,\boldsymbol{r}') \tag{8.3.8}$$

式中：ζ^{r}_{u,C_m} 为格林函数梯度所对应的匹配系数。式(8.3.7) 和式(8.3.8) 转化成一个超定方程：

$$\left.\begin{aligned}&[\boldsymbol{X}]\{\pi^{r}_{C_m}\}=[Y^1],\{\pi^{r}_{C_m}\}=[\boldsymbol{X}]^{+}[\boldsymbol{Y}^1]\\&[\boldsymbol{X}]\{\varsigma^{r}_{C_m}\}=[\boldsymbol{Y}^2],\{\varsigma^{r}_{C_m}\}=[\boldsymbol{X}]^{+}[\boldsymbol{Y}^2]\end{aligned}\right\} \tag{8.3.9}$$

式中：矩阵$[\boldsymbol{X}]$，$[\boldsymbol{Y}^1]$ 和$[\boldsymbol{Y}^2]$ 中的元素可以表示为

$$\left.\begin{aligned}X_{i,j}&=g(\boldsymbol{r}_j,\boldsymbol{r}_{ti}),\quad i\in[1,T_e],j\in[1,N_C]\\Y^1_i&=g(\boldsymbol{r},\boldsymbol{r}_{ti}),\quad i\in[1,T_e]\\Y^2_i&=\nabla g(\boldsymbol{r},\boldsymbol{r}_{ti})\quad i\in[1,T_e]\end{aligned}\right\} \tag{8.3.10}$$

式(10.3.9) 中：$[\boldsymbol{X}]^{+}$ 表示$[\boldsymbol{X}]$ 的广义逆。同样，为源点 $\boldsymbol{r}'$ 选取立方体网格 C_n。采取同样的处理得到完整的格林函数近似表达式：

$$g(\boldsymbol{r},\boldsymbol{r}')=\sum_{u\in C_m}\sum_{v\in C_n}\pi^{r}_{u,C_m}g(\boldsymbol{r}_u,\boldsymbol{r}_v)\pi^{r'}_{v,C_n} \tag{8.3.11}$$

$$\nabla g(\boldsymbol{r},\boldsymbol{r}')=\sum_{u\in C_m}\sum_{v\in C_n}\varsigma^{r}_{u,C_m}g(\boldsymbol{r}_u,\boldsymbol{r}_v)\pi^{r'}_{v,C_n} \tag{8.3.12}$$

将其代入式(8.3.5) 和式(8.3.6) 中，由此，式(8.3.6) 中的阻抗元素可以被近似表示，式(8.3.5) 被转化成

$$\begin{aligned}\boldsymbol{Z}^{\mathrm{CFIE}}\approx&[a(\boldsymbol{Z}^{\mathrm{EFIE\text{-}near}}_{\mathrm{MOM}}-\boldsymbol{Z}^{\mathrm{EFIE\text{-}near}}_{\mathrm{FFT}})+(1-a)(\boldsymbol{Z}^{\mathrm{MFIE\text{-}near}}_{\mathrm{MOM}}-\boldsymbol{Z}^{\mathrm{MFIE\text{-}near}}_{\mathrm{FFT}})]\\&+a\boldsymbol{Z}^{\mathrm{EFIE\text{-}total}}_{\mathrm{FFT}}+(1-a)\boldsymbol{Z}^{\mathrm{MFIE\text{-}total}}_{\mathrm{FFT}}\end{aligned} \tag{8.3.13}$$

式中：$\boldsymbol{Z}^{\mathrm{EFIE\text{-}near}}_{\mathrm{MOM}}$ 和 $\boldsymbol{Z}^{\mathrm{MFIE\text{-}near}}_{\mathrm{MOM}}$ 为采用传统矩量法计算所得的近区矩阵，$\boldsymbol{Z}^{\mathrm{EFIE\text{-}total}}_{\mathrm{FFT}}$ 和 $\boldsymbol{Z}^{\mathrm{MFIE\text{-}total}}_{\mathrm{FFT}}$ 为采用 FFT 方法表示的总矩阵。FFT 方法被用于近似表示对远区矩阵元素时具有较高的精度，当近似表示近区矩阵元素时，如果 C_m 和 C_n 中有重合的网格点，网格点上的格林函数 $g(\boldsymbol{r}_u,\boldsymbol{r}_v)$ 便呈现了奇异性，为此将这一类的格林函数采用赋零值的方法加以消除。然而，这样采用 FFT 方法表示的近区矩阵便出现了较大的近似误差，必须对其进行修正。式(8.3.13) 中括号内的矩阵可以看作是对 FFT 近区矩阵的修正。进一步，$\boldsymbol{Z}^{\mathrm{EFIE\text{-}total}}_{\mathrm{FFT}}$ 和 $\boldsymbol{Z}^{\mathrm{MFIE\text{-}total}}_{\mathrm{FFT}}$ 可以表示为

$$\left.\begin{aligned}\boldsymbol{Z}^{\mathrm{EFIE\text{-}total}}_{\mathrm{FFT}}&=\mathrm{j}k_0\eta_0\boldsymbol{\Pi}\cdot\boldsymbol{G}\boldsymbol{\Pi}^{\mathrm{T}}-\frac{\mathrm{j}\eta_0}{k_0}\boldsymbol{\Pi}_{\mathrm{d}}\boldsymbol{G}\boldsymbol{\Pi}^{\mathrm{T}}_{\mathrm{d}}\\\boldsymbol{Z}^{\mathrm{MFIE\text{-}total}}_{\mathrm{FFT}}&=\boldsymbol{\Pi}_{\mathrm{g}}\cdot\boldsymbol{G}\boldsymbol{\Pi}^{\mathrm{T}}\end{aligned}\right\} \tag{8.3.14}$$

其与未知电流系数相乘得到

$$
\left.\begin{aligned}
Z_{\mathrm{FFT}}^{\mathrm{EFIE}}\boldsymbol{I} &= \mathrm{j}k_0\eta_0\boldsymbol{\Pi}\cdot\boldsymbol{G}\boldsymbol{\Pi}^{\mathrm{T}}\boldsymbol{I}-(\mathrm{j}\eta_0/k_0)\boldsymbol{\Pi}_{\mathrm{d}}\cdot\boldsymbol{G}\boldsymbol{\Pi}_{\mathrm{d}}^{\mathrm{T}}\boldsymbol{I}\\
Z_{\mathrm{FFT}}^{\mathrm{MFIE}}\boldsymbol{I} &= \boldsymbol{\Pi}_{\mathrm{g}}\cdot\boldsymbol{G}\boldsymbol{\Pi}^{\mathrm{T}}\boldsymbol{I}
\end{aligned}\right. \tag{8.3.15}
$$

式中：$\boldsymbol{\Pi}$，$\boldsymbol{\Pi}_{\mathrm{d}}$ 和 $\boldsymbol{\Pi}_{\mathrm{g}}$ 为基函数和匹配系数所构成的系数矩阵，其表达式为

$$
\boldsymbol{\Pi}=\int_S[\boldsymbol{f}_1(\boldsymbol{r}),\boldsymbol{f}_2(\boldsymbol{r}),\cdots\boldsymbol{f}_N(\boldsymbol{r})]^{\mathrm{T}}[\pi_0,\pi_1,\pi_2,\cdots\ \pi_{Ng-1}]\mathrm{d}s \tag{8.3.16}
$$

$$
\boldsymbol{\Pi}_{\mathrm{d}}=\int_S[\nabla\cdot\boldsymbol{f}_1(\boldsymbol{r}),\nabla\cdot\boldsymbol{f}_2(\boldsymbol{r}),\cdots\ \nabla\cdot\boldsymbol{f}_N(\boldsymbol{r})]^{\mathrm{T}}[\pi_0,\pi_1,\pi_2,\cdots\ \pi_{Ng-1}]\mathrm{d}s \tag{8.3.17}
$$

$$
\boldsymbol{\Pi}_{\mathrm{g}}=\int_S[\boldsymbol{n}\times\boldsymbol{f}_1(\boldsymbol{r}),\boldsymbol{n}\times\boldsymbol{f}_2(\boldsymbol{r}),\cdots\boldsymbol{n}\times\boldsymbol{f}_N(\boldsymbol{r})]^{\mathrm{T}}\times[\varsigma_0,\varsigma_1,\varsigma_2,\cdots\ \varsigma_{Ng-1}]\mathrm{d}s \tag{8.3.18}
$$

式中：$\boldsymbol{G}\boldsymbol{\Pi}^{\mathrm{T}}\boldsymbol{I}$ 和 $\boldsymbol{G}\boldsymbol{\Pi}_{\mathrm{d}}^{\mathrm{T}}\boldsymbol{I}$ 便可以利用三重托普利兹矩阵与向量相乘的性质采用 FFT 加速计算；上标 T 表示转置。通常 FFT 方法中，IE-FFT 和 AIM 的插值系数和匹配系数为实数，P-FFT 和 FGG-FG-FFT 的匹配系数为复数。前两种方法的实系数特征使得计算效率比后两者的要高。而在采用 FGG-FG-FFT 计算散射的过程中，大量的算例实践发现一个有趣的现象：当测试点 $\boldsymbol{r}_t$ 的数目远大于网格点的数目 $(M+1)^3$ 时，式(8.3.17) 和式(8.3.18) 中的匹配系数趋向于实数化，即匹配系数的虚部相对于实部非常小，约为其 1%。相对于两复系数的相乘运算，实系数的相乘仅需一次乘法。这一特征无疑能提高原 FGG-FG-FFT 方法迭代求解时的计算效率，减少运算时间。下面将运用格林函数的加法定理对匹配系数的实数化给出严格的证明。

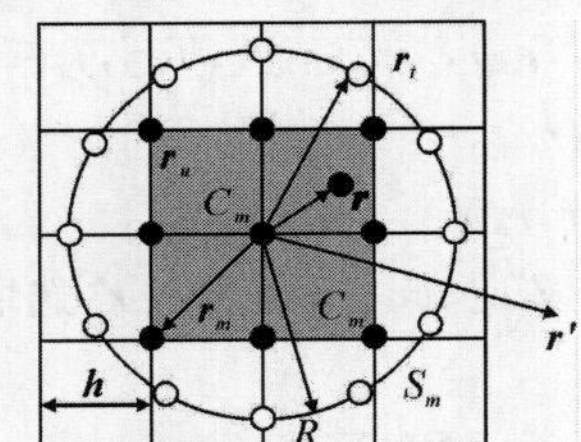

图 8.3.2　3 维匹配格林函数的 2 维剖面图

式(8.3.9) 中 $[\boldsymbol{X}]^+$ 满足 Moore-Penrose 广义逆的条件时，$[\boldsymbol{X}]^+$ 存在且唯一。同时，其具有另一种等效形式：$[\boldsymbol{X}]^+=[\boldsymbol{X}^{\mathrm{H}}\boldsymbol{X}]^+[\boldsymbol{X}^{\mathrm{H}}]$。其中，上标 H 表示 Hermitian 型。与式(8.3.9) 不同的是，令测试点 $\{\boldsymbol{r}_t\}T_e$ 在测试球面上呈均匀分布，这样每个测试点具有相同的权值 $w_t=4\pi R_m^2/T_e$，它也表示测试球面被等分为 T_e 个小面元所对应的面积。这样，$[\boldsymbol{X}]^+$ 也被表示为 $[\boldsymbol{X}]^+=[w_t\boldsymbol{X}^{\mathrm{H}}\boldsymbol{X}]^+[w_t\boldsymbol{X}^{\mathrm{H}}]$。式(8.3.9) 就能转换为

$$
\left.\begin{aligned}
\{\pi_{C_m}^{r}\} &= [\boldsymbol{A}]+[\boldsymbol{B}^1]\\
[\boldsymbol{A}] &= w_t[\boldsymbol{X}]\mathrm{H}[\boldsymbol{X}]\\
[\boldsymbol{B}^1] &= w_t[\boldsymbol{X}]\mathrm{H}[\boldsymbol{Y}^1]\\
[\boldsymbol{B}^2] &= w_t[\boldsymbol{X}]\mathrm{H}[\boldsymbol{Y}^2]
\end{aligned}\right\} \tag{8.3.19}
$$

式中：$[\boldsymbol{A}]$，$[\boldsymbol{B}^1]$ 和 $[\boldsymbol{B}^2]$ 的元素表达式为

$$
\left.\begin{aligned}
A_{i,j} &= \sum\nolimits_{t=1}^{T_e}g^*(\boldsymbol{r}_i,\boldsymbol{r}_t)g(\boldsymbol{r}_j,\boldsymbol{r}_t)w_t,\quad i,j\in[1,N_C]\\
B_i^1 &= \sum\nolimits_{t=1}^{T_e}g^*(\boldsymbol{r}_i,\boldsymbol{r}_t)g(\boldsymbol{r},\boldsymbol{r}_t)w_t,\quad i\in[1,N_C]\\
B_i^2 &= \sum\nolimits_{t=1}^{T_e}g^*(\boldsymbol{r}_i,\boldsymbol{r}_t)\nabla g(\boldsymbol{r},\boldsymbol{r}_t)w_t,\quad i\in[1,N_C]
\end{aligned}\right\} \tag{8.3.20}
$$

式中：上标 * 表示共轭运算。进一步当 $T_e \to \infty$ 时，上式变成

$$\left.\begin{aligned} A_{i,j} &= \int_{S_m} g^*(\boldsymbol{r}_i,\boldsymbol{r}_t)g(\boldsymbol{r}_j,\boldsymbol{r}_t)\mathrm{d}S \quad i,j \in [1,N_C] \\ B_i^1 &= \int_{S_m} g^*(\boldsymbol{r}_i,\boldsymbol{r}_t)g(\boldsymbol{r},\boldsymbol{r}_t)\mathrm{d}S \quad i \in [1,N_C] \\ B_i^2 &= \int_{S_m} g^*(\boldsymbol{r}_i,\boldsymbol{r}_t)\nabla g(\boldsymbol{r},\boldsymbol{r}_t)\mathrm{d}S \quad i \in [1,N_C] \end{aligned}\right\} \tag{8.3.21}$$

这一表达式中的格林函数可以借助加法原理对其进行展开。格林函数的加法定理表达式为

$$g(\boldsymbol{r},\boldsymbol{r}_t) \approx \bar{g}(\boldsymbol{r},\boldsymbol{r}_t) = -\mathrm{j}\frac{k_0}{4\pi}\sum\nolimits_{p=1}^{K}\omega_p \mathrm{e}^{\mathrm{j}\boldsymbol{k}_p\cdot\boldsymbol{r}}T(\boldsymbol{r}_t,\hat{k}_p) \tag{8.3.22}$$

式中：$T(\boldsymbol{r}_t,\hat{k}_p)$ 为转移因子，具体形式为

$$T(\boldsymbol{r}_t,\hat{k}_p) = \sum\nolimits_{l_1=0}^{L}(-\mathrm{j})l_1(2l_1+1)\mathrm{h}_{l_1}^{(2)}(k_0\boldsymbol{r}_t)\mathrm{P}_{l_1}(\hat{k}_p\cdot\hat{r}_t) \tag{8.3.23}$$

并且，L 为多极子模式展开数；$\{\hat{k}_p\}_1^K$ 为单位球面上的角谱，其在单位球面上的分布满足高斯分布，角谱数量满足 $K = 2L^2$；$h_{l_1}^{(2)}$ 为第二类 l_1 阶球汉克尔函数；P_{l_1} 为 l_1 阶勒让德函数。利用式(8.3.22) 对式(8.3.21) 的第一个公式进行展开，得到

$$\begin{aligned} \bar{A}_{i,j} &= \int_{S_m}\bar{g}^*(\boldsymbol{r}_i,\boldsymbol{r}_t)\bar{g}(r_j,\boldsymbol{r}_t)\mathrm{d}s = \\ &\left(\frac{k_0}{4\pi}\right)^2\sum_{p=1}^{K_1}\sum_{q=1}^{K_2}\omega_p\omega_q\mathrm{e}^{-\mathrm{j}\boldsymbol{k}_p\cdot\boldsymbol{r}_i}\mathrm{e}^{\mathrm{j}\boldsymbol{k}_q\cdot\boldsymbol{r}_j}\int_S T_1^*(\boldsymbol{r}_t,\hat{k}_p)T_2(\boldsymbol{r}_t,\hat{k}_q)\mathrm{d}s \end{aligned} \tag{8.3.24}$$

这里，K_1 和 K_2 分别为 $g(\boldsymbol{r}_i,\boldsymbol{r}_t)$ 和 $g(\boldsymbol{r}_j,\boldsymbol{r}_t)$ 所对应的角谱数量，通常 $K_1 \neq K_2$。上式中涉及转移因子 T_1 和 T_2 的积分运算式，积分在单位球面 S 上进行，具体为

$$\begin{aligned} \int_S T_1^*(\boldsymbol{r}_t,\hat{k}_p)T_2(\boldsymbol{r}_t,\hat{k}_q)\mathrm{d}s &= \int_S\sum\nolimits_{l_1=0}^{L_1}\mathrm{j}^{l_1}(2l_1+1)\mathrm{h}_{l_1}^{*(2)}(k_0\boldsymbol{r}_t)\mathrm{P}_{l_1}(\hat{k}_p\cdot\hat{r}_t)\cdot \\ &\sum\nolimits_{l_2=0}^{L_2}(-\mathrm{j})\,l_2(2l_2+1)\mathrm{h}_{l_2}^{(2)}(k_0\boldsymbol{r}_t)P_{l_2}(\hat{k}_q\cdot\hat{r}_t)\,\mathrm{d}S \end{aligned} \tag{8.3.25}$$

利用勒让德函数可以由连带勒让德函数展开的性质：

$$\mathrm{P}_l(\hat{k}_s\cdot\hat{r}) = \sum\nolimits_{m=0}^{l}\varepsilon_m\frac{(l-m)!}{(l+m)!}\mathrm{P}_l^m(\cos\theta_s)P_l^m(\cos\theta)\cos[m(\varphi_s-\varphi)] \tag{8.3.26}$$

式中：P_l^m 为 (l,m) 阶连带勒让德函数；ε_m 为纽曼数，满足当 $m=0$ 时，$\varepsilon_m=1$，当 $m>0$ 时，$\varepsilon_m=2$。又根据田谐函数

$$\left.\begin{aligned} T_{m,n}^e(\theta,\varphi) &= \mathrm{P}_n^m(\cos\theta)\cos(m\varphi) \\ T_{m,n}^o(\theta,\varphi) &= \mathrm{P}_n^m(\cos\theta)\sin(m\varphi) \end{aligned}\right\} \tag{8.3.27}$$

满足的正交性：

$$\begin{aligned} &\int_S T_{m,n}^i T_{p,q}^j\mathrm{d}s = r_t^2\int_S T_{m,n}^i T_{p,q}^j\sin\theta\mathrm{d}\theta\mathrm{d}\varphi = \\ &\begin{cases} \dfrac{4\pi}{2n+1}r_t^2, & m=p=0,n=q,i=j=\mathrm{e} \\ \dfrac{2\pi}{2n+1}\dfrac{(n+m)!}{(n-m)!}r_t^2, & m=p\neq 0,n=q,i=j \\ 0, & \text{其他} \end{cases} \end{aligned} \tag{8.3.28}$$

将式(8.3.28)代入式(8.3.27),并利用田谐函数的正交性,可以得到:

$$\int_s T_1^*(\boldsymbol{r}_t,\hat{k}_p)T_2(\boldsymbol{r}_t,\hat{k}_q)\mathrm{d}s$$

$$=\boldsymbol{r}_t^{\ 2}\sum\nolimits_{l_1=0}^{L}(2l_1+1)^2\left|\mathrm{h}_{l_1}^{(2)}(k_0\boldsymbol{r}_t)\right|^2\left\{\mathrm{P}_{l_1}(\cos\theta_p)\mathrm{P}_{l_1}(\cos\theta_q)\frac{4\pi}{2l_1+1}+\right.$$

$$\left.\sum\nolimits_{m=1}^{l_1}\varepsilon_m^2\left[\frac{(l-m)!}{(l+m)!}\right]^2\mathrm{P}_{l_1}^m(\cos\theta_p)\mathrm{P}_{l_1}^m(\cos\theta_q)\frac{4\pi}{2l_1+1}\frac{(l+m)!}{(l-m)!}\left[\frac{\cos(m(\varphi_p-\varphi_q))}{\varepsilon_m}\right]\right\}$$

$$=4\pi\boldsymbol{r}_t^{\ 2}\sum_{l_1=0}^{L}(2l_1+1)\left|\mathrm{h}_{l_1}^{(2)}(k_0\boldsymbol{r}_t)\right|^2\sum_{m=0}^{l_1}\varepsilon_m\left[\frac{(l-m)!}{(l+m)!}\right]\mathrm{P}_{l_1}^m(\cos\theta_p)\mathrm{P}_{l_1}^m(\cos\theta_q)\cos[m(\varphi_p-\varphi_q)]$$

(8.3.29)

式中:$L=\min\{L_1,L_2\}$。再次利用勒让德函数展开式的性质将上式变成

$$\int_s T_1^*(\boldsymbol{r}_t,\hat{k}_p)T_2(\boldsymbol{r}_t,\hat{k}_q)\mathrm{d}s=4\pi\boldsymbol{r}_t^{\ 2}\sum\nolimits_{l_1=0}^{L}(2l_1+1)\left|\mathrm{h}_{l_1}^{(2)}(k_0\boldsymbol{r}_t)\right|^2\mathrm{P}_{l_1}(\hat{k}_p\cdot\hat{k}_q)\quad(8.3.30)$$

将其代入式(8.3.24)中,则$\bar{A}_{i,j}$为

$$\bar{A}_{i,j}=\frac{(k_0\boldsymbol{r}_t)^2}{4\pi}\sum_{p=1}^{K_1}\sum_{q=1}^{K_2}\omega_p\omega_q\mathrm{e}^{-\mathrm{j}\boldsymbol{k}_p\cdot\boldsymbol{r}_i}\mathrm{e}^{\mathrm{j}\boldsymbol{k}_q\cdot\boldsymbol{r}_j}\sum_{l_1=0}^{L}(2l_1+1)\left|\mathrm{h}_{l_1}^{(2)}(k_0\boldsymbol{r}_t)\right|^2\mathrm{P}_{l_1}(\hat{k}_p\cdot\hat{k}_q)$$

$$=\frac{(k_0\boldsymbol{r}_t)^2}{4\pi}\left\{\sum_{p=1}^{K_1/2}\sum_{q=1}^{K_2}\omega_p\omega_q\mathrm{e}^{-\mathrm{j}\boldsymbol{k}_p\cdot\boldsymbol{r}_i}\mathrm{e}^{\mathrm{j}\boldsymbol{k}_q\cdot\boldsymbol{r}_j}\sum_{l_1=0}^{L}(2l_1+1)\left|\mathrm{h}_{l_1}^{(2)}(k_0\boldsymbol{r}_t)\right|^2\mathrm{P}_{l_1}(\hat{k}_p\cdot\hat{k}_q)+\right.$$

$$\left.\sum_{p=1}^{K_1/2}\sum_{q=1}^{K_2}\omega_p\omega_q\mathrm{e}^{\mathrm{j}\boldsymbol{k}_p\cdot\boldsymbol{r}_i}\mathrm{e}^{\mathrm{j}\boldsymbol{k}_q\cdot\boldsymbol{r}_j}\sum_{l_1=0}^{L}(2l_1+1)\left|\mathrm{h}_{l_1}^{(2)}(k_0\boldsymbol{r}_t)\right|^2\mathrm{P}_{l_1}(-\hat{k}_p\cdot\hat{k}_q)\right\}$$

$$=\frac{(k_0\boldsymbol{r}_t)^2}{4\pi}\left\{\sum_{p=1}^{K_1/2}\sum_{q=1}^{K_2}\omega_p\omega_q\mathrm{e}^{-\mathrm{j}\boldsymbol{k}_p\cdot\boldsymbol{r}_i}\mathrm{e}^{\mathrm{j}\boldsymbol{k}_q\cdot\boldsymbol{r}_j}\sum_{l_1=0}^{L}(2l_1+1)\left|\mathrm{h}_{l_1}^{(2)}(k_0\boldsymbol{r}_t)\right|^2\mathrm{P}_{l_1}(\hat{k}_p\cdot\hat{k}_q)+\right.$$

$$\left.\sum_{p=1}^{K_1/2}\sum_{q=1}^{K_2}\omega_p\omega_q\mathrm{e}^{\mathrm{j}\boldsymbol{k}_p\cdot\boldsymbol{r}_i}\mathrm{e}^{-\mathrm{j}\boldsymbol{k}_q\cdot\boldsymbol{r}_j}\sum_{l_1=0}^{L}(2l_1+1)\left|\mathrm{h}_{l_1}^{(2)}(k_0\boldsymbol{r}_t)\right|^2\mathrm{P}_{l_1}(\hat{k}_p\cdot\hat{k}_q)\right\}$$

$$=\frac{(k_0\boldsymbol{r}_t)^2}{2\pi}\sum_{p=1}^{K_1/2}\sum_{q=1}^{K_2}\omega_p\omega_q\cos(\boldsymbol{k}_p\cdot\boldsymbol{r}_i-\boldsymbol{k}_q\cdot\boldsymbol{r}_j)\underline{\underline{\sum_{l_1=0}^{L}(2l_1+1)\left|\mathrm{h}_{l_1}^{(2)}(k_0\boldsymbol{r}_t)\right|^2\mathrm{P}_{l_1}(\hat{k}_p\cdot\hat{k}_q)}}$$

(8.3.31)

式(8.3.24)中,B_i^1 的近似值为$\bar{B}_i^1$,具有与$\bar{A}_{i,j}$类似的表达式,而 B_i^2 的近似值$\bar{B}_i^2$ 可以采用相同的推导过程表示为

$$\bar{B}_i^2=\int_S\bar{g}^*(\boldsymbol{r}_i,\boldsymbol{r}_t)\nabla\bar{g}(\boldsymbol{r},\boldsymbol{r}_t)\mathrm{dS}$$

$$=\frac{(k_0\boldsymbol{r}_t)^2}{2\pi}\sum_{p=1}^{K_1/2}\sum_{q=1}^{K_2}\omega_p\omega_q\boldsymbol{k}_q\sin(\boldsymbol{k}_p\cdot\boldsymbol{r}_i-\boldsymbol{k}_q\cdot r)\underline{\underline{\sum_{l_1=0}^{L}(2l_1+1)\left|\mathrm{h}_{l_1}^{(2)}(k_0\boldsymbol{r}_t)\right|^2\mathrm{P}_{l_1}(\hat{k}_p\cdot\hat{k}_q)}}$$

(8.3.32)

对于式(8.3.31)和式(8.3.32),当 $K=\max\{K_1,K_2\}\to\infty$ 时,有

$$A_{i,j} = \lim_{K\to\infty} \bar{A}_{i,j}, B_i^1 = \lim_{K\to\infty} \bar{B}_i^1, B_i^2 = \lim_{K\to\infty} \bar{B}_i^2 \tag{8.3.33}$$

由此可以看出，式(8.3.21) 中的 $A_{i,j}$，B_i^1 和 B_i^2 为纯实数。自然地，采用式(8.3.19) 所得到的格林函数及其梯度的匹配系数为纯实数。这便证明了 FGG-FG-FFT 方法中当匹配点数较多时，其获得的匹配系数实数化的性质，而且，测试点越多，匹配系数越逼近于纯实数的特征。

下面给出式(8.3.24) 中被积函数的相对误差。当多极子模式数由如下式子确定时：

$$L = k_0 D + 5\ln(\pi + k_0 D) \tag{8.3.34}$$

式中：$D = 2r_t$。则截断格林函数或者近似格林函数的相对误差 $\varepsilon < 10^{-6}$。格林函数可以近似表示为

$$g = \bar{g} + \varepsilon g \tag{8.3.35}$$

这时，令式(8.3.24) 中被积函数的相对误差为 $\Delta\varepsilon$，其等于

$$\begin{aligned} \Delta\varepsilon &= \frac{|g^*(\boldsymbol{r}_i,\boldsymbol{r}_t)g(\boldsymbol{r}_j,\boldsymbol{r}_t) - \bar{g}^*(\boldsymbol{r}_i,\boldsymbol{r}_t)\bar{g}(\boldsymbol{r}_j,\boldsymbol{r}_t)|}{|g^*(\boldsymbol{r}_i,\boldsymbol{r}_t)g(\boldsymbol{r}_j,\boldsymbol{r}_t)|} \\ &\leqslant \varepsilon\left(\frac{|\bar{g}^*(\boldsymbol{r}_i,\boldsymbol{r}_t)|}{|g^*(\boldsymbol{r}_i,\boldsymbol{r}_t)|} + \frac{|\bar{g}^*(\boldsymbol{r}_j,\boldsymbol{r}_t)|}{|g^*(\boldsymbol{r}_j,\boldsymbol{r}_t)|}\right) + \varepsilon^2 \\ &\approx \varepsilon \end{aligned} \tag{8.3.36}$$

可见，采用截断格林函数近似获得的被积函数的相对误差在设定的阈值范围内。虽然在测试点为无穷多时匹配矩阵的元素能够通过级数的相加逼近得到，但是实际匹配计算中采用这样的方法显然是不合适的。下一节将提出一种实匹配系数方法。

8.3.2　实系数匹配 FGG-FG-FFT

为了获得实匹配系数以加快矩阵方程求解，应当对原匹配方法进行修正，为此提出了实系数匹配方法，其实施步骤为：

(1) 根据网格间距 h 和阶数 M 构造匹配矩阵式(8.3.19)，其矩阵元素如式(8.3.21) 所示。

(2) 采用截断格林函数如式(8.3.22) 近似表示原格林函数，计算 $\bar{A}_{i,j}$，$\bar{B}_i^1$ 和 $\bar{B}_i^2$，其表达式类似于式(8.3.31) 和式(8.3.32)，截断格林函数的多极子模式数仍由 $L = k_0 D + 5\ln(\pi + k_0 D)$ 不确定，其中 $D = \sqrt{3}Mh$。

(3) 求解式(8.3.19) 便可以获得实匹配系数。

当求出实匹配系数之后，其余步骤仍然和 8.3.1 小节中介绍的类似。与原匹配方法相比，实系数匹配方法并不会在预处理阶段明显增加计算时间。因为对于如图 8.3.2 所示的匹配网格，不同场点与源点具有一些公共项。如 $\bar{A}_{i,j}$，$\bar{B}_i^1$ 和 $\bar{B}_i^2$ 均包含式(8.3.31) 和式(8.3.32) 中有双下画线的计算项，并且整个匹配过程中$[A]^+$ 也只需计算一次。

下述给出一个例子来比较实系数匹配方法与原匹配方法的匹配精度，如图 8.3.3 所示。图中显示了一组包围待匹配场点，展开阶数 $M = 2$，中心为 O，网格间距为 h 的的正方体网格 C_m，且包围该正方体网格的最小球半径为 r_m，图中 $R_m = r_m + 0.15\lambda_0$，表示测试球面的半径。需要说明的是，为每个场点或源点选择匹配正方体网格 C_m 的原则是场点的三个坐标分量与 C_m 中

心O的距离不大于0.5h。为了保证两个正方体网格C_m与C_n所包含的网格点不重合，其最小距离为$d_{\mathrm{near}}=(M+1)h$。在图8.3.3中，设定源点固定在z轴上，坐标为$\boldsymbol{r}'=(0,0,d_{\mathrm{near}})$。

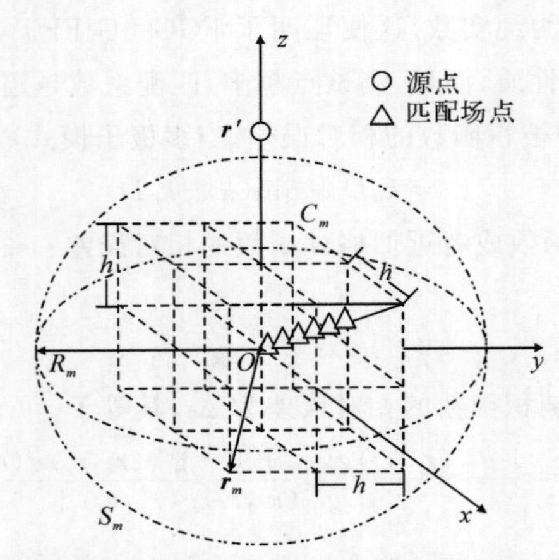

图8.3.3　匹配场点位于$M=2$的正方体网格中，源点坐标$\boldsymbol{r}'=(0,0,d_{\mathrm{near}})$

让场点从中心O沿正方体网格对角线($x=y=z$)移动到(0.5h,0.5h,0.5h)。设定$h=0.1\lambda_0$，则$\boldsymbol{r}'=(0,0,0.3\lambda_0)$，$R_m=\sqrt{3}h+1.5h$，$L=11$。图8.3.4给出了采用实系数匹配方法和原匹配方法对格林函数及其格林函数梯度匹配时的比较。因为场点的三个坐标分量满足$x=y=z$，所以图中的横坐标表示x分量由0变化至0.5h。为了更好地表示两种方法匹配的精度，可以定义RE(g)和RE$(\nabla g)_\sigma$，即

$$\mathrm{RE}(g)=\frac{\left|g(\boldsymbol{r},\boldsymbol{r}')-\sum_{u=1}^{(M+1)^3}\pi_{u,C_m}^{r}g(\boldsymbol{r}_u,\boldsymbol{r}')\right|}{\left|g(\boldsymbol{r},\boldsymbol{r}')\right|}\tag{8.3.37}$$

$$\mathrm{RE}\,(\nabla g)_\sigma=\frac{\left|(\nabla g(\boldsymbol{r},\boldsymbol{r}'))_\sigma-\sum_{u=1}^{(M+1)^3}(\varsigma_{u,C_m}^{r})_\sigma g(\boldsymbol{r}_u,\boldsymbol{r}')\right|}{\left|(\nabla g(\boldsymbol{r},\boldsymbol{r}'))_\sigma\right|},\sigma=x,y,z\tag{8.3.38}$$

图8.3.4中，下标1,2分别代表新匹配方法(实系数匹配方法)和原匹配方法。设置测试点在测试球面上均匀分布，其数目$T_e=338$。结果表明：当网格间距较小时，由新匹配方法得到的实系数与原匹配方法得到的复系数具有相当的匹配误差。

这个例子给出的是源点位于z轴上的特殊情况，若源点位于匹配网格C_m之外的任意位置，则实系数匹配方法相对于原匹配方法仍然具有精度相当的高精度。源点距离C_m中心越远，匹配误差越小。

以上介绍了实系数匹配方法，将其应用于原FGG-FG-FFT中。这样便得到了基于CFIE方程的实系数FGG-FG-FFT(RFGG-FG-FFT)，其具有与FGG-FG-FFT类似的框架。设定好展开阶数M，网格间距h和近区边界$d_{\mathrm{near}}=(M+1)h$。RFGG-FG-FFT建立矩阵方程后仍然采用迭代的方法对其进行求解以满足大型矩阵高效求解的需要，这里的迭代求解器采用BiCGSTAB。

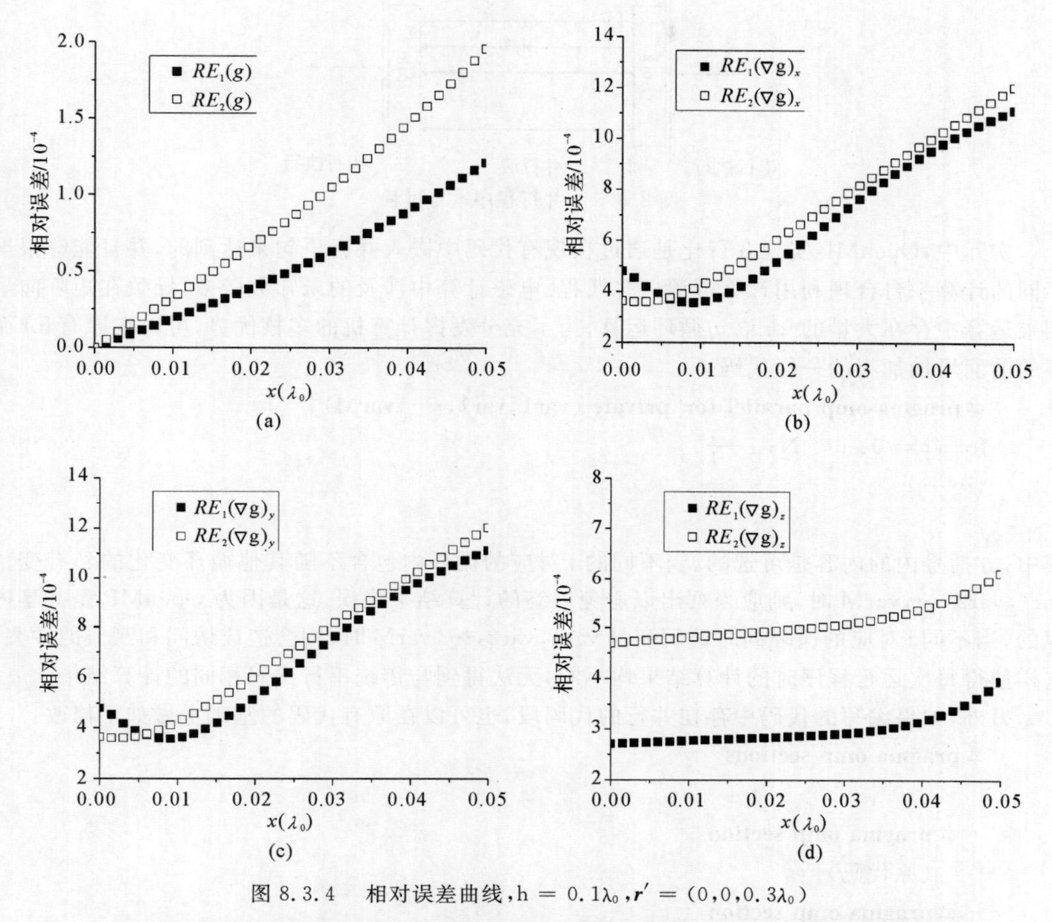

图 8.3.4　相对误差曲线，$h = 0.1\lambda_0$，$r' = (0,0,0.3\lambda_0)$

(a) 格林函数；(b) 格林函数梯度的 x 分量；(c) 格林函数梯度的 y 分量；(d) 格林函数梯度的 z 分量

随着计算机技术的飞速发展，单一计算平台具有多线程计算能力，这样就为电磁计算在单一计算平台上的并行化提供了可能，能够极大地减少计算时间，提高计算效率。而 OpenMP 是在共享存储体系结构上，基于已有线程的共享编程模型。它为共享存储系统平台提供了可实现的标准；编译语句精练，主要的并行操作只需几个命令就可以实现；支持 Fortran，C/C ++ 语言。

OpenMP 使用的是 Fork-Join 并行执行模型（见图 8.3.5）。所有的 OpenMP 程序开始于一个单独的主线程。主线程会一直串行地执行，直到遇到第一个并行域才开始并行。

(1)Fork：主线程创建一对并行的子线程，然后，并行域中的代码在不同的线程队中并行执行；

(2)Join：主线程在并行域中执行完之后，它们或被同步或被中断，最后只有主线程在执行。

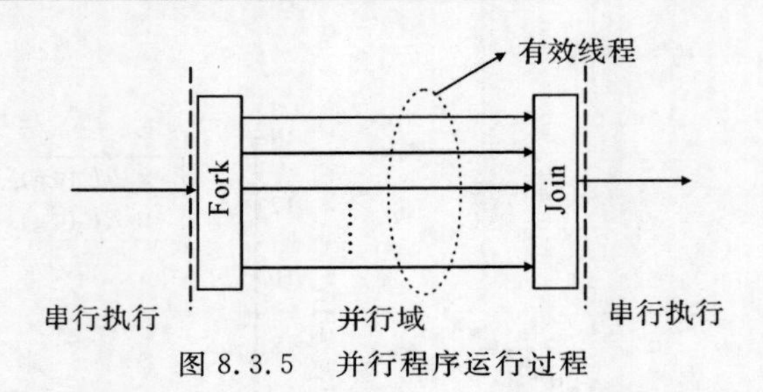

图 8.3.5　并行程序运行过程

实际中，OpenMP 实现并行化是通过在现有代码中嵌入并行语句来达到的，并且能够根据不同的计算平台合理利用计算资源／多线程。电磁计算中涉及的未知数较多，导致在矩阵向量相乘运算中存在大量的for语句循环运算，为了充分发挥计算机的多核优势，可以在原有for循环的前面增加加粗的一行代码：

```
#pragma omp parallel for[private (var1,var2,… ,varM)]
for (i = 0; i < N; i++)
{……
}
```

其中，方括号内的内容是可选的。当不同的 i 对应的循环内包含不随其他循环变化的私有变量 var1，var2，…，varM 时，则应当列出以避免最终的计算结果错误。这是因为 OpenMP 是共享内存的，当不同 i 对应的循环同时访问变量 var1，var2，…，varM 时，则会造成访问和赋值的冲突，这样使得每次运行程序时的计算结果均不同，无法得到与传统串行代码相同的计算结果。

另外，如果编写的代码中存在并行的代码段，也可以在原有代码的基础上做如下修改：

```
#pragma omp sections
{
   #pragma omp section
     (原代码)
   #pragma omp section
     (原代码)
   ……
}
```

这样，当原程序中的若干段代码逻辑上可以同时运行时，便可以采用上面的方式并行执行。拆开的各段代码可以在各核上同时运行。

OpenMP 并行技术的这种易用性为原代码的并行化提供了极大的便利。尤其现在的编程环境如 Microsoft Visual Studio 中已经集成了 omp 库函数，不需要进行复杂的设置便可以实现。

算例 1　半径为 $6\lambda_0$ 的导体球。

本算例用来比较 RFGG-FG-FFT、FGG-FG-FFT 和 IE-FFT。仿真计算平台为主频 2.3 GHz、64 核 的 AMD 处理器、64 GB 内存的计算机。如无特别说明，后面各算例也采用该平台。

导体球位于坐标原点，其表面采用三角面元进行离散，并采用 RWG 基函数和伽辽金方法建立矩阵方程。离散的导体球表面具有 123 235 个未知数或棱边数。平面波沿 $-z$ 方向进行照射，极化方向沿 x 轴。这三种方法中，$M = 2$。在 IE-FFT 方法中，$(M+1) = 3$ 阶的拉格朗日插值方法被应用于格林函数及其梯度。图 8.3.6 给出了网格间距 $h=0.1\lambda_0$，$0.2\lambda_0$ 下，$x-y$ 平面（$\varphi=0°$）的 RCS 曲线。

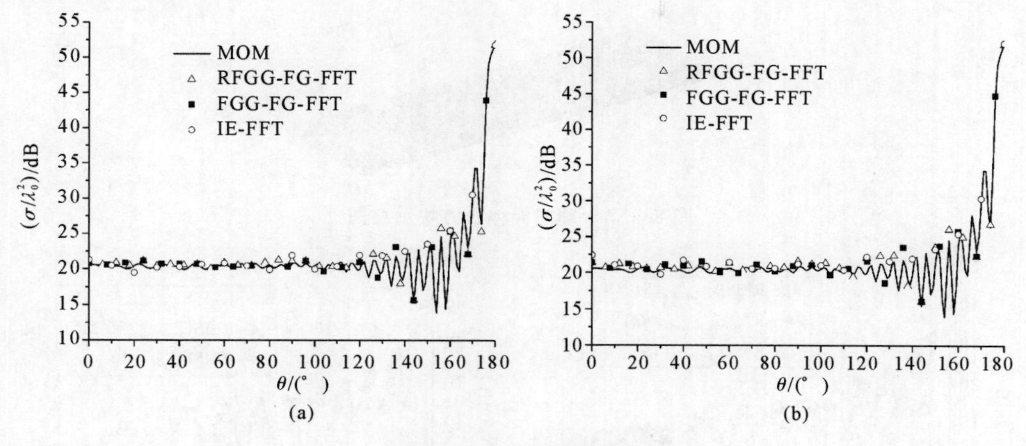

图 8.3.6 三种方法的比较

(a) $h=0.1\lambda_0$；(b) $h=0.2\lambda_0$

为了比较 3 种方法的计算误差，定义均方误差 RMSE(The Root of Mean Square Error, RMSE)，公式如下：

$$\text{RMSE}=\sqrt{\frac{1}{N}\sum_{m=1}^{N}\left|\left(\frac{\sigma}{\lambda_0^2}\right)\text{Calculated}-\left(\frac{\sigma}{\lambda_0^2}\right)^{\text{MOM}}\right|^2} \tag{8.3.39}$$

其中，N 表示 RCS 曲线上的计算点数。图 8.3.6 中计算结果的具体细节见表 8.3.1：RFGG-FG-FFT 和 FGG-FG-FFT 几乎具有相同的计算精度，并且两者的计算精度随网格间距的变化不敏感；RFGG-FG-FFT 具有与 IE-FFT 方法相同量级的稀疏矩阵内存需求，因为两者所得到的投影系数均为实数；RFGG-FG-FFT 与 IE-FFT 具有相同的计算效率，并且计算效率为原 FGG-FG-FFT 方法的 2 倍。

表 8.3.1　三种方法的比较

h (λ₀)	方 法	稀疏矩阵所占内存 /MB	总计算时间 /s	RMSE
0.1	RFGG-FG-FFT	251.88	1182	0.10
	FGG-FG-FFT	510.47	1626	0.10
	IE-FFT	251.86	1125	0.56
0.2	RFGG-FG-FFT	240.58	887	0.12
	FGG-FG-FFT	490.84	1254	0.12
	IE-FFT	240.58	854	1.15

算例 2　理想导体长方块。

图 8.3.7 给出了一个理想导体的长方块，尺寸为 $10\lambda_0\times3\lambda_0\times0.2\lambda_0$。经过离散之后共有 11 520 个基函数。图 8.3.8 所示为采用 RFGG-FG-FFT，FGG-FG-FFT 和 P-FFT 3 种方法计算的双站 RCS 的曲线比较。入射波沿着 $-z$ 方向照射到长方块。

3 种方法与通过 MOM 方法的 RMSE 计算结果也列在图中。结果表明：RFGG-FG-FFT 与

FGG-FG-FFT 保持了相同的计算精度，且对网格间距 h 不敏感；两者的计算结果与 P-FFT 的计算结果吻合较好。

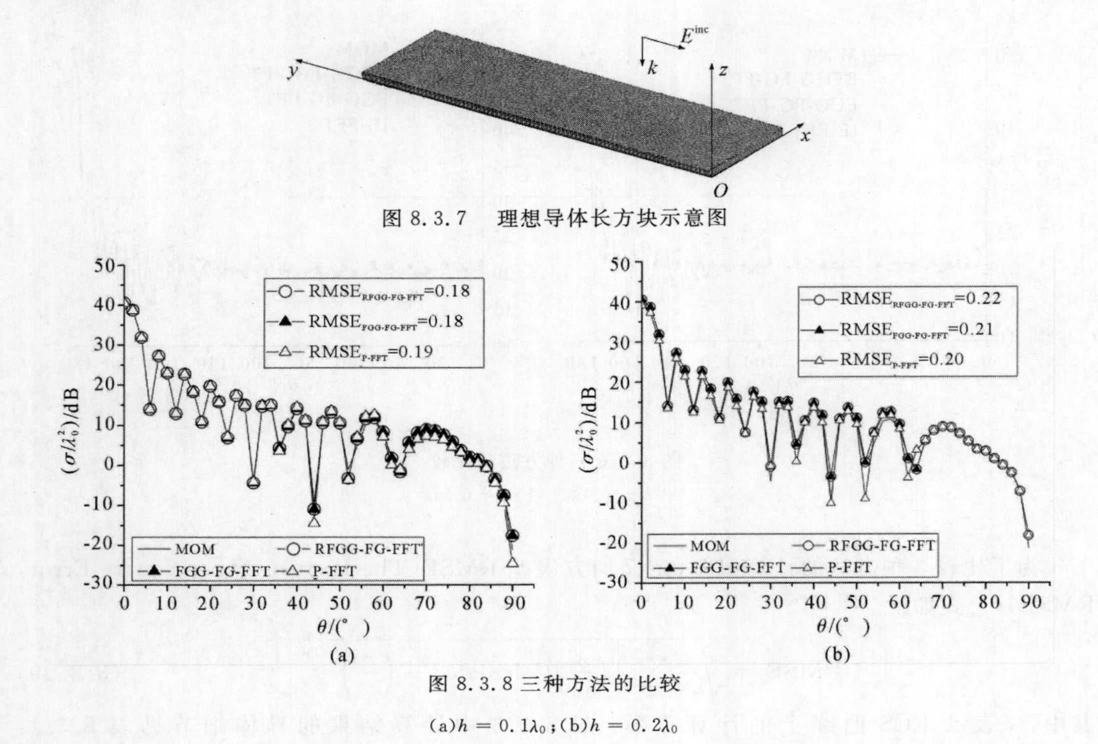

图 8.3.7 理想导体长方块示意图

图 8.3.8 三种方法的比较

(a)$h=0.1\lambda_0$；(b)$h=0.2\lambda_0$

表 8.3.2 给出了 3 种方法的计算细节，具体为：RFGG-FG-FFT 比 FGG-FG-FFT 和 P-FFT 更高效，其原因在于 RFGG-FG-FFT 的匹配系数为实数，而 FGG-FG-FFT 的匹配系数为复数，P-FFT 中基函数的投影系数为复数，这也反映在稀疏矩阵的存储需求上。这个例子再次说明 RFGG-FG-FFT 的精度是有保证的，效率相较传统的基于匹配策略的方法提高了一倍。

表 8.3.2 三种方法的比较

h (λ_0)	方 法	稀疏矩阵所占内存 /MB	总计算时间 /s
0.1	RFGG-FG-FFT	24.34	108
	FGG-FG-FFT	50.68	189
	P-FFT	50.21	195
0.2	RFGG-FG-FFT	24.78	85
	FGG-FG-FFT	48.34	165
	P-FFT	47.25	159

8.3.3 实数投影 P-FFT

8.3.2 小节介绍的实系数匹配的方法能够将匹配系数实数化。这一思想仍然适用于非常著名的 P-FFT 中。在 P-FFT 方法中，位函数需要投影到正规网格上。这里以矢量磁位 **A** 为例。

$$\boldsymbol{A}=\frac{\mu_0}{4\pi}\int_S \boldsymbol{J}(\boldsymbol{r}')g_0(\boldsymbol{r},\boldsymbol{r}')\mathrm{d}S' \tag{8.3.40}$$

设定 M 为展开阶数，测试点仍然位于测试球面上，数目为 T_e。首先用 RWG 函数对等效电流进行展开，并将式(8.3.39) 中的位函数 $\boldsymbol{A}$ 投影在包围的正方体网格 C_m：

$$\left.\begin{aligned}
&[\boldsymbol{A}_q^{gt}]=[\boldsymbol{A}_q^{pt}]\\
&\boldsymbol{A}_q^{pt}(\boldsymbol{r}_q^t)=\frac{\mu_0}{4\pi}I_m\int_{T_m}\boldsymbol{f}_m(\boldsymbol{r}')g_0(\boldsymbol{r}_q^t,\boldsymbol{r}')\mathrm{d}s'\\
&\boldsymbol{A}_q^{gt}(\boldsymbol{r}_q^t)=\frac{\mu_0}{4\boldsymbol{\pi}}\sum_{n=1}^{(M+1)^3}(J_{x,n}\hat{x}+J_{y,n}\hat{y}+J_{z,n}\hat{z})g_0(\boldsymbol{r}_q^t,\boldsymbol{r}_n)
\end{aligned}\right\} \tag{8.3.41}$$

式中：$\boldsymbol{r}_q^t$ 为第 q 个测试点的位置矢量；$\boldsymbol{r}_n$ 正方体网格 C_m 中第 n 个网格点的位置矢量；T_m 表示第 m 个基函数包含的面元；I_m 表示未知电流展开系数；$J_{x,n}$，$J_{y,n}$，$J_{z,n}$ 为正方体网格 C_m 中第 n 个网格节点所对应电流的三个分量。将式(8.3.4) 重写为如下形式：

$$\left.\begin{aligned}
&[P_{x,y,z}^{gt}][\boldsymbol{J}_{x,y,z}]=[\boldsymbol{I}_m P_{x,y,z}^{pt}]\\
&P_a^{pt}(q,m)=\frac{\mu_0}{4\pi}\int_{T_m}\boldsymbol{f}_m(\boldsymbol{r}')\cdot a g_0(\boldsymbol{r}_q^t,\boldsymbol{r}')\mathrm{d}s',\quad a=x,y,z,q\in[1,T_e]\\
&P_{x,y,z}^{gt}(q,m)=\frac{\mu_0}{4\pi}g(\boldsymbol{r}_q^t,\boldsymbol{r}_n),\quad q\in[1,T_e],n\in[1,N_C]
\end{aligned}\right\} \tag{8.3.42}$$

式中：$[\boldsymbol{J}_{x,y,z}]$ 表示网格点上的投影向量；$[P_{x,y,z}^{gt}]$ 表示网格点上电流与测试点的矢量位之间的投影。接下来，借助实系数匹配的方法计算$[\boldsymbol{J}_x]$，令 $T_e\to\infty$，可得

$$\left.\begin{aligned}
&[\boldsymbol{J}_x]=\boldsymbol{I}_m[\boldsymbol{Q}]+[\boldsymbol{Y}]\\
&Q_{j,k}=\int_{S_t}\frac{\mu_0}{4\pi}g_0^*(\boldsymbol{r}_q^t,\boldsymbol{r}_j)g_0(\boldsymbol{r}_q^t,\boldsymbol{r}_k)\mathrm{d}s,\quad j,k\in[1,N_C]\\
&Y_j=\sum\nolimits_{i=1}^{N_G}w_i\boldsymbol{f}_m(\boldsymbol{r}_i)\cdot\hat{x}\int_{S_t}\frac{\mu_0}{4\pi}g_0^*(\boldsymbol{r}_q^t,\boldsymbol{r}_j)g_0(\boldsymbol{r}_q^t,\boldsymbol{r}_i)\boldsymbol{d}\boldsymbol{s},\quad j\in[1,N_C]
\end{aligned}\right\} \tag{8.3.43}$$

式中：上标 $*$ 表示共轭运算；$\boldsymbol{r}_i$ 为 T_m 上的高斯点；w_i 为 T_m 上的高斯点对应的权值；N_G 表示 T_m 上高斯点的数目；S_t 表示测试球面；$\boldsymbol{r}_q^t$ 位于测试球面上。可以利用式(8.3.20) 的结论得到式(8.3.43) 中的积分为实数，$[\boldsymbol{Q}]^+[\boldsymbol{Y}]$ 也为实向量，而传统方法求出的投影向量$[\boldsymbol{Q}]^+[\boldsymbol{Y}]$ 通常为复数。采用的同样的过程，$[\boldsymbol{J}_y]$ 和$[\boldsymbol{J}_z]$ 也具有与式(8.3.43) 相同的性质。因为采用了实系数匹配的方法，投影向量的存储开销降低了 50%。并且，迭代求解时涉及投影向量的运算时间将得到极大的削减。实际计算时，可以参照 RFGG-FG-FFT 中的匹配过程，首先采用截断格林函数近似表示原格林函数，然后利用式(8.3.31) 的结论得到最终的近似投影向量$[\boldsymbol{Q}]^+[\boldsymbol{Y}]$，如此以来便得到了实数投影 P-FFT(Real Projecting P-FFT，RP-FFT)。下面通过算例对 RP-FFT 进行验证。

算例 3　NASA 杏仁核。

图 8.3.9 给出了一个标准体：NASA 杏仁核，其尺寸为 252.38 mm × 97.59 mm × 32.53 mm。设定入射波为平面波，工作频率为 $f=3$ GHz。采用三角面元对杏仁核模型进行离散，未知数为 6 523 个。P-FFT 和 RP-FFT 的展开阶数 $M=2$，网格间距 $h=0.2\lambda_0$。RP-FFT 中，截断格林函数需要求得多极子模式数，与 RFGG-FG-FFT 类似，根据 $L=k_0D+5\ln(\pi+$

k_0D) 和 $D=\sqrt{3}Mh$ 来确定，得到 $L=15$。P-FFT 的测试点为测试球面上的高斯点，数目 $T_e=338$。入射波在 xOy 平面内由 $\varphi=0°$ 至 $\varphi=180°$ 进行扫描照射。图 8.3.10 给出了由 P-FFT 和 RP-FFT 两种方法计算所得的 VV 极化和 HH 极化两种方式下的 RCS 曲线比较。P-FFT 的计算总时间为 145 s，而 RP-FFT 的计算总时间仅为 78 s。可见，两种方法计算所得到的散射曲线吻合较好，证明了投影向量实数化的可行性。

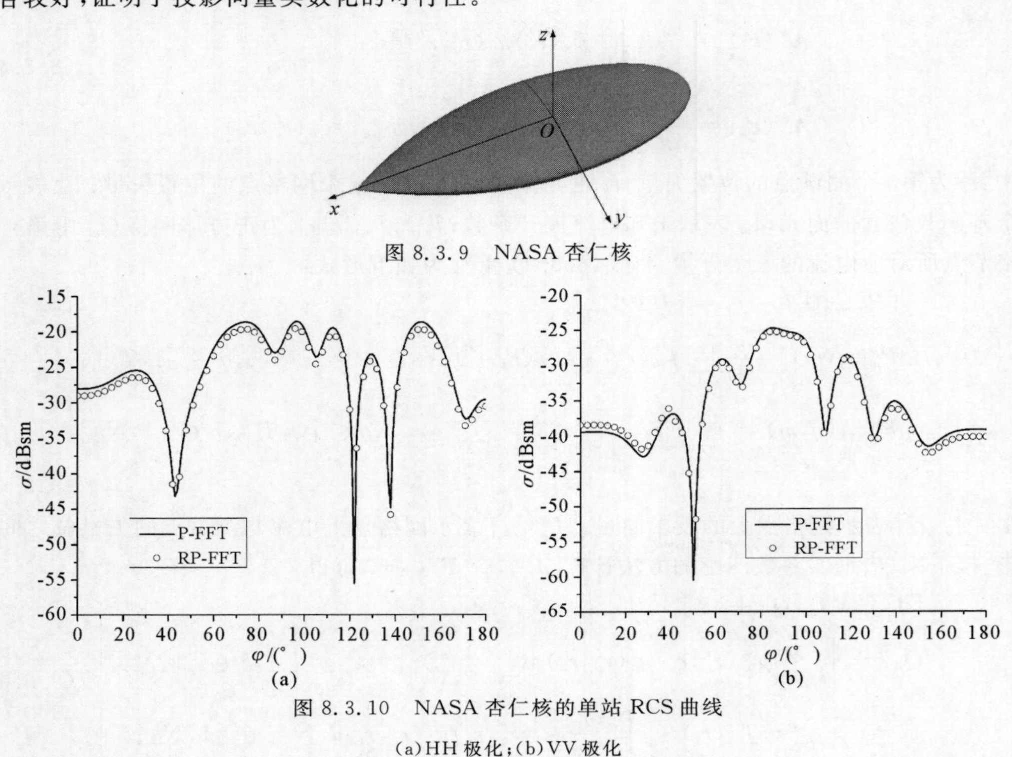

图 8.3.9 NASA 杏仁核

图 8.3.10 NASA 杏仁核的单站 RCS 曲线

(a) HH 极化；(b) VV 极化

8.4 降阶网格与 FGG-FG-FFT 混合方法

8.4.1 传统网格与降阶网格

如图 8.4.1 所示，展开阶数为 $M=2$ 的两个传统正方体网格 C_m 和 C_n。它们分别以 c_m 和 c_n 为中心，且网格间距为 h。可见，两个传统网格分别包含了 $N_C=(M+1)^3$ 个网格节点。图8.4.1 中包围 C_m 的最小球半径为 r_m，且测试球面 $R_m=r_m+0.15\lambda_0$；包围 C_n 的最小球及测试球面的情况与之类似。

将原有格林函数用立方体网格上的格林函数表示。而格林函数的梯度则采用直接继承的方法(Direct Inheriting Scheme, DIS) 来表示，即

$$\nabla g(\boldsymbol{r},\boldsymbol{r}')=\sum_{u\in C_m}\pi^r_{u,Cm}\ \nabla g(\boldsymbol{r}_u,\boldsymbol{r}') \tag{8.4.1}$$

式中：π^r_{u,C_m} 为式(8.3.7) 所求得的匹配系数。在 FGG-FG-FFT 方法中，OSFS 的实施细节与 DIS 的略有不同。不同的是基于 MFIE 的相关表达式，因为其包含了采用 DIS 的格林函数梯度运

算，即

$$\boldsymbol{Z}_{\text{FFT}}^{\text{MFIE-total}} = \boldsymbol{\Pi}_{\text{g}} \cdot (\nabla \boldsymbol{G} \times \boldsymbol{\Pi}^{\text{T}}) \tag{8.4.2}$$

$$\boldsymbol{Z}_{\text{FFT}}^{\text{MFIE}} \boldsymbol{I} = \boldsymbol{\Pi}_{\text{g}} \cdot (\nabla \boldsymbol{G} \times \boldsymbol{\Pi}^{\text{T}}) \boldsymbol{I} \tag{8.4.3}$$

$$\boldsymbol{\Pi}_{\text{g}} = \int_S [\boldsymbol{n} \times \boldsymbol{f}_1(\boldsymbol{r}), n \times f_2(\boldsymbol{r}), \cdots, n \times \boldsymbol{f}_N(\boldsymbol{r})]^{\text{T}} [\pi_0, \pi_1, \pi_2, \cdots, \pi_{Ng-1}] \mathrm{d}s \tag{8.4.4}$$

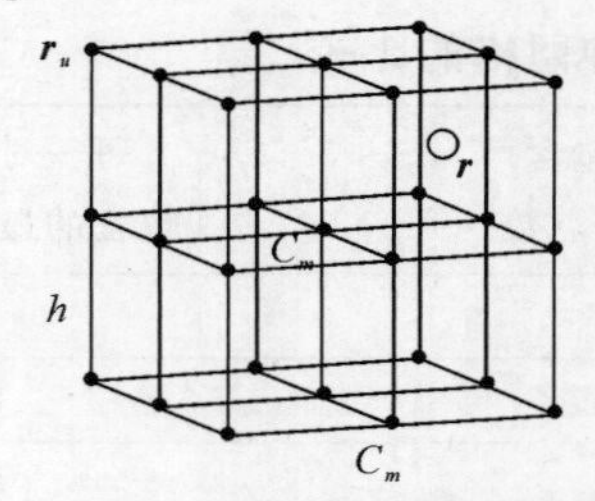

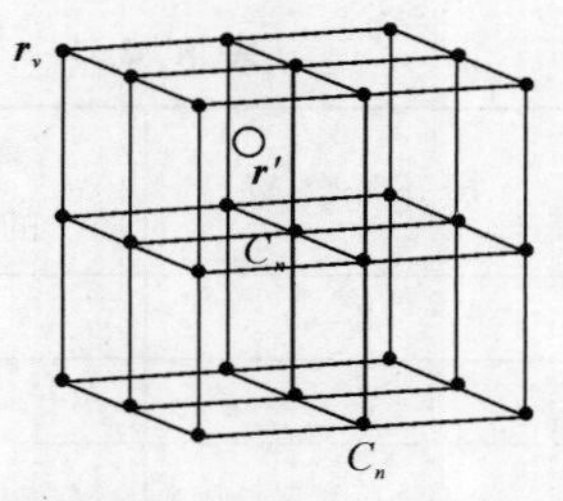

图 8.4.1　包围格林函数及其梯度中场点与源点的传统正方体网格

式(8.3.13)中，右端的 $a\boldsymbol{Z}_{\text{FFT}}^{\text{EFIE-total}} + (1-a)\boldsymbol{Z}_{\text{FFT}}^{\text{MFIE-total}}$ 是通过 FFT 方法近似获得的全体阻抗矩阵。当基函数距离较远时，采用 FFT 方法能够获得较高的近似精度；当基函数距离较近时，采用 FFT 方法获得的计算精度不高，需要对其进行修正。因此，式(8.3.14)右端中括号内的各项便是对其进行修正。从本质上来说，产生近区阻抗矩阵元素计算误差的原因在于：当源点与场点的包围网格模板 C_m 和 C_n 足够近时，两个模板便有至少一个公共节点，这直接导致了正规网格点上格林函数的奇异性。通常的做法是强制将存在奇异性的格林函数值设置为 0。每一个近区阻抗元素修正的表达式可以表示为

$$\begin{aligned}\boldsymbol{Z}_{m,n}^{\text{modified}} = \boldsymbol{Z}_{m,n}^{\text{MOM}} - \sum_{\substack{r_u \in C_m \\ r_v \in C_n \\ u \neq v}} \{ & a[\mathrm{j}k_0 \eta_0 \boldsymbol{\Pi}_u \cdot \boldsymbol{\Pi}_v - \mathrm{j}\frac{\eta_0}{k_0} \boldsymbol{\Pi}_{d,u} \boldsymbol{\Pi}_{d,v}] g(\boldsymbol{r}_u, \boldsymbol{r}_v) + \\ & (1-a) \boldsymbol{\Pi}_{g,u} \cdot (\nabla g(\boldsymbol{r}_u, \boldsymbol{r}_v) \times \boldsymbol{\Pi}_v) \}\end{aligned} \tag{8.4.5}$$

式中：$\boldsymbol{\Pi}_i$，$\boldsymbol{\Pi}_{d,i}$，$\boldsymbol{\Pi}_{g,i}$ 表示由匹配系数及基函数所构成的稀疏矩阵元素。当采用图 8.4.1 所示的传统网格时，每一阻抗元素所需要的修正乘积项数 N_M 满足 $[(M+1)^6 - (M+1)^3] \leqslant N_M \leqslant [(M+1)^6 - 1]$。可见，这一过程将占据大量的预处理计算时间，从而限制了总计算效率。

我们提出了不同于传统网格的十字形降阶网格，如图 8.4.2 所示。

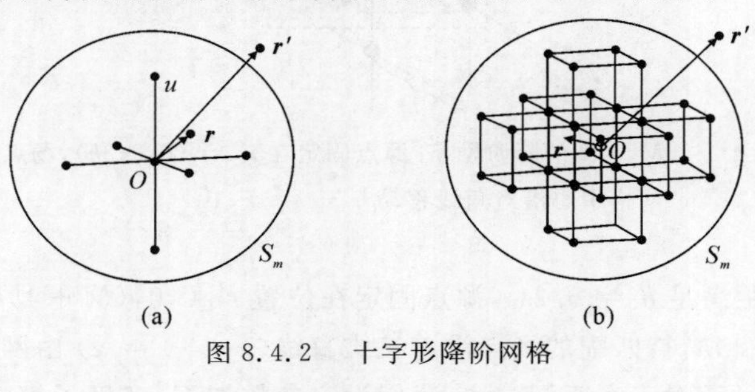

图 8.4.2　十字形降阶网格

(a) $M=2$；(b) $M=3$

图 8.4.2(a) 所示网格属于展开阶数 $M=2$，包含 7 个网格节点，少于传统网格 27 个节点；

图 10.4.2(b) 属于展开阶数 $M = 3$，包含 32 个网格节点，少于传统网格模板 64 个节点。显然，基于降阶网格的修正乘积项数少于原传统网格时的修正项数。假定 C_m 和 C_n 内的基函数各为一个；基函数对应的三角面元上的积分采用一点高斯积分公式。每个阻抗元素采用不同模板的修正项数比较见表 8.4.1。可以看出，降阶网格的修正项数小于传统网格修正项的 25%。结果，修正近区阻抗元素的预计算时间被极大地削减，计算效率得到极大地改善。

表 8.4.1　两种网格的比较

网格类型	展开阶数 M	模板包含的网格点数	每一对 C_m 和 C_n 包含的最大修正项数
降阶网格	2	7	36
	3	32	961
传统网格	2	27	676
	3	64	3 969

值得注意的是，如果降阶网格被用在插值方法中计算插值系数，计算精度将受到极大的影响。因此，本书中降阶网格将被用在匹配方法中，这样得到的计算精度能够得到保证。然而，采用传统的匹配方法得到的匹配系数通常为复数。这里可以将上一节中的实匹配方法与降阶网格相结合，这样能极大地减少内存消耗，提高计算效率。

8.4.2　降阶 FGG-FG-FFT

为了比较基于降阶网格的实匹配方法，这里给出了一个关于 $M = 2$ 的降阶网格例子，如图 8.4.3 所示。

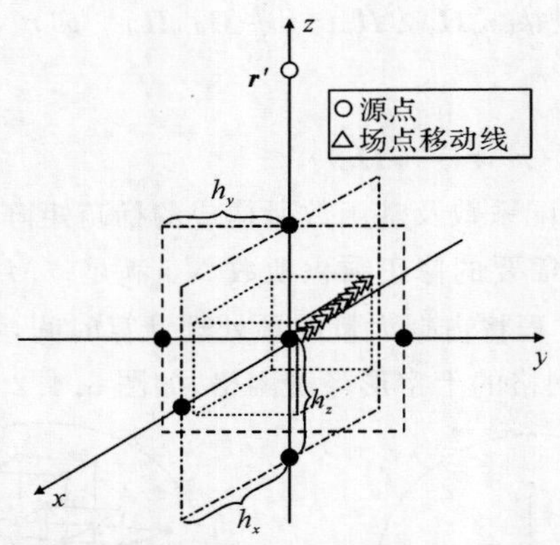

图 8.4.3　$M = 2$ 的降阶网格[源点固定在 $\boldsymbol{r}' = (0,0,3h)$，场点由网格中心沿对角线移动]

算例中，网格间距满足 $h = 0.2\lambda_0$，源点固定在位置 $\boldsymbol{r}'[0,0,(M+1)h]$ 处，其恰好位于近区边界 $d_{\text{near}} = (M+1)h$。待匹配的场点沿着三维直线($x = y = z$) 由网格中心点(0,0,0) 移动到(0.5h,0.5h,0.5h)。对于实匹配方法，我们设定参数如下：多极子模式数 $L_1 = L_2 = 14$，$K_1 = K_2 = 392$。多极子模式数由 $L = kd + 5\ln(\pi + kd)$ 所确定，其中 $d = \sqrt{3}Mh$。传统匹配方法实际上就是最小二乘法(Least-Square Method，LSM)，测试点在测试球面上服从均匀分布，

其数目为 $T_e = 392$。图 8.4.4 给出采用不同匹配方法和网格所得到的格林函数相对误差曲线。这里，格林函数的相对误差 RE(g) 表达式为

$$\mathrm{RE}(g) = \frac{\left| g(\boldsymbol{r},\boldsymbol{r}') - \sum_{u=1}^{N_C} \pi^{r}_{u,C_m} g(\boldsymbol{r}_u,\boldsymbol{r}') \right|}{\left| g(\boldsymbol{r},\boldsymbol{r}') \right|} \tag{8.4.6}$$

它能够反映不同方法所得到的近似格林函数值的匹配精度。上式中 N_C 在降阶网格中等于 7，在传统网格中等于 27。

图 8.4.4(a) 给出了 4 种方式下的误差曲线，这 4 种方法分别是降阶网格与实匹配方法，降阶网格与 LSM，传统网格与拉格朗日插值方法，传统网格与实匹配方法。同时，图 8.4.4 (b) 给出了场点沿着 x 轴由(0,0,0) 移动到(0.5h,0,0) 的误差曲线。由图可以看出，随着场点距离中心越来越远，匹配误差单调增加，基于降阶模板的 LSM 和实匹配方法得到的匹配误差相差不大；基于传统模板的实匹配方法具有最高的匹配精度，基于传统模板的插值方法具有最差的匹配精度。这也说明，即使降阶模板的网格点数较少，但是若采用匹配的方法求得匹配系数，仍然能够获得满意的匹配精度。

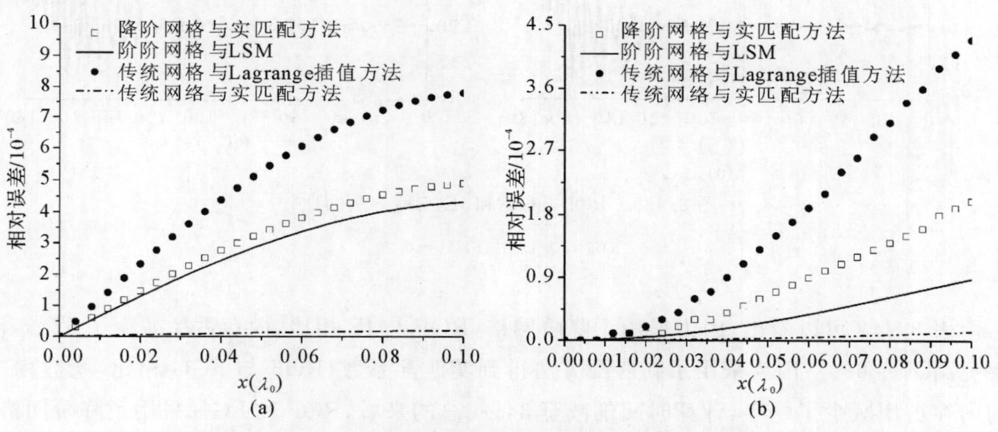

图 8.4.4　采用不同匹配方法和网格得到的误差曲线

(a) 场点沿对角线移动；(b) 场点沿 x 轴移动

模板的实匹配方法具有最高的匹配精度，基于传统模板的插值方法具有最差的匹配精度。这也说明，即使降阶模板的网格点数较少，但是若采用匹配的方法求得匹配系数仍然能够获得满意的匹配精度。将新匹配方法即实匹配方法与降阶模板相结合，便能得到基于混合积分方程(CFIE) 的降阶 FGG-FG-FFT(ROF)。与应用于原 FGG-FG-FFT 中的传统匹配方法相类似，新匹配方法也仅仅涉及格林函数或它的梯度。重要的是，因为采用了降阶网格，ROF 能极大地削减近区矩阵的修正时间。然而，ROF 方法的计算精度比采用传统网格的 FGG-FG-FFT 要低。这可以通过增大展开阶数 M 或减小网格间距来弥补。

下面将给出相应的算例以验证 ROF 的有效性。为了叙述方便，将 FGG-FG-FFT 简写为 FGG，将 IE-FFT 简写为 IE。迭代求解器采用 BICGSTAB，FFT 的运算采用 OpenMP 多核并行版本的 FFTW 库函数实现。ROF 与 FGG 基于的是降阶网格，IE 基于的是传统网格，且 ROF 采用了新匹配方法，FGG 仍采用传统匹配方法或 LSM，而 IE 采用的是拉格朗日插值方法。

算例 1　半径为 $6\lambda_0$ 的理想导体球。

导体球位于坐标原点，其表面采用三角面元进行离散，并采用 RWG 基函数和伽辽金方法建立矩阵方程。离散的导体球表面具有 97 864 个未知数或棱边数。平面波沿 $-z$ 轴方向进行照射，极化方向沿 x 轴。这 3 种方法中，$M=2$。设定展开阶数为 $M=2$，包含 7 个网格点。当网格间距取 $h=0.1\lambda_0$，$0.2\lambda_0$ 时，ROF 中新匹配方法的多极子模式数 L 分别为 10，14；FGG 中的测试点数 T_e 分别为 200，392。图 8.4.5 给出了由 ROF，FGG 和 IE 3 种方法计算的 xOy 面上的双站 RCS 的比较。

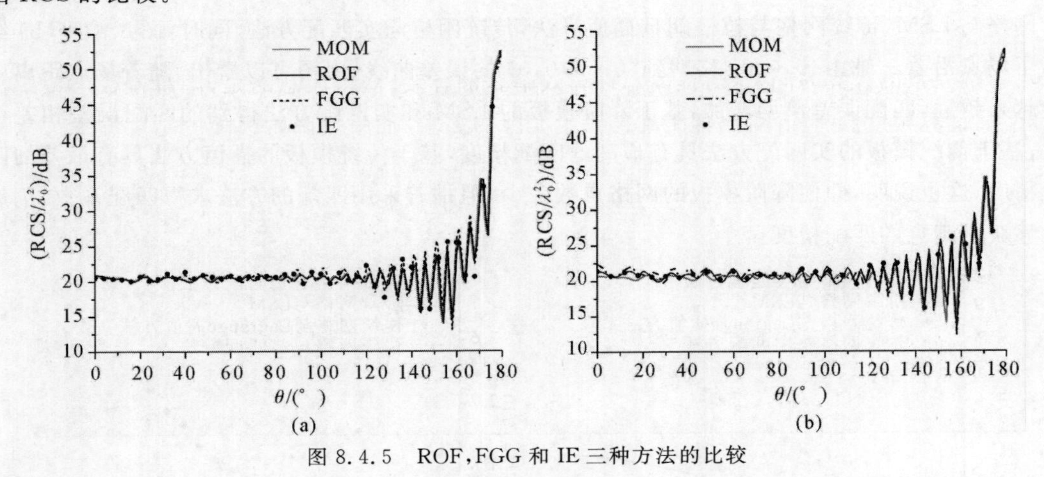

图 8.4.5　ROF，FGG 和 IE 三种方法的比较

(a) $h=0.1\lambda_0$；(b) $h=0.2\lambda_0$

由表 8.4.2 可以看出，因为采用了降阶网格，ROF 与 IE 相比，内存占用减少了 67%，计算效率提高了近 60%；因为采用了新匹配方法得到实匹配系数，ROF 与 FGG 相比，系数稀疏矩阵的内存占用减少了一半，计算时间削减至 34%。总的来看，ROF 和 FGG 采用了降阶网格，它们与 IE 相比具有总占用内存少，预处理时间和每步迭代时间少的特点；同时，ROF 的计算精度与 FGG 和 IE 相当。值得注意的是，表 8.4.2 中的 RMSE 的定义与式(8.4.6)相同。这个算例也说明了一个事实：近区阻抗元素的修正计算效率直接影响总的计算效率，组合系数的计算方法直接影响着总计算精度。

表 8.4.2　三种方法的比较

网格间距 h/λ_0	方法	系数稀疏矩阵所占内存 /MB	总内存需求 /MB	预处理时间 /s	每步迭代时间 /s	总计算时间 /s	RMSE
0.1	ROF	82.12	875.6	422	42	758	0.10
	FGG	164.05	1012.4	427	62.9	1065	0.10
	IE	251.90	2124.3	687.5	102.8	2024	0.11
0.2	ROF	82.15	624.1	209	27.9	432	0.93
	FGG	164.04	866.8	218	39.6	653	0.93
	IE	251.86	1624.5	457	55.7	1125	0.98

算例 2　理想导体二面角结构。

如图 8.4.6 所示，展开角度 90° 的理想导体二面角结构。二面角结构中每个面的尺寸为 $5\lambda_0 \times 5\lambda_0$。采用三角面元离散得到棱边数为 9 042。入射方向和极化方向也在图 8.4.6 中给出。散射面 xOy 上的双站散射曲线由图 8.4.7 给出。网格间距为 $h = 0.15\lambda_0$。展开阶数 $M = 2, 3$ 时，ROF 中新匹配方法的多极子模式数 L 分别为 12,17。FGG 方法中的测试点数满足 $T_e =$ 288 578。可以看出，随着阶数的增大，三种方法的计算精度都会相应地改善。而且，ROF 和 FGG 具有相当的计算精度。上述两个算例验证了 ROF 在计算效率和精度上的有效性。ROF 中的新匹配方法能够在不失精度的前提下提高计算效率；ROF 中的降阶网格极大地削减了修正近场阻抗元素的计算时间，这对提高总计算效率非常有效。值得注意的是，降阶模板与传统模板相比，计算精度会有所下降，但仍然能满足实际的需求。而采用降阶模板的精度损失可以通过增加阶数，减小网格间距的方式进行改善。与 FGG 相同，ROF 的计算误差主要来自于格林函数及其梯度的匹配阶段。并且，ROF 和 FGG 方法主要针对的是格林函数，也是独立于基函数的。这种特性使得该方法能够非常方便地与表面积分方程或体积分方程相结合以用于复杂目标的计算。关于与表面积分方程结合的具体过程将在下一章中作相应的介绍。

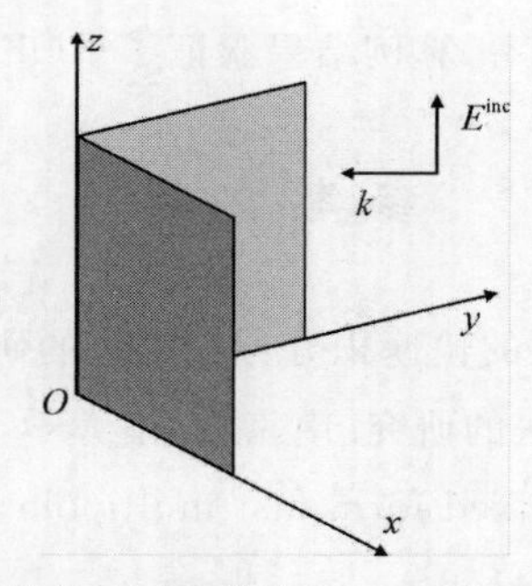

图 8.4.6　理想导体二面角结构（$\varphi_i = 45°, \theta_i = 90°, \theta_s = 90°$）

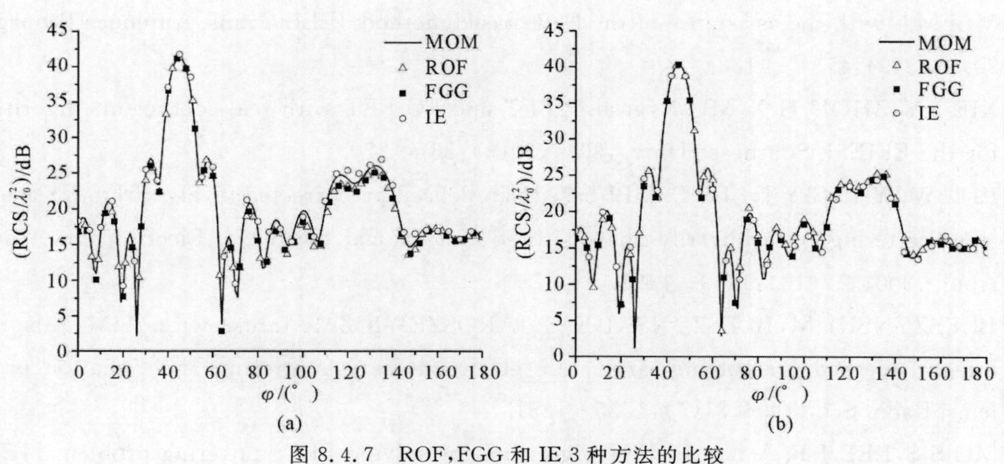

图 8.4.7　ROF，FGG 和 IE 3 种方法的比较

(a)$M = 2$；(b)$M = 3$

8.5 结论

本章对应用于导体目标散射计算中,基于混合积分方程的一种 FFT 类方法,即 FGG-FG-FFT,提出了两种改进措施:

(1)提出了实匹配方法用于求解匹配系数,其所得到的匹配系数为纯实数。这能够有效地减少算法所占用的内存,提高计算效率。首先,利用加法定理给出了在特定条件下匹配系数实数化的必然性证明;其次,给出了实匹配方法的实现过程,并将实匹配方法与 FGG-FG-FFT 相结合构成了实匹配 FGG-FG-FFT(RFGG-FG-FFT);再次,算例结果验证了 RFGG-FG-FFT 的有效性;最后,将实匹配方法与 P-FFT 相结合以构成实投影 P-FFT(RP-FFT),算例验证了 RP-FFT 能够显著减少计算时间,提高运算效率。

(2)提出了不同于传统网格的降阶网格,它能显著减少近区阻抗矩阵修正计算的运算时间,减少系数稀疏矩阵的内存消耗,从而能够在保证计算精度的前提下,极大地提高总的运算效率。首先,给出了降阶网格的构造过程,并通过算例给出了基于降阶网格的实匹配方法的计算精度,验证了降阶网格的合理性;其次,将降阶网格、实匹配方法与 FGG-FG-FFT 相结合构成了降阶 FGG-FG-FFT(ROF);最后,算例结果验证了 ROF 的有效性。

参考文献

[1] 谢家烨. 基于快速 Fourier 变换的快速积分方程算法的研究. 南京:东南大学,2013.

[2] 周后型. 大型电磁问题快速算法的研究. 南京:东南大学,2002.

[3] JIANG L J,CHEW W C. A mixed-form fast multipole algorithm. IEEE Trans. Antennas Propag. ,2005,53(12):4145 - 4156.

[4] KONG W B,ZHOU H X,ZHENG K L,et al. Analysis of multiscale problems using the MLFMA with the assistance of the FFT-Based method. IEEE Trans. Antennas Propag. ,2015,63(9):4184 - 4188.

[5] XIE J Y,ZHOU H X,MU X,et al. P-FFT and FG-FFT with real coefficients algorithm for the EFIE. J. Southeast Univ. ,2014,30(3):267 - 270.

[6] LI L W,WANG Y J,LI E P. MPI-based parallelized precorrected fft algorithm for analyzing scattering by arbitrarily shaped three dimensional objects. J. Electromagn. Waves Appl. ,2003,17(10):1489 - 1491.

[7] BLESZYNSKI M,BLESZYNSKI E E,JAROSZEWICZ T. Jaroszewicz. AIM:Adaptive integral method for solving large-scale electromagnetic scattering and radiation problems. Radio Sci. ,1996,31(5):1225 - 1251.

[8] MO S S,LEE J F. A fast IE-FFT algorithm for solving PEC scattering problems. IEEE Trans. Magn. ,2005,41(5):1476 - 1479.

[9] XIE J Y, ZHOU H X, HONG W, et al. A highly Accurate FGG-FG-FFT for the combined field integral equation. IEEE Trans. Antennas Propag. ,2013,61(9):4641 - 4652.
[10] SAAD Y. Iterative Methods for Sparse Linear Systems. Boston:PWS Publishing Company,1996.
[11] 陈国良,安虹,陈崚,等. 并行算法实践. 北京:高等教育出版社,2004.
[12] 程云鹏,张凯院,徐仲. 矩阵论. 西安:西北工业大学出版社,2013.

第9章　基于SIE与JCFIE的混合快速计算方法及其在导体-介质复合目标散射计算中的应用

本章介绍一种快速计算方法，即单积分电流混合积分方程(SJCFIE)，用于求解介质和导体复合目标体的散射。首先，在复合体外利用电流混合积分方程建立方程；其次，在介质内部引入单一有效流来表示介质内表面和介质与导体接触面上的原等效电流，从而建立另一组方程；最后，联立求解复合体内外建立的矩阵方程，该矩阵方程能反映各部分的耦合机理，并具有良好的矩阵条件数。随着未知数的增加，求解SJCFIE建立的方程变得困难，因此引入多层快速多极子(MLFMA)或拟合格林函数-快速傅里叶变换(FG-FFT)两种加速策略以构成SJCFIE-MLFMA和SJCFIE-FG-FFT，实现电大尺寸介质和导体复合体的散射计算。

9.1　引　　言

复杂目标散射特性的分析对研究目标回波特性，隐身性能分析与设计具有重要的意义，而介质和导体复合体是其中的典型代表，具体包含涂覆目标、印刷天线、介质集成波导等。精确计算复合体的散射特性，需要借助数值方法进行分析。表面积分方程方法非常适用于均匀介质及导体的散射计算。求解介质和导体组成的复杂目标时，一般的做法是采用JCFIE，然而JCFIE在计算这种复杂目标时计算效率不高，作为改进，可以利用介质内外积分方程组合的方式，以构成JMCFIE来提高效率，但其未知数个数并未减少；或可利用预条件技术以改善收敛特性，但是需要引入辅助基函数，如Buffa-Christiansen(BC)函数，这样实施的过程较为复杂，且在矩阵填充和迭代求解时将占用较多的计算时间；通过将单积分方程(Single Integral Equation，SIE)引入电场积分方程(EFIE)，以构成SIE-EFIE，这样介质部分的未知数能够减少一半，且不需要引入辅助的基函数，因此建立矩阵方程相对容易，且能够方便地适用于介质与导体复合体的散射计算。当未知数增多时，迭代求解时的矩阵向量积(Matrix-Vector Multiplications，MVM)将占用非常多的计算时间，使得计算效率变低。进一步，本章分别将MLFMA和FG-FFT加速策略引入其中，以分别构成SJCFIE-MLFMA和SJCFIE-FG-FFT。相比于前者，后一种加速策略独立于基函数，实施过程简单，并且更加适用于细剖分网格的散射计算。

9.2　SIE 与 JCFIE 的混合方法

9.2.1　基于 JCFIE 建立矩阵方程的实施过程

介质和导体复合体的示意图见图 9.2.1。其中 S_1 表示导体部分的表面，S_2 为介质部分的表面，S_3 表示导体与介质的接触面。并且，$\boldsymbol{J}_{1e}$ 代表 S_1 上的等效电流，$\boldsymbol{J}_{2e}$ 和 $\boldsymbol{J}_{2m}$ 分别代表 S_2 上的等效电流和磁流。$\boldsymbol{J}_{2e}^{\text{eff}}$ 表示由 S_2 和 S_3 包围的介质内表面的单一有效流。设定 ε 和 μ 分别为介质的介电常数和磁导率，ε_0 和 μ_0 分别为自由空间的介电常数和磁导率，入射波为平面波，$\boldsymbol{E}^{\text{inc}}$ 表示入射电场。

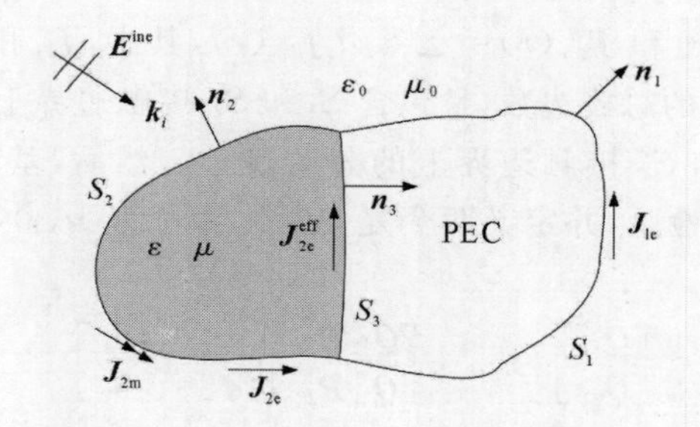

图 9.2.1　介质与导体复合体示意图

在 S_1 和 S_2 的外部区域，散射场可以由 S_1 上的 $\boldsymbol{J}_{1e}$ 和 S_2 上的 $\boldsymbol{J}_{2e}$ 及 $\boldsymbol{J}_{2m}$ 计算得到，则有

$$\left.\begin{aligned}\boldsymbol{E}^s&=\eta_0 L_0(\boldsymbol{J}_{1e})+\eta_0 L_0(\boldsymbol{J}_{2e})-K_0(\boldsymbol{J}_{2m})\\ \boldsymbol{H}^s&=K_0(\boldsymbol{J}_{1e})+\frac{1}{\eta_0}L_0(\boldsymbol{J}_{2m})+K_0(\boldsymbol{J}_{2e})\end{aligned}\right\}\tag{9.2.1}$$

式中，下标 0 表示自由空间；$L_0(\cdot)$ 和 $K_0(\cdot)$ 分别为电场积分算子（Electric-Field Integral Operator，EFIO）和磁场积分算子（Magnetic-Field Integral Operator，MFIO），并且

$$\mathrm{L}_0(\boldsymbol{f})=-\frac{\mathrm{j}k_0}{4\pi}\int_{S_m}\left[g_0(\boldsymbol{r},\boldsymbol{r}')\boldsymbol{f}(\boldsymbol{r}')+\frac{1}{k_0^2}\nabla g_0(\boldsymbol{r},\boldsymbol{r}')\nabla'\cdot\boldsymbol{f}(\boldsymbol{r}')\right]\mathrm{d}s',\quad m=1,2\tag{9.2.2}$$

$$K_0(\boldsymbol{f})=-\frac{1}{4\pi}\int_{S_m}\left[\boldsymbol{f}(\boldsymbol{r}')\times\nabla g_0(\boldsymbol{r},\mathrm{r}')\right]\mathrm{d}s',\quad m=1,2\tag{9.2.3}$$

式中：$k_0=w\sqrt{\mu_0\varepsilon_0}$ 为自由空间中的波数；$g_0(\boldsymbol{r},\boldsymbol{r}')=\mathrm{e}^{-\mathrm{j}k_0|\boldsymbol{r}-\boldsymbol{r}'|}/|\boldsymbol{r}-\boldsymbol{r}'|$ 为自由空间中的格林函数；$\eta_0=\sqrt{\mu_0/\varepsilon_0}$ 为自由空间的波阻抗。在 S_1 和 S_2 的外表面，总电场和总磁场满足以下边界条件：

$$\left.\begin{aligned}&\boldsymbol{e}_1(\boldsymbol{r})=\boldsymbol{e}_1^{\text{inc}}(\boldsymbol{r})+\boldsymbol{e}_1^s(\boldsymbol{r})=\boldsymbol{0}, && \boldsymbol{r}\in S_1\\ &\boldsymbol{j}_1(\boldsymbol{r})=\boldsymbol{j}_1^{\text{inc}}(\boldsymbol{r})+\boldsymbol{j}_1^s(\boldsymbol{r})=\boldsymbol{J}_{1e}, && \boldsymbol{r}\in S_1\\ &\boldsymbol{e}_2(\boldsymbol{r})=\boldsymbol{e}_2^{\text{inc}}(\boldsymbol{r})+\boldsymbol{e}_2^s(\boldsymbol{r})=\boldsymbol{n}_2\times\boldsymbol{J}_{2m}, && \boldsymbol{r}\in S_2\\ &\boldsymbol{j}_2(\boldsymbol{r})=\boldsymbol{j}_2^{\text{inc}}(\boldsymbol{r})+\boldsymbol{j}_2^s(\boldsymbol{r})=\boldsymbol{J}_{2e}, && \boldsymbol{r}\in S_2\end{aligned}\right\}\tag{9.2.4}$$

式中：$\boldsymbol{e}=\boldsymbol{n}\times\boldsymbol{E}\times\boldsymbol{n}$ 和 $\boldsymbol{j}=\boldsymbol{n}\times\boldsymbol{H}$ 分别为总电场和总磁场的切向分量。$\boldsymbol{e}^{\text{inc}}(\boldsymbol{r})$ 和 $\boldsymbol{j}^{\text{inc}}(\boldsymbol{r})$ 分别为入射电场和入射磁场的切向分量。利用上式所列边界条件可以得到以下关系式：

$$\frac{\alpha}{\eta_0}\boldsymbol{e}_1^{\text{inc}}(\boldsymbol{r})+\beta\boldsymbol{j}_1^{\text{inc}}(\boldsymbol{r})=-\alpha\boldsymbol{n}_1\times L_0(\boldsymbol{J}_{1\text{e}})\times\boldsymbol{n}_1+\frac{\beta}{2}\boldsymbol{J}_{1\text{e}}-\beta\boldsymbol{n}_1\times\widetilde{K}_0(\boldsymbol{J}_{1\text{e}})-\alpha\boldsymbol{n}_1\times L_0(\boldsymbol{J}_{2\text{e}})\times\boldsymbol{n}_1-$$
$$\beta\boldsymbol{n}_1\times\widetilde{K}_0(\boldsymbol{J}_{2\text{e}})+\frac{\alpha}{\eta_0}\boldsymbol{n}_1\times\widetilde{K}_0(\boldsymbol{J}_{2\text{m}})\times\boldsymbol{n}_1-\frac{\beta}{\eta_0}n_1\times L_0(\boldsymbol{J}_{2\text{m}})\quad \boldsymbol{r}\in S_1$$

$$\frac{\alpha}{\eta_0}\boldsymbol{e}_2^{\text{inc}}(\boldsymbol{r})+\beta\boldsymbol{j}_2^{\text{inc}}(\boldsymbol{r})=-\alpha\boldsymbol{n}_2\times L_0(\boldsymbol{J}_{1\text{e}})\times\boldsymbol{n}_2-\beta\boldsymbol{n}_2\times\widetilde{K}_0(\boldsymbol{J}_{1\text{e}})-\alpha\boldsymbol{n}_2\times L_0(\boldsymbol{J}_{2\text{e}})\times\boldsymbol{n}_2+$$
$$\frac{\beta}{2}\boldsymbol{J}_{2\text{e}}-\beta\boldsymbol{n}_2\times\widetilde{K}_0(\boldsymbol{J}_{2\text{e}})+\frac{\alpha}{2\eta_0}\boldsymbol{n}_2\times\boldsymbol{J}_{2\text{m}}+\frac{\alpha}{\eta_0}\boldsymbol{n}_2\times\widetilde{K}_0(\boldsymbol{J}_{2\text{m}})\times\boldsymbol{n}_2-$$
$$\frac{\beta}{\eta_0}\boldsymbol{n}_2\times L_0(\boldsymbol{J}_{2\text{m}})\quad \boldsymbol{r}\in S_2 \tag{9.2.5}$$

式中：$\widetilde{K}$ 表示主值积分；α,β 为组合因子，满足 $0\leqslant\alpha,\beta\leqslant1,\alpha+\beta=1$，本书中令 $\alpha=0.5$。图9.2.1中的复合体表面 S_1 和 S_2 及导体与介质接触面 S_3，采用三角面元进行离散。未知等效电流 $\boldsymbol{J}_{1\text{e}}$，$\boldsymbol{J}_{2\text{e}}$和等效磁流 $\boldsymbol{J}_{2\text{m}}$ 可以采用 RWG 基函数进行离散，可以表示为：$\boldsymbol{J}_{1e}(\boldsymbol{r})=\sum_{j=1}^{N_1}x_{1j}\boldsymbol{f}_{1j}(\boldsymbol{r})$，$\boldsymbol{J}_{2\text{e}}(\boldsymbol{r})=\sum_{j=1}^{N_2}c_j\boldsymbol{f}_{2j}(\boldsymbol{r})$ 和 $\boldsymbol{J}_{2\text{m}}(\boldsymbol{r})=\sum_{j=1}^{N_2}d_j\boldsymbol{f}_{2j}(\boldsymbol{r})$，其中，$\boldsymbol{f}_{1j}$ 和 $\boldsymbol{f}_{2j}$ 分别为 S_1 和 S_2 上的 RWG 基函数。N_1 为 S_1 上的总棱边数，且包含 S_1 和 S_2 接触边界上的公共棱边；N_2 为 S_2 上的总棱边数，并不包括 S_1 和 S_2 接触边界上的公共棱边。然后，基于伽辽金方法，同样采用 RWG 基函数 $\boldsymbol{f}_{1i}$ 和 $\boldsymbol{f}_{2i}$ 进行检验，并定义两个复向量的算符为 $\langle\boldsymbol{u},\boldsymbol{v}\rangle_\Gamma=\int_\Gamma\boldsymbol{u}\cdot\boldsymbol{v}\mathrm{d}\Gamma$。式(9.2.5)可构成如下方程：

$$\begin{bmatrix}\boldsymbol{Q}_{11}\\\boldsymbol{Q}_{21}\end{bmatrix}\{x_1\}+\begin{bmatrix}\boldsymbol{Q}_{12}\boldsymbol{P}_{12}\\\boldsymbol{Q}_{22}\boldsymbol{P}_{22}\end{bmatrix}\begin{bmatrix}\boldsymbol{c}\\\boldsymbol{d}\end{bmatrix}=\begin{bmatrix}\boldsymbol{b}_1\\\boldsymbol{b}_2\end{bmatrix} \tag{9.2.6}$$

式中：各子矩阵的表达式为

$$\boldsymbol{Q}_{pp}(i,j)=-\alpha\langle\boldsymbol{f}_{pi},L_0(\boldsymbol{f}_{pj})\rangle_{T_{pi}}+\frac{\beta}{2}\langle\boldsymbol{f}_{pi},\boldsymbol{f}_{pj}\rangle_{T_{pi}}-$$
$$\beta\langle\boldsymbol{f}_{pi},\boldsymbol{n}_{pi}\times\widetilde{K}_0(\boldsymbol{f}_{pj})\rangle_{T_{pi}},\begin{cases}i,j\in[1,N_p]\\p=1,2\end{cases} \tag{9.2.7}$$

$$\boldsymbol{Q}_{pq}(i,j)=-\alpha\langle\boldsymbol{f}_{pi},L_0(\boldsymbol{f}_{qj})\rangle_{T_{pi}}-\beta\langle\boldsymbol{f}_{pi},\boldsymbol{n}_{pi}\times\widetilde{K}_0(\boldsymbol{f}_{qj})\rangle_{T_{pi}},\begin{cases}i\in[1,N_p],j\in[1,N_q]\\\{p,q\}=\{1,2\}\cup\{2,1\}\end{cases} \tag{9.2.8}$$

$$\boldsymbol{P}_{12}(i,j)=\frac{\alpha}{\eta_0}\langle\boldsymbol{f}_{1i},\widetilde{K}_0(\boldsymbol{f}_{2j})\rangle_{T_{1i}}-\frac{\beta}{\eta_0}\langle\boldsymbol{f}_{1i},\boldsymbol{n}_{1i}\times L_0(\boldsymbol{f}_{2j})\rangle_{T_{1i}},i\in[1,N_1],j\in[1,N_2] \tag{9.2.9}$$

$$\boldsymbol{P}_{22}(i,j)=\frac{\alpha}{2\eta_0}\langle\boldsymbol{f}_{2i}\times\boldsymbol{n}_{2i},\boldsymbol{f}_{2j}\rangle_{T_{2i}}+\frac{\alpha}{\eta_0}\langle\boldsymbol{f}_{2i},\widetilde{K}_0(\boldsymbol{f}_{2j})\rangle_{T_{2i}}-$$
$$\frac{\beta}{\eta_0}\langle\boldsymbol{f}_{2i},\boldsymbol{n}_{2i}\times L_0(\boldsymbol{f}_{2j})\rangle_{T_{2i}},i,j\in[1,N_2] \tag{9.2.10}$$

$$\boldsymbol{b}_p(i)=\frac{\alpha}{\eta_0}\langle\boldsymbol{f}_{pi},\boldsymbol{E}_p^{\text{inc}}\rangle_{T_{pi}}+\beta\langle\boldsymbol{f}_{pi},\boldsymbol{n}_{pi}\times\boldsymbol{H}_p^{\text{inc}}\rangle_{T_{pi}},i\in[1,N_p],p=1,2 \tag{9.2.11}$$

式(9.2.6)中，矩阵的大小为$(N_1+N_2)\times(N_1+2N_2)$，未知数多于方程数，这不能满足求解的要求。因此，应当在介质内部建立新的方程。介质内部的散射场可以由 S_2 内表面上的 $\boldsymbol{J}_{2\text{e}}$ 及 $\boldsymbol{J}_{2\text{m}}$ 和 S_3 上的 $\boldsymbol{J}_{3e}$ 计算得到，则有

$$\left.\begin{aligned}\boldsymbol{E}^s&=\eta_1L_1(\boldsymbol{J}_{3\text{e}})+\eta_1L_1(-\boldsymbol{J}_{2\text{e}})-K_1(-\boldsymbol{J}_{2\text{m}})\\\boldsymbol{H}^s&=K_1(\boldsymbol{J}_{3\text{e}})+\frac{1}{\eta_1}L_1(-\boldsymbol{J}_{2\text{m}})+K_1(-\boldsymbol{J}_{2\text{e}})\end{aligned}\right\} \tag{9.2.12}$$

式中：$\eta_1=\sqrt{\mu/\varepsilon}$ 为在 S_2 与 S_3 包围的介质内的波阻抗；$k_1=w\sqrt{\mu\varepsilon}$ 为介质内的波数；$L_1(\cdot)$ 和

$K_1(\cdot)$分别为介质内的EFIO和MFIO,其表达式为

$$L_1(\boldsymbol{f})=-\frac{\mathrm{j}k_1}{4\pi}\int_{S_m}\left[g_1(\boldsymbol{r},\boldsymbol{r}')\boldsymbol{f}(\boldsymbol{r}')+\frac{1}{k_1^2}\nabla g_1(\boldsymbol{r},\boldsymbol{r}')\nabla'\cdot\boldsymbol{f}(\boldsymbol{r}')\right]\mathrm{d}s',\quad m=2,3 \tag{9.2.13}$$

$$K_1(\boldsymbol{f})=-\frac{1}{4\pi}\int_{S_m}\left[\boldsymbol{f}(\boldsymbol{r}')\times\nabla g_1(\boldsymbol{r},\boldsymbol{r}')\right]\mathrm{d}s',\quad m=2,3 \tag{9.2.14}$$

式中:$g_1(\boldsymbol{r},\boldsymbol{r}')=\mathrm{e}^{-\mathrm{j}k_1|\boldsymbol{r}-\boldsymbol{r}'|}/|\boldsymbol{r}-\boldsymbol{r}'|$为介质内的格林函数。$\boldsymbol{J}_{3\mathrm{e}}$仍然可以由RWG基函数进行展开,表示为$\boldsymbol{J}_{3\mathrm{e}}(\boldsymbol{r})=\sum_{j=1}^{N_3}x_j\boldsymbol{f}_{3j}(\boldsymbol{r})$,$N_3$表示$S_3$上的棱边数。并且,介质内的散射电场和散射磁场满足如下边界条件:

$$\left.\begin{array}{ll}\boldsymbol{e}_2^s(\boldsymbol{r})=\boldsymbol{n}_2\times\boldsymbol{J}_{2\mathrm{m}} & \boldsymbol{j}_2^s(\boldsymbol{r})=\boldsymbol{n}_2\times\boldsymbol{H}_2^s(\boldsymbol{r})=\boldsymbol{J}_{2\mathrm{e}},\quad \boldsymbol{r}\in S_2\\ \boldsymbol{e}_3^s(\boldsymbol{r})=\boldsymbol{0} & \boldsymbol{j}_3^s(\boldsymbol{r})=\boldsymbol{n}_3\times\boldsymbol{H}_3^s(\boldsymbol{r})=\boldsymbol{J}_{3\mathrm{e}},\quad \boldsymbol{r}\in S_3\end{array}\right\} \tag{9.2.15}$$

利用上式所列边界条件可以得到以下关系式:

$$\left.\begin{array}{l}\boldsymbol{0}=\alpha\boldsymbol{n}_2\times L_1(\boldsymbol{J}_{3\mathrm{e}})\times\boldsymbol{n}_2+\beta\boldsymbol{n}_2\times\tilde{K}_1(\boldsymbol{J}_{3\mathrm{e}})-\alpha\boldsymbol{n}_2\times L_1(\boldsymbol{J}_{2\mathrm{e}})\times\boldsymbol{n}_2-\dfrac{\beta}{2}\boldsymbol{J}_{2\mathrm{e}}-\beta\boldsymbol{n}_2\times\\ \quad\tilde{K}_1(\boldsymbol{J}_{2\mathrm{e}})-\dfrac{\alpha}{2\eta_1}\boldsymbol{n}_2\times\boldsymbol{J}_{2\mathrm{m}}+\dfrac{\alpha}{\eta_1}\boldsymbol{n}_2\times\tilde{K}_1(J_{2m})\times\boldsymbol{n}_2-\dfrac{\beta}{\eta_1}\boldsymbol{n}_2\times L_1(J_{2m})\qquad \boldsymbol{r}\in S_2\\ \boldsymbol{0}=\alpha\boldsymbol{n}_3\times L_1(\boldsymbol{J}_{3\mathrm{e}})\times\boldsymbol{n}_3-\dfrac{\beta}{2}\boldsymbol{J}_{3\mathrm{e}}+\beta\boldsymbol{n}_3\times\tilde{K}_1(\boldsymbol{J}_{3\mathrm{e}})-\alpha\boldsymbol{n}_3\times L_1(\boldsymbol{J}_{2\mathrm{e}})\times\boldsymbol{n}_3-\beta\boldsymbol{n}_3\times\\ \quad\tilde{K}_1(\boldsymbol{J}_{2\mathrm{e}})+\dfrac{\alpha}{\eta_1}\boldsymbol{n}_3\times\tilde{K}_1(J_{2\mathrm{m}})\times\boldsymbol{n}_3-\dfrac{\beta}{\eta_1}\boldsymbol{n}_3\times L_1(\boldsymbol{J}_{2\mathrm{m}})\qquad \boldsymbol{r}\in S_3\end{array}\right\} \tag{9.2.16}$$

采用RWG基函数$\boldsymbol{f}_{2i}$和$\boldsymbol{f}_{3i}$对式(9.2.16)进行检验,得到

$$\begin{bmatrix}\tilde{\boldsymbol{Q}}_{22} & \tilde{\boldsymbol{P}}_{22}\\ \tilde{\boldsymbol{Q}}_{32} & \tilde{\boldsymbol{P}}_{32}\end{bmatrix}\begin{bmatrix}\boldsymbol{c}\\ \boldsymbol{d}\end{bmatrix}+\begin{bmatrix}\tilde{\boldsymbol{Q}}_{23}\\ \tilde{\boldsymbol{Q}}_{33}\end{bmatrix}\{\boldsymbol{x}_3\}=\begin{bmatrix}0\\0\end{bmatrix} \tag{9.2.17}$$

式中:各子矩阵的表达式为

$$\begin{aligned}\tilde{\boldsymbol{Q}}_{22}(i,j)=&-\alpha\langle\boldsymbol{f}_{2i},L_1(\boldsymbol{f}_{2j})\rangle_{T_{2i}}-\frac{\beta}{2}\langle\boldsymbol{f}_{2i},\boldsymbol{f}_{2j}\rangle_{T_{2i}}-\\ &\beta\langle\boldsymbol{f}_{2i},\boldsymbol{n}_{2i}\times\tilde{K}_1(\boldsymbol{f}_{2j})\rangle_{T_{2i}},i,\quad j\in[1,N_2]\end{aligned} \tag{9.2.18}$$

$$\begin{aligned}\tilde{\boldsymbol{Q}}_{33}(i,j)=&\alpha\langle\boldsymbol{f}_{3i},L_1(\boldsymbol{f}_{3j})\rangle_{T_{3i}}-\frac{\beta}{2}\langle\boldsymbol{f}_{3i},\boldsymbol{f}_{3j}\rangle_{T_{3i}}+\\ &\beta\langle\boldsymbol{f}_{3i},\boldsymbol{n}_{3i}\times K_1(\boldsymbol{f}_{3j})\rangle_{T_{3i}},i,\quad j\in[1,N_3]\end{aligned} \tag{9.2.19}$$

$$\tilde{\boldsymbol{Q}}_{23}(i,j)=\alpha\langle\boldsymbol{f}_{2i},L_1(\boldsymbol{f}_{3j})\rangle_{T_{2i}}+\beta\langle\boldsymbol{f}_{2i},\boldsymbol{n}_{2i}\times\tilde{K}_1(\boldsymbol{f}_{3j})\rangle_{T_{2i}},\quad i\in[1,N_2],j\in[1,N_3] \tag{9.2.20}$$

$$\tilde{\boldsymbol{Q}}_{32}(i,j)=-\alpha\langle\boldsymbol{f}_{3i},L_1(\boldsymbol{f}_{2j})\rangle_{T_{3i}}-\beta\langle\boldsymbol{f}_{3i},\boldsymbol{n}_{3i}\times\tilde{K}_1(\boldsymbol{f}_{2j})\rangle_{T_{3i}},\quad i\in[1,N_3],j\in[1,N_2] \tag{9.2.21}$$

$$\begin{aligned}\tilde{\boldsymbol{P}}_{22}(i,j)=&\frac{\alpha}{\eta_1}\langle\boldsymbol{f}_{2i},\tilde{K}_1(\boldsymbol{f}_{2j})\rangle_{T_{2i}}-\frac{\beta}{2\eta_1}\langle\boldsymbol{f}_{2i},\boldsymbol{n}_{2i}\times\boldsymbol{f}_{2j}\rangle_{T_{2i}}-\\ &\frac{\beta}{\eta_1}\langle\boldsymbol{f}_{2i},\boldsymbol{n}_{2i}\times L_1(\boldsymbol{f}_{2j})\rangle_{T_{2i}},i,\quad j\in[1,N_2]\end{aligned} \tag{9.2.22}$$

$$\tilde{\boldsymbol{P}}_{32}(i,j)=\frac{\alpha}{\eta_1}\langle\boldsymbol{f}_{3i},\tilde{K}_1(\boldsymbol{f}_{2j})\rangle_{T_{3i}}+\frac{\beta}{\eta_1}\langle\boldsymbol{f}_{3i},\boldsymbol{n}_{3i}\times L_1(\boldsymbol{f}_{2j})\rangle_{T_{3i}},\quad i\in[1,N_3],j\in[1,N_2] \tag{9.2.23}$$

联立式(9.2.6)与式(9.2.17),构成最终的矩阵方程为

$$\begin{bmatrix} \boldsymbol{Q}_{11} & \boldsymbol{Q}_{12} & \boldsymbol{P}_{12} & \boldsymbol{0} \\ \boldsymbol{Q}_{21} & \boldsymbol{Q}_{22} & \boldsymbol{P}_{22} & \boldsymbol{0} \\ \boldsymbol{0} & \widetilde{\boldsymbol{Q}}_{22} & \widetilde{\boldsymbol{P}}_{22} & \widetilde{\boldsymbol{Q}}_{23} \\ \boldsymbol{0} & \widetilde{\boldsymbol{Q}}_{32} & \widetilde{\boldsymbol{P}}_{32} & \widetilde{\boldsymbol{Q}}_{33} \end{bmatrix} \begin{bmatrix} \boldsymbol{x}_1 \\ \boldsymbol{c} \\ \boldsymbol{d} \\ \boldsymbol{x}_3 \end{bmatrix} = \begin{bmatrix} \boldsymbol{b}_1 \\ \boldsymbol{b}_2 \\ \boldsymbol{0} \\ \boldsymbol{0} \end{bmatrix} \tag{9.2.24}$$

该矩阵方程的未知数个数为$(N_1+2N_2+N_3)$。

9.2.2 基于 SJCFIE 建立矩阵方程的实施过程

在建立涉及介质部分的方程时，电流和磁流都需要考虑。本节给出了 SIE 的另一种应用，即将其与 9.2.1 小节的 JCFIE 相结合以进一步改善 JCFIE 的计算效率。该混合方法为 SJCFIE。SJCFIE 不同于 JCFIE 的是，在介质内部，引入了单一有效流 $\boldsymbol{J}_{2e}^{\mathrm{eff}}$ 来表示介质内部的场，其位于 $S_d=S_2+S_3$ 的内表面上。则由其表示的场可以表示为 $\boldsymbol{E}_{\mathrm{d}}=\eta_1 L_1(\boldsymbol{J}_{2e}^{\mathrm{eff}})$，$\boldsymbol{H}_{\mathrm{d}}=K_1(\boldsymbol{J}_{2e}^{\mathrm{eff}})$，它们在 S_2 的内表面满足如下条件：

$$\left.\begin{aligned} \boldsymbol{J}_{2e}&=\boldsymbol{n}_2\times\boldsymbol{H}_{\mathrm{d}}=-\frac{\boldsymbol{J}_{2e}^{\mathrm{eff}}}{2}+\boldsymbol{n}_2\times\widetilde{K}_1(\boldsymbol{J}_{2e}^{\mathrm{eff}}) \\ -\boldsymbol{J}_{2m}&=\boldsymbol{n}_2\times\boldsymbol{E}_{\mathrm{d}}=\boldsymbol{n}_2\times\eta_1 L_1(\boldsymbol{J}_{2e}^{\mathrm{eff}}) \end{aligned}\right\} \tag{9.2.25}$$

在 S_3 面上满足如下条件：

$$-\alpha\boldsymbol{n}_3\times L_1(\boldsymbol{J}_{2e}^{\mathrm{eff}})\times\boldsymbol{n}_3+\frac{\beta}{2}\boldsymbol{J}_{2e}^{\mathrm{eff}}-\beta\boldsymbol{n}_3\times\widetilde{K}_1(\boldsymbol{J}_{2e}^{\mathrm{eff}})=0 \tag{9.2.26}$$

式中：有效流在 S_3 上已经退化成了等效电流。进一步，S_d 内表面上的等效流采用 RWG 基函数展开为 $\boldsymbol{J}_{2e}^{\mathrm{eff}}=\sum_{i=1}^{N_2}x_{2i}\boldsymbol{f}_{2i}(\boldsymbol{r})+\sum_{i=1}^{N_3}x_{3i}\boldsymbol{f}_{3i}(\boldsymbol{r})$，共包含 N_2+N_3 条棱边。N_3 是 S_3 上的棱边数，且包含 S_2 与 S_3 的公共棱边。等效流的展开系数可以用通过棱边电流的平均值进行逼近为

$$x_{pi}=\frac{1}{l_{pi}}\int_{l_{pi}}(\hat{l}_{pi}\times\boldsymbol{n}_{pi})\cdot\boldsymbol{J}_{2e}^{\mathrm{eff}}\mathrm{d}l,\quad p=2,3 \tag{9.2.27}$$

联立式(9.2.25)和式(9.2.26)，式(9.2.6)中的展开系数$\{\boldsymbol{c}\}$和$\{\boldsymbol{d}\}$具有如下表达式：

$$\left.\begin{aligned} \{\boldsymbol{c}\}&=[\widetilde{\boldsymbol{P}}_{22}]\{\boldsymbol{x}_2\}+[\widetilde{\boldsymbol{P}}_{23}]\{\boldsymbol{x}_3\} \\ \{\boldsymbol{d}\}&=[\widetilde{\boldsymbol{Q}}_{22}]\{\boldsymbol{x}_2\}+[\widetilde{\boldsymbol{Q}}_{23}]\{\boldsymbol{x}_3\} \\ \{\boldsymbol{0}\}&=[\widetilde{\boldsymbol{Q}}_{32}]\{\boldsymbol{x}_2\}+[\widetilde{\boldsymbol{Q}}_{33}]\{\boldsymbol{x}_3\} \end{aligned}\right\} \tag{9.2.28}$$

式中：$\{\boldsymbol{x}_2\}$和$\{\boldsymbol{x}_3\}$为有效流的展开系数向量。上式中的子矩阵具有如下表达式：

$$\widetilde{\boldsymbol{P}}_{22}(i,j)=-\frac{\delta_{ij}}{2}-\int_{l_{2i}}\frac{\hat{l}_{2i}}{l_{2i}}\cdot\widetilde{K}_1(\boldsymbol{f}_{2j})\mathrm{d}l\ i,\quad j\in[1,N_2] \tag{9.2.29}$$

$$\widetilde{\boldsymbol{P}}_{23}(i,j)=-\int_{l_{2i}}\frac{\hat{l}_{2i}}{l_{2i}}\cdot\widetilde{K}_1(\boldsymbol{f}_{3j})\mathrm{d}l,\quad i\in[1,N_2],j\in[1,N_3] \tag{9.2.30}$$

$$\widetilde{\boldsymbol{Q}}_{2p}(i,j)=\int_{l_{2i}}\eta_1\frac{\hat{l}_{2i}}{l_{2i}}\cdot L_1(\boldsymbol{f}_{pj})\mathrm{d}l,\quad i\in[1,N_2],j\in[1,N_p],p=2,3 \tag{9.2.31}$$

$$\widetilde{\boldsymbol{Q}}_{32}(i,j)=-\alpha\langle f_{3i},L_1(f_{2j})\rangle_{T_{3i}}-\beta\langle \boldsymbol{f}_{3i},n_{3i}\times\widetilde{K}_1(\boldsymbol{f}_{2j})\rangle_{T_{3i}},\quad i\in[1,N_3],j\in[1,N_2] \tag{9.2.32}$$

$$\begin{aligned} \widetilde{\boldsymbol{Q}}_{33}(i,j)=&-\alpha\langle\boldsymbol{f}_{3i},L_1(\boldsymbol{f}_{3j})\rangle_{T_{3i}}+\frac{\beta}{2}\langle\boldsymbol{f}_{3i},\boldsymbol{f}_{3j}\rangle_{T_{3i}}- \\ &\beta\langle\boldsymbol{f}_{3i},n_{3i}\times\widetilde{K}_1(\boldsymbol{f}_{3j})\rangle_{T_{3i}}\ i,\quad j\in[1,N_3] \end{aligned} \tag{9.2.33}$$

这里，当 $i=j$ 时，$\delta_{ij}=1$，当 $i\neq j$ 时，$\delta_{ij}=0$。接下来，将式(9.2.28)代入式(9.2.6)中，可

以得到新的矩阵方程为

$$\begin{bmatrix} \boldsymbol{A}_{11} & \boldsymbol{A}_{12} & \boldsymbol{A}_{13} \\ \boldsymbol{A}_{21} & \boldsymbol{A}_{22} & \boldsymbol{A}_{23} \\ \boldsymbol{0} & \boldsymbol{A}_{32} & \boldsymbol{A}_{33} \end{bmatrix} \begin{bmatrix} \boldsymbol{x}_1 \\ \boldsymbol{x}_2 \\ \boldsymbol{x}_3 \end{bmatrix} = \begin{bmatrix} \boldsymbol{b}_1 \\ \boldsymbol{b}_2 \\ \boldsymbol{0} \end{bmatrix} \tag{9.2.34}$$

式中：

$$[\boldsymbol{A}_{11}]=[\boldsymbol{Q}_{11}],\quad [\boldsymbol{A}_{12}]=[\boldsymbol{Q}_{12}]\cdot[\widetilde{\boldsymbol{P}}_{22}]+[\boldsymbol{P}_{12}]\cdot[\widetilde{\boldsymbol{Q}}_{22}],\quad [\boldsymbol{A}_{13}]=[\boldsymbol{Q}_{12}]\cdot[\widetilde{\boldsymbol{P}}_{23}]+[\boldsymbol{P}_{12}]\cdot[\widetilde{\boldsymbol{Q}}_{23}],$$

$$[\boldsymbol{A}_{21}]=[\boldsymbol{Q}_{21}],\quad [\boldsymbol{A}_{22}]=[\boldsymbol{Q}_{22}]\cdot[\widetilde{\boldsymbol{P}}_{22}]+[\boldsymbol{P}_{22}]\cdot[\widetilde{\boldsymbol{Q}}_{22}],\quad [\boldsymbol{A}_{23}]=[\boldsymbol{Q}_{22}]\cdot[\widetilde{\boldsymbol{P}}_{23}]+[\boldsymbol{P}_{22}]\cdot[\widetilde{\boldsymbol{Q}}_{23}],$$

$$[\boldsymbol{A}_{32}]=[\widetilde{\boldsymbol{Q}}_{32}],\quad [\boldsymbol{A}_{33}]=[\widetilde{\boldsymbol{Q}}_{33}]$$

因为引入了 SIE，式(9.2.34)共包含 $N_1+N_2+N_3$ 个未知数，少于上一节中 JCFIE 的 $N_1+2N_2+N_3$。若进一步将 $\boldsymbol{x}_3=-\boldsymbol{A}_{33}^{-1}\boldsymbol{A}_{32}\boldsymbol{x}_2$ 代入式(9.2.34)中可以得到一个新的矩阵方程：

$$\begin{bmatrix} \boldsymbol{A}_{11} & (\boldsymbol{A}_{12}-\boldsymbol{A}_{13}\boldsymbol{A}_{33}^{-1}\boldsymbol{A}_{32}) \\ \boldsymbol{A}_{21} & (\boldsymbol{A}_{22}-\boldsymbol{A}_{23}\boldsymbol{A}_{33}^{-1}\boldsymbol{A}_{32}) \end{bmatrix} \begin{Bmatrix} \boldsymbol{x}_1 \\ \boldsymbol{x}_2 \end{Bmatrix} = \begin{Bmatrix} \boldsymbol{b}_1 \\ \boldsymbol{b}_2 \end{Bmatrix} \tag{9.2.35}$$

其未知数有 N_1+N_2 个，少于式(9.2.34)的 $N_1+N_2+N_3$。并且，$\boldsymbol{A}_{13}\boldsymbol{A}_{33}^{-1}\boldsymbol{A}_{32}$ 表示 S_2 外表面与 S_1 外表面之间的间接耦合，其中 $\boldsymbol{A}_{32}$ 表示 S_2 和 S_3 之间的相互耦合，$\boldsymbol{A}_{33}^{-1}$ 表示 S_3 自耦合，$\boldsymbol{A}_{13}$ 表示 S_1 和 S_3 之间的相互耦合。总之，$\boldsymbol{A}_{13}\boldsymbol{A}_{33}^{-1}\boldsymbol{A}_{32}$ 的间接耦合过程为：$S_2\rightarrow S_3\rightarrow S_1$。同样，$\boldsymbol{A}_{23}\boldsymbol{A}_{33}^{-1}\boldsymbol{A}_{32}$ 代表 S_2 的间接自耦合，其过程为：$S_2\rightarrow S_3\rightarrow S_2$。

当复合体的未知数较少时，直接求解式(9.2.35)便能够满足要求。随着未知数变得越来越多，尤其是 S_3 上的棱边数较多时，采用式(9.2.35)不仅需要在矩阵填充过程中求解 $\boldsymbol{A}_{33}^{-1}$，而且直接求解式(9.2.35)也仍然非常费时。这时可以采用迭代方法求解式(9.2.34)。迭代的求解器可以是稳定双共轭梯度法(Bi - Conjugate Gradients Stabilized，BiCGSTAB)或广义最小余量法(Generalized Minimum Residual，GMRES)。

采用迭代方法求解 SJCFIE 的矩阵方程式(9.2.34)，可以求得每一步的计算复杂度为 $O[(N_1+N_2)^2+N_3{}^2+(N_1+2N_2)N_3]$。而若采用迭代方法求解 JCFIE 的矩阵方程，可以求得 S_1 和 S_2 外部的计算复杂度为 $O[(N_1+N_2)^2+(N_1+N_2)N_2]$，而在 S_2 和 S_3 内部的计算复杂度为 $O[(N_2+N_3)^2+(N_2+N_3)N_2]$，因此 JCFIE 的每一步的计算复杂度为 $O[(N_1+N_2)^2+(N_2+N_3)^2+(N_1+2N_2+N_3)N_2]$。显然，SJCFIE 相比 JCFIE 具有更小的计算复杂度和更少的内存需求。

9.2.3 SJCFIE 算法收敛性分析

SJCFIE 算法里的 SIE 不仅能有效减少未知数数目，而且能够改善原有电场积分方程(EFIE)或混合积分方程(CFIE)的矩阵条件数。一般地，矩阵方程的收敛特性是由矩阵的条件数所决定的。值得注意的是：磁场积分算子(MFIO)属于第二类 Fredholm 算子或紧算子，而电场积分算子(EFIO)属于第一类 Fredholm 算子或非紧算子。紧算子导出的矩阵条件数优于非紧算子的矩阵条件数。在 JCFIE 算法中，介质部分包含的非紧算子 EFIO 使得最终的矩阵条件数变差。然而，SJCFIE 算法中包含了双重算子 $L_0\cdot\widetilde{K}_1$，$\widetilde{K}_0\cdot L_1$ 和 $L_0\cdot L_1$。由于紧算子和非紧算子相乘得到是仍然是紧算子，因此前两个双重算子最终为一个紧算子；第三个两个非紧算子的相乘，其仍然是一个紧算子。结果，SJCFIE 改善了介质部分的矩阵条件数，能够加快迭代求解的收敛速度。

为了验证 SJCFIE 算法的有效性，本节给出了一个算例，具体为：复合散射体两个半球组合的复合球，其一半为导体，一半为相对介电常数 $\varepsilon_r = 2.2$ 的介质，复合球的半径为 $0.5\lambda_0$。工作频率 $f = 2$ GHz。设定网格剖分密度为每波长 25 个面元，这样复合球共有 6 744 个面元，若采用 SJCFIE 则包含有 10 116 个未知数，采用 JCFIE 包含有 14 154 个未知数。仿真计算平台如前所述。迭代求解器为 BICGSTAB。求解时采用了 OpenMP 多核并行技术以提高求解效率。当第 n 步的未知电磁流与第 $(n-1)$ 步的相比，相对误差达到 10^{-4} 时迭代计算停止。SJCFIE 和 JCFIE 算法中的组合因子 $\alpha = 0.5$。复合球在平面波的照射下，双站 RCS 曲线如图 9.2.2 所示。可以看出两种方法所得曲线吻合较好。

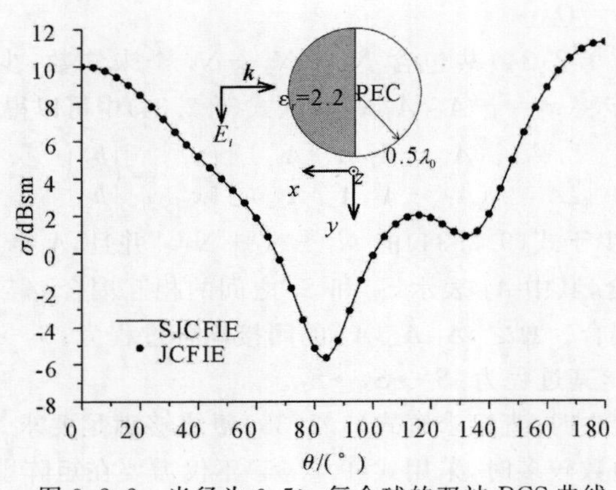

图 9.2.2　半径为 $0.5\lambda_0$ 复合球的双站 RCS 曲线

两种方法在计算时间和内存需求方面的比较见表 9.2.1。可以看出，因为 SJCFIE 采用了 SIE 方法改善了矩阵条件数，所以与原有的 JCFIE 相比，迭代步数更少。同时，SJCFIE 比 JCFIE 具有更少的矩阵填充时间，原因在于：采用 JCFIE 方法在介质内部用到的式(9.2.16)中，电流与磁流均涉及 $L_1(\cdot)$ 和 $K_1(\cdot)$ 两个算子，而 SJCFIE 方法中，只有有效流一个涉及 $L_1(\cdot)$ 和 $K_1(\cdot)$。进一步，SJCFIE 算法在内存占用和每步计算时间上也优于 JCFIE 算法，这也是对上一节给出的两种方法复杂度分析的有效验证。

表 9.2.1　SJCFIE 与 JCFIE 的比较

方　法	矩阵填充时间/s	内存需求/MB	每步计算时间/s	迭代步数	总计算时间/s
SJCFIE	35	1 493.4	1.2	25	65
JCFIE	48.5	2 089.6	1.527	37	105

下述给出 SJCFIE 的收敛性分析，包括矩阵条件数随网格密度的变化和迭代步数随网格密度的变化。算例仍然是图 9.2.2 所给出的半径为 $0.5\lambda_0$ 的复合球，结果显示在图 9.2.3 中。可以看出：随着网格剖分密度的增加，SJCFIE 的矩阵条件数和迭代步数基本维持不变，而 JCFIE 的矩阵条件数和迭代步数却迅速增加，前者的收敛性能优于后者。图 9.2.3 也说明：SJCFIE 算法并未出现稠密网格中断现象(dense mesh breakdown)，相比 JCFIE 具有更广泛的网格剖分密度适应性。

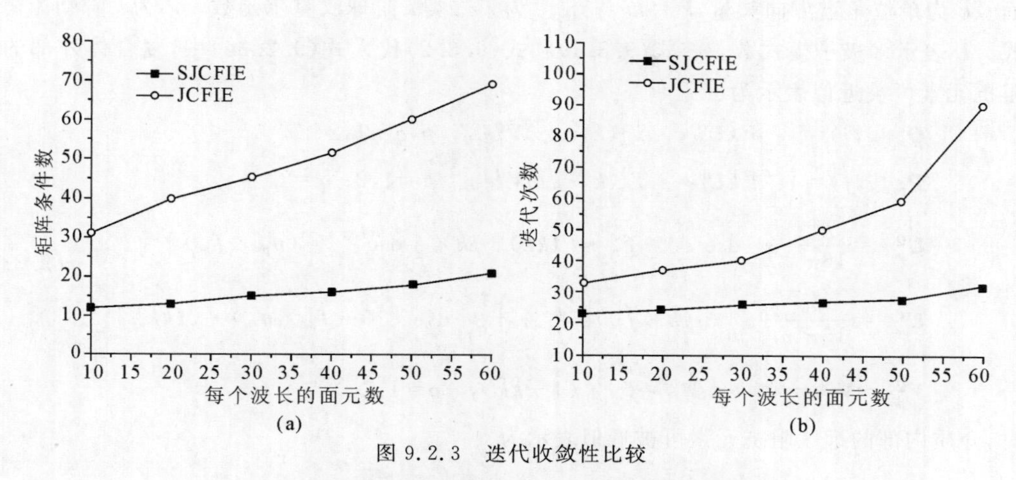

图 9.2.3　迭代收敛性比较

(a) 条件数随网格密度变化；(b) 迭代步数随网格密度变化

9.3　SJCFIE 与加速策略的混合方法

9.3.1　SJCFIE 与 MLFMA 混合方法

SJCFIE 建立的矩阵方程中，根据基函数相互作用的强弱，矩阵可以分成两部分：近区矩阵和远区矩阵。前者的阻抗元素借助传统的矩量法进行填充，后者的阻抗元素可以借助 MLFMA 来近似表示。本质上，MLFMA 基于格林函数的加法定理，并引入了树形分组结构。具体过程是：首先定义一个包围复合体的正方形盒子，并将其定义为第 0 层；其次，将这个正方形盒子平均分成 8 个子正方形盒子已形成第 1 层；再次，将这些子正方形盒子进一步细分已构成第 2 层。如此下去，直至最细层 L_f 上的盒子的边长大约为 $0.3\lambda_0$，其中 λ_0 为自由空间中的波长。另外，这些盒子也被称为组。以上分组过程的最终结果是产生了一个八叉树。值得注意的是，每层上只有那些非空的盒子被给予独立的标记，计算过程也是基于这些非空盒子或者组进行的。MLFMA 主要包括三个重要的步骤，即聚合、转移和解聚。其中，转移过程是由最细层到第二层逐层进行的，并且只在那些父组相邻、相互之间非重合或相邻的远区组之间进行。

格林函数和它的梯度可以通过加法定理进行展开，可得

$$\mathrm{g}_0(\boldsymbol{r}_i,\boldsymbol{r}_j)=\frac{\mathrm{e}^{-\mathrm{j}k_0 r_{ij}}}{r_{ij}}=-\mathrm{j}\frac{k_0}{4\pi}\int_{S_\mathrm{E}} d^2\hat{k}\mathrm{e}^{-\mathrm{j}\boldsymbol{k}\cdot(\boldsymbol{r}_{im}-\boldsymbol{r}_{jm'})}T_0(\boldsymbol{k},\hat{r}_{mm'}) \tag{9.3.1}$$

$$\nabla g_0(\boldsymbol{r}_i,\boldsymbol{r}_j)=\nabla\frac{\mathrm{e}^{-\mathrm{j}k_0 r_{ij}}}{r_{ij}}=-\frac{k_0^2}{4\pi}\int_{S_\mathrm{E}}\hat{k}\mathrm{d}^2\hat{k}\mathrm{e}^{-\mathrm{j}\boldsymbol{k}\cdot(\boldsymbol{r}_{im}-\boldsymbol{r}_{jm'})}T_0(\boldsymbol{k},\hat{r}_{mm'}) \tag{9.3.2}$$

式中：$T_0(\cdot)$为转移因子，表达式为

$$T_0(\boldsymbol{k},\hat{r}_{mm'})=\sum_{l=0}^{L}(-\mathrm{j})^l(2l+1)\mathrm{h}_l^{(2)}(k_0 r_{mm'})\mathrm{P}_l(\hat{\boldsymbol{k}}\cdot\hat{r}_{mm'})$$

并且，$\boldsymbol{r}_i$ 为属于中心为 $\boldsymbol{r}_m$ 的第 m 组中的一个场点，组中心为 $\boldsymbol{r}_m$；$\boldsymbol{r}_j$ 为属于中心为 $r_{m'}$ 的第 m' 组中的一个源点。以上各点满足，$\boldsymbol{r}_{im}=\boldsymbol{r}_i-\boldsymbol{r}_m$，$\boldsymbol{r}_{jm'}=\boldsymbol{r}_j-\boldsymbol{r}_{m'}$ 和 $\boldsymbol{r}_{mm'}=\boldsymbol{r}_m-\boldsymbol{r}_{m'}$。$S_\mathrm{E}$ 表示 Ewald

球面。$\hat{\boldsymbol{k}}$ 为单位角谱方向矢量，$\boldsymbol{k}=\hat{\boldsymbol{k}}k_0$。$\mathrm{h}_l^{(2)}$ 为第二类 l 阶球汉克尔函数。P_l 为 l 阶勒让德多项式。L 表示多极子模式数。将式(9.3.1)和式(9.3.2)代入式(9.2.34)中，复合体外部的远区阻抗元素可被近似表示为

$$\left.\begin{aligned}
&\boldsymbol{Q}_{pq}(i,j)=\int_{S_E}\mathrm{d}^2\hat{\boldsymbol{k}}\boldsymbol{U}_{im}^{Q_{pp}}\cdot T_0(\boldsymbol{k},\hat{r}_{mm'})\boldsymbol{V}_{jm'}^{Q_{qq}}, \quad p,q=1,2\\
&\boldsymbol{P}_{pq}(i,j)=\int_{S_E}\mathrm{d}^2\hat{\boldsymbol{k}}\boldsymbol{U}_{im}^{P_{pp}}\cdot T_0(\boldsymbol{k},\hat{r}_{mm'})\boldsymbol{V}_{jm'}^{Q_{qq}}, \quad p=1,2;\ q=2\\
&\boldsymbol{U}_{im}^{Q_{pp}}=\frac{k_0^2}{16\pi^2}\left[\alpha\int_{T_{pi}}\mathrm{d}s\mathrm{e}^{-\mathrm{j}\boldsymbol{k}\cdot\boldsymbol{r}_{im}}\boldsymbol{f}_{pi}\cdot(\overline{\overline{\boldsymbol{I}}}\hat{\boldsymbol{k}}\hat{\boldsymbol{k}})+\beta\hat{\boldsymbol{k}}\times\int_{T_{pi}}\mathrm{d}s\mathrm{e}^{-\mathrm{j}\boldsymbol{k}\cdot\boldsymbol{r}_{im}}(\boldsymbol{n}_{pi}\times\boldsymbol{f}_{pi})\right]\\
&\boldsymbol{U}_{im}^{P_{pp}}=\frac{k_0^2}{16\pi^2\eta_0}\left[\alpha\int_{T_{pi}}\mathrm{d}s(\hat{\boldsymbol{k}}\times\boldsymbol{f}_{pi})\mathrm{e}^{-\mathrm{j}\boldsymbol{k}\cdot\boldsymbol{r}_{im}}+\beta\int_{T_{pi}}\mathrm{d}s\mathrm{e}^{-\mathrm{j}\boldsymbol{k}\cdot\boldsymbol{r}_{im}}(\boldsymbol{f}_{pi}\times\boldsymbol{n}_{pi})\cdot(\overline{\overline{\boldsymbol{I}}}\hat{\boldsymbol{k}}\hat{\boldsymbol{k}})\right]\\
&\boldsymbol{V}_{jm'}^{Q_{qq}}=\boldsymbol{V}_{jm'}^{P_{qq}}=\int_{T_{qj}}\mathrm{d}s'\mathrm{e}^{\mathrm{j}\boldsymbol{k}\cdot\boldsymbol{r}_{jm'}}\boldsymbol{f}_{qj}\cdot(\overline{\overline{\boldsymbol{I}}}-\hat{\boldsymbol{k}}\hat{\boldsymbol{k}}), \quad q=1,2
\end{aligned}\right\} \tag{9.3.3}$$

同时，介质内部的远区阻抗元素可被近似表示为

$$\left.\begin{aligned}
&\widetilde{\boldsymbol{P}}_{2q}(i,j)=\int_{S_E}\mathrm{d}^2\hat{\boldsymbol{k}}\boldsymbol{U}_{im}^{\widetilde{P}_{22}}\cdot T_1(\boldsymbol{k}_1,\hat{r}_{mm'})\boldsymbol{V}_{jm'}^{\widetilde{P}_{qq}}, \quad q=2,3\\
&\widetilde{\boldsymbol{Q}}_{2q}(i,j)=\int_{S_E}\mathrm{d}^2\hat{\boldsymbol{k}}\boldsymbol{U}_{im}^{\widetilde{Q}_{22}}\cdot T_1(\boldsymbol{k}_1,\hat{r}_{mm'})\boldsymbol{V}_{jm'}^{\widetilde{Q}_{qq}}, \quad q=2,3\\
&\widetilde{\boldsymbol{Q}}_{3q}(i,j)=\int_{S_E}\mathrm{d}^2\hat{\boldsymbol{k}}\boldsymbol{U}_{im}^{\widetilde{Q}_{33}}\cdot T_1(\boldsymbol{k}_1,\hat{r}_{mm'})\boldsymbol{V}_{jm'}^{\widetilde{Q}_{qq}}, \quad q=2,3\\
&\boldsymbol{U}_{im}^{\widetilde{P}_{22}}=\frac{1}{l_{2i}}\frac{k^2}{16\pi^2}\int_{l_{2i}}\mathrm{d}l(\hat{l}_{2i}\times\hat{\boldsymbol{k}})\mathrm{e}^{-\mathrm{j}\boldsymbol{k}_1\cdot\boldsymbol{r}_{im}}\\
&\boldsymbol{U}_{im}^{\widetilde{Q}_{22}}=-\frac{\eta_1}{l_{2i}}\frac{k^2}{16\pi^2}\int_{l_{2i}}\mathrm{d}l\mathrm{e}^{-\mathrm{j}\boldsymbol{k}_1\cdot\boldsymbol{r}_{im}}\hat{l}_{2i}\cdot(\overline{\overline{\boldsymbol{I}}}\hat{\boldsymbol{k}}\hat{\boldsymbol{k}})\\
&\boldsymbol{U}_{im}^{\widetilde{Q}_{33}}=\frac{k^2}{16\pi^2}\left[\alpha\int_{T_{pi}}\mathrm{d}s\mathrm{e}^{-\mathrm{j}\boldsymbol{k}_1\cdot\boldsymbol{r}_{im}}f_{3i}\cdot(\overline{\overline{\boldsymbol{I}}}\hat{\boldsymbol{k}}\hat{\boldsymbol{k}})+\beta\hat{\boldsymbol{k}}\times\int_{T_{pi}}\mathrm{d}s\mathrm{e}^{-\mathrm{j}\boldsymbol{k}_1\cdot\boldsymbol{r}_{im}}(\boldsymbol{n}_{3i}\times\boldsymbol{f}_{3i})\right]\\
&\boldsymbol{V}_{jm'}^{\widetilde{P}_{qq}}=\boldsymbol{V}_{jm'}^{\widetilde{Q}_{qq}}=\int_{T_{qj}}\mathrm{d}s'\mathrm{e}^{\mathrm{j}\boldsymbol{k}_1\cdot\boldsymbol{r}_{jm'}}\boldsymbol{f}_{qj}\cdot(\overline{\overline{\boldsymbol{I}}}\hat{\boldsymbol{k}}\hat{\boldsymbol{k}}) \quad q=2,3
\end{aligned}\right\} \tag{9.3.4}$$

式中，$\boldsymbol{k}_1=k_1\hat{\boldsymbol{k}}$；介质中的转移因子为 $T_1(\boldsymbol{k}_1,\hat{r}_{mm'})$，波数为 k_1。同时，以上两式中 U_{im} 和 $V_{jm'}$ 分别为接收因子和聚合因子。将式(9.3.3)和式(9.3.4)代入式(9.2.18)～式(9.2.23)中可得

$$\left.\begin{aligned}
&\boldsymbol{Q}_{pq}=\boldsymbol{Q}_{pq}^{\mathrm{near}}+\sum\nolimits_{l=2}^{L_f}\boldsymbol{U}_{Q_{pp}}^{(l)}\boldsymbol{T}_0^{(l)}\boldsymbol{V}_{Q_{qq}}^{(l)}, \quad p,q=1,2\\
&\boldsymbol{P}_{pq}=\boldsymbol{P}_{pq}^{\mathrm{near}}+\sum\nolimits_{l=2}^{L_f}\boldsymbol{U}_{P_{pp}}^{(l)}\boldsymbol{T}_0^{(l)}\boldsymbol{V}_{P_{qq}}^{(l)}, \quad p,q=1,2\\
&\widetilde{\boldsymbol{P}}_{2q}=\widetilde{\boldsymbol{P}}_{2q}^{\mathrm{near}}+\sum\nolimits_{l=2}^{L_f}\boldsymbol{U}_{\widetilde{P}_{22}}^{(l)}\boldsymbol{T}_1^{(l)}\boldsymbol{V}_{\widetilde{P}_{qq}}^{(l)}, \quad q=2,3\\
&\widetilde{\boldsymbol{Q}}_{2q}=\widetilde{\boldsymbol{Q}}_{2q}^{\mathrm{near}}+\sum\nolimits_{l=2}^{L_f}\boldsymbol{U}_{\widetilde{Q}_{22}}^{(l)}\boldsymbol{T}_1^{(l)}\boldsymbol{V}_{\widetilde{Q}_{qq}}^{(l)}, \quad q=2,3\\
&\widetilde{\boldsymbol{Q}}_{3q}=\widetilde{\boldsymbol{Q}}_{3q}^{\mathrm{near}}+\sum\nolimits_{l=2}^{L_f}\boldsymbol{U}_{\widetilde{Q}_{33}}^{(l)}\boldsymbol{T}_1^{(l)}\boldsymbol{V}_{\widetilde{Q}_{qq}}^{(l)}, \quad q=2,3
\end{aligned}\right\} \tag{9.3.5}$$

式中：$\boldsymbol{U}^{(l)}$，$\boldsymbol{V}^{(l)}$ 和 $\boldsymbol{T}_0^{(l)}/\boldsymbol{T}_1^{(l)}$ 分别为第 l 层的解聚矩阵、聚合矩阵和转移矩阵。在预处理时，应当计算最细层的聚合矩阵和解聚矩阵并存储，还应计算各层上的转移矩阵并存储。由于聚合、解聚和转移矩阵中的元素包含角谱方向矢量 $\hat{\boldsymbol{k}}$，因此可以利用其对称性以减少存储。MLFMA被用作加速矩阵向量积的过程中，通常包含上行和下行两个过程，其中前一过程是通过插值方法，由最细层到第 2 层计算聚合量，后一过程是通过反插值方法，由第 2 层到最细层计算解聚

量。同时，转移过程伴随着上行过程在远区组之间进行。值得注意的是，将 MLFMA 应用在 SJCFIE 中时，式(9.2.34)的各子矩阵存在一些共同项，具体为：$[\boldsymbol{Q}_{11}]\{\boldsymbol{x}_1\}$和$[\boldsymbol{Q}_{21}]\{\boldsymbol{x}_1\}$具有相同的聚合项；$[\widetilde{\boldsymbol{P}}_{22}]\{\boldsymbol{x}_2\}$，$[\widetilde{\boldsymbol{Q}}_{22}]\{\boldsymbol{x}_2\}$及$[\widetilde{\boldsymbol{Q}}_{32}]\{\boldsymbol{x}_2\}$也具有相同的聚合项；$[\widetilde{\boldsymbol{P}}_{23}]\{\boldsymbol{x}_3\}$，$[\widetilde{\boldsymbol{Q}}_{23}]\{\boldsymbol{x}_3\}$和$[\widetilde{\boldsymbol{Q}}_{33}]\{\boldsymbol{x}_3\}$同样具有相同的聚合项。进一步，令$\{\boldsymbol{y}\}=[\widetilde{\boldsymbol{P}}_{22}]\{\boldsymbol{x}_2\}$，$\{\boldsymbol{y}'\}=[\widetilde{\boldsymbol{Q}}_{22}]\{\boldsymbol{x}_2\}$，$\{\boldsymbol{z}\}=[\widetilde{\boldsymbol{P}}_{23}]\{\boldsymbol{x}_3\}$，$\{\boldsymbol{z}'\}=[\widetilde{\boldsymbol{Q}}_{23}]\{\boldsymbol{x}_3\}$，这样$[\boldsymbol{Q}_{12}]\{\boldsymbol{y}\}$与$[\boldsymbol{Q}_{22}]\{\boldsymbol{y}\}$，$[\boldsymbol{P}_{12}]\{\boldsymbol{y}'\}$与$[\boldsymbol{P}_{22}]\{\boldsymbol{y}'\}$，$[\boldsymbol{Q}_{12}]\{\boldsymbol{z}\}$与$[\boldsymbol{Q}_{22}]\{\boldsymbol{z}\}$，$[\boldsymbol{P}_{12}]\{\boldsymbol{z}'\}$与$[\boldsymbol{P}_{22}]\{\boldsymbol{z}'\}$每组均包含相同的聚合项。这样，在复合体的外部边界上和 S_3 上，计算复杂度为 $O[(N_1+N_2+N_3)\lg(N_1+N_2+N_3)]$，在介质的内表面上，计算复杂度为 $O[N_2\lg(N_2)]$。SJCFIE-MLFMA 总的计算复杂度为 $O[(N_1+N_2+N_3)\lg(N_1+N_2+N_3)+N_2\lg(N_2)]$。对于 JCFIE-MLFMA，复合体外部的计算复杂度为 $O[(N_1+2N_2)\lg(N_1+2N_2)]$，介质的内表面和 S_3 上的计算复杂度为 $O[(2N_2+N_3)\lg(2N_2+N_3)]$。JCFIE-MLFMA 总的计算复杂度为 $O[(N_1+2N_2)\lg(N_1+2N_2)+(2N_2+N_3)\lg(2N_2+N_3)]$。对于复合体，$N_2$ 通常大于 N_3，这样 $(2N_2+N_3)\lg(2N_2+N_3)>N_2\lg(N_2)$，$(N_1+2N_2)\lg(N_1+2N_2)>(N_1+N_2+N_3)\lg(N_1+N_2+N_3)$，显然 SJCFIE-MLFMA 具有比 JCFIE-MLFMA 更小的计算复杂度。下面给出几个算例。

算例 1　复合体为两个半球组成的半径为 $6.0\lambda_0$ 的复合球。

介质部分的相对介电常数为 $\varepsilon_r=3.0$。复合球的各个面采用边长不大于 $0.09\lambda_0$ 的三角面元进行离散，共包含 102 625 个三角面元。入射波频率 $f=300$ MHz。如果采用 SJCFIE-MLFMA 或 SIE-MLFMA 建立矩阵方程，则未知数为 153 938 个，如果采用 JCFIE-MLFMA 建立矩阵方程，则未知数为 216 175 个。定义均方误差 RMSE(The Root of Mean Square Error，RMSE)，公式如下：

$$\mathrm{RMSE}=\sqrt{\frac{1}{N}\sum_{m=1}^{N}\left|\sigma^{\mathrm{Calculated}}-\sigma^{\mathrm{JCFIE}}\right|^2} \tag{9.3.6}$$

式中：N 表示 RCS 曲线上的计算点数。图 9.3.1 给出了分别采用 SJCFIE-MLFMA，SIE-MLFMA 和 JCFIE-MLFMA 三种方法所得到的双站 RCS 曲线。与 MLFMA 相关的具体参数为：在复合球外部有最细层盒子边长 $D_f=0.2\lambda_0$，八叉树的层数 $L_f=6$，多极子模式数满足公式 $L=k_0D_f+5\ln(\pi+k_0D_f)$，为 $L=11$；在介质内部 $D_f=0.2\lambda$，$L_f=7$，$L=11$，其中 λ 为介质中的波长。计算平台如前所述。设定迭代收敛条件为 10^{-5}。由图 9.3.1 可见，SJCFIE-MLFMA 和 SIE-MLFMA 的计算结果与采用 JCFIE-MLFMA 的比较吻合。表 9.3.1 给出了计算的具体细节，由表可以看出，JCFIE-MLFMA 比 SJCFIE-MLFMA 和 SIE-MLFMA 消耗了更多的矩阵填充时间，原因在于前一种方法在介质内部建立方程时，电流与磁流均涉及 $L_1(\cdot)$和 $K_1(\cdot)$两个算子，而后两种方法中只有有效流一个涉及 $L_1(\cdot)$和 $K_1(\cdot)$。SIE-MLFMA 和 SJCFIE-MLFMA 的每步计算时间均比 JCFIE-MLFMA 的小，这也佐证了本节的复杂度分析。SIE-MLFMA 比 SJCFIE-MLFMA 具有较高的单步迭代效率，这是因为 SIE-MLFMA 计算导体部分时是基于 EFIE，而后者计算导体部分时是基于 CFIE。再者，SJCFIE-MLFMA 方法的迭代步数最少，总计算时间最少，这也印证了以上的分析，即 SJCFIE-MLFMA 具有比 JCFIE-MLFMA 和 SIE-MLFMA 更优的条件数。

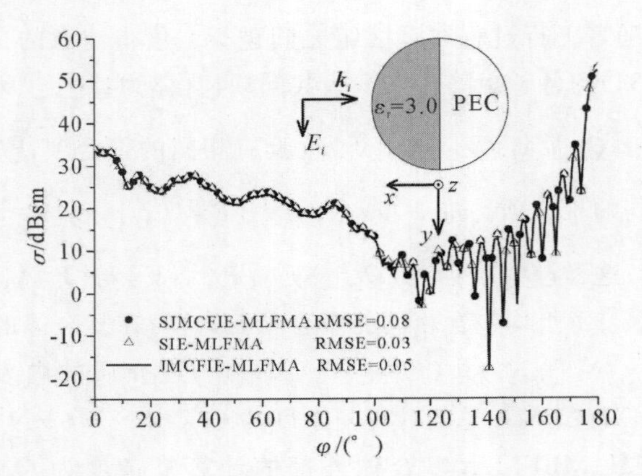

图 9.3.1 SJCFIE-MLFMA,SIE-MLFMA 及 JCFIE-MLFMA 三种方法计算 RCS 曲线比较

表 9.3.1 SIE-MLFMA,JCFIE-MLFMA 和 SJCFIE-MLFMA 的比较

方法	矩阵填充时间/s	内存需求/MB	每步计算时间/s	迭代步数	总计算时间/s
SIE-MLFMA	203	5.862	5.3	224	1 390.2
JCFIE-MLFMA	369.8	8.152	7.8	120	1 305.8
SJCFIE-MLFMA	256	5.878	6.365	48	561.52

算例 2 弹头型复合体模型。

图 9.3.2 所示为一个弹头型复合体模型,它由金属圆柱体和涂覆头组成。涂覆头结构具有椭圆形横截面,长、短轴分别为 b_1 和 a_1,其内导体仍为椭圆形横截面,长、短轴分别为 b 和 a。复合体被平面波照射,入射波频率 $f = 2$ GHz,入射方向沿-z 轴,极化方向沿 x 轴。在复合体头部介质的相对介电常数 ε_r 分别为 3.0,5.0 和 8.0 三种情况下,复合体的离散三角面元边长分别不大于 $0.09\lambda_0$,$0.05\lambda_0$ 和 $0.03\lambda_0$。

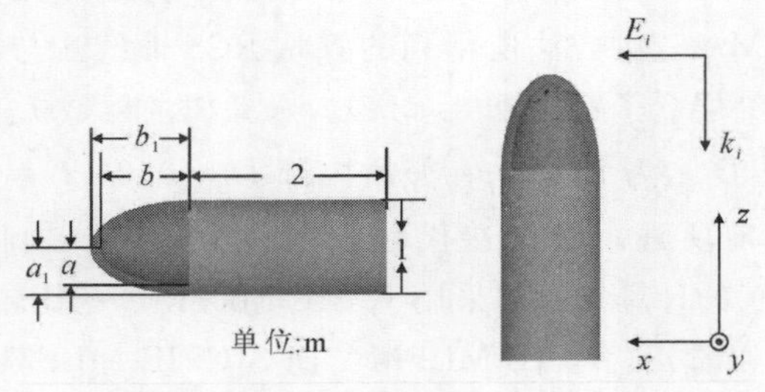

图 9.3.2 弹头型复合体模型

图 9.3.3(a)给出了不同 ε_r 下,xOz 面内的双站散射曲线。其中,$a = 0.4$ m,$b = 0.9$ m,厚度 $t = a_1 - a = b_1 - b = 0.1$ m。与 MLFMA 相关的参数为:在复合体外部 $D_f = 0.2\lambda_0$,$L_f = 7$,$L=11$。在涂层内部,若 $\varepsilon_r = 3.0$,则 $D_f = 0.2\lambda$,$L_f = 6$,$L=11$;若 $\varepsilon_r = 5.0$,则 $D_f = 0.24\lambda$,$L_f = 6$,$L=12$;若 $\varepsilon_r = 8.0$,则 $D_f = 0.2\lambda$,$L_f = 7$,$L=11$。由图 9.3.3(a)可以看出,随着相对介电常数的增加,后向散射变弱。图 9.3.3(b)给出了给出了不同涂层厚度 t 下,xOz 面内的双站散射曲线。涂层的相对介电常数 $\varepsilon_r = 5.0$,则离散三角面元的边长不大于 $0.05\lambda_0$,设

定 $a_1=0.5\ \mathrm{m}$，$b_1=1\ \mathrm{m}$。与 MLFMA 相关的参数为：在复合体外部 $D_f=0.2\lambda_0$，$L_f=7$，$L=11$。在涂层内部，$D_f=0.24\lambda$，$L_f=6$，$L=11$。可以看出，当 $t=0$ 时，复合体退化成了一块理想导体，后向散射减小。随着涂层厚度增加，当 $t=0.1\ \mathrm{m}$ 时，后向散射增加，但是散射方向处于20°～40°的范围内，散射强度有明显的降低。当 $t=0.2\ \mathrm{m}$ 时，在散射方向处于 20°～80°的方位内，散射强度较 $t=0$，0.1 m 的两种情况下有所增加。这个例子也说明，在一定条件下，通过改变弹头型复合目标的涂层厚度，目标的后向散射强度随着增加。

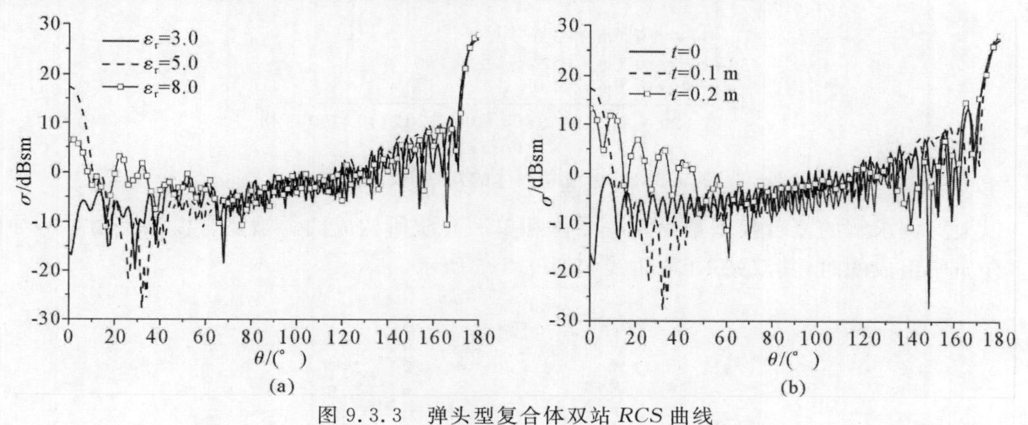

图 9.3.3　弹头型复合体双站 *RCS* 曲线

算例 3　涂覆立方体目标。

本算例为一个涂覆立方体目标，各面上的涂层厚度相同，内部导体立方块的边长 $a=1.5\ \mathrm{m}$，总立方块的边长为 b，涂层厚度 $t=(b-a)/2$。入射波频率 $f=2\ \mathrm{GHz}$，入射方向沿 $-z$ 轴，极化方向沿 x 轴。本节介绍的 SJCFIE-MLFMA 仍然适用于涂覆结构。这时用于求解的矩阵方程简化成

$$\begin{bmatrix}\boldsymbol{A}_{22} & \boldsymbol{A}_{23}\\ \boldsymbol{A}_{32} & \boldsymbol{A}_{33}\end{bmatrix}\begin{Bmatrix}\boldsymbol{x}_2\\ \boldsymbol{x}_3\end{Bmatrix}=\begin{Bmatrix}\boldsymbol{b}_2\\ \boldsymbol{0}\end{Bmatrix} \tag{9.3.7}$$

式中

$$[\boldsymbol{A}_{22}]=[\boldsymbol{Q}_{22}]\cdot[\tilde{\boldsymbol{P}}_{22}]+[\boldsymbol{P}_{22}]\cdot[\tilde{\boldsymbol{Q}}_{22}] \qquad [\boldsymbol{A}_{23}]=[\boldsymbol{Q}_{22}]\cdot[\tilde{\boldsymbol{P}}_{23}]+[\boldsymbol{P}_{22}]\cdot[\tilde{\boldsymbol{Q}}_{23}]$$

$$[\boldsymbol{A}_{32}]=[\tilde{\boldsymbol{Q}}_{32}] \qquad [\boldsymbol{A}_{33}]=[\tilde{\boldsymbol{Q}}_{33}]$$

图 9.3.4 所示为随不同涂覆材料和厚度下的散射曲线变化。设定 $t=0.1\ \mathrm{m}$，当 $\varepsilon_r=3.0$ 时，设定离散三角面元的最大边长为 $0.09\lambda_0$，当 $\varepsilon_r=6.0$ 时，设定离散三角面元的最大边长为 $0.04\lambda_0$。并且，与 *MLFMA* 相关的参数为：在复合体外部 $D_f=0.2\lambda_0$，$L_f=6$ 和 $L=11$；在涂层内部，当 $\varepsilon_r=3.0$ 时，$D_f=0.2\lambda$，$L_f=7$ 和 $L=11$。由图可以看出，当涂覆材料相同时，随着涂层厚度的增加，散射强度几乎整体会有所下降；而当涂层厚度一定时，随着涂层的相对介电常数减小，散射强度在 50°～90°的方向上变小。这个算例表明，采用涂覆的方法能够改变原目标的散射能量分布。

以上算例表明 SJCFIE-MLFMA 具有高计算效率和可靠计算精度，它还可以和其他频域或角域快速扫描技术相结合，快速获取目标的频域和空域的散射特性曲线。

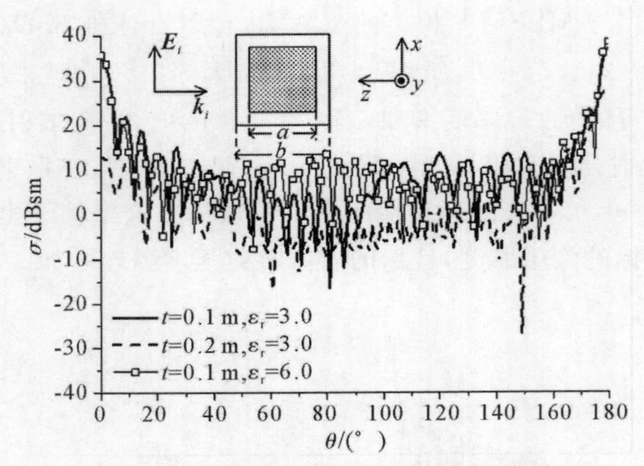

图 9.3.4　涂覆立方体的双站 RCS 曲线

以上算例求解的复合模型都是单一导体和单一介质所构成的。当复合模型是由单一导体和多介质所组成的时,其双站 RCS 曲线如图 9.3.5 所示。

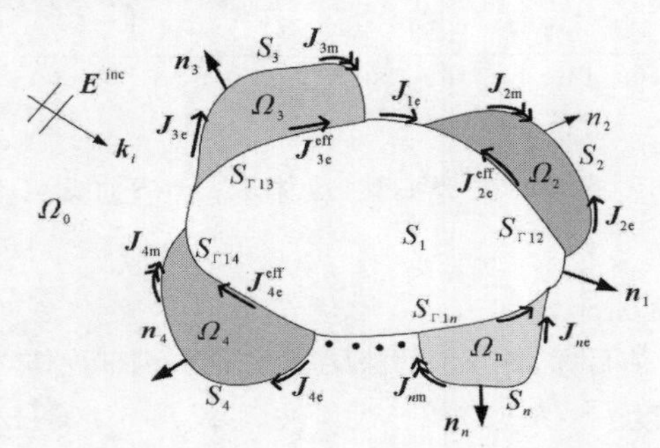

图 9.3.5　涂覆立方体的双站 RCS 曲线

图 9.3.5 中,S_1 表示导体区域 Ω_1 的外表面;$S_2, S_3, \cdots, S_n$ 表示介质区域 $\Omega_2, \Omega_3, \cdots, \Omega_n$ 的外表面;假定自由空间区域为 Ω_0;令 $S_{\Gamma_{1p}}$ 表示导体与第 p 块介质的交界面。$\boldsymbol{J}_{1\mathrm{e}}$表示 S_1 外表面上的等效电流。$\boldsymbol{J}_{p\mathrm{e}}$ 和 $\boldsymbol{J}_{p\mathrm{m}}$ 分别表示 S_p 外表面上的等效电流和磁流。$\boldsymbol{J}_{p\mathrm{e}}^{\mathrm{eff}}$表示 S_p 和 $S_{\Gamma_{1p}}$ 所包围的介质区域内表面上的有效流。ε_p 和 μ_p 表示第 p 块介质的介电常数和磁导率。下标 $p=2$,$3,\cdots,n$ 表示介质块的编号。

这样,求解矩阵方程应当对式(9.2.34)进行完善。单一导体和单一介质块的求解方程如式(9.2.35),采用类似的方法可以获得求解图 9.3.5 中模型的矩阵方程如下式:

$$\begin{bmatrix} \boldsymbol{A}_{11} & (\boldsymbol{A}_{12}-\boldsymbol{B}_{12}) & \cdots & (\boldsymbol{A}_{1n}-\boldsymbol{B}_{1n}) \\ \boldsymbol{A}_{21} & (\boldsymbol{A}_{22}-\boldsymbol{B}_{22}) & \cdots & (\boldsymbol{A}_{2n}-B_{2n}) \\ \vdots & \vdots & & \vdots \\ \boldsymbol{A}_{n1} & (\boldsymbol{A}_{n2}-\boldsymbol{B}_{n2}) & \cdots & (\boldsymbol{A}_{2n}-\boldsymbol{B}_{2n}) \end{bmatrix} \begin{bmatrix} \boldsymbol{x}_1 \\ \boldsymbol{x}_2 \\ \vdots \\ \boldsymbol{x}_n \end{bmatrix} = \begin{bmatrix} \boldsymbol{b}_1 \\ \boldsymbol{b}_2 \\ \vdots \\ \boldsymbol{b}_n \end{bmatrix} \tag{9.3.8}$$

式中:

$$\boldsymbol{A}_{p1}=\boldsymbol{Q}_{p1}, \boldsymbol{A}_{pq}=\boldsymbol{Q}_{pq}\widetilde{P}_{qq}+\boldsymbol{P}_{pq}\widetilde{\boldsymbol{Q}}_{qq}, \boldsymbol{B}_{pq}=\boldsymbol{A}_{p\Gamma_{1q}}\boldsymbol{A}_{\Gamma_{1q}\Gamma_{1q}}^{-1}\boldsymbol{A}_{\Gamma_{1q}q},$$

$$\boldsymbol{A}_{p\Gamma_{1q}}=\boldsymbol{Q}_{pq}\widetilde{\boldsymbol{P}}_{q\Gamma_{1q}}+\boldsymbol{P}_{pq}\widetilde{\boldsymbol{Q}}_{q\Gamma_{1q}}, \boldsymbol{A}_{\Gamma_{1q}\Gamma_{1q}}=\widetilde{\boldsymbol{Q}}_{\Gamma_{1q}\Gamma_{1q}}, \boldsymbol{A}_{\Gamma_{1q}q}=\widetilde{\boldsymbol{Q}}_{\Gamma_{1q}q}, \quad p\in[1,n], q\in[2,n]$$

式中，$\boldsymbol{B}_{pq}=\boldsymbol{A}_{p\Gamma_{1q}}\boldsymbol{A}_{\Gamma_{1q}\Gamma_{1q}}^{-1}\boldsymbol{A}_{\Gamma_{1q}q}$ 表示的间接耦合过程为：$S_q\rightarrow S_{\Gamma_{1q}}\rightarrow S_p$。同样，$\boldsymbol{A}_{23}\boldsymbol{A}_{33}^{-1}\boldsymbol{A}_{32}$ 代表 S_2 的间接自耦合，其过程为：$S_2\rightarrow S_3\rightarrow S_2$。仍然采用迭代求解的方法，求解器采用 BiCGSTAB。值得注意的是，迭代过程中涉及 $\boldsymbol{A}_{\Gamma_{1q}\Gamma_{1q}}^{-1}$，可以将 $\boldsymbol{A}_{\Gamma_{1q}\Gamma_{1q}}^{-1}\boldsymbol{a}=\boldsymbol{b}$ 转化成求解 $\boldsymbol{A}_{\Gamma_{1q}\Gamma_{1q}}\boldsymbol{b}=\boldsymbol{a}$。式(9.3.8)仍然可以与 MLFMA 相混合，复合体外的各远区子矩阵可以写成

$$\left.\begin{aligned}
&\boldsymbol{Q}_{pq}(i,j)=\int_{S_E}\mathrm{d}^2\hat{\boldsymbol{k}}\boldsymbol{U}_{im}^{\boldsymbol{Q}_{pp}}\cdot\boldsymbol{T}(\boldsymbol{k}_1,\hat{r}_{mm'})\boldsymbol{V}_{jm'}^{\boldsymbol{Q}_{qq}},p, \qquad q\in[1,n]\\
&\boldsymbol{P}_{pq}(i,j)=\int_{S_E}\mathrm{d}^2\hat{\boldsymbol{k}}\boldsymbol{U}_{im}^{\boldsymbol{P}_{pp}}\cdot\boldsymbol{T}(\boldsymbol{k}_1,\hat{r}_{mm'})\boldsymbol{V}_{jm'}^{\boldsymbol{P}_{qq}}, \qquad p\in[1,n];\ q\in[2,n]\\
&\boldsymbol{U}_{im}^{\boldsymbol{Q}_{pp}}=\int_{T_{pi}}\mathrm{d}s\mathrm{e}^{-\mathrm{j}\boldsymbol{k}_1\cdot\boldsymbol{r}_{im}}[\alpha\boldsymbol{f}_{pi}\cdot(\bar{\bar{\boldsymbol{I}}}\hat{\boldsymbol{k}}\hat{\boldsymbol{k}})+\beta\hat{\boldsymbol{k}}\times(\boldsymbol{n}_{pi}\times\boldsymbol{f}_{pi})]\\
&\boldsymbol{U}_{im}^{\boldsymbol{P}_{pp}}=(1/\eta_1)\int_{T_{pi}}\mathrm{d}s\mathrm{e}^{-\mathrm{j}\boldsymbol{k}_1\cdot\boldsymbol{r}_{im}}[\alpha(\hat{\boldsymbol{k}}\times\boldsymbol{f}_{pi})+\beta(\boldsymbol{f}_{pi}\times\boldsymbol{n}_{pi})\cdot(\bar{\bar{\boldsymbol{I}}}\hat{\boldsymbol{k}}\hat{\boldsymbol{k}})]\\
&\boldsymbol{V}_{jm'}^{\boldsymbol{Q}_{qq}}=\boldsymbol{V}_{jm'}^{\boldsymbol{P}_{qq}}=(k_1^2/16\pi^2)\int_{T_{qj}}\mathrm{d}s'\mathrm{e}^{\mathrm{j}\boldsymbol{k}_1\cdot\boldsymbol{r}_{jm'}}\boldsymbol{f}_{qj}\cdot(\bar{\bar{\boldsymbol{I}}}\hat{\boldsymbol{k}}\hat{\boldsymbol{k}})\\
&\boldsymbol{T}(\boldsymbol{k}_1,\hat{r}_{mm'})=\sum_{l=0}^{L}(-\mathrm{j})^l(2l+1)\mathrm{h}_l^{(2)}(k_1r_{mm'})\boldsymbol{P}_l(\hat{k}\cdot\hat{r}_{mm'})
\end{aligned}\right\}\tag{9.3.9}$$

各介质块内部的远区子矩阵可以写成

$$\left.\begin{aligned}
&\widetilde{\boldsymbol{P}}_{pq}(i,j)=\int_{S_E}\mathrm{d}^2\hat{\boldsymbol{k}}\boldsymbol{U}_{im}^{\widetilde{\boldsymbol{P}}_{pp}}\cdot\boldsymbol{T}(\boldsymbol{k}_p,\hat{r}_{mm'})\boldsymbol{V}_{jm'}^{\widetilde{\boldsymbol{P}}_{qq}}, \qquad q\in\{p,\Gamma_{1p}\},p\in[2,n]\\
&\widetilde{\boldsymbol{Q}}_{pq}(i,j)=\int_{S_E}\mathrm{d}^2\hat{\boldsymbol{k}}\boldsymbol{U}_{im}^{\widetilde{\boldsymbol{Q}}_{pp}}\cdot\boldsymbol{T}(\boldsymbol{k}_p,\hat{r}_{mm'})\boldsymbol{V}_{jm'}^{\widetilde{\boldsymbol{Q}}_{qq}}, \qquad q\in\{p,\Gamma_{1p}\},p\in[2,n]\\
&\widetilde{\boldsymbol{Q}}_{\Gamma_{1p}q}(i,j)=\int_{S_E}\mathrm{d}^2\hat{\boldsymbol{k}}\boldsymbol{U}_{im}^{\widetilde{\boldsymbol{Q}}_{\Gamma_{1p}\Gamma_{1p}}}\cdot\boldsymbol{T}(\boldsymbol{k}_p,\hat{r}_{mm'})\boldsymbol{V}_{jm'}^{\widetilde{\boldsymbol{Q}}_{qq}}, \quad q\in\{p,\Gamma_{1p}\},p\in[2,n]\\
&\boldsymbol{U}_{im}^{\widetilde{\boldsymbol{P}}_{pp}}=(1/l_{pi})\int_{l_{pi}}\mathrm{d}l(\hat{l}_{pi}\times\hat{\boldsymbol{k}})\mathrm{e}^{-\mathrm{j}\boldsymbol{k}_p\cdot\boldsymbol{r}_{im}}\\
&\boldsymbol{U}_{im}^{\widetilde{\boldsymbol{Q}}_{pp}}=-(\eta_p/l_{pi})\int_{l_{pi}}\mathrm{d}l\mathrm{e}^{-\mathrm{j}\boldsymbol{k}_p\cdot\boldsymbol{r}_{im}}\hat{l}_{pi}\cdot(\bar{\bar{\boldsymbol{I}}}-\hat{\boldsymbol{k}}\hat{\boldsymbol{k}})\\
&\boldsymbol{U}_{im}^{\widetilde{\boldsymbol{Q}}_{\Gamma_{1p}\Gamma_{1p}}}=\int_{T_{\Gamma_{1pi}}}\mathrm{d}s\mathrm{e}^{-\mathrm{j}\boldsymbol{k}_p\cdot\boldsymbol{r}_{im}}[\alpha\boldsymbol{f}_{\Gamma_{1pi}}\cdot(\bar{\bar{\boldsymbol{I}}}\hat{\boldsymbol{k}}\hat{\boldsymbol{k}})+\beta\hat{\boldsymbol{k}}\times(\boldsymbol{n}_{\Gamma_{1pi}}\times\boldsymbol{f}_{\Gamma_{1pi}})\\
&\boldsymbol{V}_{jm'}^{\widetilde{\boldsymbol{P}}_{qq}}=\boldsymbol{V}_{jm'}^{\widetilde{\boldsymbol{Q}}_{qq}}=\int_{T_{qj}}\mathrm{d}s'\mathrm{e}^{\mathrm{j}\boldsymbol{k}_p\cdot\boldsymbol{r}_{jm'}}\boldsymbol{f}_{qj}\cdot(\bar{\bar{\boldsymbol{I}}}-\hat{\boldsymbol{k}}\hat{\boldsymbol{k}})
\end{aligned}\right\}\tag{9.3.10}$$

这样，SJCFIE-MLFMA 求解图 9.3.5 中的复合体模型，其计算复杂度也能较容易地求出，为 $O[N\lg(N)]$，其中 N 为模型总的未知数。

算例 4 胶囊型复合模型。

为了验证式(9.3.8)中 SJCFIE-MLFMA 求解单一导体和多介质复合模型的有效性。来看图 9.3.6 中所列胶囊型模型，它的导体部分为一个导体圆柱体，两端为两个介质半球。令前端半球所在区域为 Ω_2，相对介电常数为 $\varepsilon_{r1}=3.0$，后端半球所在区域为 Ω_3，相对介电常数为 $\varepsilon_{r2}=6.0$。圆柱体的高度为 $h=8$ m，半球半径为 $r=2$ m。模型沿着 z 轴放置。工作频率 $f=300$ MHz，入射波沿着 $-z$ 轴照射模型，极化方向沿着 x 轴。采用三角面元离散模型，共产生 47 364 个未知数，若采用 JCFIE-MLFMA 则有 55 684 个未知数。涉及到 MLFMA 的参数为：在复合模型外部，$L_f=5$，$D_f=0.38\lambda_0$，多极子模式数数位 $L=11$；在 Ω_2 内，$L_f=5$，$D_f=0.22\lambda_2$，$L=9$；在 Ω_3 内，$L_f=5$，$D_f=0.31\lambda_3$，$L=10$。图 9.3.6 中给出采用 SJCFIE-MLFMA 和 JCFIE-MLFMA 两种方法计算所得 xOz 面内的双站 RCS 曲线。由两者所得曲线吻合较好，JCFIE-MLFMA 方法的内存占用为 2.152 GB，总计算时间为 780 s，而 SJCFIE-MLFMA 方法的内存占用为 1.05 GB，总计算时间为 297 s。这个例子表明 SJCFIE-MLFMA

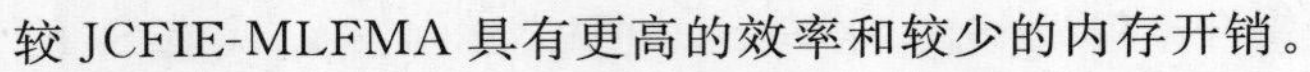
较 JCFIE-MLFMA 具有更高的效率和较少的内存开销。

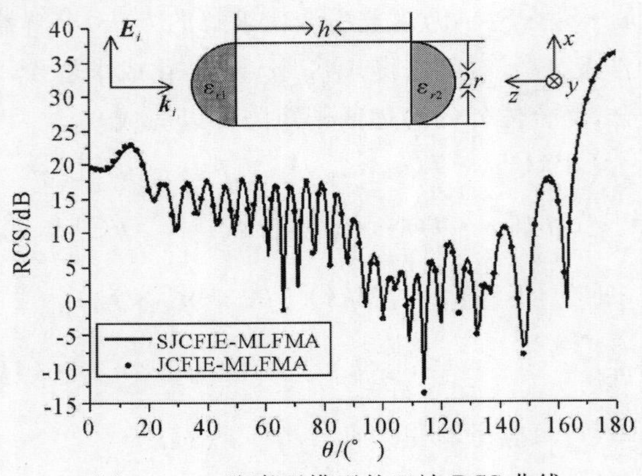

图 9.3.6　胶囊型模型的双站 RCS 曲线

算例 5　复合导弹模型。

图 9.3.7 给出了另外一个算例，为一个复合导弹模型，几何尺寸如图所示。入射波频率为 $f = 2$ GHz，入射方向沿 $-z$ 轴，极化方向沿 $\varphi = 45°$。基于此复合导弹模型的几何尺寸，当鼻锥、中部、尾翼的材料不同时，本节计算了 4 个这类复合导弹模型。第 1 个的鼻锥部位 $\varepsilon_{r1} = 3-j1.5$，中部 $\varepsilon_{r2} = 15-j3$，尾翼 $\varepsilon_{r3} = 7-j3.5$；第 2 个整体为 PEC；第 3 个的鼻锥部位 $\varepsilon_{r1} = 3-j1.5$，其他部分为 PEC；第 4 个的中部 $\varepsilon_{r2} = 15-j3$，其他部分为 PEC；第 5 个的尾翼 $\varepsilon_{r3} = 7-j3.5$，其他部分为 PEC。若计算第 1 个模型，则采用式(9.3.8)；若计算第 3～5 个模型，则采用式(9.2.35)；计算第 2 个模型时，可以将式(9.2.35)式简化为 $\boldsymbol{A}_{11}\{\boldsymbol{x}_1\} = \{\boldsymbol{b}_1\}$。

采用三角面元离散复合导弹模型，得到 43 188 个三角面元和 64 782 个未知数。若计算第 1 个模型，可以将其分成 4 个区域，分别为弹体 Ω_1，鼻锥 Ω_2，中部 Ω_3 和尾翼 Ω_4。与 MLFMA 相关的参数为：在模型外部 Ω_0 内，$L_f = 6$，$D_f = 0.23\lambda_0$，$L = 9$；在 Ω_2 内，$L_f = 4$，$D_f = 0.29\lambda_2$，$L = 10$；在 Ω_3 内，$L_f = 5$，$D_f = 0.33\lambda_3$，$L = 10$；在 Ω_4 内，$L_f = 6$，$D_f = 0.23\lambda_3$，$L = 9$。计算 5 种模型的内存开销分别为 1.45 GB，0.98 GB，1.18 GB，1.13 GB 和 1.1 GB。计算时间分别为 313 s，250 s，272 s，295 s 和 286 s。可以看出，鼻锥方向的介质化使得在 0°～60°的散射方向范围内，散射强度有所减小。中部的介质化对散射强度的影响较弱。尾翼的介质化使得在60°～100°的散射方向范围内，散射曲线变化变缓，如图 9.3.8 所示。

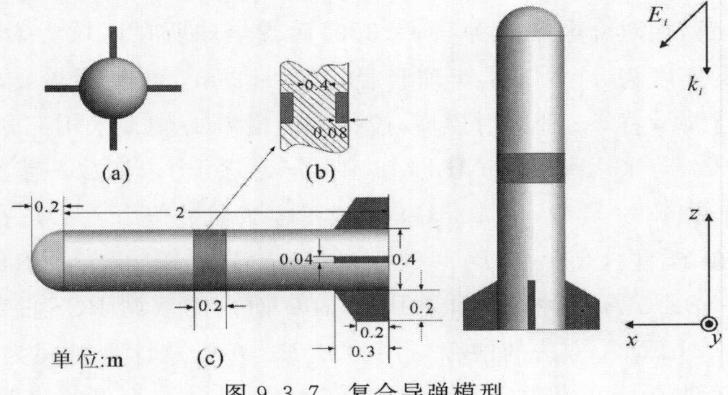

图 9.3.7　复合导弹模型

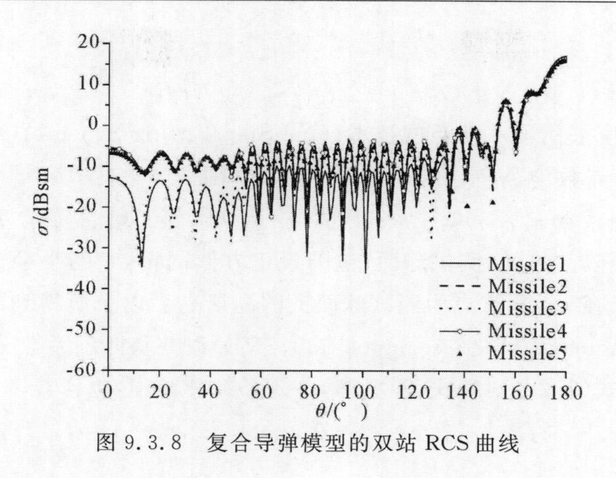

图 9.3.8 复合导弹模型的双站 RCS 曲线

9.3.2 SJCFIE 与 FG-FFT 混合方法

多层快速多极子 MLFMA 能够很好地应用在 SJCFIE 中实现迭代过程中加速矩阵向量积的计算。然而,MLFMA 的最细层盒子边长通常不小于 $0.2\lambda_0$,这样当散射体的离散网格较密时,近区矩阵的阻抗元素增加,远区矩阵的阻抗元素相对减少,如此一来采用 MLFMA 的加速效果会下降。本节将另一种加速技术,匹配格林函数 FFT 应用在 SJCFIE 中以构成 SJCFIE-FG-FFT。

FFT 类方法仍然需要根据基函数相互作用的强弱将求解矩阵分成近区、远区两部分,前者仍采用的是原有矩量法(MOM)框架下的 SJCFIE 方法,后者则被近似表示以便利用正规网格的托普利兹矩阵特性实现 FFT 加速。式(9.2.7)~式(9.2.11)中的子矩阵可以重新表示为

$$\left.\begin{aligned}
\boldsymbol{Q}_{pq} &= (\boldsymbol{Q}_{pq_\mathrm{MOM}}^{\mathrm{near}} - \boldsymbol{Q}_{pq_\mathrm{FFT}}^{\mathrm{near}}) + \boldsymbol{Q}_{pq_\mathrm{FFT}}, & p,q \in \{1,2\} \\
\boldsymbol{P}_{p2} &= (\boldsymbol{P}_{p2_\mathrm{MOM}}^{\mathrm{near}} - \boldsymbol{P}_{p2_\mathrm{FFT}}^{\mathrm{near}}) + \boldsymbol{P}_{p2_\mathrm{FFT}}, & p \in \{1,2\} \\
\widetilde{\boldsymbol{P}}_{2p} &= (\widetilde{\boldsymbol{P}}_{2p_\mathrm{MOM}}^{\mathrm{near}} - \widetilde{\boldsymbol{P}}_{2p_\mathrm{FFT}}^{\mathrm{near}}) + \widetilde{\boldsymbol{P}}_{2p_\mathrm{FFT}}, & p \in \{2,3\} \\
\widetilde{\boldsymbol{Q}}_{pq} &= (\widetilde{\boldsymbol{Q}}_{pq_\mathrm{MOM}}^{\mathrm{near}} - \widetilde{\boldsymbol{Q}}_{pq_\mathrm{FFT}}^{\mathrm{near}}) + \widetilde{\boldsymbol{Q}}_{pq_\mathrm{FFT}}, & p,q \in \{2,3\}
\end{aligned}\right\} \tag{9.3.11}$$

因为 FFT 方法在表示近区阻抗元素时精度不高,因此所有的 FFT 加速方法都会采用近区阻抗元素修正技术,这反映在式(9.3.11)中等式右侧的括号项。与其他 FFT 加速方法类似,FG-FFT 算法仍然需要一个包围散射体的长方形网格,该网格中各点在 3 个坐标方向上呈等距分布,网格间距为 h,这样每两个点的格林函数组合在一起构成了一个三重 Toeplitz 矩阵。但与 P-FFT 和 AIM 不同的是,FG-FFT 方法与 IE-FFT 方法类似,主要是基于将原格林函数用包围它的正方体网格上的格林函数近似表示的过程来实现。投影系数则采用了匹配的方法,这样在相同网格间距及阶数的条件下,其计算精度与 P-FFT 相当,比 AIM 和 IE-FFT 的高。求得投影系数之后,与基函数的组合便构成了能够参与运算的稀疏系数矩阵。经过以上的预处理过程之后,便可以依据格林函数构成托普利兹矩阵的性质,利用 FFT 技术实现矩阵向量积的计算。

设定原格林函数及其梯度可表示为

$$\left.\begin{aligned}g_0(\boldsymbol{r},\boldsymbol{r}')&=\sum\nolimits_{u\in C_m}\pi^{r}_{u,C_m}g_0(\boldsymbol{r}_u,\boldsymbol{r}')\\\nabla g_0(\boldsymbol{r},\boldsymbol{r}')&=\sum\nolimits_{u\in C_m}\varsigma^{r}_{u,C_m}g_0(\boldsymbol{r}_u,\boldsymbol{r}')\end{aligned}\right\}\tag{9.3.12}$$

这里,格林函数的梯度采用了一步匹配技术(One-Step Fitting Scheme,OSFS)。C_m 表示包围着场点 $\boldsymbol{r}$,阶数为 M,点数为 $N_C=(M+1)^3$ 的正方体网格。$\boldsymbol{r}_u$ 表示第 u 个网格点对应的位置矢量。为了获得匹配系数 π^{r}_{u,C_m} 和 ς^{r}_{u,C_m},令测试点 $\boldsymbol{r}_t=\boldsymbol{r}'$,且其数目等于 T_e,远大于 N_C。这样便构成了一个超定矩阵。另外,测试球面,包围该正方体网格,它的半径为 R_m,大于包围正方体网格的最小球面半径 r_m,测试点为测试球面上的高斯点。以上所得到的超定方程可以通过奇异值分解方法(Singular Value Decomposition,SVD)以获得匹配系数 π^{r}_{u,C_m} 和 ς^{r}_{u,C_m}。

在式(9.2.7)~式(9.2.11)和式(9.2.29)~式(9.2.33)中,包含着以下基本项:

$$\left.\begin{aligned}&A^1_{m,n}=\langle\boldsymbol{f}_m,L_0(\boldsymbol{f}_n)\rangle_{T_m}\quad A^2_{m,n}=\langle\boldsymbol{f}_m,\boldsymbol{n}_m\times L_0(\boldsymbol{f}_n)\rangle_{T_m}\\&A^3_{m,n}=\langle\boldsymbol{f}_m,\tilde{K}_0(\boldsymbol{f}_n)\rangle_{T_m}\quad A^4_{m,n}=\langle\boldsymbol{f}_m,\boldsymbol{n}_m\times\tilde{K}_0(\boldsymbol{f}_n)\rangle_{T_m}\\&A^5_{m,n}=\langle\frac{\hat{l}_m}{l_m},\tilde{K}_1(\boldsymbol{f}_n)\rangle_{l_m}\quad A^6_{m,n}=\langle\frac{\eta_1\hat{l}_m}{l_m},L_1(\boldsymbol{f}_n)\rangle_{l_m}\\&A^7_{m,n}=\langle\boldsymbol{f}_m,L_1(\boldsymbol{f}_n)\rangle_{T_m}\quad A^8_{m,n}=\langle\boldsymbol{f}_m,\boldsymbol{n}_m\times\tilde{K}_1(\boldsymbol{f}_n)\rangle_{Tm}\end{aligned}\right\}\tag{9.3.13}$$

式中:T_m 和 T_n 分别表示第 m 条和第 n 条棱边对对应的作为面元。假定 $\{\boldsymbol{p}_i\}N_{Gi=1}$ 和 $\{\boldsymbol{q}_i\}N_{Gi=1}$ 为三角面元 T_m 和 T_n 上的高斯点,$\{w_i\}N_{Gi=1}$ 为面元高斯点所对应的高斯权值;$\{\boldsymbol{s}_i\}N_{W\,i=1}$ 为第 m 条棱边上对顶的高斯点,$\{w_i\}N_{W\,i=1}$ 为棱边高斯点对应的高斯权值。N_G 和 N_W 分别表示面元上和棱边上高斯点的数目,可得

$$\left.\begin{aligned}g_0(\boldsymbol{p}_i,\boldsymbol{q}_j)&=\sum\nolimits_{u\in C_m}\sum\nolimits_{v\in Cn}\pi^{\boldsymbol{p}_i}_{u,C_m}\,g_0(\boldsymbol{r}_u,\boldsymbol{r}_v)\pi^{\boldsymbol{q}_j}_{v,C_n}\\\nabla g_0(\boldsymbol{p}_i,\boldsymbol{q}_j)&=\sum\nolimits_{u\in C_m}\sum\nolimits_{v\in C_n}\varsigma^{\boldsymbol{p}_i}_{u,C_m}\,g_0(\boldsymbol{r}_u,\boldsymbol{r}_v)\pi^{\boldsymbol{q}_i}_{v,C_n}\\g(\boldsymbol{p}_i,\boldsymbol{q}_j)&=\sum\nolimits_{u\in C_m}\sum\nolimits_{v\in C_n}\alpha^{\boldsymbol{p}_i}_{u,C_m}\,g(\boldsymbol{r}_u,\boldsymbol{r}_v)\alpha^{\boldsymbol{q}_j}_{v,C_n}\\\nabla g(\boldsymbol{p}_i,\boldsymbol{q}_j)&=\sum\nolimits_{u\in C_m}\sum\nolimits_{v\in C_n}\beta^{\boldsymbol{p}_i}_{u,C_m}\,g(\boldsymbol{r}_u,\boldsymbol{r}_v)\alpha^{\boldsymbol{q}_j}_{v,C_n}\\g(\boldsymbol{s}_i,\boldsymbol{q}_j)&=\sum\nolimits_{u\in C_m}\sum\nolimits_{v\in C_n}\kappa^{\boldsymbol{s}_i}_{u,C_m}\,g(\boldsymbol{r}_u,\boldsymbol{r}_v)\alpha^{\boldsymbol{q}_j}_{v,Cn}\\\nabla g(\boldsymbol{s}_i,\boldsymbol{q}_j)&=\sum\nolimits_{u\in C_m}\sum\nolimits_{v\in C_n}\xi^{\boldsymbol{s}_i}_{u,C_m}\,g(\boldsymbol{r}_u,\boldsymbol{r}_v)\alpha^{\boldsymbol{q}_j}_{v,C_n}\end{aligned}\right\}\tag{9.3.14}$$

并且,式(9.3.13)的各基本项及其近似表达式为

$$\begin{aligned}A^1_{m,n}&=-\mathrm{j}k_0\int_{T_m}\mathrm{d}s\boldsymbol{f}_m(\boldsymbol{r})\cdot\int_{T_n}g_0f_n(\boldsymbol{r}')\mathrm{d}s'-\frac{\mathrm{j}}{k_0}\int_{T_m}\mathrm{d}s[\nabla\cdot\boldsymbol{f}_m(\boldsymbol{r})]\int_{T_n}g_0[\nabla'\cdot\boldsymbol{f}_n(\boldsymbol{r}')]\mathrm{d}s'\\&=-\mathrm{j}k_0\sum_{u\in C_m}\sum_{v\in C_n}\pi^1_{u,C_m}\,g_0(\boldsymbol{r}_u,\boldsymbol{r}_v)\cdot\pi^1_{v,C_n}-\frac{\mathrm{j}}{k_0}\sum_{u\in C_m}\sum_{v\in C_n}\gamma^1_{u,C_m}\,g_0(\boldsymbol{r}_u,\boldsymbol{r}_v)\,\gamma^1_{v,C_n}\end{aligned}\tag{9.3.15}$$

$$\begin{aligned}A^2_{m,n}&=\mathrm{j}k_0\int_{T_m}\mathrm{d}s[n_m\times\boldsymbol{f}_m(\boldsymbol{r})]\cdot\int_{T_n}g_0\boldsymbol{f}_n(\boldsymbol{r}')\mathrm{d}s'+\frac{\mathrm{j}}{k_0}\int_{T_m}\mathrm{d}s[\boldsymbol{n}_m\times\boldsymbol{f}_m(\boldsymbol{r})]\cdot\int_{T_n}\nabla g_0\,\nabla'\cdot\boldsymbol{f}_n(\boldsymbol{r}')\mathrm{d}s'\\&=\mathrm{j}k_0\sum_{u\in C_m}\sum_{v\in C_n}\pi^2_{u,C_m}\,g_0(\boldsymbol{r}_u,\boldsymbol{r}_v)\cdot\pi^1_{v,C_n}+\frac{\mathrm{j}}{k_0}\sum_{u\in C_m}\sum_{v\in C_n}\gamma^2_{u,C_m}\,g_0(\boldsymbol{r}_u,\boldsymbol{r}_v)\,\gamma^1_{v,C_n}\end{aligned}\tag{9.3.16}$$

$$A^3_{m,n}=\int_{T_m}\mathrm{d}s\boldsymbol{f}_m(\boldsymbol{r})\cdot\mathrm{P.V.}\int_{T_n}\nabla g_0\times\boldsymbol{f}_n(\boldsymbol{r}')\mathrm{d}s'=\sum_{u\in C_m}\sum_{v\in C_n}\pi^3_{u,C_m}\,g_0(\boldsymbol{r}_u,\boldsymbol{r}_v)\cdot\pi^1_{v,C_n}\tag{9.3.17}$$

$$A^4_{m,n}=\int_{T_m}\mathrm{d}s[\boldsymbol{n}_m\times\boldsymbol{f}_m(\boldsymbol{r})]\cdot\mathrm{P.V.}\int_{T_n}\nabla g_0\times\boldsymbol{f}_n(\boldsymbol{r}')\mathrm{d}s'=\sum_{u\in C_m}\sum_{v\in C_n}\pi^4_{u,C_m}\,g_0(\boldsymbol{r}_u,\boldsymbol{r}_v)\cdot\pi^1_{v,C_n}\tag{9.3.18}$$

$$A_{m,n}^{5}=\int_{l_m}\mathrm{d}l(\hat{l_m}/l_m)\cdot \mathrm{P.V.}\int_{T_n}\nabla g\times \boldsymbol{f}_n(\boldsymbol{r}')\mathrm{d}s'=\sum_{u\in C_m}\sum_{v\in C_n}L_{u,C_m}^{1}\,g(\boldsymbol{r}_u,\boldsymbol{r}_v)\cdot \pi_{v,C_n}^{5} \tag{9.3.19}$$

$$A_{m,n}^{6}=-\frac{\mathrm{j}k_1\eta_1}{l_m}\int_{l_m}\mathrm{d}l\,\hat{l_m}\cdot\int_{T_n}g\boldsymbol{f}_n(\boldsymbol{r}')\mathrm{d}s'-\frac{\mathrm{j}\eta_1}{k_1 l_m}\int_{l_m}\mathrm{d}l\,\hat{l_m}\cdot\int_{T_n}\nabla g[\nabla'\cdot \boldsymbol{f}_n(\boldsymbol{r}')]\mathrm{d}s']$$

$$=-\mathrm{j}k_1\sum_{u\in C_m}\sum_{v\in C_n}\boldsymbol{L}_{u,C_m}^{2}\,g(\boldsymbol{r}_u,\boldsymbol{r}_v)\cdot \pi_{v,C_n}^{5}-\frac{\mathrm{j}}{k_1}\sum_{u\in C_m}\sum_{v\in C_n}\boldsymbol{L}_{u,C_m}^{3}\,g(\boldsymbol{r}_u,\boldsymbol{r}_v)\,\gamma_{v,C_n}^{3} \tag{9.3.20}$$

$$A_{m,n}^{7}=-\mathrm{j}k_1\int_{T_m}\mathrm{d}s\boldsymbol{f}_m(\boldsymbol{r})\cdot\int_{T_n}g\boldsymbol{f}_n(\boldsymbol{r}')\mathrm{d}s'-\frac{\mathrm{j}}{k_1}\int_{T_m}\mathrm{d}s[\nabla\cdot \boldsymbol{f}_m(\boldsymbol{r})]\int_{T_n}g[\nabla'\cdot f_n(\boldsymbol{r}')]\mathrm{d}s'$$

$$=-jk_1\sum_{u\in C_m}\sum_{v\in C_n}\pi_{u,C_m}^{5}\,g(\boldsymbol{r}_u,\boldsymbol{r}_v)\cdot \pi_{v,C_n}^{5}-\frac{\mathrm{j}}{k_1}\sum_{u\in C_m}\sum_{v\in C_n}\gamma_{u,C_m}^{3}\,g(\boldsymbol{r}_u,\boldsymbol{r}_v)\,\gamma_{v,C_n}^{3} \tag{9.3.21}$$

$$A_{m,n}^{8}=\int_{T_m}\mathrm{d}S[\boldsymbol{n}_m\times \boldsymbol{f}_m(r)]\cdot \mathrm{P.V.}\int_{T_n}\nabla g\times \boldsymbol{f}_n(\boldsymbol{r}')\mathrm{d}S'=\sum_{u\in C_m}\sum_{v\in C_n}\pi_{u,C_m}^{6}\,g(\boldsymbol{r}_u,\boldsymbol{r}_v)\cdot \pi_{v,C_n}^{5} \tag{9.3.22}$$

式中：

$$\left.\begin{aligned}
&\boldsymbol{\pi}_{u,C_m}^{1}=\sum_{i=1}^{N_G}w_i\boldsymbol{f}_m(\boldsymbol{p}_i)\pi_{u,Cm}^{\boldsymbol{p}_i}, && \boldsymbol{\pi}_{u,C_m}^{2}=\sum_{i=1}^{N_G}w_i[\boldsymbol{n}_m\times \boldsymbol{f}_m(\boldsymbol{p}_i)]\pi_{u,C_m}^{\boldsymbol{p}_i}\\
&\boldsymbol{\pi}_{u,C_m}^{3}=\sum_{i=1}^{N_G}w_i[f_m(\boldsymbol{p}_i)\times \varsigma_{u,C_m}^{\boldsymbol{p}_i}], && \boldsymbol{\pi}_{u,C_m}^{4}=\sum_{i=1}^{N_G}w_i[\boldsymbol{n}_m\times f_m(p_i)]\times \varsigma_{u,C_m}^{\boldsymbol{p}_i}\\
&\boldsymbol{\pi}_{u,C_m}^{5}=\sum_{i=1}^{N_G}w_i\boldsymbol{f}_m(\boldsymbol{p}_i)\alpha_{u,C_m}^{\boldsymbol{p}_i}, && \boldsymbol{\pi}_{u,C_m}^{6}=\sum_{i=1}^{N_G}w_i[\boldsymbol{n}_m\times \boldsymbol{f}_m(\boldsymbol{p}_i)]\times \beta_{u,C_m}^{\boldsymbol{p}_i}\\
&\gamma_{u,C_m}^{1}=\sum_{i=1}^{N_G}w_i[\nabla\cdot \boldsymbol{f}_m(\boldsymbol{p}_i)]\pi_{u,Cm}^{\boldsymbol{p}_i}, && \gamma_{u,C_m}^{2}=\sum_{i=1}^{N_G}w_i[\boldsymbol{n}_m\times f_m(\boldsymbol{p}_i)]\cdot \varsigma_{u,Cm}^{\boldsymbol{p}_i}\times \beta_{u,C_m}^{\boldsymbol{p}_i}\\
&\gamma_{u,C_m}^{3}=\sum_{i=1}^{N_G}w_i[\nabla\cdot \boldsymbol{f}_m(\boldsymbol{p}_i)]\alpha_{u,C_m}^{\boldsymbol{p}_i}\\
&\boldsymbol{L}_{u,C_m}^{1}=\sum_{i=1}^{N_W}\frac{w_i}{l_m}(\hat{l}_m\times \xi_{u,C_m}^{s_i}), && \boldsymbol{L}_{u,C_m}^{2}=\sum_{i=1}^{N_W}w_i\eta_1\frac{\hat{l}_m}{l_m}\kappa_{u,C_m}^{s_i}\\
&\boldsymbol{L}_{u,C_m}^{3}=\sum_{i=1}^{N_W}w_i\eta_1\frac{\hat{l}_m}{l_m}\cdot \xi_{u,C_m}^{s_i}
\end{aligned}\right\} \tag{9.3.23}$$

式中：$\boldsymbol{\pi}_{v,C_n}^{1}$，$\boldsymbol{\pi}_{v,Cn}^{5}$，$\gamma_{v,C_n}^{1}$，$\gamma_{v,C_n}^{3}$ 的表示式与 $\boldsymbol{\pi}_{u,C_m}^{1}$，$\boldsymbol{\pi}_{u,C_m}^{5}$，$\gamma_{u,C_m}^{1}$，$\gamma_{u,C_m}^{3}$ 类似。然后将式(9.3.15)～式(9.3.22)代入式(9.3.11)中，每个方程右边的第二项可以表示为

$$\left.\begin{aligned}
&\boldsymbol{Q}_{pq}^{\mathrm{FFT}}=-\alpha\left[\mathrm{j}k_0\boldsymbol{U}_p^1\boldsymbol{G}_{pq}^0(\boldsymbol{U}_q^1)^{\mathrm{T}}+\frac{\mathrm{j}}{k_0}\boldsymbol{V}_p^1\boldsymbol{G}_{pq}^0(\boldsymbol{V}_q^1)^{\mathrm{T}}\right]-\beta\boldsymbol{U}_p^4\boldsymbol{G}_{pq}^0(\boldsymbol{U}_q^1)^{\mathrm{T}}, && p,q=1,2\\
&\boldsymbol{P}_{p2}^{\mathrm{FFT}}=\frac{\alpha}{\eta_0}\boldsymbol{U}_p^3\boldsymbol{G}_{p2}^0(\boldsymbol{U}_2^1)^{\mathrm{T}}-\frac{\beta}{\eta_0}\left[\mathrm{j}k_0\boldsymbol{U}_p^2\boldsymbol{G}_{p2}^0(\boldsymbol{U}_2^1)^{\mathrm{T}}+\frac{\mathrm{j}}{k_0}\boldsymbol{V}_p^2\boldsymbol{G}_{p2}^0(\boldsymbol{V}_2^1)^{\mathrm{T}}\right], && p=1,2\\
&\widetilde{\boldsymbol{P}}_{2p}^{\mathrm{FFT}}=-\boldsymbol{W}_2^1\boldsymbol{G}_{2p}^1(\boldsymbol{U}_p^5)^{\mathrm{T}}, && p=2,3\\
&\widetilde{\boldsymbol{Q}}_{2p}^{\mathrm{FFT}}=-\mathrm{j}k_1\boldsymbol{W}_2^2\boldsymbol{G}_{2p}^1(\boldsymbol{U}_p^5)^{\mathrm{T}}-\frac{\mathrm{j}}{k_1}\boldsymbol{W}_2^3\boldsymbol{G}_{2p}^1(\boldsymbol{V}_p^1)^{\mathrm{T}}, && p=2,3\\
&\widetilde{\boldsymbol{Q}}_{3p}^{\mathrm{FFT}}=-\alpha\left[\mathrm{j}k_1\boldsymbol{U}_3^5\boldsymbol{G}_{3p}^1(\boldsymbol{U}_p^5)^{\mathrm{T}}+\frac{j}{k_1}\boldsymbol{V}_3^3\boldsymbol{G}_{3p}^1(\boldsymbol{V}_p^3)^{\mathrm{T}}\right]-\beta\boldsymbol{U}_3^6\boldsymbol{G}_{3p}^1(\boldsymbol{U}_p^5)^{\mathrm{T}}, && p=2,3
\end{aligned}\right\} \tag{9.3.24}$$

式中：$\boldsymbol{U}^1$，$\boldsymbol{U}^2$，$\boldsymbol{U}^3$，$\boldsymbol{U}^4$，$\boldsymbol{U}^5$，$\boldsymbol{U}^6$ 表示包含 $\boldsymbol{\pi}^1$，$\boldsymbol{\pi}^2$，$\boldsymbol{\pi}^3$，$\boldsymbol{\pi}^4$，$\boldsymbol{\pi}^5$，$\boldsymbol{\pi}^6$ 的稀疏系数矩阵；$\boldsymbol{V}^1$，$\boldsymbol{V}^2$，$\boldsymbol{V}^3$ 表示包含 γ^1，γ^2，γ^3 的稀疏系数矩阵；$\boldsymbol{W}^1$，$\boldsymbol{W}^2$，$\boldsymbol{W}^3$ 表示包含 L^1，L^2，L^3 的稀疏系数矩阵；$\boldsymbol{G}^0$，$\boldsymbol{G}^1$ 分别表示自由空间和介质中的三重 Toeplitz 矩阵。

SJCFIE 算法计算复杂度为 $O[(N_1+N_2)^2+{N_3}^2+(N_1+2N_2)N_3]$。当采用 FG-FFT 进行加速时，子矩阵的矩阵向量积会出现一些公共项。如 Q_{11}^{FFT}，Q_{12}^{FFT} 和 Q_{21}^{FFT} 有共同的 U_1^1 和 V_1^1。Q_{12}^{FFT}，Q_{21}^{FFT}，P_{12}^{FFT}，P_{22}^{FFT} 和 Q_{22}^{FFT} 由共同的 U_2^1 和 V_2^1；$\widetilde{P}_{23}$，$\widetilde{Q}_{23}$，$\widetilde{Q}_{32}$ 和 $\widetilde{Q}_{33}$ 具有共同的 U_3^5；$\widetilde{P}_{22}$，$\widetilde{Q}_{22}$ 和 $\widetilde{Q}_{32}$ 具有共同的 U_2^5；$\widetilde{Q}_{22}$ 和 $\widetilde{Q}_{23}$ 具有共同的 W_2^2 和 W_2^3；$\widetilde{Q}_{32}$ 和 $\widetilde{Q}_{33}$ 具有共同的 U_3^6 和 V_3^3；$\widetilde{P}_{22}$ 和 $\widetilde{P}_{23}$

具有共同的 W_2^1。因此，在复合体外部 SJCFIE-FG-FFT 的计算复杂度为 $O[(N_1+N_2)^{1.5}\lg(N_1+N_2)]$，在介质内部的计算复杂度达到 $O[(N_2+N_3)^{1.5}\lg(N_2+N_3)]$，综合起来，SJCFIE-FG-FFT 算法的计算复杂度为 $O[(N_1+N_2)^{1.5}\lg(N_1+N_2)+(N_2+N_3)^{1.5}\lg(N_2+N_3)]$，存储需求达到 $O[(N_1+N_2)^{1.5}+(N_2+N_3)^{1.5}]$。

算例 1　复合体为两个半球组成的半径为 $6.0\lambda_0$ 的复合球。

介质部分的相对介电常数 $\varepsilon_r=4.0$。设定 δ 为每个波长的离散三角面元数，λ_0 为自由空间中的波长，λ 为介质内部的波长。h_1 表示复合球外部的 FFT 网格间距，h_2 表示介质内部的 FFT 网格间距。令展开阶数 $M=2$，则包围每个三角面元的正方体匹配网格包含 $(M+1)^3$ 个网格点。FFT 运算采用的是 FFTW 函数库。为了比较 SJCFIE-FG-FFT 与 SJCFIE-MLFMA 的不同，本节给出与 MLFMA 相关的参数：在复合球外部，最细层盒子的边长为 d_1，八叉树的层数为 L_{f1}；在复合球的介质部分内部，最细层盒子的边长为 d_2，八叉树的层数为 L_{f2}。由图 9.3.9 可见，两种方法计算所得的双站散射曲线吻合较好。

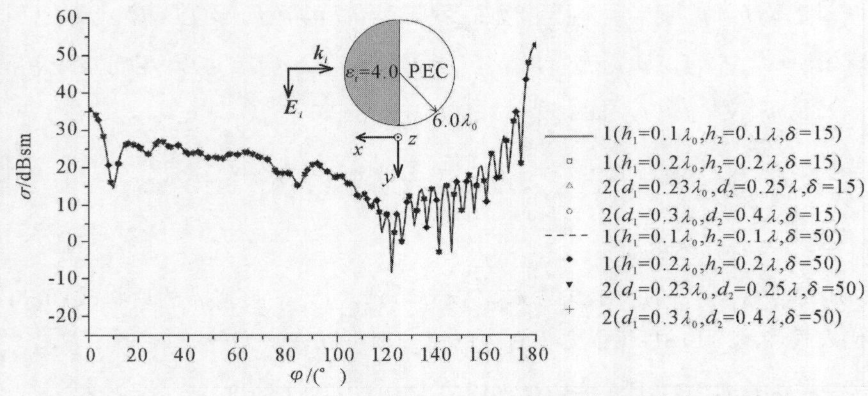

图 9.3.9　由 SJCFIE-FG-FFT 和 SJCFIE-MLFMA 计算所得复合球的双站 RCS

这两种方法随各自参数变化的具体计算细节见表 9.3.2。在 SJCFIE-MLFMA 中，d_1/λ_0，d_2/λ 不小于 0.2。若设定 $d_1/\lambda_0=d_2/\lambda=0.25$，则 $L_{f1}=L_{f2}=6$；若设定 $d_1/\lambda_0=d_2/\lambda=0.4$，则 $L_{f1}=L_{f2}=5$。综合来看，SJCFIE-MLFMA 的每步迭代时间小于 SJCFIE-FG-FFT，这是因为前者的每步计算复杂度为 $O[(N_1+N_2+N_3)\lg(N_1+N_2+N_3)+N_2\lg(N_2)]$，而后者的计算复杂度为 $O[(N_1+N_2)^{1.5}\lg(N_1+N_2)+(N_2+N_3)^{1.5}\lg(N_2+N_3)]$。当 $\delta=15$ 时，剖分的网格密度较稀疏，两种计算方法的总计算时间大体相当。而随着网格密度变得细密，特别地当 $\delta=50$ 时，SJCFIE-MLFMA 比 SJCFIE-FG-FFT 会消耗更多的矩阵填充时间，并且总计算时间也会增加。这是因为随着网格密度变细密，近场矩阵的元素增多，填充这部分元素所消耗的时间自然也会增加。当迭代求解时，涉及计算近场感应的矩阵向量积的时间也会随之增加。这个例子说明，FG-FFT 加速方法比 MLFMA 更加适应细剖分网格的计算对象。进一步来看，随着 MLFMA 的层数增加，其占用的内存、矩阵填充时间和总计算时间也会随之增加；随着 FG-FFT 的网格间距变小，近场矩阵元素减少，其矩阵填充时间和占用内存会随之减少，并且最终的托普利兹矩阵规模变大，每步迭代的计算时间随之增加。

表 9.3.2　SIE-MLFMA,JCFIE-MLFMA 和 SJCFIE-MLFMA 的比较

δ	方 法	设定条件	内存需求/MB	计算时间/s		
				矩阵填充	每步迭代	总计算
15	SJCFIE-FG-FFT	$h_1/\lambda_0 = h_2/\lambda = 0.1$	3 561.4	256.1	25.4	789.5
		$h_1/\lambda_0 = h_2/\lambda = 0.2$	4 502.1	410.6	7.5	523.1
	SJCFIE-MLFMA	$d_1/\lambda_0 = d_2/\lambda = 0.25$	4 025.1	381.4	5.8	514.8
		$d_1/\lambda_0 = d_2/\lambda = 0.4$	3 875.2	371.8	5.1	485.2
50	SJCFIE-FG-FFT	$h_1/\lambda_0 = h_2/\lambda = 0.1$	12 144.3	1 024.2	45.4	2 386.2
		$h_1/\lambda_0 = h_2/\lambda = 0.2$	14 673.54	1 642.4	12.4	1 828.4
	SJCFIE-MLFMA	$d_1/\lambda_0 = d_2/\lambda = 0.25$	19 261.4	3 225.7	10.7	3 525.3
		$d_1/\lambda_0 = d_2/\lambda = 0.4$	18 412.4	3 084.1	9.5	3 340.1

算例 2　简易导弹模型。

一个简易的导弹模型如图 9.3.10 所示，它的总长为 2.8 m。平面波沿-z 轴方向照射在模型上，入射波的极化方向沿 $\varphi = 45°$，工作频率 $f = 2$ GHz。模型的鼻锥部分为相对介电常数 $\varepsilon_r = 7.0-j3.5$ 的介质。FG-FFT 中仍然有 $M = 2$。网格剖分密度 $\delta=10$。在 $\varphi = 45°$的平面内，由 SJCFIE-FG-FFT，SJCFIE-P-FFT 和 SJCFIE-AIM 三种方法所得双站 RCS 随网格间距变化曲线如图 9.3.10 所示。

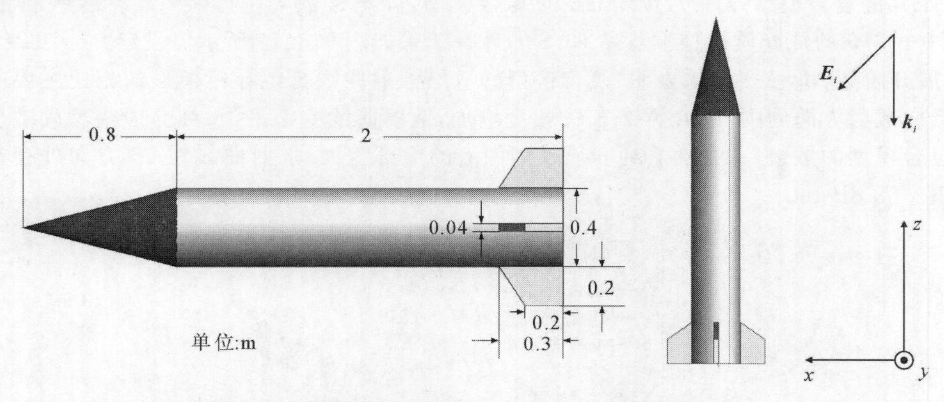

图 9.3.10　简易导弹模型(前段为介质，弹体为理想导体)

由图 9.3.11(a)可以看出，当 $h_1=0.1\lambda_0$，$h_2=0.1\lambda$ 时，3 种方法的计算结果与 JCFIE 的吻合较好，且三者占用的内存分别为 956 MB，963 MB，935 MB，总计算时间分别为 537 s，564 s，402 s。SJCFIE - AIM 消耗的计算时间最少，这是由 AIM 方法所得到的投影系数为纯实数，其他方法得到的各自的投影系数为复数所引起的。由图 9.3.11(b)可以看出，当 $h_1=0.2\lambda_0$，$h_2=0.2\lambda$时，3 种方法占用的内存分别为 675 MB，680 MB，624 MB，总计算时间分别为 245 s，255 s，186 s。由 SJCFIE-FG-FFT 所得计算结果仍然能够与 JCFIE 的相吻合，然而 SJCFIE-AIM 的计算精度变差，这是因为在相同网格间距和展开阶数的条件下，AIM 方法所得到的匹配精度是最低的。值得注意的是，SJCFIE-P-FFT 比 SJCFIE-FG-FFT 精度低的原因是P-FFT

中，磁感应强度的旋度是通过中心差商来计算的，这与 FG-FFT 中的匹配方法相比投影精度会变差。本算例说明 FG-FFT 方法的求解精度随网格间距的变化不敏感。这个结论使在保证计算精度的前提下，通过适当增加网格间距以提高计算效率的方法成为了可能。

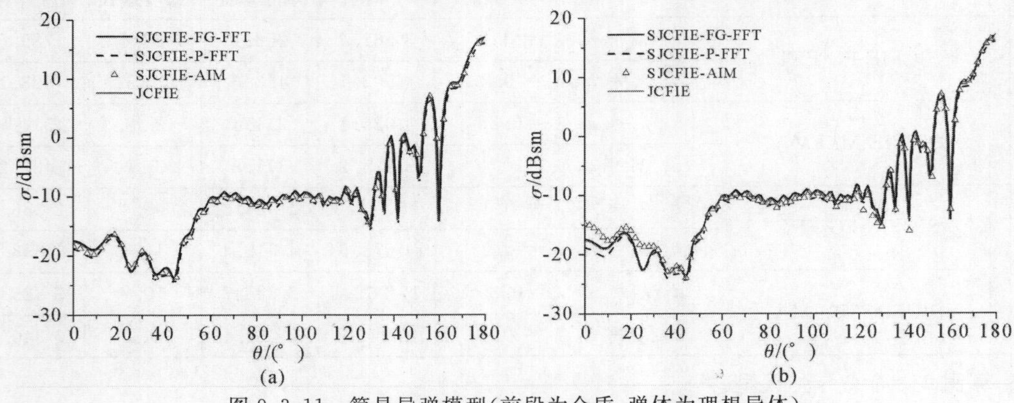

图 9.3.11　简易导弹模型(前段为介质，弹体为理想导体)

(a)$h_1=0.1\lambda_0$，$h_2=0.1\lambda$；(b)$h_1=0.2\lambda_0$，$h_2=0.2\lambda$

为了显示 SJCFIE-FG-FFT 算法的通用性，我们计算了 5 种简易导弹模型的双站 RCS，模型的几何尺寸与图 9.3.10 中的相同。这 5 种模型分别是：纯导体模型，鼻锥介电常数为 $\varepsilon_r=2.0-j1.0$ 的复合模型，$\varepsilon_r=7.0-j3.5$ 的复合模型，介电常数 $\varepsilon_r=7.0-j7.0$ 的纯介质模型，$\varepsilon_r=7.0-j3.5$ 的纯介质模型。双站 RCS 的计算结果如图 9.3.12 所示。设定 $h_1=0.2\lambda_0$，$h_2=0.2\lambda$，展开阶数 $M=2$。结果表明：复合模型的双站散射曲线与纯导体模型的相比主要的不同在于后向散射方向周围，随着鼻锥 ε_r 的幅度增加，散射曲线变得平滑；纯介质模型的散射显然小于复合模型的散射，并且随着纯介质模型中 ε_r 的虚部变大，散射曲线在 15°方向处存在一个最小值 −58 dBsm。

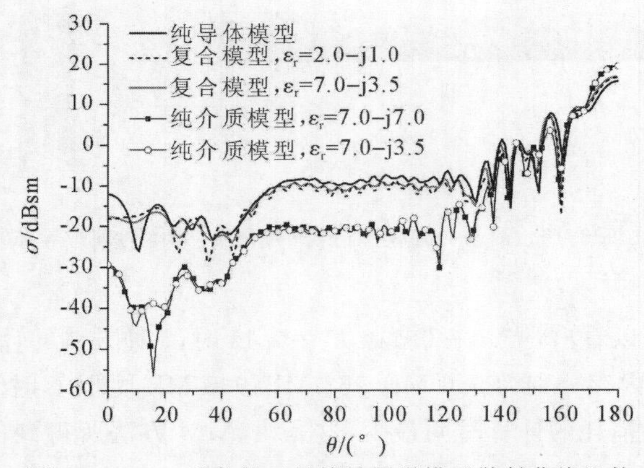

图 9.3.12　5 种条件下的简易导弹模型散射曲线比较

算例 3　涂覆金字塔型模型。

设定入射波频率 $f=2$ GHz，本算例为一个涂覆金字塔模型，如图 9.3.13 所示。模型底面为正方形，边长为 $6\lambda_0$，模型高度也等于 $6\lambda_0$。涂层厚度为 $0.2\lambda_0$。与 SJCFIE-MLFMA 求解涂覆立方体模型类似。入射方向沿 $-z$ 轴，极化方向沿 x 轴。图 9.3.13 给出了 xOz 面内的双站散射曲线。设定与 FG-FFT 相关的参数为：网格间距 $h_1=0.2\lambda_0$，$h_2=0.2\lambda$，展开阶数 $M=2$。分别计算了 PEC 金字塔型模型，涂覆介质 $\varepsilon_r=2.0-j2.0$，$\varepsilon_r=2.0-j4.0$，$\varepsilon r=4.0-j2.0$ 地中模型的散射曲线。由图可以看出，涂覆结构在散射方向 0°～150°范围内的散射强度均弱于 PEC 结构的。随着涂覆介质的实部绝对值变大，在散射方向 0°～30°范围内的散射强度会有所增加，在散射方向 40°～90°范围内的散射强度会有所减小；随着涂覆介质的虚部绝对值变大，在散射方向 40°～120°范围内的散射强度会有所增加。这个算例也说明 SJCFIE-FG-FFT 是一种计算涂覆结构散射的高效的、计算精度有保证的计算工具。

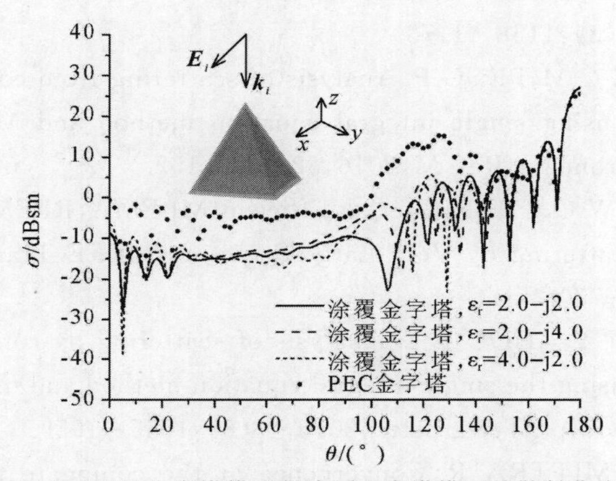

图 9.3.13　PEC 金字塔模型与涂覆金字塔模型的散射曲线比较

9.4　结　论

本章针对现有表面积分方程方法和体面积分方程方法在计算介质与导体复合体散射时未知数较多，计算效率不高，而改善方程条件数又需借助辅助基函数的复杂性，提出了一种将单积分方程(SIE)和电流混合积分方程(JCFIE)相结合的混合方法 SJCFIE：

(1)将 SIE 应用于 JCFIE 以构成 SJCFIE。SIE 的引入能够减少介质部分一半的未知数，改善矩阵方程的计算效率。与改善方程条件数需要借助辅助基函数的策略不同，SIE 方法属于一种弱解离散方式，因此实施过程更为便利。算例结果表明：SJCFIE 的矩阵方程不仅具有良好的矩阵条件数，而且其对于网格密度不敏感。

(2)为了降低迭代求解 SJCFIE 导出矩阵方程的计算复杂度。本章将 MLFMA 和 FG－FFT分别引入 SJCFIE。算例表明，前者的实施过程较后者相对容易些，后者相对前者更加适用于网格密度较大的情形。

(3)SJCFIE 还能够被用在多介质涂覆导体的结构。导出的矩阵结构能够很好地反映各部分耦合的机理。为了进一步提高迭代求解时的计算效率，可以将 SJCFIE 与 MLFMA 相结合。算例验证了 SJCFIE-MLFMA 的有效性。

参 考 文 献

[1] HARRINGTON R F. Field computation by moment of methods. Oxford: Oxford University Press, 1996.

[2] XIE J Y, ZHOU H X, HONG W, et al. A highly Accurate FGG-FG-FFT for the combined field integral equation. IEEE Trans. Antennas Propag., 2013, 61(9): 4641 - 4652.

[3] YlÄ-OIJALA P, MATTI T. Application of combined field integral equation for electromagnetic scattering by dielectric and composite objects. IEEE Trans. Antennas Propag., 2003, 53(3): 1168 - 1173.

[4] SUN H L, TONG C M, PENG P. Analysis of scattering from composite conductor and dielectric objects using single integral equation method and MLFMA based on JM-CFIE. Prog. Electromagn. Res. M, 2016, 52: 141 - 152.

[5] CUI T J, CHEW W C, CHEN G, et al. Efficient MLFMA, RPFMA, and FAFFA Algorithms for EM Scattering by Very Large Structures. IEEE Trans. Antennas Propag., 2004, 52(3): 759 - 770.

[6] WANG P, XIA M Y, ZHOU L Z. Analysis of scattering by composite conducting and dielectric bodies using the single integral equation method and multilevel fast multipole algorithm. Microw. Opt. Tech. Lett., 2010, 48(6): 1055 - 1059.

[7] PETERSON A, MITTRA R. Convergence of the conjugate gradient method when applied to matrix equaitions representing electromagnetic scattering problems. IEEE Trans. Antennas Propag., 1986, 34(12): 1447 - 1454.

[8] SAAD Y. Iterative Methods for Sparse Linear Systems. Boston: PWS Publishing Company, 1996.

[9] XIE J Y, ZHOU H X, HONG W, et al. A highly Accurate FGG-FG-FFT for the combined field integral equation. IEEE Trans. Antennas Propag., 2013, 61(9): 4641 - 4652.

[10] SAAD Y. Iterative Methods for Sparse Linear Systems. Boston: PWS Publishing Company, 1996.

[11] YAN S, JIN J M, NIE Z P. A comparative study of calderón preconditioners for PMCHWT equations. IEEE Trans. Antennas Propag., 2010, 58(7): 2375 - 2383.

[12] 王长清. 现代计算电磁学基础. 北京:北京大学出版社, 2005.

第10章　高频混合快速计算方法及其在目标-环境复合散射计算中的应用

目标-环境复合模型散射计算问题的难点，在于目标-环境模型的电大性（巨大的电尺寸）以及目标-环境耦合散射机理的复杂性。传统精确电磁计算数值求解方法，很难具有实际工程意义地计算电大目标-环境复合模型的散射特性，因为这一问题通常包含着巨大的未知量求解，对计算硬件要求很高。高频方法虽然适合描述电大目标的散射问题，但复杂的耦合散射机理的描述问题，也一直是电磁学领域的难点问题。射线追踪方法和迭代电磁流方法是描述耦合散射机理的两种重要思路，结合这两种思路完成目标-环境复合模型耦合散射机理准确、高效的描述与计算是本章中要着重讨论的问题。

10.1　引　言

在对复杂军事目标电磁散射特性的研究过程中，将会碰到越来越多的结构复杂、散射机理复杂的武器系统，如何更加准确、更加细致地研究其各种散射机理，将是计算电磁学面临的重大挑战。以物理光学(PO)法为代表的高频渐近方法基于“局部”原理，未考虑耦合散射机理的贡献，且形式简单、占用计算机资源少、易于实现，计算很快，可对电大尺寸规则或表面光滑目标的散射性能给出良好的预估，但对于散射机理复杂的目标则不能给出令人满意的结果。

目标与环境复合散射特性的研究是近年来计算电磁领域的热点方向。目标-环境复合散射模型包含着更加复杂的散射机理，制约目标-环境复合散射计算方法的关键问题是计算效率和对目标与环境复合散射机理的描述。由于环境普遍具有极其巨大的电尺寸，所以数值法甚至混合法都很难在工程中得到普遍推广。在满足一定精度的前提下，如何显著提高计算效率一直是目标－环境复合散射问题所追求的目标。

复合散射机理中最难描述的是目标与环境之间的耦合散射部分。在高频方法中，通常可采用射线方法和电磁流迭代的方法来考虑。在后续小节中针对这两种方法及改进方法在目标-环境复合散射计算中的应用进行了详细阐述。

10.2 射线追踪方法及其在目标-环境复合散射计算中的应用

射线追踪方法是描述高频耦合散射机理的一种常用方法，在目标与环境复合模型的散射计算中，射线方法也非常适用于描述目标与环境之间的耦合散射机理。射线方法的主要思路是将入射波看成一系列的射线管，每个射线管所对应的射线碰到散射体表面时采用几何光学(GO)法求得反射射线并令其继续先前传播，直至射线离开散射体，最后在射线离开散射体的位置处采用物理光学法求得散射场。可以看出，射线追踪方法是将GO法与PO法结合，GO法用来确定射线的传播路径，而PO法计算最后的散射场。本质上来说，GO法确定的路径反映的是射线强度最大的传播通道，而忽略了其余强度次强的通道，这样能够保持相当高的计算效率。假设入射波为平面波，入射电磁场可以表示为

$$\boldsymbol{E}^{\text{inc}}=\boldsymbol{e}^{i}\exp(-\mathrm{j}k_0\hat{\boldsymbol{k}}_i\cdot\boldsymbol{r}),\qquad \boldsymbol{H}^{\text{inc}}=\boldsymbol{h}^{i}\exp(-\mathrm{j}k_0\hat{\boldsymbol{k}}_i\cdot\boldsymbol{r}) \tag{10.2.1}$$

射线在经过 n 次反射后到达出射前最后位置处时的入射波可以表示为

$$\left.\begin{aligned}\boldsymbol{E}^{i(n)}&=\boldsymbol{e}_{\mathrm{r}}^{(n)}\left\{\prod_{m=1}^{n}\mathrm{e}^{[\mathrm{j}k_0(\hat{\boldsymbol{k}}_{\mathrm{r}}^{(m)}-\hat{\boldsymbol{k}}_{\mathrm{r}}^{(m-1)})\cdot\boldsymbol{r}^{(m)}]}\right\}\mathrm{e}^{-\mathrm{j}k_0\hat{\boldsymbol{k}}_{\mathrm{r}}^{(n)}\cdot\boldsymbol{r}}\\ \boldsymbol{H}^{i(n)}&=\frac{\hat{\boldsymbol{k}}_{\mathrm{r}}^{(n)}\times\boldsymbol{e}_{\mathrm{r}}^{(n)}}{\eta_0}\left\{\prod_{m=1}^{n}\mathrm{e}^{[\mathrm{j}k_0(\hat{\boldsymbol{k}}_{\mathrm{r}}^{(m)}-\hat{\boldsymbol{k}}_{\mathrm{r}}^{(m-1)})\cdot\boldsymbol{r}^{(m)}]}\right\}\mathrm{e}^{-\mathrm{j}k_0\hat{\boldsymbol{k}}_{\mathrm{r}}^{(n)}\cdot\boldsymbol{r}}\end{aligned}\right\} \tag{10.2.2}$$

式中：$\hat{\boldsymbol{k}}_{\mathrm{r}}^{(m)}$ 表示第 m 次反射后的射线传播方向，特别注意的是，当 $m=0$ 时，$\hat{\boldsymbol{k}}_{\mathrm{r}}^{(0)}=\hat{\boldsymbol{k}}_i$；$\boldsymbol{r}^{(m)}$ 表示第 m 次反射出的位置矢量；$\boldsymbol{e}_{\mathrm{r}}^{(n)}$ 表示经过第 n 次反射后的电场矢量。经过散射体的反射，反射场可以采用菲涅尔反射定律来计算，则有

$$\left.\begin{aligned}\boldsymbol{e}_{\mathrm{r}}^{(n)}&=R^{\mathrm{TM}}(\boldsymbol{e}_{\mathrm{r}}^{(n-1)}\cdot\hat{\boldsymbol{e}}_{\mathrm{TM}})\hat{\boldsymbol{e}}'_{\mathrm{TM}}+R^{\mathrm{TE}}(\boldsymbol{e}_{\mathrm{r}}^{(n-1)}\cdot\hat{\boldsymbol{e}}_{\mathrm{TE}})\hat{\boldsymbol{e}}'_{\mathrm{TE}}\\ \boldsymbol{h}_{\mathrm{r}}^{(n)}&=R^{\mathrm{TM}}(\boldsymbol{h}_{\mathrm{r}}^{(n-1)}\cdot\hat{\boldsymbol{e}}_{\mathrm{TE}})\hat{\boldsymbol{e}}'_{\mathrm{TE}}+R^{\mathrm{TE}}(\boldsymbol{h}_{\mathrm{r}}^{(n-1)}\cdot\hat{\boldsymbol{e}}_{\mathrm{TM}})\hat{\boldsymbol{e}}'_{\mathrm{TM}}\end{aligned}\right\} \tag{10.2.3}$$

特别地，$\boldsymbol{h}_{\mathrm{r}}^{(0)}=\boldsymbol{h}^{i}$，$\boldsymbol{e}_{\mathrm{r}}^{(0)}=\boldsymbol{e}^{i}$。每条射线离开散射体所产生的散射场可以在射线对应的局部面元处采用 Stratton－Chu 积分方程进行求解，则有

$$\left.\begin{aligned}\boldsymbol{E}^{s}(\boldsymbol{r})=&\frac{-\mathrm{j}k_0\mathrm{e}^{-\mathrm{j}k_0 r}}{4\pi r}\left\{\prod_{m=1}^{n}\mathrm{e}^{[\mathrm{j}k_0(\hat{\boldsymbol{k}}_{\mathrm{r}}^{(m)}-\hat{\boldsymbol{k}}_{\mathrm{r}}^{(m-1)})\cdot\boldsymbol{r}^{(m)}]}\right\}\\ &\{\hat{\boldsymbol{k}}_s\times[\hat{\boldsymbol{n}}\times\boldsymbol{e}-\eta_0\hat{\boldsymbol{k}}_s\times(\hat{\boldsymbol{n}}\times\boldsymbol{h})]\}\cdot\int_s\mathrm{e}^{\mathrm{j}k_0(\hat{\boldsymbol{k}}_s-\hat{\boldsymbol{k}}_{\mathrm{r}}^{(n)})\cdot\boldsymbol{r}}]\mathrm{d}s\\ \boldsymbol{H}^{s}(\boldsymbol{r})=&\frac{-\mathrm{j}k_0\mathrm{e}^{-\mathrm{j}k_0 r}}{4\pi r}\left\{\prod_{m=1}^{n}\mathrm{e}^{[\mathrm{j}k_0(\hat{\boldsymbol{k}}_{\mathrm{r}}^{(m)}-\hat{\boldsymbol{k}}_{\mathrm{r}}^{(m-1)})\cdot\boldsymbol{r}^{(m)}]}\right\}\\ &\left\{\hat{\boldsymbol{k}}_s\times[\hat{\boldsymbol{n}}\times\boldsymbol{h}+\frac{1}{\eta_0}\hat{\boldsymbol{k}}_s\times(\hat{\boldsymbol{n}}\times\boldsymbol{e})]\right\}\cdot\int_s\mathrm{e}^{\mathrm{j}k_0(\hat{\boldsymbol{k}}_s-\hat{\boldsymbol{k}}_{\mathrm{r}}^{(n)})\cdot\boldsymbol{r}}]\mathrm{d}s\end{aligned}\right\} \tag{10.2.4}$$

$$\left.\begin{aligned}\hat{\boldsymbol{n}}\times\boldsymbol{h}&=(\boldsymbol{h}_{\mathrm{r}}^{(n)}\cdot\hat{\boldsymbol{e}}_{\mathrm{TE}})(\hat{\boldsymbol{n}}\times\hat{\boldsymbol{e}}_{\mathrm{TE}})(1+R^{\mathrm{TM}})+(\boldsymbol{h}_{\mathrm{r}}^{(n)}\cdot\hat{\boldsymbol{e}}_{\mathrm{TM}})(\hat{\boldsymbol{n}}\times\hat{\boldsymbol{e}}_{\mathrm{TM}})(1-R^{\mathrm{TE}})\\ \hat{\boldsymbol{n}}\times\boldsymbol{e}&=(\boldsymbol{e}_{\mathrm{r}}^{(n)}\cdot\hat{\boldsymbol{e}}_{\mathrm{TE}})(\hat{\boldsymbol{n}}\times\hat{\boldsymbol{e}}_{\mathrm{TE}})(1+R^{\mathrm{TE}})+(\boldsymbol{e}_{\mathrm{r}}^{(n)}\cdot\hat{\boldsymbol{e}}_{\mathrm{TM}})(\hat{\boldsymbol{n}}\times\hat{\boldsymbol{e}}_{\mathrm{TM}})(1-R^{\mathrm{TM}})\end{aligned}\right\} \tag{10.2.5}$$

式(10.2.4)中的积分运算可以采用 Gordon 积分表示为

$$\int_s\mathrm{e}^{\mathrm{j}k_0(\hat{\boldsymbol{k}}_s-\hat{\boldsymbol{k}}_{\mathrm{r}}^{(n)})\cdot\boldsymbol{r}}]\mathrm{d}s=\sum_{i=1}^{N}(\boldsymbol{w}\times\hat{\boldsymbol{n}})\cdot\Delta\boldsymbol{a}_i\exp\left(\mathrm{j}k_0\boldsymbol{w}\cdot\frac{\boldsymbol{a}_{i+1}+\boldsymbol{a}_i}{2}\right)\frac{\sin\left(\frac{1}{2}k_0\boldsymbol{w}\cdot\Delta\boldsymbol{a}_i\right)}{\frac{1}{2}k_0\boldsymbol{w}\cdot\Delta\boldsymbol{a}_i} \tag{10.2.6}$$

式中：N 表示包围投影面元 s 的棱边总数；$\boldsymbol{w}=\hat{\boldsymbol{k}}_s-\hat{\boldsymbol{k}}_r^{(n)}$；$\Delta\boldsymbol{a}_i=\boldsymbol{a}_{i+1}-\boldsymbol{a}_i$，$\boldsymbol{a}_{i+1}$ 和 $\boldsymbol{a}_i$表 示第 i 条棱边的两端点处位置矢量。由式(10.2.2)可以看出，射线追踪方法的关键是能够确定每条射线在散射体结构中的行进路径和反射点。可以将复合模型中的各面元采用八叉树或 KD 树结构进行组织，射线的寻迹过程其实就是对树结构的遍历。射线追踪模型中 PO 法主要描述的是表面反射机理的散射贡献。如果模型中存在劈结构，而劈结构的不连续性也会产生不可忽略的散射贡献，这时就应该采取其他方法对射线方法的计算结果进行修正。这里结合比较常用的由 Michaeli 提出的等效电磁流方法。对于任意的棱边 C，如图 10.2.1 所示，其远区边缘绕射场可以表示为

$$\boldsymbol{E}^{\mathrm{d}}=\frac{\mathrm{j}k_0}{4\pi}\frac{\mathrm{e}^{-\mathrm{j}k_0 r}}{r}\int_C\{\eta_0\hat{\boldsymbol{k}}_s\times[\hat{\boldsymbol{k}}_s\times\boldsymbol{J}(\boldsymbol{r}')]+\hat{\boldsymbol{k}}_s\times\boldsymbol{M}(\boldsymbol{r}')\}\mathrm{e}^{-\mathrm{j}k_0\hat{\boldsymbol{k}}_s\cdot\boldsymbol{r}'}\mathrm{d}l \tag{10.2.7}$$

式中，$\boldsymbol{J}(\boldsymbol{r}')=I_{\mathrm{e}}(\boldsymbol{r}')\boldsymbol{t}$ 和 $\boldsymbol{M}(\boldsymbol{r}')=I_{\mathrm{m}}(\boldsymbol{r}')\boldsymbol{t}$ 分别为等效边缘电流和磁流；$\hat{\boldsymbol{t}}$ 是 C 的切向单位矢量；$\hat{\boldsymbol{k}}_s$ 为观察方向；$\boldsymbol{r}'$是从原点到边缘上某点的径向矢量。$I_{\mathrm{e}}(\boldsymbol{r}')$和 $I_{\mathrm{m}}(\boldsymbol{r}')$的表达式为

$$I_{\mathrm{e}}(\boldsymbol{r}')=(I_1^{\mathrm{f}}-I_2^{\mathrm{f}}) \tag{10.2.8}$$

$$I_{\mathrm{m}}(\boldsymbol{r}')=(M_1^{\mathrm{f}}-M_2^{\mathrm{f}}) \tag{10.2.9}$$

式中，$I_i^f=I_i-I_i^{\mathrm{PO}}$，$M_i^{\mathrm{f}}=M_i-M_i^{\mathrm{PO}}$，$i=1,2$，且

$$\begin{aligned}I_1=&\frac{2\mathrm{j}}{k_0\sin\beta'}\frac{1/N}{\cos(\varphi'/N)-\cos[(\pi-\alpha)/N]}\{\frac{\sin(\varphi'/N)}{\eta_0\sin\beta'}\hat{\boldsymbol{t}}\cdot\boldsymbol{E}_{\mathrm{i}}+\\&\frac{\sin[(\pi-\alpha)/N]}{\sin\alpha}\cdot(\mu\cot\beta'-\cot\beta\cos\varphi)\hat{\boldsymbol{t}}\cdot\boldsymbol{H}_{\mathrm{i}}\}-\frac{2\mathrm{j}\cot\beta'}{k_0N\sin\beta}\hat{\boldsymbol{t}}\cdot\boldsymbol{H}_{\mathrm{i}}\end{aligned} \tag{10.2.10}$$

$$I_1^{\mathrm{PO}}=\frac{2\mathrm{j}U(\pi-\varphi')}{k_0\sin\beta'(\cos\varphi'+\mu)}[\frac{\sin\varphi'}{\eta_0\sin\beta'}\hat{\boldsymbol{t}}\cdot\boldsymbol{E}_{\mathrm{i}}-(\cot\beta'\cos\varphi'+\cot\beta\cos\varphi)\hat{\boldsymbol{t}}\cdot\boldsymbol{H}_{\mathrm{i}}] \tag{10.2.11}$$

$$M_1=\frac{2\mathrm{j}\eta_0\sin\varphi}{k_0\sin\beta'\sin\beta}\frac{(1/N)\sin[(\pi-\alpha)/N]\csc\alpha}{\cos[(\pi-\alpha)/N]-\cos(\varphi'/N)}\hat{\boldsymbol{t}}\cdot\boldsymbol{H}_i \tag{10.2.12}$$

$$M_1^{\mathrm{PO}}=\frac{-2\mathrm{j}\eta_0\sin\varphi U(\pi-\varphi')}{k_0\sin\beta'\sin\beta(\cos\varphi'+\mu)}\hat{\boldsymbol{t}}\cdot\boldsymbol{H}_{\mathrm{i}} \tag{10.2.13}$$

式中：$N\pi$ 为外劈角($N>1$)；$\boldsymbol{E}_{\mathrm{i}}$ 和 $\boldsymbol{H}_{\mathrm{i}}$ 是 O 点处的入射电磁场；$U(x)$是单位阶跃函数(对 $x\geqslant 0$ 为 1，对 $x<0$ 为 0)；$\alpha=\arccos-1\mu=-\mathrm{j}\ln(\mu+j\sqrt{1-\mu^2})$，$\mu=\sin\beta\cos\varphi/\sin\beta'$。

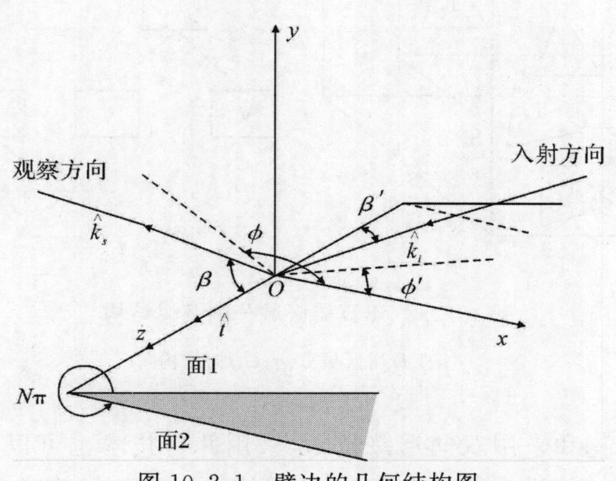

图 10.2.1　劈边的几何结构图

射线追踪过程是射线方法中最耗时间的部分，可以通过构建树结构及并行的手段提高计算效率。

构建树结构进行加速，常见的有八叉树、KD树结构等。这里使用KD树对射线追踪过程进行进一步加速。首先是要构建KD树结构，将计算场景分割区域。区域分割时要保证所用子区域的包围盒都是轴对齐的，采用表面启发算法(Surface Area Heuristic，SAH)，选取判交成本最低的分割平面，按照递归的方式进行区域划分，划分区域根据层级依次称为根节点、叶子节点，叶子节点为最终划分存储面元的子区域，通过树形分叉使得每个子区域只包含少量的面元。区域分割的终止条件是分割子区域中的面元数达到设定的最小数量或者树划分达到设定的最大分叉数。

如图10.2.2所示，最大的立方体包围盒包含了所有计算场景待判定的面元为根节点，S_0为一级分割平面，将区域分割，S_1平面将左半区域分割成V_0和V_1两个叶子节点区域，S_2平面将右半区域进一步分割，S_3平面将前半区域进一步分割为V_2和V_3两个叶子节点区域，后半区域为叶子节点V_4。这样在追踪过程中先由根节点向下依次逐级判别射线与树结构各节点的相交情况，不相交的分叉区域则终止判别，相交区域节点求取射线与包围盒分割面的交点，根据交点间的相对位置，选择与射线起点距离较近的区域子节点继续遍历，直到与叶子节点相交，最后依次与叶子节点内的面元进行求交判定。以交点作为新的起点，反射方向作为新的射线方向，并根据该射线射出叶子节点的出射面的索引，继续遍历下一叶子节点，直到新的射线不再与面元相交，或反射次数大于预设的最大反射次数为止。如果面元跨越多个区域的分割面[如图10.2.2(a)中的面元T_4同时跨越V_2和V_3区域]，则相关区域内的追踪过程都需要包含这个面元。在进行子区域中的面元求交判别时，再采用之前描述的双向追踪方法，这样可以尽可能地减少整个追踪过程中子区域的划分及树结构的分叉数，通过混合加速追踪的策略，提高KD树的追踪效率。

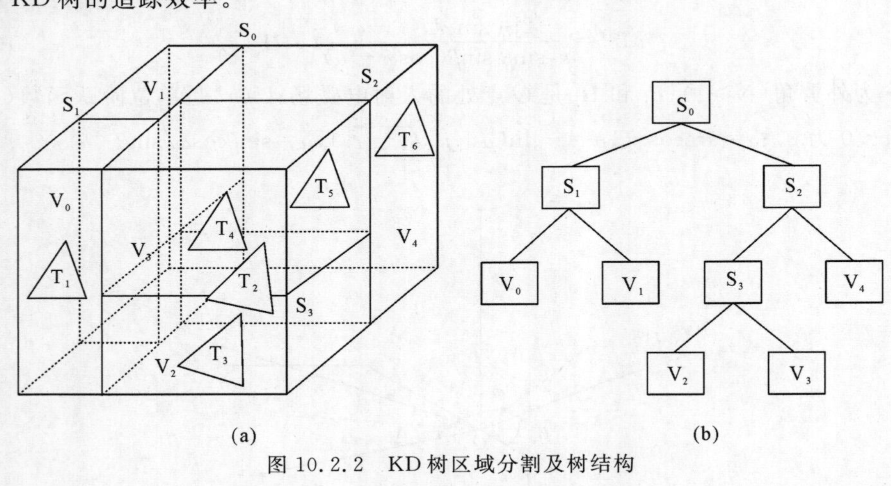

图10.2.2　KD树区域分割及树结构

(a)KD树区域分割；(b)树结构

除了构建KD树结构和采用双向追踪技术，采用并行技术也可以进一步提高追踪效率。随着多核处理器在仿真计算机中的大规模普及，多核多线程并行策略在电磁场数值计算中也得到了广泛运用，利用多核并行处理可将计算任务分解到多线程中进行处理，可大幅降低对单线程的计算压力和计算时间，提升计算效率。

射线求交判定过程也可以由基于 OpenMP 的并行策略来执行，其主要过程如图 10.2.3 所示。

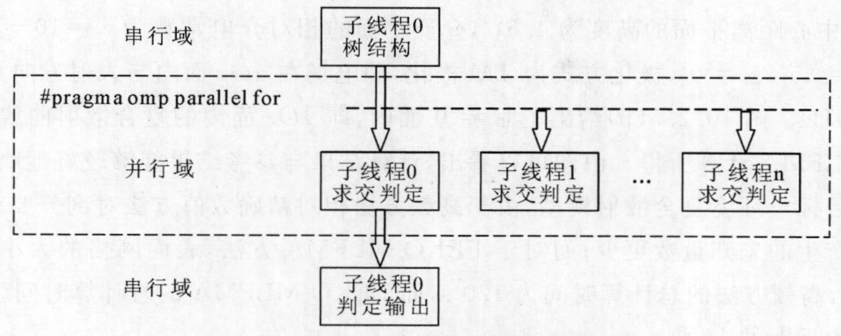

图 10.2.3　并行程序运行过程

在 KD 树结构建立后，划分各个子区域，各个叶子节点子区域包围盒与射线相交判定划分到不同的线程中执行，将判定结果输出后撤销并行域，将叶子节点内的各面元与射线求交判定过程再分配到各个子线程中，将判定结果输出后再撤销并行域，在并行循环时通过 private 列出每个线程自己的私有变量。

下述给出几个带耦合散射机理结构的散射计算算例。

算例 1　角反射体模型。

本算例采用加速射线追踪与移动边缘云计算（MEC）结合方法计算一个二面角反射体和一个三面角反射体后向电磁散射系数。计算频率为 X 波段（10 GHz），两个反射体的边长都是 0.5 m，入射角在俯仰方向 θ_i 从 0°～90°进行扫描，φ_i 为 45°，入射频率为 10 GHz（X 波段），目标采用 1/10 波长剖分，计算结果与商业软件 FEKO 的多层快速多极子（MLFMA）求解器计算结果进行比对。计算结果如图 10.2.4 所示。可以看到采用射线追踪与 MEC 结合方法计算角反射体这种强电磁耦合结构的散射特性与精确数值方法快速多极子方法计算的结果基本吻合，证明这种方法可以在有较高计算效率的同时很好地描述耦合散射机理。

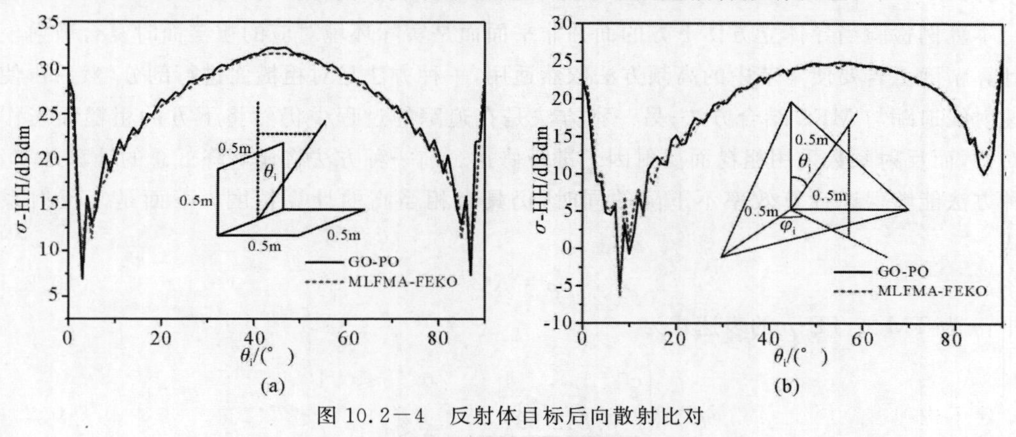

图 10.2－4　反射体目标后向散射比对

(a)二面角反射体；(b)三面角反射体

算例 2 导体立方体与介质平面复合模型。

本算例采用加速射线追踪与 MEC 结合方法计算立方体与介质平面复合的散射。如图 10.2.5(a)所示,导体立方体目标位于介质平面上方,立方体边长为 $3\lambda_0$,下方平面尺寸为 $32\lambda_0 \times 32\lambda_0$,立方体中心距离平面的高度为 $4.5\lambda_0$,介质平面的相对介电常数为 $\varepsilon_r = 10 - j10$。设定入射方向为 $\theta_i = 45°$,$\varphi_i = 0°$,极化方式为 TM 极化,即电场在 xOz 面内与入射方向垂直,工作频率 $f = 10$ GHz。图 10.2.5(b)给出了 $\varphi_s = 0°$面内,即 xOz 面内的复合散射曲线。参考结果由 FEKO-MLFMA 计算所得。由图可以看出,计算结果与参考结果能够较好地吻合。对于电尺寸更大的目标－环境复合散射模型,由于高频方法相对精确数值方法对剖分要求更低,所以模型求解所产生的未知量数更少;而对于 FEKO-MLFMA 方法,表面网格的大小通常不超过 $0.1\lambda_0$。因此,高频方法的总计算时间为 120 s,而 FEKO-MLFMA 的总计算时间为1 284 s,前者计算效率为后者的 10 倍。

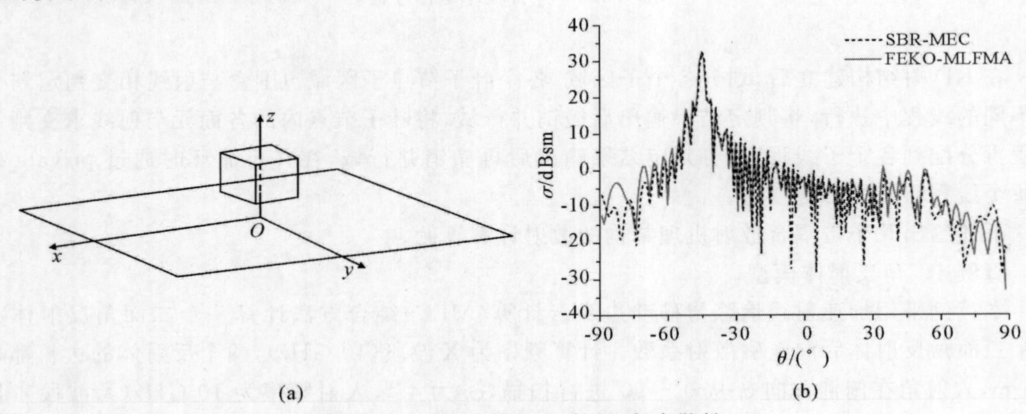

图 10.2.5 立方体与介质平面复合散射

(a)复合模型;(b) 复合散射曲线

算例 3 导体立方体与介质粗糙面复合模型。

本算例检验当导体立方体下方的面并非平面而是实际环境对应的粗糙面时复合散射模型的计算精度。若要使本节中的高频方法依然适用,一种方法是对粗糙面进行剖分,然后再使用加速射线追踪与 MEC 结合方法;另一种方法是在追踪的过程中仍然将下方的粗糙面当作平面对待,而反射系数采用粗糙面反射因子进行修正。前一种方法将显著降低总的计算效率,后一种方法能够保证计算效率不下降的同时,仍具有相当高的计算精度。下面是复反射系数公式:

$$\rho^{\alpha} = R^{\alpha} \rho_s \tag{10.2.14}$$

式中:α 为 TM 或 TE;ρ_s的表达式为

$$\rho_s = \begin{cases} e^{-2(2\pi\tau)^2}, & 0 \leqslant \tau \leqslant 0.1 \\ \dfrac{0.812\ 537}{[1+2\ (2\pi\tau)^2]}, & \tau > 0.1 \end{cases} \tag{10.2.15}$$

式中:$\tau = h_r \cos\theta_i / \lambda_0$,其中,$\cos\theta_i$ 为入射方向反方向与粗糙面均值平面法向的方向余弦,h_r 为

粗糙面的均方根高度。本算例中立方体的各参数，粗糙面大小，入射波方向、工作频率及极化方式均与算例2中的相同。粗糙面如图10.2.6(a)中所示，其均方根高度为$h_r=0.2\lambda_0$，相关长度$l_c=3\lambda_0$。参考结果仍然由FEKO-MLFMA计算得到。图10.2.6(b)给出了$\varphi_s=0°$面，即xOz面内的复合散射曲线。值得注意的是，计算结果是基于1个样本的。可以看出，采用由复反射系数修正的射线追踪方法计算所得的结果能够与FEKO-MLFMA的结果吻合，也验证了该方法在计算粗糙面上目标模型的正确性。

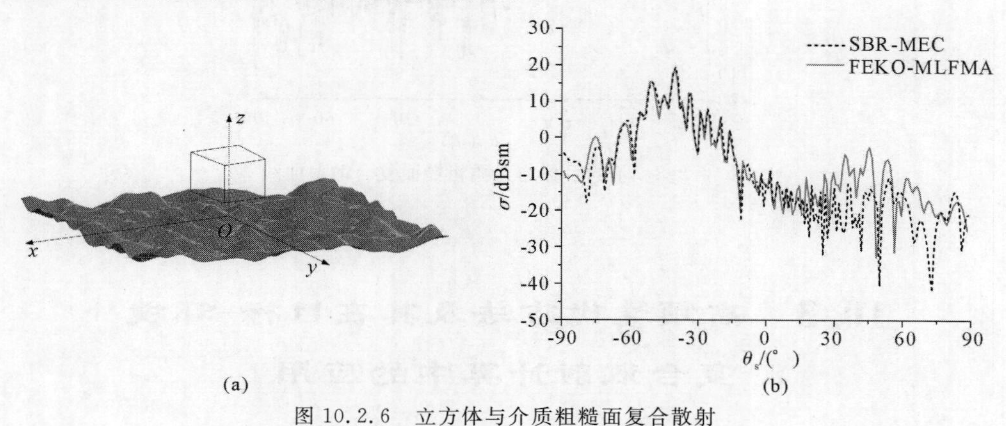

图10.2.6　立方体与介质粗糙面复合散射

(a) 立方体目标与粗糙面复合模型；(b) 复合散射曲线

算例4　不同目标与介质粗糙面复合模型。

本算例利用加速射线追踪与MEC结合方法对介质上方不同目标进行计算和比较。本算例选择3种目标，如图10.2.7所示，第一种为导体圆柱，长度为8 m，半径为1.25 m；第二种为导弹简易模型，长度为4.9 m；第三种为圆球，半径为3 m。工作频率为10 GHz，入射波入射方向为$\theta_i=45°$，$\varphi_i=0°$，极化方式为TM极化。下方的粗糙面尺寸为80 m×80 m，均方根高度h_r为0.006 m(0.2λ_0)，相关长度为l_c为0.24 m(8λ_0)，粗糙面的相对介电常数$\varepsilon_r=10-j10$。3种目标距离粗糙面均值面的高度为6 m。图10.2.8所示为SBR-MEC方法计算的3种目标位于粗糙面上方的xOz面内的复合散射曲线，前两种目标的轴线与y轴平行。可以看出，圆柱目标对应的复合散射总体强于其他两种目标对应的复合散射；圆球对应的复合散射与粗糙面本身的散射差别并不明显。

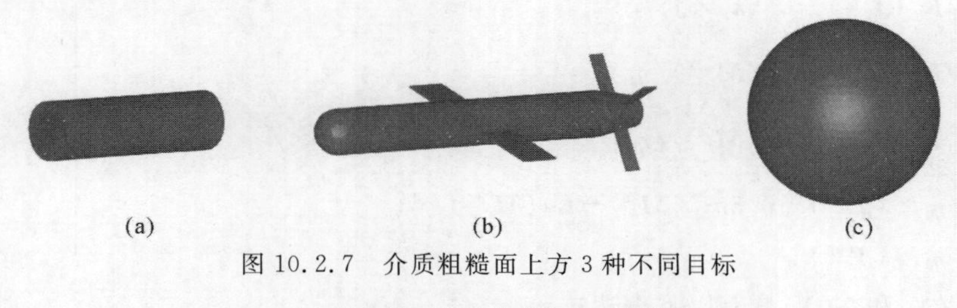

图10.2.7　介质粗糙面上方3种不同目标

(a) 圆柱体；(b) 导弹模型；(c) 球模型

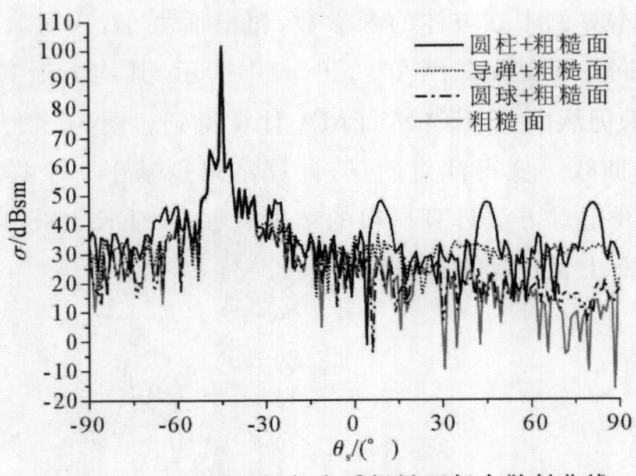

图 10.2.8　不同目标与介质粗糙面复合散射曲线

10.3　高频迭代方法及其在目标-环境复合散射计算中的应用

高频迭代方法为是以 Stratton-Chu 公式所推导的表面电场积分程和表面磁场积分程为基础，进行感应电流和感应磁流的迭代，得到满足迭代误差的感应电流和感应磁流，并进而求得散射场，迭代过程也可比较准确地表述高次耦合散射机理。这一方法也特别适用于描述目标-环境复合散射模型的耦合散射机理。

在计算过程中，仍然可将粗糙面当平面来对待寻找每条射线管经过的路径，同时反射系数由复反射系数来代替反映粗糙度的影响。若粗糙面的均方根高度进一步增加，粗糙面将变得更加粗糙，镜像反射成分将进一步减少，而漫反射成分将增加。这时各阶电磁流可以表示为

$$\left.\begin{aligned}
&\boldsymbol{J}_{\mathrm{t}}^{(n+1)}=\boldsymbol{J}_{\mathrm{t}}^{(0)}+\boldsymbol{J}_{\mathrm{tt}}^{(n+1)}+\boldsymbol{J}_{\mathrm{tr}}^{(n+1)}=\hat{\boldsymbol{n}}_{\mathrm{t}}\times[F(\boldsymbol{H}^{\mathrm{inc}})+F(\boldsymbol{H}_{\mathrm{tt}}^{(n+1)})+F(\boldsymbol{H}_{tr}^{(n+1)})]\\
&\boldsymbol{J}_{\mathrm{r}}^{(n+1)}=\boldsymbol{J}_{\mathrm{r}}^{(0)}+\boldsymbol{J}_{\mathrm{rr}}^{(n+1)}+\boldsymbol{J}_{\mathrm{rt}}^{(n+1)}=\hat{\boldsymbol{n}}_{\mathrm{r}}\times[F(\boldsymbol{H}^{\mathrm{inc}})+F(\boldsymbol{H}_{\mathrm{rr}}^{(n+1)})+F(\boldsymbol{H}_{\mathrm{rt}}^{(n+1)})]\\
&\boldsymbol{M}_{\mathrm{r}}^{(n+1)}=\boldsymbol{M}_{\mathrm{r}}^{(0)}+\boldsymbol{M}_{\mathrm{rr}}^{(n+1)}+\boldsymbol{M}_{\mathrm{rt}}^{(n+1)}=[G(\boldsymbol{E}^{\mathrm{inc}})+G(\boldsymbol{E}_{\mathrm{rr}}^{(n+1)})+G(\boldsymbol{E}_{\mathrm{rt}}^{(n+1)})]\times\hat{\boldsymbol{n}}_{\mathrm{r}}\\
&\boldsymbol{H}_{\mathrm{tt}}^{(n+1)}=\widetilde{K}_0(\boldsymbol{J}_{\mathrm{t}}^{(n)})-0.5\hat{\boldsymbol{n}}_{\mathrm{t}}\times\boldsymbol{J}_{\mathrm{t}}^{(n)}\\
&\boldsymbol{H}_{\mathrm{rr}}^{(n+1)}=\widetilde{K}_0(\boldsymbol{J}_{\mathrm{r}}^{(n)})-0.5\hat{\boldsymbol{n}}_{\mathrm{r}}\times\boldsymbol{J}_{\mathrm{r}}^{(n)}\\
&\boldsymbol{H}_{\mathrm{tr}}^{(n+1)}=\widetilde{K}_0(\boldsymbol{J}_{\mathrm{r}}^{(n)})+L_0(\boldsymbol{M}_{\mathrm{r}}^{(n)})/\eta_0\\
&\boldsymbol{H}_{\mathrm{rt}}^{(n+1)}=\widetilde{K}_0(\boldsymbol{J}_{\mathrm{t}}^{(n)})+L_0(\boldsymbol{M}_{\mathrm{t}}^{(n)})/\eta_0\\
&\boldsymbol{E}_{\mathrm{rr}}^{(n+1)}=\eta_0L_0(\boldsymbol{J}_{\mathrm{r}}^{(n)})+0.5\hat{\boldsymbol{n}}_{\mathrm{r}}\times\boldsymbol{M}_{\mathrm{r}}^{(n)}-\widetilde{K}_0(\boldsymbol{M}_{\mathrm{r}}^{(n)})\\
&\boldsymbol{E}_{\mathrm{rt}}^{(n+1)}=\eta_0L_0(\boldsymbol{J}_{\mathrm{t}}^{(n)})
\end{aligned}\right\}\tag{10.3.1}$$

式中，算子 $F(\boldsymbol{X})$ 和 $G(\boldsymbol{X})$ 具有以下表达式：

$$\left.\begin{aligned} F(\boldsymbol{X})&=(\boldsymbol{X}\cdot\hat{\boldsymbol{e}}_{\mathrm{TE}})\hat{\boldsymbol{e}}_{\mathrm{TE}}(1+R^{\mathrm{TM}})+(\boldsymbol{X}\cdot\hat{\boldsymbol{e}}_{\mathrm{TM}})\hat{\boldsymbol{e}}_{\mathrm{TM}}(1-R^{\mathrm{TE}}) \\ G(\boldsymbol{X})&=(\boldsymbol{X}\cdot\hat{\boldsymbol{e}}_{\mathrm{TE}})\hat{\boldsymbol{e}}_{\mathrm{TE}}(1+R^{\mathrm{TE}})+(\boldsymbol{X}\cdot\hat{\boldsymbol{e}}_{\mathrm{TM}})\hat{\boldsymbol{e}}_{\mathrm{TM}}(1-R^{\mathrm{TM}}) \end{aligned}\right\} \tag{10.3.2}$$

并且，$\boldsymbol{J}_{\mathrm{t}}^{(0)}$，$\boldsymbol{J}_{\mathrm{r}}^{(0)}$ 和 $\boldsymbol{M}_{\mathrm{r}}^{(0)}$ 分别表示由 KA 方法得到的入射场的感应电磁流，下标 t 表示目标表面，下标 r 表示粗糙面表面；$\boldsymbol{J}_{\mathrm{tt}}^{(n+1)}$ 和 $\boldsymbol{J}_{\mathrm{rr}}^{(n+1)}$ 分别表示目标和粗糙面上 n 阶电磁流在自身表面产生的$(n+1)$阶感应电流；$\boldsymbol{J}_{\mathrm{tr}}^{(n+1)}$ 和 $\boldsymbol{J}_{\mathrm{rt}}^{(n+1)}$ 分别表示粗糙面上 n 阶电磁流到目标或目标上 n 阶电流到粗糙面产生的$(n+1)$阶感应电流；$\boldsymbol{M}_{\mathrm{rt}}^{(n+1)}$ 和 $\boldsymbol{M}_{\mathrm{rr}}^{(n+1)}$ 分别表示目标上 n 阶电流或粗糙面上 n 阶电磁流在粗糙面上产生的$(n+1)$阶感应磁流。后两次未知电磁流的迭代误差小于设定的阈值时，迭代停止。

当未知数增加时，IJM 每步迭代时涉及的矩阵向量积的计算效率不高，为此必须采用一些加速策略。

将快速多极子(FMM)方法中的分组方法应用在目标与环境的复合模型中，构成的最细层上的分组边长 $D_{L_{\mathrm{f}}}$ 近似等于 0.5λ。假设源点和场点的位置矢量分别为 $\boldsymbol{r}_i$ 和 $\boldsymbol{r}_j$。快速多极子类方法均是基于格林函数的加法定理进行的，因此格林函数可以表示为

$$\frac{\mathrm{e}^{-\mathrm{j}k_0|\boldsymbol{r}_i-\boldsymbol{r}_j|}}{|\boldsymbol{r}_i-\boldsymbol{r}_j|}=\int_{S_{\mathrm{E}}}\mathrm{d}^2\hat{\boldsymbol{k}}\mathrm{e}^{-\mathrm{j}\boldsymbol{k}\cdot(\boldsymbol{r}_{im}-\boldsymbol{r}_{jm'})}\alpha(\hat{\boldsymbol{k}}\cdot\hat{\boldsymbol{r}}_{mm'}) \tag{10.3.3}$$

式中：$\alpha(\hat{\boldsymbol{k}}\cdot\hat{\boldsymbol{r}}_{mm'})$ 为转移函数，表达式为

$$\alpha(\hat{\boldsymbol{k}}\cdot\hat{\boldsymbol{r}}_{mm'})=-\frac{\mathrm{j}k_0}{4\pi}\sum_{l=0}^{L}(-\mathrm{j})^l(2l+1)\mathrm{h}_l^{(2)}(k_0r_{mm'})\mathrm{P}_l(\hat{\boldsymbol{k}}\cdot\hat{\boldsymbol{r}}_{mm'}) \tag{10.3.4}$$

式中，S_{E} 代表 Ewald 球面；$\hat{\boldsymbol{k}}$ 表示单位角谱方向；$\boldsymbol{k}=k_0\hat{\boldsymbol{k}}$，$h_l^{(2)}$ 为第二类球汉克尔函数；P_l 为勒让德多项式；L 为多极子模式数，由 $L=k_0D_{L_{\mathrm{f}}}+5\ln(\pi+k_0D_{L_{\mathrm{f}}})$ 所确定。通常式(10.3.3)中的积分采用高斯积分公式在 Ewald 球面上进行，高斯点数为 $K=2L^2$。与场点所在组相邻的那些组为近区组，其余的组均为远场组。将加法定理应用在格林函数的梯度，其表达式为

$$\nabla\frac{\mathrm{e}^{-\mathrm{j}k_0|\boldsymbol{r}_i-\boldsymbol{r}_j|}}{|\boldsymbol{r}_i-\boldsymbol{r}_j|}=-\mathrm{j}\boldsymbol{k}\int_{S_{\mathrm{E}}}\mathrm{d}^2\hat{\boldsymbol{k}}\mathrm{e}^{-\mathrm{j}\boldsymbol{k}\cdot(\boldsymbol{r}_{im}-\boldsymbol{r}_{jm'})}\alpha(\hat{\boldsymbol{k}}\cdot\hat{\boldsymbol{r}}_{mm'}) \tag{10.3.5}$$

将式(10.3.3)和(10.3.5)代入式(10.3.1)中 $\boldsymbol{H}_{\mathrm{tt}}^{(n+1)}$，$\boldsymbol{H}_{\mathrm{tr}}^{(n+1)}$，$\boldsymbol{H}_{\mathrm{rr}}^{(n+1)}$，$\boldsymbol{H}_{\mathrm{rt}}^{(n+1)}$，$\boldsymbol{E}_{\mathrm{rr}}^{(n+1)}$ 和 $\boldsymbol{E}_{\mathrm{rt}}^{(n+1)}$，可得

$$\left.\begin{aligned}
\boldsymbol{H}_{t_it}^{(n+1)}&=-0.5\hat{\boldsymbol{n}}_{t_i}\times\boldsymbol{J}_{t_i}^{(n)}+\sum_{t_j\in N_m,t_i\neq t_j}\boldsymbol{H}_{t_it_j}^{(n)}+\int_{S_{\mathrm{E}}}\mathrm{d}^2\hat{\boldsymbol{k}}V_{fmi}^{(t)}(\hat{\boldsymbol{k}})\sum_{m'\in F_m}\alpha(\hat{\boldsymbol{k}}\cdot\hat{\boldsymbol{r}}_{mm'})\sum_{t_j\in G_{m'}}V_{sm'j}^{(t)}(\hat{\boldsymbol{k}}) \\
\boldsymbol{H}_{t_ir}^{(n+1)}&=\sum_{r_j\in N_m}\boldsymbol{H}_{t_ir_j}^{(n)}+\int_{S_{\mathrm{E}}}\mathrm{d}^2\hat{\boldsymbol{k}}V_{fmi}^{(t)}(\hat{\boldsymbol{k}})\sum_{m'\in F_m}\alpha(\hat{\boldsymbol{k}}\cdot\hat{\boldsymbol{r}}_{mm'})\sum_{r_j\in G_{m'}}V_{sm'j}^{(r)}(\hat{\boldsymbol{k}}) \\
\boldsymbol{H}_{r_ir}^{(n+1)}&=-0.5\hat{\boldsymbol{n}}_{r_i}\times J_{r_i}^{(n)}+\sum_{r_j\in N_m,r_i\neq r_j}\boldsymbol{H}_{r_ir_j}^{(n)}+\int_{S_{\mathrm{E}}}\mathrm{d}^2\hat{\boldsymbol{k}}V_{fmi}^{(r)}(\hat{\boldsymbol{k}})\sum_{m'\in F_m}\alpha(\hat{\boldsymbol{k}}\cdot\hat{\boldsymbol{r}}_{mm'})\sum_{r_j\in G_{m'}}V_{sm'j}^{(r)}(\hat{\boldsymbol{k}}) \\
\boldsymbol{H}_{r_it}^{(n+1)}&=\sum_{t_j\in N_m}\boldsymbol{H}_{r_it_j}^{(n)}+\int_{S_{\mathrm{E}}}\mathrm{d}^2\hat{\boldsymbol{k}}V_{fmi}^{(r)}(\hat{\boldsymbol{k}})\sum_{m'\in F_m}\alpha(\hat{\boldsymbol{k}}\cdot\hat{\boldsymbol{r}}_{mm'})\sum_{t_j\in G_{m'}}V_{sm'j}^{(t)}(\hat{\boldsymbol{k}}) \\
\boldsymbol{E}_{r_ir}^{(n+1)}&=0.5\hat{\boldsymbol{n}}_{r_i}\times M_{r_i}^{(n)}+\sum_{r_j\in N_m,r_i\neq r_j}\boldsymbol{E}_{r_ir_j}^{(n)}+\int_{S_{\mathrm{E}}}\mathrm{d}^2\hat{\boldsymbol{k}}V_{fmi}^{(r)}(\hat{\boldsymbol{k}})\sum_{m'\in F_m}\alpha(\hat{\boldsymbol{k}}\cdot\hat{\boldsymbol{r}}_{mm'})\sum_{r_j\in G_{m'}}U_{sm'j}^{(r)}(\hat{\boldsymbol{k}}) \\
\boldsymbol{E}_{r_it}^{(n+1)}&=\sum_{r_j\in N_m,r_i\neq r_j}\boldsymbol{E}_{r_ir_j}^{(n)}+\int_{S_{\mathrm{E}}}\mathrm{d}^2\hat{\boldsymbol{k}}V_{fmi}^{(r)}(\hat{\boldsymbol{k}})\sum_{m'\in F_m}\alpha(\hat{\boldsymbol{k}}\cdot\hat{\boldsymbol{r}}_{mm'})\sum_{t_j\in G_{m'}}U_{sm'j}^{(t)}(\hat{\boldsymbol{k}})
\end{aligned}\right\} \tag{10.3.6}$$

式中：

$$\left.\begin{aligned}
V_{fmi}^{(t)}(\hat{\boldsymbol{k}}) &= -\frac{\mathrm{j}k_0}{4\pi}\mathrm{e}^{-\mathrm{j}\boldsymbol{k}\cdot\boldsymbol{r}_{im}^{(t)}} \\
V_{fmi}^{(r)}(\hat{\boldsymbol{k}}) &= -\frac{\mathrm{j}k_0}{4\pi}\mathrm{e}^{-\mathrm{j}\boldsymbol{k}\cdot\boldsymbol{r}_{im}^{(r)}} \\
V_{sm'j}^{(t)}(\hat{\boldsymbol{k}}) &= \int_s (\hat{\boldsymbol{k}}\times\boldsymbol{J}_{t_j}^{(n)})\mathrm{e}^{\mathrm{j}\boldsymbol{k}\cdot\boldsymbol{r}_{jm'}^{(t)}}\mathrm{d}s' \\
V_{sm'j}^{(r)}(\hat{\boldsymbol{k}}) &= \int_s \left[\hat{\boldsymbol{k}}\times\boldsymbol{J}_{r_j}^{(n)} + \frac{\boldsymbol{M}_{r_j}}{\eta_0}\cdot(\overline{\overline{\boldsymbol{I}}}-\hat{\boldsymbol{k}}\hat{\boldsymbol{k}})\right]\mathrm{e}^{\mathrm{j}\boldsymbol{k}\cdot\boldsymbol{r}_{jm'}^{(r)}}\mathrm{d}s' \\
U_{sm'j}^{(t)}(\hat{\boldsymbol{k}}) &= \int_s \left[\eta_0\boldsymbol{J}_{t_j}^{(n)}\cdot(\overline{\overline{\boldsymbol{I}}}-\hat{\boldsymbol{k}}\hat{\boldsymbol{k}})\right]\mathrm{e}^{\mathrm{j}\boldsymbol{k}\cdot\boldsymbol{r}_{jm'}^{(t)}}\mathrm{d}s' \\
U_{sm'j}^{(r)}(\hat{\boldsymbol{k}}) &= \int_s \left[\boldsymbol{M}_{r_j}\times\hat{\boldsymbol{k}}+\eta_0\boldsymbol{J}_{r_j}\cdot(\overline{\overline{\boldsymbol{I}}}-\hat{\boldsymbol{k}}\hat{\boldsymbol{k}})\right]\mathrm{e}^{\mathrm{j}\boldsymbol{k}\cdot\boldsymbol{r}_{jm'}^{(r)}}\mathrm{d}s'
\end{aligned}\right\} \tag{10.3.7}$$

式中，$G_{m'}$ 表示包含源点的编号为 m' 的组；F_m 表示包含源点的远场组；N_m 表示包含场点的近场组；V_{fmi} 表示解聚因子；$V_{sm'j}$ 和 $V'_{sm'j}$ 均表示聚合因子；$\alpha(\cdot)$表示转移因子。将 $V_{sm'j}$ 和 $V'_{sm'j}$ 叠加的过程称为聚合，将 $\alpha(\cdot)$与 $V_{sm'j}$ 和 $V_{sm'j}$ 相乘的过程称为转移，将转移量与 V_{fmi} 相乘的过程称为解聚。当采用式(10.3.6)时，每步的计算复杂度理论上可以由 $O(N^2)$降至 $O(N^{1.5})$，其中 N 表示面元总数。

MLFMA 的转移过程在每层上两个远场组之间进行，并且这两个远场组的父组满足近场组的关系。图 10.3.1 所示为二维三层树形结构的转移过程示意图。图中最小的正方形表示最细层，即第三层上的各个组。场点与源点所在的组即满足转移的条件，即在第三层上它们满足远场组条件，其父组满足近场组条件。当第三层上的转移操作完成后，应当将各组向第二层进行聚合，再次在第二层上进行转移操作。最终，MLFMA 可以实现每步迭代计算复杂度由 $O(N^2)$ 削减至 $O[N\lg(N)]$。

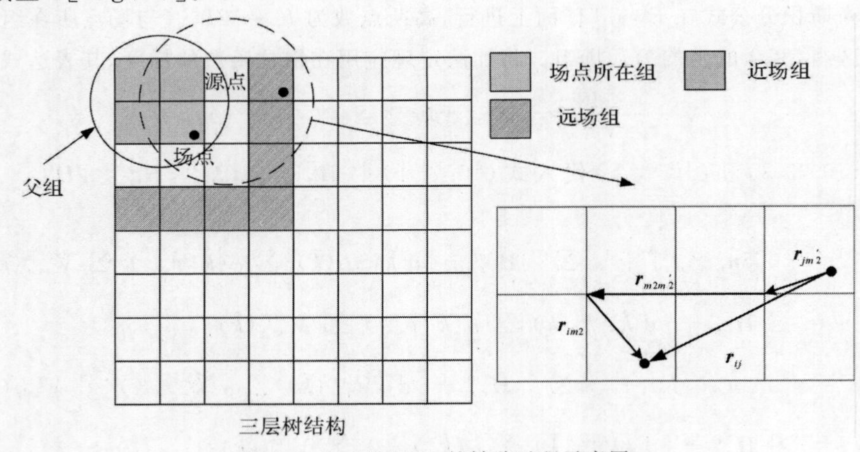

图 10.3.1　MLFMA 的转移过程示意图

大量的研究表明：两个远场组之间强的耦合作用主要集中在主波束即组中心连线构成的方向矢量线附近。换句话说，越靠近组中心连线的角谱 $\hat{\boldsymbol{k}}$，其对耦合的贡献越强，这也是射线传播快速多极子算法(Ray Propogation Fast Multipole Algorithm，RPFMA)的基础。对式(10.3.4)中的转移因子 $\alpha(\cdot)$取最大项数 L 进行截断的操作等效于对原无穷项级数乘以一个窗函数,这个窗函数的边界就是 L。可以看出,选取合理的多极子模式数构造窗函数能够保证相应的计算精度,这也启发我们:如果采用锥形窗函数,使得转移因子各项由最大值 1 向边界缓慢减小至 0,而不是像传统的窗函数使转移因子在边界处瞬间变为 0,则融合锥形窗函数的转移因子表达式为

$$\alpha(\hat{\boldsymbol{k}}\cdot\hat{\boldsymbol{r}}_{mm'})=-\frac{\mathrm{j}k_0}{4\pi}\sum_{l=0}^{L}(-\mathrm{j})^l(2l+1)\mathrm{h}_l^{(2)}(k_0 r_{mm'})\mathrm{P}_l(\hat{\boldsymbol{k}}\cdot\hat{\boldsymbol{r}}_{mm'})w_l \tag{10.3.8}$$

式中:

$$w_l=\begin{cases}1, & l\leqslant J\\ 0.5\left\{1+\cos\left[\dfrac{(l-J)\pi}{(L-J)}\right]\right\}, & l>J\end{cases} \tag{10.3.9}$$

式中,J 是一个随层数变化的值。这里给出设定它的一个简单的方法:最细层等于 $0.8L$,第二层等于 $0.4L$,中间各层由 $0.8L$ 至 $0.4L$ 呈线性关系减小。这便实现了转移因子的锥形化,即角谱主波束方向更加突出,其他方向角谱的贡献随着其与主波束的夹角变大而随之减小。在此基础上,可以采用

$$|\alpha(\hat{\boldsymbol{k}}\cdot\hat{\boldsymbol{r}}_{mm'})|\leqslant\varepsilon|\alpha(\hat{\boldsymbol{k}}\cdot\hat{\boldsymbol{r}}_{mm'})|_{\max}(0.1\leqslant\varepsilon\leqslant0.3) \tag{10.3.10}$$

这一条件对弱贡献的角谱分量进行进一步的截断,即满足上式的各角谱分量被舍弃。因为经过式(10.3.10)的处理后,随层号由大变小,转移因子越尖锐,因此可以在最细层(层号最大)上设定 $\varepsilon=0.3$,在最粗层(层号越小)上设定 $\varepsilon=0.1$,中间各层随层号减小,ε 线性减小。因此,*RPFMA* 通过对弱贡献的角谱分量进行截断实现了计算效率的提升。这也说明了一个事实:随着层数的增加,转移因子中有效的角谱越来越少。特别地,当两个组的距离足够大时,即 $kr_{mm'}\to\infty$,式(10.3.4)中的转移因子可以表示为

$$\alpha(\hat{\boldsymbol{k}}\cdot\hat{\boldsymbol{r}}_{mm'})\doteq\frac{\mathrm{e}^{-\mathrm{j}k_0 r_{mm'}}}{r_{mm'}}\delta(\hat{\boldsymbol{k}}-\hat{\boldsymbol{r}}_{mm'}) \tag{10.3.11}$$

上式说明,$\alpha(\cdot)$ 近似成了一个 δ 函数。

快速远场近似技术(FAFFA)的基本思想是对格林函数展开,从而加速矩阵矢量相乘的过程。如图 10.3.2 所示,将分区域复合粗糙面中两个不同区域中的面元分别用两个立方体进行包围,设场点矢量为 $\boldsymbol{r}_i$,源点矢量为 $\boldsymbol{r}_j$,分别位于立方体 a,b 内(立方体 a,b 分别表示场组、源组),立方体 a,b 中心点位置矢量为 $\boldsymbol{r}_a$,$\boldsymbol{r}_b$。

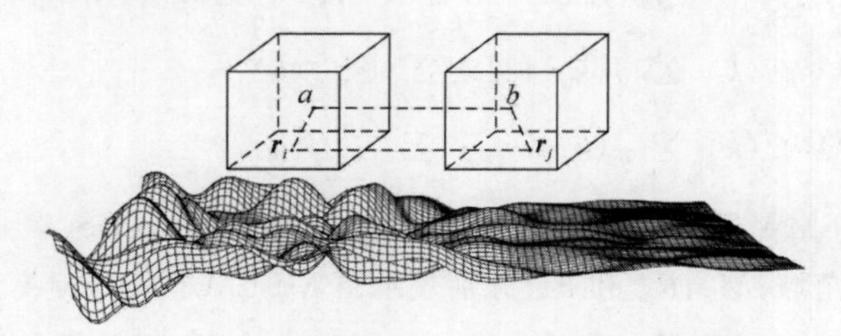

图 10.3.2　场点、源点与场组、源组的位置关系

快速远场近似条件可概括如下:

$$|\boldsymbol{r}_{ia}+\boldsymbol{r}_{bj}|\ll|\boldsymbol{r}_{ab}|,\quad \frac{\pi}{\lambda}|\boldsymbol{r}_{ia}+\boldsymbol{r}_{bj}|^2\ll|\boldsymbol{r}_{ab}| \tag{10.3.12}$$

当分区域复合粗糙面的场、源组中的各矢量满足上述条件时，矢量 $\boldsymbol{r}_{ab}$ 可以近似为 $\boldsymbol{r}_{ab} \approx \boldsymbol{r}_i - \boldsymbol{r}_j$，格林函数可以写作如下近似形式：

$$g(\boldsymbol{r}_i,\boldsymbol{r}_j)=\frac{\mathrm{e}^{-\mathrm{j}k|\boldsymbol{r}_i-\boldsymbol{r}_j|}}{4\pi|\boldsymbol{r}_i-\boldsymbol{r}_j|}\approx\frac{\mathrm{e}^{-\mathrm{j}kr_{ab}}}{4\pi|\boldsymbol{r}_{ab}|}\cdot \mathrm{e}^{-\mathrm{j}k\frac{\boldsymbol{r}_{ab}}{|\boldsymbol{r}_{ab}|}\cdot \boldsymbol{r}_{ia}}\cdot \mathrm{e}^{-\mathrm{j}k\frac{\boldsymbol{r}_{ab}}{|\boldsymbol{r}_{ab}|}\cdot \boldsymbol{r}_{bj}} \tag{10.3.13}$$

实际中，当满足 $r_{mm}\geqslant 3\gamma D_{L_c}$（$D_{L_c}$ 表示第 L_c 层上组的边长）时，式(10.3.13)成立。具体地，$\gamma=2.5$ 是比较理想的值，这样的设定能够较好地平衡计算效率和计算精度。

接下来，将 MLFMA，RPFMA 和 FaFFA 应用于式(10.3.6)，可得

$$\begin{aligned}\boldsymbol{H}_{t_i t}^{(n+1)}=&-0.5\hat{\boldsymbol{n}}_{t_i}\times\boldsymbol{J}_{t_i}^{(n)}+\sum_{t_j\in N_m,t_i\neq t_j}\boldsymbol{H}_{t_i t_j}^{(n)}+\int_{S_{\mathrm{E}}}\mathrm{d}^2\hat{\boldsymbol{k}}V_{fmi}^{(t)}(\hat{\boldsymbol{k}})\sum_{m'\in M_m}\alpha(\hat{\boldsymbol{k}}\cdot\hat{\boldsymbol{r}}_{mm'})\sum_{t_j\in G_{m'}}V_{sm'j}^{(t)}(\hat{\boldsymbol{k}})+\\&\int_{RS_{\mathrm{E}}}\mathrm{d}^2\hat{\boldsymbol{k}}V_{fmi}^{(t)}(\hat{\boldsymbol{k}})\sum_{m'\in R_m}\alpha(\hat{\boldsymbol{k}}\cdot\hat{\boldsymbol{r}}_{mm'})\sum_{t_j\in G_{m'}}V_{sm'j}^{(t)}(\hat{\boldsymbol{k}})+\\&\int_{FS_{\mathrm{E}}}\mathrm{d}^2\hat{\boldsymbol{k}}V_{fmi}^{(t)}(\hat{\boldsymbol{k}})\sum_{m'\in F_m}\alpha(\hat{\boldsymbol{k}}\cdot\hat{\boldsymbol{r}}_{mm'})\sum_{t_j\in G_{m'}}V_{sm'j}^{(t)}(\hat{\boldsymbol{k}})\end{aligned} \tag{10.3.14a}$$

$$\begin{aligned}\boldsymbol{H}_{t_i r}^{(n+1)}=&\sum_{r_j\in N_m}\boldsymbol{H}_{t_i r_j}^{(n)}+\int_{S_{\mathrm{E}}}\mathrm{d}^2\hat{\boldsymbol{k}}V_{fmi}^{(t)}(\hat{\boldsymbol{k}})\sum_{m'\in M_m}\alpha(\hat{\boldsymbol{k}}\cdot\hat{\boldsymbol{r}}_{mm'})\sum_{r_j\in G_{m'}}V_{sm'j}^{(r)}(\hat{\boldsymbol{k}})+\\&\int_{RS_{\mathrm{E}}}\mathrm{d}^2\hat{\boldsymbol{k}}V_{fmi}^{(t)}(\hat{\boldsymbol{k}})\sum_{m'\in R_m}\alpha(\hat{\boldsymbol{k}}\cdot\hat{\boldsymbol{r}}_{mm'})\sum_{r_j\in G_{m'}}V_{sm'j}^{(r)}(\hat{\boldsymbol{k}})+\\&\int_{FS_{\mathrm{E}}}\mathrm{d}^2\hat{\boldsymbol{k}}V_{fmi}^{(t)}(\hat{\boldsymbol{k}})\sum_{m'\in F_m}\alpha(\hat{\boldsymbol{k}}\cdot\hat{\boldsymbol{r}}_{mm'})\sum_{r_j\in G_{m'}}V_{sm'j}^{(r)}(\hat{\boldsymbol{k}})\end{aligned} \tag{10.3.14b}$$

$$\begin{aligned}\boldsymbol{H}_{r_i r}^{(n+1)}=&-0.5\hat{\boldsymbol{n}}_{r_i}\times\boldsymbol{J}_{r_i}^{(n)}+\sum_{r_j\in N_m,r_i\neq r_j}\boldsymbol{H}_{r_i r_j}^{(n)}+\int_{S_{\mathrm{E}}}\mathrm{d}^2\hat{\boldsymbol{k}}V_{fmi}^{(r)}(\hat{\boldsymbol{k}})\sum_{m'\in M_m}\alpha(\hat{\boldsymbol{k}}\cdot\hat{\boldsymbol{r}}_{mm'})\sum_{r_j\in G_{m'}}V_{sm'j}^{(r)}(\hat{\boldsymbol{k}})+\\&\int_{RS_{\mathrm{E}}}\mathrm{d}^2\hat{\boldsymbol{k}}V_{fmi}^{(r)}(\hat{\boldsymbol{k}})\sum_{m'\in R_m}\alpha(\hat{\boldsymbol{k}}\cdot\hat{\boldsymbol{r}}_{mm'})\sum_{r_j\in G_{m'}}V_{sm'j}^{(r)}(\hat{\boldsymbol{k}})+\\&\int_{FS_{\mathrm{E}}}\mathrm{d}^2\hat{\boldsymbol{k}}V_{fmi}^{(r)}(\hat{\boldsymbol{k}})\sum_{m'\in F_m}\alpha(\hat{\boldsymbol{k}}\cdot\hat{\boldsymbol{r}}_{mm'})\sum_{r_j\in G_{m'}}V_{sm'j}^{(r)}(\hat{\boldsymbol{k}})\end{aligned} \tag{10.3.14c}$$

$$\begin{aligned}\boldsymbol{H}_{r_i t}^{(n+1)}=&\sum_{t_j\in N_m}\boldsymbol{H}_{r_i t_j}^{(n)}+\int_{S_{\mathrm{E}}}\mathrm{d}^2\hat{\boldsymbol{k}}V_{fmi}^{(r)}(\hat{\boldsymbol{k}})\sum_{m'\in M_m}\alpha(\hat{\boldsymbol{k}}\cdot\hat{\boldsymbol{r}}_{mm'})\sum_{t_j\in G_{m'}}V_{sm'j}^{(t)}(\hat{\boldsymbol{k}})+\\&\int_{RS_{\mathrm{E}}}\mathrm{d}^2\hat{\boldsymbol{k}}V_{fmi}^{(r)}(\hat{\boldsymbol{k}})\sum_{m'\in R_m}\alpha(\hat{\boldsymbol{k}}\cdot\hat{\boldsymbol{r}}_{mm'})\sum_{t_j\in G_{m'}}V_{sm'j}^{(t)}(\hat{\boldsymbol{k}})+\\&\int_{FS_{\mathrm{E}}}\mathrm{d}^2\hat{\boldsymbol{k}}V_{fmi}^{(r)}(\hat{\boldsymbol{k}})\sum_{m'\in F_m}\alpha(\hat{\boldsymbol{k}}\cdot\hat{\boldsymbol{r}}_{mm'})\sum_{t_j\in G_{m'}}V_{sm'j}^{(t)}(\hat{\boldsymbol{k}})\end{aligned} \tag{10.3.14d}$$

$$\begin{aligned}\boldsymbol{E}_{r_i r}^{(n+1)}=&0.5\hat{\boldsymbol{n}}_{r_i}\times\boldsymbol{M}_{r_i}^{(n)}+\sum_{r_j\in N_m,r_i\neq r_j}\boldsymbol{E}_{r_i r_j}^{(n)}+\int_{S_{\mathrm{E}}}\mathrm{d}^2\hat{\boldsymbol{k}}V_{fmi}^{(r)}(\hat{\boldsymbol{k}})\sum_{m'\in M_m}\alpha(\hat{\boldsymbol{k}}\cdot\hat{\boldsymbol{r}}_{mm'})\sum_{r_j\in G_{m'}}U_{sm'j}^{(r)}(\hat{\boldsymbol{k}})+\\&\int_{RS_{\mathrm{E}}}\mathrm{d}^2\hat{\boldsymbol{k}}V_{fmi}^{(r)}(\hat{\boldsymbol{k}})\sum_{m'\in R_m}\alpha(\hat{\boldsymbol{k}}\cdot\hat{\boldsymbol{r}}_{mm'})\sum_{r_j\in G_{m'}}U_{sm'j}^{(r)}(\hat{\boldsymbol{k}})+\\&\int_{FS_{\mathrm{E}}}\mathrm{d}^2\hat{\boldsymbol{k}}V_{fmi}^{(r)}(\hat{\boldsymbol{k}})\sum_{m'\in F_m}\alpha(\hat{\boldsymbol{k}}\cdot\hat{\boldsymbol{r}}_{mm'})\sum_{r_j\in G_{m'}}U_{sm'j}^{(r)}(\hat{\boldsymbol{k}})\end{aligned} \tag{10.3.14e}$$

$$\begin{aligned}\boldsymbol{E}_{r_i t}^{(n+1)}=&\sum_{r_j\in N_m,r_i\neq r_j}\boldsymbol{E}_{r_i r_j}^{(n)}+\int_{S_{\mathrm{E}}}\mathrm{d}^2\hat{\boldsymbol{k}}V_{fmi}^{(r)}(\hat{\boldsymbol{k}})\sum_{m'\in M_m}\alpha(\hat{\boldsymbol{k}}\cdot\hat{\boldsymbol{r}}_{mm'})\sum_{t_j\in G_{m'}}U_{sm'j}^{(t)}(\hat{\boldsymbol{k}})+\\&\int_{RS_{\mathrm{E}}}\mathrm{d}^2\hat{\boldsymbol{k}}V_{fmi}^{(r)}(\hat{\boldsymbol{k}})\sum_{m'\in R_m}\alpha(\hat{\boldsymbol{k}}\cdot\hat{\boldsymbol{r}}_{mm'})\sum_{t_j\in G_{m'}}U_{sm'j}^{(t)}(\hat{\boldsymbol{k}})+\\&\int_{FS_{\mathrm{E}}}\mathrm{d}^2\hat{\boldsymbol{k}}V_{fmi}^{(r)}(\hat{\boldsymbol{k}})\sum_{m'\in F_m}\alpha(\hat{\boldsymbol{k}}\cdot\hat{\boldsymbol{r}}_{mm'})\sum_{t_j\in G_{m'}}U_{sm'j}^{(t)}(\hat{\boldsymbol{k}})\end{aligned} \tag{10.3.14f}$$

式中：RS_{E} 表示由 RPFMA 所确定的 Ewald 球面上的有效角域；FS_{E} 表示由 FAFFA 确定的 Ewald 球面上的极小角域；M_m，R_m 和 F_m 分别表示由 MFLMA，RPFMA 和 FAFFA 确定的远场组；S_{E}，N_m，$G_{m'}$，$V_{sm'j}$，$V'_{sm'j}$ 和 V_{fmi} 已经在式(10.3.7)中给出，这里不再赘述。若将上述的带有 FMM 类加速策略应用于每步迭代中用于减少复杂度，便构成了加速型的电磁流迭代方法(AIJM)。

计算粗糙面上圆柱目标的复合散射，圆柱的长度为 $4\lambda_0$，半径为 $0.5\lambda_0$，圆柱中心距离下方

粗糙面高度为 $4\lambda_0$，圆柱的轴线与 x 轴平行。粗糙面的均方根高度为 $h_r=1.0\lambda_0$，相关长度 $l_c=3\lambda_0$，模型如图 10.3.3(a)。计算过程中设置工作频率为 10 GHz，入射波沿 $\theta_i=45o$，$\varphi_i=0°$，极化方式为 TM 极化。下方的粗糙面尺寸为 $32\lambda_0\times32\lambda_0$，相对介电常数 $\varepsilon_r=10-j10$。参考结果仍然有 FEKO-MLFMA 计算得到。图 10.3.3(b)给出了 $\varphi_s=0°$面内，即 xOz 面内的复合散射曲线。计算结果是基于 1 个样本的。可以看出，采用 AIJM 计算所得的结果能够与 FEKO-MLFMA 的相吻合。这说明 AIJM 能够使用于大粗糙度的目标与环境复合散射。

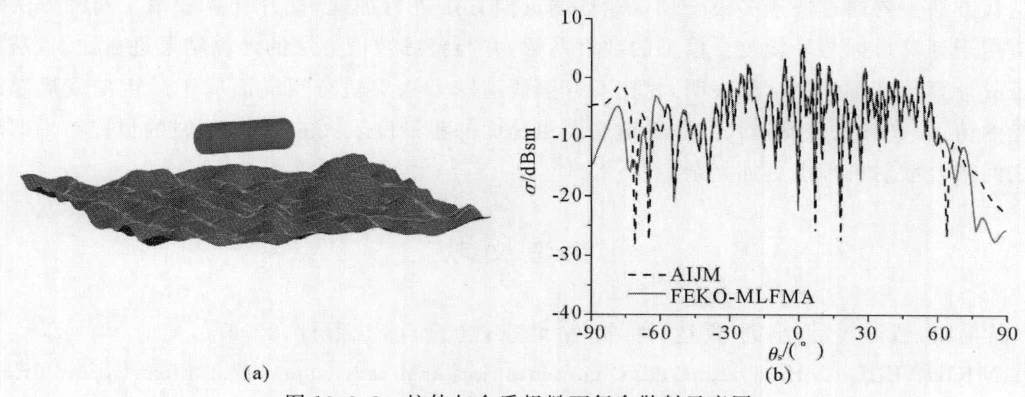

图 10.3.3　柱体与介质粗糙面复合散射示意图

(a)复合模型；(b) 散射系数曲线

当粗糙面的介电常数发生变化时，复合散射也会不同。下面算例比较粗糙面介电常数不同时的复合散射系数。粗糙面的均方根高度为 $h_r=0.8\lambda_0$，相关长度 $l_c=3\lambda_0$，工作频率为 10 GHz，入射波方向为 $\theta_i=45°$，$\varphi_i=0°$，极化方式为 TM 极化。下方的粗糙面尺寸为 $40\lambda_0\times40\lambda_0$。图 10.3.4 所示为 $\varphi_s=0°$面内的复合散射曲线。可以看出，当粗糙面介电常数的实部、虚部增加时，复合散射会随之增强，这是由于大的介电常数会使得粗糙面自身及粗糙面与目标的耦合散射增强所致。

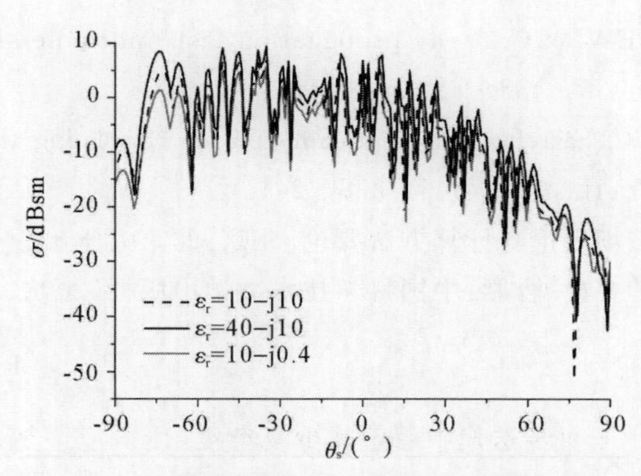

图 10.3.4　不同粗糙面介电常数下柱体与介质粗糙面复合散射曲线

10.4 结　　论

本章讨论了基于射线追踪和电磁流迭代两种思路的高频混合快速计算方法。这两种方法都可以较准确地描述电大具有耦合散射结构模型的散射机理。射线追踪方法集合了几何光学法、物理光学法、等效电磁流方法，并结合树型结构和并行技术加速射线追踪过程。高频电磁流迭代方法主要通过快速多极子和快速远场近似方法进行加速，提升计算效率。两种方法均被应用于计算目标与环境复合模型的散射系数，并与精确数值方法的计算结果进行比对，从而验证其计算精度。计算结果表明，相比而言射线追踪方法更适合粗糙面属于微粗糙或局部微粗糙的情形，高频电磁流迭代方法更适用于粗糙面的粗糙度较大的情形，这时的目标与局部环境之间耦合散射机理也更加复杂。

参考文献

[1] 黄培康，殷红成，许小剑. 雷达目标特性. 北京：电子工业出版社，2006.

[2] MICHAELI A. Equivalent edge currents for arbitrary aspects of observation. IEEE Trans. Antennas Propag.，1984，32(3)：252－258.

[3] GORDON W. Far-Field approximations to the Kirchhoff-Helmholtz representations of scattered fields. IEEE Trans. Antennas Propag.，1975，23(4)：590－592.

[4] HAO L，CHOU R C，LEE S W. Shooting and bouncing rays：calculating the RCS of an arbitrarily shaped cavity. IEEE Trans. Antennas Propag.，1989，37(2)：194－205.

[5] LI J F，TAN Y H，LIAO S H，et al. Highly parallel SAH-KD-tree construction for ray tracing. Journal of Hunan University Natural Sciences，2018，45(10)：148－154.

[6] HUANG Y，ZHAO Z Q，QI C H. Fast Point-Based KD-Tree Construction Method for Hybrid High Frequency Method in Electromagnetic Scattering. IEEE Access，2018，6：38348－38355.

[7] WAGNER R L，CHEW W C. A ray-propagation fast multipole algorithm. Microw. Opt. Tech. Lett.，1994，7：435－438.

[8] LU C C，CHEW W C. Fast far-field approximation for calculating the RCS of large objects. Microw. Opt. Tech. Lett.，1995，8(5)：238－241.

[9] 夏明耀，王均宏. 电磁场理论与计算方法要论. 北京：北京大学出版社，2013.

[10] 盛新庆. 计算电磁学要论. 合肥：中国科学技术大学出版社，2008.